B

S. M. Markus

Der Gott der Physiker

Birkhäuser Verlag
Basel · Boston · Stuttgart

CIP-Kurztitelaufnahme der Deutschen Bibliothek
Müller-Markus, Siegfried:
Der Gott der Physiker / S. M. Markus. – Basel ;
Boston ; Stuttgart : Birkhäuser, 1986.
ISBN 3-7643-1732-9

Umschlaggestaltung: Bruckmann & Partner, Basel
Printed in Germany
ISBN 3-7643-1732-9

Gottes Ehre ist es,
eine Sache zu verbergen.
Aber der Könige Ehre ist es,
eine Sache zu ergründen.
Salomo

Für meine Frau und meine Kinder Christina und David
mit dem Blick auf die Zukunft des Geistes

Inhalt

Dank

Dieses Buch ist ein Dank an die gütige Vorsehung, die mir erlaubte, im russischen Kerker in über 10 Jahren den Zugang zur sichersten aller Wissenschaften, der Physik, zu finden. Mein Dank geht an zwei grosse Tote: Bundeskanzler Dr. Konrad Adenauer, der mich befreite und meinen wissenschaftlichen Weg förderte, sowie an Werner Heisenberg, der zweimal entscheidende Wegzeichen setzte. Ein besonderer Dank gilt Herrn Professor Dr. Bernhard Koch für seine Mühe, das Manuskript kritisch zu lesen und mit überaus wertvollen Hinweisen zu ergänzen. Mit Frau Dr. Maria Yen, der profunden Kennerin der klassischen chinesischen Philosophie, durfte ich die schwierigen Deutungen des Tao erörtern. Ihr sei herzlich gedankt. Der Birkhäuser Verlag steuerte das Werk durch mancherlei Riffe.

Schliesslich danke ich all jenen meiner einstigen Leidensgefährten, die mir die Augen für die Spur Gottes in der Physik öffneten. Ich danke aber auch jenem unbekannten Wächter in Moskau, der mir erstmals ein Lehrbuch der Physik aushändigte. Es brachte Licht.

Da sprach der Herr zu Kain: «Wo ist dein Bruder Abel?»
Er sprach: «Ich weiss es nicht.»

Prolog

Der Morgen des 16. Juli war schwül und feucht. Zwei Tage lang waren schwere Gewitter über der Wüste von Los Alamos niedergegangen. Eine Hitzeperiode hatte die letzten Wasserquellen versengt. Nur nächtens flatterten zuweilen fahle Blitze über den Bergen am Horziont, die den seltsamen Namen Sangre de Christo trugen, Blut Christi.

Vor drei Tagen hatte man die Teile des Detonators zum Turm gebracht. Er stand an einem Ort, den die Indios Jornada del Muerto nannten, Tagreise des Toten. In der Nähe lag das Pueblo Oscuro, das Dunkle Dorf.

Während des Countdowns erscholl aus den Lautsprechern die Nussknackersuite von Pjotr Iljitsch Tschaikowsky.

Es war fünf Uhr und dreissig Minuten, als der Himmel jählings von einem blendenden Blitz gespalten wurde. Ein Feuerball schob sich höher und höher.

Einer der Offiziere schrie: «Die Langhaarigen haben die Kontrolle verloren!»

Hingerissen vom Schauspiel sprangen einige aus den Wagen, ohne Helm und Schutzbrille. Nach wenigen Sekunden waren sie blind. J. Robert Oppenheimer stand an einen Pfosten des Kontrollgebäudes gelehnt und murmelte:

«Wenn das Licht von tausend Sonnen
am Himmel plötzlich bräch' hervor,
zu gleicher Zeit, das wäre
gleich dem Glanze dieses Herrlichen ...»

Wenig später, als schon der kosmische Pilz aus weissem Wasserdampf bis zur Stratosphäre gewachsen war, kam ihm ein weiterer Vers aus dem indischen Götterlied, der Bhagavad-gîtâ, in den Sinn. Krischna spricht:

«Ich bin der Tod, der alles raubt, Erschütterer der Welten».

Das Testgelände trug nach dem Vorschlag Oppenheimers den lästerlichen Namen «Trinity», Dreifaltigkeit. Er entnahm ihn einem Hymnus von John Donne:

«Zerschlage mein Herz, Dreipersoniger Gott ...

Stürze mich und brauche deine Macht
Mich zu zerbrechen, zu zerblasen, zu verbrennen
und neu zu schaffen.»

Nur drei Wochen später erhielt der japanische Stellvertretende Generalstabschef eine kurze Meldung:

> «Die Stadt Hiroshima wurde in einem einzigen Augenblick von einer völlig neuartigen Bombe zerstört».[1]

Das Zeitalter der Apokalypse hatte begonnen.

Heute, da ihr Schatten bereits auf uns fällt und die Physiker den Uhrzeiger auf wenige Minuten vor zwölf gestellt haben, geziemt es uns, zu fragen:

Wer hat das getan?

Es waren nicht die Physiker mit ihren verschlungenen menschlichen Schicksalen wie etwa Oppenheimer im Westen oder Igor Tamm und Andrej Sacharov im Osten. Es waren nicht einmal die Politiker wie Stalin, Roosevelt oder Truman. Sie alle waren nur die getriebenen Treiber.

Aber welcher Imperativ lenkte sie dorthin, wo wir heute stehen? Erst wenn wir dies wüssten, könnten wir ihren Nachfolgern gebieten, «vom Abgrund zurückzutreten» (Sacharov). Die erdrückende Tatsache, dass wir dies bis heute nicht zu tun vermögen, sagt uns: Wir schufen zwar die Voraussetzungen für die Vernichtung der Menschheit. Aber die Ursachen liegen im Dunkel. Solange wir diese jedoch nicht beherrschen, sind auch ihre Folgen nicht zu kontrollieren.

Die Frage berührt die letzten Gründe der Existenz von Kosmos und Mensch. Kosmisches Feuer ist es, das in der Bombe von der Kette gelassen wird. Und menschliche Vernunft dient dabei menschlichem Wahnwitz.

Der Gläubige und der Ungläubige stehen beide vor einem Geheimnis. Wenn Gott im Weltbild des Gläubigen für den Kosmos verantwortlich ist: Wie kann Er dann zulassen, dass das Feuer der Sonnen in die Hand des Menschen gegeben wird, jenes von Schuld und Irrtum zerrissenen Menschen, der seit Jahrtausenden immer neue Schuld und neuen Irrtum aufhäuft, bis er unter dem babylonischen Turm zermalmt wird? Hier wird zum erstenmal das biblische Gesetz der Apokalypse mögliche Zukunft. «Doomsday» – Tag des Jüngsten Gerichts – wurde zum Terminus der Waffen-Technologie. Soll also der Mensch und nicht Christus das Ende der Dinge auslösen können? Dieser Paradoxie wurde bislang keine noch so spitzfindige Theologie Herr.

Aber auch der Ungläubige ist überfordert. Nimmt er den Zufall an, so verzichtet er von vornherein auf ein Verstehen jener Evolution, die letztlich von der Geburt des Kosmos bis zu jener absoluten Grenze führt, vor der wir heute stehen. Glaubt er aber mit den dialektischen Materialisten an einen durchgehenden Determinismus, so müssen die Ursprünge der Materie bereits die atomare Apokalypse enthalten. In den «Genen des

Kosmos» liegt dann gewissermassen sein Untergang. Aber welch ein mörderisches Gesetz! Kann man in einem solchen Kosmos leben?

Dies ist die Frage Hamlets. Es ist auch die Frage dieses Buches. Es versucht, die Wurzeln der Tragödie freizulegen. Dabei müssen wir Jahrtausende der Menschheitsgeschichte umgraben, bis wir zu den faustischen «Müttern» gelangen. Es sind dies die Mythen und Archetypen. Hier finden wir die letzten Imperative des Physikers. Sie machen zugleich Physik als Wissenschaft überhaupt möglich. Eine Theorie, die diese Ursprünge zum Problem erhebt, nenne ich Protophysik. Sie ist zugleich eine Logik und Psychologik der wissenschaftlichen Entdeckung.

Ihr Ziel ist es, die Physik, so wie sie wurde und heute ist, zu verstehen. Denn die Physik, jene folgenreichste Leistung des Menschen nach der Religion, sucht alles zu begreifen, nur nicht sich selbst.

Die Glorie dessen, der mit seinem Finger
Bewegung schafft, durchdringt das All und gleisst
An einer Stelle mehr und sonst geringer.

Im Himmel, der ihr Licht am klarsten weist,
Hab ich geweilt; und Dinge sah ich viele,
Die wiedersagt kein heimgekehrter Geist.

Dante, Paradiso, 1. Gesang

1. Kapitel
Die Geburt der Physik

Zu den grössten Wundern zählen die Entdeckungen der Wissenschaft vom Universum, genannt Physik. Ausbrüchen von Supernovae vergleichbar flammen am Himmel der menschlichen Erkenntnis nahezu plötzlich neue Beobachtungen auf, die der Mensch im Lauf seiner Geschichte längst hätte machen können. Theorien werden geboren, die, Sternbildern ähnlich, neuen Generationen von Physikern den Weg weisen. Ja, einige von ihnen, die umfassendsten, gleichen ganzen Galaxien, verästelt zu unzählbaren Experimenten, Gleichungen und technischen Erfindungen.

Vergleicht man die Zeiträume, in denen sich das Drama der Physik abspielte, so gelangt man zu immer geraffterten Fristen. Nach Jahrtausenden der Kulturen im Zweistromland, am Nil und Jangtsekiang kommt es im 3. Jahrhundert vor Christus in der hellenistischen Kultur erstmalig zur Physik als Wissenschaft im modernen Sinn. Euklid hinterliess uns um die Wende vom 4. zum 3. Jahrhundert seine heute noch gültige Geometrie. In ihr wird aus Definitionen, Axiomen und logischen Ableitungsregeln das wunderbar durchsichtige Gebäude der Raumgesetze aufgebaut, in das fast zwei Jahrtausende später die klassische Mechanik einziehen wird. Zugleich schuf er die Grundlagen der Optik. Archimedes aus Syrakus ist der Begründer der Statik und Hydrostatik. Ihm verdanken wir das nach ihm benannte Gesetz des Auftriebs, den ein Körper in einer Flüssigkeit erfährt. Er erfand den Mechanismus zum Anheben von Wasser, der in Ägypten für Bewässerungsanlagen benutzt wurde. Der Flaschenzug geht auf ihn zurück. Er soll ihn mit den berühmten Worten kommentiert haben: «Gebt mir einen festen Punkt und ich hebe die Welt aus den Angeln!»

Seine Glanzleistung aber war die Erfindung des Planetariums, das der römische Feldherr Marcellus nach der Einnahme des von Archimedes mit immer neuen Erfindungen verteidigten Syrakus im Triumphzug nach Rom brachte.

Im 2. Jahrhundert nach Christus entwarf Ptolemaios in Alexandria sein Weltsystem, das fast 1500 Jahre abendländischen und arabischen Denkens beherrschen sollte. Aber schon 400 Jahre zuvor hatte Aristarchos aus Samos erstmalig ein heliozentrisches Weltsystem aufgestellt. Dieser Gedanke brach erst wieder in Nikolaus Kopernikus aus dem Untergrund der dunklen Flussläufe menschlicher Archetypen hervor.

Ist es nicht symbolisch, dass Archimedes, der wohl grösste Physiker des Altertums, nach der Legende beim Fall seiner Heimatstadt Syrakus von einem römischen Barbaren erschlagen wurde, als er eben seine geometrischen Figuren in den Sand zeichnete? Er verstand nicht einmal, dass ihm der Tod drohte. Rom hatte der Physik bei allem äusseren Glanz kaum etwas hinzuzufügen. Die Gestirne Griechenlands verblassten, bis sie mit den Barbarenstürmen der Völkerwanderung in tiefe Dämmerung sanken. Erst das Renascimento hob den Schleier, der sie verhüllte, und fügte ihnen Plejaden erleuchteter Geister hinzu.

Diese zweite Eruption physikalischer Erkenntnisse dauerte rund zwei Jahrhunderte. Nikolaus Kopernikus wurde 1473, gut 200 Jahre vor Isaac Newtons Entdeckung der Gravitation im Jahre 1682, geboren. Die Geburt der modernen Physik müssen wir jedoch mit Leonardo da Vinci beginnen, der von 1452 bis 1519 lebte.

Das Mittelalter hatte uns an physikalischen Einsichten hauptsächlich die Lehre vom Magnetismus hinterlassen. Es benutzte seit dem 11. Jahrhundert den Kompass. Er ist wahrscheinlich eine arabische Erfindung, die lange den Chinesen zugeschrieben wurde. Im 13. Jahrhundert stellte der Franziskaner Roger Bacon den auch heute noch gültigen Grundsatz auf, dass es keine Wissenschaft ohne Mathematik gibt. Er gilt zugleich als Begründer der experimentellen Methode und benutzte schon die Linse.

Aber erst Leonardo, ebenso gross als Maler wie als Physiker und Ingenieur, legte die eigentlichen Fundamente der Naturwissenschaft. Er beobachtete, mass, berechnete, erfand und ordnete die Ergebnisse in Prinzipien. Auf ihn gehen vor allem die Grundlagen der Dynamik zurück. Sein Meisterwerk ist die Beobachtung des Vogelflugs und die darauf gegründete Vision menschlicher Flugapparate von 1490 bis 1513. Sie sollte erst knapp vier Jahrhunderte später Wirklichkeit werden.

Als drittes Riesengestirn leuchtete am Himmel Galileo Galilei von 1564 bis 1642 auf. Mit ihm wurde der Physik des Aristoteles der Todesstoss versetzt; sie hatte bis dahin nahezu als Dogma gegolten. Galileis Relativitätsprinzip, von Albert Einstein wieder aufgegriffen, und sein ebenfalls von Einstein benutztes Prinzip der Äquivalenz von träger und schwerer Masse bilden die Fundamente der speziellen und allgemeinen Relativitätstheorie und damit der heutigen Physik. Sein Kampf gegen die

Inquisition und für das kopernikanische Weltbild, der ihn beinahe das Leben gekostet hätte, wurde zum Paradigma des Bruchs zwischen Glaube und Wissenschaft.

Galileis Zeitgenosse Johannes Kepler, von 1571 bis 1630, wurde zum vierten Gestirn der Plejaden. Seine Grosstat ist die Erkenntnis der drei Gesetze für das Sonnensystem, ja für jedes System, das nach dem Modell des Sonnensystems gebaut ist. Damit erhielt die Idee des Kopernikus erst ihre mathematische Gestalt: Sie wurde zum physikalischen Gesetz. Gleichzeitig erkannte Kepler die Grundgesetze der geometrischen Optik.

Mit dem Namen René Descartes (1596–1650), gleich gross als Philosoph wie als Mathematiker und Physiker, ist für immer die Forderung des «klaren und distinkten» Denkens verknüpft. Es wird auch heute noch als eigentlich «kartesianisches Denken» bezeichnet.

Seine rein technische Grösse liegt aber in der Erfindung der nach ihm benannten Koordinaten, einem unentbehrlichen Hilfsmittel der analytischen Geometrie. Sie sollten vor allem in der speziellen und allgemeinen Relativitätstheorie, wenngleich in abgeänderter Form, eine fundamentale Rolle spielen.

Die Krönung bildete jedoch das Werk des Isaac Newton (1643–1727). Er wurde ein Jahr nach Galileis Tod geboren. Newton schloss die von Galilei gelegten Grundlagen der Mechanik durch seine Prinzipien der Kraft, Masse und Trägheit ab und erweiterte sie zugleich auf das Universum. Es ist dies die erste und bis heute gültige logische und mathematische Grundlegung der Physik, nur dem Werk des Euklid vergleichbar. Mit ihr wird die Welt mit einemmal durchsichtig wie ein Kristall. Wenn auch Einstein und die Quantenmechanik Newtons Mechanik korrigierten und erweiterten, so bleibt sie doch für immer das Vorbild gedanklicher Klarheit und schöpferischer Tiefe.

Zugleich erkannte Newton um 1682 das Grundgesetz des Universums, die Gravitation. Sie bildet neben den drei anderen Grundkräften der Welt, der starken Kernkraft, der sogenannten schwachen Kraft und der elektromagnetischen Kraft, jene Vierheit, welche das Verhalten der gesamten physikalischen Wirklichkeit steuert. Zum erstenmal war damit eine Kraft erkannt worden, der ausnahmslos alle Körper des Weltalls unterworfen sind. Mit ihrer Hilfe gelingt es, die Bahnen der Himmelskörper zu berechnen.

Damit leitete Newton das eigentliche Jahrhundert der Astronomie ein: Die glasklaren Gesetze der Massenanziehung und der Kraft (deren Sonderfall die Schwerkraft ist), determinieren das Verhalten der Himmelskörper für alle Zeiten. Später konnte Pierre Simon Laplace in seinem Hauptwerk über die Himmelsmechanik 1799–1825 eine Weltanschauung aufstellen, wonach es einem fiktiven Weltgeist möglich sein müsste, bei genauer Kenntnis des Zustandes aller Himmelskörper zu irgendeinem Zeitpunkt alle vergangenen Zustände des Universums und alle künftigen zu berechnen. Noch im 19. Jahrhundert versuchte man, alle physikalischen Vorgänge als Phänomene der Mechanik zu erklären. Der Geschichtsdeterminismus von Marx, Engels und Lenin geht letztlich auf die Extrapolation dieses universalen Determinismus auf die menschliche Geschichte zurück. Und noch heute ist der Triumph der Rechentechnik eine Spätfolge jener Philosophie des Maschinen-Denkens, die einst Descartes in den tierischen Organismen Maschinen sehen liess und den französischen Aufklärungsphilosophen Julien Offray de Lamettrie 1748 veranlasste, den Menschen als Maschine zu bezeichnen («L'homme-machine»).

Dies alles war mehr als der spontane Ausbruch physikalischer Erkenntnis. Es war der Ausbruch einer neuen Zeit. Nicht zu Unrecht nennen wir sie die Neuzeit. Der Physik von Leonardo bis Newton ging um ein Jahrhundert phasenverschoben die Geburt der grossen neuzeitlichen Malerei in Italien voran. Sie knüpft unmittelbar an ihre grossen Vorgänger des Duecento und Trecento an: Cimabue in der zweiten Hälfte des 13. Jahrhunderts, den etwas späteren Giotto, der die «antike Grandezza mit der Wahrheit» verbinden wollte, an den Visionär transzendenter Schönheit der Erlösten, Fra Angelico 1387–1455. Ein Vielgestirn unsterblicher Meister wird nun Masstäbe für die Malerei des ganzen Abendlandes setzen. Signorelli, von ca. 1450 bis 1523, wird mit seinem «Jüngsten Gericht» Michelangelo inspirieren: Ausdruck einer Grundwelle apokalyptischen Denkens gegen Ende des Mittelalters. Es fand in Savonarolas Busspredigten der Endzeit in Florenz und seinem Tod auf dem Scheiterhaufen 1498 seinen dramatischen Ausdruck. Ist es ein Zufall, dass die Apokalyptik einer sterbenden Epoche zugleich zur Geburtsstunde einer neuen wurde, die nun wieder mit einer Apokalyptik endet?

Noch erschütterter aber ging das Jahrhundert in der grossen flämischen Schule zu Ende: Es war, als würden die Geburtswehen der neuen Zeit sich im Aufschrei der Farben und in der Schwermut der Gesichter bekunden. Die «Kinder Portinari» von Hugo van der Goes um 1475 blicken voll hintergründiger Trauer in eine verborgene Welt. Sein «Bildnis eines Mannes» mit zum Gebet gefalteten Händen gleicht eher dem Schweizer Nationalheiligen Nikolaus von der Flüe, der 1467 Frau und Kind verliess, um 20 Jahre als Eremit zu fasten, als einem vom Mittelalter «befreiten» Menschen.

Den Höhepunkt dieser Geburtsqualen wird aber Hieronymus Bosch von 1450 bis 1516 in seinen Schauungen satanischer Wahrheiten erleben: Christus hoch über einem Heuwagen mit menschlichem Getümmel, auf der Spitze ein Liebespaar, dem der Teufel zur Höllenfahrt aufspielt. Im «Garten der Lüste», vier Jahrhunderte vor Salvador Dali und unendlich wahrhaftiger, die Symbolisierung menschlichen Fleisches. Und inmitten einer Horde grinsender Teufel mit Menschenantlitz: *Er* der Kreuztragende, der allein Menschliche.

Die Lösung des Abendlandes vom Mittelalter gelang also nur unter Qualen. Keineswegs schritt der Mensch als Herr seiner selbst aus den «Höhlen» gotischer Kathedralen und aristotelisch-thomistischer Kategorien in die besonnte Freiheit hinaus. Die Transzendenz wurde nicht einfach in die Immanenz hinabgeholt. Das Mittelalter war sicher eine der grandiosesten Anstrengungen des Menschen, die Transzendenz in Stein und Gemälde, Dogma und kirchlicher Herrschaft zu verwirklichen. Aber unter welchen irdischen Opfern! Unter welchen Leidenschaften, Irrtümern, Erhabenheiten und Trivialitäten! Es gibt keinen deutlicheren Beweis für die gespaltene Seele des Mittelalters als die Hinrichtung der Heiligen von Orleans, der Jeanne d'Arc, die Frankreich die Freiheit zurückgab und von den eigenen Hierarchen als Hexe verbrannt wurde.

Ebenso sind die Renaissance und der beginnende Barock nicht die Spur reiner Weltlichkeit. Gewiss, die Akzente verschieben sich vom Allgemeinen zum Besonderen, vom Heiligen zum Profanen, vom Überweltlichen zum Innerweltlichen. Aber die Polarität bleibt. Die gleiche polare Spannung von Leib und Geist, Immanenz und Transzendenz, wird auch der jungen Physik in die Wiege gelegt.

Ein Beispiel ist gerade der Maler und Physiker Leonardo. 1513–1515 malt er das Mysterium der Frau, die «Gioconda». Aber 1497, zur Jahrhundertwende, schafft er im «Heiligen Abendmahl» die vielleicht vollkommenste Gestalt von Gottes Hingabe an den Menschen.

So erschüttert war er von der Aufgabe, das Antlitz des Gottessohnes zu malen, dass er nicht wagte, es zu vollenden. Raffael malt die menschliche Schönheit in seinen Madonnen, als würde Gottes Schönheit selbst in sie herabsteigen. Aber sein Grösstes ist die «Verklärung Christi», jene «Transfiguration», in der wahrhaftig der Mensch Jesus zum Sohn Gottes verwandelt ist.

Ob wir nun von der Vermenschlichung Gottes oder der Vergöttlichung des Menschen sprechen: Beides hält sich in Michelangelo die Waage. Aber das Göttliche überwiegt. Keine Kultur der Welt, auch nicht die griechische, hat dem Menschen ein solches Denkmal gesetzt wie Michelangelo im «David» und «Moses». Keiner hat Gott als Schöpfer von so Welten-schaffender Kraft gemalt, fast als könnten wir dem «Ich bin, der Ich bin» des Alten Bundes ins Auge schauen, ohne zu sterben. Über allem aber malte Michelangelo das Jüngste Gericht 1536–1541, die Prophetie schlechthin. Es ist das absolute Ende von allem und zugleich der absolute Beginn. Hier ist Christus nicht mehr der Geopferte, der leidende Gottmensch, sondern der Rächer. Nackt, mit alles zertrümmernder Faust, tritt er aus dem grässlich transzendenten Blau des Jenseits, das noch immer die Realität schlechthin war, nur verborgen der Masse Mensch, die jählings unter dem Gebrüll der Tuben in die Tiefe gerissen wird.

Hier kommt ein Universalismus zum Durchbruch, der sich erst eineinhalb Jahrhunderte später in Newtons Gravitationsgesetz als wissenschaftliches Weltbild niederschlagen wird. Aber die Grundidee ist in beiden Werken: Das Ganze des Raums und der Zeit sichtbar zu machen. Michelangelo leistet dies in Farbe und Figur, der Physiker Newton in Gleichung und Gesetz.

Einen absoluten Höhepunkt wird die mystische Einheit von Transzendenz und Immanenz jedoch in Grünewalds «Isenheimer Altar» 1515 erfahren. Hier steigt der gemarterte Gottessohn in das Inferno dieser Welt hinab, in die letzte Verzweiflung des «Mein Gott, mein Gott, warum hast Du mich verlassen». Aber im Bild der Auferstehung wird das Totenreich zermalmt von einer explodierenden Sonne. Kein Maler hat je das Mysterium von Ostern in solcher Verzückung beschworen und keiner war vielleicht so von ihm überwältigt wie Meister Mathis.

Das alles wird im Grunde erst in der Physik des 20. Jahrhunderts die Gestalt von Gleichungen und Instrumenten zur Beobachtung des Grössten wie des Kleinsten annehmen. Hier wird die Erkenntnis des Universums und seiner Bausteine erst jenen Höhepunkt erreichen, wie ihn die abendländische Malerei in der Renaissance erfuhr.

Aber vergessen wir nicht, dass die Geburtsstunde der neuen Wissenschaft Zeitgenosse einer Malerei war, die beim Übergang von der Renaissance zum Barock noch einmal Diesseits und Jenseits vereint: Galileis und Keplers geistige Brüder waren Greco (1541–1614) mit seiner Mystik der Farben in «Toledo im Gewitter» und der Mystik des Todes in der «Grablegung des Conde Orgaz», sowie Ribera, Murillo und Zurbaran. In den grossen Spaniern vereint sich das Ritual einer Weltmacht mit der durchdringenden Menschlichkeit und dem theologischen Pathos der Theresa von Avila und ihres Weggefährten Juan de la Cruz.

Man muss diese Zusammenhänge verstehen. In ihnen bekundet sich mehr als nur die zeitliche Parallelität. Es ist die «Seele» einer grossen Epoche, die, einer Menschheitsmutter vergleichbar, ein neues Geschlecht geistiger Brüder hervorbringt. Galilei und Kepler werden die gleiche Geistigkeit des Unsichtbaren atmen, die aus den spanischen Meistern weht, obgleich sie vordergründig nichts mit ihnen zu tun haben. Ihre eigenen sichtbaren Leistungen sind ohne diese Geistigkeit überhaupt nicht erklärbar.

Das gilt auch für Descartes und Newton. Die grossen Holländer des 17. Jahrhunderts werden die Natur in einer Weise beseelen, wie sie nie zuvor erreicht wurde und vielleicht – die Impressionisten ausgenommen – niemals danach. Man darf in Rubens, dem Zeitgenossen Descartes', nicht nur den Maler des Fleisches sehen; er ist es auch, aber seine eigentliche Grösse sind die «Apostel» im Prado: Menschen, denen gleich Adam Gott selbst das Gesicht gab, das vom Gottessohn wiedergeborene Antlitz. Und wer hat die Seele der Landschaft so zum Leben erweckt wie die «Holländer»? Hier lebt die Natur. Ebenso erwecken Descartes und Newton die Natur zu ihrer eigenen Wahrheit, würde Hegel sagen, indem sie ihr das mathematische Gesetz ins Gesicht schreiben.

Diese höchste Vergeistigung der Natur, wie sie in Newtons «Principia» 1687 zutage tritt, wird bereits von Rembrandt vorweggenommen. 1636 erscheint sein «Gang nach Emmaus» mit einem Auferstandenen, der nicht mehr Mensch ist und doch ganz ein Mensch, so sehr wurde er aus den

Schatten in die Transzendenz erhoben. Im «Selbstbildnis» 1659 und im «Verlorenen Sohn» 1636 wird die menschliche Gebärde zur aufgeschlossenen Chiffre der Seele. Nur Dostojewskij wird ähnliches vollbringen.

Das alles muss man sehen, will man die Geburt der Physik verstehen.

Aber ihre Zwillingsschwester war die Geburt der Musik. Es gehört zu den Paradoxien der Geschichte, dass der Vater Galileis († 1582) einen vergeblichen Versuch machte, eine neue Musik zu schreiben, indem er sie einer literarischen Vorlage anpasste und dabei auf griechische Muster zurückgriff. Das Ergebnis war enttäuschend. Die Entwicklung nahm einen anderen Gang: 1590–95 kam es in Florenz zu einer Vermischung der Stilbereiche, indem aus abwechselnden Tanz- und Liedstücken musikalische Szenen gebildet wurden. Als entscheidender Schritt erschien 1598 die erste Oper, der 1600 eine zweite, die «Euridice» folgte. Monteverdi formulierte dann 1605 das neue Prinzip, wonach «die Deklamation die Herrin der Harmonie und nicht ihre Dienerin sein soll». Die Melodie wurde für ihn zur Einheit von Sprache und Rhythmus; ihr hat sich die Harmonie unterzuordnen. Monteverdi benutzte diesen «uso moderno» genannten Stil, um auch heute noch gültige Schöpfungen hervorzubringen. Freilich hatte er Vorläufer, die letztlich bis in die frühfranzösischen Formen des Gregorianischen Kirchengesangs zurückreichen.

Aber der entscheidende Durchbruch war nun geschehen, und zwar um die gleiche Zeit, als Galilei 1609 sein eigenes Fernrohr herstellte.

Während also die moderne Musik geboren wurde, die uns bis heute eine Welt von Tönen erschloss, wurde das erste Instrument geschaffen, das unseren Sinnesorganen eine Welt von Sternen öffnet. Dieser zweifache Durchbruch zu neuen Welten vollzog sich also nahezu gleichzeitig.

Zwei Jahre vor Newtons «Principia» wird Johann Sebastian Bach geboren. Sein Monumentalwerk, in dem die Musik aller Zeiten enthalten ist bis auf heute, gleicht in seiner Einheit von absoluter Tiefe und zugleich absoluter Klarheit der Mechanik Newtons. Beide setzten Zeichen für alle künftigen Generationen. Beide sind die Väter schlechthin. Und beide haben ihre kongenialen Gegenspieler und Brüder zugleich: Der eine in Händel, der andere in Leibniz. Und wiederum vereinen sich in beiden Glaube und ratio in einer unüberbietbaren Weise.

Malerei, Physik und Musik sind also die drei Geschwister aus der Vaterschaft des neuen Geistes. Im Gegensatz zu Glaube und Wissenschaft haben sie sich nie zerstritten. Sie bilden die grosse Harmonie der Familie Europa. Aber welch eine Folge von Dramen in diesen zwei Jahrhunderten! 1453 hatten die Türken Konstantinopel erobert und damit den östlichen Pfeiler der abendländischen Kultur zum Einsturz gebracht. Sie werden 1683, ein Jahr nach Newtons Entdeckung der Gravitation, zum zweiten Mal Wien belagern.

1492 fällt die letzte Bastion der Mauren in Spanien: Granada. Aber im gleichen Jahr entdeckt Kolumbus die Neue Welt. Fünf Jahre später vollendet Leonardo sein «Heiliges Abendmahl». Dreizehn Jahre später wird die

Taschenuhr erfunden: Fortan wird die Zeit ständiger Zeuge der Geschichte sein. Fünf Jahre nach der Vollendung der Decke der Sixtina durch Michelangelo schlägt Luther seine Thesen an die Kirchentüre zu Wittenberg und zwei Jahre später beginnt Magalhães die erste Umseglung der Erde. 1543 ist das Todesjahr von Kopernikus. Im fernen Russland ist Iwan der Schreckliche bereits zehn Jahre an der Macht. Im Westen wird Spanien unter Karl V. und Philipp II. zur Weltmacht, während im Feuer der Autodafés das Gewissen einer ganzen Nation verbrannt wird. Im Norden erheben sich die Niederländer gegen ihre spanischen Unterdrücker und in Frankreich wüten die Hugenottenkriege.

In der Seeschlacht von Lepanto wird der Herrschaft der Türken im Mittelmeer 1571 ein Ende bereitet. Cervantes verliert hier seine Hand, ehe er 1605–1615 den unsterblichen Don Quijote schreibt, in dem die Seele des Mittelalters auf dem grotesken Katafalk des Ritters von der traurigen Gestalt zu Grabe getragen wird. Nur zwei Jahre vor dem Beginn des Don Quijote vollendet Shakespeare seinen Hamlet: Hier wird die Transzendenz zum Gespenst, das den modernen Menschen in den Tod treibt: Schicksal der Söhne unter dem Schicksal der Väter. Auf dem Höhepunkt geistiger Schöpfungen um die Wende vom 16. zum 17. Jahrhundert wird Giordano Bruno im Jahre 1600 verbrannt, weil er die Unendlichkeit der Welten lehrte. Neun Jahre später entdeckte Galilei die Jupitermonde und Sonnenflecken. Vierundzwanzig Jahre später wird auch er 1633 vor das Gericht der Inquisition gestellt.

Von 1618 bis 1648 wird Deutschland durch den Dreissigjährigen Krieg verwüstet und für gut zwei Jahrhunderte als politische Macht von der Bühne verschwinden. Fankreich, Holland und England werden mächtig, und im Osten besteigt 1645 der erste Romanov den Zarenthron. In England aber ist Bürgerkrieg, bis Cromwell 1649 zum Diktator wird. Aber 1637 hat Descartes seinen «Discours de la Methode» geschrieben. 1667 vollendet Milton sein «Verlorenes Paradies» und zehn Jahre später Spinoza seine «Ethik». Drei Jahre vor Newtons Tod vollendet Bach seine Johannespassion. Im gleichen Jahr 1724 wird Immanuel Kant geboren.

Das alles liegt in den zwei Jahrhunderten Aufstieg der neuen Physik. Man darf sie nicht von der allgemeinen Geschichte trennen, wird sie doch im 19. Jahrhundert zur völligen technischen Verwandlung der westlichen Welt führen und in der Mitte des 20. Jahrhunderts erstmalig die Apokalypse beschwören. Ja, sie wird gegen Ende des Jahrtausends zur apokalyptischen Wissenschaft schlechthin. Und dies in einem Jahrhundert, das längst aufgehört hat, an die Apokalypse zu glauben.

Man wird die Urgewalt dieses geistigen Ausbruchs erst verstehen, vergleicht man ihn mit der Ming-Zeit in China. Auch hier eine Wiedergeburt, aber nicht zu einem neuen Morgen der Kultur, sondern zu ihrem letzten Abend.

1368 werden die Mongolen vertrieben und der Anführer der Befreiungsarmee, Chu Yüan-Chang, gründet die Ming-Dynastie. Die vor der

Zeit der Mongolenherrschaft gemachten Entdeckungen brechen durch: Um 770 war bereits die Kunst des Holzplattendrucks erfunden worden und seit der Mitte des 11. Jahrhunderts gab es bewegliche Lettern. Es kam dadurch zu einer ähnlichen Ausbreitung der gedruckten Bildung wie in der Zeit von Erasmus und Luther. Die Romankunst entstand unter den Mings, gleichzeitig jedoch wurde die im 11. Jahrhundert erfundene Zensur angewandt, um freies Gedankengut zu verhindern. Das gesungene Drama – die-Peking-Oper – wurde geboren. Der Dramatiker T'ang Hsien-Tsu wird ein Zeitgenosse Shakespeares. Chu Tsai-Yü stellt 1584 die erste wohltemperierte Tonleiter auf, eineinhalb Jahrhunderte vor Bachs «wohltemperiertem Klavier». Der Philosoph und General Wang Yang-Mong (Wang Shou-Jen von 1472–1529) lehrt die intuitive Erkenntnis aus der einigenden Liebe zu allen Geschöpfen:

> «Der Grosse Mensch ist in alldurchdringender Einheit mit Himmel, Erde und allen Dingen. Er sieht in allem unter dem Himmel eine einzige Familie und das Reich der Mitte als einen einzigen Menschen.»

Von hier leitet Wang die intuitive Erkenntnismethode ab:

> «Unsere vom Himmel verliehene Natur ist äusserst gut.
> Was in ihr nicht verdunkelt werden kann, ist das höchste Gut und stellt die illustre Tugend in ihrem ursprünglichen Zustand dar; dies bezeichne ich als intuitive Erkenntnis».

Für Wang ist der ursprüngliche Zustand unseres Geistes die spontane Intelligenz und das scharfe Bewusstsein. Nur unsere Selbstsucht errichtet Barrieren gegen diesen Zustand. Durch die Intuition ist eine vollständige Erkenntnis aller Dinge möglich:

> «Der Geist des Menschen bildet den Himmel in seiner ganzen Tiefe, innerhalb dessen nichts ist, was nicht darin eingeschlossen wäre. Ursprünglich war nichts als dieser einzige Himmel.»[1]

Aber die bleibende Leistung der Epoche sollte die Malerei werden. Obwohl sie nicht mehr die Unmittelbarkeit der Sung-Epoche erreicht, nimmt sie bereits den französischen Impressionismus des 19. Jahrhunderts vorweg: Auch dies ein Zeichen des Herbstes einer Kultur. Es ist symbolhaft, dass Lu-Chi um 1554 in seinen «Herbstfarben» die Trauer einer sterbenden Epoche in die zartesten aller Farben und Linien zerfliessen lässt.

Aber von moderner Physik keine Spur. Das Denken konnte sich nicht befreien. China hatte zwar das Schiesspulver erfunden; im 11. Jahrhundert werden bereits die ersten Pulver-Kanonen erwähnt, die von den Mongolen bei Belagerungen benutzt werden. Dennoch schuf die Ming-Zeit keine Wissenschaft im heutigen Sinn. Dabei wäre Chinas intellektuelle Schöpferkraft zweifellos dazu imstande gewesen. Man kann Gründe angeben:

Die dogmatische Staats- und Familienphilosophie des Konfuzius, die Mystik des Taoismus, die endlosen Fehden der Fürstentümer, Clans und Hofkliquen. Das alles ist wahr, aber es reicht nicht hin. Gerade die Ming-Zeit besass eine allgemeine Kultur, die jener der Renaissance in manchem ebenbürtig, wenn nicht überlegen war. Marco Polo hatte schon zuvor Wunder berichtet und damit nicht zuletzt den Aufstieg neuzeitlicher Kultur in Europa ausgelöst.

Weshalb dann die Verschiedenheit der Wege von Europa und China? Auch Europa hatte seine Verbrennungen, seine Fürstenfehden, Religionskriege und allgemeine Barbarei bis hinein in das 17. Jahrhundert. Auch Europa wurde von den Türken bedrängt wie die Chinesen der Ming-Zeit von den japanischen Seeräubern im Osten, den Mongolen im Westen und den Mandschuren im Norden. Weshalb bei aller Parallelität der explosive Aufschwung der Naturwissenschaft in Europa, in China aber das Beharren auf technischem Nutzen ohne die abstrakte Suche nach den rationalen Prinzipien der Natur?

Wir dürfen uns nicht damit begnügen, die Tatsache als solche zu konstatieren. Dazu ist sie zu folgenschwer. Im Westen kam es gleichzeitig mit dem Aufstieg der Physik zur Bildung der grossen Nationalstaaten Spanien, Frankreich, Holland und England mit ihren Imperien. In China ging die Ming-Zeit in inneren Fehden, Eunuchenkämpfen am Hof und kultureller Ermattung unter, bis sie von den nördlichen Barbaren, den Mandschus, abgelöst wurde. Sie war keine echte Wiedergeburt wie die Renaissance, sondern ein wehmutvolles Abschiednehmen von Chinas vergangener Grösse. Die Folgen sind heute noch sichtbar: Ein Opfer der europäischen Imperialismen im 19. Jahrhundert, wurde China im 20. Jahrhundert zum Opfer des europäischen Marxismus, aus dem es sich bei aller Verwestlichung seiner Technik bis heute nur unter Schmerzen löst. Wir warten immer noch auf den eigenen chinesischen Weg zur modernen Kultur. Inzwischen aber übernimmt es vornehmlich die westliche Kriegskunst, um an den Tisch der Atommächte zugelassen zu werden, als wäre es nicht spezifisch chinesische Tradition, den Krieg und alles, was damit zusammenhängt, zu verachten.

So bleibt denn letztlich die grosse Frage: Weshalb gerade in Europa und gerade während der Renaissance der Ausbruch physikalischen Denkens? Weshalb nicht in China?

Lassen wir dieses Geheimnis vorläufig stehen. Wir werden noch darauf zu sprechen kommen, wenn wir die Parallele zwischen physikalischem und östlichem Denken ziehen. Gerade diese unzweifelhafte Parallelität wird uns die Unterschiede aufweisen, welche die Geburt der Physik in China (und Indien) verhinderten. Es sind dies nicht Unterschiede im Können, sondern letzthin im Wollen. China (und Indien) wurden von anderen Imperativen geleitet als Europa.

Hier legten einige wenige Jahrhunderte die Fundamente modernen naturwissenschaftlichen Denkens. Die Nachfolgenden fügten neue Stockwerke hinzu, bis gegen Ende des 19. Jahrhunderts der gewaltige Turm vollendet schien, mit dem der Mensch bis in den Himmel steigen wollte. Noch Max Plancks Lehrer meinte, es sei nichts mehr zu entdecken.

Dann aber kam genau um die Jahrhundertwende ein neuer Ausbruch physikalischer Erkenntnis, noch heisser und folgenschwerer als der erste. Im Dezember 1900 entwarf Planck – wider Willen – seine Quantenhypothese. 1905 schuf Einstein die spezielle Relativitätstheorie. Gleichzeitig legte er das Gesetz der Äquivalenz von Masse und Energie vor, das die Grundlage der Atomenergie werden sollte. Im gleichen Jahr 1905 entwarf er in der Nachfolge von Plancks Hypothese die Theorie der Strahlung, wonach das Licht als Korpuskularvorgang verstanden werden kann.

1913 stellte Niels Bohr das erste Atommodell auf und zwei Jahre später hatte Einstein seine allgemeine Relativitätstheorie abgeschlossen, die Newtons Lehre von der Gravitation zum erstenmal begründete. Es folgte eine stürmische Epoche der Berechnung der Spektrallinien und damit des Atombaus. 1925 vermochte Werner Heisenberg den Atombau durch seine Matrizentheorie als Folge eines wundervoll durchsichtigen mathematischen Schemas abzuleiten; es folgten noch im gleichen Jahr die abschliessenden Arbeiten von Heisenberg, Max Born und Pascual Jordan. Aber bereits 1924 hatte Louis de Broglie die Bewegung stofflicher Teilchen als Wellenvorgang gedeutet und Erwin Schroedinger konnte anschliessend 1926 parallel zur Matrizentheorie den Atombau als Lösung von Wellengleichungen verstehen. Born deutete die «Welle» als Symbol für die Wahrscheinlichkeit, einen bestimmten Zustand anzutreffen, und Wolfgang Pauli vermochte durch das nach ihm benannte Prinzip den chemischen Aufbau der Elemente abzuleiten. Paul Dirac schliesslich entdeckte 1930 rein mathematisch die Möglichkeit von Antiteilchen, nämlich das positive Antielektron, das Positron. Er begründete damit einen völlig neuen Zweig der Physik, die eigentliche Theorie der Elementarteilchen (Quantenfeldtheorie). Von hier an finden wir eine solche Fülle sich beinahe nahtlos aneinanderreihender Entdeckungen bis heute, dass wir geradezu von einem Kontinuum sprechen können.

Von Plancks Entdeckung bis zu Diracs Theorie des Elektrons sind es dreissig Jahre. Nimmt man aber die eigentliche Grundlegung der Atomphysik, so dauert sie ungefähr von 1905 bis 1926, also gut zwanzig Jahre. Nur 12 Jahre später entdeckten Otto Hahn und Fritz Strassmann 1938 am Vorabend des Zweiten Weltkrieges die Uranspaltung durch langsame Neutronen. Und von dort bis Hiroshima und Nagasaki waren es nur noch 7 Jahre. Aus der physikalischen Spekulation Galileis wurde letztlich die Atombombe. Die Morgenröte der Renaissance endete im Gewitter der hereinbrechenden Apokalypse.

Aber welch ein Unterschied der Epoche! Die grosse Kultur des Abendlandes war tot. Es gab nur noch wenige Lebende wie Auguste Rodin, der 1904, ein Jahr vor Einsteins ersten Entdeckungen, den «Denker» schuf. Leo Tolstoij endete 1910, vier Jahre vor dem Ersten Weltkrieg, als ein

Halbirrer, verzweifelt ob des Kontrastes zwischen seiner Lehre und seinem Handeln. Aber schon hatte Wladimir Iljitsch Lenin 2 Jahre vor der Relativitätstheorie die Partei der Bolschewiki gegründet und 1905 brach in Russland die erste Revolution aus, die zum Wetterleuchten der Oktoberrevolution wurde. Ein Jahr bevor die Lichter in Europa für Jahrzehnte ausgehen sollten, stellte Bohr sein Atomodell auf, und als de Broglie seine Wellentheorie der Materie entwickelte, starb Lenin. Stalin begann seine Schrekkensherrschaft. Auf dem Höhepunkt der Quantenmechanik, 1925, wurde der Vertrag von Locarno geschlossen, der Europa eine neue Friedensordnung bescheren sollte. Aber schon marschierten die neuen Totengräber Europas, die Trupps von Hitler. Rainer Maria Rilke hatte seine Duineser Elegien vollendet, den Schwanengesang der abendländischen Dichtung, und wurde mit Leukämie zum Sterben in das Sanatorium eingeliefert. Es war vor Weihnachten 1926:

«Bin ich es noch, der da unkenntlich brennt?
Erinnerungen reiss ich nicht herein.
O Leben, Leben: Draussensein.
Und ich in Lohe. Niemand, der mich kennt.»

Mit dem Aufstieg der Atomphysik sollte der Untergang der europäischen Kultur zum drohenden Untergang der Welt werden. Die moralischen Grenzen, die einst trotz Alexander Borgia und Torquemadas Inquisitoren das Abendland in eisernen Klammern hielten, waren in zwei Weltkriegen und einer Weltrevolution zerbrochen. Aber die Lava immer neuer physikalischer Erkenntnisse, angeheizt vom Fanatismus der Macht, wälzt sich weiter.

Es scheint, als flüchte sich die Seele unserer Kultur in den letzten Bereich, der ihr geblieben ist, die Physik der Atome, Elementarteilchen und Galaxien. Dort leben noch Gedanken, dort müht man sich noch im Bergwerk der Wahrheit. Dort locken die Tiefen visionärer Erkenntnisse, die dem faustischen Geist Macht über das Universum verheissen.

Vergleichen wir die Epochen, die letztlich zu diesem absoluten Endpunkt führten, so verkürzen sie sich zuletzt grob geschätzt um jeweils 1 Zehnerpotenz: Von der Erfindung des ersten Steinwerkzeugs vor etwa 2 Millionen Jahren bis zum Gebrauch des Feuers vergehen etwa 1,2 Millionen Jahre. Von dort bis zu den Höhlenmalereien in Frankreich und Spanien sind es ca. 770 000 Jahre. Von hier bis zu den ersten Städten im heutigen Anatolien und Palästina, darunter Jericho, sind es nur 20 000 Jahre. Es entwickeln sich die ersten Hochkulturen in den Stromländern von Euphrat und Tigris, Nil, Indus und Jangtsekiang. Es waren viele Jahrtausende stürmischer Eruptionen. Aber von Platon bis Galilei waren es rund 2 Jahrtausende. Die Geburt der Mechanik von Leonardo bis Newton währte rund 2 Jahrhunderte und die Evolution der Atomphysik im Grunde etwa zwei Jahrzehnte, ja die eigentliche Geburt knapp zwei Jahre.

Die Erkenntnis des Universums verläuft also kaskadenartig, mit immer dichteren Intervallen. Wir können ein Bild aus Bohrs Atommodell benutzen: Die möglichen Energieniveaus sind von unten an stufenförmig in immer dichteren Intervallen angeordnet, bis sie nach oben in ein Kontiuum übergehen.

Ähnlich wie die Übergänge zwischen den Niveaus sprunghaft verlaufen, so auch die Übergänge zwischen den einzelnen Erkenntnisstufen der Physik, obgleich es natürlich fast immer Vorläufer und in der Luft liegende Lösungen gibt. Aber im letzten bringt dann die einmalige Erleuchtung den entscheidenden Schritt. Es gibt eine weitere Analogie. Nach Bohr sind die Quantensprünge im Atom spontan. Das heisst, wir können keine Ursache angeben, die ein angeregtes Elektron zwingt, gerade zu dieser Zeit zu springen. Hier liegt eine echte Spontaneität vor, die ja auch mathematisch zu einer apriorischen Wahrscheinlichkeit für die Berechnung der Intensitäten der Quantensprünge führt, also ihrer Anzahl innerhalb einer Gesamtheit strahlender Atome.

Eine ähnliche Spontaneität müssen wir für die grossen physikalischen Erkenntnisse annehmen. Es gibt rückwärtsschauend keinen Grund für die Tatsache, dass gerade Leonardo der Maler durch die Beobachtung des Vogelflugs zum Vorläufer der Erfindung des Flugzeugs werden sollte. Ebensowenig können wir den Grund angeben, weshalb gerade Galilei die Gesetze des freien Falls untersuchte und das nach ihm benannte Relativitätsprinzip fand, obgleich Hunderte vor und nach ihm das Gleiche hätten leisten können. Natürlich gibt es technische Erfindungen wie das Fernrohr, das ihn veranlasste, selbst ein solches zu konstruieren und damit die Jupitermonde zu entdecken. Aber was zwang gerade ihn? Weshalb überhaupt Galilei? Wir werden anhand der Entdeckungen der Relativitätstheorie und Quantenmechanik sehen, dass das gleiche Problem sich gebieterisch auch für jene Physiker stellt, deren Zeugnisse aus unserem eigenen Jahrhundert vor uns liegen. Hier gibt es neue Gedanken, die nicht einmal ihre eigenen Autoren bis in die letzte Tiefe ausloten konnten.

Die Problematik tritt uns besonders eindrucksvoll bei den grossen und wirklich einmaligen Sprüngen entgegen. Ich nenne sie Mega-Kreativität. Hier kommt es zu einer Art von vulkanischen Ausbrüchen wissenschaftlicher Schöpferkraft. Die daraus entstandenen Gipfel sind weithin erkennbar. Namen wie Galilei, Newton, Einstein, Bohr, Heisenberg, Schrödinger und Dirac stehen wie Gebirge am Horizont.

Daneben gibt es aber auch die Makro-Kreativität all jener, welche durch ihre Arbeiten eine weniger hohe Gebirgskette errichten, die aber dennoch als geistige Leistungen in die Geschichtsbücher eingehen. Schliesslich mühen sich heute Zehntausende von Physikern, sei es kollektiv oder allein, um die Front der Erkenntnis immer weiter voran zu treiben, dem Unbekannten entgegen. Ihre Arbeit möchte ich als Mikro-Kreativität bezeichnen. Sie alle unterliegen einem schöpferischen Antrieb, dessen letzte Begründung ihnen versagt bleibt.

Hier leistet die Physik-Geschichte natürlich einen grossen Dienst, denn sie zeigt uns die Genealogie der Ideen[2]. Die Wissenschaftstheorie verleiht uns Einblicke in die logische Struktur der Physik. Aber beides genügt noch nicht, um das Rätsel der Geburt der Erkenntnis zu entschlüsseln. Es geht um den Grund, weshalb überhaupt Evolution der Physik und weshalb gerade diese und keine andere.

Damit aber berühren wir die uralte Frage nach Schicksal und Freiheit des Menschen. Sie betrifft ebenso die Geschichte der Menschheit wie die Geschichte des Einzelnen.

Am Modell der biologischen Evolution können wir die grossen Entdeckungen der Physik als Mutationen bezeichnen: Sie bringen gewissermassen eine sprunghafte Veränderung des geistigen Erbguts. Die theoretische Tradition stellt dann sozusagen die Gesamtheit der Gene der Physik dar, nach denen sich von Generation zu Generation die Physik als Handwerk fortpflanzt. Dann aber tritt plötzlich eine neue Theorie auf, und die Tradition muss korrigiert, erweitert, vielleicht sogar verworfen werden. Es entsteht ein neues Merkmal am Organismus der Physik, das sich seinerseits wieder in neue Generationen von Physikern fortpflanzt. Ob es uns je gelingt, die Determiniertheit biologischer Mutationen aufzuweisen, ist derzeit unentscheidbar. Damit steht und fällt naturgemäss die Hypothese von der Zufallsentwicklung des Lebens.

Rückblickend ist jedenfalls grosso modo eine Aufwärtsentwicklung nicht zu bestreiten. Damit stellt sich die Frage nach der Tendenz der Mutationen: Sind sie zielgerichtet oder sind es wenigstens jene, die zu dieser Aufwärtsentwicklung beitragen?

Wie immer diese Frage in der Biologie entschieden wird, dort haben wir es jedenfalls mit physischen Genen zu tun. Das sind mit Hilfe von Instrumenten sichtbar zu machende Molekülstrukturen.

Was aber bedeuten die «Gene» der Physik, also jene Verhaltensmuster, genannt «Theorie», die kommende Generationen von Physikern steuern? Beobachtbar an ihnen ist lediglich die Sprache, in der sie verfasst sind. Sie besteht aus Worten und mathematischen Zeichen. Ihr Sinngehalt lässt sich durch solche Symbole verstehen und weitergeben. In diesem Sinn sind auch die «Gene» der Physik beobachtbar. Nicht aber gilt dies für ihre «Mutationen».

Gewiss, wir haben Selbstzeugnisse der Verfasser, soweit sie vorliegen. Aber wie Max Jammer in seinem klassischen Werk über die begriffliche Entwicklung der Quantenmechanik zeigte[3], ist nicht einmal durch persönliche Befragung der Verfasser eine völlige Klärung der Genesis ihrer Theorie möglich. Einstein mühte sich bis ans Ende seines Lebens, die aus seiner eigenen Theorie der Lichtentstehung folgende Indeterminiertheit in der Atomphysik zu widerlegen. Ähnliches gilt für de Broglie. Die Entdeckung der Gravitation durch Newton ist legendenumwittert; eine restlose Klärung, ob ihm oder seinem Landsmann Robert Hooke die Entdeckung gehört, ist kaum zu erzielen.

Wissen wir denn überhaupt selbst, wie unsere Motive und Ideen geboren werden? Gedanken sind zugleich das Durchsichtigste und Undurchsichtigste. Durchsichtig ist nur ihre Mitteilbarkeit, undurchsichtig sind ihre Gründe.

Drei Lösungen bieten sich prima facie an:

1. Die Mutationen der Physik sind Zufall. Dann aber bleibt deren sinnvolle Evolution ein Rätsel.
2. Die Mutationen werden durch zielgerichtete Ursachen determiniert, die wir grundsätzlich rekonstruieren können, wenngleich uns dies derzeit nicht in allen Fällen möglich ist. Dann aber ist unverständlich, weshalb es falsche Mutationen gibt, nämlich den Friedhof physikalischer Irrtümer. So war das Weltsystem des Ptolemaios falsch und auch das Sonnensystem des Kopernikus musste durch Kepler korrigiert werden. Auch Bohrs Atommodell liess sich in der ursprünglichen Form nicht halten.

   Kurz: Lösung (1) verhindert die Frage nach der Wahrheit der Erkenntnis, Lösung (2) nach dem Irrtum.
3. Zufällige Mutationen erfahren durch Vergleich mit der Beobachtung eine Korrektur: Diese Auslese wirkt als scheinbar zielgerichtete Determinierung. Dem widerspricht jedoch die überwältigende Tatsache, dass die ganz Grossen gleich die richtige Lösung fanden, ohne durch «Versuch und Irrtum» sich allmählich an die Wirklichkeit anzupassen. Klassisches Beispiel ist Einsteins allgemeine Relativitätstheorie. Sie sagte geradezu nachtwandlerisch neue Effekte voraus, ohne dass es ernst zu nehmende konkurrierende Theorien gab.

Wir sind also genötigt, die Lösung auf einem weniger vordergründigen Weg zu suchen. Sie ist vielleicht so radikal neu, dass wir ihr zunächst ebenso verständnislos gegenüberstehen wie die Zeitgenossen den Theorien des Kopernikus und Einstein.

Vorläufig aber bleibt das Geheimnis. Es gibt keine überzeugenden Gründe, weshalb das erstaunliche Phänomen Physik gerade in Europa und gerade mit Leonardo, Galilei, Kepler, Newton und den andern Sternen der Plejaden geboren wurde. Dieses Geheimnis wiegt um so schwerer, als durch die Physik die gesamte abendländische Zivilisation entscheidend geprägt wurde und noch wird. Ja, letzten Endes haben wir uns zu fragen: Wer oder was hat eine Entwicklung vor vier Jahrhunderten ausgelöst, die das Schicksal der ganzen Menschheit in der Hand hält? Hier erhebt sich die Möglichkeit, dass die Geburt der Physik von ihrer Zukunft her ausgelöst wurde. Statt nach den Ursachen in der Vergangenheit zu fragen, müssen wir die Frage also möglicherweise an die Zukunft richten.

Eine solche aus der Zukunft wirkende Ursächlichkeit gibt es auch in der Biologie: Wenn die Kraniche gen Süden ziehen, folgen sie einer Vorwegnahme des Winters, der noch gar nicht eintrat.

Das Wissen um die Zukunfts-Ursachen kommt am stärksten in der griechischen Tragödie zum Ausdruck: Nicht weil Ödipus dem unbekannten Vater im Hohlweg begegnet, ermordet er ihn, sondern er begegnet ihm, weil er den Vater erschlagen wird.

Hier rühren wir an das Geheimnis von Freiheit und Bestimmung. Es gibt Parallelen zwischen Ödipus und den heutigen Physikern. Sie alle, die willentlich oder unwillentlich zur Möglichkeit der physikalischen Apokalypse beitragen, erschlagen den Vater *Geist*, der sie geboren hat, und der Blitz, den sie rufen, wird sie blenden.

Es gibt ein Ding, das ist unterschiedslos vollendet.
Ehe Himmel und Erde waren, ist es schon da,
So still, so einsam.
Allein steht es und ändert sich nicht.
Im Kreise läuft es und gefährdet sich nicht.
Man kann es nennen die Mutter der Welt.
Ich weiss nicht seinen Namen.
Ich bezeichne es als Tao.

Lao Tse, Tao Te King, Spruch 25

2. Kapitel
Im Anfang war die Harmonie

Zwischen der nahezu gleichzeitigen Geburt der grossen Physik unter Galilei und der grossen Musik unter Monteverdi gibt es einen Zusammenhang. Bisher fragte man vernehmlich nach den physikalischen Gesetzen der Musik. Dies heisst im Grunde, die Musik physikalisieren. Dann aber wird das Eigentliche abgeschnitten, was sie gerade als Musik ausmacht. Mathematische Schwingungsgleichungen enthalten nichts mehr von den Wirkungen der Musik auf den Menschen. Ebensowenig enthält die Zerlegung eines menschlichen Körpers in seine Moleküle und deren Funktionen etwas von den Wirkungen, die der Betreffende als Persönlichkeit auf seine Umwelt ausübt. Hier gibt es eine grundlegende Komplementarität zwischen dem Erlebnis der sichtbaren Seite eines Phänomens und seiner unsichtbaren.

Wir haben daher Grund, das Verhältnis von Musik und Physik umzukehren. Dann ist nicht mehr die physikalische Seite einer Komposition ihr Eigentliches, sondern die Musik bildet das Eigentliche der Physik. Platon würde sagen: Nicht die sichtbare Seite der Physik bildet ihre Idee, sondern die Idee der Physik begründet ihre sichtbare Gestalt.

Der Komponist fragt im allgemeinen nicht bewusst nach den Schwingungsgesetzen, sondern er formt diese intuitiv als Ausdruck seiner inneren Verfassung. Das Gleiche gilt für die Instrumente und Stimmen: sie sind nicht sie selbst, sondern Ausdruck dessen, was der Komponist meint. Sie sind also mehr, als sie scheinen: Sie tragen einen Sinn, ja sie *sind* dieser Sinn.

Wir haben es hier mit einem uralten Archetypus zu tun. Für Pythagoras waren die einfachen numerischen Beziehungen zwischen den harmonischen Tönen Anlass, das Wesen aller Dinge in Zahlen zu setzen. Tatsächlich gehen ganze Zahlen ja auch in die Theorie des Atoms ein. Wir können also die Frage einengen. Dann wird Musik zum Zeichen der Physik, sie wird ihr Symbol. In diesem Symbol erkennen wir dann etwas vom eigentlichen Wesen der Physik, ihrer Idee.

Das beginnt mit einer fundamentalen Struktur der Atome. Nach Bohrs grossartiger Vision 1913 sollte das Atom eine diskrete Stufenfolge von Energieniveaus besitzen, deren Differenz die Energie eines emittierten Lichtquants ausmacht. Diese Energieniveaus können nun berechnet werden, wenn wir mit Schroedinger eine Wellen-Gleichung aufstellen, deren zulässige Lösungen bestimmte Energiewerte ergeben. Wir haben also das Elektron im Atom nicht mehr als ein klassisches Teilchen anzusehen, sondern als ein abstraktes Gebilde, symbolisiert durch eine rein mathematische Welle. Die Situation ist dann ähnlich einer schwingenden Saite, wo ja je nach der Länge nur bestimmte Frequenzen (Töne) zugelassen sind. Auch hier sind dem Grundton dann bestimmte Obertöne überlagert, die sich aus dem ganzen Vielfachen der Grundfrequenz ergeben. Bildlich gesprochen: Wäre das um den Atomkern «laufende» Elektron ein klassisches Teilchen, so wären alle Umlaufbahnen erlaubt, ähnlich den Bahnen eines Satelliten um die Erde. Stellen wir uns aber das Elektron als Welle vor, dann trifft diese Welle nach einem Umlauf nur dann wieder auf ihren Anfang, wenn sie bestimmten Bedingungen genügt. Mathematisch sind dies die Bedingungen der möglichen Lösungen der Schroedinger-Gleichung.

Die schwingende Saite dient als Modell für das Atom, wenn auch nur in einem vereinfachten Sinn. Das Umlaufelektron ist keine Saite. Vielmehr werden seine möglichen Energiezustände durch eine abstrakte Gleichung festgelegt, die ein Symbol des Umlaufelektrons darstellt und ihrerseits durch die schwingende Saite symbolisiert wird. Wir haben also eine durch mathematische Symbole vermittelte Symbolik der Musik gegenüber der Physik. Dies wird besonders deutlich, wenn wir das Modell der Oberschwingungen den mathematischen Symbolen für das Atom zugrundelegen. Dies geschieht etwa in den Heisenberg-Matrizen. Sie sind nach dem mathematischen Modell der Fourier-Reihen für die Zerlegung einer Gesamtschwingung in eine unendliche Reihe von sich überlagernden Teilschwingungen gebaut. Schwingung und Frequenz sind aber Wesenselemente der Musik. Verallgemeinern wir diesen Sachverhalt, so können wir sagen: Insofern alle stofflichen Teilchen sowie das Licht als abstrakte Welle aufgefasst werden können, die durch eine Wellengleichung symbolisiert wird, ist die Musik ein Symbol der physikalischen Welt: Physik ist, die Musik der Welt zu hören.

Dies gilt nun in einem noch abstrakteren Sinne auch für das Phänomen der Physik selbst. In der vertikalen Dimension der Harmonie ist der logische Zusammenhang einer Theorie symbolisiert. In der horizontalen Dimension der Melodie kommt ihre geschichtliche Evolution zum Ausdruck.

In der Tat ist die Grundvoraussetzung für den Wahrheitsgehalt einer Theorie ihre Widerspruchsfreiheit.

Jede Theorie besteht aus Axiomen, Definitionen, logischen Ableitungsregeln. Dazu kommen Regeln für die Korrespondenz ihrer Grundbegriffe und Aussagen zur Beobachtung. Alle diese Elemente müssen logisch kohärent sein, sie müssen «harmonieren». Als *innere* Harmonie bezeichne ich dann den Zusammenklang der inneren Elemente einer Theorie, als *äussere* Harmonie die Übereinstimmung ihrer Voraussagen mit der Beobachtung.

Gerade die letztere Harmonie ist alles andere als selbstverständlich. Eine Theorie kann mathematisch und logisch noch so harmonisch aufgebaut sein, widerspricht sie der Erfahrung, so ist sie physikalisch wertlos. Sagt sie aber gar neue Erfahrungen voraus, so trägt sie einen hohen Grad von wahrscheinlicher Wahrheit. Innere und äussere Harmonie sind also die Realisierung des im musikalischen Symbol enthaltenen Sinns.

Eine weitere Harmonie findet ihren Ausdruck in den Gleichungen der Physik. Im Grunde besteht fast die ganze theoretische Physik aus Gleichungen. Sie sind ihre eigentliche Sprache. Eine Gleichung symbolisiert aber einen Zusammenhang zwischen rechter und linker Seite, dargestellt durch das Gleichheitszeichen. Dabei sind die Grundgleichungen der Physik Ausdruck fundamentaler kosmischer Zusammenhänge. Nehmen wir etwa eine der einfachsten Gleichungen, wie die von Einstein 1905 aufgestellte Beziehung zwischen Masse und Energie. Darin ist c die Lichtgeschwindigkeit, E die Energie und m die träge Masse eines Systems:

$$E = mc^2.$$

Einfacher lässt sich eine kosmische Struktur nicht mehr aussprechen. Und doch enthält diese Gleichung bereits die Vorwegnahme der von C. F. von Weizsäcker und H. A. Bethe erkannten Umwandlung von Wasserstoff in Energie im Sonnen- und Sterninnern.

Eine der schönsten Gleichungen ist der ebenfalls von Einstein aufgestellte Zusammenhang zwischen Raum, Zeit und gravitierenden Massen. Er sei hier einfach hingeschrieben:

$$R_{ik} - \frac{1}{2} R g_{ik} = -\varkappa T_{ik}$$

Hier bedeuten die Zeichen auf der linken Seite ein Symbol für die Struktur von Raum und Zeit (ihre sog. Krümmung), die Zeichen der rechten Seite symbolisieren die gravitierenden Massen und ihre Energie bzw. Bewegungsmenge. Ohne auf die Ableitung und den eigentlichen Sinn der betreffenden Zeichen einzugehen, sehen wir sofort vor unserem geistigen Auge ein Symbol ungewöhnlich tiefer Harmonie des Kosmos.

Vergleichen wir dies mit Newtons Gravitationsgleichung:

$$K = G \frac{m_1 \cdot m_2}{r^2}$$

Hier bedeutet K die Kraft der Gravitation (Schwerkraft), G die Newtonsche Gravitationskonstante, m_1 und m_2 zwei sich anziehende Massen und r^2 das Quadrat ihres Abstandes. Diese so einfache Gleichung regiert also das Newtonsche Weltall. Konnte der Schöpfer, der die Sterne und Galaxien durch die Schwerkraft zusammenhält, eine einfachere Gestalt dieser Kraft ersinnen? Wo immer zwei gravitierende Massen auftreten, besteht eine Harmonie zwischen ihrer wechselseitigen Anziehung und dem Produkt ihrer Massen, geteilt durch das Quadrat ihres Abstandes.

Zugleich liegt der Gleichung die unausgesprochene Annahme zugrunde, dass sie ein kosmisches Universalgesetz symbolisiert. Damit potenziert sich die Harmonie: Sie besteht nicht nur im Symbol des Gleichheitszeichens, sondern auch im Glauben, dass es im Kosmos keine Abweichungen von Newtons Gesetz gibt. Dies ist der Glaube an die kosmische Harmonie schlechtin. Denn würden einige Regionen des Kosmos einem andern Gesetz der Beziehung zwischen zwei Massen gehorchen oder gar diese Beziehung der Willkür überlassen, so wäre das Weltall längst in sich zusammengebrochen oder hätte sich aufgelöst.

Schreiben wir schliesslich die Grundgleichung der Quantenmechanik, die sog. Schroedinger-Gleichung

$$\mathbf{H}\,\psi = \mathrm{E}\,\psi$$

Die göttliche Weisheit, die in der Natur wirkt, konnte es nicht einfacher ersinnen: Hier bedeutet ψ den abstrakten Ausdruck für eine rein mathematische Welle, E den möglichen Wert der Energie und **H** einen sogenannten Operator, der zu dieser Grösse gehört. Eine solche Gleichung lässt nur unter gewissen Bedingungen eine Lösung zu; dies sind dann die möglichen Energieniveaus eines Atoms. Nun besteht aber die Welt aus Atomen, also stellt sie gesamthaft die möglichen Lösungen abstrakter Wellengleichungen dar.

Gibt es eine schönere und zugleich tiefere Harmonie des Kosmos?

Eine dritte Art von Harmonie findet sich in den sogenannten Symmetrien. Nehmen wir einen Raumflug. Wie kommt es eigentlich, dass im Weltraum die gleichen physikalischen Gesetze gelten wie auf der Erde? Wieso können wir unsere Uhren und räumlichen Masstäbe mit jenen der Astronauten vergleichen? Wieso ist überhaupt ein Spaziergang auf dem Mond möglich?

Dies alles ist die Folge einer grundlegenden Symmetrie von Raum und Zeit. In Bezug auf die Geltung der Naturgesetze sind alle Punkte, Zeiten, Richtungen und kräftefreien Bewegungen gleichwertig. Das als erster erkannt zu haben, ist das unsterbliche Verdienst Galileis. Einstein gründete darauf seine spezielle Relativitätstheorie. Aus dieser Fundamental-Symmetrie von Raum und Zeit lässt sich direkt das Gesetz $E = mc^2$ ableiten. Erweitern wir sie auf beschleunigte Bewegungen, so erhalten wir Einsteins Begründung der Gravitation. Emmi Noether konnte zeigen, dass die Raum-Zeit-Symmetrien auch für die Erhaltung von Energie, Impuls und Drehimpuls verantwortlich sind.

Noch tiefere Symmetrien steuern die Merkmale der Elementarteilchen. Die Theorien der Elementarteilchen beruhen auf Symmetriegruppen. Sie steuern nicht nur das Verhalten der Elementarteilchen, sondern auch deren eigentliche Existenz. Daher konnten die Physiker aus ihnen neue Elementarteilchen voraussagen. Eine der eindrucksvollsten Prophezeiungen war etwa diejenige des spiegelbildlichen Gegenstücks zum Elektron, des Positrons, durch Dirac. Seither haben wir prinzipiell zu allen Elementarteilchen ihre Antiteilchen entweder gefunden oder nehmen sie theoretisch an. Hier besteht also eine fundamentale Harmonie zwischen Teilchen und ihrem Spiegelbild, den Antiteilchen.

Diese wird freilich wieder durch eine ebenso fundamentale Antisymmetrie aufgehoben: In der Welt gibt es unvergleichlich mehr «Materie» als «Anti-Materie». Den Grund haben wir noch nicht völlig verstanden. In Gedanken scheint also die Welt symmetrisch angeordnet, in der Realität aber antisymmetrisch.

Je tiefer wir nun in die Welt der Elementarteilchen hinabsteigen, desto abstrakter werden die Symmetrien. Sie bilden in sich einen Kosmos. Er ist hierarchisch angeordnet. Ganz oben liegen die einfachsten Symmetrien, wie jene des Galileischen Relativitätsprinzips. Je tiefer wir aber eindringen, desto abstrakter und komplizierter werden die Symmetrien. Möglicherweise reichen sie in eine unendliche Tiefe hinab, die wir niemals ausloten werden.

Ein eindrückliches Erlebnis schildert uns Heisenberg.[1] Ebenso wie Einstein war er auf der Suche nach der universalen Einheit, die alle Grundkräfte und die Eigenschaften der Elementarteilchen zusammenfasst. Bereits hatte er entdeckt, dass Neutron und Proton nur zwei verschiedene Zustände ein und desselben Kernteilchens sind. Den Elementarteilchen mussten also irgendwie Symmetrien zugrundeliegen. Aber welche?

Analog zu Einsteins Zusammenfassung von Raum und Zeit zu einer einzigen Gravitationsgleichung suchte auch Heisenberg nach einer Gleichung. 1957 und 1958 prüfte er immer neue Formeln, bis ihm die Erleuchtung kam: «Plötzlich tauchte unter den schwankenden Bildern eine Feldgleichung von ungewöhnlich hoher Symmetrie auf».[2]

Hier gilt es, jedes der intuitiv hingeschriebenen Worte zu untersuchen. Das Wort «plötzlich» symbolisiert einen Vorgang, der immer wieder bei schöpferischen Akten eintritt: Mit einemmal wird es hell. Es ist die Erleuchtung, die zwar gewollt, aber nicht willentlich herbeiführbar ist. Die «schwankenden Bilder» bezeichnen eine Art von Nebel, der in der Philosophie des chinesischen Tao das Symbol für das Ewig-Bewegte und zugleich Ewig-Eine und Ruhende, das Tao, ist. Die Erleuchtung kommt also aus der Tiefe kosmischer Harmonien. Sie werden durch den Ausdruck «hohe Symmetrie» symbolisiert. Das Wort «hoch» bedeutet hier soviel wie «übergreifend», «all-umfassend» und «erhaben». Es zielt direkt auf eine hierarchische Struktur des Kosmos, der von obersten Instanzen verwaltet wird.

Die dem Universum und seinen Teilen zugrundeliegenden Symmetrien bilden also eine Stufenfolge, die sich möglicherweise nach oben und unten in Bereiche verliert, welche dem geistigen Auge des Menschen für immer verhüllt bleiben. Dennoch glauben wir, dass es einen Fortschritt gibt. Dieser Glaube wird gerade durch die neuesten Erkenntnisse der Elementarteilchen-Physik gerechtfertigt.

In einem gewissen Sinn können wir sagen: Symmetrien sind die Mütter des Universums.

Eine vierte Art von Harmonie zeichnet sich schliesslich für die physikalischen Theorien selbst ab. Ähnlich wie sich bestimmte Töne zu einem harmonischen Ganzen zusammenfügen, so auch die Theorien. Dies ist nicht selbstverständlich. Ihre Grundlagen weichen zum Teil erheblich voneinander ab, ja sie widersprechen sich logisch.[3] So weicht Einsteins Gravitationstheorie – die sogenannte allgemeine Relativitätstheorie – wesentlich von jener Newtons ab. Newton sah in der Massenanziehung eine Kraft, die über räumliche Distanzen hinweg ohne ein dazwischenliegendes Agens wirken soll. Er selbst war darüber nicht glücklich, konnte aber ein solches Agens nicht finden.

Einstein hob diesen Mangel auf, indem er Raum und Zeit selbst zu jenem Agens erhob, das für die Massenanziehung verantwortlich ist.

Einstein ersetzt Newtons Fernwirkung, die über kosmische Räume hinweg wirken soll (sogar über Hunderttausende von Lichtjahren!), durch die logisch klarere Vorstellung einer Krümmung von Raum und Zeit dank der Existenz schwerer Massen. Jetzt wirkt nicht mehr eine geheimnisvolle «Kraft» durch den leeren Raum hindurch, sondern die Natur des Raums selbst. Diese Vorstellung gründet sich unter anderem auf die Idee des elektromagnetischen Felds, das ja auch die Wirkungen geladener Teilchen aufeinander vermittelt.

Heisst das nun, dass Newtons Theorie zu jener Einsteins in einer Dissonanz steht? Nein! Im Gegenteil: Beide stehen zueinander im Verhältnis der Harmonie. Die Einsteinsche Theorie geht nämlich im einfachsten Grenzfall in jene Newtons über. Newtons eingangs genannte Gravitationsgleichung gilt also auch heute noch als erste Näherung der Theorie Einsteins; sie beherrscht etwa die Berechnung der Bahnen von Satelliten und Planeten in erster Näherung. Erst in zweiter Näherung müssen wir dann noch den von Einstein verlangten Effekt einer äusserst geringfügigen Drehung der elliptischen Bahnen hinzufügen, wie etwa beim sonnennächsten Planeten, dem Merkur.

Einen analogen Fall haben wir beim Verhältnis von klassischer und Quanten-Mechanik. Die erstere ist grundsätzlich deterministisch. Das heisst: Sind uns Position und Geschwindigkeitsvektor eines Massenpunkts bekannt, so können wir seine weitere Bahn vorausberechnen, sofern wir die auf ihn wirkenden Kräfte kennen. Klassisches Beispiel ist die Voraussage der Planetenbahnen auf Jahrhunderte voraus. Ohne diese Voraussetzung liessen sich ja auch die Bahnen der Satelliten nicht berechnen.

In der Quantenmechanik ist das anders. Hier hat es überhaupt keinen Sinn, von einer Position des Teilchens und einem gleichzeitig existierenden Wert seiner Geschwindigkeit zu sprechen: Nach Heisenbergs Unschärferelation lassen sich beide gleichzeitig nur bis auf eine nicht mehr unterschreitbare Schwelle exakt bestimmen.

Heisst das nun, dass die klassische deterministische Mechanik ausser Kraft gesetzt wurde? Mitnichten! Die indeterministische Quantenmechanik geht trotz ihrer radikal von der klassischen Mechanik geschiedenen Voraussetzungen nämlich in diese über, sobald wir das Plancksche Wirkungsquantum nach Null gehen lassen. Dies ist in der gesamten Makro- und Megaphysik der Fall.

Ausserdem besteht zwischen beiden Theorien ein direkter Zusammenhang. Nach Bohr können wir nämlich nur klassisch beschreibbare Geräte zur Beschreibung quantenmechanischer Vorgänge verwenden. Anderenfalls würde buchstäblich «alles vor unseren Augen verschwimmen». Solche Geräte sind z. B. die Beschleunigungsmaschinen. Insofern ist die Newtonsche Mechanik das Apriori der Quantenmechanik.[4]

Beide Theorien «harmonieren» also, gerade weil sie verschiedenen «Tönen» auf der Skala der kosmischen Strukturen entsprechen. Wir wissen nicht, wie viele «Töne» diese «Tonleiter» besitzt, das heisst, wie viele neue Theorien wir noch entwickeln müssen, um die Natur des Kosmos zu verstehen. Wir wissen nur, dass es mit Einstein das schönste Schicksal einer Theorie ist, als Grenzfall in eine neue Theorie überzugehen.

Dabei handelt es sich nicht um Korrekturen der alten Theorie im Sinne einer Anpassung an die neuen Erfahrungen. Vielmehr werden die Fundamente ausgewechselt. Die Voraussetzungen der neuen Theorie stehen zu jenen der alten in einem logischen Widerspruch. So kann man nicht gleichzeitig behaupten: «Es gibt eine Fernwirkung der Schwerkraft» und «es gibt keine Fernwirkung», oder: «Ort und Geschwindigkeit eines Teilchens sind gleichzeitig beliebig exakt bestimmbar» und «sie sind es nicht».

Die «Töne» der verschiedenen Theorie liegen also tatsächlich auf verschiedenen logischen Sprossen der Stufenleiter der Theorienbildung einerseits und der physikalischen Realität andererseits.

Der innere Kosmos der Theorienbildung und der äussere Kosmos der Natur verlangen also geradezu verschiedene, einander widersprechende Theorien und deren Projektion auf die Realität, ebenso wie eine musikalische Komposition eine Vielheit von möglichen Tönen voraussetzt. Sind diese Theorien jedoch innerhalb gewisser Näherungen richtig, das heisst: widersprechen ihnen keine Erfahrungen, so ist es genauso wie bei einem gelungenen Musikstück: Die verschiedenen Töne können zwar zueinander in Dissonanz treten, aber diese lösen sich schlussendlich in Harmonien auf. Der innere Kosmos der Physikgeschichte und der äussere Kosmos der Natur sind demnach prinzipiell harmonisch und nicht disharmonisch angelegt. Anderenfalls müsste das Universum auseinanderfallen. Es gibt also eine Art fortlaufender Harmonie zwischen den einzelnen Theorien. Sie wird durch den Kontrapunkt symbolisiert: Hier werden ja auch mehrere Stimmen (Theorien) selbständig geführt, sind aber harmonisch aufeinander bezogen. Oder in einem anderen Bild: Das gleiche Thema «Wirklichkeit» wird von mehreren Stimmen (Theorien) nacheinander aufgenommen. Die Evolution des Physik bildet gewissermassen eine Fuge.

Dies ist alles andere als selbstverständlich. Es könnte ja sein, dass die verschiedenen Theorien einander in einer Weise widersprechen, dass ein und derselbe Erfahrungsbereich nicht widerspruchsfrei darzustellen ist. So ist unser Organismus einerseits durch die klassische Mechanik zu beschreiben, sofern wir die Muskelkraft nehmen, aber quantenmechanisch, sofern wir das Verhalten der einzelnen Atome unserer Muskeln heranziehen. Beide Theorien widersprechen sich jedoch. Heisst das nun, dass beide Beschreibungen falsch sind? Oder gar, dass unser Organismus selbst widersprüchlich ist?

Das ist gerade nicht der Fall. Vielmehr bildet unser Organismus eine Hierarchie von Strukturen, die einerseits auf verschiedenen Stufen verschiedene Beschreibungen verlangen, andererseits aber innerhalb der jeweiligen Grenzbereiche nahtlos ineinander übergehen.

Dies alles bedeutet eine grundsätzliche Zuordnung der kosmischen Strukturen auf die Strukturen möglicher Theorien. Der Kosmos ist so konstruiert, dass er vom Menschen verstanden werden kann, und zwar in einer Sequenz von Theorien, die mit dem Grundton der einfachsten Beschreibung beginnen und zu immer «höheren», das heisst immer abstrakteren und komplizierteren Beschreibungen überleiten. Es könnte ja sein, dass dieser Grundton überhaupt fehlt, dass also z.B. eine Beschreibung der Planetenbahnen durch Newtons Gravitationstheorie bzw. die klassische Punktmechanik unmöglich ist. In diesem Fall wäre das Weltall so kompliziert, dass der Mensch gleich mit der maximal abstrakten Theorie beginnen müsste. Das aber würde seine Kräfte übersteigen. Im Grenzfall müsste er als ein Gott geboren werden, um die Welt zu verstehen.

Es gibt also eine Entsprechung zwischen der biologischen und der intellektuellen Evolution des Menschen, deren vorläufige Krönung die theoretische Wissenschaft darstellt. Die letztere ist aber nur möglich, weil die Natur selbst eine abstrakte «Evolution» ihrer Strukturen vom einfachsten Fall bis hinauf zu immer komplexeren und abstrakteren Fällen bereithält. Sie ist also dem Menschen angepasst, genauso, wie sich die Evolution des Menschen phylo- und ontogenetisch der Natur anpasst. Beide sind Partner und nicht einander auf ewig entrückte Gegner.

Damit besteht eine letzte und tiefste Harmonie, nämlich jene zwischen der Hierarchie der kosmischen Strukturen und der Stufenleiter der Theorienbildung. Auf jeder Stufe hat die Natur recht und ebenso der Mensch. Und jede Stufe bildet nur den Übergang zur nächsthöheren, die noch besser «recht hat». Wir finden also bereits in der Natur eine Stufenfolge von «Wahrheiten» angelegt, denen die Stufenleiter theoretischer «Wahrheiten» korrespondiert. So ist die Newtonsche Gravitationstheorie im Rahmen der ersten Näherung «wahr», aber noch «wahrer» ist die Einsteinsche Theorie, weil sie den Rahmen ihrer Voraussetzungen erweitert.

«Wahr» ist in diesem hierarchischen Sinn also relativ, es bedeutet einen bestimmten Grad von Näherung an die Struktur des Kosmos, eben jenen, welchen diese Struktur ihrerseits bereithält.

Wir können dies auch so formulieren: Die Strukturen des Kosmos stellen eine Stufenfolge von realen Näherungen in Gestalt verschiedener Situationen dar, eine Stufenfolge von Möglichkeiten der Verwirklichung einer maximal abstrakten Total-Struktur; kurz: eine Stufenfolge möglicher Welten.

So kennen wir die Welt des Universums als ganzen: Hier gilt die Einsteinsche Gravitationstheorie. Darunter liegt die Welt des Sonnensystems, diese lässt sich angenähert durch die Newtonsche Theorie beschreiben. Auf der Erde gilt die klassische Mechanik, sofern wir uns auf rein menschliche Erfahrungen beschränken. Darunter liegt die Welt der Atome, die uns nur durch Instrumente zugänglich ist; hier gilt die Quantenmechanik. Noch tiefer liegt die Welt der Elementarteilchen; hier gilt die Quantenfeldtheorie mit ihrer neuesten Entwicklungsstufe, der Farbdynamik, zur Erklärung der Kernkräfte.

Ist dies das Ende? Wir wissen es nicht. Aber was wir wissen, ist dies: Zwischen der formalen Stufenfolge des Kosmos und der zeitlichen Stufenfolge der menschlichen Theorienbildung besteht eine Harmonie. Ohne diese wären Physik und Kosmophysik nicht möglich. Damit wird die Harmonie zwischen Mensch und Kosmos zur Voraussetzung der Evolution der Physik.

Ebenso wie der Kosmos ein Ganzes aus harmonierenden und zugleich kontrastierenden «Welten» darstellt, so ist auch die Physik ein Ganzes aus einander widersprechenden und doch miteinander harmonierenden Theorien. Sie fällt nicht chaotisch auseinander. Sie ist in sich eine Art von Kosmos. Oder, in die Welt der Musik übersetzt: Sie gleicht einem Oratorium, in dem die verschiedenen Töne, Instrumente und Stimmen sich gerade dank ihrer Verschiedenheit zu einem Ganzen vereinen. Welt und Physik, der Gegenstand und sein Gedanke, bilden in sich wesenhaft eine Zweiheit und gleichzeitig ein Ganzes, nämlich das Universum der Physik und die Physik des Universums. Beide singen das gleiche Lied zum Ruhme Gottes. Ein-Stimmung ist also die Bestimmung von Welt und Physik. Beide sind Einzelner und Ganzheit in einem.

In diesem Bild repräsentieren die grossen physikalischen Weltentwürfe, wie klassische Mechanik, Newtons Gravitationstheorie, klassische Elektrodynamik, Optik, Akustik, Thermodynamik, Relativitätstheorie, Quantenmechanik und Quantenfeldtheorie, die Akte eines physikalischen Dramas. Immer hebt sich ein neuer Vorhang, der zu neuen Schauungen führt. So ging im Jahre 1900 der Vorhang vor den Quantenphänomen auf, als Planck die Quanten entdeckte. Fünf Jahre später hob sich der Vorhang vor der Relativitätstheorie, 1913 durch Bohrs Atommodell vor der Struktur der Atome und in den zwanziger Jahren vor dem Geheimnis der Quantenmechanik. Seither gingen zahlreiche neue Vorhänge auf, die uns immer tiefere und abstraktere Szenerien der Wirklichkeit enthüllen, mit immer neuen Akteuren, Texten und Handlungen. Die Akteure – das sind heute die Teilchen und Quarks; die Texte, das sind abstrakte Gruppen mit ihren Symmetrien; und die Handlung, das sind heute die Vorgänge in den Teilchenbeschleunigern und im Innern der Sterne und Galaxien.

Aber nicht das Gegeneinander tragischer Helden ist ihre Rolle, sondern das Miteinander im Chor der Gedanken. Die Akteure selbst übernehmen die Rolle von Stimmen und Instrumenten. Jeder neue Gedanke ist ein Motiv, jede Folge von Ereignissen der Physik-Geschichte eine Melodie, jede Grundstimmung gegenüber dem Kosmos eine Tonart und das Verhalten der einzelnen Theorien und Theoretiker zueinander Harmonie oder Dissonanz. Sie alle zusammen spielen das grosse Oratorium der Wissenschaft.

Hier treffen wir auf ein Geheimnis. Wir kennen weitgehend die Akteure und ihre Handlung, nicht aber den Verfasser. Beweis: Nur Vergangenheit und Gegenwart des Dramas der Wissenschaft sind uns zugänglich, nicht aber ihre Zukunft.

Dies ist unser Glück, denn läge sie in der Hand des Menschen, so wäre die Wissenschaft längst an den kontrastierenden menschlichen Interessen zerbrochen. Die einfache Tatsache, dass dies nicht der Fall ist, beweist unsere Unfähigkeit, die Evolution der Physik zu determinieren.

Es muss also eine nicht-menschliche Instanz geben, die trotz aller Disharmonien des Menschen den kohärenten Ablauf des Dramas «Physik» ermöglicht. Sicher, es ist ein Drama mit Konflikten, Irrungen und Triumphen. Wie anders könnte die Physik sonst leben? Denn «leben» heisst eben dieses. Und doch beobachten wir im ganzen ein ständiges Fortschreiten von Theorie zu Theorie, ebenso wie ein Drama oder Oratorium von Ton zu Ton und von Ereignis zu Ereignis voranschreitet. Das Drama der Physik ist harmonische Dynamik und dynamische Harmonie.

Das Phänomen: Die menschlichen Akteure liegen miteinander im Streit, denn ohne Streit gäbe es keinen Fortschritt. Sie kämpfen um den Triumph, denn ohne den Willen zur Macht keine Leistung. Sie verfolgen ihre egoistischen Ziele bis hinab zu Ruhm und Reichtum. Aber gerade dieses Getümmel von Einzel- und Gruppeninteressen, von Intrigen, Fehlleistungen und Verirrungen ordnet sich im Nachhinein zu einem harmonischen Ganzen. Es ist, als wäre eine Armee aus Duellanten unter einem unsichtbaren Befehlshaber angetreten, um Schritt für Schritt den gemeinsamen Feind zu bekämpfen: die Finsternis der Unwissenheit.

Im Grunde vollzieht sich ein dreifaches Wunder. Niemand kennt den Text, die Noten und den Dirigenten. Die Texte liegen nicht vor, sondern werden während des Spiels erst geschaffen. Es sind die Gleichungen und Theorien. Niemand kann sagen, welches der Text von morgen und übermorgen sei. Andernfalls wäre die Evolution der Physik am Ende.

Die Akteure sprechen also ständig einen neuen Text, den sie gar nicht kennen. Dennoch fügt er sich harmonisch zum alten, obgleich er von ihm abweicht. Es ist die Geschichte unaufhörlichen Wachstums eines Baumes in immer weiteren Ringen. Wir kennen nur seine bisherige Gestalt, aber nicht seine endgültige, die es wahrscheinlich niemals gibt.

Wir müssen zur Beantwortung dieser Fragen auf uralte Menschheitsideen zurückgreifen. Nur auf dieser Höhe sind die Probleme überhaupt sinnvoll zu formulieren.

Platon entwarf in Anlehnung an den Archetypus der Harmonie die Welt als Kreisbewegung der Gestirne, angeordnet in Sphären um die Erde. Die äusserste Sphäre wird dabei durch ein Verlangen nach Vollkommenheit, also durch die Liebe, in Bewegung gesetzt. Noch Dante wird am Ende seines Weges durch Hölle, Purgatorium und Paradies schreiben: «Die Liebe treibt die Sonne und die Sterne». Für Platon ist dieses Liebes-Verlangen der äussersten Sphäre von Gott als Erstem Beweger eingegeben. Auch für Aristoteles ist der Erste Beweger für die Kreisbewegung der äussersten Sphäre, jener der Fixsterne, verantwortlich, da eine ursachelose Bewegung für ihn undenkbar ist. Die Fixstern-Sphäre teilt dabei ihre Bewegung den weiter unten zur Erde liegenden Sphären mit. Gleichzeitig ist die Erde für ihn jener natürliche Ort, dem alle Körper unter dem Himmel zustreben: Eine Erklärung der Fallbewegung, die sich zusammen mit dem aristotelischen Weltbild bis in das 17. Jahrhundert fortsetzen sollte. Noch heute sprechen wir vom «siebten Himmel», «himmlischem Wohllaut» und den «Sphärenklängen», die nach antiker Vorstellung durch die Berührung der umeinander kreisenden kristallenen Sphären entstehen soll.

Wir haben es hier mit uralten Archetypen zu tun. Nach der Schöpfungslehre der Markandya-Purana der Hindu-Religion existierte zuerst Brahma als unabhängig von Raum und Zeit. Er war Aksara-Brahma im formlosen Reich der reinen Gedanken. Er zeigte sich zuerst als goldener Embryo des musikalischen Tons. «Er war ein Laut, der durch das Licht hinausschwang und auf sich selbst zurückkehrte». Als sich die Tonwellen kreuzten, entstanden Wasser und Wind, «die miteinander spielend den nebelartigen Leib der Welt zu weben begannen».[5]

Ich glaube, was den Physiker im letzten treibt, ist die Sehnsucht nach dem verlorenen Paradies. Anders ist der unaufhaltsame Stoss nicht zu begreifen, der gerade in unserem Jahrhundert die Entwicklung der Physik kaskadenartig zu immer tieferen Schauungen der Wirklichkeit jagt. Es ist, als wollten die Physiker die reifsten Früchte der Erkenntnis ernten, ehe die Nacht hereinbricht.

Sie sind auch die Letzten, die angesichts des Konflikts zwischen Ost und West noch eine gemeinsame Sprache sprechen. Welche Absurdität! Jene, die heute die Werkzeuge für den Triumph des Nichts über das Leben herstellen, sind die einzigen, die sich verständigen können. An der Spitze des Babylonischen Turms wohnen die Mystiker von heute, während in der Tiefe schon die Erde bebt.

Man kann darin ein letztes Aufbäumen des Lebenstriebs der Menschheit angesichts ihres eigenen Todestriebs sehen. Ich erkenne darin eher einen Ur-Antrieb, der mit der Suche nach Gott zu vergleichen ist. Vielleicht ist er sogar im letzten mit ihr identisch.

Lob sei Dir, mein Herr mit deiner ganzen Schöpfung,
Vor allem mit der Herrin Schwester Sonne.
Sie bringt uns den Tag und spendet uns Licht.
Schön ist sie und strahlend mit grossem Glanz.
Von Dir, Höchster, ein Zeichen.

Aus dem Sonnengesang des Heiligen Franziskus

3. Kapitel
Kopernikus: Die Archetypen der Physik

Niemand zweifelt, dass die Physik trotz aller Dissonanzen und Rückschläge im Endakkord eine Harmonie zur Wirklichkeit findet. Dafür gibt es aber a priori keine Gewissheit; die Wahrscheinlichkeit spricht eher für das Gegenteil. Überspitzt formuliert: Unser Glaube an die Wahrscheinlichkeit, die Harmonie zur Natur zu finden, ist das Unwahrscheinliche schlechthin. Ich nenne diesen Glauben den kategorischen Imperativ der Physik.

Untersuchen wir zunächst seine Wirkung. Sie zeigt sich deutlich bei der Geburt des Kopernikanischen Weltbilds. Das Mittelalter beruhte auf dem aristotelisch-platonischen Weltbild, verfeinert durch die griechischen Astronomen Hipparchos von Nicäa und Ptolemaios von Alexandrien (87–165 n. Chr.). Für sie bildete die Erde den Mittelpunkt der Welt. Dabei benutzten sie Platons Idee der Kreisbewegung als den göttlichen Gestirnen allein angemessene vollkommene Bewegung. Um die ungleichförmige Bewegung der Sonne während des Jahreskreises zu erklären, verlegten sie jedoch das Weltzentrum vom Erdmittelpunkt weg. Diese exzentrische Bewegung der Himmelskörper wurde durch die sogenannte epizyklische Bewegung ergänzt: Der Planet bewegt sich auf einem Kreis (Epizykel), dessen Mittelpunkt seinerseits auf einem Hauptkreis rotiert, dessen Mittelpunkt wiederum in der Nähe der Erde liegt. Dadurch konnte die beobachtete Schleifenbewegung der Planeten angenähert erklärt werden. Zur noch besseren Näherung führte Ptolemaios den sogenannten Ausgleichspunkt ein, von dem ausgehend ein Leitstrahl den Mittelpunkt des Epizykels längs des Hauptkreises steuert. Das Platonsche Postulat der Kreisbewegung wird also mehr und mehr relativiert.

Das Weltbild des Ptolemaios scheint uns heute gekünstelt. Dennoch beschreibt es die Planetenbahnen mit fast der gleichen Genauigkeit wie die Keplerschen Gesetze. Beide sind nahezu deckungsgleich, wenn man nur die Koordinaten des geozentrischen Weltsystems in jene eines heliozentrischen transformiert. Dies ist eine unglaubliche Leistung! Sie beherrschte das Weltbild Europas fast eineinhalb Jahrtausende.

Aber nicht dies allein war der psychologische Grund für ihre Glaubwürdigkeit. Anderenfalls wäre es nicht zu jenem schicksalsschweren Kampf zwischen Kirche und Galilei gekommen, der bis heute das Verhältnis von Christentum und Wissenschaft belastet. Er wird nur verständlich, wenn man die psychologischen – nicht die logischen! – Gründe für die Hartnäckigkeit dieses Weltbildes in Betracht zieht.

Ich glaube, die entscheidenden waren die Würde des Menschen und das Vertrauen auf die Sicherheit der äusseren Wahrnehmung. Beides traf sich in der Annahme, dass die Erde im Mittelpunkt des Kosmos steht (wenn auch die Mittelpunkte beider jetzt nicht mehr völlig zusammenfielen), und mit der Erde auch der Mensch.

In der Tat ist dies der äussere Eindruck, den der Mensch seit seiner Entstehung vor Millionen Jahren aus der Pflanzen- und Tierwelt mitnahm: Die Sonne «geht im Osten auf und im Westen unter», sie wandert also über die Erde hinweg. Von einer Bewegung der Erde um ihre eigene Achse und um die Sonne als Brennpunkt einer Ellipse weiss der naive Verstand, der sich nur auf die Wahrnehmung stützt, nichts.

Zugleich war damit die Würde des Menschen als räumliche Mitte des Kosmos gesichert. Denn diese war nur der sozusagen geographische Ausdruck einer metaphysischen Mitte als Krone der göttlichen Schöpfung und Ziel der Erlösungstat Jesu Christi. So war im räumlichen Himmel zugleich der geistige Himmel der Erlösten symbolisiert. Niemand hat eindrücklicher diese Mittelstellung des Menschen im sichtbaren und unsichtbaren Kosmos dargestellt, als Dante in seiner Divina Comedia.

Hier lag nun die eigentliche Schwierigkeit für die Ablösung dieses Weltbildes. Die wahren Motive des Nikolaus Kopernikus (1473–1543) waren ebenfalls metaphysischer Natur! Nur brachten sie eine Verlagerung des Schwerpunktes seiner Metaphysik vom Menschen als dem geographischen Mittelpunkt des Alls zum geistigen. Indem Kopernikus die gekünstelte Theorie des Ausgleichspunkts verwirft, vereinfacht er das Universum.

Diese Vereinfachung aber ist das Siegel der Wahrheit der neuen Wissenschaft: Von nun an wird die Welt in sich «vernünftig», und ihr Zeichen ist die mathematische Einfachheit. Dieser Weg führte aber über Platon: Für ihn war die Kreisbewegung der Wandelsterne durch deren göttliche Natur vorgeschrieben, denn das Göttliche sollte zugleich das Einfachste, Schönste und Harmonischste, kurz, das «Ideale» sein. Einfachheit und Idealität hängen also im neuen Weltbild des Kopernikus zusammen. Daher waren für ihn die Abweichungen des Ptolemaios von Platons Kreisbewegung unannehmbar. Kopernikus teilt demgemäss den Planeten im Sinne der Platonischen Idealität absolute Kreisbewegungen zu. Dann aber mussten sie nicht mehr um die Erde rotieren, sondern um die Sonne!

Die eigentlich Kopernikanische Wende war also eine metaphysische, nämlich zurück zu Platon. Sie ergab sich einerseits aus dem Glauben an die Einfachheit der Naturgesetze, andererseits aus einer uralten Erinnerung an Weltmodelle mit der Sonne als dem geistigen Mittelpunkt des Universums.

Kopernikus selbst schreibt:

> «Zumitten aller Himmelskörper thront die Sonne. Wer hätte in diesem prachtvollen Tempel diese Lampe an einen besseren Platz stellen können als dorthin, von wo aus sie alles zugleich beleuchten kann? Wahrlich nicht zu Unrecht haben manche sie das Licht der Welt, andere deren Geist, wieder andere deren Herrscher genannt ... Wahrhaftig so, als sässe sie auf einem königlichen Thron, regiert die Sonne das Geschlecht der Sterne, die sie umgeben».[1]

Dieser Gedanke lag seit Jahrtausenden in der Menschheitsgeschichte bereit. Im Jenseitsglauben des ägyptischen Neuen Reiches (1540–1070 v. Chr.) «fährt die Sonne über den Himmel, um der Welt zu leuchten ... und steigt im Westen jeden Abend in das Reich der Toten hinab, um auch dorthin ihr Licht zu tragen. In jener unauslotbaren Tiefe der Welt erneuert sie sich, ist am Morgen verjüngt und gestärkt wieder sichtbar und hat somit alle Gefahren, alle zerstörenden Mächte der Finsternis überwunden» (Hornung)[2].

Damit vollzieht sich für den Ägypter durch die Identifikation des Toten mit Osiris, dem Herrscher der Toten, der selbst einst getötet wurde, die Auferstehung, denn die Sonne vermählt sich in der Totenwelt geheimnisvoll mit Osiris. So nimmt der Tote selbst Nacht für Nacht die Sonne in sich auf und hofft, «ganz von ihrem Licht durchtränkt, aus dem Todesschlaf zu neuem Leben zu erwachen».[3]

Der Sonnengott (Aton) wird hier als eine Seele (Ba) verstanden, die in die Unterwelt hinabsteigt. Dadurch wird zugleich das Hinabsteigen der menschlichen Seele in ihre «verschüttete, zeitlose Bildwelt» symbolisiert. Im Mittelpunkt des Jenseits steht also die Sonne «irgendwo in den Tiefen des Alls, aber auch in den Tiefen unserer eigenen Seele.[4] Denn die Sonne weckt die Toten aus ihrer schützenden Mumienhülle zu neuem Leben. «Türen springen auf, Unsichtbares wird sichtbar. Licht und Atemluft beleben die starren Körper, und durch das flutende Licht wird die Vereinigung mit der Sonne auch physisch vollzogen»[5].

Im Aton-Hymnus des Begründers des altägyptischen Sonnenkults, Echnaton, heisst es:

> «Du erscheinst so schön im Lichtberge des Himmels, du

lebendige Sonne, die zuerst zu leben begann.
Du bist aufgeleuchtet im östlichen Lichtberg und hast alle Lande mit deiner Schönheit erfüllt.
Deine Strahlen umfassen die Länder bis zum äussersten Ende all dessen, was du geschaffen hast.
Du bist fern, und doch sind Strahlen auf der Erde;
du bist im Angesicht der Menschen, und doch kann man deinen Weg nicht sehen . . .
Die Welt befindet sich in deiner Hand, wie du sie geschaffen hast.
Wenn du aufgeleuchtet bist, leben sie; wenn du zur Rüste gehst, sterben sie.
Du bist die Lebenszeit selbst, man lebt in dir»[6]

Hier ist bereits der Sonnenhymnus des Heiligen Franz vorweggenommen. In altmexikanischen Büchern findet sich ein Bild des Universums mit der Sonne im Mittelpunkt.[7] Adler, Phönix, Sonnenross und Löwe sind tierische Gleichnisse der Sonne. In den altindischen Veden ist die Sonne durch das Rad symbolisiert. Auch der assyrische Sonnengott Asur erscheint in einem geflügelten Sonnenrad.

Das elementare Symbol der Sonne aber ist das Gold. Golden ist der Hintergrund der mittelalterlichen Heiligen und der östlichen Ikonen.

Das Licht wird als Heimat der Seele verstanden. «Steh auf, steh auf, Seele, steig zu deiner Urheimat empor!» heisst es im Ginza, einem der heiligen drei Bücher der Mandäer, einer Täufersekte aus dem 4. nachchristlichen Jahrhundert.

Hieronymus Bosch zeichnet die Vision eines Tunnels, durch den die Seelen der Toten am anderen Ende zum Paradies gelangen. Und Dante endet seine Reise durch das Jenseits mit dem Lied der grossen Geister in der Sonne zum Ruhme des Dreieinen. Des Franziskus Sonnengesang ist Ausdruck der christlichen Mystik, die in der Sonne die Schwester des Menschen und zugleich das Abbild Jesu Christi, des göttlichen Bruders der Menschheit, erkennt.

Sonne, Licht und Leben verweben sich so in eins. Christus selbst vergleicht sich mit der Sonne: «Ich bin das Licht der Welt» (Johannes 8,12.)

Licht ist Erlösung zugleich, ist Erleuchtung, Wahrheit und das unmittelbare Bild Gottes. Nicht umsonst erscheint der «Ich bin, Der Ich bin» dem Moses im brennenden Dornbusch. Und der Seher von Patmos sah am Ende der Zeit «ein grosses Zeichen im Himmel, eine Frau, angetan mit der Sonne, und der Mond unter ihren Füssen und auf ihrem Haupt ein Kranz von zwölf Sternen» (Johannes, Offenbarung 12,1). Nach der Wiederkehr Christi, angetan mit einem Kleid, das in Blut getaucht war, auf einem weissen Pferd und mit einem Schwert in Seinem Munde, «sah ich einen Engel in der Sonne stehen» (Offenbarung 19,11-17).

Kopernikus hat die Wende vom geozentrischen zum heliozentrischen Weltbild jedoch nicht als zentral verstanden. Vielmehr sah er am Ende seines Lebens den eigentlichen Gewinn in der Abschaffung des Ausgleichspunkts und der damit möglichen Wiederkehr zu Platon.[8]

Aber nicht nur dessen Archetypus der Kreisbewegung leitete ihn wohl, sondern auch der noch ältere Archetypus des Sterns. Der Anblick des gestirnten Himmels ist vielleicht der älteste Ursprung der Ehrfurcht vor dem Göttlichen. Die Babylonier hatten eine Sternreligion. Vermutlich waren die «Weisen aus dem Morgenland» Sterndeuter.

Die Hypothese des Kopernikus war also archetypisch und nicht logisch begründet, wenngleich sie logisch einfacher war als jene des Ptolemaios. Hier wirkte der Imperativ der Einfachheit als Dritter im Bunde.

Entscheidend aber war wohl nicht die Beobachtung. Denn die von Kopernikus angenommene Kreisbewegung der Planeten wird ja nicht erfüllt: Kepler erkannte die Bahnen als Ellipsen und Einstein als Rosetten.

Der Imperativ des Kopernikus lässt sich so formulieren:

Begründe alle Hypothesen durch ein Ideal!

Ich möchte dies als den Platonischen Imperativ bezeichnen. Er ist die Voraussetzung der Kopernikanischen Wende. Im Grunde wird also sowohl das aristotelisch-ptolemäische Weltbild als auch das kopernikanische von idealen Strukturen beherrscht. Sie gelangen nur in jeweils besonderer Weise zum Durchbruch. Gegenüber den relativen Ausführungen bleibt also der Platonische Imperativ invariant. Er manifestiert sich in beiden Weltbildern als Kreis.

Der Kreis bzw. die Ellipse beherrscht auch heute noch wesentliche Vorstellungen des Kosmos. Unsere Milchstrasse rotiert um ein aktives Zentrum. Die Gravitation zwingt alle Körper auf gekrümmte Bahnen. In Einsteins Universum bewirken die gravitierenden Massen ihrerseits eine Krümmung der Raumzeit. Alle Krümmungen zusammen führen zu einer globalen Krümmung, deren Ausmass und Vorzeichen von der Gesamtmasse des Universums abhängt. Einstein entwarf also möglicherweise in unbewusster Anlehnung an Platon ein in sich geschlossenes Weltall mit endlichem Radius. In ihm kehrt ein Lichtstrahl, würde er nirgends absorbiert oder abgelenkt, wieder zu seinem Ausgangspunkt zurück. Nur ist dieses Weltall nicht mehr anschaulich vorstellbar als eine um die Sonne oder einen anderen Mittelpunkt gezeichnete Kugel, sondern nur noch als vierdimensionales Raumzeit-Kontinuum ohne Mittelpunkt denkbar.

Platons Idee einer sphärischen Welt überdauert also die Jahrtausende.

Sie setzt sich auch in den Bereich des Kleinsten fort. Bohr liess sich bei seinem Atommodell ebenso wie sein Lehrer Rutherford vom Modell kreisender Miniaturplaneten, der Elektronen, leiten. Sie rotieren um eine «Zentralsonne», den Atomkern. Diese Bewegung unterliegt indes ganz bestimmten Bedingungen, die nur erfüllt sind, wenn ein gewisses Spektrum von Bahnen verwirklicht wird. Dabei spielen wieder die Zahlen des Pythagoras eine Rolle: Das Spektrum möglicher Bahnen wird nämlich durch eine Folge ganzer Zahlen festgelegt. In Bohrs Atommodell vereinen sich also Platonischer und Pythagoräischer Archetypus.

Dabei erfährt der Archetypus des Kreises eine weitere Verwandlung: Der Grund für die Auslese der möglichen Bahnen liegt in der Lösung einer Wellengleichung. Nach de Broglie muss jede Teilchenbewegung durch eine Sinus-Welle beschrieben werden, letztlich also durch eine Kreisbewegung. Der Ausdruck «Welle» hat dabei keinen anschaulich-räumlichen, sondern nur noch mathematischen Sinn. Er bezeichnet nämlich, wie Born erkannte, ein Mass für die Wahrscheinlichkeit, das Teilchen in einem bestimmten Zustand, bzw. an einem bestimmten Ort anzutreffen. Auch hier finden wir also eine Transformation des Platonischen Archetypus von der Anschauung zur Abstraktion.

Die Weltsysteme des Ptolemaios, Kopernikus, Einstein sowie der Wellenmechanik von de Broglie und Schrödinger wurzeln also letztlich im Platonischen Mythos vom Kreis als Symbol der Vollkommenheit göttlicher Wesen. Die Evolution verläuft dabei in mehreren parallelen Richtungen: Vom Mythos zur Physik, von der naiven Anschauung zur Abstraktion und vom Gegenstand zum Symbol.

Das Letztere bedarf einer Bemerkung: Platons Kreis lässt sich zeichnen, er ist die sichtbare Verkörperung einer Idee. Die Wellenfunktion macht aus der anschaulichen Welle ein Symbol für die Wahrscheinlichkeit. Diese hat zum Kreis bzw. zur Welle überhaupt keine direkte Beziehung, sondern nur noch über die mathematische Gestalt einer Funktion. Diese nennen wir symbolisch «Wellen-Funktion», weil in ihr auch eine reale Welle abgebildet werden könnte, aber nicht wird: Das Teilchen *ist* keine Welle, sondern wird nur durch eine Wellenfunktion *beschrieben*.

Wir finden damit eine Art antiparalleler Evolution des Platonischen Archetypus: Für Platon ist die Kreisbewegung göttlicher Gestirne ein Mythos, der als solcher noch gar nicht durchschaut ist, sondern real geglaubt wird. Das Reale an ihm ist der Symbolcharakter des Kreises als Ausdruck einer Idee, nämlich der Vollkommenheit. Für Platon ist alles Sichtbare Ausdruck solcher Ideen. Diese Philosophie entnimmt Platon aber wiederum der Mathematik: Der gezeichnete Kreis ist immer unvollkommen, materiell, sichtbar. Der eigentliche Kreis jedoch ist nur als Idee existent. Wir können sagen: Der wahre Kreis ist ein Gedanke, der gezeichnete Kreis aber ist nicht eigentlich wahr, er ist nur ein Gleichnis des wahren Kreises; er weist auf ihn hin, kurz: Er ist sein sichtbares Symbol.

Analog liegen die Verhältnisse in der Atomphysik. Auch hier ist die sichtbare Welle, etwa eines schwingenden Pendels, nicht die wahre Gestalt des Atoms, sondern nur sein Symbol. Das Elektron ist nur symbolhaft als Welle darzustellen. Dabei symbolisiert nun die mathematische Funktion (Wellenfunktion) einerseits eine reale Welle, andererseits das mögliche Verhalten der Elektronen. Die Funktion ruht also in der Mitte zwischen realer Welle und realem Elektron, ist aber selbst reiner Gedanke, also reine Idealität.

Die reale Welle steht also in keinem direkten Zusammenhang zum Verhalten des Elektrons. Dieser wird vielmehr durch die als Wahrscheinlichkeit verstandene Wellenfunktion erst vermittelt.

Ich nenne diesen Sachverhalt *vermittelte Symbolik.* Die Welle stellt dann gewissermassen die Platonische «Idee», das Bild, dar, nach dem sich das Elektron verhält. Es tut dies jedoch nicht unmittelbar, so wie ein gezeichneter Kreis sich an die Idee des Kreises hält, sondern mittelbar über die Wellenfunktion: Diese ist einerseits die Realisierung des Bilds «Welle», andererseits selbst ein symbolisches Bild des Elektrons.

Formal haben wir statt einer zweistelligen Relation zwischen dem Symbol und dem Gemeinten jetzt eine dreistellige Relation: Symbol-Funktion-Gemeintes. Das Symbol ist hier die Wellenvorstellung, die Funktion die Wellenfunktion, und das Gemeinte das Verhalten des Elektrons.

Inhaltlich vollzieht sich damit jedoch der entscheidende Schritt vom Mythos zur Wissenschaft. Die mythologische Phase begreift spezifische Erlebnisse mit Gegenständen der Aussenwelt (Sterne, Sonne, Kreis) als Zeichen, aus denen eine zweite Wirklichkeit spricht. Diese Wirklichkeit wird als die eigentliche Wirklichkeit angenommen. Die uneigentliche Wirklichkeit ist dann die Welt der Symbole: Sie ist die Sprache der eigentlichen Wirklichkeit.

Es ist dies keine innere Wirklichkeit des Menschen, wenngleich sie sich unmittelbar an diese wendet. Denn auch Träume, die ja der inneren Wirklichkeit angehören und nicht durch die Sinneswahrnehmung erlebt werden können, stellen in hohem Grad Symbole dar. Wir haben daher Grund, das durch die Symbole Gemeinte als einer dritten Wirklichkeit zugehörend anzusehen, die ich als Über-Wirklichkeit bezeichne.

Bei Platon sind dies die Ideen. Die Wahrnehmungen der Aussenwelt sind dann im Grunde keine Erfahrungen der wahren Wirklichkeit, sondern nur von deren Schattenbildern. Er schildert dies an seinem berühmten Höhlengleichnis: Hier werden die Menschen als in einer Höhle wohnend dargestellt. Sie können nur auf die Wand der Höhle blicken. Draussen vor dem Eingang werden nun die Standbilder von Gegenständen vorbeigetragen. Die Menschen nehmen aber nicht diese, sondern nur deren Schatten auf der Wand der Höhle wahr.

Damit wird die Überwirklichkeit zugleich mit einem *Wert* ausgestattet: Sie wird zur wahren Welt, im Gegensatz zur Schattenwelt der Sinneswahrnehmung. Ihre Erkenntnis erfolgt demgemäss nicht durch die Sinne, sondern durch eine innere Schau der Ideen.

Dies gilt nun für das Verhältnis von Welle, Funktion und Verhalten des Elektrons in einem abgewandelten Masse. Die Vorstellung einer Welle, die wir ja aufgrund der Sinneswahrnehmung entwickelt haben, bildet dann gewissermassen den Schatten auf der Wand der Höhle. Er wird aber nicht direkt durch das wahre Verhalten des Elektrons auf die Wand unserer Imagination projiziert, denn das Elektron ist keine Welle und wird auch nicht durch eine solche symbolisiert. Sein direktes Symbol ist vielmehr ein mathematisches Zeichen, etwa für die Ladung, den Spin oder die Masse des Elektrons. Diese Symbole gehen nun mit anderen Symbolen, etwa für die Energie, den Impuls oder den Ort, in die Wellenfunktion bzw. in die an ihr vorgenommenen Operationen ein. Die Wellenfunktion bildet dann im Höhlengleichnis ein Instrument des menschlichen Geistes, um das Verhalten des Elektrons zu berechnen.

In dieses Instrument gehen von der Höhle aus gesehen die Schattenbilder unserer Vorstellungen, wie «Welle», «Teilchen», «Ort», «Impuls» usw. ein. Sie werden hier zu Informationen verarbeitet, die uns etwas über das durch diese Bilder Gemeinte sagen. Gemeint sind aber im Fall des Elektrons keine makroskopischen Erlebnisse und deren Realitätsgehalt, sondern spezifisch quantenmechanische Verhaltensweisen, die sich nicht direkt bzw. überhaupt nicht zu makrophysikalischen Wahrnehmungen hinordnen lassen. Kein Makrosystem kann Welle und Teilchen «zugleich» sein oder einen gequantelten Energiezustand besitzen.

Die Vorstellungsinhalte der Makro-Erfahrung müssen also durch das Instrument der Wellenfunktion verarbeitet werden, damit sie zu direkten Symbolen für das Verhalten eines Elektrons werden. Denn erst die Lösung der Wellengleichung gibt uns ein Wissen von dem zu erwartenden Verhalten des Elektrons.

Es ist der instrumentale Charakter der Mathematik, der den entscheidenden Schritt vom philosophischen Symbolismus zum physikalischen darstellt. Invariant ist dabei aber der eigentlich platonische Archetypus des Unterschieds von Idee und Wahrnehmung. Seine Wirkung wird noch potenziert. Damit erfährt aber die platonische Idee einen Positionswechsel. Für Platon ist sie das Letzte, das keiner weiteren Begründung mehr bedarf. Wer zu ihrer Anschauung gelangt ist, hat die oberste Stufe der Erkenntnis erreicht. Dies gilt unter anderem auch für die mathematischen Ideen, die ja für Platons Ideen-Metaphysik grundlegend sind. In diesem Sinn ruht er auf Pythagoras.

Anders aber die Physik. Für sie ist die Mathematik ein Werkzeug. Darin unterscheidet sie sich von der reinen Mathematik, für welche die idealen Objekte Selbstzweck darstellen. Eine Wellengleichung und deren Lösung unterliegt jedoch einem Zweck, nämlich das Verhalten des Elektrons zu verstehen. Oberstes Ziel des Physikers ist daher nicht die Gleichung sondern das damit Ausgesagte, also die darin enthaltene Information über die realen Verhaltensweisen physischer Objekte. Andererseits kann er ohne dieses Werkzeug solche Informationen nicht gewinnen. Physik ist fundamental mathematische Physik.

Sieht man mit Platon nun in der Wellenfunktion eine Idee, so ist die Erkenntnis der physischen Wirklichkeit nur über Ideen möglich. In diesem Sinn behält also der eigentlich Platonische Archetypus auch heute recht.

Damit haben wir bereits vier Archetypen festgestellt, welche die Physik steuern. Es sind dies

- Der Archetypus der Sonne als Symbol des Lebens und der göttlichen Allmacht
- der Pythagoräische Archetypus der Zahl als Wahrheit aller Dinge
- der Platonische Archetypus des Kreises und der Kugel als Sinnbild der göttlichen Vollkommenheit
- der gleichfalls Platonische Archetypus der Idee als Ziel der geistigen Schau, in heutiger Sprechweise: der Mathematik als Werkzeug der physikalischen Erkenntnis.

Unsere erste Antwort auf die eingangs gestellte Frage lautet also:

Die Evolution der Physik wird von Archetypen gesteuert. Der Ausdruck «Archetypus» wurde von Carl Gustav Jung in die Psychologie des Unbewussten eingeführt. Das Wort selbst findet sich bereits in den mystischen Schriften des 6. Jahrhunderts nach Christus, die dem Bischof von Athen, Dionysius Areopagita, zugeschrieben wurden. Sie hatten einen massgeblichen Einfluss auf die christliche Mystik.

C. G. Jung wurde offenbar durch eine Schrift des Heiligen Augustinus inspiriert, nämlich den Liber de diversis quaestionibus (XLVI, Par.2).[9] Dort wird von ideae principales gesprochen, einer Art Grund-Ideen, die im Verstande (intelligentia) Gottes wohnen. Alles Vergängliche wird durch sie gebildet, sie selbst sind jedoch unerschaffen und sich ewig gleich. Genau besehen, sind sie also die Gedanken Gottes in der geschöpflichen Welt.

Jungs Definition ist uneinheitlich: Einmal sollen die Archetypen die Abbilder psychisch notwendiger Reaktionen auf bestimmte Situationen darstellen. Sie sind «gewisse instinktive Gegebenheiten der primitiven dunklen Psyche, der eigentlichen, aber unsichtbaren Wurzeln des Bewusstseins». Sie sind «Erlebnisse von fundamentaler Bedeutung» und die vom Willen nicht beeinflussbaren «Kraftzentren und -felder des Unbewussten». Dann aber – und das ist für unsere obige Deutung wichtig – stehen sie den Ideen Platons nahe, jedoch mit dem Unterschied, dass diese lichte Urbilder höchster Vollkommenheit sind, während der Archetypus neben der lichten Seite auch die dunkle in sich trägt.

Jung spricht von Organen der Seele. Sie sind im Letzten nicht zu beschreiben, sondern nur zu umschreiben, da sie sich als die Elemente des Unbewussten per definitionem nicht bewusst machen lassen. Sie gleichen dem Achsensystem eines Kristalls, das die Kristallisierung präformiert, aber selbst nicht materiell existiert. Analog sind sie «im unbewussten Bereich der Psyche präexistent und immanent». Im Schosse des Unbewussten füllen sich die Bilder der Menschheitserfahrung zu immer schärferen Gestalten auf, wie der Kristall in der Mutterlauge. Aber diese Bilder werden nicht erzeugt, sondern liegen als Schatz der uralten Menschheitserfahrung bereits im Dunkel da und werden durch das Bewusstwerden mit wechselndem Licht angestrahlt. Die Archetypen sind daher «Selbstabbildungen der Instinkte», «Urmuster menschlicher Verhaltensweisen».

Ihr psychischer «Ort» ist nach Jung das kollektive Unbewusste. Es gibt für ihn ein persönliches Unbewusstes und ein kollektives (ich würde sagen: vor-persönliches). Es bildet die unterste Schicht eines Kegels, dessen Spitze das Ich ist. Darunter liegt das Bewusstsein, weiter tiefer das persönlich Unbewusste und zuletzt das kollektive Unbewusste als die «das Artwesen Mensch charakterisierenden Wesenszüge».

Je tiefer und unpersönlicher nun ein Archetypus, desto einfacher und verschwommener ist seine Darstellungssprache. «Denn auch der Kosmos ist nur auf einigen wenigen einfachen Grundgesetzen aufgebaut» (Jung). Ebenso wie dessen Grundgesetze die ganze Vielfalt der kosmischen Erscheinungen enthält, so birgt auch die archetypische Erscheinung den ganzen Reichtum von Leben und Welt. Die Sprache des Unbewussten ist eine Bildersprache, daher drücken sich die Archetypen in Symbolen aus. Die Summe der Archetypen ist zugleich die Summe der latenten Möglichkeiten der Psyche: «Ein ungeheures unerschöpfliches Material an uraltem Wissen um die tiefsten Zusammenhänge zwischen Gott, Mensch und Kosmos».

Daraus leitet Jung den Begriff der Synchronizität ab. Sie ist die zeitliche Koinzidenz von nicht kausal verknüpften Ereignissen gleichen oder ähnlichen Sinngehalts. Sie zeigt sich etwa im prophetischen Traum, in der Ahnung oder im Einfall.

Es gibt für Jung ein «im Unbewussten vorhandenes apriorisches Wissen», das jenseits unserer Willkür auf einer Entsprechung von Mikro- und Makrokosmos beruht. «Der Archetypus ist die durch Introspektion erkennbare Form des apriorischen psychischen Angeordnetseins». Daher ist der Verlust der Archetypen in der modernen Zivilisation zugleich ein «Verlust der Seele», wie er dem magischen Menschen als tiefstes Unglück bekannt ist.

Vergleichen wir diese Aussagen mit der Evolution der Physik, so finden wir erstaunliche Parallelen:

1. Der Archetypus des Kreises liegt schon vor Platon bei den Pythagoräern bereit, eventuell noch früher. Der Archetypus der Sonne als Heilbringerin findet sich u.a. bei den alten Ägyptern. Dieser Vorrat an Ideen wirkt auf Kopernikus.

2. Der Archetypus des Kreises wirkt auf Bohr bei der Aufstellung des Atommodells und über den Archetypus der Wellenbewegung (siehe die zyklische Wiederkehr bei Pythagoras und in der indisch-pythagoräischen Seelenwanderung!) auf die Wellenmechanik de Broglies und Schrödingers.

3. Der gleiche Archetypus wirkt über die Idee der Raumzeit-Krümmung auf Einsteins allgemeine Relativitätstheorie.

Zum Teil wirken diese Archetypen bewusst, wie etwa bei Platon und

Kopernikus, zum Teil aber unbewusst, wie bei den modernen Physikern. Es gibt keine Hinweise, dass etwa Bohr und Einstein von Pythagoras oder Platon unmittelbar beeinflusst waren. Insofern setzen sich die Archetypen über die Jahrtausende hinweg in Gestalt schlummernder Faktoren fort, die plötzlich durch eine rätselhafte Verkettung von auslösenden Momenten die Evolution der Physik steuern. Sie bilden einen bereitliegenden Vorrat an Steuerungsorganen, die zu ganz bestimmten Zeiten und in bestimmten Personen ihre Funkion ausüben. Wir können sie auch die *Gene* der Physik nennen.

Was die Archetypen der Physik jedoch von denjenigen C.G. Jungs unterscheidet, ist ihre wachsende Rationalität. Am Anfang sind sie noch religiös motiviert und durch Mythen versinnbildlicht. Mit der Evolution werden sie immer mehr durch die Erkenntnis der beobachtbaren Welt motiviert und zugleich in mathematischen Bildern symbolisiert. Das Unbewusste ist also nicht das Dunkle, die Nacht- und Schattenseite der Seele, wie sie im Jungschen Archetypus neben der Lichtseite vorhanden ist, sondern das Vor- oder Proto-Rationale. Der wissenschaftliche Archetypus, sofern er sich bewährt, ist von eminenter Rationalität, ja er ist die Proto-Vernunft schlechthin.

Daraus wird verständlich, weshalb von der Kopernikanischen Wende über Kepler und Newton der Weg des Abendlands geradewegs in den Rationalismus führt und von dort schliesslich in die Aufklärung und den Positivismus.

Diese Entwicklung verkennt jedoch ihre eigenen Voraussetzungen. Sie ist eine tragische Art von Muttermord. Denn die Voraussetzung des Rationalismus ist die archetypische Proto-Vernunft, wie sie seit Urzeiten als Vorrat schöpferischer Ideen bereitliegt. Die Archetypen sind das eigentlich Schöpferische der Physik. Ohne sie wäre weder das Weltbild des Ptolemaios, noch des Kopernikus, Einstein oder Bohr denkbar. Die Archetypen zu verleugnen, heisst: seine Mütter verleugnen.

Alles Schöpferische stammt aus dem Unbewussten. Der schlagende Beweis für dieses Gesetz ist die einfache Tatsache, dass wir neue Ideen nicht erzwingen können. Es gibt keine Manipulation des Schöpferischen. Ebensowenig können wir einen bestimmten Traum erzwingen. Es gibt keine von aussen gesteuerte Theorienbildung. Ihre Steuerung geschieht von innen aus der Tiefe des Unbewussten.

Eine Physikergeneration, die allein mit dem wachen Verstand den Fortschritt erzwingen wollte, würde scheitern. Keine Wissenschaft ist so wie die Physik auf die Gnade des schöpferischen Unbewusstseins angewiesen. Nur wer zu den Müttern hinabsteigt, für den wird es hell. Im Gegensatz zu den unbewussten Antrieben bei Siegmund Freud, Alfred Adler und Erich Fromm und zum Teil auch bei Jung sind jene der Physik nicht dunkel oder gar zerstörerisch, sondern licht, erleuchtend und aufbauend.

Diese Eigenschaft teilen sie mit den Ideen Platons. Was sie jedoch von diesen unterscheidet, ist ihre auf die Seele des Physikers unbewusst wirkende Kraft. Die Archetypen sind nicht das Ziel, sondern der Ursprung der Erkenntnis. Sie sind Kräfte, die sich in Gestalt von Bildern zur Wirkung bringen. Von ihnen geht eine magische Macht aus, der sich der schöpferische Physiker nicht entziehen kann. Darin gleichen sie den grossen Kunstwerken, die den Menschen erschüttern.

Diese Macht ist aber keine dunkle, sondern eine erleuchtende. Das Unbewusstsein des Physikers qua Physiker ist im höchsten Grad vernünftig, ja es bildet die Vorbedingung für das Walten der bewussten Vernunft. In ihm kommt die Vernunft der Welt selbst zum Ausdruck. Es ist dies mehr als die Erfahrung der Menschheit und daher mehr als der Vorrat des kollektiven Unbewussten bei Jung oder gar des persönlich Unbewussten bei Freud. Es vermittelt Einsichten in die Struktur des Kosmos selbst. Ich nenne es daher das *kosmisch Unbewusste.*

Damit ist ein Zweifaches gemeint: Einmal enthält dieses Unbewusste einen Vorrat an Ideen, die den schöpferischen Vorgang der Theorienbildung steuern. Es ist das Führungsfeld des Physikers. Zum anderen steuert es ihn genau dorthin, wo er die Strukturen des Kosmos auch findet. Dabei ist er naturgemäss dem Irrtum ausgesetzt, insofern sein Bewusstsein den Anruf des Unbewussten verfälschen kann, wie dies etwa im Weltbild des Ptolemaios, aber zum Teil noch bei Kopernikus der Fall war.

Insofern aber das Führungsfeld den richtigen Weg anzeigt, muss es gerade jene Strukturen des Kosmos enthalten, auf die hin es den Physiker leitet. Es ist also nicht nur der Vorrat schöpferischer Ideen des Menschen, sondern auch des Kosmos. Somit ist es nicht nur ein menschlich-Unbewusstes, sondern das Unbewusstsein des Kosmos selbst.

Es ist schwer zu sagen, wo Gott ist,
noch schwerer, wo er nicht ist.

Augustinus

4. Kapitel
Kepler: Auf der Suche nach dem verlorenen Paradies

Als erstem gelang es Johannes Kepler (1571–1630), die Planetenbahnen zu berechnen. 1609, zwei Jahre nach Erscheinen von Monteverdis «Orfeo», veröffentlichte er in seiner «Astronomia Nova» die ersten beiden Gesetze, wonach die Planeten eine Ellipse durchlaufen, in deren einem Brennpunkt die Sonne steht, und die Verbindungslinie zwischen Sonne und Planet in gleichen Zeiten stets gleiche Flächen der Ellipse überstreicht. Es brauchte 10 Jahre, bis er nach grossen Mühen in «Harmonices mundi» das 3. Gesetz veröffentlichte. Danach verhalten sich die dritten Potenzen der grossen Halbachsen der Ellipsen zweier Planeten wie die Quadrate der Umlaufzeiten.

Um den Fortschritt gegenüber der gesamten bisherigen Astronomie und Physik zu würdigen, muss man bedenken, dass damit erstmalig an die Stelle qualitativer Annahmen eine strenge quantitative Theorie trat. Sie bedeutet nicht mehr und nicht weniger als den beginnenden Siegeszug mathematischen Denkens in der Wissenschaft. Kopernikus hatte den kosmographischen Standpunkt verlegt, Kepler jedoch den methodischen. Von nun an sollte das mathematische Gesetz die Welt regieren.

Keplers Gesetze erwiesen sich als ebenso schön wie einfach. Die Ellipse gehört neben dem Kreis zu den einfachsten Figuren. Merkwürdigerweise sollte gerade die Ellipse in Heisenbergs Darstellung der Frequenzen und Intensitäten der strahlenden Atome eine Rolle spielen. Dabei beschreiben die den Kern umlaufenden Elektronen jedoch keine Ellipsen, da für Heisenberg die Vorstellung eines Miniatur-Planetensystems keinen Sinn mehr hat. Der Bahnbegriff wird aufgegeben. Aber die abstrakte Ellipse behält ihre Funktion, wenn auch jetzt als Modell für die Transformation der von Heisenberg eingeführten Matrizen auf die Hauptachsen eines n-dimensionalen Ellipsoids.

Hier zeigt sich eine erstaunliche Verwandlung des gleichen Modells für verschiedene Naturbereiche: Für Kepler ist die Ellipse eine reale Bahn, für die Heisenbergsche Matrizenrechnung ein rein gedankliches Gebilde.

Das 2. und das 3. Keplersche Gesetz sprechen eine besonders einfache und harmonische Beziehung zwischen den in die Planetenbewegung eingehenden Grössen aus. Gleichzeitig legen sie die Gestalt der Ellipsen und der betreffenden Grössen für alle nur denkbaren Planeten fest, obwohl Kepler sie nur für die damals bekannten aufstellte. Diese Gesetze sind also von universaler Natur.

Im Grunde tat Kepler den entscheidenden Schritt von der mathematischen Gestalt eines Einzelproblems zur allgemeingültigen kosmischen Struktur. Damit gewinnt das Wort «Naturgesetz» eine völlig neue Bedeutung: Es wird zum Symbol für den inneren Zusammenhang aller einschlägigen Ereignisse, kurz, dessen, was wir das «All» nennen. Den wahren Grund für diese Annahme sollte freilich erst Newton in seiner Theorie der Gravitation erkennen.

Keplers Lehrer, Tycho Brahe (1546–1601), hatte in seiner Sternwarte Uranienborg/Dänemark mit neuen Apparaten und Messmethoden die bisherigen Toleranzen für die Positionsmessung der Planeten auf 2 Bogenminuten herabgedrückt. Dadurch wurden die Abweichungen zwischen der Theorie des Ptolemaios und der Beobachtung unüberbrückbar.

Tycho stimmte zwar Kopernikus insofern zu, als sich die Planeten um die Sonne drehen sollten. Dennoch blieb für ihn die Erde noch das Zentrum des Weltalls. Damit stand er weiter auf dem Boden des geozentrischen Weltbilds von Aristoteles.

Seine eigenen Beobachtungen mussten jedoch dieses Weltbild erschüttern: 1472 beobachtete er den Ausbruch einer Supernova, also eines neuen Sterns, und ab 1477 fand er Kometen. Diese Erscheinungen widerlegten das Dogma des Aristoteles von der Unveränderlichkeit des Himmels jenseits der Sphäre der Planeten.

Kepler löste dieses Dilemma durch einen speziellen Imperativ:

> Hoffe auf die Macht der Vernunft!

Aristoteles hatte in seiner Kosmologie allein die visuellen Phänomene in ein System zu bringen versucht. Daher konnte er sich nicht von der Vorstellung der Erde als Zentrum der himmlischen Sphären befreien.

Kepler hingegen liess sich von der Hoffnung leiten, dass das innere Auge der Vernunft die visuelle äussere Erfahrung besiegt. Das Auge des Geistes sieht also stärker als das Auge des Leibes.

Erst durch diesen Schritt wurde das Tor zu einer quantitativen, das heisst mathematischen Begründung der visuellen Beobachtungen geöffnet. Es war dies der Schritt von der reinen Beschreibung zur rationalen Begründung. Aus der deskpritiven Hypothese wird die nomothetische, das heisst die gesetzesbegründende Theorie.

Ich bezeichne nun eine Hoffnung, die sich auf die Erkenntnis des Kosmos durch das Auge der Vernunft gründet, als *kosmosophische Hoffnung.*

Sie ist eine besondere Form des allgemeinen kosmosophischen Imperatives: Verstehe die Weisheit der Welt!

Wir haben es hier mit einem Grund-Antrieb des Physikers zu tun. Er wird besonders bei den ungeheuren Schwierigkeiten sichtbar, mit denen Kepler zu ringen hatte. Kopernikus hatte seinerzeit die Planetenbahnen auf konzentrische Kugelschalen verlegt. Tycho hatte die Exzentritäten entdeckt. Kepler berechnete nun die exakte Bahn des Mars. Dabei wurde er an einem unsichtbaren Faden der Ariadne durch ein Labyrinth falscher und richtiger Berechnungen geführt. Dijksterhuis spricht von einer faszinierenden Geschichte von erweckten und wieder enttäuschten Erwartungen, von neuen Versuchen und neuen Enttäuschungen, von unmenschlicher Rechenarbeit und immer wieder von zähem Durchhalten, in der festen Überzeugung, dass hinter Tychos Zahlen «die schöne und einfache Wahrheit aufleuchten wird, ein wahrer Kampf mit dem Engel, der schliesslich denn auch seinen Segen nicht vorenthält ... Wir stehen hier vor einem der wichtigsten Ereignisse aus der Geschichte des Denkens, vielleicht vor dem eigentlichen Wendepunkt der Erneuerung».[1]

Tychos Berechnungen hatte eine Abweichung der Marsbahn um 8 Bogenminuten von den Berechnungen des Ptolemaios gebracht. Kepler konnte diese Abweichung in sein Gesetz der Marsbahn einbauen. Seine Hoffnung auf die Macht der Vernunft hatte sich erfüllt. Ein winziger Betrag löste die Erleuchtung aus. Dies wird bis in die Quantenmechanik so sein. Kepler gesteht:

> «Uns, dem die göttliche Güte in Tycho Brahe einen allersorgfältigsten Beobachter geschenkt hat, durch dessen Beobachtungen der Fehler der ptolemäischen Rechnung im Betrag von 8 Minuten ans Licht gebracht wird, geziemt es, mit einem dankbaren Gemüt diese Wohltat Gottes anzunehmen und zu gebrauchen. Wir wollen uns also Mühe geben, unterstützt durch die Beweisgründe für die Unrichtigkeit der gemachten Annahmen, endlich die richtige Form der Himmelsbewegungen zu ergründen. Diesen Weg will ich im folgenden selber, nach meiner Weise, andern vorangehen ... Diese acht Minuten allein haben also den Weg gewiesen zur Erneuerung der ganzen Astronomie ...»[2].

Die Hoffnung erfährt also in sich eine Art Mutation, um zu evolutionieren: Die eine Hoffnung scheitert, eine zweite wird geboren. Ihr Geburtshelfer ist der Imperativ:

> Lerne am Versagen!

Nur wer ihm folgt, darf der neuen Hoffnung Raum geben. Dies ist einer der mächtigsten Impulse der Physik-Geschichte. Es sind die verlorenen Schlachten, die den Sieg bringen. Das Versagen ist der Motor des Fortschrittes. Die Mutationen der speziellen Hoffnung werden also von einem kritischen Imperativ gesteuert.

An sich hätte Kepler die damals unbekannte Infinitesimalrechnung kennen müssen. Er liess sich dadurch jedoch nicht entmutigen, sondern versuchte es mit einer Näherung. Ihn leitete eine spezielle Hoffnung: Erfasse die Wahrheit durch die Näherung! Diese Hoffnung setzt also Grade der Wahrheit voraus.

Dies ist nicht selbstverständlich. Es enthält den Glauben an eine Art Umfeld der Wahrheit, wo eine Rechnung weder absolut falsch noch absolut wahr ist. Aber «wie wahr»?

Diese Frage führt uns zwangsläufig auf das Feld der Zahlen. Kepler nahm an, dass die durchlaufene Zeit zwischen einem beliebigen Bahnpunkt eines Planeten und seinem sonnenfernsten Punkt (dem Aphel) der Fläche eines Dreiecks aus Sonne, Bahnpunkt und Aphel entspricht. Durch Näherungsverfahren und mathematisch unhaltbare Annahmen kommt Kepler damit zu seinem zweiten Gesetz, wonach der Vektor zwischen Sonne und Planet in gleichen Zeiten gleiche Flächen überstreicht. Daraus lässt sich für jede künftige Zeit der dazugehörige Ort des Planeten voraussagen.[3]

Die Eleganz der Keplerschen Gleichung verrät uns heute nichts über das Ineinanderwirken von mathematischer Anstrengung, Zufall, Irrtum und Erleuchtung. Kepler selbst gesteht, dass er «fast bis zum Verrücktwerden» nachdenken musste, bis ihm endlich die Schuppen von den Augen fielen. Dabei wurden «manche Sprünge gemacht, die logisch nicht zu verantworten waren, die Mathematik war nur allzuoft Kunst des Erratens, und die Phantasie schien oft ganz die Oberhand über das wissenschaftliche Denken zu haben» (Dijksterhuis).[4]

Zehn Jahre später findet Kepler sein drittes Gesetz vom Zusammenhang zwischen der Umlaufzeit eines Planeten und seiner halben grossen Bahnachse. Es tritt an die Stelle der geometrischen Deutung der Planetenbahnen, wie sie im «Mysterium Cosmographicum» 1596 steht. Dieses Gesetz versetzte Kepler in Extase. Er spricht von «heiliger Raserei und unsagbarer Verzückung über den Anblick der himmlischen Harmonien».

Geleitet wurde er jedoch zunächst durch den Platonschen Archetypus «Gott treibt überall Geometrie». Im «Timaios» behauptet Platon, alle Körper seien «in Wahrheit» regelmässige geometrische Gebilde, die letztlich aus Dreiecken aufgebaut sind. Die Keplersche Hoffnung, vermittels der Geometrie die Naturgesetze zu entdecken, sollte zu unerwartetem Erfolg führen. Descartes entwickelte seine Koordinatensysteme, mit deren Hilfe die ganze Mechanik darzustellen war. Einsteins spezielle und allgemeine Relativitätstheorie sind im Grunde geometrische Theorien. Die Quantenmechanik lässt sich als eine Anwendung des Hilbert-Raums darstellen. Die Elementarteilchentheorie operiert mit noch abstrakteren Räumen, wie etwa dem Isospinraum. Kurz: Durch Keplers Geometrisierung des kopernikanischen Problems erwies sich seine ursprüngliche Hoffnung als ungemein fruchtbar.

Keplers erstes Problem war, die von Kopernikus entdeckten Bahnen der damals bekannten 6 Planeten Merkur, Venus, Erde, Mars, Jupiter und Saturn in ein geometrisches System zu bringen, um ihre Abstände von der Sonne zu begründen. Die reine Beschreibung scheinbar zufälliger Abstände wurde also mathematisch begründbar. Ich bezeichne dies als die Keplersche Wende in der Physik. Sie ruht auf Keplers Hoffnung:

> Der scheinbare Zufall wird zur mathematisch begründbaren Notwendigkeit.

An der Wiege der mathematischen Naturwissenschaft steht also die Keplersche Hoffnung. Sie ist ihrerseits reiner Zufall, solange wir in Keplers Grosstat nur ein geschichtliches Faktum sehen. Wir müssen es ähnlich begründen, wie dies Kepler für die Planetenbahnen tat. Ich sehe darin eine Spezifizierung der allgemeinen kosmosophischen Hoffnung:

> Durch die Geometrisierung physikalischer Fakten findest du deren Begründung.

Hintergrund ist Pythagoras: Er sah die Zahl als Grundlage der Welt. Kepler hatte mit 24 Jahren die *Eingebung*, die Sechszahl der Planeten auf die regelmässigen Polyeder zurückzuführen, indem deren 6 um- und eingeschriebene Kugeln die Abstände der Planeten zur Sonne abbilden. So lässt sich nach Kepler in eine Kugel mit der Sonne als Mittelpunkt, deren Radius durch die Saturnbahn festgelegt wird, ein Hexaeder einschreiben. Dessen eingeschriebene Kugel wiederum legt die Bahn des Jupiter fest. Schreibt man dieser wieder ein Tretraeder ein, so erhält man durch dessen eingeschriebene Kugel die Bahn des Mars.

Fährt man auf diese Weise fort, so legt ein Dodekaeder die Bahn der Erde fest, ein Ikosaeder jene der Venus und ein Oktaeder jene des Merkur. Dies alles konnte für Kepler nie und nimmer Zufall sein, sondern musste auf einen Gedanken des Schöpfers zurückgehen, die Planetenbahnen geometrisch zu ordnen. Kepler glaubte, den göttlichen Schöpfungsplan nachzuvollziehen, ja Gottes eigene Gedanken zu denken. Im letzten richtete sich seine Hoffnung also darauf, einen Blick in den Innenraum der Gedanken Gottes zu tun.

Wir wissen heute, dass Keplers Vision nur zum Teil richtig war. Es gibt insgesamt nicht 6, sondern ausser der Erde 8 Planeten und das Verhältnis ihrer Abstände folgt einem viel komplizierteren Gesetz. Das ändert jedoch nichts an der Tatsache, dass die Platonische Hoffnung Kepler in die richtige Bahn steuerte. Nur wurde diese dann später ausgebaut und korrigiert. Die kosmosophische Hoffnung zeigt also wohl die Bahn, nicht aber den endgültigen Weg. Sie ist keine Garantie für die Wahrheit. Wäre sie dies, so wäre sie nicht Hoffnung, sondern Gewissheit.

Sie hält also gerade die Waage zwischen Zufall und Notwendigkeit. Wahr ist, dass die Geometrie allgemein zur Darstellung physikalischer Strukturen benutzt werden muss, falsch ist es hingegen, eine bestimmte

Geometrie und bestimmte geometrische Beziehungen auf ein bestimmtes Problem mit absoluter Sicherheit anwenden zu wollen. Die allgemeine Orientierung erwies sich als richtig, die Anwendung im einzelnen als problematisch. Keplers Idee enthielt eine allgemeine Wahrheit, ihre Durchführung den Irrtum. Aber der Weg war gewiesen, auf dem spätere Generationen bis hinauf zu den Geometrien der Teilchenphysik gehen konnten. Diese Keplersche Wende der Physik stiess analog zur Kopernikanischen das Tor zu einer neuen Weltsicht auf.

Die Hoffnung zielt immer auf die allgemeine Richtung, die Ausführung aber kann irren. Sicherheit und Risiko halten sich also hier die Waage. Es ist, als würde die Hoffnung jene generelle Route darstellen, die der Kletterer mit dem Fernglas in der Felswand zu entdecken glaubt, während ihm der Berg Brust an Brust mit unerwarteten Schwierigkeiten entgegentritt.

Kepler begnügte sich demgemäss nicht mit seiner geometrischen Vision, sondern testete sie an den von seinem Lehrer Tycho Brahe vermittelten exakten Planetenbahnen. Damit setzte die eigentlich kritische Phase der modernen Wissenschaft ein. Schon Kopernikus wagte Kritik am aristotelischen Dogma, freilich nicht von der Beobachtung her, sondern von metaphysischen Postulaten. Mit Kepler beginnt der Test durch die Messung. Hoffen allein genügt nicht. Ihr Widerpart und ständiger Korrektor ist die Messung. Ihren philosophischen Höhepunkt wird diese Evolution in Kants «Kritik der reinen Vernunft» finden, ihren physikalischen in Einsteins Kritik an den hergebrachten Begriffen von Raum, Zeit, Masse, Energie, Impuls, elektrischem und magnetischem Feld.

Dieser kritische Imperativ stand im Widerspruch zu Keplers eigener Hoffnung auf den Platonischen Archetypus des Kreises. Indem er die Planetenbahnen nicht als Kreise, sondern als Ellipsen beechnete, löste er sich von diesem Archetypus und vollzog gleichzeitig die Wende von der beschreibenden zur begründenden Physik. Zwar hatte er die Gesetze der Planetenbahnen entdeckt, es fehlte aber deren eigentliche Begründung.

Hier griff er wieder auf einen Archetypus zurück, der letztlich auf die Menschheitsepoche des Animismus zurückgeht: Er kannte noch keine eigentlich physikalischen Kräfte, wie wir sie heute als Selbstverständlichkeit benutzen. Vielmehr schrieb er mit den neuplatonischen und mittelalterlichen Mystikern den Planeten Seelen zu. In ihnen glaubte er die Ursache für die Gesetze der Planetenbahnen zu sehen. Eine ursächliche Erklärung wird auch als ätiologisch bezeichnet. Daher Keplers Untertitel seiner «Astronomia Nova» «aitiologetos seu physica coelestis» («nach Ursachen behandelt oder Physik des Himmels»). Noch 1596 schreibt er in der Erstausgabe seines «Mysterium cosmographicum»: «Entweder sind die bewegenden Seelen (der Planeten) desto schwächer, je weiter sie von der Sonne entfernt sind, oder es gibt nur eine bewegende Seele im Zentrum aller Bahnen, das heisst in der Sonne, die einen Körper desto heftiger antreibt, je näher er an ihr ist».[5]

Damit also versucht Kepler das von ihm erkannte Gesetz ursächlich zu begründen, wonach die Geschwindigkeit eines Planeten mit abnehmendem Abstand von der Sonne zunimmt.

Hier wirkt die archetypische Vorstellung einer Weltseele nach, wie wir sie bei den griechischen Stoikern treffen. Auch Platon schrieb den Planeten eine Seele zu. Diesen Begriff deutet Kepler aber im Sinne der modernen Dynamik neu. Er fügt der Ausgabe seines *Mysterium* von 1623 die entscheidende Fussnote hinzu: «Wenn man anstatt Seele (anima) das Wort Kraft (vis) setzt, hat man genau das Prinzip, worauf die Physik des Himmels in den Marskommentaren (das heisst in der Astronomia Nova) aufgebaut ist.»[6]

Damit vollzieht sich die entscheidende Mutation der Hoffnung. Die magische Hoffnung, durch die Beseelung des Kosmos dessen geheime Strukturen zu finden, wie in der Alchimie, wird abgelöst durch die rationale Hoffnung, durch Kräfte das mathematische Gesetz zu entdecken. Es ist dies der Übergang vom magischen Panpsychismus zum physikalischen Dynamismus. Seinen Triumph erfährt er in Newtons Himmelsmechanik.

Der Archetypus des Panpsychismus steuerte aber Kepler in die richtige Richtung, obgleich er modern betrachtet nicht mehr haltbar ist. Das ist im hohem Masse erstaunlich: Wie kann eine als falsch erkannte Idee den richtigen Weg weisen?

Der Mechanismus der Mutation erklärt dies: Kepler suchte nach der Ursache für die Zunahme der Geschwindigkeit (genauer der Beschleunigung) eines Planeten mit abnehmendem Abstand zur Sonne. Dafür gab es keine Erklärung. Um das Rätsel zu lösen, war ein Appell an die Vernunft zwecklos: Diese lieferte nur die richtigen mathematischen Gesetze einschliesslich der Geschwindigkeitszunahme mit Sonnennähe, aber nicht deren Begründung. Der Begriff der Kraft im heutigen Sinn war noch fremd, wenngleich er schon bei Leonardo vorkommt und von ihm geradezu ekstatisch begrüsst wird.[7] Hingegen bot sich der Archetypus der Seele als bewegender Ursache an. Indem Kepler aber die Seele einer mechanischen Gesetzlichkeit unterwarf, vollzog er zugleich eine Mutation dieses Archetypus.

Kepler war sich ihrer durchaus bewusst: Die Natur soll fortan nicht mehr als «instar divini animalis» (göttlich bewegtes Wesen) angesehen werden, sondern als «instar horologii», das heisst als Uhrwerk. Sichtbarer könnte die Mutation vom Archetypus göttlicher Beseeltheit des Kosmos zum mechanischen System nicht beschrieben werden. Die Mutation von «Seele» zu «Kraft» sollte eine neue Epoche der Wissenschaft einleiten.

Diese Wende zum scheinbaren Materialismus gründet sich aber paradoxerweise nicht in einer Entfremdung von Gott, sondern geradezu in einem vertieften Verständnis Gottes: Es wird vermittelt durch den Archetypus der Harmonie. Kepler bringt sie in direkte Analogie zum Wesen Gottes: «Drei Dinge waren es vor allem, deren Ursachen, warum sie so und nicht anders sind, ich unablässig erforschte, nämlich die Anzahl,

Grösse und Bewegung der Bahnen. Dies zu wagen, bestimmte mich die schöne Harmonie der ruhenden Dinge, nämlich der Sonne, der Fixsterne und des Zwischenraums mit Gott dem Vater, dem Sohne und dem Heiligen Geist. Ich werde diese Analogie in meiner Kosmographie weiter verfolgen».[8]

Gegen alle Missverständnisse erklärt er ausdrücklich, diese Analogie dürfe nicht als leerer Vergleich abgetan werden, sondern sei angesichts ihrer Platonischen Form der archetypischen Qualität als eine der Grundursachen des Universums anzusprechen. «So trägt also die Sonne, inmitten der Sterne selbst bewegungslos und dennoch die Quelle der Bewegung, das Bildnis Gottes, des Vaters und Schöpfers ... Durch das Medium, das die bewegten Körper umgibt, vermittelt sie die Kraft der Bewegung, so wie der Vater durch den Geist oder durch die Kraft seines Geistes wirkt».[9]

Nicht nur die Gottesidee, sondern auch die spezifisch christliche Lehre der Trinität inspirierte also Kepler zu einem entscheidenden Durchbruch der Weltvorstellung. Aber noch mehr: Hier nimmt Kepler geradezu prophetisch den Begriff des Kraft-Feldes vorweg. Er nennt es noch «Medium», durch das die Kraft vermittelt wird. In der Tat ist dies ein Grundbegriff der heutigen Physik, der vor allem auf die Elektrodynamik zurückgeht. Michael Faraday hatte für die elektrische Anziehung bzw. Abstossung geladener Körper einen mit Kräften erfüllten Zustand des Raums angenommen, den er «Feld» nannte.

Jedem Raumpunkt wird dabei eine Kraft zugeschrieben. Man sieht dies anschaulich, wenn man ein Blatt Papier mit Eisenspänen bestreut und darauf einen Magneten legt. Dann ordnen sich die Späne in Richtung der Feldlinien des durch den Magneten beeinflussten Raums.

Durch den Feldbegriff wird ein grundlegender Mangel der früheren Physik behoben, wonach Kräfte über den Raum und die Zeit hinweg wirken, also Raum und Zeit überspringen. Diese sogenannte Fernwirkung wurde schon von Newton als unbefriedigend erkannt. Sie wird nun durch die Nahewirkung ersetzt.

Der Feldbegriff sollte sich als einer der fruchtbarsten Gedanken der Physik erweisen. Die Physik der Elementarteilchen betrachtet diese als Zustand bestimmter Felder, ja das Feld wird zur eigentlichen Realität schlechthin. Keplers geniale Vorwegnahme dieses Begriffs als «Medium», das eine Kraft vermittelt, gründet sich also auf einen religiösen Archetypus.

Wir Heutigen wollen darin lediglich ein Curiosum sehen. Damit verkennen wir aber die Ursprünge der modernen Wissenschaft. Wenn man die Grundgesetze Keplers akzeptiert, muss man auch deren tiefenpsychologische Genealogie ernstnehmen. Ich bezeichne sie als analogische Hoffnung. Ihr liegt der Glaube zugrunde, dass zwischen der Natur des Schöpfers und der Struktur der Geschöpfe eine Beziehung der Analogie besteht, die es dem menschlichen Denken erlaubt, von der Natur des Schöpfers auf die Naturgesetze zu schliessen.

Es geht also letztlich um den Glauben an die Einheit von Gott und

Welt. Diese ist ihrerseits wieder trinitarisch: Wir können uns ein Dreieck denken, wo die Spitze Gott darstellt, die linke Ecke den Kosmos und die rechte den Menschen. Dann durchläuft die Einheit, von Gott als dem Einheits-stiftenden Schöpfer ausgehend, die Umrandung des Dreiecks über Kosmos und Mensch, bis sie wieder durch die Vereinigung des Menschen mit dem Schöpfer zum Ursprung zurückkehrt. Dieser ganze Umlauf bildet dann ein Symbol der schöpferischen Intuition.

Keplers Krönung war jedoch die *Prognose.* Durch das mathematische Gesetz der Planetenbahnen konnte er die Orte der Planeten für die Zukunft voraussagen. Erst dadurch wurde die Astronomie zu einer eigentlichen Wissenschaft, nämlich als Berechnung künftiger Ereignisse.

Die mathematisierte Naturwissenschaft ist also nicht nur reine Beschreibung. Sie ist sogar mehr als Erklärung: Sie ist streng genommen eine Wissenschaft von der Zukunft. Erst durch das Eintreffen der vorausgesagten Ereignisse wird die in der Hypothese enthaltene Beschreibung und Erklärung glaubwürdig.

Dieses Kennzeichen teilt sie mit dem Propheten. Wie dieser, verdankt sie ihr Wissen der Eingebung, also dem inneren Sinn. Der Unterschied ist jedoch ein mindestens dreifacher:

1. Die Inspiration des Propheten geschieht unmittelbar durch Gott, jene des Physikers mittelbar als Hoffnung auf die Gültigkeit des mathematischen Naturgesetzes.
2. Gegenstand der Prophetie ist ein Ereignis von religiöser Bedeutung, Gegenstand der Physik ein Ereignis von erkenntnistheoretischer oder technischer Bedeutung.
3. Die religiöse Prophetie ist nicht erlernbar, die wissenschaftliche ist es begrenzt.

Der letzte Punkt verdient eine Erläuterung. Keplers Intuition, die ihn zu den richtigen Gesetzen führte, war gleichfalls nicht erlernbar. Sie wurzelt in religiösen Archetypen, die Kepler aus der Erinnerung der Menschheit schöpfte. Erlernbar ist hingegen die Methode, aus diesen Archetypen die richtigen Formeln abzuleiten, wenn man erst einmal den geeigneten Ansatz gefunden hat.

Der eigentlich schöpferische Prozess liegt jedoch im Dunkel. Er reicht bis in die Tiefen des kosmisch Unbewussten hinab und kann unter keinen Umständen verstandesmässig erlernt werden. Dieses Merkmal teilt der grosse Physiker daher mit dem Propheten. Damit stellt sich die Frage nach den letzten Voraussetzungen Keplers. Ich behaupte nun: Keplers tiefstes Motiv war die Suche nach der verlorenen Harmonie. Nicht umsonst heisst sein Werk «Harmonices mundi». Er, der selbst durch den Tod seiner Kinder, die Anklage gegen seine Mutter als Hexe, den Dreissigjährigen Krieg und finanzielle Sorgen schwer belastet war, musste die in den Planetengesetzen ausgesprochene mathematische Harmonie als Befreiung empfinden. Möglicherweise waren gerade die Konflikte seines Lebens das auslösende Moment für die Suche nach der kosmischen Harmonie. Der

Jammer dieses Daseins liess ihn das verlorene Paradies als Erlösung suchen.

Vielleicht ist es kein Zufall, dass Keplers Zeitgenosse, der 1608 geborene John Milton, zum Schöpfer des «Paradise Lost» wird, nachdem er die englischen Revolutionswirren persönlich miterlebt hat. Für beide war die Harmonie nicht vorgegeben, sondern das Ergebnis eines Konflikts. Für Milton war dies der Kampf zwischen Gott und Luzifer, für Kepler der Kampf gegen das Chaos der Beobachtungen an den Bahnen der Planeten, das sich erst nach langer Mühe als harmonische Ordnung lichtete.

Wir treffen hier auf ein Grundgesetz physikalischen Forschens. Ich nenne es das Gesetz der Kompensation. Der Physiker findet zunächst ein unentwirrbares Durcheinander von Beobachtungsdaten. Er fühlt sich dadurch herausgefordert, Ordnung hineinzubringen. Dies ist ein echtes Hineinbringen, denn die Daten enthalten diese Ordnung auf den ersten Blick nicht. Sie wird ihnen erst durch das mathematische Gesetz eingeprägt. Dies geschieht im allgemeinen durch eine Näherung, wo sich die beobachteten Daten um einen Mittelwert mehr oder minder geordnet gruppieren.

Trotzdem glaubt der Physiker an die Existenz dieses Gesetzes. Dies ist der Glaube an eine zweifache Harmonie: Einmal zwischen den Daten selbst, die jetzt nicht mehr dem Zufall dienen, und dann zwischen den mehr oder minder zufälligen Abweichungen der realen Daten und dem idealen Gesetz.

Loten wir diesen Glauben auf seine tiefsten Voraussetzungen aus, so stellen wir als Grundannahme eine durch keine Erfahrung beweisbare Harmonie fest. Gerade weil die Beobachtung bestenfalls das Gesetz nur als Näherung erfüllt, ist diese Harmonie von der Realität verschieden. Sie bildet den Idealfall. Auch die Planeten folgen den Keplerschen Gesetzen nur angenähert, schon deshalb, weil sie äusseren Störungen unterliegen. Zudem erkannte Einstein, dass sich die Ellipsen selbst im Lauf der Jahrhunderte drehen; das 1. Keplersche Gesetz ist vielmehr nur eine Näherung an ein viel komplizierteres Gesetz, das sich aus der Raumzeit-Krümmung ergibt.

Ohne den Glauben an die Gültigkeit des Idealfalls hätte Kepler jedoch niemals die Suche nach den Planetengesetzen beginnen können. Dieser Glaube bildete den tragenden Imperativ seines Lebenswerks. Es war der Glaube an die sich in der Realität bekundende Idealität, und zwar trotz der Realität. Wenn man nach christlichen Vorbildern sucht, so war dies die alte mystische «Hoffnung wider alle Hoffnung», die spes contra spem.

Ein solcher Glaube lässt sich aber nicht aus der Erfahrung rechtfertigen, denn diese widerspricht ihm zunächst. Erst die gefundene Gleichung kann ihn nachträglich bestätigen. Er bezieht seine Legitimität also nicht aus der Gegenwart, sondern der Zukunft. Er ist Zukunfts-orientiert, und zwar als Anleitung zum Handeln.

Dennoch besitzt er als Voraussetzung des Handelns eine Gegenwart. Der Glaube an die Idealität des Naturgesetzes ist präsente Zukunft. Das

Geheimnis löst sich nur, wenn wir ihm auch eine Art von Vergangenheit zuschreiben, die zugleich eine über der Zeit stehende Berechtigung dieses Glaubens enthält. Keplers Glaube gründete also in einer Art Erinnerung an einen Zustand der Realwelt, wo sie gänzlich mit dem Idealfall zusammenfiel. Wir können sie in Anlehnung an den Archetypus des verlorenen Paradieses als einen Restbestand seelischen Seins bezeichnen, in dem Ideales und Reales identisch sind.

Eine solche «Vergangenheit» ist natürlich keine zeitliche, sondern eine abstrakte, will sagen logische. Die Existenz einer paradiesischen Harmonie zwischen Ideal- und Realwelt wird als rein logische Möglichkeit angenommen, die sich jedoch psychologisch als Glaube an einen Urzustand der Welt vor der Zweiteilung in Ideal- und Realwelt manifestiert. Zugleich bekundet sich dieser Glaube als Suche nach der Rückkehr in den Urzustand auf dem Weg über das mathematische Gesetz.

Kurz, die Suche nach dem mathematischen Gesetz und der darin ausgesprochenen Harmonie gründet im Willen, den sichtbaren Konflikt zwischen Ideal- und Realwelt zu überwinden, und damit dem Leiden an diesem Konflikt ein Ende zu setzen. Auf diesem Hintergrund bedeutet das mathematische Gesetz eine Erlösung vom Leiden am Konflikt.

Der Konflikt kann mannigfacher Natur sein: Als abstrakter Widerspruch zwischen dem Noch-nicht-Wissen und der Erkenntnis, als realer Widerspruch zwischen dem Istwert der Erlebnisse und ihrem idealen Sollwert, als persönlicher Konflikt zwischen Leiden und Glückserwartung. Denn das Leben des Menschen ist nicht so, wie er es wünscht; an dieser elementaren Tatsache kann keiner vorübergehen.

Hier ergeben sich eigenartige Parallelen zum Erlösungsglauben des Buddhismus. Auch dort ist Grundaxiom das Leiden am Konflikt. Im Buddhismus wird es jedoch aufgehoben, indem der Konflikt als Ursache des Leidens zum Schein erklärt wird. Ja die Welt selbst ist letztlich Schein. Wer dies erkennt, wird vom Leiden erlöst.

Der Physiker hingegen «leidet» am Konflikt zwischen der beobachteten Wirrnis von Sinnes- und Versuchsdaten und der postulierten Idealität der Gleichung. Er will das Chaos durch die durchsichtige Ordnung der Mathematik überwinden. In einem gewissen Sinn ist auch für ihn diese Welt der Sinnesdaten nur Schein, der durch das wahre Sein der Gleichungen regiert wird. Hat er dieses gefunden, so ist das Problem gelöst. Dies ist seine Art der «Erlösung». Aber auch sie wurzelt letztlich in einem Glauben, nämlich an die Harmonie von beobachtetem Chaos und sinnvoller mathematischer Ordnung.

Das Urbild der Harmonie reicht bis in die ältesten Menschheitsvorstellungen vom verlorenen Paradies zurück. Es ist der Glaube an einen Ur-Zustand völliger Einheit der Menschen untereinander und mit dem Universum. Im alten China spielt die «Grosse Einheit» (T'ai Chi) eine fundamentale kosmologische Rolle. Sie wird durch den Archetypus des Kreises repräsentiert. In Übereinstimmung mit dem Universum zu sein, ist das höchste Ideal der chinesischen Lebensphilosophie. Im Alten Testament wird der Verlust des Paradieses als eine Tragödie geschildert, die bis heute die Menschheit belastet. Im Islam konnte die Hoffnung auf das Paradies eine ganze Kultur zu weltgeschichtlichen Taten begeistern. In keiner Religion wird jedoch die Hoffnung auf das Paradies so zum zentralen Glauben wie im Christentum. Hier wird dem Schächer noch am Kreuz die Botschaft zuteil: «Heute noch wirst du mit Mir im Paradiese sein».

Vielleicht ist die Physik das letzte Paradies der Heutigen. In einem gewissen Sinn leidet sie mit am Konflikt zwischen Ist- und Sollwert seit Entstehung der Menschheit: Keplers Zeitgenosse Gioardano Bruno, der die Unendlichkeit der Welten lehrte, wurde 1600 in Rom verbrannt. Galilei drohte gleichfalls der Scheiterhaufen. Der Entdecker der Uranspaltung, Otto Hahn, will sich nach der Zerstörung Hiroshimas das Leben nehmen. Friedensnobelpreisträger Sacharov, einer der Autoren der sowjetischen H-Bombe, wird langsam auf einem geistigen Scheiterhaufen verbrannt.

Mit dem Verlust der irdischen Harmonie verbindet sich also ein schöpferischer Imperativ, die «himmlische» Harmonie zu finden. Sie vollzieht sich über die Vereinigung mit der Natur. Im kosmisch Unbewussten des Physikers schlummert der uralte Archetypus von animus und anima. Es ist die Sehnsucht des immerfort Suchenden nach der unsterblichen Geliebten, die im Tiefsten nicht ausserhalb des Suchenden, sondern nur innerhalb wohnt. Es ist die Suche nach dem verlorenen Selbst, also nach vollkommener Einheit mit sich selbst.

Sie lässt sich jedoch erst in der Einheit mit dem transzendenten Du jenseits des Ego erreichen. Das Ego trägt in seiner Tiefe das Bild des erträumten Du. Gerade dieses Bild ist in Wahrheit das eigentliche Selbst des Menschen. Erst wenn dieses Bild durch die Findung des ihm entsprechenden Du zur Wirklichkeit kommt, ist der Mensch erlöst. In diesem Sinn ist das erträumte Du des Physikers die Gleichung. Das wahre Selbst des Physikers sind Gleichungen. Sie bilden sein verlorenes Paradies, sind seine Harmonie und seine Idee.

Auch der chinesische Archetypus von Yin und Yang, dem ewig Weiblichen und ewig Männlichen als Einheit innerhalb des Kreises, symbolisiert diesen Archetypus von der Suche nach der verlorenen Harmonie. Für den Physiker ist dies die Suche nach den abstrakten Strukturen der Natur: Sie ist in Wahrheit seine «anima», sein Traum-Bild und das gesuchte Du seines kosmisch Unbewussten. Ihm geht er nach, mit einer Energie wie sonst nur die grossen Eroberer der Menschheitsgeschichte.

Das Imperium der Physik ist das wahre Weltreich des 20. Jahrhunderts. Es wird geschaffen unter ähnlichen Anstrengungen wie die Weltreiche der Vergangenheit, nur auf einer geistigen Ebene. Wenn sich seit der Renaissance ganze Generationen von Physikern aufmachen, um das Reich der Natur zu entdecken, nein: in Gestalt mathematischer Theorien zu erschaffen, dann bedarf dies einer psychologischen Erklärung. Ohne den Imperativ der Suche nach Harmonie mit dem «Innersten» der Natur ist dieses Phänomen nicht zu verstehen. Ich nenne diesen Imperativ den *kosmosophischen Eros.*

Er allein erklärt uns die geschichtliche Tatsache der Physik als Leistung. Woher nimmt er jedoch seine Kraft? Meine Deutung: Im tiefsten Bereich des Unbewussten gibt es eine abstrakte Einheit von animus und anima, von suchendem Physiker und gesuchter Natur. Sie ist sein ewiges Du, das zugleich nicht ausserhalb seiner wirkt, sondern in ihm selbst.

Es ist dies nicht die ursprüngliche Einheit des Menschen mit der Tier- und Pflanzenwelt, aus der er kommt und mit der er bis heute lebt. Diese Einheit manifestiert sich in seiner biologischen Evolution und seinem Organismus. Als Mythos bekundet sie sich in den Identifikationen animistischer Kulturen mit dem Tier als Stammvater, wie Löwe, Bär oder Phönix. Dies ist die Funktion des Totem, wie wir sie als Nachklang noch in den heutigen Wappentieren finden.

Hier aber handelt es sich um eine gänzlich andere Identifikation: Der Physiker sucht die Harmonie mit der kosmischen Natur auf einer maximal abstrakten Höhe. Sein geistiger Eros richtet sich nicht auf das Tier als Symbol der Macht, sondern auf das Universum. Dessen Macht ist die äusserste überhaupt erreichbare und daher nicht von begrenzter, sondern von universaler, will sagen: alles Besondere übersteigender Art. Ihrer teilhaftig zu werden, verlangt daher äusserste geistige Anstrengung. Denn nicht weniger als die Einheit mit dem Urgrund der Schöpfung winkt als Lohn.

Diese Einheit existiert nun in Gestalt einer Hoffnung. Dass eine solche Hoffnung überhaupt besteht, muss seinen Grund haben. Der Grund ist: Der Mensch war und ist immer schon eins mit dem Kern des Kosmos, denn dieser ist selbst geistiger Natur, sprich: mathematischer. Kepler suchte die Harmonie mit den Gesetzen des Sonnensystems daher zu Recht über den religiösen Archetypus der Dreieinigkeit: In Analogie zum Wirken Gottes als Mittelpunkt der Kraft des *unsichtbaren* Kosmos entdeckte Kepler die Sonne als Mittelpunkt der Kraft des sichtbaren Kosmos.

Keplers Entdecker-Ekstase ist daher mehr als nur die Begeisterung über eine wissenschaftliche Entdeckung: In ihr spricht sich die Erfüllung eines Menschheits-Traums aus, nämlich das ewige Du der Natur gefunden zu haben und in der Natur das noch grössere Du Gottes.

Hier erhebt sich die Frage nach dem Ursprung der Einheit von Mensch und Kosmos im kosmisch Unbewussten, ja nach dem Ursprung dieses Unbewussten selbst. Das kollektive Unbewusste von C. G. Jung genügt dazu nicht. Hier sind nur Erfahrungen der Ur-Menschheit und späteren Generationen gespeichert. Gewiss, gerade dort wurzeln jene Archetypen, die des Menschen Herkunft aus der kosmischen Natur anzielen, wie sie in zahlreichen Kosmogonien auftreten. Sie wirken bis in die moderne Abstammungslehre hinein. Aber die Hoffnung des Physikers zielt ja nicht in eine Rückkehr zur Vergangenheit, sondern in den Aufstieg zur Zukunft.

Diese Zukunft äussert sich nun bildhaft als Vergangenheit in Gestalt des verlorenen Paradieses. In Wahrheit ist sie zeitlose, weil abstrakte, allein im Unbewussten wohnende Ewigkeit. Sie ist höchste Rationalität, die sich lediglich zur Wirksamwerdung in die Gestalt von Archetypen kleidet. An sich jedoch ist sie eine in keine Bilder, ja nicht einmal in Worte zu fassende Einheit. «Die Bahn, die man gehen kann, ist nicht die ewige Bahn, der Name, den man nennen kann, ist nicht der ewige Name», so beginnt das tiefste Sinngedicht Chinas, das Tao Te King des Lao Tse.

Daher ist der Archetypus der Harmonie mit dem Kosmos nicht durch die biologische und geschichtliche Evolution des Menschen zu erklären. Vielmehr müssen wir unsere Zuflucht zu einem zeitlosen Wissen des kosmisch Unbewussten im Menschen um diese Harmonie nehmen. Wir wissen um die Einheit mit dem Kosmos, weil wir dieser Kosmos sind. Dies ist aber ein gänzlich vor-bewusstes Wissen, das sich in keiner Weise als wissenschaftliches oder auch nur bewusstes Wissen kundgibt. Es wirkt vielmehr wie die Erinnerung an einen Kindheits-Traum, als wir noch völlig vom Schlaf des mütterlichen Umhülltseins eingeschlossen waren. Und doch ist es keine Erinnerung, sondern ein zeitloses Sein, das über alle Zeit hinweg in uns lebt.

Hier verliert sich jede rationale Erklärung im Dunkel. Durchschreiten wir jedoch die Schranken intellektueller Vernunft, so öffnet sich das Reich des Unsagbaren. Dies ist nun freilich nicht unwirklich, traumhaft, nur geahnt. Es ist vielmehr die allerwirklichste Wirklichkeit selbst, jene Kraft, die uns treibt, das zu tun, was wir tun. Wenn wir uns auf den Weg machen, um wie Kepler die geheimen Gesetze des Universums zu entdecken, so nur, weil wir sie in einem unsagbaren Sinn bereits kennen. Das Unsagbare bezieht sich dabei auf die Weise, wie wir sie kennen. Diese ist nämlich gänzlich unbewusst. Wäre sie bewusst zu machen, so wäre Wissenschaft nicht nötig. Die einfache Tatsache, dass wir forschen müssen, dokumentiert den kardinalen Unterschied von unbewusstem Vor-Wissen und bewusster Erkenntnis.

Die Einheit des Physikers mit dem Kosmos ist nun freilich keine mystische wie in den östlichen Religionen, sondern vielmehr eminent rational. Ihr Ziel ist das Gesetz. Sie vollzieht sich auf dem Weg über Logik, Mathematik und Experiment. Darin unterscheidet sich der Weg des Archetypus Harmonie von allen übrigen Wegen. Die Physik hat ein klar umrissenes Ziel, nämlich die rationalen Strukturen der Welt zu erkennen. Daher scheidet sie instinktiv alle irrationalen Elemente aus; sie nennt diese «Metaphysik». Ob sie darin recht hat, ist eine andere Frage. Aber durch die intentionale Einengung ihres Weges auf ratio plus Beobachtung ist sie zunächst imstande, ihre Aufgabe zu meistern.

Dabei möchte ich den Ausdruck «ratio» nicht mit «Verstand» gleichsetzen. Vielmehr umfasst «ratio» die schöpferische Aktivität des Menschen, um die in der Schöpfung wirkende Weisheit zu verstehen. Denn das Ziel der Physik ist ja, die im Universum wirkenden Gesetze zu erhellen und auf mathematische Symbole abzubilden. Das Gesetz enthält aber, sofern es nicht menschliche Willkür darstellt, immer eine rationale Struktur: Es unterwirft das Einzelne dem Allgemeinen. Das Gesetz ist der Archimedische Punkt, von dem aus die Welt aus den Angeln gehoben werden kann, das will sagen: verstanden werden kann.

Tatsächlich steht das physikalische Universum, soweit wir bisher zu erkennen vermögen, unter universalen Gesetzen. Anders wäre ja Physik nicht möglich. Das bedeutet nicht Determinismus, da ja in der atomaren Welt die Wahrscheinlichkeit regiert. Aber auch diese ist als Gesetz formulierbar, anderenfalls gäbe es nicht sie, sondern das Chaos.

Gesetze und Strukturen stellen immer eine Übereinstimmung zwischen dem individuellen Geschehen mit einer über-individuellen Ordnung dar. Dies ist es also, was der Physiker sucht. Das Einzelgeschehen interessiert ihn nur, sofern es diese Ordnung repräsentiert.

Diese Ordnung erscheint dem Physiker jedoch nicht sinnlos, sondern von hohem Sinn erfüllt. Es ist nicht Willkür eines kosmischen Tyrannen, die sich in den physikalischen Gesetzen ausspricht, sondern, um mit Leibniz zu sprechen, die Regierung eines aufgeklärten Monarchen. Kurz, die physikalischen Gesetze sind Zeugen einer im Universum wirkenden höchsten Weisheit. Dies ist auch der Grund, weshalb sie nur durch eine ausserordentliche geistige Anstrengung des Physikers nachvollziehbar sind.

Ich möchte daher den Grund-Antrieb des Physikers als *kosmosophischen Imperativ* bezeichnen. Logisch ist er die Suche nach der Übereinstimmung menschlichen Denkens mit den als Naturgesetz erscheinenden kosmischen Gedanken. Denn in einer Gleichung, wie sie Kepler fand, spricht sich fraglos ein Gedanke aus. Soll nun diese Gleichung das Symbol einer Struktur des Kosmos sein, so ist es naheliegend, auch diese als Gedanken zu bezeichnen. Der Grundantrieb des Physikers lautet also:

Suche die Gedanken Gottes im All.

Dieser Imperativ ist nun freilich bei den allerwenigsten bewusst vorhanden. In Kopernikus, Kepler, Galilei und Newton wirkte er noch bewusst. Die Geburt der Physik ist ohne ihn überhaupt nicht zu begreifen. Als jedoch die neue Wissenschaft auf eigenen Füssen stand, begann sie sich mehr und mehr ihren Ursprüngen zu entfremden, bis sie heute so erwachsen zu sein wähnt, dass sie ihrer eigenen Eltern entraten will.

Die einfache Rekonstruktion der Ursprünge widerlegt diesen Irrtum. Ja noch mehr: Die tiefenpsychologischen Voraussetzungen der Physik sind zugleich ihre logischen. Wer nach Gleichungen sucht, tut dies als Denkender und sucht nach Gedanken. Sofern er auf die faktische Wahrheit dieser Gleichungen hofft, indem sie eine Beobachtung erklären oder voraussagen, hofft er notwendig, einen die Natur selbst steuernden Gedanken zu finden. Können aber die Atome oder Sterne denken? Wer das implizit annimmt, macht sich des gleichen Animismus schuldig, den der Positivist verwirft.

Darin waren Kepler und Kopernikus logischer: Sie gaben die Basis ihres tiefenpsychologischen Imperativs zu. Es ist heute an der Zeit, sich wieder auf die Grundlagen unseres Wissens zu besinnen, ehe unser Zug alle Signale überfährt und in den Abgrund stürzt.

Ohne Glauben kann man nicht einmal einen Strohhalm bewegen, geschweige denn einen Berg versetzen.

Djilas

5. Kapitel
Galilei: Glaube um zu wissen!

Kepler war der Mystiker und Visionär unter den Physikern, Galileo Galilei (1564–1642) der Methodiker und Beobachter. Seine geschichtliche Leistung für die physikalische Methode lässt sich mit jener des Kopernikus für das Weltbild vergleichen. Zehn Jahre vor seinem Tod erscheint in Florenz 1632 sein berühmter «Dialogo», worin er nicht nur das Kopernikanische Weltsystem verteidigt, sondern Grundgesetze aufstellt, welche die gesamte nachfolgende Physik befruchten sollten. Es sind dies vor allem das Trägheitsprinzip und das Galileische Relativitätsprinzip.

Das erstere besagt, dass ein kräftefreier Körper geradlinig-gleichförmig bewegt ist oder ruht.[1] Dieses Prinzip hängt eng mit dem zweiten zusammen. Es besagt, dass eine geradlinig-gleichförmige Bewegung keinen Einfluss auf den Ablauf physikalischer Vorgänge innerhalb des bewegten Systems besitzt. Galilei demonstriert dies an einem Experiment: Wenn man in der Kabine eines ideal dahingleitenden Schiffs den Flug von Insekten oder die Luftsprünge von Menschen beobachtet, so laufen diese genau in der gleichen Weise ab wie auf dem Land.

In der Tat kann jeder dieses Experiment in einem dahingleitenden Zug oder Flugzeug machen. Es gibt also keinen Unterschied zwischen Ruhe und kräftefreier Bewegung, sofern wir uns auf die innerhalb des bewegten Systems ablaufenden Beobachtungen beschränken. Blicken wir von unserem Zug hinaus, so sehen wir natürlich die Bäume und Häuser vorbeiziehen und stellen fest, dass unser Zug bewegt ist. Wenn wir aber auf einem Bahnhof mit unserem Zug einem anderen Zug gegenüberstehen, der gleichfalls ruht, und einer unserer Züge fährt langsam an, so können wir nicht unterscheiden, welcher der beiden Züge fährt oder bewegt ist.

Galilei erkannte, dass es sich hier um ein weitreichendes Naturprinzip handelt: Ruhe und gleichförmige Bewegung sind in Bezug auf den Ablauf von physikalischen Vorgängen nicht zu unterscheiden, sie sind gleichwertig. Anders formuliert: Es gibt gar keine absolute Ruhe oder absolute gleichförmige Bewegung: «Ruhe» und «Bewegung» sind relative Begriffe. Der Ausdruck «relativ» bedeutet hier: Nur wenn wir von einem als ruhend angenommenen Bezugspunkt wie etwa einem Turm oder Berg ausgehen, können wir sagen: System A ruht und System B ist bewegt. Die Annahme, dass unser Bezugspunkt ruht, ist jedoch Willkür; ebensogut könnten wir einen fahrenden Zug als ruhenden Bezugspunkt bezeichnen, sofern dieser nicht beschleunigt wird. Dann nämlich fallen uns die Koffer unter Umständen auf den Kopf und wir erfahren die Beschleunigung bzw. Bremsung buchstäblich am eigenen Leib. Die Voraussetzung des Galileischen Relativitätsprinzips ist also, dass die in Frage stehenden Systeme kräftefrei sind.

Den klassischen Fall der Relativität bildet unsere Erde: Wenn wir uns allein auf Vorgänge beschränken, die auf der Erde ablaufen, so können wir die Erde als ruhend ansehen.

Dabei muss man nun nach heutiger Erkenntnis einen Unterschied zwischen der jährlichen Fortbewegung der Erde um die Sonne und ihrer täglichen Rotation machen. Die Rotation unterliegt nämlich nicht der Relativität, weil sie zum Auftreten von Kräften führt. Wir bemerken dies ja auch an einem Karussell. Diese Kräfte bewirken eine Ablenkung der Meeresströme und Passatwinde vom Äquator in Richtung zu den Polen; man denke nur an den Golfstrom und die Bilder von Satelliten. Hingegen ist die Jahresbewegung der Erde um die Sonne, deren Geschwindigkeit ca. 30 km pro Sekunde beträgt, nicht anhand von Beobachtungen auf der Erde festzustellen, da sie (nahezu) kräftefrei ist. Die geringe Krümmung der Jahresbahn genügt nicht, um auf der Erde ähnliche Effekte hervorzurufen, wie sie auftreten, wenn ein Zug in die Kurve geht.

Das Galileische Relativitätsprinzip ist von den weitreichendsten Folgen: Zunächst garantiert es die Möglichkeit des Lebens auf der Erde. Hätte nämlich die Bewegung der Tiere einen Einfluss auf die Funktionen ihres Organismus (von der eigenen Leistung natürlich abgesehen), so wären die Naturgesetze von der Geschwindigkeit abhängig und der Organismus müsste sich auf ständig wechselnde Naturgesetze einstellen. Das würde zu einem Chaos führen.

Den eklatantesten Nachweis für die Galileische Relativität liefert uns die Raumfahrt. Würde die Geschwindigkeit einer Raumstation – abgesehen von Start und Landung! – den Ablauf der Naturvorgänge beeinflussen, so wäre ein Überleben der Raumfahrer unmöglich. Instrumente und Organismus würden anderen Naturgesetzen unterliegen als auf der Erde.

Das Galileische Relativitätsprinzip garantiert also die universale Gültigkeit der gleichen Naturgesetze für alle kräftefreien Systeme des Universums. Es stiftet die Einheit des Kosmos in Bezug auf die Gleichförmigkeit aller physikalischen Abläufe in solchen Systemen. Anders formuliert: Die mathematische Form der Naturgesetze ist gegenüber kräftefreien Bewegungen invariant. Das Relativitätsprinzip ist unter diesem Aspekt ein Prinzip der Absolutheit der Naturgesetze.

Die Relativität geht also nicht erst auf Einstein, sondern bereits auf Galilei zurück. Einstein erweiterte sie lediglich auf die Gesetze der Elektrodynamik, also von der Mechanik auf die Physik des Feldes. Dabei wurde die universale Macht des Relativitätsprinzips erst deutlich: Es legt nämlich der Gestalt der Naturgesetze grundlegende Beschränkungen auf. Aus ihnen folgen weitreichende Prinzipien wie die Einheit von Raum und Zeit, Masse und Energie, sowie die Erhaltung von Energie, Impuls und Drehimpuls. Ja die ganze Physik der Elementarteilchen ist seit Diracs Voraussage des Positrons von 1930 relativistische Physik.

Galilei diskutiert in den 6 Jahre später erschienenen «Discorsi» ein weiteres Prinzip, das für die Relativitätstheorie grundlegend wurde: die Endlichkeit der Lichtgeschwindigkeit. Freilich konnte er das Problem mit den damaligen Mitteln nicht lösen. Aber entscheidend ist, dass die Lichtgeschwindigkeit nicht mehr als unendlich angenommen wird. Dies wird Einstein zu völlig neuen Erkenntnissen über die Relativität von Masse, Energie, Impuls, elektrischem und magnetischem Feld führen.

Schliesslich gelangte Galilei zu einem Prinzip, das für Einsteins allgemeine Relativitätstheorie grundlegend ist. Galilei erkannte, dass im Vakuum alle Körper unabhängig von ihrem Gewicht mit gleicher Geschwindigkeit (genauer: Beschleunigung) fallen. Die Historie behauptet, er habe vom Schiefen Turm von Pisa Versuche mit dem Fall verschieden schwerer Körper angestellt und dabei beobachtet, dass sie (näherungsweise natürlich!) gleichzeitig auf der Erde ankommen, wenn man sie gleichzeitig fallen lässt. Sicher ist, dass er sinnreiche Versuche mit einem Pendel machte, um die Unabhängigkeit der Fallgeschwindigkeit von der schweren Masse nachzuweisen. Er benutzte dazu zwei Pendel gleicher Länge, an die jeweils eine Bleikugel bzw. ein Korken gehängt waren. Dabei beobachtete er, dass die Schwingungsperioden beider Pendel gleich sind, dass also Bleikugel und Korken mit gleicher Beschleunigung fallen.

Damit entdeckte Galilei das überaus folgenreiche Prinzip der Äquivalenz von schwerer und träger Masse. Vermutlich war ihm dieses Prinzip noch nicht voll bewusst. Es besagt nämlich, dass ein Körper sowohl eine schwere, das heisst der Gravitation unterliegende Masse, als auch eine träge, das heisst eine sich der Kraft widersetzende Masse besitzt. Wir sehen dies an einem Auto: Je schwerer es ist, je grösser also sein Gewicht, desto grössere Kraft müssen wir aufwenden, um es anzuschieben, weil es sich unserer Muskelkraft widersetzt. Das sind aber gänzlich verschiedene Wirkungsweisen, die im Grunde nichts miteinander zu tun haben. Dennoch sind beide betragsmässig gleich, wie wir ja am Auto erkennen.

Die von Galilei beobachtete gleiche Fallgeschwindigkeit geht also darauf zurück, dass sich eine Bleikugel dank ihrer grossen trägen Masse der Erdanziehung stärker widersetzt als ein Korken mit seiner kleinen trägen Masse. Indem aber beide Massen betragsmässig genau ihrer schweren Masse, also der Wirkung der Erdanziehung (dem Gewicht) entsprechen, werden auch ihre Fallgeschwindigkeiten gleich.

Dieses Gesetz führte Einstein direkt zu seiner als allgemeine Relativitätstheorie bekannten Theorie der Gravitation. Es ist also in letzter Konsequenz für die Wirkung der Schwerkraft im Universum verantwortlich.

Damit legte Galilei die eigentlichen Fundamente der modernen Physik. Ferner entdeckte er durch Versuche mit der sogenannten schiefen Ebene die mathematische Gestalt der Fallgesetze. Seine Methode ist ebenso genial wie einfach: In ein Brett wird eine Rinne gezogen, in der eine polierte Bronzekugel fällt. Je nach der Neigung des Bretts werden nun die durchlaufenen Zeiten beobachtet, und zwar mit Hilfe eines Eimerchens mit einem Loch im Boden; das ausströmende Wasser wird gemessen, nach der ausgelaufenen Menge werden die Fallzeiten miteinander verglichen. Darauf gründete Galilei dann seine geometrische Theorie der Fallgesetze.

Demgemäss kommt es bei Galilei zu einer für die ganze Physik fruchtbaren Synthese von experimenteller und mathematischer Methode, wie es in seinem berühmten Wort heisst: «Die Philosophie steht geschrieben in dem grossen Buch, das uns fortwährend offen vor Augen liegt, dem Universum, aber man kann sie nicht begreifen, wenn man nicht die Sprache und die Buchstaben kennenlernt, worin es geschrieben ist. Es ist geschrieben in mathematischer Sprache, und die Buchstaben sind Dreiecke, Kreise und andere geometrische Figuren; ohne diese Mittel ist es dem Menschen unmöglich, ein Wort davon zu verstehen; es ist nur ein sinnloses Umherirren in einem finsteren Labyrinth».[2]

Hier stand nicht nur das Kopernikanische Weltsystem vor Gericht, sondern Galileis Glaube an die Macht des menschlichen Geistes, die göttlichen Wahrheiten in der Natur mit Hilfe der Mathematik zu erkennen. Es ging also im Grunde um Galileis Bekenntnis zu Platon. So schreibt er 1632 in seinem Dialog über die beiden Weltsysteme: Es gibt eine extensive Erkenntnis und eine intensive. Die extensive erstreckt sich auf die Menge der zu begreifenden Dinge. Hier ist der menschliche Verstand gleich Nichts, und hätte er auch tausend Wahrheiten erkannt.

«Nimmt man aber das Verstehen intensive, insofern dieser Ausdruck die Intensität, d.h. die Vollkommenheit der Erkenntnis irgendeiner einzelnen Wahrheit bedeutet, so behaupte ich, dass der menschliche Intellekt einige Wahrheiten so vollkommen begreift und ihrer so unbedingt gewiss ist, wie es nur die Natur selbst sein kann. Dazu gehören die rein mathematischen Erkenntnisse, nämlich die Geometrie und die Arithmetik. Freilich erkennt der göttliche Geist unendlich viel mehr mathematische Wahrheiten, denn er erkennt sie alle. Die Erkenntnis der wenigen aber, welche der menschliche Geist begriffen, kommt meiner Meinung an objektiver Gewissheit der göttlichen Erkenntnis gleich; denn sie gelangt bis zur Einsicht ihrer Notwendigkeit, und eine höhere Stufe der Gewissheit kann es nicht geben».[3]

Dies ist der Angelpunkt von Galileis physikalischem Glauben. Es ist das gleiche Bekenntnis aller grossen Rationalisten der Physik, wie es auch später in Newton, Einstein und Heisenberg zutage tritt. Damit, und nicht durch die Kopernikanische Wende, wurde in letzter Instanz die eigentlich moderne Physik geboren. Hier scheint mir denn auch der entscheidende Grund für das Zerwürfnis mit der damaligen Kirche zu liegen.

Galilei wurde in zwei Prozessen vor das Gericht der Inquisition gestellt und zuerst zum Schweigen und dann unter Androhung der Folter zum Widerruf gezwungen. Er befand sich im Gefängnis bzw. in Zwangsaufenthalt. Anlass war Galileis Verteidigung des heliozentrischen Weltsystems.

Der Prozess Galilei gilt heute noch als klassisches Skandalon des Konfliktes zwischen Kirche und Wissenschaft. Erst unter Papst Johannes Paul II. wurde Galilei indirekt von der Kirche rehabilitiert: Am 9. 5. 1983 erklärte der Papst vor Gelehrten, darunter 33 Nobelpreisträgern, die Kirche habe sich in der Verurteilung Galileis vor 350 Jahren geirrt. Er hatte 1979 eine Kommission zur Untersuchung des Prozesses Galilei eingesetzt, die ihren Bericht bis jetzt noch nicht abgab. Demgemäss kam es bislang noch nicht zu einer formellen Widerrufung des Urteils.[4]

Was war geschehen? Die Inquisition wurde durch Innocenz III. (1198–1216) gegründet. Seit 1232 war sie in der Hand der Dominikaner. Im Jahre 1600 wurde der Mönch Giordano Bruno nach siebenjährigem Kerker auf dem Blumenmarkt in Rom verbrannt, weil er einen kosmosophischen Pantheismus lehrte und Gott als Vernunft des Kosmos betrachtete. Gottesdienst war für ihn die Erforschung der Gesetze des Universums. Bereits vor Leibniz lehrte er die Existenz beseelter Monaden (minima). Im Jahr 1616 stellte ein Gutachten des Heiligen Officiums fest, dass die Lehre von der Sonne als unbeweglichem Weltmittelpunkt und der bewegten und rotierenden Erde ketzerisch und absurd sei. Papst Paul V. verfügte am 25. 2. 1616, Galilei müsse widerrufen oder eingekerkert werden. Galilei «beruhigte sich» zunächst und versprach Gehorsam. Dennoch schrieb er 1629 das Manuskript des «Dialogo», in dem unverhüllt die Lehre des Kopernikus dargelegt wurde, und veröffentlichte es 1632. Ein Jahr später wurde er von der Inquisition deswegen vor Gericht gestellt. Das Jahr ist von hohem Symbolgehalt: 300 Jahre später sollte Hitler an die Macht kommen und erneut Bücher und Menschen verbrennen.

Obwohl Galilei krank zu Bett lag, wurde er im Winter nach Rom zitiert, erhielt aber während der Gefangenschaft gewisse Privilegien. Er gelobte, in einem Anhang zum «Dialogo» die Lehre des Kopernikus zu widerlegen. Als ihm durch Verfügung des Papstes Urban VIII. (1623–1644) die Folter angedroht wurde, erklärte der Siebzigjährige: «Ich bin da, um Gehorsam zu leisten».

Dennoch wurde der «Dialogo» verboten und Galilei zu «förmlichem Kerker» auf unbestimmte Zeit verurteilt. Das Urteil war von sieben der anwesenden zehn Kardinäle unterzeichnet, also nicht einstimmig. Anschliessend musste Galilei mit der Hand auf der Bibel abschwören. Einen Tag später wurde das Urteil vom Papst in lebenslangen Hausarrest umgewandelt. Er währte 9 Jahre bis zu Galileis Tod. Er erblindete und erkrankte schwer. Dennoch schrieb er sein grösstes Werk, die «Discorsi», die 1638 im Ausland erscheinen mussten. Am schwersten traf ihn gegen Ende seines tragischen Lebens der Tod seiner Tochter. Ein feierliches Begräbnis wurde ihm versagt. Auf seinem Grab durfte kein Denkmal errichtet werden.

Wie immer sich die Kirche heute zu Galilei stellt, der geschichtliche Bruch zwischen Glaube und Naturwissenschaft wird dadurch nicht rückgängig gemacht. Dazu sind seine Folgen zu schwer: Auf ihn geht letzten Endes die französische Aufklärung zurück, von hier aus die Französische Revolution, die ihrerseits wieder in direkter Linie zur Oktoberrevolution führt. Auf der geistigen Ebene führte der Bruch zur Heraufkunft des heutigen Positivismus als der herrschenden Philosophie der Wissenschaftler.

Was war geschehen? Zunächst kann sich die katholische Kirche nicht damit entschuldigen, dass sie das allgemeine Vorurteil ihrer Zeit verteidigte: Es ist nicht die Aufgabe der Kirche, Vorurteile zu verteidigen, sondern die Wahrheit. Zum zweiten kann sich die Kirche nicht auf eine Position der Neutralität gegenüber der Naturwissenschaft zurückziehen, wie sie dies heute unter den Folgen des Prozesses Galilei tut: In diesem Fall kommen wir zu einer radikalen Zweiteilung der Welt in eine Sphäre des Glaubens und eine solche der Wissenschaft. Im Grunde entspricht dies dem aristotelischen Weltmodell, wo die irdische «sublunare» Wirklichkeit völlig anderen Gesetzen unterliegt, als die «himmlische». Es ist nicht zuletzt diese Zweiteilung, die es dem modernen Menschen fast unmöglich macht, gläubig im Sinne der Kirche zu sein.

Wenn also überhaupt eine Harmonie zwischen Glaube und Wissenschaft möglich ist, so weder durch einen Rückzug der Kirche auf eine radikale Zweiteilung der Welt noch durch ihren früheren Anspruch auf Regierung über die Wissenschaft. Das letztere kompromittiert sie bis heute, das erste macht sie im Grunde überflüssig.

Ich fürchte, die Kirche hat noch nicht einmal die wahren Hintergründe des Konflikts mit Galilei verstanden. Nicht das System der Welt stand letztlich vor Gericht, sondern das System der Wissenschaft.

Galilei hatte Aristoteles in entscheidenden Punkten widerlegt: Dieser lehrte nicht nur die Geozentrik, sondern auch die Unmöglichkeit einer kräftefreien Bewegung und des Vakuums. Galileis Beobachtungen der Gestirne mit Hilfe des von ihm nochmals erfundenen Fernrohrs zeigten, dass im Gegensatz zu Aristoteles die himmlische Welt keineswegs vollkommen im Sinne einer Unveränderlichkeit ist, da Galilei neue Sterne und die Sonnenflecken fand. Das Argument der aristotelischen Schule für die Unbeweglichkeit der Erde war unter anderem die Tatsache, dass wir die Bewegung der Erde nicht anhand mechanischer Abläufe beobachten können. Galilei zeigte aber, dass man das gleiche für jedes kräftefreie System behaupten kann, dass man also alle kräftefreien Systeme als ruhend betrachten kann.

Im Grunde ging es um einen neuen Glauben. Der unausgesprochene Glaube des Aristoteles war: Aufgrund direkter Beobachtungen mit Hilfe der Sinnesorgane lassen sich durch Hinzufügung von freien Spekulationen wahre Aussagen über die Natur gewinnen. Eine solche Spekulation war etwa das Gesetz des Aristoteles, wonach jeder Körper seinem natürlichen Ort zustrebt. Für einen leichten Körper soll dies die Steigbewegung sein, für einen schweren der Fall. Ein weiteres Gesetz behauptete, dass es eine ursachelose Bewegung nicht gibt; jede Bewegung erfolgt durch eine ständig antreibende Ursache. Aristoteles leugnete also eine kräftefreie Bewegung. Ein weiteres Gesetz bestritt die Möglichkeit des Vakuums: Da die Luft der Bewegung einen Widerstand entgegensetzt und andererseits jede Bewegung auf eine permanente Ursache zurückgeht, muss bei Fortfall der Luft die Bewegung unendlich werden; da wir eine solche nicht beobachten, gibt es also auch kein Vakuum. Schliesslich behauptete Aristoteles einen fundamentalen Unterschied zwischen der himmlischen Welt ewiger Gestirne und der «sublunaren», also unter dem Mond befindlichen Welt der Erde. Eine weitere Spekulation war, dass die Fallgeschwindigkeit vom Gewicht des fallenden Körpers abhängt; damit wird die Beschleunigung durch eine Gewichtszunahme verursacht.

Die meisten dieser Spekulationen wurden durch Galileis Relativitätsprinzip, seine Fallgesetze und die Gleichheit von schwerer und träger Masse widerlegt. Es ging aber nicht nur um die einzelnen Gesetze, sondern um die Methode, ein Gesetz aufzustellen: Die Vereinigung von Beobachtung und Mathematik. Diese tritt also an die Stelle der philosophischen Spekulation.

Es war dies eine Hinwendung zu Platon, weg von Aristoteles. Es war das Unheil der scholastischen Philosophie, dass sie mit der Rezeption des Aristoteles auch dessen physikalisch-astronomische Irrtümer übernahm. Indem die Philosophie des Aristoteles im Thomismus de facto dogmatisiert wurde, wurde es auch seine evident falsche Physik.

Das musste keineswegs so sein: Augustinus und Bonaventura zeigten, dass das Christentum mindestens ebensogut mit der Philosophie des Platon wie mit jener des Aristoteles verträglich ist. Bereits Nikolaus von Oresme (1320–1382) hatte in seinem Nominalismus den aristotelisch-scholastischen Begriff der Substanz und der Kausalität kritisiert; er wurde freilich von der Kirche zum Widerruf gezwungen. Heute wissen wir, dass der Substanzbegriff für die Physik nicht mehr haltbar ist (Høffding spricht von einer sterbenden Kategorie) und dass die Kausalität durch die Quantenmechanik neu definiert werden muss.

Der grosse Nikolaus von Kues (1401–1464), Bischof von Brixen, entwarf, ausgehend von Platon, ein modernes Weltverständnis. Hier wird durch eine Vereinigung von Mystik und Vernunft die Vielheit der Dinge aus einem einzigen Ursprung begriffen: Gott. In Gott werden alle Gegensätze aufgehoben. Er ist das Zusammenfallen der Gegensätze, die coincidentia oppositorum. Der Mensch wird als Mikrokosmos verstanden, in dem sich der Makrokosmos des Universums spiegelt. Leibniz wird diese Idee in seinen «Monaden» wieder aufnehmen.

Es bestand also keine geschichtliche Zwangsläufigkeit für den Konflikt zwischen Kirche und Galilei. Im Gegenteil, eine Platonsche Philosophie des Christentums hätte Galilei wohl recht gegeben. Für uns Heutige ist das Problem aber damit nicht gelöst, sondern erst gestellt. Es lautet:

Gibt es zwischen Glaube und Wissenschaft überhaupt eine Verständigung und wenn ja, welche?

Drei Antworten sind möglich:

1. Eine Verständigung ist unmöglich, weil beide das gleiche Objekt Welt und Mensch erklären wollen und dank der Verschiedenheit der Methoden zu entgegengesetzten Ergebnissen gelangen.
2. Eine Verständigung ist unmöglich, weil Gegenstand der Naturwissenschaft die experimentell messbare Welt ist, Gegenstand der Religion aber der grundsätzlich nicht messbare Sinn der menschlichen Existenz. Die Aussagen beider Disziplinen brauchen sich daher nicht unbedingt zu widersprechen, sie haben aber auch nichts miteinander zu tun. Kurz: Der Physiker kann als Mensch gläubig sein, als Physiker kann er es nicht.
3. Eine Verständigung ist möglich, weil die Physik selbst den Glauben zu ihrer Voraussetzung hat.

Damit kommen wir zu einer völlig neuen und unerwarteten Fragestellung. Dass die Physik überhaupt an Voraussetzungen gebunden ist, wissen wir seit Kants «Kritik der reinen Vernunft». Immer noch gilt sein Wort: Begriffe ohne Erfahrung sind leer und Erfahrung ohne Begriffe ist blind. Gemeint sind die Anschauungsformen Raum und Zeit sowie die Kategorien, wie etwa jene der Wechselwirkung oder Kausalität. Wissenschaft als Wissenschaft ist dann nur möglich, wenn sie derartige apriorische, vor aller Erfahrung liegende Bedingungen erfüllt.

Tatsächlich wurde Einstein nicht müde, darauf hinzuweisen, dass diese Bedingungen nicht aus der Erfahrung zu gewinnen sind.

Wir können jedoch noch eine Stufe tiefer graben, um die Voraussetzungen der Physik ans Licht zu bringen. Raum, Zeit und Kategorien (z.B. Kausalität) tragen ja, wie die moderne Physik demonstriert, immer etwas Provisorisches. Sie müssen erweitert, korrigiert, neugefasst werden, um als Hilfsmittel des Physikers zu dienen.

Welches aber sind nun die letzten, nicht mehr korrigierbaren Bedingungen, unter denen Physik als Wissenschaft überhaupt möglich ist?

Eine Theorie, die auf diese Frage zu antworten versucht, nenne ich *Protophysik.*[5] Der Ausdruck «Proto» bedeutet, dass wir nach jenen Bedingungen suchen, die logisch der Physik als Theorie vorangehen. Das Schema ist: Wenn die bestimmte Aussage A oder Methode M einer Theorie, dann nur unter der Bedingung B. B ist also die Bedingung, dass die Theorie überhaupt möglich ist. Man nennt diese Bedingungen auch Obligate: Sie sind das Obligatorische der Physik.

Solche Obligate stellen nicht unbedingt die psychologischen Voraussetzungen des einzelnen Physikers dar. Diese können mannigfacher Natur sein, insbesondere dank der Einbettung des jeweiligen Physikers in sein geschichtliches, gesellschaftliches und persönliches Umfeld. Dabei kommt es vor, dass entgegengesetzte psychologische Voraussetzungen zweier Physiker zum gleichen physikalischen Resultat führen. Lässt sich nun zeigen, dass diesem Resultat die gleichen logischen Voraussetzungen bei beiden vorangehen, so wird der Unterschied zwischen Protophysik und einer Psychologie der Erkenntnis deutlich.

Das bedeutet andererseits nicht, dass beide auseinanderfallen müssen. Im Gegenteil, im Normalfall ist sich der jeweilige Physiker auch seiner eigenen Voraussetzungen bewusst und akzeptiert sie. Wenn also das persönliche Zeugnis mit der logischen Voraussetzung einer Theorie zusammenfällt, so nimmt die Wahrscheinlichkeit zu, dass wir auch die richtige Voraussetzung gefunden haben.

Die Obligate sind jedoch keine Axiome: Aus ihnen lassen sich keine Theorien ableiten, wie etwa aus den Axiomen Euklids dessen Geometrie. Sie sind andererseits auch nicht Konsequenzen einer Theorie, also nicht logisch beweisbar, sondern deren Bedingungen. Schliesslich stellen sie keine Erfahrungen dar, wenngleich die «Erfahrung» mit dem Erfolg einer Theorie ihre Glaubwürdigkeit verstärkt.

Die Obligate sind vielmehr Voraussetzungen besonderer Art. Und dies ist es gerade, was sie mit der Religion in einen Zusammenhang bringt.

Wir sehen dies seltsamerweise am Fall Galilei besonders deutlich. Wahrscheinlich deshalb, weil sein Prozess nicht nur den Gegensatz zum kirchlichen Glauben an den Tag legt, sondern auch jenen besonderen Glauben, dem Galilei als Physiker huldigte.

Nehmen wir seine erste Position: Die Verteidigung des Kopernikus. Um sich sowohl gegen das kirchliche Dogma als auch das Vorurteil seiner Zeit zu stellen und dabei Leben und Freiheit zu wagen, musste Galilei von einem so starken Glauben gelenkt sein, dass er alle anderen Rücksichten aufgab. Es ist dies also kein blosses «Für-wahr-Halten» (Luther), sondern eine Grundhaltung, die an Stärke jener des Märtyrers nahekommt. Stand ihm doch noch der Verbrennungstod Giordano Brunos in Rom 1600 vor Augen.

Dieser Glaube setzte sich in Widerspruch zum kirchlichen Glauben und zum Vorurteil der damaligen Umwelt. Er begegnete also dem Dogma auf einem Feld, wo Glaube gegen Glaube stritt. In diesem Sinn folgte Galilei den Spuren der Reformatoren.

Galileis Methode setzt einen acht-fachen Glauben voraus. Er ist in einem acht-stufigen Imperativ enthalten:

Glaube nicht der naiven Beobachtung!

Das Weltbild des Aristoteles ging von der unkritischen Übernahme der Alltags-Erfahrung der Menschheit aus. Wer zum Himmel blickt, beobachtet die wandernde Sonne oder die kreisenden Gestirne. Er bemerkt nichts von der Rotation und Translation der Erde. Sie scheint ihm festgegründeter Ruhepunkt des Alls. Er schliesst daraus, dass die Erde ruht und die Sonne mitsamt dem Himmel bewegt ist.

Galilei verwirft diesen naiven Glauben als Schein und setzt an seine Stelle einen neuen Glauben:

Die wahre Welt ist nicht die scheinbare Welt.

Dies scheint uns fast trivial und doch birgt es entscheidende Konsequenzen. Der Naive nimmt die ihm unmittelbar zugängliche Welt der Sinneserfahrung als die wahre Welt. Erst eine ausserordentliche Willensanstrengung vermag diese als Trugbild zu entlarven und an ihre Stelle den Glauben an eine von der Scheinwelt verschiedene wahre Welt zu setzen. Der Hinduismus spricht vom Schleier der Maya. Alle Hochreligionen nehmen eine die Sinneserfahrung transzendierende Wirklichkeit an.

Schon auf der Stufe der Biologie nehmen unsere Sinnesorgane die Welt bestenfalls im Umfeld unseres Organismus wahr, keinesfalls jedoch die uns immer verborgenen Elementarteilchen oder die fernen kosmischen Objekte. Diese Erkenntnis bedeutet nicht, dass die sinnlich erfahrbare Welt durch eine geistige oder psychische Wirklichkeit ersetzt werden muss, wohl aber, dass unsere Sinne nicht die wahre Wirklichkeit erfassen. Es ist das Vorrecht des Menschen gegenüber dem Tier, dies zu erkennen. Die logische Konsequenz ist, die Sinneserfahrung durch das wissenschaftliche Denken zu ergänzen bzw. zu korrigieren.

Galilei widersetzte sich also durch seine Verteidigung des Kopernikus einem Millionen von Jahren alten naiven Vertrauen der Menschheit in die Wahrheit der Illusion. Er knüpfte hier an die griechische Tradition jener Denker an, die den Scheincharakter der sinnlich erfahrbaren Welt lehrten. Parmenides von Elea, gestorben um 480 vor Christus, behauptete, dass die Bewegung Schein sei. In Wahrheit gebe es nur das eine, unbewegte, unteilbare, ewige und vollkommene *Sein*. Es wird durch das Denken erkannt; Denken und Sein bilden also eine Einheit: «Ein und dasselbe ist der Gedanke und das, worauf er sich richtet».

Der Einfluss auf Platon ist nicht zu übersehen. Wenn also Galilei sich ausdrücklich auf Platon beruft, so damit indirekt auch auf Parmenides.

Um das wahre Sein zu erkennen, benutzt Galilei die Messung. Der entsprechende Imperativ lautet:

Glaube allein der Messung!

Wenn also der erste Imperativ im Grunde eine erkenntnis-pessimistische Haltung ausdrückt, so der zweite eine optimistische. Damit wird der zweite zur Möglichkeitsbedingung des ersten. Er enthält nämlich implizit den Glaubenssatz:

Die Wahrheit bekundet sich in Zahlen.

In der Tat gehen die grossen Entdeckungen des Galilei auf die experimentell gefundenen quantitativen Verhältnisse zwischen bestimmten

Merkmalen physikalischer Ereignisse zurück, die wir Grössen nennen. Bei den Fallgesetzen sind dies die Neigung der schiefen Ebene, das Gewicht der fallenden Körper und die gemessene Zeit der Fallbewegung. Erst indem Galilei fand, dass alle Körper unabhängig von ihrem Gewicht näherungsweise gleiche Fall-Distanzen in gleichen Zeiten durchlaufen, konnte er sein Gesetz von der Unabhängigkeit der Fallbewegung von der schweren Masse der Körper aufstellen.

Analoges gilt für die Pendelversuche. Schwieriger ist die Messung zum Nachweis des Relativitätsprinzips. Hier hätte es im Grund einer Filmaufnahme der Vorgänge in einer Schiffskabine und der gleichen Vorgänge auf dem Land bedurft, um nachzuweisen, dass beide identisch sind, sofern wir die Kamera im ersten Fall auf dem Schiff plazieren, im zweiten auf dem Land.

Wir haben uns heute so sehr an die Messung als Instrument der Wissenschaft gewöhnt, dass wir den ungeheuren Schritt des Galilei gar nicht mehr nachvollziehen können. Gewiss, er war nicht der erste, aber von ihm wurden die Fundamente der nachfolgenden Physik gelegt.

Galileis Glauben geht natürlich auf Platon und über diesen auf Pythagoras zurück. Für diesen war die Zahl das Wesen aller Dinge. Indem Galilei die experimentellen Daten in Zahlen umsetzte und diese miteinander verglich, konnte er überhaupt erst die Voraussetzung schaffen, um die Zahlen als Wirkung eines allgemeinen Gesetzes zu interpretieren. In diesem Sinn ruht jede exakte Wissenschaft auf dem Galileischen Glauben an die Messung als Schlüssel zum Naturgesetz.

Damit war der Konflikt mit der Kirche unvermeidbar. Die Absicht des Messens ist, ein unbekanntes Gesetz zu entdecken oder ein bekanntes zu bestätigen. Die Absicht des philosophischen oder religiösen Dogmas ist, die Entdeckung neuer Gesetze zu verhindern. Indem Galilei die Messung als unerlässliche Bedingung für die Aufstellung einer Theorie einführte, hob er die dogmatische Haltung aller religiösen und philosophischen Institutionen aus den Angeln. Er leitete das kritische Zeitalter der Wissenschaft ein.

Es gibt also zwei grundlegend geschiedene Ebenen der Erfahrung: Die naive vertraut unkritisch auf das vordergründige Erleben der Umwelt, die physikalische bedient sich des Instruments, um neue Erfahrungen zu erschliessen und bekannte Erfahrungen in eine zahlenmässige Ordnung zu bringen. Damit wird das Instrument zum verlängerten Arm der Sinnesorgane, zugleich aber auch zu ihrem Korrektor. Physik ist grundlegend instrumentale Methode.

Es war kennzeichnend, dass Galilei das Fernrohr noch einmal erfand und damit völlig neue Erscheinungen am Sternenhimmel entdeckte, wie die Jupitermonde und die Gebirge des Mondes. Gerade diese Entdeckungen führten ihn zur Kritik am aristotelischen Dualismus von irdischer (sublunarer) und himmlischer Welt: Beide sind fortan Teile des einen und einheitlichen Universums. Alles, was die nachfolgende Physik bis hin zu den Teleskopen der heutigen Astronomie oder den Teilchenbeschleunigern leistete, geht letztlich auf diesen Schritt Galileis zurück.

Mit Hilfe von Instrumenten zu messen, heisst aber: Die Natur zu befragen und zum Sprechen zu bringen. Damit wird das Tor zu Erkenntnissen aufgetan, die unserem vor-wissenschaftlichen Denken zuwiderlaufen. Der Messende fragt, wo der Dogmatiker weiss. Hinter dem Prozess Galilei stand also unbewusst der Angriff des naturwissenschaftlichen Denkens auf alle Art von Dogmatismus und damit auf die Institutionalisierung der Religion. Der institutionelle Glaube klammert sich an den Buchstaben des «Gesetzes», wo der Glaube des Physikers den Geist der Gesetze in mathematischer Sprache zum Sprechen bringt.

Der Imperativ der Messung enthält eine weitreichende philosophische Konsequenz. Er impliziert den Glauben:

> Es gibt ein Reich der realen Ereignisse, das durch die physikalische Messbarkeit von allen anderen Reichen geschieden ist.

Wir nennen dies das Reich der Physik. Dieser Glaube ist höchst erstaunlich und durch keine Erfahrung zu beweisen. Er besagt nicht weniger, als dass unsere Instrumente imstande sind, alle Ereignismerkmale des Reichs der Physik zu registrieren, sei dies direkt, sei es indirekt. Welche Merkmale aber auf diese Art zu messen sind, kann wieder allein die Theorie feststellen (Einstein). Um etwa eine kräftefreie Bewegung zu messen, brauchen wir einen ruhenden Punkt. Was aber heisst «Ruhe», nachdem alle kräftefreien Systeme nach dem Relativitätsprinzip gleichberechtigt sind? Hier hilft nur eine Definition des Ausdrucks «kräftefrei» weiter.[6]

Es gibt also keine logisch einwandfreie Definition des Reichs der Physik. Dennoch glaubt der Physiker instinktiv, dass er einen genau abgezirkelten Wirklichkeitsbereich zum Gegenstand hat. Es ist, als würde jemand, der nur Chinesisch versteht, alle Menschen für Chinesen halten, wobei jene, die kein Chinesisch verstehen, nicht als Menschen klassifiziert werden. Analog glaubt der Physiker, dass alles, was nicht messbar ist, nicht zu seinem Erfahrungsbereich gehört. Es ist dies nichts anderes als metaphysischer Physikalismus. Er enthält den Glaubenssatz:

> Es gibt ein geschlossenes Reich der Wirklichkeit, das auf den Menschen derart zugeordnet ist, dass er im optimalen Fall alle Merkmale dieses Reiches messen kann.

Ein solcher Glaube vermenschlicht aber die Wirklichkeit, indem er den Menschen zum Schiedsrichter über die Grenzen der physikalischen Wirklichkeit macht. Hier nun überschreitet der metaphysische Physikalismus seine Grenzen. Er behauptet nicht weniger als die totale Messbarkeit eines bestimmten Wirklichkeitsbereichs. Es könnte aber durchaus sein, dass es physikalische Merkmale gibt, die prinzipiell weder direkt noch indirekt messbar sind. Der Physikalismus enthält also eine niemals beweisbare Reduktion.

Man kann noch einen letzten Schritt tun und alles, was nicht physikalisch messbar ist, als unwirklich erklären. Ich nenne dies den ontologischen Physikalismus. Tatsächlich neigen viele Physiker gerade zu diesem Glauben. Für sie sind Worte wie «Seele», «schöpferisch», «Geist» oder «Leben» ohne Sinn, weil ihnen keinerlei physikalische Messoperation noch so indirekt zuzuordnen ist.

Hier nun entsteht ein Konflikt mit dem religiösen Glauben, auch wenn dieser nicht institutionell gebunden ist. Religion geht nämlich grundsätzlich von der Annahme eines Wirklichkeitsbereichs aus, der nicht mit physikalischen Instrumenten gemessen werden kann. So ist der Glaube an einen Sinn des Lebens niemals Gegenstand einer Messung. Wer also behauptet, das Wort «Sinn» sei sinnlos, beraubt sich als Physiker selbst seines Sinns.

Diese Konsequenz ist jedoch bei Galilei nicht gegeben. Er tut nicht mehr, als die Natur durch Messung zu befragen, im Glauben, dass sie darauf antwortet, und zwar mit einer physikalisch sinnvollen Antwort, das heisst mit einem Gesetz.

Auf dieser Stufe ist also lediglich der dogmatische, institutionelle Glaube aus den Angeln gehoben, nicht jedoch der freie Glaube, der sich auf eigene Überzeugung gründet und nicht von Buchstaben belehrt wurde, sondern vom Geist.

Um aus Messungen zum Gesetz vorzustossen, bedarf es jedoch der Imagination. Sie steht unter dem Imperativ:

> Verstehe die beobachtbare Wirklichkeit durch die Vorstellung einer nur denkbaren Wirklichkeit!

In der Tat spielen Gedankenversuche bei Galilei eine grundlegende Rolle, besonders zum Nachweis des Relativitätsprinzips. Ein Gedankenversuch vollzieht sich nicht nur in Gedanken, also subjektiv jenseits der Erfahrung, sondern auch objektiv: Er enthält nämlich eine Situation, die in der erfahrbaren Wirklichkeit niemals vorkommen kann. Die Gleichheit der Gestalt von Ereignisabläufen lässt sich nämlich niemals durch Beobachtungen in einer Schiffskabine nachweisen, weil diese immer Schwankungen unterworfen ist und die Relativität nach Voraussetzung nur für schwankungsfreie, also generell: kräftefreie Systeme gilt. Nicht einmal ein antriebsfrei dahingleitendes Raum-Schiff ist völlig kräftefrei, da es immer von kosmischen Strahlen bombardiert wird, deren Einfluss zwar vernachlässigt werden kann, aber dennoch grösser als Null ist.

Hier entsteht also eine Paradoxie: Der Gedankenversuch soll ein Gesetz der Wirklichkeit demonstrieren, obwohl er, ja gerade weil er der Wirklichkeit widerspricht. Der Widerspruch löst sich durch den Mechanismus der Näherung. Näherungsweise erfüllt auch eine hinreichend ideal dahingleitende Schiffskabine die Bedingungen, unter denen die Relativität gilt. Je geringer die Störungen, desto mehr werden diese Bedingungen erfüllt. Darauf gründet sich der Glaube:

> Es gibt eine quantitativ fassbare Reihe von abnehmenden Störungen eines Systems, deren Grenze der in der Wirklichkeit niemals erreichbare Idealfall darstellt. Es gibt ein von der Realität unterschiedenes Reich der Idealität. Dessen Strukturen bilden den Grenzfall realer Situationen.
>
> Die Idealität enthält genau jene Gesetze, denen die Realität gehorcht.

Es ist leicht zu sehen, dass Galileis Demonstration der Relativität anhand einer unvollkommenen Kräftefreiheit diese Glaubenssätze impliziert.

Gedankenversuche bilden das unerlässliche geistige Werkzeug der theoretischen Physik. Insbesondere gründet sich darauf Einsteins spezielle und allgemeine Relativitätstheorie, aber auch Plancks Entdeckung der Quanten und Heisenbergs Ableitung der Unschärferelationen, kurz die ganze moderne Physik.

Denkt man nun die obigen Glaubenssätze zu Ende, so enthalten sie weitreichende philosophische Konsequenzen. Ich nenne nur die nächsten:

(1) Das physikalisch abgegrenzte Reich der Messbarkeit muss durch ein zweites Reich der unmessbaren Idealsituationen erweitert werden. Auch diese gehören zum Reich der Physik, insofern sie den Gegenstand von Gedankenversuchen darstellen.

(2) Dieses Idealreich ist niemals durch Erfahrung zu erreichen, sondern nur durch Gedanken zu konstruieren. Gedankenversuche sind reine Gedanken-Werke, sogenannte constructs im Sinne Margenaus.[7] Physik ist also ebenso eine Erfahrungs- wie auch eine Gedanken-Wissenschaft. Sie ist wesenhaft Geisteswissenschaft (Heitler).

(3) Es sind gerade die idealen Strukturen, welche die realen Situationen steuern. Die Realität wird also von idealen Strukturen beherrscht, die in ihr niemals absolut verwirklicht werden.

Wie ist dieser Widerspruch zu lösen? Wir stellen fest: Die Relativität gilt, obgleich es in Strenge keine kräftefreien Systeme gibt. Die Fallgesetze gelten, obwohl Galilei niemals die Gleichheit der Fall-Zeiten für verschieden schwere Körper feststellen konnte, da seine Versuche nicht im Vakuum durchgeführt wurden. Der Luftwiderstand hinderte unaufhebbar die Gleichheit der Fallgeschwindigkeiten. Ein Luftballon fällt überhaupt nicht. Das Vakuum wurde aber erst nach dem Tod Galileis von Torricelli 1644 entdeckt. Dennoch gelten Relativität und Gleichheit von schwerer und träger Masse. Und zwar nicht als Näherung, sondern absolut, obgleich ihre Voraussetzungen nur durch eine Näherung zu realisieren sind.

Wir müssen also annehmen, dass der Idealfall eine Art von «Grundschwingung» des Universums darstellt, die auch dort vorhanden ist, wo sich ihr die dem Idealfall widersprechenden Wirkungen des Realfalls überlagern. Es ist dann wie bei einer schwingenden Violinsaite: Auch hier ist der Grundton durch die Rahmenbedingungen der Saite (Länge, Material, Spannung) festgelegt. Aber es gibt auch sogenannte Oberschwingungen, deren Frequenz ganze Vielfache der Grundfrequenz sind. Ähnlich überlagern sich die verschiedenen Strukturen der Wirklichkeit, ohne sich gegenseitig zu stören. Auch Wasserwellen überlagern sich. Man nennt dies das Prinzip der Superposition. Es gilt insbesondere in der Atomphysik als Superposition von Zuständen. Die Welt ist also eine Superposition von Strukturen.

Der Idealfall ist mathematisch der Grenzfall einer Reihe von realen Faktoren, eine Abstraktion. Dann gilt der Imperativ:

> Verstehe die Realität durch die abstrakte Idealität!

Auch hier war der Konflikt mit dem dogmatischen Glauben unvermeidbar. Natürlich hätte eine Platonsche Tradition den Konflikt gemildert: Die Idealstrukturen der Gedankenversuche hätten dann die Stelle der Platonschen Ideen eingenommen. Aber Galileis Gedankenversuche bewegten sich im Feld der freien Imagination. Sie sind ja durch die Erfahrung bestenfalls nahegelegt, aber niemals erzwungen. Gerade diese Freiheit der menschlichen Kreativität widerspricht aber jedem Dogmatismus. Wenn die Grund-Ideen eines Gedankengebäudes frei gesetzt werden können, was bleibt dann noch vom Dogma? Die Institution verlangt Gehorsam, die Wissenschaft Freiheit. Der Zwang ist ihr Todfeind und sie selbst der Todfeind des Zwangs. Dies war also der noch tiefere Hintergrund des Falls Galilei.

Seine Voraussetzung war der Glaube:

> Nur durch freie Imagination lässt sich das Gesetz der Wirklichkeit erkennen.

Dieser Glaube aber steht im Widerspruch zum ungeschriebenen Glauben des Dogmatikers: Nur durch Gehorsam ist das Gesetz der Institution zu erfüllen.

Die Möglichkeitsbedingung der Imagination als Werkzeug des Physikers liegt in der Tragfähigkeit der Geometrie. Galilei bewies die Fallgesetze durch geometrische Konstruktionen. Das Relativitätsprinzip folgt, wie erst Einstein und Minkowski zeigten, direkt aus der Struktur von Raum und Zeit. Das Gleiche gilt für Galileis Erkenntnis der Äquivalenz von träger und schwerer Masse.

Der entsprechende Imperativ lautet:

> Finde die Struktur der Welt durch die Geometrie!

In der Tat ist die von Galilei benutzte Geometrie jene Euklids. Diese aber stellt genau besehen ein reines Gedankenerzeugnis dar. Die realen

Ereignisse folgen ihr nur innerhalb bestimmter Grenzen. Es wurden im 19. und 20. Jahrhundert nicht-euklidische Geometrien entwickelt, die ebenfalls bestimmte Wirklichkeitsbereiche steuern. So enthält die Riemannsche Geometrie mit variabler Krümmung des Raums bereits die Gravitation, wie Einstein zeigte. Das Verhalten der Atome und ihrer Teile wird durch eine unendlich-dimensionale Geometrie, den Hilbert-Raum, beschrieben. Physik ist also seit Galilei grundlegend Geometrie, insofern alle Ereignisse in Raum und Zeit ablaufen.

Der Imperativ enthält damit einen dreifachen Glaubenssatz:

> Der Mensch kann durch reines Gedankenwerk verschiedene Geometrien hervorbringen.
> Jeder dieser Geometrien entspricht unter Umständen ein bestimmter Erfahrungsbereich.
> Ein bestimmter Bereich physikalischer Erkenntnis wird jeweils durch eine bestimmte Geometrie gesteuert.

Erst jetzt wird verständlich, wieso ideale Gedankenexperimente reale Ereignisse verstehen lassen: Die in den Gedankenexperimenten enthaltene Geometrie steuert die Ereignisse.

Dabei halten wir fest: Während die Struktur der Gedankenexperimente eine Näherung an die Realität darstellt, ist die Geometrie nicht einmal eine Näherung, sondern völlig von der Realität unterschieden: Sie kommt nämlich niemals in unserer Erfahrung vor. Was wir messen, sind nur die Folgen der jeweiligen Geometrie, nicht aber diese selbst. Kein gezeichnetes Dreieck entspricht einem idealen, weil seine Punkte und Geraden in Wahrheit weder ideale Punkte noch Geraden sind, sondern nur solche symbolisieren. Dies war wohl der Grund, weshalb Platon zur Erkenntnis von Ideen kam: Das gezeichnete, also reale Dreieck ist nur durch die «Teilhabe» an der Idee des Dreiecks überhaupt als Dreieck anzusprechen.

Während der Gedankenversuch noch angenähert mit der Erfahrung zu tun hat, ist die Konstruktion einer Geometrie, wie etwa des Hilbert-Raums, völlig erfahrungsfrei. Sie ist reines Erzeugnis des Denkens und darin einer freien Setzung des menschlichen Geistes unterworfen. Mit jeder Stufe der physikalischen Methode nimmt also die Freiheit zu.

Das gilt in noch höherem Mass für die Zahlen. Dass Galilei die Geometrie zur Erkenntnis der Fallgesetze benutzen konnte, verdankt die Geometrie ihrer Abbildbarkeit auf die Zahlenwelt. Erst jetzt werden die Messdaten über die Geometrie in Gleichungen und Funktionen einsetzbar. Erst jetzt können wir das physikalische Gesetz formulieren. Dieses ist im allgemeinen eine Gleichung. So gelangte Einstein über die Riemannsche Geometrie zur Grundgleichung der Gravitation.

Hier wirkt also ein neuer Imperativ:

> Finde das Gesetz der Welt durch eine Gleichung!

Selbstverständlich ist die Konstruktion einer solchen Gleichung reines Gedankenwerk und erfolgt zumeist nach schwierigen Berechnungen, die sich im Feld der reinen Mathematik ohne Bezug auf die Erfahrung bewegen. Ein klassisches Beispiel sind die Gleichungen Keplers für die Planetenbahnen. Sie beruhen auf einer Kombination von Beobachtung, Messung, Gedankenversuch, Geometrie und mathematischen Berechnungen.

Dem Imperativ geht also der Glaube voran:

> Das physikalische Gesetz wird durch eine Gleichung repräsentiert.

Wir haben uns so sehr an diesen Glauben gewöhnt, dass wir seine Folgen gar nicht mehr bemerken. Nichts daran ist selbstverständlich. Gleichungen sind reines Menschenwerk. Niemals findet sich in der Beobachtung eine Gleichung. Kepler benötigte ein Jahrzehnt, bis er das 3. Gesetz fand, das uns heute so einfach erscheint. Einstein brauchte gleichfalls fast ein Jahrzehnt, bis er von der speziellen Relativitätstheorie zur Grundgleichung der allgemeinen Relativitätstheorie gelangte.

Wenn wir also glauben, dass ein Naturgesetz in Gestalt einer Gleichung geschrieben werden kann, so heisst dies nicht weniger, als dass es einen unsichtbaren Mathematiker gibt, der das Naturgesetz als Gleichung schrieb, längst ehe es Menschen gab.

Dies ist vermutlich der eigentliche Glaube des Galilei: Wenn er sagt, die Natur sei in mathematischen Lettern geschrieben, so nimmt er als logische Bedingung dieser Aussage die Existenz eines solchen Welt-Mathematikers an. Ich werde diesen Glauben daher den Galileischen Glauben nennen. An ihm hängt die ganze nachfolgende Physik.

Gleichungen tragen jedoch nur dann einen physikalischen Sinn, wenn die darin enthaltenen Symbole physikalischen Begriffen entsprechen. Nehmen wir jene grundlegende Beziehung, wie sie aus Galileis Fallgesetzen folgt:

$$m_{tr}=m_{gr}$$

Hier bedeutet m_{tr} die träge Masse und m_{gr} die schwere oder Gravitationsmasse. Wir schrieben die Gleichung in moderner Form, da Galilei noch keine Gravitation kannte. Nicht einmal der Begriff der trägen Masse war zu seiner Zeit voll erkannt. Galilei fand lediglich das Trägheitsgesetz, wonach ein kräftefreier Körper geradlinig-gleichförmig bewegt ist oder ruht. Erst Versuche von Roland v. Eötvös und Späteren im 19. Jahrhundert bewiesen das obige Gesetz durch genaue Messungen. Ohne die Sinngebung der mathematischen Symbole «m_{tr}» und «m_{gr}» durch die Begriffe «träge» und «schwere Masse» wäre die Formel lediglich eine Häufung von Druckerschwärze.

Solche Begriffe haben aber eine Geschichte.[8] Der Begriff der Masse wurde erst durch Newton exakt definiert, ebenso die Begriffe der Trägheit und Gravitation. Wir ringen heute noch mit einem Verständnis des Massenbegriffs in der Elementarteilchen-Physik. Ernst Mach führte im 19. Jahrhundert das Trägheitsgesetz Galileis auf die Wirkung des Totals an Massen des Universums auf einen kräftefreien Körper zurück, der durch dieses Total an Massen auf einer geraden Bahn gehalten wird. Man nennt dies Machsches Prinzip. Seine Gültigkeit ist umstritten. Die Gravitation ist zwar durch Einstein auf die Krümmung von Raum und Zeit zurückgeführt, aber in der Elementarteilchen-Physik noch nicht definitiv mit den anderen drei Grundkräften des Universums zu einer einheitlichen Theorie zusammengefasst, also noch ein Fremdkörper.[9]

Ähnliche geschichtliche Evolutionen erfuhren alle übrigen Grundbegriffe der Physik. Galilei kannte noch nicht einen präzisen Begriff der Kraft, Kepler ersetzte ihn ja für die Schwerkraft noch durch «Seele». Der Begriff der Energie wurde erst im 19. Jahrhundert durch Robert Mayer exakt definiert. Der Feldbegriff wurde durch Michael Faraday eingeführt, und in der Atomphysik treten völlig unbekannte Begriffe auf wie Spin, Unschärferelation und Observable.

Wir können sogar sagen: Die Geschichte physikalischer Erkenntnisse ist die Geschichte ihrer Begriffe. Sie sind keineswegs der Physik vorgegeben, sondern werden im Zuge der Beobachtung und mathematischen Interpretation erst entwickelt, ja zum Teil völlig neu geschaffen. Sie sind also ebenfalls reines Menschenwerk, «constructs» im Sinne Henry Margenaus. Nach Einstein führt kein Weg von der Erfahrung zu den Begriffen.

Das aber setzt den Imperativ voraus:

Begreife die Welt durch Begriffe!

Dieser Imperativ bildet also die Möglichkeitsbedingung mathematischer Physik: Ohne die Deutung der mathematischen Symbole als physikalische Begriffe würden sie bleiben, was sie ihrer Herkunft nach sind: Reine Schöpfung des Menschen. Erst durch ihre Zuordnung zu Begriffen und die weitere Zuordnung der Begriffe zu Messdaten wird die mathematische Physik das, was sie ist.

Der Imperativ setzt wieder einen Glauben voraus, ohne den er sinnlos wäre:

Die Welt ist so gestaltet, dass sie durch Begriffe begreifbar ist.

Dies ist das eigentliche Wunder der Welt. Was haben vom Menschen geschichtlich erzeugte Begriffe wie «Trägheit», «Masse», «Schwerkraft» mit der Wirklichkeit zu tun? Sie erscheinen uns ja dort niemals. Für Einstein ist das Unbegreifliche der Welt ihre Begreifbarkeit. Es gibt nicht die geringste logische Begründung für die Korrespondenz frei erzeugter Begriffe zur Wirklichkeit. Diese wird vielmehr erst nachträglich über die Gleichungen und deren Korrespondenz zu entsprechenden Messdaten in unsere Deutung der Wirklichkeit hineingebracht.

Daher auch die Möglichkeit des Irrtums. Aristoteles benutzte den Begriff der himmlischen Welt, die nichts mit den Unvollkommenheiten der sublunaren Welt zu haben sollte. Galilei zeigte durch die Unebenheiten des Mondes, dass die himmlische Welt der irdischen verwandt ist. Descartes benutzte den Begriff des Weltäthers, um die Schwerkraft zu erklären. Der gleiche Äther sollte nach der Elektrodynamik des 19. Jahrhunderts die Fortpflanzung des Lichts ermöglichen. Einstein wies nach, dass die Physik ohne diesen Begriff auskommt, ja dass er sinnleer ist, da ihm kein Beobachtungsergebnis entspricht. Newton benutzte den Begriff des absoluten Raums, der gleichfalls durch Einsteins Relativität ausser Kraft gesetzt wurde.

Im Grunde widerlegt ihn bereits das Galileische Relativitätsprinzip, denn wenn alle kräftefreien Systeme als ruhend betrachtet werden können, hat es keinen Sinn mehr, von einem absoluten Bezugssystem zu sprechen, wie es mit Newtons Begriff des absoluten Raums vorgegeben wird. Das gleiche gilt für den Begriff einer absoluten Zeit bei Newton: Einstein konnte zeigen, dass der Begriff einer absoluten Gleichzeitigkeit zweier Ereignisse nicht mehr haltbar ist. Damit entfällt auch dieser Begriff für die Physik.

Mit physikalischen Begriffen ist also die Geschichte von Wahrheit und Irrtum verbunden. Begriffe sind die eigentliche Biographie der Wissenschaft.

Gerade die geschichtliche Neubildung, Korrektur und der Tod grundlegender Begriffe der Physik, wie sie durch Galilei zutagetritt, macht jedoch den dogmatischen Glauben zum Feind der Wissenschaft. Begriffe sind wesenhaft undogmatisch, weil fliessend. Sie leben, während das Dogma den geistigen Tod bedeutet. Begriffe sind in der Sprache der Psychologie biophil, das Dogma ist nekrophil. Wo um Begriffe gerungen wird, ist das Begreifen am Werk. Wo Begriffe unkritisch übernommen werden, stirbt das Denken.

Dies ist jedoch nur die eine Seite des Verhältnisses von begreifender Naturwissenschaft und Religion. Dass wir überhaupt in Begriffen die Welt begreifen können, verdanken wir unserem Glauben an diese Begreifbarkeit. Wäre die Wirklichkeit nicht durch Begriffe dem menschlichen Begreifen objektiv zugeordnet, so hätte alle Begriffsbildung keinen Sinn, weil sie niemals ihr Ziel erreichen würde. Das heisst nicht, dass unsere Begriffe völlig der Realität angemessen sind. Es sagt nur die Berechtigung des Glaubens aus:

> Durch Begriffe ist eine Näherung an die Wahrheit unseres Begreifens der Welt möglich.

Eine Garantie für diese Wahrheit enthalten die Begriffe nicht, wie die Geschichte des Irrtums zeigt. Aber die Möglichkeit ist bereits etwas, was unsere Erkenntnis nahezu unendlich übersteigt. Sie setzt nämlich den noch tieferen Glaubenssatz voraus:

Die Welt ist unabhängig vom Menschen mithilfe von Begriffen gedacht.

Wer immer physikalische Begriffe benutzt, glaubt an ihre Tragfähigkeit. Genau dieser Glaube impliziert aber logisch die Annahme eines übermenschlichen Denkers, der die Welt in Begriffen denkt.

Wenn es also einen Punkt gibt, wo sich Glaube und Wissenschaft treffen, so in der begreifenden Näherung an das absolute Verstehen der Wirklichkeit. Hier schlagen religiöse Grundbegriffe wie «Erlösung», «Unsterblichkeit» oder «Schuld» die Brücke zur Naturwissenschaft: Sie gelten zwar nicht für die Physik, wohl aber für den Physiker als Menschen.

Aber auch Begriffe bedürfen einer weiteren Stufe, um physikalisch sinnvoll zu sein. Es sind die Prinzipien. Galileis Grosstat war die Einsicht in solche Prinzipien wie Relativität, Gleichheit von schwerer und träger Masse oder das Trägheitsprinzip. Prinzipien sind mehr als Naturgesetze: Sie enthalten eine Fülle von Gesetzen in sich, indem sie deren mathematischer Gestalt Beschränkungen auferlegen. So darf kein Gesetz der Physik etwa das Einsteinsche Relativitätsprinzip verletzen. Aus der Gleichheit von schwerer und träger Masse folgen im Grunde alle Gesetze der Gravitation und damit in letzter Konsequenz die ganze Kosmologie. Prinzipien bilden eine Art von Verfassung der Welt. Mit ihr müssen alle Einzelgesetze ebenso im Einklang sein, wie dies für einen Staat der Fall ist.

Hier wirkt also ein Imperativ:

Begreife die Welt durch Prinzipien!

Dies ist in der Tat die eigentliche Leistung des grossen Physikers. Prinzipien werden nur selten neu aufgestellt. Sie bilden die Meilensteine der Physik. Dies gilt etwa für das Energieprinzip und die übrigen Erhaltungssätze, die Unschärferelationen Heisenbergs oder das Pauli-Prinzip, wonach innerhalb eines Atoms keine zwei Elektronen im gleichen Quanten-Zustand vorkommen dürfen. Die ganze Elementarteilchenphysik ruht auf Symmetrieprinzipien. Wer das Prinzip kennt, hat – bildlich ausgedrückt – die Welt in der Hand.

Dem Imperativ geht aber logisch wiederum ein Glaube voraus:

Die Welt besitzt eine Verfassung.

Wer immer physikalische Prinzipien anerkennt, muss auch diesen Glaubenssatz anerkennen. Man sieht sofort, in welcher Tiefe des Unbewussten ein solcher Glaube wurzelt, denn nur die allerwenigsten werden sich zu diesem Credo bekennen. Die meisten werden darin sinnleere Metaphysik erblicken. Dann aber dürfen sie keine Physik betreiben, die von Prinzipien ausgeht. Es gilt für sie weder die Erhaltung der Energie noch das Pauli-Prinzip, das den gesamten Aufbau der Chemie festlegt. Wenn wir hier die eigentlich unbewussten, aber logisch unverzichtbaren Begründungen der Tätigkeit des Physikers ans Licht bringen, so handeln wir analog dem Tiefenpsychologen, der die verborgenen Antriebe menschlichen Verhaltens bewusst macht. Es ist dies nichts anderes auf dem Feld der Wissenschaftstheorie, als was Freud, Jung und Fromm für die menschliche Seele leisteten.

In letzter Konsequenz setzt unser Glaube an eine Verfassung der Welt den noch folgenreicheren Satz voraus:

> Die Welt wird von einer Verfassung-gebenden Instanz regiert.

Jetzt erst werden alle tieferliegenden Imperative und Glaubenssätze gerechtfertigt. Ohne diese Instanz wäre nämlich eine Begreifbarkeit der Welt durch Begriffe, Gleichungen, Geometrie, Gedankenversuche und Messungen unmöglich. Der ganze Ideen-Kosmos der Physik seit Galilei geht von dieser absoluten Spitze aus und findet hier seine Vollendung.

Es bleibt noch ein letzter Schritt. Noch ist nicht verstanden, weshalb die höchste Instanz die Begreifbarkeit der Welt durch den Physiker *will*. Dass sie möglich ist, demonstriert die Evolution der Physik. Aber ist sie auch notwendig? Kopernikus, Galilei und Kepler glauben es. Für sie ist es das von Gott vorgebene Ziel des Menschen, die Gesetze der Natur zu erkennen. Sie glauben an diesen Imperativ, weil sie nach ihm handeln und sie handeln nach ihm, weil sie an ihn glauben. Das Gesetz, wonach sie als Wissenschaftler antreten, enthält für sie zugleich den Glauben an die Notwendigkeit der Welt-Erkenntnis. Sie ist weder eine Laune noch ein Zufall, sondern ein Befehl. Ähnlich dem Auftrag des Propheten ist er an einen obersten Wert gebunden. Für den Physiker lautet er: Erkenntnis der Wahrheit.

Damit öffnet sich der eigentliche Sinn des kosmosophischen Imperativs:

> Erkenne die Wahrheit der Welt!

Jeder Physiker, gleich welch bewusster Haltung, folgt diesem Imperativ. Er tut dies sogar, wenn er wie Pilatus die Frage nach der Wahrheit als sinnlos erklärt. Logisch kann er ihr jedoch nicht ausweichen, solange er als Physiker handelt.

Dann aber muss er sich auch zum Glaubenssatz bekennen:

> Die Wahrheit des Menschen ist die Wahrheit der Welt.

Damit ist gesagt: Der Mensch hat an einem vor-bewussten Vorrat an Erkenntnissen über die Strukturen der Welt teil. Es ist dies der gleiche Vorrat, an dem die Welt selbst teilhat. Das kosmisch Unbewusste steuert sowohl die Evolution der menschlichen Erkenntnis als auch deren Gegenstand: die Welt. Dies ist aber seinerseits nur möglich, wenn wir uns zum Glauben bekennen:

> Das kosmisch Unbewusste im Menschen ebenso wie in der Welt ist weder Eigentum des Menschen noch der Welt, sondern Eigen-

tum Gottes: Die Gedanken Gottes wirken sowohl im Menschen als auch in der Welt. Im Menschen wirken sie als Näherung, in der Welt jedoch absolut.

Wenn dem so ist, dann gibt es nicht nur die Möglichkeit der wahren Erkenntnis der Welt durch die Wissenschaft, sondern auch ihre Notwendigkeit: Nicht als wäre die Wissenschaft bereits am Ziel oder könnte nicht irren, sondern vielmehr als ihr göttlicher Auftrag.

Dies ist wohl die letzte Tiefe des Galileischen Glaubens an die Mathematisierbarkeit der Natur. Es ist der unbewusste Glaube des Physikers schlechthin.

Unter diesem Aspekt wird aber auch eine Versöhnung zwischen Glaube und Naturwissenschaft denkbar. Sie vollzieht sich freilich durch eine doppelte Bewusstmachung: Auf seiten der religiösen Gemeinschaft müssen die Wurzeln des Glaubens freigelegt werden. Es sind dies die unmittelbaren Erfahrungen transzendenter Wirklichkeit und deren glaubwürdige Überlieferung ohne dogmatischen Zwang. Nicht die Lehre, sondern das Erleben Gottes bindet den Menschen.

Auf seiten der Wissenschaft müssen dazu symmetrisch die Wurzeln der Erkenntnis bewusstgemacht werden. Dann aber gibt es folgende Parallelen:

Auch der religiöse Glaube ist seiner Natur nach freie Entscheidung des Menschen. Ist er unfrei, so hört er auf, Glaube zu sein, und wird zum Gehorsam. Wo aber Gehorsam an die Stelle der Entscheidung tritt, wird der Mensch zum Sklaven. Paulus wurde nicht müde, darauf hinzuweisen, dass Christus die Menschheit von der Sklaverei des Gesetzes befreit, sprich: Vom Gehorsamsglauben gegenüber einer Institution. Sein Leitsatz: Der Mensch wird aus dem Glauben gerechtfertigt, nicht aus dem Gesetz.

Das heisst nun freilich nicht Gesetzlosigkeit, sondern die Verlegung des Schwerpunkts vom äusseren Gesetz zum inneren: Das Reich Gottes ist inwendig in euch, sagt Christus. Daraus folgt dann das äussere Verhalten. Das innere Gesetz Christi lautet: Du sollst Gott lieben mit deinem ganzen Herzen und mit deiner ganzen Seele und mit deinem ganzen Verstand und deinen Nächsten wie dich selbst. Versteht man die Nachfolge Christi so, dann wird im Grunde kein Wissenschaftler aus logischen Gründen dagegen protestieren, wohl aber unter Umständen aus psychologischen. Dann aber fällt seine Entscheidung nicht mehr im Reich der Logik, sondern der Psychologik.

Dieses innere Gesetz ist nun im höchsten Mass konstruktiv, also lebensbejahend. Es rechtfertigt die Möglichkeit, ja die Notwendigkeit der Erkenntnis ebenso, wie den tragenden Sinn des erkennenden Menschen. Sinn hat die Wissenschaft erst, wenn sie dem Menschen dient. Dieses Gebot kann nun freilich nicht vom Menschen selbst gemacht sein, denn dann könnte er es auch brechen. Es gilt vielmehr absolut.

An diesem Masstab haben sich Wissenschaft und religiöse Institution im gleichen Umfang zu messen. Beide stehen vor dem unerbittlichen Gericht der Wahrheit.

Dann freilich hätte die Frage der Inquisition an Galilei lauten müssen:

> «Dient das Kopernikanische Weltsystem im besonderen und deine Physik im allgemeinen dem Menschen?»

Galilei hätte darauf mit dem schlichten Geständnis antworten dürfen:

> «Ich will nichts, als die Gedanken Gottes in der Natur nachzudenken».

Aber er hätte die Frage zurückgeben können:

> «Und ihr?»

Der Geist, der wahrhaftig und eigentlich Geist ist:
Will man von ihm vielleicht behaupten, dass er trüge und Nichtseiendes glaube?

Plotin.

6. Kapitel
Die Wurzeln des physikalischen Glaubens

Insgesamt können wir drei Dimensionen des Glaubens unterscheiden: Die horizontale Dimension stellt gewissermassen den Gehorsamsglauben dar, die Tiefendimension den Lebensglauben und die nach oben strebende Dimension den Geist-Glauben.

Der Gehorsamsglaube kann mannigfaltiger Natur sein: Ausgerichtet an der familiären oder sozialen Tradition, an der kirchlichen Institution oder einer Ideologie. Immer aber ist ihm der Mangel an innerer Freiheit eigentümlich. Daher ist es dieser Glaube, der zum Konflikt mit der Vernunft führt. Auf sein Konto kommen alle Glaubenskriege, Inquisitionen, kurz, jede Art von Intoleranz. In diesem Sinn ist er lebensfeindlich, weil er das Grundelement des biologischen und geistigen Lebens zerstört, die Freiheit. Es ist ein Glaube an tote Buchstaben statt an den immer bewegten Geist. Daher nenne ich diesen Glauben im Sinne von Freuds Todestrieb nekrophil. Er gehört in den Bereich der menschlichen Destruktivität, wie sie so eindrücklich Erich Fromm darstellte.[1] Seine Zeugnisse sind die Verbrannten der Inquisition, die zu Tode Gemarterten der Religionskriege, die seelisch und körperlich Erschlagenen aller Arten von KZ und Gulag, aber auch die heimlich Erstickten in Familie, Kirche und Beruf.

Ganz anders der Lebensglaube. Er bezeugt sich immer dort, wo biologisches, psychisches oder rein geistiges Leben sein schöpferisches Werk vollbringt. Er ist dessen unerlässliche Voraussetzung. Wir können ihn daher auch als schöpferischen Glauben bezeichnen. Sein Wesen ist biophil im weitesten Sinn. Er ist die unmittelbare Bedingung der Hoffnung: Nur wo der Glaube an bestimmte Strukturen physischer oder geistiger Natur am Werk ist, hat Hoffnung einen Sinn. Es ist genau jener, der durch die schöpferische Leistung dann auch verwirklicht wird. Ihr Erfolg bildet die Rechtfertigung der Hoffnung und damit auch des ihr vorangehenden

Glaubens. Hoffnung und biophiler Glaube gehören also zusammen: Beide bilden das Apriori der biologischen, psychischen und geistigen Evolution. Beide sind gänzlich in die Zukunft gerichtet: Sie tragen dazu bei, daß der Wille, bzw. die Energie ein Noch-nicht-Seiendes zur Gegenwart erhebt.

In diesem Sinn ist der Lebensglaube prognostisch, ja in seinen megakreativen Äusserungen sogar prophetisch. Der Gehorsamsglaube vermag dies nie: Er ist der Vergangenheit verpflichtet und seinem Wesen nach nicht nur tötend, sondern selbst tot. Christus spricht von den Schriftgelehrten und Pharisäern als «blinden Führern von Blinden» und «übertünchten Gräbern».[2] Seine Anklage enthält eine geschichtlich einzigartige Kennzeichnung des Gehorsamsglaubens und seiner Nutzniesser. Dieser Anklage sollte denn auch die Verurteilung Jesu durch eben diese Hüter des institutionellen Glaubens auf dem Fusse folgen. Christus spricht nicht umsonst von den Mördern der Propheten: Nirgends fühlt sich der Glaubens-Hüter so getroffen wie vom Propheten, der kraft seines eigenen Auftrages, den er unmittelbar von Gott erhält, die Menschen auf die Zukunft hinweist statt auf die Vergangenheit. Das Prophetische im besonderen, ja schon das Prognostische im allgemeinen, sind denn auch die eigentlichen Zeugnisse des Lebensglaubens.

Der Geist-Glaube schliesslich richtet sich gewissermassen nach oben in die reine Transzendenz. Insofern ist er kein Werkzeug des natürlichen Lebens, sondern des Geistes. Er genügt sich selbst und ruht in sich selbst. Er gleicht darin der reinen Mathematik und Logik, dabei zunächst ohne deren Korrespondenz zur Realität. Seine Wirkung bezeugt sich durch einen Imperativ, der alle anderen Imperative biologischer oder psychologischer Natur unter Umständen ausser Kraft setzt. Er ist daher der mächtigste Glaube. Wir finden ihn in der unmittelbaren Gottes-Erfahrung des Heiligen, Mystikers und Propheten, aber auch in der mittelbaren Gottes-Erfahrung aller Erlösten. Seine Wesensmerkmale sind absolute Freiheit des eigenen Entschlusses, die zugleich durch den Anruf Gottes zur absoluten Notwendigkeit wird. Puschkin hat dieses Erlebnis des Propheten in einzigartiger Weise in einem Gedicht festgehalten. Alle biblischen und ausserbiblischen Berichte von der Berufung des Auserwählten bezeugen die gleiche Struktur der Identität von Freiheit und Notwendigkeit.

Es ist allein dieser Glaube, der zur Erlösung führt. Hier geht es nicht mehr um menschliche Leistung, sondern um übermenschliche Einstrahlung aus einer anderen Wirklichkeit. Die Inhalte dieses Erlösungsglaubens gehören denn auch zur eigentlichen Transzendenz.

Die Perversion des Gehorsamsglaubens liegt nun darin, dass er sich des Erlösungsglaubens als Instrument bedient, um seinen nekrophilen Neigungen Gehör zu verschaffen. Nirgends kommt diese perverse Identifikation von extremer Nekrophilie mit der Biophilie klassischer zum Ausdruck als in Dostojewskijs «Grossinquisitor». Um der Erlösung der Menschen willen soll Christus selbst noch einmal gekreuzigt werden. In der Tat geben auch heutige Erlösungs-Ideologien vor, die Menschen zu befreien, während das Ergebnis zumeist eine noch schlimmere Tyrannei als jene der gestürzten Herrscher darstellt. Die formale Identität von Erscheinungen der verschiedenen Glaubens-Dimensionen kann also deren inhaltliche Widersprüchlichkeit nur verschleiern. Das macht es so schwierig, Maske und Antlitz zu unterscheiden.

Der Glaube schlechthin spannt also eine Art dreidimensionalen Glaubens-Raum auf. Nun gehört der persönliche Glaubensinhalt des Einzelnen meistens nicht nur zu einer bestimmten Dimension. Er ist sozusagen nicht rein. Meistens liegt er so im Raum, dass er zugleich auf mehrere Dimensionen projiziert. So projiziert der Glaube des Kirchengläubigen einerseits auf den freien Geist-Glauben, andererseits auf den unfreien Gehorsamsglauben. Hier liegt nur eine formale und keine inhaltliche Verschiedenheit vor. Je nach der persönlichen Einstellung ist die Projektion auf den Geist-Glauben grösser oder schwächer, ebenso auf den Gehorsamsglauben; dabei kommt es meistens zu einem reziproken Verhältnis: Je stärker der Gehorsam, desto geringer der Anteil des Geistes und umgekehrt.

Aber auch zwischen dem nekrophilen Gehorsamsglauben und dem biophilen Lebensglauben bestehen inhaltliche Identitäten. Der Fanatismus des Islam schuf eine grandiose kulturgeschichtliche Leistung. In den Domen und Bildnissen des Mittelalters kommt ein Geist-Glaube zum Ausdruck, wie er seither niemals mehr im Abendland erreicht wurde. Unmittelbar daneben finden wir jedoch die Verbrennung der Jeanne d'Arc im Namen eben dieses Glaubens, die Inquisition in Spanien, Hexenprozesse, Aberglauben und die Sklaverei der Leibeigenschaft. Vielleicht kommt der doppeldeutige Charakter von Inhalten des Geist-Glaubens nirgends so plastisch zum Ausdruck wie in jenem Gemälde im Prado, wo auf der oberen Szene die Dominikaner von Rosen bekränzt den Hymnus der Erlösten anstimmen und unten die zum Autodafé Verurteilten mit aschfarbenen Gesichtern auf ihre Verbrennung warten.

Schliesslich projiziert der Glaube des Einzelnen sowohl auf den Lebens- als auch auf den Geistglauben. Dies ist genau jenes Feld, in dem wir eine Korrespondenz zwischen dem Glauben des Physikers und jenem des Religiösen zu erwarten haben.

Drei Probleme stellen sich: Herkunft, Inhalt und Folgen. Die Herkunft des religiösen Glaubens liegt weitgehend im tiefen Dunkel der Vergangenheit. Wir wissen nicht, welche Gründe den Urmenschen dazu führten, seine Toten zu bestatten und damit seinen Glauben an die Unsterblichkeit zu bezeugen. Der Glaube an übermenschliche Geistwesen in und über der Natur lässt sich nur noch an seinen Zeugnissen aus dem magischen Zeitalter rekonstruieren, nicht aber psychologisch ableiten. Gewiss, es gibt heute noch Schamanen, Medizinmänner und lebendige Mythen. Aber aus welchen Ur-Quellen schöpfen sie ihre Macht? Hier sind wir auf Hypothesen angewiesen. Auch die Lehre von den Archetypen hilft uns kaum weiter, denn deren eigene Entstehung hängt zeitlich mit jener der Ur-Mythen zusammen.

Der Übergang vom Zeitalter magischer Träume der Menschheit zum Erwachen der Kulturseele (Spengler) ist wohl ebensowenig zu verdeutlichen wie jener zwischen einem tiefen, zeichenhaften Traum und dem wachen Intellekt. Wir haben wohl eine Erinnerung, die uns vielleicht zeitlebens begleitet. Aber die Genesis des Traums kann von uns nicht rekonstruiert werden. Der Grund ist einfach: Jede Rekonstruktion würde die Aktivität des Intellekts voraussetzen, diese aber würde gerade jenen Traumzustand zerstören, der zum Auftauchen der magischen Bilder führt.

Ist dies vielleicht der Grund, weshalb unsere intellektualisierte Zeit nicht mehr fähig ist, zu träumen? Und daher die grossen Traumbilder der Kunst verlor? Und deshalb einen Ersatz-Traum in Drogen und Ideologien sucht?

Nun wäre es völlig falsch, die Traum-Zeit der Menschheit als von minderer Wahrheit gegenüber jener der Wach-Zeit zu deuten. Im Gegenteil: Die wahren Mächte der Geschichte sind die Erinnerungen an jene Ur-Bilder, die in der Traumzeit entstanden und nun unbewusst nachwirken. Ihnen gebührt eine andere Wahrheit als jene des logischen Denkens. Es ist die Wahrheit der Macht über den Menschen. Ja es ist diese Macht der Ur-Bilder, die sogar in unsere scheinbar so hellwachen logischen Denkkonstruktionen eingeht. Alles logische Denken geht von Voraussetzungen aus, von Regeln und selbstgewählten Definitionen. Diese Wahl aber ist es, die ihrerseits nicht logisch begründet werden kann, sondern dem Bereich der Psychologie zuzuordnen ist.

Gerade die Glaubenssätze der Physik beweisen dies eindringlich. Galileis Versuche mit den Fallgesetzen führten zu einer Theorie, die geometrisch demonstriert wird. Die Voraussetzungen der dabei benutzten Geometrie sind die Axiome und Definitionen der Geometrie Euklids. Nun wissen wir aber, dass es andere Geometrien gibt, die von anderen Voraussetzungen ausgehen. Diese sind ebenso widerspruchsfrei aufzubauen, also logisch ebenso wahr wie jene Euklids. Die Voraussetzungen sind demnach Menschenwerk und daher dem menschlichen Willen verpflichtet. Dessen Wurzeln reichen aber in die Ur-Gründe der individuellen und geschichtlichen Existenz hinab.

Heisst das, dass wir überhaupt auf eine rationale Erklärung der Wurzeln des religiösen und wissenschaftlichen Glaubens verzichten müssen?

Nun gibt es geschichtliche Zeugnisse, die uns wenigstens rückwirkend Hinweise gestatten, um diese Frage zu beantworten. Ich greife drei besonders bedeutungsvolle heraus: Pythagoras, Moses und Deutero-Jesaias. Sie sind uns ihrerseits nur aus der Überlieferung zugänglich. Ich will nicht die buchstabengemässe Wahrheit dieser Überlieferung untersuchen, denn diese Frage ist wohl niemals restlos zu klären, weil wir die Zeugen nicht selbst befragen können. Wir wissen aus Selbstzeugnissen der Physiker, dass nicht einmal unsere Zeitgenossen über die Genesis ihrer eigenen Ideen restlos Auskunft geben können. Ich werde daher die *symbolische* Wahrheit dieser religiösen Genies vergleichen. Mit andern Worten: Ich versuche zu klären, was uns die betreffenden Überlieferungen über die Struktur des religiösen und physikalischen Glaubens sagen.

Die Lehre des Pythagoras (um 570–496 vor Christus) ist nur aus wenigen Fragmenten zu rekonstruieren, vornehmlich aber aus den Theorien seiner Schule in den zwei Jahrhunderten nach seinem Tod. Sein berühmtester Nachfolger wurde Platon. Der letzte bedeutende Vertreter dieser Schule war Archytas aus Tarent. Etwa drei Jahrhunderte später kam es ähnlich den Neuplatonikern zu einer Pythagoras-Renaissance im Neupythagoräismus.

Die grosse Lehre des Pythagoras lautet: Alles gründet sich auf die Zahl. Vermutlich war die Musik der Ursprung dieser Philosophie. Mit Hilfe von metallischen Plättchen verschiedener Grösse oder von verschiedenen Wassermengen in einem tönenden Gefäss wurden die numerischen Verhältnisse zwischen den Tönen der Quart, Quint und Oktav festgestellt. Diese Zahlen wurden mit materiellen Elementen und regelmässigen geometrischen Körpern in Verbindung gebracht. Die Pythagoräer kannten bereits das Verhältnis von Tönen, Halbtönen und noch kleineren Untertönen mit einer Exaktheit, wie sie nur in der modernen Akustik erreicht wird.

Von hier aus kam es zu einer eigentlichen Zahlenmystik, wie sie auch anderen Kulturen bekannt ist, z. B. der chinesischen im «Buch der Wandlungen». Dort erreichte sie unter der Sung-Dynastie (960–1279) ihren Höhepunkt. Für die Pythagoräer verkörpert die 1 die absolute unteilbare Einheit, die 2 den Übergang zur unbestimmten Ferne der Unendlichkeit und die 3 die Formierung der Unendlichkeit durch die 1. Damit ist die Triade abgeschlossen. Sie setzt sich in die Körperwelt als die erste Verkörperung der 3 in Gestalt der 4 fort. Aus der Vierheit, der «tetraktys», lässt sich dann die heilige Zahl 10 aufbauen. Sie ist die Summe der ersten 4 Zahlen: $1+2+3+4=10$. Damit wird das noch heute benutzte dekadische System begründet. Unser Dezimalsystem geht also auf einen mystisch-religiösen Ursprung zurück.

Zur Zahlenmystik gehört auch der pythagoräische Archetypus vom Kreis als der vollkommensten Figur und der Kugel als vollkommenster Form. Diese Idee sollte über Platon zur Aufstellung des ptolemäischen Weltsystems, aber auch zu dessen Ablösung durch Kopernikus und Kepler führen.

Die grosse Entdeckung des Pythagroas ist der nach ihm benannte Lehrsatz. Er beherrscht die euklidische Geometrie und setzt sich in abgewandelter Form auch in die allgemeine Relativitätstheorie fort. In Einsteins spezieller Relativitätstheorie wird er durch einen ähnlichen Satz ersetzt, indem aus dem Summenzeichen für die Katheten ein Minuszeichen wird. Angesichts dieser Entdeckung ist es nicht verwunderlich, wenn Pythagoras der Legende nach der göttlichen Inspiration eine Hekatombe opferte.

Ausgehend von den Zahlen und ihren Verhältnissen in der Geometrie entwickelt Pythagoras eine eigene Lehre vom Kosmos. Sie gründet sich auf den Archetypus der Harmonie. Der Kosmos besteht aus 10 Sphären gemäss der heiligen Zahl Zehn. Jede dieser Sphären tönt in charakteristischer Tonlage. Sie entspricht einer bestimmten Struktur von Elementen, die wieder bestimmten musikalischen Intervallen und geometrischen Figuren entsprechen. Kurz: Die Idee der Harmonie setzt sich aus der Musik in den Kosmos als ganzen fort. Innerhalb des Kosmos führt sie zur Entsprechung von Zahl, Musik, Geometrie und chemischen Elementen.

Es ist erstaunlich, dass die Pythagoräer bereits die Bewegung der Erde lehrten. Sie soll sich um ein «Ur-Feuer» drehen. Nimmt man das letztere als Symbol der Sonne, so wäre damit das kopernikanische Weltsystem vorweggenommen.

Wir haben also eine doppelte Richtung des Gedankens der Harmonie: Vertikal als Entsprechung von Zahl und Kosmos, horizontal als Entsprechung von Zahl, Ton, Figur und Element.

Dazu kommt noch eine eigentliche Tiefen-Dimension in Gestalt metaphysischer Kategorien: Die Pythagoräer entdeckten fundamentale Zweiheiten von geraden und ungeraden Zahlen, Einheit und Vielheit, rechts und links, gerade und krumm, quadratisch und rechteckig, gut und böse, männlich und weiblich, Licht und Dunkel, endlich und unendlich. Auch hier berührt sich die Schule des Pythagoras wieder mit dem chinesischen Ur-Paar, aus dem alles hervorgeht, dem Yin und Yang. Philolaos aus Kroton nennt die Einheit dieser Gegensätze «Harmonie».

All diese Entdeckungen riefen ekstatisches Erstaunen hervor. Ausser der Periode der Geburt der Quantenmechanik Mitte der zwanziger Jahre gibt es vielleicht keine Menschheitsepoche, in der auf engstem Raum durch einen einzigen Gedanken und einen einzigen Kreis eine solche Fülle der verschiedensten Entdeckungen vollzogen wurde. Analog zur Aufstellung der Matrizenmechanik durch Heisenberg und der Wellenmechanik durch de Broglie und Schrödinger sind dafür nur wenige grundlegende Beobachtungen verantwortlich. Die entscheidenden Einsichten stammen vielmehr aus tiefen Glaubensannahmen, deren Ursprung im Geheimnis der menschlichen Seele zu suchen ist.

Für die Pythagoräer liegt dieser Ursprung eindeutig im Bereich der Religion. Von hier aus spannt sich der Bogen dann bis zur Ethik und Politik.

Die Zahl selbst war zunächst ein Bild abzählbarer Dinge. Dann aber wird sie alles Seiende überhaupt, also auch Seele, Tugend, Wesen, Prinzip und Ursache aller Dinge. Sogar der Mensch wird als Zahl verstanden. Später wurde die Zahl zum göttlichen Wesen und zur Platonischen Idee. Sie wird zum Urbild der Weltschöpfung und Urteilsorgan Gottes, des Weltschöpfers.

Schliesslich wurde auf die Zahl eine eigene Ästhetik und Ethik gegründet. Der Kreis bzw. die Kugel galten als Zeichen der maximalen Schönheit. In den Archetypus des Kreises wird nun auch die Seele einbezogen:

Sie unterliegt, ebenso wie in der Religion der Hindus, einer zyklischen Wanderung, indem sie in verschiedene Gegenstände zurückkehrt. Demgemäss wird ihre Bindung an den Leib als Gefängnis empfunden, als Sündenfall. Daher muss diese «Entfremdung» (so würde Hegel formulieren) durch einen Akt der Reinigung und Askese überwunden werden. Die Lehre von den Zahlen mündet schliesslich in den Gedanken der Erlösung. Demgemäss gründete Pythagoras einen religiösen Bund von Jüngern und tat den Schritt von der Philosophie und Religion in die Politik: Hier freilich scheiterte er.

Die Verbindungen der Schule des Pythagoras mit den entscheidenden Strömen der Menschheitskultur sind unübersehbar: Durch die Seelenwanderung steht er mit dem Hinduismus und Buddhismus in Verwandtschaft, durch die Lehre vom kosmischen Feuer mit Zarathustra, durch die Kosmologie der Sphären mit Aristoteles und Ptolomaios, durch die Gleichsetzung der Sphären mit geometrischen Figuren mit Kepler und durch die Zahlenmystik mit dem chinesischen Taoismus und dem «Buch der Wandlungen», dem «I Ching». Ja, ein so tiefer physikalischer Denker in unserem Jahrhundert wie Eddington legt eine Theorie kosmischer Zahlen-Spekulationen vor.[3]

Die Verwandtschaft der pythagoräischen Erlösungslehre und Ethik mit dem Christentum ist evident.

Man darf die religiösen Wurzeln der pythagoräischen Tradition nicht abschneiden, anderenfalls hängt die ganze mathematische Physik logisch in der Luft. Das religiöse Umfeld des Pythagoras wird besonders deutlich, wenn man bedenkt, dass seine Zeitgenossen Zarathustra, Buddha und Konfuzius waren. Die chinesische Legende versetzt auch den Schöpfer der wohl abstraktesten orientalischen Philosophie, des «Tao Te King», in das 6. Jahrhundert, obwohl Lao Tse vermutlich erst im 4. vorchristlichen Jahrhundert lebte. Dazu tritt als sechster Zeitgenosse Deutero-Jesaia, der Prophet der Erlösung zur Zeit der Babylonischen Gefangenschaft. Karl Jaspers spricht von einer Achsenzeit der Menschheit. Sie umgreift in Wahrheit den gesamten Erdkreis der Antike.

Im Grunde geht es hier um eine Wende zur rationalen Transzendenz. Noch niemals wurden so viele Denker gleichzeitig erleuchtet. Arnold J. Toynbee teilt ihnen als gemeinsames Kennzeichen die Überwindung des uralten Glaubens an die Göttlichkeit von Naturkräften oder menschlichen Herrschern zu.[4]

Ich sehe jedoch auch die Unterschiede: Zarathustra erhebt den Archetypus des Lichts zum göttlichen Prinzip und gründet darauf das Gebot, im Kampf zwischen Licht und Finsternis dem Licht zu folgen. Hier gibt es zwar eine Parallele zur Auffassung der Pythagoräer vom zentralen Weltfeuer und dem ethischen Gebot der Reinigung. Pythagoras verlegt jedoch den Akzent aus der kosmischen Zweiheit von Gut und Böse auf die seinsmässige Verschiedenheit von Zahl und sichtbarem Körper: Dies ist zunächst kein ethischer Konflikt, sondern ein ontologischer wie zwischen

Idee und Gegenstand. Zum ethischen Konflikt wird er erst auf der Stufe der menschlichen Seele.

Sidharta Gautama Buddha, der 13 Jahre nach Pythagoras starb, verlegt den Akzent nicht auf die Welterklärung wie die indischen Veden und Upanischaden, sondern auf die Erlösung vom Leiden durch die Einsicht, dass das Individuum mit seinen Wünschen und Leiden nur Schein ist. Dadurch wird der Zyklus der Seelenwanderung unterbrochen und der Mensch erlöst. Auch Pythagoras übernimmt den uralten indischen Archetypus der Seelenwanderung (beide gehen möglicherweise auf eine dritte Quelle zurück). Aber er predigt nicht den Scheincharakter der Person, sondern deren kosmische Harmonie. Daher wird die Musik für ihn zum Archetypus der Erlösung.

In einem gewissen Sinn trifft er sich darin mit dem Universalismus Chinas: Für Lao Tse ist das höchste Prinzip das Tao, das unwandelbar Eine, dem man keinen Namen geben kann und welches im Nicht-Handeln handelt.

Konfuzius verschafft den alten religiösen Schriften aus dem 2. vorchristlichen Jahrtausend eine Renaissance, vor allem dem Orakelbuch «I Ching» mit seiner kosmischen Zahlenmystik. Er leitet daraus eine Staats- und Familien-Religion ab, in der die Übereinstimmung mit den Gesetzen des Universums für Kaiser und Familie oberstes Gebot ist. In der Tat wird dieser konfuzianisch-taoistische Archetypus neben den Schriftzeichen zum einigenden Fundament Chinas bis heute.

Und doch gibt es einen grundlegenden Unterschied zwischen dem chinesischen und pythagoräischen Universalismus. Der erstere ist im wesentlichen ein Weg der Ethik, der zweite ein Weg der wissenschaftlichen Vernunft. Diese beiden Grundhaltungen unterscheiden noch heute östliches und westliches Denken. Dies zeigt sich besonders markant an den Folgen. Auch das alte China kannte bereits den Pythagoräischen Lehrsatz und rechnete mit Gleichungen zweiten und höheren Grades.[5] Aber es war Pythagoras, der darauf die Anfänge des eigentlich geometrischen Denkens gründete, wie es dann später in Euklid seinen Höhepunkt fand.

Wohl keine Philosophie wurde für die Physik so fruchtbar wie jene des Pythagoras. Sein Glaube an die kosmische Funktion der Zahl ist das Fundament der Physik. In diesem Sinn ist der Physiker methodischer Pythagoräer.

Ohne sie ist die Physik Keplers, Galileis und Newtons nicht zu denken. Von hier ausgehend wird Physik zunehmend angewandte Mathematik. Sie verästelt sich in immer höhere und abstraktere Zweige, von denen kein Ende abzusehen ist. Schliesslich kommt es in der Physik der Elementarteilchen zu einem Grad von Abstraktion, dass Heisenberg sagen konnte: «Der experimentelle Physiker hat etwas, er kann es auch beschreiben, aber er weiss nicht, was es ist. Der theoretische Physiker hat nichts, aber er kann es beschreiben und glaubt zu wissen, was es ist. Der mathematische Physiker hat nichts, er kann es nicht beschreiben und er weiss nicht, was es ist».[6]

Gerade hier aber kommt es zu einer unerwarteten Renaissance der pythagoräischen Lehre von den ganzen Zahlen und ihren Verhältnissen. Die Energieniveaus des Atoms beruhen nämlich auf Gleichungen, in denen ganze Zahlen eine grundlegende Rolle spielen. Darauf gründet sich wieder das System der Elemente, also die ganze Chemie.

Schliesslich erlebte auch die pythagoräische Lehre vom Zusammenhang der Zahlen mit der Musik eine Auferstehung in der Atomtheorie, wie wir eingangs sahen. Das Atom ist abstrakt betrachtet Musik und pythagoräische Harmonie.

All das scheint dem heutigen Physiker selbstverständlicher Nachklang der mythischen Ursprünge seiner Wissenschaft. Wir dürfen aber deren religiöse Dimension nicht verkürzen. Daher ist die Frage erlaubt, ob es auch Parallelen zwischen dem pythagoräischen Glauben und jenem des Monotheismus gibt.

Als entscheidende Quelle darf hier die Überlieferung von Moses gelten. Er ist in gleicher Weise für Judentum, Christentum und Islam verbindlich. Man verzeihe daher diesen radikalen Sprung von den Anfängen der Physik zu den Anfängen der monotheistischen Religion.

Moses, der aus Ägypten flüchten musste, weil er einen der Sklavenschinder erschlagen hatte, kam zum Gottes-Berg Horeb.

> Und der Engel des Herrn erschien ihm in einer Feuerflamme,
> die aus dem Dornbusch hervorschlug. Und als er hinblickte,
> siehe, da brannte der Busch im Feuer,
> aber der Busch ward nicht verzehrt . . .
> Und Gott rief ihm aus dem Dornbusch zu:
> «Mose, Mose».
> Er antwortete:
> «Hier bin ich.»
> Da sprach Er:
> «Tritt nicht heran! Ziehe die Schuhe von den Füssen;
> denn die Stätte, auf der du stehst, ist heiliges Land . . .»
> Da verhüllte Moses sein Angesicht,
> denn er fürchtete sich, Gott anzuschauen.[7]

Und Gott sandte Moses zu den Ägyptern zurück, um das auserwählte Volk aus der Knechtschaft zu befreien. Als Moses fragte, in wessen Namen er dies tun solle, antwortete der Herr:

> «Ich bin, der Ich bin».
> Und er fuhr fort:
> «So sollst du zu den Israeliten sagen: Der «Ich bin» hat mich zu euch gesandt . . . Das ist mein Name ewiglich».[8]

Man muss sich dieses Erlebnis mit aller Kraft vorstellen: Der Flüchtling Moses, den die Ägypter wegen Aufruhr und Mord verfolgen, sieht beim Schafeweiden auf dem Berg einen Dornbusch, der nicht verbrennt. Es ist unmöglich, ein solches Erlebnis zu erfinden. Er hört eine Stimme und weiss sofort, dass es die Stimme Gottes ist. Er verhüllt sein Antlitz, wissend, dass, wer Gott schaut, sterben muss.

Dieser schlechthin *Seiende* ohne jedes menschliche Attribut ist es also, der Moses in das Inferno nach Ägypten sendet. Ihm glaubt er. Nur für die Israeliten und Ägypter bittet er um Zeichen, damit auch sie glauben. Gott verlangt nicht blinden Glauben, sondern sehenden. War Er nicht im sichtbaren Dornbusch erschienen? Daher gibt er auch Moses Macht, Wunder zu tun.

Man kann darin uralte Erinnerungen an magische Erlebnisse sehen. Entscheidend ist jedoch, dass der Glaube nicht blind, sondern sehend sein soll. Das ist der einzige Sinn der Wunder: Sie sind psychologisch nicht die Folge des Glaubens, sondern seine Bestätigung. Die Struktur des religiösen Glaubens, jedenfalls im Sinne des Alten und Neuen Testaments, verlangt sichbare Bezeugungen der unsichtbaren Realität Gottes. Gibt es einen deutlicheren Beweis als den Bericht über Thomas, der seine Hände in die Wundmale des Erstandenen legen durfte, auf dass er glaube?

Freilich muss er hören: «Selig sind, die nicht sehen, und doch glauben».[9]

Aber dies ist die Dialektik: Der schlechthin Glaubende verlangt keine Beweise: Das Erlebnis der Gottesnähe ist für ihn Beweis über alle Beweise. Der Zweifler hingegen braucht den Beweis, und er erhält ihn auch. Thomas war deswegen kein minderer Apostel als die übrigen. Gerade er soll nach der Überlieferung das Evangelium am weitesten getragen haben, nämlich bis Indien.

Auch Moses erhält von Gott solche Zeichen: Er wirft seinen Stab zur Erde, und sie wird zur Schlange, vor der Moses flüchtet. Er steckt die Hand in die Brust und sie wird weiss von Aussatz. Es bedurfte also sichtbarer Zeichen, damit Moses seine Sendung von einem Traum unterscheiden konnte. Offenkundig war er dabei völlig wach, wohl wacher, als es je ein Mensch sein kann.

Wir haben hier in klassischer Form die Struktur des religiösen Glaubens: Die erschütternde Erfahrung Gottes, die sichtbaren Zeichen für die Echtheit dieser Erfahrung, den totalen Wandel der menschlichen Existenz durch diese Erfahrung. Moses geht nicht in sein Heim zurück und lebt wie zuvor. Er wird kein Eremit am Berg Horeb, um Gott zu verehren. Er geht nicht mit einer neuen Lehre wie Buddha unter die Menschen. Er wird zum politischen Führer par excellence, der seine Sendung in geschichtliche Tatsachen münzt.

Dabei spielt es nur eine sekundäre Rolle, ob die Überlieferung den äusseren Tatsachen entspricht: Die innere Tatsache der Rettung Israels aus der Knechtschaft im Exodus und die Gestalt Moses prägten das jüdische Volk über drei Jahrtausende hinweg. Darin ist mehr Geschichte, als in irgendeinem Volk der Erde weiterlebt.

Diese Erfahrung setzt sich jedoch fort. Immer wieder berichtet die

Überlieferung von Propheten, die Gott sendet, um dem Auserwählten Volk die absolute Realität des richtenden und erlösenden Herrn der Geschichte sichtbar vor Augen zu führen. Einer der geschichtsmächtigsten sollte König David werden, der Flüchtling, Kriegsheld, Dichter, Tragiker und König in einem.

Hier wird der Unterschied zwischen Geist- und Gehorsamsglauben sichtbar: Wohl glaubt das jüdische Volk Moses. Die Christenheit glaubt Jesus Christus in der Nachfolge der Apostel. Aber dies ist kein Glaube an die Institution, sondern an die Person dessen, der sich durch die Macht sichtbarer Zeichen und seiner persönlichen Lehre als glaubwürdig offenbart. Es sind also der prophetische Glaube, das Erlebnis des Mystikers und Heiligen, welche das Weiterleben des allgemeinen Glaubens immer wieder erneuern. Institutionen wie jene der Priester, also die äussere Kirche, verlangen Gehorsamsglauben und sind daher im tiefsten eine Fessel für Ungläubige. Würden sie glauben, so bedürften sie dieser Fessel nicht. Dem Glauben haftet ein Element der Freiheit an, das zum Element der Erwählung komplementär steht: Moses schwankte, er fühlte, dass er ablehnen könnte. Dennoch war das Erleben so ungeheuer, dass letztlich sein Widerstand fortgeschwemmt wurde. Von da an hatte er einen neuen Willen, nämlich jenen Gottes.

Man kann diese Erfahrung nicht darstellen, ohne sie gehabt zu haben. Von Gott zu reden ist nur jenem erlaubt, der Ihn erlebt. Kann nicht schon juristisch nur als Zeuge auftreten, wer das Ereignis erlebte? Ebenso ist es nicht möglich, von der Liebe, dem Hass, der Gerechtigkeit zu sprechen, ohne diese Erfahrungen gehabt zu haben. Shakespeare wäre nicht Shakespeare, hätte er nicht am eigenen Leib die Brandmale menschlichen Leidens getragen, wie aus seinen Sonetten bezeugt wird. Erst recht ist es ein Widerspruch in sich selbst, über Gott reden zu wollen. Der Mensch kann nur von oder mit Gott reden, wie vom Heiligen Dominikus bezeugt wird.

Am Ursprung des religiösen Glaubens im jüdischen Volk steht also eine Erfahrung. In ihr werden Gotteserlebnis des Propheten und geschichtliche Bezeugung am Schicksal des Volkes identisch.

Auch Physik gründet sich wesenhaft auf Erfahrung. Darin ist sie fundamental mit dem Glauben des Alten Bundes verknüpft. Erfahrung ist der gemeinsame Nenner von Naturwissenschaft und biblischem Glauben. Nur ist Gegenstand der Erfahrung einmal der Anruf Gottes, dann aber der Dialog mit der Natur. Erst wenn man beide Instanzen radikal trennt, wird Naturwissenschaft atheistisch. Es gibt aber auch die andere Möglichkeit: Natur als Schöpfung Gottes zu verstehen. Dann wird ihr Wort zur verschlüsselten Botschaft des Schöpfers. Die Interpretation des Gegenstands der Erfahrung der Physik beruht also auf einer Entscheidung. Gemeinsam ist aber die empirische Voraussetzung mit der Religion des Alten Bundes: Diese ist durch und durch geschichtliche Erfahrung. Nur so ist das religiöse und nationale Überleben des jüdischen Volkes zu verstehen.

Noch eindrücklicher ist eine zweite Verwandtschaft: Moses wird zum

Gesetzgeber. Die ganze Religion des Alten Bundes ruht auf dem Gesetz, das durch Erfahrung vermittelt wird.

Im Grunde ist die eigentliche Religion des Physikers die gleiche. Alles, wonach er sucht, ist das Gesetz. Es spricht im allgemeinen sich als Gleichung aus. Das Wort Naturgesetz regiert die gesamte Naturwissenschaft.

Dies ist alles andere als selbstverständlich. Erst durch die Suche nach Gesetzen wird überhaupt Physik, was sie ist. Sie wird dies grundlegend in Europa, obgleich die intellektuellen Bedingungen im Orient mindestens die gleichen sind. Aber in Europa, und zwar in Griechenland und dann wieder zum Beginn der Neuzeit, konzentriert sich das Auge der Wissenschaft auf die erfahrbaren und durch mathematische Symbole ausdrückbaren Gesetze der Natur. Ja, Natur wird zu jenem Bereich, der wesenhaft Gesetzen unterliegt. Natur und Gesetz werden im Wort vom Naturgesetz fast synonym.

Erst damit kommt es zur eigentlichen Beherrschung der Natur durch die Technik. Alle Technik ist angewandtes Wissen um Gesetze. Höchstes Ziel ist dabei, die gesamte Wirklichkeit des Menschen, ja ihn selbst, einer Technik zu unterwerfen. Dies geht bis in die Technik der Menschenführung- und Verführung.

Aber hat man vergessen, dass diese Konzentrierung auf das Gesetz genau mit dem jüdischen Glauben identisch ist? Man braucht nur statt Naturgesetz Gottesgesetz zu sagen, und schon liegt die Wurzel unseres modernen Gesetzesdenkens vor Augen. Denn keine Menschheitskultur wird so entscheidend vom Gesetz geprägt wie die jüdische und nach ihr die naturwissenschaftliche. Jene ist die direkte Nachfahrin und Erbin der ersten.

Die Tragödie – oder wollen wir sagen: die Absurdität? – ist nur, dass wir heute unsere eigene Herkunft verleugnen. Wir wissen gar nicht mehr, welchen Ursprüngen wir unseren Glauben an die Naturgesetzlichkeit verdanken. Er ist, wenn überhaupt, durch nichts zu rechtfertigen als durch den Rückgriff auf einen überkosmischen Gesetzgeber, der die Welt so einrichtete, dass sie klaren und einfachen Gesetzen folgt, statt permanent im Chaos zu versinken. Die überwältigende Tatsache, dass diese Welt kein Chaos ist, müsste uns schon zu denken geben.

Ich würde sogar so weit gehen und überspitzt formulieren: Der Physiker ist seiner Natur nach methodischer Mosaiker.

Woher aber dann das Vergessen der Ursprünge des Gesetzesglaubens in der Physik?

Hier müssen wir auf einen Unterschied zum Glauben des Religiösen hinweisen. Der Glaube des Physikers, etwa als pythagoräischer Glaube, wurzelt in den Tiefen des Unbewussten. Er lässt sich nur durch logische Analyse aus der Methode des Physikers nachträglich herausdestillieren.

Anders der Glaube des Propheten: Er ist ganz und gar lebendige Erinnerung an ein erschütterndes Erleben. Dieses kann sich, wie etwa bei Moses, wiederholen. Es führt zu einer totalen Änderung des Erlebenden.

Man spricht von Umkehr, Bekehrung, wie etwa im Damaskus-Erlebnis des Heiligen Paulus.

Der Physiker hingegen kehrt zu seinem Selbst zurück, zu dem, was er eigentlich ist. Er wird, was er ist. Und doch kennt auch er die Berufung. Sie vollzieht sich indes weniger dramatisch, subtiler und diskreter. Dennoch ist auch sie der tragende Imperativ seines Wirkens.

Auch in Bezug auf den Inhalt der Berufung besteht ein dialektisches Verhältnis zwischen Physiker und Prophet: Zunächst richtet sich der Glaube des Propheten und Mystikers allein auf die Transzendenz, jener des Physikers auf die Immanenz. Er will Beobachtungen der Aussenwelt erklären. Der Mystiker erklärt nicht, er erlebt das schlechthin Unerklärbare.

Verfolgt man aber beide Tendenzen in ihre letzten Gründe, so stellt sich eine Umkehrung dieses Verhältnisses heraus. Der Physiker zielt letztlich immer auf die Gleichung. Das aber ist reine Transzendenz, will sagen: Überschreitung der Grenzen der beobachtbaren Wirklichkeit. Dennoch ist auch sie eine Art von Wirklichkeit, nur eben keine beobachtbare, sondern eine konstruierbare. Die Gleichung ist reiner Gedanke, sie ist «Idee» im Sinne Platons, an der die beobachtbare Wirklichkeit nur «teilhat» (Platon spricht von Methexis).

Diese Teilhabe der beobachteten Wirklichkeit an den Gleichungen ist eine Art innerer Transzendenz: Sie überschreitet die Beobachtung in Richtung auf das Innere des menschlichen Denkens. Schreibt man ihr Objektivität zu, was nur durch einen Glaubenssatz geschehen kann, so zielt diese Art Transzendenz auf den gedanklichen Innenraum Gottes.

Umgekehrt zielt der Mystiker und Prophet auf eine Art äusserer Immanenz: Der Mystiker versenkt sich in die sichtbare Welt als Zeichen des Göttlichen und der Prophet verlegt den Schauplatz seines Wirkens in die Politik.

Dazu tritt eine weitere Parallele. Die physikalische Gleichung trägt genau besehen einen prognostischen Sinn: Immer wenn eine betreffende Situation eintritt, erfüllt sie sich. Kommt es gar zu einer neuen Theorie, so wird die erfüllte Voraussage zum sigillum veritatis der Theorie. Einsteins Gravitationstheorie erlangte Weltruf, als sich ihre Voraussage der Lichtablenkung in Sonnennähe 1919 bestätigte. Es sind die Effekte der Theorie, die ihr einen prophetischen Charakter verleihen.

Das reicht durchaus in religiöse Dimensionen: Einsteins Formel der Äquivalenz von Masse und Energie sollte 40 Jahre vor Hiroshima zur Prophetie der Atombombe werden. Es sind die heutigen Physiker, die zu Propheten des XX. Jahrhunderts wurden. Stellten nicht die Physiker eine Weltuhr auf, deren Zeiger die Minuten vor der Apokalypse signalisiert?

Nehmen wir diese Tatsachen ernst, so ist der Schritt zum Glauben an die transzendente Mission des Physikers nicht mehr fern.

Bis zu diesem Punkt zu gehen, sind vielleicht viele Physiker bereit. Eine andere Frage ist jedoch, was hinter diesem Punkt anzunehmen ist.

Hier scheiden sich die Geister. Die einen glauben an eine kosmische Instanz, die andern an einen persönlichen Gott, die Dritten an die Allwissenheit der Materie. Diese verschiedenen Antworten finden sich bereits in der indischen und chinesischen Tradition. Auch Pythagoras lässt, soweit ich sehe, diese Frage offen.

Anders der Prophet. Für ihn steht die Realität eines persönlichen Gottes ausser Zweifel. Er hat ihn ja persönlich erlebt – es ist dies ein Erlebnis von Person zu Person. Ihm kommt eine alles überflutende Gewissheit zu, die keines logischen Filters bedarf, um von einem Traum oder Wahnbild unterschieden zu werden. Hier genügt in der Tat das Zeugnis: «Ich bin, der Ich bin.»

Der Prophet geht also in seinem Glauben weiter als der pythagoräisch handelnde Physiker. Er überschreitet alle denkbaren Grenzen und gelangt zur absoluten Transzendenz, während der Physiker sich mit einer relativen begnügen muss. Dennoch besteht zwischen beiden kein Ausschliessungsverhältnis. Vielmehr schliesst sich die absolute Transzendenz logisch lückenlos an die relative an, sofern man dem Propheten glaubt.

Dies freilich ist nun die Voraussetzung für eine Fortführung des physikalischen Glaubens in jene des religiösen. Hier wird Glaube nicht mehr zum Archetypus und zur Möglichkeitsbedingung für physikalisches Handeln, sondern zum Akt des Willens. Am Eingang zum religiösen Glauben steht also der menschliche Wille, der das Tor entweder öffnet oder schliesst.

Eine weitere Dialektik besteht im Verhältnis beider Glaubensweisen zur Zukunft. Der Glaube des Propheten gründet zwar in einem Erleben, das vergangen ist, aber dennoch so übermächtig bleibt, dass es ihm ständige Gegenwart bedeutet. Dieses Erleben verpflichtet ihn jedoch zu einem Handeln in die Zukunft hinein: Moses wird die Kinder Israels aus Ägypten ins Gelobte Land führen, der Erste Jesaia das Volk Israel vor dem Strafgericht warnen und der Zweite Jesaia das Kommen des Gottesknechtes ankündigen.

Der Auftrag des Propheten geht aber noch weiter: Der Mensch soll sein Leben ändern und eben dadurch die Welt. Alle Religion ist ihrem Wesen nach Veränderung der Welt durch Veränderung des Menschen. Dies ist die Lehre der Bergpredigt, aber auch Zarathustras und Buddhas. Auch Pythagoras wollte durch Änderung des Menschen die Gesellschaft verändern.

Hier liegt die eigentliche Macht des Glaubens: Er erhält sein Recht nur formal aus der Vergangenheit, inhaltlich aber aus der persönlichen und sozialen Zukunft. Seinem Wesen nach ist also religiöser Glaube lebensbejahend. Ebenso wie sich Lebewesen in ihrem Verhalten auf eine Zukunft einstellen, die noch gar nicht erkennbar ist, so dient auch der religiöse Glaube der Verwirklichung einer Zukunft. Erst wo die Institution die Berechtigung des Glaubens formal auf die Vergangenheit gründet, wird er nekrophil, Lebens-hemmend, ja Lebens-zerstörend.

Auch die Macht des physikalischen Glaubens gründet in der Zukunft. Keine menschliche Macht hat die Welt bisher so verändert wie die Naturwissenschaft, und hier wiederum die Physik. Der erste Mensch, der einen Faustkeil benutzte, war im Grunde schon Physiker. Alle Erfindungen, vom Gebrauch des Bogens bis zur Atombombe, beruhen auf physikalischen Erkenntnissen. Die moderne Zivilisation ist angewandte Physik. Was keine Staatengründung vermochte, das leistete die Physik: Nämlich die Welt dauernd und grundlegend zu verändern. Auf dieser Ebene ist sie in ihrer Geschichtsmächtigkeit nur mit den Religionen zu vergleichen.

Hier aber kommt es zur Peripethie. Wohl ist der Glaube des Physikers zukunftsbezogen und in sich lebensbejahend. Aber die Folgen der Physik sind es in einem entscheidenden Bereich, der Atomphysik, nicht mehr. Indem sie nicht dem Leben, sondern dem Menschheitsmord zu dienen drohen, genügt es nicht, Parallelen zwischen dem Glauben des Religiösen und jenem des Physikers zu ziehen. Es bedarf vielmehr einer Umkehr der Physiker selbst. Das Problem ist jetzt nicht Glaube oder Unglaube schlechthin, sondern Erlösung oder Untergang.

Hier genügt es nicht mehr, auf das Gesetz zu verweisen. Nach dem Gesetz der Zehn Gebote gäbe es nur das Gericht. Denn ihre wichtigsten werden in frevelhafter Weise durch die Auslieferung der Atomphysik an menschenmörderische Mächte verletzt. Das Gebot «Du sollst nicht töten!» widerlegt unsere gesamte Zukunftshoffnung.

Berufen wir uns also auf das Gesetz, so hält uns die Geschichte des jüdischen Volkes nur den Untergang bereit: Wer das Gesetz verletzt, der wird vom Gesetz bestraft. Oder sollte für die Geschichte plötzlich nicht mehr gelten, was für die Natur als selbstverständlich angenommen wird, nämlich ein Gesetz?

Unter den Rahmenbedingungen natürlicher ebenso wie übernatürlicher Gesetze mündet die Physik unvermeidbar in das Gericht. Es gilt daher nach jenen Quellen Ausschau zu halten, die eine Befreiung von der Herrschaft des Gesetzes verkünden.

Hier bietet sich einer der grössten Erben des Moses, der Deutero-Jesaia (Zweiter Jesaia) an. Auch er ist ein Prophet des Alten Bundes. Aber sein Blick ist bereits auf den Neuen Bund gerichtet. In ihm wurzeln also die Ursprünge des Christentums.

Er verbirgt sich unter dem Namen jenes Propheten, der 200 Jahre zuvor das Strafgericht über Jerusalem vorausgesagt hatte. Als es eingetreten war und die Juden von 586–536 vor Christus in der Babylonischen Gefangenschaft schmachteten, erhob sich ein Unbekannter unter dem gleichen Namen und predigte seinem Volk zwei Botschaften Gottes: Die Heimkehr in das Gelobte Land unter Kyrus und die Göttlichkeit des Leidens in Gestalt des Gottesknechtes. Die Christen sehen darin bis heute die Prophezeihung des Messias. Christus selbst beruft sich bei seinem Auftreten in Nazareth am Beginn seines Wirkens ausdrücklich auf eine Stelle aus dem Zweiten Jesaia.[10]

Der Zweite Jesaia verkündet also eine doppelte Erlösung: Einmal die historische als Heimkehr der Juden und dann die metaphysische durch das Leiden des Gottesknechtes. Beides verweist in einem gewissen Sinn auf ein stellvertretendes Leiden: Das Auserwählte Volk, die Juden, leidet in der Verbannung für die Sünden der von Gott abgefallenen Väter und der Gottessohn leidet am Kreuz für den ewigen Mord an Abel durch Kain.

Es ist dies eine zweifache Metaphysik des Leidens. Sie gipfelt in einer doppelten Metaphysik der Erlösung. Darin unterscheidet sich also der Zweite Jesaia grundlegend von den zeitgenössischen Religionsstiftern, aber auch von Pythagoras. Bei keinem kommt der Begriff des Leidens als Voraussetzung der Erlösung vor. Bei Buddha findet sich nur die Erlösung *vom* Leiden, aber nicht *durch* Leiden. Erst beim Zweiten Jesaia erhält das Leiden einen religiösen Wert: Es wird selbst zu einer positiven Macht.

Dies scheint nun dem heutigen Physiker völlig fremd. Er wird immer noch vom evolutionistischen Impuls des Fortschritts getragen. Seine eigene Wissenschaft scheint diesen Glauben zu bestätigen.

Und doch ist die Geschichte der Physik ein Zeugnis für die Realität des Leidens. Der Fall Galilei steht für all jene, die durch ihre wissenschaftliche Erkenntnis mit einer Institution in Konflikt geraten. Diese Institutionen sind heute nicht mehr die Kirche: Sie wurde durch das Unrecht an Galilei und dessen Folgen geheilt. Es sind vielmehr zeitgenössische Systeme mit Totalitätsanspruch. Orwells Visionen wurden längst Wirklichkeit. Im Westen gibt es den Fall Oppenheimer, im Osten den Fall Sacharow. Von 1947 bis 1955 wurden nahezu alle heutigen physikalischen Theorien im Namen der Parteilinie in der Sowjetunion verurteilt. Der Bruder des damaligen Präsidenten der Akademie der Wissenschaften, Vavilov, gleichfalls Physiker, starb im Gulag. Die freieste aller Wissenschaften, die Physik, ist auch heute der Todfeind dogmatisch motivierter Institutionen.

Physik hat also sehr wohl mit Leiden zu tun, und zwar nicht per Zufall, sondern wesensmässig. Sie ist allein der Wahrheit verpflichtet und daher laut Geburtszeugnis dem Konflikt ausgeliefert. Auch die Physik hat ihre Märtyrer, deren Leiden die Nachfahren ermutigt.

Dies ist aber nur die eine Seite des Verhältnisses von Physik und Erlösungsglaube. Es gibt noch eine zweite Dimension. Sie betrifft die Forschung an sich. Diese besteht als ständiger Kampf mit dem Noch-nicht-Gewussten, das gewusst werden soll. Es ist eine unsichtbare Front gegen den Erbfeind Unwissenheit. Hinter der Armee der Physiker liegt das gesicherte Land erkannter Wahrheiten. Sie gleichen Festungen, angelegt von den Architekten der Wissenschaft, um der Armee jederzeit eine Zuflucht zu geben. Vor ihr liegt das Dunkel völligen Ungewissheit. Kein Physiker ist Prophet genug, um neue Einsichten vorauszusagen, anderenfalls hätte er sie bereits. Das Morgen kann eine völlig neue Theorie oder einen neuen Experimentalbefund bringen. Keine einzige Theorie wurde meines Wissens prophezeiht, wenngleich rückblickend die Ursprünge der meisten Theorien zu verfolgen sind. Aber vorausblickend sehen wir im Grunde nur Nacht, im Vertrauen auf die Sterne der bewährten Theorien, die uns leiten sollen.

Physikalische Erkenntnis ist also ein Kampf, ist Konflikt und Gefahr. Immer droht das Scheitern. Der Blick in den Abgrund ist dem Physiker wohlbekannt.

So betrachtet hat der pythagoräische Imperativ auch heute seine Berechtigung. Die Sünde des Physikers ist der Irrtum, seine Reinigung die Korrektur seiner Fehler und seine Erlösung die Harmonie mit dem Experiment. Im Grunde steht der Physiker immer dem ganzen Kosmos gegenüber, den er liebt und zugleich fürchtet. Seine Furcht wird nur durch den Glauben an die Harmonie von menschlicher Erkenntnisfähigkeit und mathematischer Struktur des Kosmos besiegt.

Dies würden wohl die meisten Physiker zugeben. Aber Deutero-Jesaia als Lehrer der Erlösung für den Physiker? Ist das nicht Mystik?

Es ist todernste Realität. Hier haben wir die Folgen der Physik zu beherzigen. Das Leiden der Märtyrer unter den Physikern mag für den Einzelnen die Frage nach dem Sinn des Leidens stellen. Für die Gesamtheit der Physiker ist es ein Fremdkörper. Aber dass Physik heute die ganze Menschheit vor die Mündungen der Atomschächte stellt, aus denen jede Minute Tod kommen kann, das kann niemand kaltlassen. Hier hat die Botschaft des Leidenden Gottesknechtes eine unüberhörbare Aktualität. Soll die Menschheit selbst gekreuzigt werden? Im Angesicht dieses kosmischen Untergangs müssen alle Einwände gegen die ethische Dimension der Wissenschaft verstummen.

Von Pythagoras führt also sehr wohl ein Weg über Deutero-Jesaia zur Frage nach dem Sinn jenes Leidens, das die Physiker nicht nur erleiden, sondern selbst Menschen erleiden lassen. Hiroshima und Nagasaki sind Kreuze, von den Physikern für Hunderttausende errichtet, die unter Qualen starben. Da gibt es keine Ausrede, sie hätten nicht gewusst, was sie tun. Jene, die es taten, wussten es wohl, ebenso wie jene, die es verhindern wollten.

Der Physiker ist kein Anachoret im Elfenbeinturm, sondern Mit-Erbauer am Babylonischen Turm, dessen Einsturz die Erde begraben würde. Die Frage nach dem ethischen Ursprung des Leiden-Machens ist nicht mehr abzuweisen. Man mag zum Evangelium heute keine innere Beziehung mehr haben: Die Tatsache, dass die Menschheit gekreuzigt werden kann, hat zum Leidenden Gottesknecht eine direkte Beziehung. Hätten nämlich die Physiker die Bergpredigt ernst genommen, so hätten sie nicht den Hohenpriestern der Macht von heute das Feuer der Sonne in die Hand gegeben.

Hier ist Schuld und wo Schuld ist, da bedarf es der Sühne. Das sind religiöse Kategorien, die das ganze Evangelium durchziehen. Die Menschheit ist dabei, die Worte Sünde und Frevel zu ignorieren. Im Angesicht der möglichen Apokalypse erweisen sie sich jedoch als höchst realitätsbezogen.

Ich sehe den Ursprung dieses Realitätsverlustes in der Verdrängung spezifisch christlicher Kategorien. Pythagoras ja, aber Jesaia nein, so könnte man den allgemeinen Glauben der heutigen Physiker formulieren. Es ist ein gespaltener Glaube. Man kann nicht die Harmonie des Kosmos bejahen und die Augen vor der fürchterlichsten aller Disharmonien der Geschichte verschliessen, dem Kreuz, das heute über der ganzen Menschheit hängt.

Wie keine Wissenschaft zwingt die Physik heute zu einer Antwort auf das menschliche Gewissen. Es wird immer lauter, kein Physiker kann sich ihm entziehen. Was immer auch Physik leistet: Es dient entweder dem Aufbau einer lebenswürdigen Welt oder ihrer Zerstörung. Physik ist in eminentem Mass sowohl auf das Leben als auch auf den Tod angelegt. Sie ist im Freudschen Sprachgebrauch sowohl biophil als auch nekrophil.

Damit erlangt die Physik aber eine religiöse Dimension. Ob man will oder nicht: Wer heute Physik treibt, muss sich entscheiden. Auch wenn man dieser Entscheidung ausweicht, hat man sie durch sein Tun bereits getroffen. In der apokalyptischen Epoche kann sich kein Physiker den Folgen seines Tuns entziehen.

Damit wird keine menschliche Partei ergriffen, sondern die Partei für oder gegen das Leben des Menschen. Dies aber sind Kategorien jenseits aller menschlichen Manipulierbarkeit. Sie reichen direkt in den Bereich göttlicher Gebote. Höchster Wert des Physikers ist also die Harmonie mit dem Gebot Gottes: Diene dem Leben!

Dies aber ist der entscheidende Bruch: Während die Religion den Menschen ändert, will die Physik nur die Welt des Menschen verändern, nicht aber ihn selbst. Sie kann dies auch gar nicht, solange sie sich ihrer letztlich religiösen Voraussetzungen nicht bewusst ist. Ja sie will es heute nicht einmal, weil sie so sehr vom Erfolg trunken wurde, dass sie meint, alle ethischen Fesseln sprengen zu können.

Die religiöse Sinn-Entleerung der heutigen Physik führt zur eigentlichen Umkehrung ihres Verhältnisses zum Leben: Indem sie zunehmend der Vernichtung der Umwelt und des Menschen dient, wird sie möglicherweise aus einer Zukunft-schaffenden zu einer Zukunft-zerstörenden Macht.

Das muss nicht so sein, ja es widerspricht der Genesis und den Voraussetzungen der Physik. Aber es wurde heute so, weil die Physiker ihre eigene Herkunft verleugnen. Eine nur noch materialistisch verstandene und auch so handelnde Physiker-Generation macht ihre eigene Wissenschaft damit aus einer biophilen zu einer nekrophilen Macht.

Es gibt nur einen Weg, diese Perversion zu stoppen, nämlich die Umkehr des Menschen. Erst wenn die Physiker sich auf ihre Ursprünge und Voraussetzungen besinnen, werden sie imstande sein, wieder dem Leben zu dienen.

Gott selbst hat mir ein untrügliches Wissen der Dinge verliehen,
so dass ich den Bau des Weltalls und das Wirken der Elemente verstehe,
Anfang, Ende und Mitte der Zeiten . . .
Alles, was es nur Verborgenes und Sichtbares gibt, erkannte ich.
Denn die Werkmeisterin aller Dinge, die Weisheit, lehrte es mich.

Weisheit Salomos 7.17-22

7. Kapitel
Newton und die Gebote des Physikers

Isaac Newton (1643–1727) erfüllte das Programm Galileis: Er sah das Buch der Natur in mathematischen Zeichen geschrieben, und er schrieb es noch einmal in einer für den Mathematiker verstehbaren Sprache. Damit wurde er zum eigentlichen Begründer der theoretischen Physik. Theorie – das wird fortan mathematisch formulierte Physik sein. Damit versuchte Newton eine ebenso strenge Wissenschaft zu begründen, wie sie Euklid für die Geometrie geschaffen hatte. Fortan macht also die Physik die Vernunft zur Lehrmeisterin der Natur.

Und dies in einem doppelten Sinn: Einmal soll die mathematische Vernunft die eigentliche Zuchtmeisterin des Physikers sein, der er sich bei jedem Schritt zu unterwerfen hat und die ihn bei jedem Fehltritt unbarmherzig bestraft. Zum anderen aber ist sie in Erfüllung von Galileis Glauben sein guter Stern, der ihn zu ungeahnten Erkenntnissen leitet, und dies aus dem einfachen Grunde, weil sie der Natur selbst ihren Weg weist.

Damit aber setzt sich die Physik sofort in Widerspruch zu allen Lehren, die sich nicht an die mathematische Vernunft als höchste, ja appellationslose Instanz wenden: Mögen sie nun Metaphysik, Ontologie, Mythologie oder Existenzphilosophie heissen – sie alle werden vor dem hohen Gericht der mathematischen Vernunft verstummen. Ja selbst die ehrwürdigsten Institutionen der Menschheit: Kirche und Staat, haben sich ihrem Urteilsspruch zu beugen.

Wir sprechen nicht von modernen Ideologien, die eigens von wohlbekannten Personen ersonnen wurden, um deren Herrschaft moralisch zu rechtfertigen. Sie können nicht einmal das Alter einer Lehre oder die Ehrfurcht vor dem Geheimnis in Anspruch nehmen, so durchsichtig sind ihre Entstehung und ihr Zweck.

Newtons Zeitgenossen haben dies wohl verstanden. Sie kehrten den schändlichen Prozess Galilei gegen dessen eigene Richter um. Auf die Anklagebank wurde zwar nicht die Religion, wohl aber eine Metaphysik gesetzt, die sich anmasst, Richtschnur aller Dinge zu sein. So schreibt Cotes in der zweiten Ausgabe von Newtons Hauptwerk «Philosophiae Naturalis Principia Mathematica», es gebe drei Klassen von Menschen, die sich mit Physik befassen. Die auf Aristoteles fussenden Scholastiker «schreiben einzelnen Arten von Dingen spezifische und verborgene Eigenschaften zu, von denen alsdann die Operationen der einzelnen Körper aus einer gewissen unbekannten Ursache abhängen sollten ... Sie behaupten, dass die einzelnen Wirkungen aus der Natur der Körper entspringen; woher aber diese Natur rühre, lehrten sie nicht; sie lehrten daher nichts. Da sie sich durchaus bei dem Namen der Dinge, nicht bei den Dingen selbst aufhalten, kann man sagen, dass sie eine gewisse philosophische Sprechweise erfunden, nicht aber, dass sie Philosophie gelehrt haben».[1]

Cotes spricht von einem unnützen Mischmasch von Worten. Aber auch die zweite Klasse entwirft nur «elegante und schöne Fabeln». Sie lehrt nämlich, dass es eine allgemeine homogene Materie gibt und «alle den begrenzten Körpern eigentümlichen verschiedenen Formationen» aus den höchst einfachen Beziehungen der sie zusammensetzenden Teilchen entspringen. Gemeint sind offenkundig die Atomisten.

Als dritte Art von Physikern nennt Cotes nun die «Experimental-Physiker». Er meint damit jedoch nicht die eigentlichen Experimentierer, sondern die theoretischen Physiker: «Diese wollen zwar aus den möglichst einfachen Prinzipien die Ursachen aller Dinge ableiten, allein als Prinzip nehmen sie etwas an, was noch nicht durch die Erscheinungen sich gezeigt hat. Hypothesen werden ersonnen, jedoch nehmen sie sie nur als Fragen, über deren Wahrheit geurteilt werden soll, in die Physik auf.»[2]

Der Physiker ist also nicht einfacher Beobachter, sondern er sucht unabhängig von aller Erfahrung jene letzten Gesetze der Natur, aus denen sich alle Erfahrung notwendig ergibt.

Dies ist in der Tat eine völlig neue Philosophie: Philosophie ist es, weil sie die Erfahrung transzendiert und sich nicht mit dem experimentellen Befund begnügt. Anderenfalls wäre die Physik ja eine Art von Beschreibung der Natur, also Morphologie und nicht theoretische Wissenschaft. Im Gegensatz zur bisherigen Metaphysik sucht sie die letzten Gesetze jedoch nicht in verborgenen Eigenschaften wie die Scholastiker, sondern in durchsichtigen mathematischen Strukturen.

Andererseits unterwirft sie diese, die ja freie Findungen der Vernunft sind, stets dem Appellationsgericht der Erfahrung. Cotes: «Sie verfahren daher nach einer zweifachen Methode, der analytischen und synthetischen. Die Kräfte der Natur und ihre einfachen Gesetze leiten sie aus einigen ausgewählten Erscheinungen mittels der Analysis ab und legen die ersteren mittels der Synthesis als Beschaffenheit der übrigen Erscheinungen dar.»[3]

Dies ist in der Tat die kürzeste Fassung der Methode des Theoretikers. Ihr liegt ein durchaus nicht selbstverständliches System von Glaubenssätzen zugrunde, nämlich:

I. Die Natur wird von Kräften beherrscht
II. Die Kräfte werden von Gesetzen regiert
III. Diese Gesetze sind einfach.
IV. Alle Erscheinungen der Natur hängen zusammen: Die Natur bildet eine Einheit.
V. Es gibt gewisse Erscheinungen, die für eine umfassende Klasse anderer Erscheinungen exemplarisch sind.
VI. Der menschliche Verstand ist imstande, diese Erscheinungen aus einer umfassenden Klasse von Erscheinungen auszusondern.
VII. Er ist imstande, aus diesen exemplarischen Erscheinungen durch Analyse die Kräfte und Gesetze der Natur abzuleiten.
VIII. Die menschliche Vernunft ist imstande, durch Synthese eine umfassende Klasse von Erscheinungen als Folge der so ermittelten Prinzipien zu verstehen.

Als klassisches Beispiel dieser Methode führt Cotes die von Newton entdeckte Gravitation an. In der Tat lässt sich diese keineswegs analytisch aus der Beobachtung gewinnen, wenngleich die Analyse der Aufstellung des Gravitationsgesetzes vorangeht. Sie stellt vielmehr eine Hypothese dar. Diese erklärt einerseits die spezielle analysierte Beobachtung, z.B. die von Galilei gemessenen Zeiten für den Fall schwerer Körper auf der schiefen Ebene. Ihnen liegt ein allgemeines Gesetz zugrunde.

Aber Newton tat nach diesem ersten Schritt, der in sich eine der grössten Leistungen des menschlichen Geistes darstellt, sogleich den zweiten und noch genialeren: Er verallgemeinerte die für den speziellen Fall gefundene Ursache auf das ganze Universum. Cotes spricht von einer «mit Glück aus dem Gesetz der Schwere abgeleiteten Erklärung des Weltsystems». Hier war Newton für alle Zeiten, was ihn zu *Newton* machte, nämlich der Erste: «Dass die Kraft der Schwere allen Körpern innewohne, hatten die einen vermutet, die andern gedacht; er aber, als der Erste und Einzige vermochte es, ihr Dasein mittels der Erscheinungen zu erweisen und ihr durch ausgezeichnete Spekulationen eine feste Grundlage aufzubauen».[4]

Von Newton gehen zwei entscheidende Gedankenströme aus, die das ganze neuzeitliche Denken beeinflussen. Ihre Namen sind durch die Mechanik einerseits und Kant andererseits festgelegt.

Die begriffliche Transparenz der Mechanik macht sie auch heute zur Grundlage unseres physikalischen Denkens. Natürlich wollen wir die Welt nicht mehr nach allein mechanischen Gesetzen erklären, wie dies im 19. Jahrhundert versucht wurde und an den Erscheinungen der Elektrodynamik versagte. Aber auch die Atomphysik ist bei aller Verschiedenheit von der klassischen Physik ja doch Quanten-«Mechanik», indem sie die Grundbegriffe der Newtonschen Mechanik in veränderter Form weiter übernimmt. Dies hängt mit einer Grundgegebenheit der menschlichen Erkenntnis zusammen, auf die hinzuweisen Bohr nicht müde wurde: Dass nämlich alles menschliche Erkennen der Natur letztlich auf unsere Sinnesorgane angewiesen ist; diese aber nehmen nur einen bestimmten grössenmässig bestimmten Ausschnitt der Wirklichkeit wahr. Dieser wiederum wird weitgehend von den Gesetzen der Newtonschen Mechanik beherrscht.

Noch heute ist diese Mechanik für uns eine heile Welt, in der alles geordnet und geklärt scheint. Sie ist sozusagen das verlorene Paradies des Physikers, eine zutiefst menschliche Physik, weil auf den Verstand und die Sinnesorgane des Menschen zugeschnitten. Erstmalig in der Geschichte schuf Newton ein geschlossenes System aus wenigen Grundbegriffen und Axiomen. Es lieferte mithilfe strenger mathematischer Ableitungen eine nachprüfbare Beschreibung und zugleich Erklärung von Vorgängen, und zwar beginnend mit den damals bekannten kleinsten Körpern bis hinauf zu den Sternen. Durch die Gravitation als Grundkraft des Universums konnte Newton die Keplerschen Gesetze nicht nur ableiten, sondern auch begründen, also erklären. Er leistete damit, was jede Wissenschaft von der Physik bis zur Geschichtswissenschaft als höchstes Ziel abstrebt: Nämlich die Gründe für ein Ereignis aufzuweisen und damit neue Ereignisse vorauszusagen, sofern sie sich aus den gleichen Gründen ergeben.

Als Erster erkannte Newton nämlich, dass alle Körper sich gegenseitig proportional dem Produkt ihrer schweren Massen und umgekehrt proportional dem Quadrat ihres Abstandes anziehen. Die Erde zieht also nicht nur den fallenden Meteor an, der aus dem Weltall in ihren Anziehungsbereich gerät, sondern dieser auch die Erde. Newton stellte diesen Zusammenhang in einer der schönsten und zugleich einfachsten aller physikalischen Gleichungen dar:

$$K = G \frac{m_1 \cdot m_2}{r^2}$$

Die Gravitation ist für Newton jedoch nur ein Sonderfall der Kraft schlechthin. Er entkleidet diesen Begriff aller okkulten bzw. anthropomorphen Mystik, wie sie dem Kraftbegriff noch in der Renaissance anhaftet. Kraft wird jetzt mathematisch definiert als träge Masse mal Beschleunigung.

Gerade hier erkennen wir, dass jeder Körper einen Widerstand entwikkelt, wenn wir ihn aus dem Zustand der Ruhe in jenen der Bewegung überführen, also beschleunigen (man denke nur an die Beschleunigung unseres Autos von Null auf 100 km/h in soundsoviel Sekunden). Synthetisch ersinnen wir eine Ursache, die diesen Widerstand überwindet und die Beschleunigung herbeiführt. Wir nennen sie Kraft.

In einem zweiten Schritt der Synthese behaupten wir nun, dass jede Beschleunigung auf eine Kraft zurückgeht und diese desto grösser sein muss, je grösser die Masse des Körpers und dessen Beschleunigung ist. Beim Auto messen wir diese Kraft ja indirekt an der verbrauchten Benzinmenge, die wir zu Recht als Kraft-Stoff bezeichnen.

Der Siegeszug des mechanischen Denkens gründet sich einerseits auf die logische Transparenz der Newtonschen Mechanik, andererseits auf deren nahezu universalen Geltungsbereich. Die wichtigsten Erscheinungen des täglichen Lebens, einschliesslich eines Grossteils der Technik, folgen ihr. Am schlagendsten waren jedoch die Erfolge in der Himmelsmechanik. Hier lassen sich aus der Gravitation nicht nur die Bewegungen der Planeten, sondern auch die der Galaxien ableiten.

Noch mehr: Heutige Hypothesen über die Sternentstehung gehen von der Annahme einer durch Gravitation sich zusammenballenden prästellaren Gas- und Staubwolke aus, die schliesslich eine Dichte erreicht, wo es zur Infrarot-Strahlung kommt. Bei noch grösserer Dichte wird der erste thermo-nukleare Blitz gezündet und das System verwandelt sich in einen leuchtenden Stern. Damit wird – was Newton nicht wissen konnte – nicht nur die Struktur der Sternsysteme, sondern auch ihre Genesis erklärt.

Ein von den USA, Holland und England im Januar 1983 in Betrieb genommener Infrarot-Satellit (IRAS) entdeckte so in der Wolke Barnard 5 mindestens fünf Sterngeburten und in der Wolke Lynds 1642 zwei Sterngeburten.

IRAS entdeckte zudem, dass die Galaxien NGC 1888 und NGC 1898 eine extrem hohe Infrarot-Strahlung aufweisen. Möglicherweise hängt diese mit der Gravitations-Wechselwirkung zusammen, so dass die Sterngeburt sowohl direkt als auch indirekt über die Gravitation erfolgt. Auch andere Galaxien, wie der Andromeda-Nebel, zeigen eine intensive Infrarot-Strahlung; dort finden also möglicherweise ebenfalls Sterngeburten statt.[5]

Newton entdeckte damit jene universale Ur-Kraft, die das gesamte All ausnahmslos beherrscht. Er brachte schlagartig Ordnung in das Chaos der Erscheinungen. Der Himmel, von den Aristotelikern als jenseits aller irdischen Dinge liegende Überwelt beansprucht, unterlag einem denkbar einfachen Gesetz, und zwar dem gleichen, nach dem auch ein Apfel zur Erde fällt – was der Legende nach Newton zur Annahme der Gravitation führte. Es war, als hätte der Mensch erstmals einen Blick in die Werkstatt Gottes getan.

Aber nicht die Grösse der Vision allein verbürgte den Siegeszug der neuen Theorie. Sie erlaubte, aus wenigen Parametern wie Ort, Geschwindigkeit und Abstand von Himmelskörpern ihre Vergangenheit und Zukunft zu berechnen. Die Vision wurde zur Grundlage der Technik astronomischer Kalküle. Die Kraft wird damit zum beherrschenden Faktor der irdischen und kosmischen Prognostik.

Dies wiederum führte zu einer philosophischen Konsequenz von enormer Tragweite. Können wir nämlich aus wenigen Grundannahmen nach dem Newtonschen Gesetz die Bahnen der Himmelskörper berechnen, so wird die Welt zur Maschine, die nach mechanischen Normen abläuft. Das Universum enthält dann keinen Raum mehr für die Freiheit oder Spontaneität.

Die logische Folge: Gott hat keine Möglichkeit, in den Ablauf der Welt einzugreifen. Er wird höchstens als Konstrukteur der Welt geduldet, als eine Art himmlischer Uhrmacher, der die Welt ein für allemal in Gang brachte, ohne sich weiter um ihren Lauf kümmern zu können. Gott nimmt sich gewissermassen durch die freie Schöpfung dieser Welt wieder seine eigene Freiheit.

Auf jeden Fall bleibt in dieser Maschinen-Welt keine Spur für die freie Entscheidung des Menschen mehr übrig. Der Mensch selbst wird zur Maschine, wie schon Descartes für den tierischen Organismus annahm und der Enzyklopädist Julien Offray de Lamettrie in seinem Buch «L'homme machine» formulierte. Hier liegt auch die Wurzel für Einsteins tiefen Glauben an den Determinismus, und zwar nicht nur im Reich der Physik sondern auch der Ethik und Religion.

Noch heute findet man die Konsequenz dieses Denkens in so verschiedenen Denkweisen wieder, wie sie die Kybernetik und der Behaviorismus einerseits und der Marxismus andererseits darstellen. Kurz: Die ganze Moderne ist von den philosophischen Folgen der Newtonschen Mechanik geprägt. Sie ist mit einem Wort deterministisch und nicht freiheitlich gesonnen. Je mehr sie von Freiheit spricht, desto mehr verfällt sie dem Glauben an die materielle Vorherbestimmung des Menschen.

Den klassischen Ausdruck fand dieses in letzter Konsequenz atheistische Denken der Mechanik in der Antwort des französischen Mathematikers und Astronomen Laplace an Napoleon, als dieser fragte, ob Laplace mit seinem Fernrohr Gott gefunden habe: «Sire, ich bedarf dieser Hypothese nicht».

Newton befreite also einerseits den menschlichen Geist von der Ohnmacht gegenüber dem Geheimnis der Naturkräfte. Dieses Wissen bedeutete zugleich Macht über die Natur, die für den magischen Menschen noch dessen absoluter Herr war und daher Anbetung und Opfer verlangte. Newton brachte den endgütligen Bruch zwischen dem magischen Weltbild der Ur-Zeit und dem aufgeklärten, will sagen: geklärten Denken der Moderne.

Andererseits ist damit eine folgenschwere Verarmung des Menschen verbunden. Nicht nur macht er die Natur in einer grenzüberschreitenden Verallgemeinerung des Newtonschen Denkens zur Maschine. Er macht sich selbst zur Maschine und vertauscht sein Herz durch ein Maschinenherz. Despotie im Osten und Profitgier im Westen sind die ethischen

Folgen. Sein Leib, ja sein Schicksal wird zum Bündel vorherbestimmter Faktoren, und zwar materieller, und er selbst als Persönlichkeit zum Schein.

Hier gibt es Anklänge an die Lehre des Buddhismus. Danach sind wir nur ein Bündel von Daseinsfaktoren sogenannten Dharmas, und unser Ich-Bewusstsein, also auch unsere Leidensfähigkeit, ist Illusion.

Aber welch ein Unterschied: Während Buddha den Menschen durch diese Lehre vom Leiden erlösen will, führt sie als mechanischer Determinismus im Westen zur Entpersönlichung und Vermassung des Einzelnen, sei es als Glied westlicher Massengesellschaft oder östlicher Diktatur. In beiden Fällen wird der Einzelne, sofern er nicht zu den wenigen Herrschenden zählt, zum Objekt erniedrigt.

Indem der Mensch durch die Kenntnis der kosmischen Gesetze sich also einerseits selbst zum Gott über die Natur erhebt, erniedrigt er sich durch die Annahme eines universalen Determinismus zur Maschine. Statt zum Gott zu werden, stürzt er in Sklaverei.

Man muss diese ungeheure Paradoxie sehen, um Newtons Grösse und Wirkungen zu erkennen. Nicht nur die Religion ist mit Kierkegaard ein einziges Paradox, sondern auch die Geschichte der Wissenschaft, ja des Menschen. Denn es war Newton, der wie kein anderer Wissenschaftler sein ganzes wissenschaftliches Denken aus der Liebe zu Gott ableitete! Wie konnte er, der sogar den Raum als «Sinnesorgan» Gottes verstand und gegen Ende seines Lebens eine Auslegung der Apokalypse veröffentlichte, in letzter Konsequenz zum Mörder an der Idee Gottes werden?

Hier gilt es, genau zu sein, um die ganze Tragik der Entdeckung Newtons bewusst zu machen. Kepler und Galilei sind als Personen tragische Gestalten der Weltgeschichte. Newtons Mechanik aber wurde zur tragischen Wissenschaft, denn ihre Ursprünge widerlegen ihre Folgen.

Dies gilt in einer dreifachen Weise, die zugleich durch drei Ebenen der Theorienbildung Newtons dargestellt wird:

1. Durch Newtons Methode
2. durch die geschichtlichen Ursprünge von Newtons Grundbegriffen
3. durch die der Mechanik Newtons innewohnenden Voraussetzungen.

Newton formuliert seine methodischen «Regeln zur Erforschung der Natur» am Anfang des 3. Buches der «Principia», worin er vom Weltsystem spricht. Es sind dies 4 Regeln. Dabei formuliere ich zu jeder Regel den unausgesprochenen Glauben Newtons, ohne den die betreffende Regel nicht zu einer fruchtbaren Theorie führen würde.

Regel I:
An Ursachen zur Erklärung natürlicher Dinge nicht mehr zuzu-

lassen, als wahr sind und zur Erklärung jener Erscheinungen ausreichen.

Newton fügt folgenden Kommentar hinzu: «Die Physiker sagen: Die Natur tut nichts vergebens, und vergeblich ist dasjenige, was durch vieles geschieht und durch weniger ausgeführt werden kann. Die Natur ist nämlich einfach und schwelgt nicht in überflüssigen Ursachen der Dinge».[6]

Wir sehen sofort, dass nichts von alledem der Erfahrung entnommen werden kann. Alles Gesagte ist reiner Akt des freien und schöpferischen Geistes. Die Voraussetzungen der Newtonschen Mechanik sind also ihrerseits weder mechanischer noch allgemein materieller Art. Sie demonstrieren eindrücklich, was ein mechanistisches Weltbild zu widerlegen wähnt, nämlich die Macht des Geistes.[7] Indem Newton diese Regeln formuliert, setzt er den allgemeinen Glauben voraus:

> Glaube I.1:
> Der menschliche Geist ist imstande, seinem eigenen Tun frei ersonnene Regeln vorzuschreiben, die jedoch für eben dieses Tun notwendig sind. Diese Notwendigkeit erweist sich jedenfalls erst nachträglich am Erfolg dieses Tuns.
> Glaube I.2:
> Es gibt wahre Ursachen der Erscheinungen der Natur.

Dies ist der Glaube an eine durchgehende Kausalität in der Natur. Er ist alles andere als selbstverständlich, sondern setzt eine hohe philosophische Verantwortung voraus. Insbesondere wissen wir aus der Quantenmechanik, dass diese Art von Mechanik keine Kausalität im Sinne der Newtonschen Mechanik kennt.[8] Philosphisch befrachtet ist auch der Terminus «wahre Ursache». Newtons Regel liegt der Glaube zugrunde:

> Glaube I.3:
> Es gibt wahre und scheinbare Ursachen. Die letzteren rühren aus der menschlichen Wahrnehmung und/oder dem Denken. Die ersteren sind aussermenschlicher Natur.

Newton macht also den metaphysischen Schnitt zwischen einer subjektiven und objektiven Welt. Wie folgenschwer dieser ist, zeigt die ganze Geschichte der Philosophie von Sokrates bis Kant. Für die Philosophie der Hindus bildet die Scheinwelt den Schleier der Maya, für die buddhistische die Daseinsfaktoren, die den Schein individueller Dinge und Personen hervorrufen.

Die moderne Physik demonstriert uns, dass die gesamte physikalische Wirklichkeit, wie sie von unseren Sinnen erlebt wird, Schein ist: In Wahrheit bestehen die Körper aus unvorstellbar kleinen Atomen und diese wiederum aus Elementarteilchen, deren Verhalten überhaupt nicht mechanisch beschrieben werden kann. Über Quarks, Gluonen und möglicherweise noch kleinere Teile der Elementarteilchen können wir nur noch in Gleichungen und abstrakten Begriffen sprechen.

Den klassischen Fall einer Scheinwelt bildet das geozentrische Weltbild, das die Bewegung der Erde leugnet. Es bedurfte einer ausserordentlichen gedanklichen Anstrengung, um hier den Schein als solchen zu erkennen.

So besehen bildet die ganze Geschichte der Physik eine Geschichte der Überwindung des Scheins zugunsten von immer weniger Schein und immer grösserem Sein im Sinne der wahren Verhaltensweisen der natürlichen Wesenheiten. Dies aber setzt den eminent metaphysischen Glauben voraus:

> Glaube I.4:
> Es existiert ein wahres Verhalten der Natur als möglicherweise unerreichbarer Grenzfall der Erkenntnis, der jedoch in fortschreitender Näherung erkannt werden kann.
> Glaube I.5:
> Die Natur ist einfach.

Dies ist ein Glaubenssatz von unabsehbarer Tragweite. Niemals verbürgt ihn irgendeine Erfahrung oder auch nur die Struktur des menschlichen Denkens. Er ruht vielmehr ganz und gar in einer letztlich religiösen Vorstellung. Sie enthält den Glauben:

> Glaube I.6:
> Die Natur ist aus einem einzigen Guss gebaut.

Dies wiederum setzt unvermeidlich den Glauben an einen über der Natur stehenden Schöpfer voraus:

> Glaube I.7:
> Die Einheit der Natur folgt aus der Einzigkeit ihres Schöpfers.

Damit wird der Glaube an den Einen Gott (Monotheismus) zur Bedingung der menschlichen Erkenntnis. Denn es gilt:

> Glaube I.8:
> Die Natur ist so eingerichtet, dass ein Minimum an Voraussetzungen bzw. Ursachen ein Maximum an Folgen bzw. Wirkungen hervorbringt.

Beispiele: Die Newtonsche Mechanik enthält ein Minimum an Begriffen, Axiomen und Lehrsätzen. Aus ihnen folgt nahezu das ganze Gebäude der Welt, wenn man von den nichtmechanischen Theorien absieht. Insbesondere enthält die Theorie der Gravitation jene universale Kraft, die sowohl den Apfel auf die Erde fallen lässt als auch die Erde zusammenhält, die Erde sich um die Sonne drehen lässt und letztlich für die Existenz aller Himmelskörper verantwortlich ist. Eine noch einfachere Struktur des Universums ist nicht zu ersinnen.

Ein zweites Beispiel liefert die Quantenmechanik. Obwohl uns die Gesetze begrifflich und mathematisch nicht einfach scheinen, so sind sie es, hat man sie erst einmal durchschaut. Aus einem Minimum an Voraussetzungen wird hier die ganze Welt der Atome und ihrer Verbindungen zu den chemischen Strukturen aufgebaut. Gott konnte die Welt der Atome nicht einfacher ersinnen.

Fassen wir die Grundgesetze der Physik zusammen: die Erhaltung der Energie, die Euklidische Geometrie als Basis der Newtonschen Mechanik, die vierdimensionale Geometrie von Einstein-Minkowski als Grundlage der Relativität, die Geometrie des gekrümmten Raums als Basis der Gravitation und die unendlich-dimensionale Geometrie des Hilbert-Raums als Basis der Quantenmechanik. Hier finden wir ein Minimum an Basiswahrheiten, um das ganze Universum vom Elektron bis zu den Galaxien zu erklären. Mach spricht von «Denkökonomie»[9].

Er verschweigt indes, dass diese Ökonomie nur durch ein aussermenschliches Minimum an Strukturen der Natur erklärt werden kann.

Damit gewinnen wir einen weiteren Glaubenssatz:

> Glaube I.9:
> Allein die Existenz eines Minimums an Grundstrukturen der Natur erlaubt dem Menschen, mit einem Minimum an Voraussetzungen die Natur zu erkennen.

Ich gehe noch einen letzten Schritt weiter: Wäre nämlich die Natur unendlich komplex, so wäre jede Erkenntnis durch einen endlichen Geist unmöglich. Nur ein unendlicher Geist, also Gott, könnte dann Physik treiben. Dass überhaupt Physik als menschliche Wissenschaft möglich ist, verdanken wir der Wahrheit folgenden Glaubens:

> Glaube I.10:
> Gott richtet die Natur so ein, dass der Mensch sie begreifen kann.

Dies wiederum enthält einen fundamentalen Glauben des Judentums und Christentums, wie er sich in keiner anderen Religion in dieser Aktualität findet:

> Glaube I.11:
> Gott schuf die Welt für den Menschen.

Mensch und Natur bilden also eine doppelte Einheit: Einmal als gemeinsames Substrat (Atome und Elementarteilchen), zum anderen als Korrespondenz von Erkenntnis und Gegenstand. Beide sind aufeinander zugeordnet. Dies ist ein Verhältnis vom Ich zum Du. Die Natur ist das Du des Menschen, kein abstraktes, unerreichbares Es, sondern zusammen mit dem Menschen ein dialogisches Wir. Ich nenne dies den kosmosophischen Eros.

In der Tat hat das Wort «Erkennen» im althebräischen Sinn die Bedeutung von liebender Vereinigung zwischen Mann und Frau, also von schöpferischer Zeugung. «Und Adam erkannte sein Weib Heua», heisst es in der Übersetzung Luthers[10].

Luther schreibt «Heua» statt dem späteren «Eva» und erklärt «Heua» als «Leben». Mit dem Erkennen ist also in einem zweifachen Sinn ein schöpferischer Akt verbunden: Einmal ist die Frau Ausdruck des Lebens im allerweitesten Sinn, also auch der Natur. Zum anderen ist die Liebe ein Verstehen dieses Lebens und zugleich das Hervorbringen neuen Lebens.

Genau dies ist aber ein Symbol für das Tun des Physikers: Nur durch einen Akt schöpferischer Liebe vermag er die Natur zu verstehen, indem er sich völlig mit ihr vereinigt, ja die Natur, die er sucht, erst eigentlich wird. In diesem Sinn heisst «Verstehen» «Vereinigung», wie es das altindische Wort ausdrückt: «Tat tvam asi, das bist du», gesprochen zu allen Dingen der Welt.

Newtons 2. Regel ergibt sich folgerichtig aus dem Glauben I.10:

> Regel II:
> Man muss daher, soweit es angeht, gleichartigen Wirkungen dieselben Ursachen zuschreiben.

Newton führt als Beispiele den Atmungsvorgang von Mensch und Tier, den Fall der Körper auf verschiedenen Kontinenten und die Natur des Lichts im Feuer und auf der Sonne an. Kurz, er behauptet die Einheit der Erscheinungen als Folge der Einheit ihrer Ursachen. Dies aber enthält folgenden Glaubenssatz:

> Glaube II.1:
> Die Natur ist homogen.

Das scheint zunächst abstrakt, birgt aber die weitestreichenden Folgen. Am 13. Juni 1983 verliess die amerikanische Raumsonde Pioneer 10 das Sonnensystem. Die einfache Tatsache, dass die am 3.3.1972 gestartete Sonde noch 1983 funktionierte und bis Juni 1983 insgesamt 126 Milliarden Informationsbits zur Erde sandte und fast 100000 Befehle erhielt, demonstriert eindrücklich die Einheit unserer Welt. Anderenfalls wäre unsere Apparatur in so ungeheuren Entfernungen unbrauchbar.

Beim Verlassen des Sonnensystems war Pioneer 10 ca. 4,8 Milliarden km von der Erde entfernt. Diese Entfernung hat aber nicht den mindesten Einfluss auf die Gesetze, denen Pioneer 10 unterliegt. Im Jahr 34143 wird die Sonde erstmals die Nähe eines Sterns erreichen, nämlich mit 3,27 Lichtjahren Entfernung an Ross 248 vorbeifliegen[11].

Woher wissen wir dies? Weil wir glauben, dass die universalen Gesetze der Gravitation und Mechanik die Bahn von Pioneer 10 ein für allemal festlegen, und wären es Millionen von Jahren, solange er nicht durch den Zusammenstoss mit einem kosmischen Objekt zerstört wird.

Diese Homogenität des Universums in Bezug auf die Geltung der Naturgesetze ist alles andere als selbstverständlich. Sie ergibt sich aus der geometrischen Struktur von Raum und Zeit, wie sie erst in der speziellen und allgemeinen Relativitätstheorie in vollem Umfang erkannt wurde. Sie ist also eminent abstrakter Natur und lässt sich nur durch eine mathematische Anstrengung verstehen und in ihren Konsequenzen darstellen. Dort wird auch das von Newton angesprochene Kausalitätsproblem völlig neu formuliert, ja im Grunde erstmals verstanden.

Wir können daher als weiteren Glaubenssatz formulieren:

> Glaube II.2:
> Die Homogenität des Universums, definiert als Universalität der Grundgesetze der Natur, erlaubt uns, von gleichen Wirkungen immer und überall auf gleiche Ursachen zu schliessen.

Folge: Auch Millionen von Jahren nach dem Verlassen des Sonnensystems unterliegt Pioneer 10 den gleichen Naturgesetzen wie bei seinem Start. Die Naturgesetze sind also sowohl vom Raum als auch von der Zeit unabhängig.

Die Paradoxie ist nun, dass dafür nach der Relativitätstheorie die Natur von Raum und Zeit selbst verantwortlich ist. Dies aber setzt den noch tieferen Glaubenssatz voraus:

> Glaube II.3:
> Gott schuf den Raum als Möglichkeitsbedingung für die örtliche Verschiedenheit der physischen Wesenheiten und die Zeit als Möglichkeitsbedingung für die zeitliche Verschiedenheit der Ereignisse. Die Natur von Raum und Zeit wurde andererseits aber so geschaffen, dass sie die Nicht-Verschiedenheit, nämlich die Gleichheit der Naturgesetze über alle Räume und Zeiten hinweg verbürgt.

Wir haben hier eine der fundamentalen Paradoxien der Natur. Sie löst sich jedoch, wenn wir die geometrischen Grundlagen des soeben formulierten Glaubens an die Einheit der Naturgesetze kennenlernen.*

Newtons 3. Regel bezieht sich gleichfalls auf die Einheit der Natur, und zwar in Bezug auf die einheitlichen Eigenschaften aller Körper. Dies ist eine sehr spezielle Einheit, die aber dem Denksystem der Mechanik eigentümlich ist.

> Regel III:
> Diejenigen Eigenschaften der Körper, welche weder verstärkt noch vermindert werden können und welche allen Körpern zukommen, an denen man Versuche anstellen kann, muss man für Eigenschaften aller Körper halten.

Als Beispiele führt Newton Ausdehnung, Härte, Undurchdringlichkeit,

* Siehe Kapitel 12 und 13.

Beweglichkeit und Trägheitskraft an. Hingegen hält er eine unendliche Teilbarkeit für ungewiss. Was noch schwerer wiegt, er behauptet nicht, dass die von ihm entdeckte Schwerkraft «den Körpern wesentlich zukomme».

Hier haben wir es nun mit einer speziellen Art des physikalischen Glaubens zu tun, die nicht philosophischer oder gar religiöser Natur ist. Die genannten Eigenschaften erwiesen sich nämlich im Angesicht der heutigen Physik als problembehaftet. Jedenfalls müssen sie gegenüber ihrem Gebrauch in der Mechanik korrigiert und erweitert werden. So sprechen wir heute etwa von folgenden Kennzeichen (statt Eigenschaften) der Elementarteilchen: Lebensdauer, Ruhmasse, Ladung, Spin, magnetisches Moment. Die von Newton aufgeführte Trägheit geht dabei in die Ruhmasse ein; die Ausdehnung wird ein Kennzeichen für Wechselwirkungen; Härte und Undurchdringlichkeit verlieren praktisch ihre Bedeutung, nachdem sich Teilchenwellen überlagern können, und die Beweglichkeit nimmt angesichts der Bewegung von Teilchen auch bei Erreichen des absoluten Temperaturminimums eine neue Deutung an (Nullpunktsenergie). Die Schwingungsenergie eines Moleküls wird nämlich auch beim absoluten Nullpunkt der Temperatur nicht Null: Es kann niemals seine ganze Energie abgeben, um in den Zustand absoluter Unbeweglichkeit überzugehen. Dieses Gesetz vermag die Newtonsche Mechanik nicht zu erklären; es wird erst durch die Quantenmechanik verständlich.

Newtons unausgesprochener Schluss von der Einheit der Natur auf die Universalität bestimmter beobachtbarer Eigenschaften war also problematisch. Wir haben hier den Typus eines Glaubens, der sich nicht als Bedingung der Physik, sondern als eine zusätzliche Hypothese herausstellt, obgleich er von der Tradition lange als Bedingung angesehen wurde. Er gilt vielmehr – und dies nur in Grenzen – für einen bestimmten Bereich der menschlichen Erfahrung und muss bei Erweiterung dieses Bereichs korrigiert werden. Den klassischen Fall liefern Relativitätstheorie und Quantenmechanik, die beide das spezifische Glaubensgebäude der Newtonschen Mechanik korrigieren.

Das Wort «Glaube» muss also in Bezug auf die Physik in einer doppelten Bedeutung genommen werden: Einmal als unerlässliche Voraussetzung für die Möglichkeit einer Theorie und zum zweiten als nicht-notwendiger und daher der Korrektur fähiger Inhalt dieser Theorie. Ich werde demgemäss das Wort nur in seiner ersten Bedeutung als «Glaube» bezeichnen, in seiner zweiten als «Hypothese». Insofern ist die von Newton formulierte Regel III eine Hypothese und keine Regel: Der Schluss von den damals beobachtbaren Körpern auf alle physischen Wesenheiten war nicht richtig.

Dies ist genau besehen der Inhalt von

Regel IV:
In der Experimentalphysik muss man die aus den Erscheinungen

> durch Induktion erschlossenen Sätze, wenn nicht entgegengesetzte Voraussetzungen vorhanden sind, entweder genau oder sehr nahe für wahr halten, bis andere Erscheinungen eintreten, durch welche sie entweder grössere Genauigkeit erlangen oder Ausnahmen unterworfen werden.

Dies ist nun eine echte Regel, die wiederum weitreichende Glaubenssätze voraussetzt, nämlich:

> Glaube IV.1:
> Die wissenschaftliche Wahrheit ist ein Grenzwert, der durch Näherungen angestrebt werden kann und muss.
> Glaube IV.2:
> Die Geschichte der Physik vollzieht sich als Evolution mit zunehmender Näherung an den Grenzwert Wahrheit.
> Glaube IV.3:
> Die fortschreitende Erkenntnis der Physik beruht auf der Korrektur der vorhergehenden Stufe bzw. ihrer Erweiterung oder Neuinterpretation.

Gerade die Erweiterung der Newtonschen Mechanik durch die moderne Physik, ja schon durch die Theorie des elektromagnetischen Feldes, demonstriert die Fruchtbarkeit dieser Glaubenssätze. In der Tat ist die Physik ein ständiges Fortschreiten von Stufe zu Stufe, wobei jedesmal die vorangehende Stufe im Sinne der Erweiterung bzw. Korrektur überschritten wird. Die Physik überschreitet sich also ständig selbst; dies ist gerade ihr Fort-Schritt. Nur dadurch beweist sie, dass sie lebt. Ihre Wahrheit ist also im Gegensatz zum Glauben des Dogmatikers eine anti-dogmatische, lebende.

Andererseits «verzeiht es keine Stufe, übersprungen zu werden» (Nietzsche). Wir können die Newtonsche Mechanik nicht über Bord werfen, ohne das Gebäude der Physik zum Einsturz zu bringen. Alle Stufen sind im Sinne des Fortschreitens notwendig. Sie sind echte Stufen der Evolution. Der Grund: Diese Welt ist im Werden, sie ist noch nicht an ihrem Ende, sie lebt, ist noch unfertig. Jede vorhergehende Stufe trägt die folgende. Ich nenne dies das Gesetz der Statik der Physik.

Wir können also nicht ständig neue Grundbegriffe und Gesetze entwerfen, sondern müssen so lange mit den traditionellen Grundlagen operieren, bis wir durch neue Erfahrungen gezwungen sind, die Grundlagen zu ändern. In diesem Sinne ist die Physik eine höchst konservative Wissenschaft. Anderenfalls müsste jeder Schüler von vorne anfangen, was die Physik als erlernbare Disziplin unmöglich machen würde. Jede Experimentier- und Ingenieurkunst beruht auf der Tradition. Die Physik ist also evolutiv und konservativ zugleich, genau wie das Leben.

Newton formuliert dies so: Das Argument der Induktion darf nicht durch Hypothesen aufgehoben werden.

Wir sollen also nicht einmal erworbenes Wissen leichtfertig durch neue Hypothesen ersetzen, sondern uns so lange an die Verallgemeinerung von Einzeltatsachen halten, als dies nicht zu Widersprüchen führt.

Des grossen Lebens Inhalt
Folgt ganz dem Tao.
Das Tao bewirkt die Dinge
So chaotisch, so dunkel.
Chaotisch, dunkel
Sind in ihm Bilder.
Dunkel, chaotisch
Sind in ihm Dinge.
Unergründlich finster
Ist in ihm Same.
Dieser Same ist ganz wahr.

Lao Tse, Tao Te King, Spruch 21

8. Kapitel
Die metaphysischen Grundlagen der Mechanik

Nicht nur Newtons 4 Gebote an den Physiker enthalten einen eindrucksvollen Glauben an metaphysische, ja religiöse Prinzipien. Auch seine Grundbegriffe wurzeln tief in der Geschichte des menschlichen Glaubens.[1]

Dies gilt zunächst für den Begriff der Materie. Niemals gab es ein grösseres Missverständnis. Der Materialismus nimmt eine einzige Grundsubstanz aller Dinge an, die unerschaffene, ewige, sich selbst genügende und bewegende Schöpferin der Welt. Folgerichtig wird die Existenz eines von der Materie unabhängigen Geistes sowie der Seele und des übermateriellen Bewusstseins geleugnet. Damit entfällt auch eine oberste schöpferische Instanz über der Materie, Gott.

Der Materialismus ist zugleich monistisch (nur eine einzige Wesenheit annehmend) und antitheistisch. Er ist in letzter Konsequenz antihumanistisch, weil er den unaufhebbaren Wert und die Würde des Menschen leugnet: Für ihn ist der Mensch nur ein Werkzeuge produzierendes Tier. Die ethischen und politischen Folgen dieser Lehre sind evident. Trotzdem stellt sie die herrschende Doktrin der Gegenwart sowohl im Osten als auch im Westen dar.

Was aber ist Materie? Hier verfallen die Materialisten im allgemeinen in tiefes Schweigen. Geht man den Eigenschaften der Materie auf den

Grund, so werden ihr genau jene Attribute zugeschrieben, die Gott zukommen. Es ist dies der Inhalt der Definition der Substanz bei Spinoza: «Das, was in sich ist und durch sich begriffen wird, das heisst, etwas, dessen Begriff nicht den Begriff eines anderen Dinges nötig hat, um daraus gebildet zu werden».[2]

Nach Spinoza kann es folglich nicht mehrere Substanzen geben und eine Substanz kann nicht von einer anderen Substanz erzeugt werden.

Spinozas Substanz hat nichts mit einem materiellen Substrat zu tun. Sie ist vielmehr die allein selbst-seiende Wesenheit der Welt. Sie ist Gott. Ausser ihr gibt es nichts anderes Selbst-Seiendes. Folglich sind Gott und Natur identisch. Spinoza:

«Ausser Gott kann es eine Substanz weder geben noch kann eine solche begriffen werden».
«Alles, was ist, ist in Gott und nichts kann ohne Gott sein noch begriffen werden».
«Gott ist die innewohnende ... Ursache aller Dinge».

Setzt man hier statt «Gott» das Wort «Materie», so hat man genau das Glaubensbekenntnis der Materialisten. Sie fügen dem jedoch hinzu, dass die Materie restlos von den menschlichen Sinnesorganen erkannt werden kann (Lenin) und dass der Mensch «denkende Materie» sei.[3]

Aus dem abstrakten Begriff der einen göttlichen Substanz wird damit der konkrete Begriff der von den Sinnesorganen beobachtbaren Natur. Spinozas Gleichsetzung von Gott und Natur (er spricht von Deus sive natura) erfährt damit eine Verlagerung des Akzents von Gott auf Natur: Für Spinoza ist Gott Natur, für die Materialisten die Natur Gott. Aus dem Pantheismus wird ein Pan-Naturalismus. Es ist daher kein Zufall, dass Spinoza selbst offiziell von den Leninisten als Materialist bezeichnet wird und indirekt zu den Vorläufern Lenins gerechnet wird.[4]

Nun könnte man die Materialisten eigentlich auch Pantheisten nennen, da sie die traditionellen Eigenschaften Gottes auf die Materie übertragen. Indem sie jedoch die Materie nicht als abstrakte, sondern konkret-wahrnehmbare Substanz betrachten, verlegen sie ihren Begriff der einen allumfassenden Wesenheit in die Physik. Dies erweist sich jedoch als höchst problembeladen, denn damit machen sie sich von der Entwicklung des physikalischen Denkens abhängig. Die Folge waren denn auch zahlreiche Verurteilungen der führenden physikalischen Theorien unter Stalin, wie der Relativitätstheorie, Quantenmechanik, Expansion des Universums und Kybernetik.

Im Grunde ging es dabei vor allem um den Begriff der Masse. Nach dem klassischen Materialismus des 18. und 19. Jahrhunderts wird Masse praktisch mit Materie gleichgesetzt. Tatsächlich wird dies auch im heutigen allgemeinen Sprachgebrauch so angenommen. Spricht man von materieller Welt, so meint man naiverweise alles, was gewogen werden kann und einer Kraft Widerstand entgegensetzt.

Nun ist aber der klassische Begriff der Masse alles andere als naiv, sondern von eminenter Problematik. Newton beginnt seine «Principia» mit einer Definition, die er «Erklärung» nennt: «Die Grösse der Materie wird durch ihre Dichtigkeit und ihr Volumen vereint gemessen» (gemeint ist: Als Produkt aus Dichte mal Volumen).

Er fügt als Erklärung hinzu: «Diese Grösse der Materie werde ich im folgenden unter den Namen Körper oder Masse verstehen».

Die Masse soll nach Newton dabei dem Gewicht proportional sein.[5]

Folgende Probleme stellen sich sofort:

1. Der Begriff der Materie wird ungeklärt vorausgesetzt
2. Die Menge der Materie wird durch einen Zirkel definiert aus Dichte und Volumen, wobei der Begriff der Dichte jenen der Materie voraussetzt
3. Der Begriff der Masse ist nach Newton durch jenen der Dichte definiert. Was soll aber eine Masse der Elementarteilchen, wo der Begriff der Dichte seinen Sinn verliert? Jedenfalls ist eine so definierte Masse nicht zu messen. Überhaupt fehlt eine Angabe, wie die Dichte gemessen werden soll.
4. Körper wird mit Masse gleichgesetzt. Wir wissen aber heute, dass auch unkörperliche Wesenheiten wie das Feld oder Lichtteilchen (Photonen) eine ihrer Energie entsprechende Masse besitzen.

Nimmt man alles zusammen, so kommen wir zum Schluss: Newton beginnt seine Theorie mit einer spekulativen Definition. Sein ganzes Weltgebäude ruht auf einem Gedanken und nicht auf Erfahrung. Es ist also in Strenge mathematischer und nicht physikalischer Natur. Dies kommt schon im Titel zum Ausdruck. Die Newtonsche Physik beginnt mit Logik (Definitionen) plus Mathematik (Begriff der «Grösse der Materie»).[6]

Newton bekennt sich klar zur Geschöpflichkeit der Materie: «Gott hat Materie-Partikel von verschiedener Grösse und Gestalt in verschiedenem Verhältnis zum Raum erschaffen und vielleicht auch mit verschiedenen Dichten und Kräften ausgestattet»[7].

Die verschiedenen Elementarteilchen, so können wir dies weiterführen, sind also gerade wegen ihrer Verschiedenheit Geschöpfe Gottes: Die Welt ist kein einheitlicher Klumpen, sondern differenziert.

Aber schon der Begriff der Masse gleicht dem Schleier der Maya. Wir haben uns durch die Newtonsche Physik so sehr an ihn gewöhnt, dass wir naiverweise die Masse für das Reale schlechthin halten, das keiner weiteren Klärung bedarf. Nichts ist illusionärer. Wie Jammer zeigt[8], bedeutet das Wort «Masse» im Lateinischen zunächst einen Klumpen Teig oder Kleister. Im Mittelalter und im Kirchenlatein bedeutet es einen Klumpen, ein Komglomerat oder Aggregat von Körpern. Das lateinische Wort «massa» kommt aus dem griechischen «maza», dies bedeutet Gerstenbrot. Dieses wiederum kommt möglicherweise aus dem hebräischen mazza, dem ungesäuerten Brot der Israeliten. In den Büchern Moses erscheint es als ritueller Begriff: Sieben Tage sollen die Juden als Erinnerung an den Auszug aus Ägypten ungesäuertes Brot essen. Und Christus spricht vom Sauerteig der Pharisäer als Symbol der Verderbnis: Die Gärung wird hier als Zeichen der Fäulnis betrachtet. Demgemäss wurde beim Heiligen Abendmahl Christi ungesäuertes Brot gegessen und die Eucharistie wird mit ungesäuertem Brot gehalten. Es gibt eine Theorie, wonach das Wort Messe von mazda kommt. In der iranischen Mithrasreligion bedeutet mizd das Brot der Götter Mithras und Helios, es verleiht Unsterblichkeit.

Ebenso spekulativ ist der Materiebegriff. Die Atome des Demokrit sind nicht durch die Sinnesorgane wahrnehmbar, sondern nur durch das Denken erfassbar, sie sind also keine Gegenstände im naiven Sinn. Alle Körper entstehen durch ihre Vereinigung, sie selbst wirbeln im Vakuum herum – eine erstaunlich wissenschaftliche Prophetie angesichts der modernen Atomphysik.

Für Platon ist Materie das im Raum Ausgedehnte. Auch er übernimmt also die beiden Grundwesenheiten des Demokrit: Leeren Raum und das den Raum Erfüllende. Statt der Atome nimmt er aber im «Timaos» geometrische Figuren an – ein Gedanke, der für Heisenbergs Matrizenmechanik wegweisend werden sollte und erst recht für Einsteins allgemeine Relativitätstheorie.

Die Neuplatoniker wie Plotin (205–270) und Proklus (410–485) setzten die Materie in Gegensatz zum Geist: Sie ist das Passive schlechthin, ja sogar das Nicht-Seiende.

Hier kommt es also zum Gegensatz zwischen dem spontanen schöpferischen Geist bzw. Gott und der passiven (trägen) Materie, die zugleich mit dem im Raum ausgedehnten Etwas gleichgesetzt wird. Philon der Jude von Alexandrien (25 vor Christus bis 50 nach Christus), setzt die Materie dementsprechend sogar mit dem Gegengöttlichen, also dem Bösen gleich. Der Materiebegriff wurzelt also im jüdisch-neuplatonisch-christlichen Denken.

Diese träge Materie kann nun nach einer scholastischen Lehre, die möglicherweise sogar dem Heiligen Thomas zukommt, weder erzeugt noch vernichtet werden, ausgenommen von Gott dem Schöpfer selbst. Für die geschaffene Welt gilt also bereits das Gesetz von der Erhaltung der Materie; es stammt aber nicht aus der Physik, sondern der Metaphysik.

Daraus leiten nun christliche Denker wie Tatianus (2. Jahrh.) und Tertullianus (3. Jahrh.) die Auferstehung des Fleisches ab, ein Dogma des christlichen Glaubens. Thomas und seine Schule entwickeln nun eine höchst spekulative Theorie der Transsubstantation*, wobei die Begriffe einer Materiemenge und des von der Materie eingenommenen Rauminhalts auftauchen: Die gleiche Materiemenge kann je nach Rauminhalt

* Das ist die Wandlung von Brot und Wein in den Heiligen Leib und das Blut Jesu Christi.

dichter oder dünner sein. Die Masse wird damit zum Träger der räumlichen Ausdehnung.

Von hier aus übernimmt Newton diese Unterscheidung, indem er die raum-erfüllende Masse zum Grundbegriff seiner Physik macht. Rein mathematisch symbolisiert er sie durch einen Punkt im Raum als sogenannten Massenpunkt. Dieser wird nun zum eigentlichen Objekt angreifender Kräfte und zum Subjekt der Bewegung. Newtons Weltbild ist also eine Art mathematischer Atomismus plus Kraft. Die metaphysischen, ja theologischen Wurzeln sind unverkennbar.

Dies gilt auch für die fundamentale Eigenschaft der Materie oder Masse, die Trägheit. Newton: «Die Materie besitzt das Vermögen, zu widerstehen; deshalb verharrt jeder Körper, soweit es an ihm ist, in einem Zustande der Ruhe oder der gleichförmigen geradlinigen Bewegung»[9]

Diese Trägheit bezeichnet Newton nun als eine Kraft, «die stets dem Körper proportional ist und sich von der Trägheit der Materie nur in der Art der Auffassung unterscheidet». Er spricht von einer eigentlichen Kraft der Trägheit. Sie zeigt sich jedoch nur, wenn der Körper aus seinem Zustand der Ruhe oder Bewegung durch eine andere Kraft gebracht werden soll; sie erwacht also sozusagen aus ihrem latenten Schlafzustand erst, wenn dieser von aussen gestört wird. Anders formuliert: Jeder Körper hat das Bestreben, zu bleiben, wie er ist, und er widersetzt sich einer Änderung seines Zustands. Trägheit ist sozusagen die Gegenwirkung gegen jede Veränderung der Identität.

Hier haben wir es mit einer entscheidenden philosophischen Neu-Interpretation eines metaphysischen Grundbegriffs zu tun. Trägheit ist, wie wir sahen, für die Neuplatoniker der Gegensatz zur Spontaneität des Geistes, also eine Entwürdigung der materiellen Welt. Der Geist ist hier das Schöpferische schlechthin, die Materie das Geschaffene und Unschöpferische. Daher kann sie nach den Scholastikern auch von sich aus keine neue Materie erzeugen. Noch Kepler schreibt der Materie ein naturgegebenes Unvermögen zu, sich von einem Ort zu einem anderen zu bewegen, eine «natürliche Trägheit». Würden also die Planeten nicht ständig angetrieben, so blieben sie bewegungslos. In genialer Vorwegnahme des Gravitationsgesetzes «streiten hier die bewegende Kraft der Sonne und die Impotenz der Planeten oder Trägheit der Materie gegeneinander».[10] Dieser Widerstand steht in direktem Verhältnis zur Quantität der Materie.

Damit aber wird aus der metaphysischen Trägheit die pyhsikalische: Sie ist alles andere als reine Passivität, sondern selbst eine Kraft, die sich der von der Sonne ausgehenden Anziehungskraft widersetzt. Anderenfalls würden ja die Planeten geradewegs in die Sonne stürzen. Ihre Bahn ist also das Resultat des Widerstreits zweier Kräfte, die sich die Waage halten. Andererseits tritt diese Widerstandskraft nicht spontan auf, sie ist stets eine aktualisierte, während sie ohne angreifende Kraft latent bleibt. Dies ist also der letzte Rest der metaphysischen Passivität.

Von dieser Dynamisierung der trägen Materie wusste die klassische

Metaphysik nichts. Ich glaube, hier wird der entscheidende Schritt getan, um der sichtbaren Welt wieder ihre Würde zurückzugeben: Sie ist nicht eine Materie im Sinne einer passiven Möglichkeit, vom aktiven Geist oder der aristotelisch-thomistischen Form gestaltet zu werden, sondern wird selbst zur Aktivität.

Dies zeigt sich in einem fundamentalen Gesetz, das im Grunde schon Galilei anhand der Fallgesetze erkannte: Wenn alle Körper unabhängig von ihrem Gewicht mit gleicher Beschleunigung fallen, so ist dies nur zu erklären, indem wir eine den Körpern innewohnende träge Masse zuschreiben, die gerade gross genug ist, um ihrem Gewicht, also der eigentlich schweren Masse, die Waage zu halten: Je schwerer nämlich ein Körper, desto rascher müsste er eigentlich fallen. Wenn er das nicht tut, so muss der Widerstand gegen die Fallbeschleunigung mit seinem Gewicht zunehmen, also die träge Masse gleich der schweren sein.

Wir gewinnen damit zwei Massenbegriffe, die im Grunde gegensätzlich sind: Als schwere Masse wird ein Körper zur Erde angezogen, als träge Masse widersetzt er sich dieser Anziehung. Das Ergebnis ist die gleiche Fallbeschleunigung aller Körper. Der Begriff der Masse ist also in sich gespalten: Einerseits enthält er eine spontane Aktivität, andererseits eine nicht-spontane Passivität, die sich als Widerstand gegen die Aktivität bekundet. In gewissem Sinn enthält der Massengriff also einen inneren Gegensatz, er ist dialektischer Natur.

Wir werden bei der allgemeinen Relativitätstheorie sehen, dass dies letztlich das Gravitationsgesetz in sich enthält und damit für die Ordnung des ganzen Universums verantwortlich zeichnet.

Der Trägheitsbegriff selbst erfuhr in der Folge eine unerwartete Neuinterpretation. Einstein erkannte nämlich, dass jeder trägen Masse ein immenser Energievorrat entspricht. Umgekehrt enthält jede Energie potentiell eine Masse. Beide sind grössenmässig äquivalent, wenn man die Masse mit dem Quadrat der Lichtgeschwindigkeit multipliziert. Dieses Gesetz steht nicht umsonst an einer Kirchentüre in Ulm: Es zeichnet für die Sonnenenergie verantwortlich. Im Innern der Sonne wird ständig Wasserstoff in Helium umgewandelt, wobei ein Teil der Wasserstoffmasse in Strahlungsenergie übergeht. Damit ist die Äquivalenz von träger Masse und Energie die Grundlage des Lebens auf der Erde, ja des Lichts im Universum.

Schliesslich wissen wir heute, dass es eine absolut passive, nämlich bewegungslose Materie überhaupt nicht gibt. Der Materiebegriff erfuhr durch den Feldbegriff und die Wellenmechanik eine grundlegende Umwandlung und ist im klassischen Sinn nicht mehr benutzbar. An seine Stelle traten völlig neue Begriffe, von denen Newton noch nichts wusste. Man sieht dies an so paradoxen Beobachtungen wie dem Tunnel-Effekt, wo sich Teilchen durch einen Potentialwall hindurchsaugen, oder an der Nullpunktsenergie.

Ebenso metaphysischer Herkunft ist nun ein zweiter Grundbegriff

Newtons, die Kraft. Er definiert: «Eine angebrachte Kraft ist das gegen einen Körper ausgeübte Bestreben, seinen Zustand zu ändern, entweder den der Ruhe oder den der gleichförmigen geradlinigen Bewegung».[11]

Als Beispiele führt Newton Druck, Stoss und Zentripetalkraft an. Als Beispiele für letztere wiederum gelten die Schwere, die einen Körper zum Mittelpunkt der Erde zieht, die magnetische Kraft und «jene Kraft, welche es auch immer sei, durch welche die Planeten beständig von der geradlinigen Bewegung abgezogen und in krummen Linien sich zu bewegen gezwungen werden.»

Eine Zentripetalkraft wird u.a. durch eine Schleuder demonstriert: Wenn wir einen Stein an einem Strick befestigen und im Kreise herumwirbeln, so spannt sich der Strick, er will also den Stein zum Mittelpunkt der Kreisbewegung ziehen.

Das alles scheint uns so selbstverständlich, dass wir darüber die immense Anstrengung vergessen, deren es bedurfte, um den heutigen Kraftbegriff zu formen. Insgesamt unterscheiden wir derzeit vier Grundkräfte des Weltalls: Die Gravitation, die elektromagnetische Kraft, die sogenannte schwache Kraft, die beim radioaktiven Zerfall auftritt, und die starke Kernkraft.

Newtons Kraftbegriff wurde also nicht nur aufgehoben, sondern erheblich erweitert. Er regiert nach wie vor die gesamte Physik, neben anderen Grundbegriffen wie Energie, Impuls und Entropie.

Newton unterscheidet zwei Arten von Kräften: Die «im Körper hausende Trägheitskraft», die nur auftritt, wenn sie gestört wird, und die störende oder «angebrachte» Kraft, die wir heute als angreifende Kraft bezeichnen. Beide befinden sich in einem Zweikampf: Während die Trägheitskraft sozusagen aus dem Innern des Körpers wirkt und dessen Zustand bewahren will, sucht die äussere Kraft diesen zu ändern.

Das alles ist aber im Grunde anthropomorphes Denken, als wären die Kräfte mit Willen und Bewusstsein begabte Wesen. In der Tat reicht der Kraftbegriff weit über die Physik hinaus. So sprechen wir von geschichtlichen Kräften und meinen Personen, Ideen oder soziale Faktoren. Was aber hat die Kraft einer Idee mit Newtons mechanischen Kräften zu tun? Oder, noch höher gefasst: Am Ende des Vaterunsers sagen wir: «Denn Dein ist die Kraft...»

Damit gewinnt der Kraftbegriff eine universale Bedeutung, die noch über den Kosmos hinausreicht.

Zum anderen stellt Newtons Kraftbegriff eine freie Erfindung des menschlichen Geistes dar. Was wir beobachten, sind nicht Kräfte, sondern Beschleunigungen (etwa eines anfahrenden Autos), den Zug des gespannten Seils beim herumwirbelnden Stein oder den Fall eines Körpers zur Erde. Würde uns dabei die Kraft als Erfahrungsinhalt entgegentreten, so hätte der Mensch seit Jahrhunderttausenden Newtons Kraftbegriff gekannt. Auch das Kind weiss davon nichts und muss sich erst mühsam in der Schule an den abstrakten Kraftbegriff gewöhnen.

Was Newton tut, ist im Grunde, eine Ursache für Beobachtungen zu finden, die irgendwie miteinander in Zusammenhang stehen. Dabei stellt sich wunderbarerweise heraus, dass diese Ursache mathematisch gefasst werden kann und zu einem universalen Gesetz leitet:

Kraft ist gleich Masse mal Beschleunigung

Die hier eingehende Masse repräsentiert die Trägheit eines Körpers, die Beschleunigung die Abweichung von der geradlinig gleichförmigen Bewegung bzw. der Ruhe und die Kraft eine freie Definition. Was wir wirklich wahrnehmen, ist nämlich allein die Beschleunigung (z.B. durch unseren Tachometer im Auto). Nie und nimmer aber beobachten wir eine Kraft: Sie ist exakt gesehen nur ein Name für die von uns angenommene Ursache der Beschleunigung.

Das geradezu Wunderbare ist nun, dass diese freie Erfindung des Geistes zum Grundgesetz der ganzen Mechanik werden konnte: Dies ist nur möglich, wenn wir folgenden tiefen Glaubenssatz annehmen:

Der Mensch findet das Gesetz der Natur, indem er es er-findet.

Dabei stellt auch der Massenbegriff im Grunde eine freie Erfindung dar: Was wir beobachten, ist weder die träge noch die schwere Masse als solche, sondern immer wieder nur ein Zeigerausschlag auf der Waage oder einer gespannten Feder. In der Teilchenphysik messen wir die Masse durch den sogenannten Massenspektrometer, das ist aber ein Gerät, um nicht die Masse als solche, sondern nur die Ablenkung eines Teilchens in einem Magnetfeld zu beobachten.

Nehmen wir Newtons mathematische Definition der Kraft beim Wort, so enthält sie die unausgesprochene Annahme, dass auch die Masse eine Kraft darstellt, denn die Kraft K wird ja an der Beschleunigung einer bereits existierenden Masse m gemessen. Nur ist die Masse dann der Sitz der Widerstandskraft gegen K. Newton dynamisiert also auch die Materie: Sie wird bei ihm zur latenten Kraft, die mathematisch gemessen werden kann. Was aber durch Zahlen ausdrückbar ist, wird auch durch Zahlen beherrscht und kann nie und nimmer die letzte Ursache des Weltgeschehens sein.

Für Newton ist die Kraft eine physische Realität und nicht nur, wie die heutigen Positivisten annehmen, das Produkt aus Masse mal Beschleunigung. Er gründet sich dabei auf eine ausgesprochen metaphysische Spekulation. Ausgehend vom Begriff der Zentripetalkraft unterscheidet er zwischen absoluter, beschleunigender und bewegender Kraft: Absolut ist «die Ursache, ohne welche die bewegenden Kräfte sich nicht durch den umgebenden Raum fortpflanzen würden», z.B. ein Magnet oder die Erde. Ausdrücklich betont Newton, dass damit nur der mathematische Begriff der Kraft gemeint ist, denn «die physischen Ursachen und Sitze der Kräfte ziehe ich hier nicht in Betracht».

Bewegend ist eine Kraft nach Newton als «Streben und Hinneigung des Ganzen gegen das Zentrum» und beschleunigend ist «eine wirkende Ursache, welche sich vom Zentrum aus nach den einzelnen es umgebenden Orten zur Bewegung der in denselben befindlichen Körpern fortpflanzt».

In der Tat nimmt ja die Anziehungskraft der Sonne mit dem Quadrat der Entfernung zur Sonne ab. Damit erfindet aber Newton im Grunde bereits den viel späteren Begriff des Feldes als eines von Kräften durchsetzten Raumgebiets. Die Kraft hängt also mit dem Raum zusammen.

Alle genannten Begriffe sind aber nicht aus der Beobachtung abgeleitet, sondern freie Setzungen des Geistes, die erst nachträglich in Naturgesetze eingehen, indem sie mathematisch symbolisiert werden.

Offen bleibt also bei Newton, was wir noch heute als eigentliches Geheimnis ansehen müssen: Was zieht letzten Endes die Eisenspäne an den Magneten, lässt den Stein zur Erde fallen und bindet die Planeten an die Sonne? Natürlich wissen wir, dass dafür die Schwerkraft bzw. das elektromagnetische Feld verantwortlich ist. Wir wissen, dass Nuklearkräfte durch den Austausch virtueller Mesonen bewirkt werden und die Gravitation durch die Krümmung der Raumzeit. Aber das alles ist keine letzte Erklärung für die Kraft, sondern zieht immer nur einen neuen Vorhang vor dem Geheimnis auf.

Newton selbst schreibt, er könne die physische Ursache der Kraft nicht erklären und lege den geometrischen Mittelpunkten bei der Zentripetalkraft keine realen Kräfte bei.[12]

Der Begriff der Kraft wurzelt tief im vorwissenschaftlichen Bewusstsein des magischen Menschen. Für ihn ist die Natur von göttlichen Kräften beseelt. Noch das Kind zeigt in seiner frühen Entwicklung diese Stufe: Ich beobachtete selbst, wie mein Töchterchen im Alter von einem Jahr zornig nach einem Gegenstand rief, weil er sich nicht zu ihr bewegte. Sie hielt ihn offenbar für ebenso beseelt wie sich selbst. Noch heute sprechen wir von Naturkräften, als wären es lebendige Seelen.

Das alte Ägypten kannte das Wort «nḫt» als Ausdruck der göttlichen Personifizierung der Kraft, ja sogar als persönliche Gottheit.[13] Für die alten Bewohner des Zweistromlands war die Kraft durch den Sturmgott Enlil personifiziert.[14]. Später wurde er zu Bel bzw. Marduk. Enlil ist Wechsel und dynamische Aktion, im Gegensatz zum Gott des Himmels, Anu. Zugleich ist Enlil die regulierende kosmische Kraft gegen das Chaos.

Im Alten Testament steigert sich die Personifizierung der Kraft zum Begriff des einen allmächtigen Gottes. Es gibt zahlreiche Stellen, wo Gott mit den Namen hail (Macht), g'vurah (Kraft), coah (Stärke) oder os (Kraft, Energie) ausgestattet wird. Die Septuaginta spricht von Gott als Pantokrator, dem Allherrschenden, und übersetzt die vorigen Attribute allgemein mit «dynamis», also Kraft.[15] Der Ausdruck «Dynamik» in der Physik ist also letztlich alttestamentarischen Ursprungs.

Auch in den Anfängen des griechischen Denkens wirkt noch die archaisch magische Auffassung der Kraft nach. Herodot nimmt die Götter als

Verwalter der Elementarkräfte an, wobei Zeus die alldurchdringende Naturkraft repräsentiert. Für Heraklit rührt alles Werden aus dem Widerstreit von Kräften: der Krieg wird zum Vater aller Dinge. Empedokles führt alles Geschehen auf den Kampf zwischen Liebe und Hass zurück. Anaxagoras nimmt eine oberste geistige Instanz, den Nous (Weltseele, Geist, Intellekt) an; das ist eine Kraft, die für Bewegung und Veränderung verantwortlich ist. Dem Nous kommen Allmacht und Allwissenheit zu: «Denn er ist das feinste aller Dinge und das reinste und er besitzt von allem alle Kenntnis und hat die grösste Kraft. Und was nur Seele hat, die grösseren wie die kleineren Wesen, über alle hat der Geist (Nous) die Herrschaft»[16].

Auch das reife klassische Denken trägt noch Spuren des magischen Kraftbegriffs. Platon nimmt eine in allen Dingen immanente Weltseele an, die Neuplatoniker eine alles durchdringende Kraft, Philo der Jude in Alexandrien sieht in Sternen und Engeln göttliche Kräfte, da alle Naturerscheinungen in Wahrheit von den Kräften Gottes durchdrungen sind, die alles mit allem verbinden.[17] Demgemäss sind göttliche Intelligenzien oder Engel auch für die Bewegungen der Himmelskörper verantwortlich.

Diese Gedanken werden auch das mittelalterliche Denken bis zur beginnenden Neuzeit beherrschen. Sie dringen in die Geheimlehren der jüdischen Kabbala und der Alchimie ein. Bei Thomas von Aquin sind die Intelligenzien der Himmelskörper nicht der Gestalt eines Schiffes gegenüber dem Schiff selbst vergleichbar, sondern eher Piloten des Schiffs, sie erfüllen die Funktion eines äusseren lenkenden Geistes. Noch heute sprechen wir daher von spiritus rector, dem lateinischen Terminus für «lenkender Geist» bei Thomas.

Der Bruch mit dem archaischen Kraftbegriff geschah aber schon während des Mittelalters. Der Rektor der Universität Paris, Johannes Buridan, gestorben um 1358, gibt den Gedanken göttlicher Intelligenzien als treibender Kraft der Gestirne auf und behauptet erstmals, dass irdische und himmlische Körper den gleichen mechanischen Gesetzen unterliegen: Gott gab bei der Erschaffung der Welt jeder Himmelssphäre einen sogenannten Impetus, wie er etwa beim Schleudern eines Steins auftritt, der ja auch nach Loslassen sich fortbewegt. Ebenso bleiben die Himmelssphären auch ohne permanente Einwirkung von göttlichen Intelligenzien in Bewegung. Damit begründet Buridan einen Zentralbegriff Newtons, die «Bewegungsgrösse». Newton: «Die Grösse der Bewegung wird durch die Geschwindigkeit und die Grösse der Materie vereint gemessen»[18].

Modern formuliert: Bewegungsgrösse oder Impuls ist gleich dem Produkt aus Masse mal Geschwindigkeit.

Dieser Zentralbegriff der Mechanik spielt auch in der modernen Physik eine Rolle: Es gibt ein Gesetz der Impulserhaltung, das allen Theorien vorgegeben ist; es folgt aus der Geometrie der vierdimensionalen Raumzeit und gilt auch in der Quantenmechanik und Theorie der Elementarteilchen.

Noch Kepler sah in seinem «Mysterium cosmographicum» 1596 die

Himmelskörper als von Seelen bewegt, er spricht ausdrücklich von anima (Seele). Aber schon 1605 schreibt er in einem Brief von der wechselseitigen Anziehung von Erde und Stein, die mathematisch dargestellt werden kann. Damit wird der entscheidende Übergang von der Metaphysik zur Mathematik vollzogen, die die nachfolgende Physik bis heute beherrscht. 1607 entwickelt Kepler den Gedanken, dass die gleiche Anziehung, die den Ozean an die Erde bindet, ihn auch an die Anziehungskraft des Mondes bindet und somit die Gezeiten erzeugt. Damit nimmt er bereits Newtons Entdeckung der universalen Massenanziehung vorweg. In seiner «Astronomia nova» 1609 nennt er die Gravitation eine gegenseitige Zuneigung der Körper, die sie analog zu den magnetischen Fähigkeiten zu vereinen sucht.[19] Sie zieht den Stein ebenso zur Erde wie die Erde zum Stein. Diese Kraft geht jedoch nach Kepler nicht von einem mathematischen Punkt aus, sondern von einem belebten Wesen, das will sagen: Von einem im Raum ausgedehnten physischen Gegenstand. Sie ist nicht materieller Natur. Kepler spricht in diesen Zusammenhang von einer immateriellen bewegenden Seele.[20]

Nachdem die Planeten sich jedoch in Raum und Zeit bewegen und damit geometrischen Gesetzen unterliegen, muss diese immaterielle Fähigkeit der Sonne und Planeten eher mathematischer, das heisst mechanischer, als geistiger Natur sein. In seinem «Epitome astronomiae Copernicanae» spricht Kepler bereits von einer Kraft (vis) oder Energie der Sonne, die einen Planeten anzieht oder abstösst.

1621 gibt Kepler in der 2. Auflage seines «Mysterium cosmographicum» endgültig den Begriff der Seele (anima) zugunsten der mechanischen Kraft (vis) auf. Wenn nämlich die Geschwindigkeit des Planeten mit der Entfernung von der Sonne abnimmt, so kann dafür nach Kepler nur eine Art von körperlicher und nicht geistiger Kraft verantwortlich sein.

Dies alles muss man sehen, will man die Physik verstehen. Die Geschichte des Kraftbegriffs ist keine Geschichte von Fehlleistungen des menschlichen Geistes, sondern die notwendige Evolution der Wahrheit. Ohne die animistische Annahme von bewegenden Seelen wäre der moderne Kraftbegriff nie geboren worden. Er bildet die Voraussetzung und nicht das Ergebnis der Newtonschen Physik.

Gerade bei Kepler erkennen wir diese Wandlung vom magischen zum mathematischen Denken. Hätte Kepler jedoch nicht auf die archaischen und noch im Mittelalter nachwirkenden magischen Kräfte als Geister und Seelen zurückgreifen können, so hätte ihm einfach die Vorstellung einer immateriellen Ursache der Bewegungsgesetze der Planeten gefehlt. Was Tycho und Kepler mit Hilfe der Fernrohre beobachteten, waren ja nicht die Ursachen der Planetenbewegung, sondern deren geometrische Gestalt und entsprechende Zeiten. Die Frage nach der Ursache konnte sich überhaupt nur stellen, wenn man archaische Vorstellungen mobilisierte, in denen ebenfalls die Ursache der Bewegung der Himmelssphären genannt wurde, freilich in magischer oder religiöser Verhüllung.

Um den modernen Kraftbegriff in die mathematische Form der Naturgesetze einzuführen, mussten Kepler und Newton also den archaischen Kraftbegriff als bereits vorhanden voraussetzen. Was sie leisteten, war nicht die Schaffung eines radikal neuen Begriffs, sondern die Transformation eines bereits überkommenen. Sie waren in dieser Hinsicht Reformatoren und nicht Religionsstifter. Würde man die archetypischen Wurzeln ihrer Physik ausreissen, so wäre diese nicht einmal zur Welt gekommen.

Diese Wurzeln sieht man besonders deutlich an Newtons Vision der Schwerkraft und des absoluten Raums. Beide hängen aufs engste zusammen. Beide wurden nicht aus der Erfahrung gewonnen, sondern aus freien Setzungen des Geistes.[21] Der englische Physiker Robert Hooke berichtete 1679/80 Newton von einer neuen Methode, wonach die Bewegung eines Planeten längs einer gekrümmten Bahn durch zwei Komponenten festgelegt wird: Die eine will den Körper längs einer Geraden weiterführen und entspricht der Trägheit, die andere zieht ihn zum Krümmungszentrum und entspricht der Zentripetalkraft. Hooke erkannte sogar, dass die letztere umgekehrt proportional zum Quadrat der Entfernung zur Sonne ist. Ihm fehlten jedoch die mathematischen Mittel zur Berechnung der Bahnen, da ihm die Integral- und Differentialrechnung unbekannt war. Auch Kepler konnte ja nur feststellen, dass der Abstand (Radiusvektor) Sonne-Planet in gleichen Zeiten gleiche Flächen überstreicht.

Newton begann mit der rein imaginativen Annahme eines nur der Trägheit folgenden Körpers im leeren Raum. Nun gibt es aber keinen Körper, der nicht der Gravitation unterliegt: Newtons Annahme stellt also eine Idealisierung dar, die nur in Gedanken vorkommt. Ihr geht der Glaube voraus:

> Durch die frei gesetzte gedankliche Idealität gewinnen wir unter Umständen Erkenntnisse über die erfahrbare Realität.

Dies ist einer der folgenreichsten und fruchtbarsten Sätze der theoretischen Physik. Ein kräftefreier Körper legt in gleichen Zeiten gleiche Abschnitte auf einer Geraden zurück. Dies scheint uns selbstverständlich, aber wir wissen heute, dass aufgrund der allgemeinen Relativitätstheorie im kosmischen Raum gerade Strecken gar nicht vorkommen, da der Raum gekrümmt ist! Nur in unendlich kleinen Bereichen können wir von einer Geraden als Grenzfall der realen gekrümmten Bahnen sprechen.

Nehmen wir nun einen die Sonne repräsentierenden Punkt P an und lassen die Entfernung von P zu den einzelnen Punkten 1,2,3, . . . gleichen Abstands auf der Geraden immer neue Dreiecke P1 2, P 2 3, P 3 4 . . . bilden, wie dies Keplers Radiusvektor ebenfalls tut, so gewinnen wir lauter Dreiecke gleicher Fläche, wie man sofort sieht:

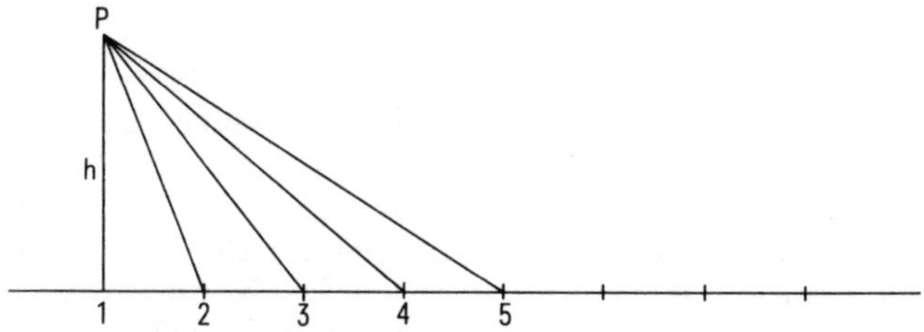

Alle diese Dreiecke haben ja die gleiche Basis und die gleiche Höhe h. Da sich die Geschwindigkeit nicht ändert, so überstreicht der Vektor P 1, P 2, P 3 ... in gleichen Zeiten auch gleiche Flächen. Das hatte bereits Kepler für gekrümmte Planetenbahnen (Ellipsen) festgestellt, aber nicht mathematisch bewiesen!

Newton folgt nun einem Gedankengang, den wir als Näherung an einen Grenzfall bezeichnen können:

Wir machen die Einheitsstrecken auf der Bahn immer kleiner. Dadurch werden auch die Flächen der Dreiecke kleiner, aber sie bleiben untereinander gleich. Nun biegen wir die Bahn, aber so, dass zwischen je zwei Punkten gleicher Entfernung gerade Strecken zu liegen kommen, wie man sich leicht vorstellen kann:

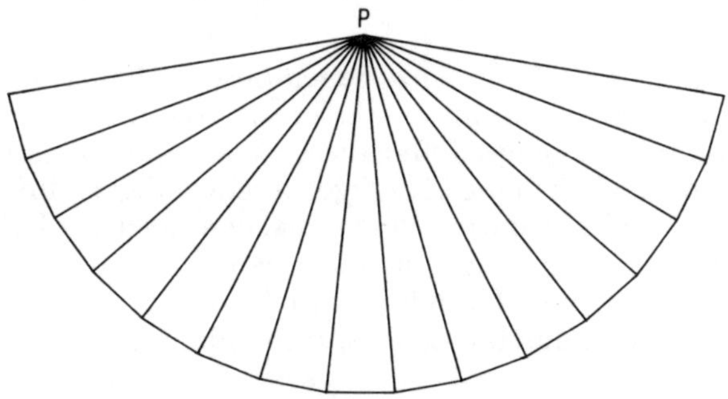

Hier zeigt sich also geometrisch eine zum Punkt P ziehende Zentripetalkraft. Sie krümmt die Bahn nach innen. Nun der entscheidende Schritt Newtons:

Er lässt die Abstände zwischen den Stücken der Bahn nach Null gehen! Das ist eine unerhört gewagte Operation, die nur in Gedanken vollziehbar ist, denn in der Realität beobachten wir keine Strecken von der Grösse Null. Dies wären mathematische Punkte; aber nicht einmal die Elementarteilchen sind möglicherweise punktartige Gebilde, da sie ja, wie wir heute wissen, ständig von einer Wolke virtueller Teilchen umgeben sind. Der Ausdruck «Punkt» hat vermutlich für den realen Raum überhaupt keinen Sinn, sofern wir mit Heisenberg eine kleinste Länge analog zum Planckschen Wirkungsquantum h annehmen.[22]

Newtons Schritt setzte eine neue Mathematik voraus, die Infinitesimalrechnung, wie wir sie beim Differenzieren und Integrieren benutzen. Sie wurde unabhängig von Newton auch von Leibniz gefunden. Damit wurde eine neue Epoche der Mathematik und Physik eingeleitet.

Dabei können wir den Grenzübergang zum unendlich Kleinen niemals in der Realität vollziehen: er ist reines Gedankenwerk. Das geradezu Wunderbare ist, dass wir daraus die richtige Bahn der Planeten berechnen, also den Keplerschen Flächensatz beweisen. Die Natur verhält sich gerade so, als würde sie einem idealen Grenzwert folgen, während dieser in ihr gar nicht vorkommt!

Newtons gigantische Leistung war also nicht nur die Entdeckung der Gravitation, sondern auch des die Gravitation darstellenden mathematischen Gesetzes der Differential- und Integralrechnung. Beide Entdeckungen, die einander methodisch bedingten, öffneten je eine Epoche in der Physik und Mathematik. Sie demonstrieren, dass Newtons obiger Glaubenssatz gerechtfertigt ist: Das Universum folgt einem mathematischen Gesetz, dessen Voraussetzung in der Natur gar nicht vorkommt, sondern reines Gedankenwerk ist. Wer aber denkt die Natur?

Noch hatte Newton die Gravitation nicht gefunden. Dazu bedurfte es eines neuen Glaubenssatzes besonderer Art:

> Actio gleich reactio – jede Wirkung ist einer Gegenwirkung äquivalent.

Natürlich fühlen wir beim Anschieben unseres Autos den Widerstand des Autos auf unsere Muskeln; je grösser die von uns angewandte Kraft, desto grösser der Widerstand. Ohne diesen Widerstand könnten wir ja das Auto mit einem Ruck auf eine beliebige Geschwindigkeit bringen. Daraus jedoch ein universales Naturprinzip zu machen, setzt die Überschreitung menschlicher Erfahrung voraus, nämlich den Glauben an die universale Harmonie der Natur, ja im Grunde an ihre Gerechtigkeit: Nichts geschieht ohne Preis; alles wird durch eine entsprechende Gegenwirkung aufgewogen.

Damit war die Entscheidung gefallen: Nicht nur die Sonne zieht die Planeten an, sondern auch jene die Sonne. Der letzte Schritt: Alle schweren Massen ziehen sich gegenseitig an, also auch z. B. Berg und Pendel. Letzteres konnte erst viel später durch Feinmessgeräte nachgewiesen werden.

Damit war die beobachtete Planetenbahn verstanden: Die Trägheit des Bewegungszustands eines Planeten und die wechselseitige Massenanziehung von Sonne und Planet führen den letzteren genau auf der beobachteten Bahn. Fehlte die Trägheit, so würde er momentan in die Sonne stürzen, fehlte die Massenanziehung, so würde er in das All abwandern. Newton hatte das Grundgesetz des Universums erkannt.

Wenn man bedenkt, dass Newton das Prinzip der Massenanziehung sofort vom Sonnensystem auf das Universum erweiterte, wird seine ungeheure Leistung sichtbar: Das Sonnensystem ist ja nur eine winzige Region des Alls mit seinen Milliarden von Lichtjahren.

Newton war sich wohl bewusst, ein Geheimnis entdeckt zu haben, dessen letzte Enträtselung ihm verborgen war. Sie blieb es, bis Einstein eine vielleicht vor-letzte Entschlüsselung vollzog. Newton gibt zu, dass er zwar die Erscheinungen der Himmelskörper und Gezeiten durch die Schwerkraft erklärt, «aber ich habe nirgends die Ursache der letzteren angegeben. Diese Kraft rührt aus irgendeiner Ursache her, welche bis zum Mittelpunkte der Sonne und der Planeten dringt, ohne etwas von ihrer Wirksamkeit zu verlieren . . . Ihre Wirkung erstreckt sich nach allen Seiten hin bis in ungeheure Entfernungen . . . Ich habe noch nicht dahin gelangen können, aus den Erscheinungen den Grund dieser Eigenschaften der Schwere abzuleiten und Hypothesen erdenke ich nicht (hypotheses non fingo) . . . Es genügt, dass die Schwere existiere».[23]

Dennoch gibt Newton zu verstehen, dass er zu einem Archetypus neigt, der die Schwere nach Art der Seelen begründet: Er schliesst die «Principia» mit dem erstaunlichen Bekenntnis, dass alle Körper von einer geistigen Substanz durchdrungen werden. Sie bewirkt die wechselseitige Anziehung der Teilchen der Körper ebenso wie die elektrische Anziehung und Abstossung. Sie verursacht auch die Emission und Reflexion des Lichts sowie die durch das Licht herbeigeführte Erwärmung. Ja noch mehr: Auch die Gefühle werden erregt und die Glieder der tierischen Organismen in Bewegung gesetzt. «Diese Dinge lassen sich aber nicht mit wenigen Worten erklären und man hat noch keine hinreichende Zahl von Versuchen, um genau die Gesetze zu bestimmen und beweisen zu können, nach welchen diese allgemeine geistige Substanz wirkt».[24]

Gott hat nur eine einzige Leidenschaft:
zu lieben und geliebt sein zu wollen.

Kierkegaard

9. Kapitel
Amor dei

Sein letztes Geheimnis scheint Newton uns also zu verbergen. Dennoch kommen wir ihm auf einem Umweg auf die Spur. Es geht um sein Grundkonzept, den Raum.

Das Gesetz der Gravitation hinterlässt ein Rätsel: Wie soll die Anziehung der kosmischen Körper über Millionen von Lichtjahren hinweg den Raum überwinden? Zwischen ihnen liegt ja nahezu leerer Raum. Wie können sie sich ohne ein dazwischen liegendes Etwas, ein agens (Wirkwesen) anziehen? Die Massenanziehung lässt sich ja im Gegensatz zur elektromagnetischen Kraft durch nichts abschirmen, es gibt gegen sie keinen Faradaykäfig.[1]

Newton konnte dieses Problem nicht lösen, obgleich er aus philosophischen Erwägungen Fernkräfte ablehnte, die momentan über den Raum hinweg wirken. Es war ihm wohlbewusst, dass der Raum für die Gravitation eine fundamentale Rolle spielt. Er entwickelte daher eine eigene Physik des Raums, die sich jedoch weniger auf Beobachtung als auf metaphysische Archetypen gründete. Der gleiche Archetypus, der ihn in den gravitierenden Körpern letztlich geistige Wesen sehen liess, leitete ihn auch bei seiner Deutung des Raums als einer geistigen Manifestation, nämlich Gottes.

In der Tat bildet der Raum das Fundament von Newtons Begriffen der Masse, Kraft und Gravitation. Wenn Masse als Dichte mal Volumen definiert wird, ist der Raum bereits vorausgesetzt (eine Art definitorisches Apriori). Wenn ein kräftefreier Körper sich auf einer Geraden bewegen soll oder ruht, so muss es ein räumliches Bezugssystem geben, dem gegenüber diese Sätze demonstrierbar sind. Ausserdem wird ein ebener Raum vorausgesetzt, in dem Gerade überhaupt möglich sind (in Riemannschen Räumen ist das nur im unendlich kleinen Bereich der Fall). Wenn sich eine Kraft als beschleunigend kundtut, dann wieder gegenüber einem räumlichen Bezugssystem. Wenn die Schwerkraft mit dem Quadrat der Entfernung abnimmt, dann ist der Raum nicht gleichgültig.

Wie stark der Raum auf den Menschen wirkt, zeigen bereits die Stern- und Kosmos-Religionen. Das Universum ist im Grunde Raum, und zwar nahezu leerer.

Newton nimmt nun ohne jede Erfahrung an, dass es einen absoluten Raum gibt, stets sich selbst gleich und unbeweglich und ohne Beziehung auf irgendeinen Gegenstand.[2] Dieser Raum ist aus absoluten Orten zusammengesetzt, das heisst «der Ort ist ein Teil des Raums». Es gibt daher eine absolute Bewegung; Newton nennt sie auch «wahre Bewegung». Die absoluten (unbewegten) Orte behalten von Ewigkeit her ihre gegenseitige Lage.

Der absolute Raum hängt eng mit der Kraft zusammen, denn nur Kräfte können eine wahre Bewegung entweder erzeugen oder verändern. Damit sind Kraft und Raum aufs engste miteinander verbunden. Solche Kräfte nennt Newton auch wirkende Ursachen. Damit wird die Kraft ihrerseits mit der Kausalität in Zusammenhang gebracht.

Den Beweis dafür sieht Newton in seinem berühmten Eimerversuch: Hängt man ein Gefäss mit Wasser an einem Faden auf und verdrillt ihn, so beginnt das Gefäss nach dem Loslassen durch die Entdrillung des Fadens zu kreisen und das Wasser steigt mit der Zeit am Rand nach oben, so dass sich in der Mitte eine Mulde bildet. Newton: «Dieses Ansteigen deutet auf ein Bestreben, sich von der Axe der Bewegung zu entfernen, und durch einen solchen Versuch wird die wahre und absolute kreisförmige Bewegung des Wassers . . . erkannt und gemessen».[3]

In der Tat ist es schwer, die von Newton aus dem Versuch gefolgerte Existenz eines absoluten Raums zu bestreiten.[4] Das Problem ist bis heute im Grunde nicht restlos gelöst. Schon im Karussell erleben wir die gleiche Fliehkraft, die auch das Wasser im Eimer ansteigen lässt, nur dass wir hier nach aussen ausweichen können, während das Wasser durch den Eimer daran gehindert wird und daher am Rand nach oben steigt. Ohne den Eimer würden die Wassermoleküle am Rand einfach davonfliegen.

Die gleiche Fliehkraft beobachten wir an den Planeten: Sie haben das Bestreben, in den Raum abzuwandern, ähnlich wie der Stein an einer Schleuder. Die Anziehungskraft der Sonne hindert sie jedoch daran. Das Ergebnis dieser beiden Kräfte ist die elliptische Bahn. Im Grunde haben wir in all diesen Fällen eine Demonstration der schon von Galilei erkannten Kraft der Trägheit, die einen Körper in einer geradlinigen und gleichförmigen Bewegung halten will. Was aber heisst «gerade und gleichförmig»? Newton definiert diese Begriffe im Grunde in Bezug auf einen absoluten Raum als ein seit Ewigkeit unbewegliches Bezugssystem.

Er gibt zu, dass die wahre Bewegung zu erkennen sehr schwer ist, weil die Teile des unbeweglichen Raums nicht von unseren Sinnesorganen wahrgenommen werden können. Was wir wahrnehmen, sind stets sogenannte relative Räume, wie die Erde, ein Haus, der Abstand zwischen zwei beobachtbaren Gegenständen. Die relativen Räume setzen also stets die Existenz von irgendwelchen körperlichen Anhaltspunkten voraus, diese aber sind eben nicht ewig und unveränderlich. Der absolute Raum ist also im Grunde etwas Transzendentes, Übersinnliches. Wir können ihn nach Newton nur indirekt aus der Wirkung von Kräften, wie beim Eimerversuch, erschliessen. Newton erachtet diesen absoluten, übersinnlichen Raum aber als so wichtig, dass er die ganzen «Principia» verfasste, um «auf die wahren Bewegungen aus ihren Ursachen, Wirkungen und scheinbaren Unterschieden zu schliessen und umgekehrt aus den wahren oder scheinbaren Bewegungen die Wirkungen und Ursachen abzuleiten».[5]

Anders formuliert: Newtons Weltbild ist wesentlich dynamistisch, von Kräften beherrscht, diese aber setzen den Raum als etwas Übersinnliches und Ewiges voraus.

Die Herkunft von Newtons Raumbegriff belegt uns deutlich dessen religiöse Wurzeln. Wie Jammer zeigt[6], war Newton durch seinen Lehrer Isaac Barrow mit dem grossen Theologen und Mystiker Henry More (1614–1687) bekannt geworden, der durch den deutschen Mystiker Jakob Böhme und die jüdische Geheimlehre der Kabbala beieinflusst war. Diese wiederum gründet sich auf eine mündliche Überlieferung neben der Heiligen Schrift, deren älteste Sammlung die Jezira des 8. oder 9. Jahrhunderts ist. Die wichtigste Quelle ist das Buch Zohar um 1200. Nach der Kabbala entstand die Welt aus dem Ensoph, dem Ureinen. Aus ihm gehen die 10 Zephiroth, die Zahlen, Formen und Lichtströme, hervor. Aus diesen ist das Urbild der irdischen Welt und des Ersten Menschen, des Adam Kadmon, zusammengesetzt. Am Ende der Welt soll dieses Urbild wiederhergestellt werden. Aus der urbildlichen Welt gehen wieder hervor die drei Reiche der Formen (Beriah), Engel (Jezirah) und der Materie (Asijah). Der Mensch gehört durch seinen Geist, die Seele und die Vitalität allen drei Reichen an. Die Kabbala lehrte auch die Seelenwanderung. Sie beeinflusste die Renaissance, insbesondere Paracelsus.[7]

Im Zohar wird Gott nun «Raum Seiner selbst» genannt. Schon im palästinensischen Judentum des 1. nachchristlichen Jahrhunderts wird Gott und Raum mit dem gleichen Wort «makôm» bezeichnet. Dies wiederum geht auf den Ursprung des jüdischen Raumbegriffs als «heiliger Raum» zurück. Dieser wiederum beruht auf der Allgegenwart Gottes.

Renaissancephilosophen wie der Platoniker Pico della Mirandola, Heinrich Cornelius Agrippa von Nettesheim, Campanella, Telesio und Paracelsus sind stark vom Neuplatonismus und der Kabbala beeinflusst. Agrippa übernimmt ihre Lehre von der Verwirklichung der göttlichen Gedanken in einer Hierarchie von Welten. Für Campanella gibt es deren fünf, die sich wechselseitig einschliessen und durchdringen. Die erste Welt ist der mundus archetypus, die zweite der mundus mentalis (die geistige Welt), die dritte ist die «Mathematik oder der Raum». Der Raum seinerseits ist eine göttliche Schöpfung, er existiert in Gott. Gott selbst ist jedoch nicht durch den Raum begrenzt. Der Raum ist völlig unbeweglich, unkörperlich und homogen. Er stellt die Voraussetzung beweglicher Dinge dar. Er wird von Materie erfüllt und durchdringt diese.

Wir sehen sofort die Parallelen zu Newtons Begriff des absoluten Raums. Es gibt jedoch noch einen zweiten Zweig dieser Genealogie: die uralten Menschheitsmythen, wonach Gott, Licht und Raum eines sind. Das alte Ägypten kannte den Sonnengott Ra, die Iraner den Lichtgott Ahura Mazda, Träger des Guten.

Anklänge finden sich auch im Judentum und Christentum. Psalm 104 singt: Der Du in Licht Dich hüllst wie in ein Kleid.
Christus spricht von sich selbst: «Ich bin das Licht der Welt».[8]

Auch das Wort «Zohar» bedeutet Licht, Glanz, Strahlende Helle. Für den Neuplatoniker Plotin ist das Licht die höchste Stufe des Seins. Bei Proklus haben Licht und Raum die gleiche Ausdehnung. In der Tat ist der Weltraum über Milliarden von Lichtjahren hinweg von Photonen durchsetzt. Der Raum umgreift nach Proklus die ganze sichtbare Welt, wird aber nicht von dieser umgriffen. Pythagoras kennt das Ur-Feuer, das auch in Platons Mythos vom Lichtband eingeht, das den ganzen Himmel umschlingt. Dieser spricht von einem Licht, das wie mit Gurten das Himmelsgewölbe zusammenhält. Es zieht sich als Säule von oben herab durch den ganzen Himmel und die Erde. An seinen Enden ist die Spindel der Notwendigkeit befestigt, durch die alle Sphären des Himmels in Umdrehung gebracht werden.[9]

Auch im Mittelalter besitzt das Licht eine metaphysische Bedeutung: Für Robert Grosseteste in Oxford (1175–1253) ist die Erschaffung des Alls eine Selbstausbreitung des Lichts; es ist die erste körperliche Form und das erste Prinzip der Bewegung. Der Schlüssel zur Erkenntnis des Universums ist daher für ihn die geometrische Optik. Damit wird das Interesse des 13. Jahrhunderts an Geometrie und Optik begründet.

Der Renaissancephilosph Patritius (Francesco Patrizzi, gest. 1597) sieht im Raum das Bindeglied zwischen Geist- und Körperwelt, da er weder materiell noch immateriell ist. Er wurde von Gott ausdrücklich zu diesem Zweck so erschaffen. Der erste Gegenstand, der den Raum erfüllt, ist das Licht. Das Licht seinerseits ist der metaphysische Weg zu Gott.

Dieser Archetypus wirkt auch in die neuzeitliche christliche Mystik nach. Anna Katharina Emmerich, deren Visionen von Clemens Brentano aufgezeichnet wurden, sieht die Erschaffung der Welt als einen mit Licht erfüllten Raum: «Zuerst sah ich einen unbegrenzten Raum voll Licht vor mir aufgehen und hoch in demselben wie eine lichtere Kugel gleich einer Sonne und in derselben, fühlte ich, sei die Einigkeit von Dreien. Ich nannte es in mir die Einstimmung, und ich sah aus ihr wie eine Wirkung; da entstanden unter der Kugel wie ineinander liegende leuchtende Kreise, Ringe, Chöre von Geistern unendlich leuchtend und kräftig und schön. Diese Lichtwelt stand wie eine Sonne unter jener höheren Sonne».[10]

Man muss diese Zusammenhänge sehen. Anderenfalls wird die gesamte Newtonsche Physik grund-los. Henry More übernimmt nun Agrippas These von der Verwirklichung der Gedanken Gottes im Raum. Ausdrücklich lehnt er sowohl den Atomismus als auch die kartesische Trennung von Denken (res cogitans) und räumlicher Ausdehnung (res extensa) als zum Atheismus führend ab. Für More hat der Raum eine geistige Natur: Der Raum ist stets von Geist erfüllt; Gott und Raum werden zur Einheit und die Merkmale des Raums zu Attributen Gottes. Diese sind: Unendliche Ausdehnung, Unbeweglichkeit, das Eine, Einfache, Ewige, Vollkommene, Absolute, Unerschaffene, Unendliche, Unbegreifliche, Allgegenwärtige, Alldurchwaltende und Körperlose.[11]

Hier liegen also die Wurzeln von Newtons Raumbegriff. Ausdrücklich bekennt er, durch seine Physik den Menschen zum Glauben an Gott zu leiten.[12] In seinen «Principia» bezeichnet er es als Aufgabe der Naturwissenschaft, die Werke Gottes zu untersuchen.[13]

Demgemäss bringt er den Raum in einen mystischen Zusammenhang mit Gott, nämlich als dessen Sinnesorgan. Newton spricht vom sensorium, mit dem Gott die Welt erlebt. So schreibt er in seiner «Optik» die berühmten Worte: «Und wenn alle diese Dinge auf die rechte Art betrachtet werden, zeigt sich dann nicht aus den Erscheinungen, dass es ein unkörperliches, lebendes, intelligentes und allgegenwärtiges Wesen gibt, das im unendlichen Raum, als wäre dieser sein Sensorium, die Dinge selbst von innen her sieht und durch und durch bemerkt und sie völlig begreift, weil sie unmittelbar in Ihm gegenwärtig sind . . .»[14]

Dabei bemerkt Newton, dass die letzte Ursache der Erscheinungen «gewiss nicht mechanischer Natur ist». Es gelte daher, nicht nur den «Mechanismus der Welt blosszulegen», sondern Fragen zu beantworten, wie die Gravitation wirken könne, ohne dass dichte Materie zwischen Sonne und Planeten liegt. «Wie kommt es, dass die Natur nichts umsonst tut und woher kommt all die Ordnung und Schönheit, die wir in der Welt sehen? . . . Ist das Auge ohne Kenntnis der Optik und das Ohr ohne Kenntnis von Klängen konstruiert? Wie folgen die Bewegungen des Körpers aus dem Willen und woher rührt der Instinkt der Tiere?»[15]

Ausdrücklich bemerkt Newton am Ende seiner «Principia», dass nur Gott für die Gravitation und das Licht verantwortlich sein kann:

«Die bewunderungswürdige Einrichtung der Sonne, der Planeten und Kometen hat nur aus dem Ratschlusse und der Herrschaft eines alles einsehenden und allmächtigen Wesens hervorgehen können.»[16]

Dabei können durchaus mehrere Sonnensysteme wie das unsere, ja unendlich viele existieren; daraus folgt die Einheit des Alls:

«Wenn jeder Fixstern das Zentrum eines dem unsrigen ähnlichen Systems ist, so muss das Ganze, da es das Gepräge eines und desselben Zweckes trägt, bestimmt Einem und demselben Herrscher unterworfen sein. Das Licht der Fixsterne ist von derselben Natur wie das der Sonne, und alle Systeme senden einander ihr Licht zu. Ferner sieht man, dass derjenige, welcher diese Welt eingerichtet hat, die Fixsterne in ungeheure

Entfernungen voneinander aufgestellt hat, damit diese Kugeln nicht vermöge ihrer Schwerkraft aufeinander fallen».[17]

Gott bedient sich dabei des Raums, denn Gott wird als Weisheit und Geschicklichkeit eines machtvollen und immer-lebenden Agens verstanden, der, «da er an allen Orten ist, mit seinem Willen die Körper besser bewegen kann . . . in seinem grenzenlosen, gleichförmigen Sensorium, und dadurch die Teile des Universums zu gestalten und umzugestalten vermag, wie wir durch unseren Willen die Teile unseres eigenen Körpers zu bewegen vermögen».[18]

Newton distanziert sich jedoch ausdrücklich von einem Pantheismus oder einer Vergöttlichung des Raums. Den ersteren finden wir bei den Stoikern und Spinoza, die zweite bei dem modernen englischen Philosophen Samuel Alexander (1859–1938).[19] Vielmehr bekennt sich Newton zu einem persönlichen Gott, wie er auch von den Juden, Christen und Moslems angebetet wird:

«Dieses unendliche Wesen beherrscht alles, nicht als Weltseele, sondern als Herr aller Dinge. Wegen dieser Herrschaft pflegt unser Gott Pantokrator, d.h. der Herr über alles, genannt zu werden. Denn das Wort Gott bezieht sich auf Diener, und die Gottheit ist die Herrschaft Gottes nicht über einen eigentlichen Körper, wie diejenigen annahmen, welche Gott einzig zur Weltseele machen, sondern über Diener».[20]

Gott ist also keineswegs eine Art Uhrmacher, der die Welt konstruiert und in Gang setzt, ohne sich weiter um sie zu kümmern. Vielmehr steht er zu den Geschöpfen in einer permanenten Beziehung des Herrn zum Beherrschten:

«Der höchste Gott ist ein unendliches, ewiges und durchaus vollkommenes Wesen; ein Wesen aber, wie vollkommen es auch sei, wenn es keine Herrschaft ausübte, würde nicht Gott sein».[21]

Aus diesem Herrschaftsverhältnis folgert Newton, dass Gott kein Prinzip ist, sondern eine Person:

«Die Herrschaft eines geistigen Wesens ist es, was Gott ausmacht; sie ist wahr im wahren Gott . . . Es folgt hieraus, dass der wahre Gott ein lebendiger, einsichtiger und mächtiger Gott ist, dass er über dem Weltall erhaben und durchaus vollkommen ist. Er ist ewig und unendlich, allmächtig und allwissend . . . er regiert alles, er erkennt alles, was ist oder was sein kann».[22]

Deshalb steht Gott über dem Raum und der Zeit; diese sind ja in Teile unterteilt und daher nicht als Person mit sich selbst identisch. Nur die Person besitzt eine über Raum und Zeit reichende Identität:

«Er ist weder die Ewigkeit noch die Unendlichkeit, aber er ist ewig und unendlich; er ist weder die Dauer noch der Raum, aber er währt fort und ist gegenwärtig, er existiert stets und überall, er macht den Raum und die Dauer aus . . . Jede Seele, welche zu verschiedenen Zeiten, durch verschiedene Sinne und durch die Bewegung mehrerer Organe denkt, ist stets eine und dieselbe unteilbare Person».[23]

Die Personhaftigkeit ist an das Denken gebunden: Die Person des Menschen, sein denkendes Prinzip und noch viel weniger die denkende Substanz Gottes weisen zeitliche oder räumliche Unterteilungen auf:

«Jeder Mensch ... ist während seines ganzen Lebens und in allen verschiedenen Organen seiner Sinne ein und derselbe Mensch. Ebenso ist Gott überall und beständig ein und derselbe Gott».[24]

Dieser Gott ist zugleich real in dem Sinne, dass er sich durch Wirkungen kundgibt, während ja ein Prinzip nicht in dem gleichen Sinne wirkt wie etwa eine Kraft. Gott ist auch nicht nur ein möglicher Gott, sondern ein real existierender, der sich aber in den Dingen verbirgt:

«Er ist überall gegenwärtig, und zwar nicht nur virtuell, sondern auch substanziell; denn man kann nicht wirken, wenn man nicht ist. Alles ist in ihm bewegt und ist in ihm enthalten, aber ohne wechselseitige Einwirkung; denn Gott erleidet nichts durch die Bewegung der Körper und seine Allgegenwart lässt sie keinen Widerstand empfinden.»[25]

Newton bezieht sich dabei ausdrücklich auf Pythagoras, aber auch auf das Neue und Alte Testament. Er verwirft die Verweltlichung Gottes als Himmelskörper, Teile des Kosmos oder auch als Seele des Menschen.[26] Gott ist zwar ganz Auge, Ohr, Gehirn, Einsicht und Wirksamkeit, aber auf eine völlig unkörperliche und unbekannte Weise. Wir sind seinem Fühlen und Erkennen gegenüber blind. Er hat keinen fühlbaren Körper und darf daher unter keiner sichtbaren Gestalt angebetet werden. Wir können ja nicht einmal «die inneren Substanzen» der wahrnehmbaren Gegenstände durch unsere Sinnesorgane erkennen, auch nicht durch Nachdenken, noch weniger also nach Newton die Substanz Gottes.

«Wir kennen ihn nur durch seine Eigenschaften und Attribute, durch die höchst weise und vorzügliche Einrichtung aller Dinge und durch ihre Endursachen; wir verehren ihn wegen seiner Vollkommenheiten, wir verehren und beten ihn an wegen seiner Herrschaft».[27]

Deshalb verwirft Newton auch die Gleichsetzung Gottes mit dem Schicksal oder einer mechanischen Notwendigkeit, wie sie von den Materialisten angenommen wird:

« ... Gott ohne Vorsehung, ohne Herrschaft und ohne Endursachen ist nichts anderes als das Fatum und die Natur. Die blinde metaphysische Notwendigkeit ... kann keine Veränderung der Dinge hervorbringen; die ganze in Bezug auf Zeit und Ort herrschende Verschiedenheit aller Dinge kann nur von dem Willen und der Weisheit eines notwendig existierenden Wesens herrühren».[28]

Hier benutzt Newton ein besonders eindrucksvolles Argument. Ohne Gott wäre die Natur in der Tat keiner echten Vielheit fähig, also auch keiner echten Veränderung und Entwicklung. Sie wäre nur eine einzige sich selbst genügende Wesenheit. Die Person wäre ein Illusion, wie ja auch die Buddhisten annehmen. Nur durch die grundsätzliche Personalität Gottes und die von ihm dem Menschen verliehene Einzigkeit können wir dem einzelnen Menschen einen unaufhebbaren Wert zuschreiben.

Wir neigen heute dazu, in diesen Bekenntnissen Newtons einen Tribut an das zeitgenössische Denken zu sehen oder gar eine persönliche Verirrung, die mit seiner Physik nichts zu tun hat. Nichts wäre falscher.

Wir sahen, dass die historischen und psychologischen Wurzeln von Newtons Grundbegriffen und Entdeckungen ohne die Einbettung in das Erdreich der Religion oder Mystik nicht zu denken sind. Dies zu bestreiten, hiesse Newton zur Un-Person erklären.

Was Newtons Zeitgenossen betrifft, so gab es unter ihnen zwei der bedeutendsten Denker, die beide die entgegengesetzte Haltung wie Newton vertraten. John Locke (1632–1704), behauptet in seiner «Abhandlung über den menschlichen Verstand» drei Jahre nach Erscheinen der «Principia», alle Erkenntnis stamme aus der Sinneswahrnehmung. Dementsprechend leugnet er angeborene Ideen. Folgerichtig haben in diesem System die metaphysischen Wurzeln von Newtons Grundbegriffen- und Gedanken keinen Platz, da sie grundsätzlich relativiert werden. Locke führt denn auch zum modernen Empirismus und Positivismus, für den die physikalische Beobachtung letzte Instanz der Erkenntnis darstellt.

Noch weiter ging Newtons zweiter Landsmann Thomas Hobbes (1588–1679) mit seinem radikalen Verzicht auf die religiöse oder überhaupt transzendente Begründung der Vernunft. Er stand unter der Wirkung der Physik von Galilei und Descartes. Er zog jedoch daraus den Schluss, dass es keine eigenständige denkende Substanz gibt, sondern dass diese materieller Herkunft ist. Hobbes wird zum radikalen materialistischen Monisten. In dieser Philosophie haben Theologie und Mystik keinen Raum mehr. Andererseits bekennt er sich zur mathematischen Methode der Mechanik und wird damit zum eigentlichen Philosophen des Mechanizismus. Alles Denken ist für ihn Rechnen; die Ursachen werden aus beobachteten Wirkungen erkannt. Zweck der Wissenschaft ist es, die Wirkungen vorauszusehen und für unser Leben nutzbar zu machen. Auch unser Wille ist streng determiniert. Der Mensch ist allein von Selbstsucht getrieben, sein Naturzustand ist der Krieg aller gegen alle.

Als Dritter wäre David Hume (1711–1776) zu nennen, dessen Wirken Newton freilich nicht mehr erlebte. Für ihn sind alle Ideen einschliesslich der Idee Gottes durch Operationen am Erfahrungsmaterial erzeugt. Eine der Erfahrung vorgelagerte Erkenntnis a priori gibt es nicht. Die Kausalität entstammt einer Denkgewohnheit, indem wiederholte Erfahrungen der gleichen Art schliesslich aus einem Nachher von Wirkungen gegenüber der vorausgehenden Ursache ein Weshalb machen.* Ziel der Erkenntnis ist die Zusammenfassung der erfahrungsmässig gefundenen Ursachen zu einem einheitlichen System. Dabei ist der Schluss von der Erfahrung auf die Existenz Gottes nicht erlaubt: Religiöse Wahrheiten können nie gewusst, sondern nur geglaubt werden.

Diese drei englischen Philosophen legten den Grund für die Aufklä-

* Lateinisch: Aus dem post hoc wird ein propter hoc.

rung des 18. Jahrhunderts, die letztlich in den modernen Materialismus und Marxismus-Leninismus mündet. Sie alle berufen sich auf die wissenschaftliche Erfahrung, um daraus entweder die Unmöglichkeit einer natürlichen Gotteserkenntnis oder sogar die Nicht-Existenz Gottes abzuleiten.

Von einem allgemeinen Zeitgeist, der Newtons Glaube festgelegt hätte, kann also keine Rede sein. Newton traf vielmehr eine Entscheidung.

Aber war sie vom Standpunkt seiner Physik aus richtig?

Eine Antwort ist umso wichtiger, als das ganze moderne Denken sich letztlich an der Physik orientiert. Insbesondere beruft sich der moderne Atheismus auf sie. Dabei dürfen wir die Evolution der Physik Newtons nicht berücksichtigen (etwa durch Einstein und die Atomphysik). Es geht vielmehr um das Verhältnis von Newtons Glaube zu seiner eigenen Physik.

Dies ist keine müssige Frage. Vielmehr zeitigen Newtons Wirkungen auf das europäische Denken geradezu tragische Folgen. Newtons geistige Söhne ziehen nämlich aus seiner Physik genau jene Konsequenzen, die schliesslich zur radikalen Verneinung von Newtons Gottesglauben führen sollten.

Das beginnt schon mit Kant. Er wurde drei Jahre vor Newtons Tod geboren. Man nennt ihn den Kopernikus der Philosophie, es wäre jedoch angebrachter, ihn den philosophischen Newton zu nennen. Seine «Kritik der reinen Vernunft», nicht ganz 100 Jahre nach Newtons «Principia» erschienen, nimmt die Mechanik Newtons als Grundlage der Erfahrung schlechthin. Dies gilt vornehmlich für den Newtonschen Raum und die Newtonsche Zeit. Beide sind für Kant apriorische Formen der menschlichen Anschauung und damit die unerlässliche Bedingung, dass Erfahrung von Dingen der Aussenwelt überhaupt möglich ist. Auch Newtons Begriff der Kausalität und der Determinismus seiner Mechanik werden zu notwendigen Kategorien, deren sich der Verstand zur Bearbeitung des Erfahrungsmaterials bedient.

Für Kant ist der Raum kein aus der Erfahrung abstrahierter Begriff. Damit wir uns nämlich die Dinge als ausserhalb unser selbst und an verschiedenen Orten vorstellen können, müssen wir den Raum bereits voraussetzen. Kant:

«Der Raum ist eine notwendige Vorstellung a priori, die allen äusseren Anschauungen zum Grunde liegt. Man kann sich niemals eine Vorstellung davon machen, dass kein Raum sei, ob man sich gleich ganz wohl denken kann, dass keine Gegenstände darin angetroffen werden.»[29]

Kant schliesst daraus, dass der Raum erst die Vorstellung von Dingen möglich macht:

«Er wird also als die Bedingung der Möglichkeit der Erscheinungen und nicht als eine von ihnen unabhängige Bestimmung angesehen und ist eine Vorstellung a priori, die notwendigerweise äusseren Erscheinungen zum Grunde liegt.»[30]

Daraus folgert Kant die apodiktische Gewissheit der Geometrie und die Möglichkeit erfahrungsfreier geometrischer Konstruktionen. Anderenfalls wäre die rein gedankliche Schöpfung der Geometrie nicht zu verstehen. Nicht die Erfahrung begründet die Gewissheit der geometrischen Lehrsätze, sondern umgekehrt begründen jene die Möglichkeit der Erfahrung.

Diese Tatsache wird durch die damals noch unbekannten nicht-euklidischen Geometrien vertieft. Ihre Gültigkeit für die Physik wurde erst sehr viel später entdeckt, so etwa jene der Riemannschen Geometrie eines Raums mit variabler Krümmung für die Gravitation. Kant beweist seine These daher zu Recht damit, dass wenn die Geometrie aus der Beobachtung gewonnen würde, sie überhaupt keine andere Gültigkeit als jene des Zufalls beanspruchen könnte bzw. dass sie jederzeit durch neue Erfahrungen widerlegt würde.

Hier kommt es also zu einer folgenschweren Verschiebung von Newtons Raumbegriff. Für ihn war der Raum ein objektives und zwar physikalisches Etwas, das objektiv (vom Bewusstsein unabhängig) die Bewegung der Atome ermöglicht. Gleichzeitig war der Raum überphysikalisch die Bedingung der Möglichkeit für das Bewusstsein Gottes von den Atomen.

Kant verändert diese Deutung in einem dreifachen Sinn: (1) Er macht aus dem Raum eine subjektive (nur auf das menschliche Bewusstsein bezogene) Form der Anschauung äusserer Dinge, d.h. er ent-physikalisiert den Raum. (2) Das Subjekt des Raums ist jetzt nicht mehr Gott als der Herr des Raums, sondern der Mensch. (3) Das Objekt der räumlichen Anschauung ist nicht mehr das Atom an sich (Ding an sich), sondern das Atom als Gegenstand des menschlichen Bewusstseins. Kant: Der Raum ist die formale Beschaffenheit des Subjekts, von Objekten affiziert zu werden und dadurch unmittelbare Anschauungen zu erhalten, er ist eine reine «Form des äusseren Sinns».

Dies ist die entscheidende Veränderung von Newtons Raumbegriff, ja von dessen gesamtem Weltbild: Während für Newton die Welt gerade durch die auf den Raum gegründete Mechanik vom Menschen unabhängig gedacht wird, zieht Kant aus dem Raum die genau gegenteilige Schlussfolgerung: Niemals nehmen wir die Dinge an sich wahr, sondern immer schon unter jener räumlichen Form, die wir in uns selbst vorfinden. Kant erklärt, «dass der Raum alle Dinge befasse, die uns äusserlich erscheinen mögen, aber nicht alle Dinge an sich selbst».[31]

In letzter Konsequenz macht also Kant den Menschen zum Gott. Denn für Newton ist der Raum eine Anschauungsform (sensorium) Gottes und nicht des Menschen. Dies ist die vielleicht tragischste Verlagerung des theozentrischen Weltbilds bei Newton zum anthropozentrischen bei Kant und seinen Erben.

Kants Argument: Wir wissen über die Art anderer Wesen, die Dinge zu betrachten, gar nichts, sondern nur von unserer eigenen:

«Denn wir können von den Anschauungen anderer denkender Wesen gar nicht urteilen, ob sie an die nämlichen Bedingungen gebunden seien, welche unsere Anschauung einschränken und für uns allgemein gültig sind».[32]

Der Raum besitzt also für Kant nur eine empirische Realität, das heisst: er ist real nur bezogen auf die Erfahrung des einzelnen Menschen. Er ist darüber hinaus nichts, was den Dingen an sich selbst zukommen würde. Es gilt folglich, «dass überhaupt nichts, was im Raume angeschaut wird, eine Sache an sich, noch dass der Raum eine Form der Dinge sei, die ihnen etwa an sich selbst eigen wäre, sondern dass uns die Gegenstände an sich gar nicht bekannt sind und, was wir äussere Gegenstände nennen, nichts anderes als blosse Vorstellungen unserer Sinnlichkeit sind, deren Form der Raum ist, deren wahres Korrelatum aber, d.i. das Ding an sich selbst, dadurch gar nicht erkannt wird noch erkannt werden kann».[33]

Die Problematik des Raums wird nun für Kant beispielhaft für die gesamte Erkenntnis. Was für den Raum gilt, gilt auch für die Zeit. In seiner Analyse der Erkenntnisfähigkeit des Verstandes gelangt Kant zu einer Tafel von Grundbegriffen, sogenannten reinen Verstandesbegriffen oder Kategorien, die ebenso wie der Raum nicht der Erfahrung entnommen sind, sondern die Bedingungen der Möglichkeit von verstandener Erfahrung sind. Die eigentlich begriffene Erfahrung setzt also das Denken in Begriffen voraus; deren Grundbegriffe sind aber ebenso wie Raum und Zeit der menschlichen Erkenntnis a priori vorgegeben.

Kant spricht von einer Spontaneität des Denkens, die unsere Vorstellungen «durchgeht, aufnimmt und verbindet, um daraus eine Erkenntnis zu machen». Diese Operation nennt Kant Synthese. Kant sieht in ihr eine «blinde, obgleich unentbehrliche Funktion der Seele». Der Verstand ist es nun, der die Synthese auf Begriffe projiziert und damit die Erkenntnis erst eigentlich verwirklicht.

Nun stellt sich heraus, dass Kants Schema der Kategorien zwei Begriffe enthält, die auch in Newtons Physik eine entscheidende Rolle spielen, nämlich Kausalität und Wechselwirkung.[34] Von der ersteren spricht Newton, wie wir sahen, ausdrücklich, die letztere setzt er durch sein Prinzip von der Äquivalenz von Wirkung und Gegenwirkung voraus. Schliesslich übernimmt Kant einen dritten Grundbegriff Newtons, der sich jedoch aus seiner Mechanik ergibt, den der Notwendigkeit. Damit wird der Determinismus der klassischen Physik zusammen mit der durchgehenden Kausalität und der Wechselwirkung in den Rang eines a priori vorgegebenen Systems von Begriffen erhoben, die nicht mehr durch die Erfahrung widerlegt werden können, weil sie diese überhaupt erst ermöglichen.

Kant verhilft also, ohne es zu wollen, dem modernen materialistischen Weltbild, das er doch gerade widerlegen wollte, zu einer gewissen, wenn auch nur indirekten, Legalität: Indem er die Erkenntnis der Dinge an sich als unmöglich erklärt, dient er dem heutigen Skeptizismus. Dabei war sein erklärtes Ziel, gerade den atheistischem Skeptizismus Humes zu widerlegen.

Indem er schliesslich den Determinismus in den Rang einer Verstandeskategorie a priori erhebt, macht er sich mitverantwortlich für die heute allgemeine Auffassung, dass es keine echte Freiheit des Willens gibt, dass wir also gezwungen sind, alle Erscheinungen der Natur und des Menschen als determiniert anzunehmen, wenn wir sie erklären wollen.

Am weitesten geht aber Kant mit seiner Theorie, wonach es der erfahrungsfreien, sogenannten reinen Vernunft unmöglich ist, metaphysische Aussagen über Gott, die Unsterblichkeit oder die Endlichkeit bzw. Unendlichkeit des Universums zu machen. Bei all diesen Aussagen verwickelt sich nämlich die Vernunft, wie Kant nachweist, in unauflösbare Widersprüche. Damit wird Kant entgegen seinem ursprünglichen Ziel mitverantwortlich für den modernen Agnostizismus, der die Frage nach Gott als unentscheidbar erklärt und daher ablehnt.

Mit Kant steht und fällt Newtons Weltbild. Wenn es fortan unmöglich ist, durch reine Vernunft die Wahrheit von Aussagen über die Welt zu prüfen, dann hat es keinen Sinn, durch mathematisches Nachdenken Physik zu treiben. Denn diese Physik will nicht nur die Erscheinung der Ereignisse in einen logischen und mathematischen Zusammenhang bringen, sondern diese selbst. Für Newton sind die Kepler-Gesetze nicht die Erscheinung des Planetensystems, sondern dessen unwiderlegbare Wesenheit, ihr noumenon, nicht nur ihr phainomenon. Wenn die heutige Astronomie aufgrund der Rotverschiebung und Hintergrundstrahlung von einem Urknall spricht, so wird gerade jenes Problem der zeitlichen Endlichkeit der Welt angesprochen, das Kant aufgrund seiner Kritik der reinen Vernunfttätigkeit für unentscheidbar erklärt. Ebenso entscheidbar ist aufgrund der mittleren Massendichte des Universums das von Kant für unentscheidbar erklärte Problem der räumlichen Unendlichkeit oder Endlichkeit des Universums. Wir machen uns also anheischig, nicht nur die Erscheinung des Universums zu erkennen, sondern dessen entscheidende Merkmale an sich, nämlich Zeitlichkeit und Endlichkeit.

Ebenso entscheidbar ist aufgrund der allgemeinen Relativitätstheorie die Frage der Euklidizität oder nichteuklidischen Geometrie des Universums. Diese Entscheidung fällt dabei sowohl im Bereich der reinen mathematischen Vernunft (eben durch Einsteins allgemeine Relativitätstheorie) als auch der Erfahrung mit den beobachteten Effekten der Theorie. Erst beides zusammen vermittelt uns die Erkenntnis des Universums.

Die grundlegenden metaphysischen Probleme der Physik, wie Anfang und Ausdehnung des Universums, liegen also im Bereich der physikalischen Entscheidbarkeit. Noch mehr: Wollen wir nicht bei der Feststellung eines zeitlichen Weltbeginns haltmachen, dann stellt sich unabweisbar die Frage nach dem Schöpfer der Welt. Das Gottesproblem, das Kant aufgrund der reinen Vernunft für unentscheidbar hält, wird also zu einer wissenschaftlich sinnvollen Frage. Das heisst nicht, dass die Physik sie beantworten kann: Ihr Gegenstand ist nur die beobachtbare Wirklichkeit. Gott ist Geist und daher mit physikalischen Mitteln niemals zu beobachten. Dennoch führt die Physik genau an jene Grenze heran, jenseits derer die Frage nach Gott nicht nur logisch möglich, sondern existentiell notwendig wird.

Weshalb aber die ausserordentliche geistige Wirkung Kants? Er war der Erste, der klar erkannte, dass unsere Erkenntnis an apriorische Möglichkeitsbedingungen gebunden ist. Dies ist bleibend. Nur müssen wir diese Bedingungen heute tiefer fassen. Wir haben gelernt, dass die von Kant als selbstverständlich angenommene Newtonsche Physik mit ihrer Vorstellung eines absoluten Raums, einer absoluten Zeit und einer universalen Mechanik nur eine der Stufen der Physik darstellt. Einstein führte relative Raum- und Zeitbestimmungen ein und die Atomphysik enthält eine von Newton abweichende Mechanik. Dennoch gilt Newtons Mechanik nach wie vor als erste Näherung unserer physikalischen Welterfahrung.

Analog lernten wir, dass es zu dem von Newton und Kant als selbstverständlich angenommenen Raum Euklids abweichende Räume gibt. Dennoch bleibt auch hier der euklidische Raum in weiten Bereichen die unerlässliche Form unserer Sinneswahrnehmung und deren physikalischer Bearbeitung. Im Bereich des Sonnensystems haben wir es angenähert mit euklidischen Massverhältnissen zu tun. Es sind die Verfeinerungen, die Abweichungen vom euklidischen Raum und der Newtonschen Mechanik brachten.

Dadurch wird Kant nicht widerlegt. Er würde heute sagen: Die Geometrie schlechthin ist die unerlässliche Bedingung der Möglichkeit physikalischer Erkenntnis. Darin gibt ihm sogar die moderne Physik in noch höherem Masse recht als die Newtonsche. Es gibt Denker wie J. A. Wheeler, die in der Nachfolge Einsteins die gesamte Physik auf Geometrie stützen.

Ähnliches gilt für Kants Kategorien. Natürlich ist der Determinismus (Kants Notwendigkeit und Kausalität) nicht mehr universal gültig wie in Newtons Mechanik. Die Welt der Elementarteilchen verhält sich indeterministisch. Aber für alle makroskopischen Ereignisse, wo wir die Grösse h vernachlässigen können, gilt nach wie vor die deterministische Physik, wenn auch belastet durch unser Nicht-Wissen, wie in der statistischen klassischen Wärmelehre. Ja, eine deterministische Makrophysik (das heisst die ganze klassische Physik) bildet nach Bohr geradezu die Möglichkeitsbedingung, um überhaupt Atomphysik zu treiben, denn sie lässt sich zunächst nur auf klassische Begriffe stützen, diese aber stammen aus der Welt des Determinismus.

Kants Kategorie der Wechselwirkung ist sogar eine der grundlegenden Kategorien der heutigen Physik der Elementarteilchen. Ohne Kategorien schlechthin (die moderne Physik schuf eine Reihe von neuen) gibt es keine physikalische Begreifbarkeit der Welt. Insofern wird Kant durch die moderne Physik bestätigt. Was also war falsch? Antwort: Genau jene fundamentalen Verschiebungen, die Kant gegenüber Newton vollzog.

Kant verlegt die Möglichkeitsbedingungen der Erkenntnis in den Menschen. Zugleich verabsolutiert er sie als unüberschreitbare Aprioris. In

Wahrheit handelt es sich sowohl bei der Geometrie (genauer den Geometrien) als auch den Kategorien um freie Schöpfungen des Menschen, um ‹constructs› im Sinne Margenaus. Beweis: Die nicht-euklidischen Geometrien und die neuen physikalischen Kategorien, wie etwa die fundamentale Wahrscheinlichkeit in der Atomphysik oder die Relativität mit ihrer Kategorie der Invarianz.

Der Mensch braucht diese von ihm selbst geschaffenen Geometrien und Kategorien als Werkzeug der Erkenntnis. Sie werden erst im Zuge der Geschichte zu Aprioris, nachdem ihre Genesis vergessen wird. Kurz: Der Raum und die Kategorien haben eine menschliche Geschichte. Kants Aprioris gelten, aber relativ.

Kant verlegt den seinsmässigen Ort der Aprioris von Gott in den Menschen. Dann aber bleibt unerklärlich, wieso der Mensch mit ihrer Hilfe, wenn auch nicht das noumenon so doch das phainomenon (die Erscheinung), der Dinge erkennt. Kurz: Wie kann etwa eine vom Menschen geschichtlich nachweisbar erzeugte Hilbert-Geometrie die Atome steuern, wenn ihr nicht eine aussergeschichtliche, aussermenschliche Geometrie entspricht? Hier wies Newton den Weg: Die Geometrie schlechthin (nicht einer der möglichen Räume allein) verdankt ihren Ursprung einer übermenschlichen und zugleich überweltlichen Instanz. Wir sprechen heute mit Hermann Weyl vom Führungsfeld.

Kant verlegte Newtons Begriff der Absolutheit des Raums in die Aprioris: Diese sind nämlich nur dann wirkliche Aprioris, wenn man sie nicht auswechseln kann, anderenfalls erweisen sie sich als freie Schöpfungen des Menschen. Die Geschichte der Physik widerlegt dies: Der Physiker muss seine Geometrie und Kategorien an die jeweiligen Beobachtungen anpassen, um sie zu beschreiben. Ihre Relativität widerlegt ihre absolute Apriorität. Diese gilt nur für umgrenzte Wirklichkeitsbereiche, nicht für die Erfahrung schlechthin.

Die wirklichen Aprioris müssen also tiefer liegen. Die Grundannahme ist dabei ebenso wie bei Kant, die Wahrheit nicht ausser uns sondern in uns zu suchen.

Wir werden daher nach den inneren Voraussetzungen der Physik fragen müssen, um eine Antwort auf die ewige Frage nach Gott zu finden.

Dies entspricht der Grundhaltung des Evangeliums, das Reich Gottes «inwendig» zu suchen, nicht in äusseren Dingen.[35]

Drei Aprioris sind es vor allem, die Kant mit der Physik verbinden: Raum, Zeit und Wechselwirkung. Dazu müssen wir uns zunächst von Kants unausgesprochenen Annahmen lösen, dass der absolute Raum Newtons und seine absolute Zeit allein es dem Menschen ermöglichen, die äusseren Dinge zu ordnen. Einen bestimmten Raum und eine bestimmte Zeit, nämlich die euklidische Massbestimmung beider, entwickelte der Mensch im Lauf der Jahrhunderttausende aus seiner irdischen Erfahrung. Euklid brachte diese Erfahrung in ein logisch widerspruchsloses System. Dieses aber ist reines Gedankenwerk.

Damit zeigen sich der euklidische Raum und die euklidische Zeit (die wir jetzt formal zum Raum hinzunehmen) von zwei Seiten: Einmal als Ergebnis einer langen Evolution der menschlichen Erfahrung und zum anderen als reines ‹construct›, als Gedankengebilde.

Letzteres ist leicht einzusehen: Die von Euklid angenommenen Punkte, Linien und Winkel haben kein präzises Gegenstück in der Erfahrung, denn dort gibt es in letzter Strenge keine punktartigen Gebilde, also auch keine Linien mit nur einer Ausdehnung, und keine exakten Winkel, sondern nur ausgedehnte Orte der Wechselwirkung von Elementarteilchen, ausgedehnte Bahnen und deren stumpfe Winkel. Man denke nur an die Tröpfchenspuren in der Wilson-Kammer.

Die Gegenstände der euklidischen Geometrie finden wir nie und nimmer in der Erfahrung vor. Das gleiche gilt für eine gleichförmig linienartig dahinfliessende Zeit: Auch die Atomuhr ist nur bis auf eine gewisse Toleranz als absolut exakt zu bezeichnen.

Damit öffnet sich eine dritte Dimension von Raum und Zeit: Die Messung. Auch sie enthält eine Art Apriori, nur ist diese nicht absolut im Sinne Kants, sondern relativ: eine konstruierte. Damit wird die euklidische Massbestimmung von Raum und Zeit zusammen mit der davon stets unterschiedenen Messung mit Hilfe von Instrumenten zu einer Art konstruiertem Apriori räumlicher und zeitlicher Erfahrung. Kants Apriori wird relativ.

Indem nun das Ausgangsmaterial von Geometrie und Messung aus der Erfahrung stammt, können wir von einer kombiniert aposteriorisch- (aus der Erfahrung entnommenen) konstruktiven Apriorität sprechen. Raum und Zeit werden damit zu gemischt sinnlich-geistigen Aprioris der Erfahrung.

Dennoch enthalten beide ein absolutes Apriori. Es ist der Glaube des Menschen, dass sich die erfahrbaren Ereignisse nach der vom Menschen selbst konstruierten Geometrie (und Chronometrie) richten. Anders formuliert: Es gibt ein rein geistiges Führungsfeld chronogeometrischer Natur, an dem die äusseren Ereignisse der physikalischen Wirklichkeit teilhaben. Der ideale Raum und die ideale Zeit steuern die Dinge des Universums.

Dies ist die Platonische Lösung von Kants Problem. Platons genialer Gedankenentwurf wird freilich heute angereichert durch das Erfahrungsmaterial der Physik, von dem Platon noch nichts wusste. Es ist die Idee des Raums und der Zeit als «Raum und Zeit schlechthin» ohne spezielle Massbestimmung, welche physikalische Erfahrung ermöglicht.

Diese Idee nun bezeichne ich als absolut. Gemeint ist: Sie kann durch keine menschliche Manipulation aufgehoben werden, ohne dass damit die Erfahrung physikalischer Ereignisse selbst aufgehoben wird.

Dies ist aber nur die eine, der Welt zugewandte, Seite der Absolutheit. Die andere, dem Geist zugewandte bedeutet: Ohne die Idee von Raum schlechthin ist es undenkbar, irgendeine spezielle Geometrie zu treiben.

Diese Idee entstammt aber gerade nicht aus der Beobachtung, denn dort gibt es nicht Punkte, Geraden und Winkel, sondern nur nicht-punktartige physikalische Ereignisse.

Damit aber ergibt sich eine überraschende Konsequenz, die jener Kants gerade entgegengesetzt ist: Kant behauptet, die einzige Sicherheit der Erkenntnis beziehe sich auf die Geometrie als solche, denn wenn der Raum ein Apriori ist, dann kann er auch durch keine Erfahrung widerlegt werden. Indem aber alle Erfahrung den Raum (und die Zeit) voraussetzt, erkennen wir nicht die Dinge an sich, sondern nur so, wie sie in unserer Raum- und Zeit-Form aufscheinen, will sagen als Phänomene.

Ich ziehe aus der Absolutheit der Idee von Raum und Zeit den entgegengesetzten Schluss: Wir können Raum- und Zeit-Physik nur treiben, weil die physikalischen Dinge Raum und Zeit *sind*.

Dieser Schluss scheint überraschend, und doch wird er durch die gesamte Physik nahegelegt. Newton verstand noch nicht die Begründung der Gravitation; diese brachte erst Einstein. Aber er begriff, dass eine Fernwirkung über den Raum und die Zeit hinweg nicht denkbar ist. Sie wäre ein reines Mysterium.

Die Lösung brachte Faradays Begriff des Feldes. Hier wird der leere Raum mit Kräften der elektromagnetischen Wechselwirkung ausgestattet. Die Ladungen verändern den Raum. In Einsteins Gravitationstheorie (allgemeiner Relativitätstheorie) wird der leere Raum zwischen den Himmelskörpern mit einer nichteuklidischen Metrik ausgestattet: Die kosmischen Massen verändern ebenfalls den Raum, aber nicht dynamisch, sondern geometrisch. In der Quantenelektrodynamik werden die elektromagnetischen Wechselwirkungen zwischen Ladungen als Austausch virtueller Photonen verstanden. Ebenso wirken zwischen Kernteilchen virtuelle Mesonen als Träger der Kernkraft.

Schliesslich wird der Raum in der heutigen Physik selbst zur einzigen Realität. Dabei wirken zwei Ströme, die noch nicht vereint wurden: Einerseits versuchte Einstein auch die elektromagnetischen Kräfte als Veränderungen der Metrik des Raums zu verstehen (Wheeler führt diesen genialen Gedanken fort). Andererseits wird die Existenz beobachtbarer Teilchen als Manifestation von zugehörigen Feldern verstanden: Das Teilchen ist seiner Natur nach Feld. Es gibt demgemäss sogenannte skalare, vektorielle und tensorielle Teilchen, je nach dem zugehörigen Feld aus Skalaren, Vektoren oder Tensoren. Es bedarf keines Beweises, dass Skalare, Vektoren und Tensoren reine constructs darstellen.

So betrachtet ist also unser Universum an sich reiner Raum. Dabei wurde der Raumbegriff entsprechend der Evolution der Physik verändert und angereichert. Was wir beobachten, ist also seiner Natur nach Raum im heutigen Sinn.

Indem wir nun seit Einstein im Grunde stets geometrische Physik betreiben (die Erhaltungssätze folgen z. B. aus Symmetrien der vierdimensionalen Einsteinschen Raumzeit), wird der Raum im heutigen Sinn zum unerlässlichen Apriori der Physik. Indem er sich in der Feldphysik zugleich als das An sich der physikalischen Ereignisse bekundet (sei es als metrisches Führungsfeld, sei es als Feld der Elementarteilchenphysik), wird er zum objektiven Apriori des Universums selbst. Alles, was wir an ihm physikalisch erkennen, ist Raum.

Wir müssen zwei Ergänzungen hinzufügen. Kant sah in der Zeit die apriorische Grundlage der Zahlen, also der Arithmetik. Deren Gewissheit beruht nach Kant auf dem apriorischen Charakter der Zeit als Form unserer Anschauung äusserer Ereignisse. Unterstellen wir dies einmal und fügen gemäss Einstein die Zeit zum Raum als dessen notwendige physikalische Ergänzung hinzu (alle Ereignisse sind ja sowohl räumlich als auch zeitlich lokalisierbar), dann wird nicht nur die Geometrie, sondern auch die gesamte Arithmetik und Algebra zum unerlässlichen Apriori der Physik. Dem zu widersprechen, hiesse die Physik als mathematische Wissenschaft aufheben. Theoretische Physik ist mathematische Physik.

Die zweite Ergänzung betrifft die Kategorie der Wechselwirkung. Das Objekt der Physik sind stets raumzeitlich lokalisierbare Wechselwirkungen. Die gesamte Physik der Elementarteilchen besteht ja aus beobachteten Wechselwirkungen. Wir können sogar vereinfachend sagen: Das Objekt der Beobachtung des Kosmos sind raumzeitliche Wechselwirkungen. Sie entsprechen den vier Grundkräften Gravitation, starke Kernkraft, elektromagnetische Kraft und schwache Kraft. «Das Universum ist raumzeitliche Wechselwirkung» so könnte ein vereinfachender Satz der heutigen Physik lauten. In der Tat ist die Wechselwirkung genau das, was die realen Ereignisse von den rein idealen Strukturen der Chronogeometrie unterscheidet. Sie ist die der Realität zugewandte Seite der Idealität von Raum und Zeit.

Damit gewinnen wir ein letztes Apriori im Sinne Kants. Indem die Kategorie der Wechselwirkung denknotwendig jeder physikalischen Erfahrung vorhergeht (wir wollen ja gerade die Wechselwirkung beobachten), wird sie zum instrumentalen Apriori jeder Physik. Man sage nicht, es handle sich um eine Abstraktion aus der Erfahrung. Was wir in der Wilson-Kammer sehen, sind nur die Tröpfchenspuren, aber keine Wechselwirkungen. Diese müssen wir a priori denken. Analog beobachten wir im Weltall nur Lichtflecke und deren Konfiguration (Radioquellen eingeschlossen). Um deren Konfiguration zu verstehen, müssen wir notgedrungen eine raumzeitlich geordnete Wechselwirkung annehmen. Die Wechselwirkung ist also ein reines construct, ein Produkt unserer geistigen Kreativität.

Andererseits sind Wechselwirkungen genau jene objektive Realität, die wir suchen. Sie sind das Ziel unserer Theorie und zugleich deren experimentelle Bedingung. Im Verständnis der heutigen Physik sind also die Wechselwirkungen die Realität selbst.

Die Konsequenz: Der apriorische Charakter der Wechselwirkung als Kategorie verbürgt zugleich die Objektivität der dadurch gewonnen Erkenntnis: So verstanden ist das «Ding an sich» Wechselwirkung und sonst nichts.

Raumzeitliche Wechselwirkung – das also ist das von Kant als grundsätzlich unerkennbar bezeichnete «Ding an sich». Gerade der apriorische Charakter von Raum, Zeit und Wechselwirkung verbürgt die Objektivität unserer darauf gegründeten Physik.

Dieses «Ding an sich» ist also nicht der äussere Schein der Welt, sondern deren inneres Sein als durch Geometrie geordnetes System aus Wechselwirkungen. Indem die gesamte Physik mathematisch-geometrische Symbolisierung von beobachteten Wechselwirkungen darstellt, steht und fällt ihr Erkenntniswert mit diesem Satz.

Dies, so glaube ich, ist der eigentliche Sinn von Kants Unterfangen, den Skeptizismus Humes und damit den Atheismus aus den Angeln zu heben. Die Apriorität von Raum, Zeit und Wechselwirkung verbürgt die Gewissheit einer geistigen Ordnung des Universums. Diese aber ist nur möglich durch einen überweltlichen und zugleich geistigen Gesetzgeber.

Damit ist die Brücke von Kant zu Newton geschlagen. Newtons Anliegen war erwiesenermassen gleichfalls, den Atheismus seiner Zeit zu widerlegen. Indem er den Raum als Sinnesorgan Gottes erklärt und zugleich als Bedingung für die Erschaffung der Dinge durch Gott, wird die Geometrie zum apriorischen Mittler zwischen Schöpfer und Universum. Sie wird zur Idee Gottes: Gott treibt überall Geometrie (Platon). In diesem Verständnis wird der Raum dann zum Absolutum, nämlich als unaufhebbare Bedingung, dass überhaupt raumzeitlich geordnete Wirklichkeit sei.

Raum, Zeit und Wechselwirkung als Gedanken Gottes werden zu den fundamentalen Möglichkeitsbedingungen der Welt.

Und nur weil sie dies sind, stellen sie auch die Möglichkeitsbedingungen physikalischer Welterkenntnis dar.

Die Anliegen Kants und Newtons finden sich bei beiden als geschichtliche Keime der physikalischen Evolution angelegt, aber noch nicht voll entwickelt. Es war der modernen Physik vorbehalten, sie zur ihrer eigentlichen Wahrheit zu bringen.

Bleibt ein letzter Schritt. Wenn Kant und Newton gleichermassen ihr Gedankenwerk der Widerlegung des Atheismus zuordnen, so leitet sie dabei ein Imperativ. Ich nenne ihn mit Spinoza *amor dei.* Nur war darin Newton konsequenter als Kant; seine Wirkungen auf die Wissenschaft waren demgemäss dauerhafter. Wenn Kant erst in der «Kritik der praktischen Vernunft» von Gott wissenschaftlich zu reden wagt, so tut dies Newton am Ende seiner «Principia» und «Opticks» bewusst als Grundlage und Facit seiner Theorie.

Für ihn ist Gott nicht nur denkbar, er ist *Alles.* Newtons Weisheit gründet in seiner Liebe zu einem persönlichen und allmächtigen Gott, dem Herrn des Universums. Für ihn ist im Gegensatz zu seinen Nachfolgern Gott nicht bestenfalls ein Uhrmacher, der das Universum schuf, um es sich selbst zu überlassen. Dies war eine folgenschwere Verkennung von Newtons Selbstverständnis. Noch weniger ist für Newton die Welt eine Maschine, die Gottes nicht einmal als ihres Erfinders bedarf. Vielmehr wirkt Gott nach Newton permanent und unaufhebbar via Raum und Zeit auf die physikalischen Körper. Sie hätten also ohne Gott nicht einmal Existenz, und zwar nicht nur als Werke Gottes, sondern als ständig via Raum und Zeit mit dem schöpferischen Erleben Gottes verbunden. Sie bilden im Weltverständnis Newtons die eigentlich kosmischen Erlebnisse Gottes.

Ein grandioseres Weltverständnis lässt sich kaum ersinnen. Ich versuche, Newtons Credo aufzuschlüsseln:

Um das mathematische Gesetz der Natur zu suchen, bedarf es einer Identifizierung des Menschen mit der extremen Abstraktheit von Strukturen. Der menschliche Geist vermochte nichts Abstrakteres zu ersinnen als die Mathematik in ihrer heutigen Gestalt. Er gleicht darin einem Bergsteiger, der die höchsten Gipfel von maximalem Schwierigkeitsgrad stürmt. Sollte das nicht Liebe zur Natur als dem Du des Menschen sein? Die abstrakten Strukturen der Natur sind mehr als nur Natur. Sie erleben wir nie und nimmer, sondern wir müssen sie in unseren Gedanken selbst erschaffen. Der mathematische Physiker handelt also wesenhaft schöpferisch. Das entscheidende Merkmal der Liebe ist aber Schöpfertum. Nur die Liebe ist schöpferisch und nur der Schöpferische liebt.

Wer die Natur liebt, liebt also mehr als die Natur. Er liebt die Transzendenz, die alle abstrakten Strukturen begründet. Der Physiker liebt in der Natur die Über-Natur. Sie offenbart sich als mathematische Ordnung, Schönheit, Einfachheit, Kraft, Harmonie und göttliche Genialität. Was in der Natur Majestät ist, kommt nicht aus der Natur, sondern der Über-Natur. Alles, was wir an der Natur lieben, ist nicht von der Natur, sondern aus Gott.

Gott offenbart sich in der Natur als Geist. Alles, was der Physiker tut, ist vom Geiste und für den Geist des Menschen. Was er in der Natur sucht, ist vom Geiste Gottes und für den Geist Gottes: Dem Ursprung nach ein geistiges Wesen, ist der Physiker seinem Ziel nach ein Sucher des Geistes in der Natur. Naturwissenschaft ist Geisteswissenschaft (Heitler).

Wir erkennen in der Natur überhaupt nichts ausser dem Geist. Beobachtungen sind Erfahrungen des Menschen als Geistwesen. Messungen enthalten die geistigen Operationen von Messgeräten und Rechnern. Imaginationen sind Operationen im Reich der Gedanken. Erst recht sind dies Geometrien, Algebren, Logiken, Prinzipien und Werte. Mit aufsteigender Abstraktheit steigt der menschliche Geist zu seinen Ursprüngen empor, bis er die letzten Prinzipien des Universums zu erkennen hofft.

Das Ziel dieser kosmosophischen Liebe ist also im Letzten die Weisheit in der Natur. Sie verkörpert sich in den mathematischen und logischen Prinzipien des Physikers. Insofern er a priori annehmen muss, damit auch die Prinzipien der physischen Natur zu entdecken, nimmt er notwendig unbewusst an, dass die Natur entweder selbst über diese Weisheit verfügt oder dass Gott sie ihr eingab. Nun wäre es absurd, von der Weisheit der

Atome zu sprechen, da diese sicher kein Bewusstsein von der Art des denkenden Menschen haben. Dieses Bewusstsein ist an ein hochentwickeltes Gehirn gebunden. Also bleibt nur die Annahme einer über die Natur hinausreichenden göttlichen Person mit unendlichem Bewusstsein.

Die Liebe des Physikers zur Weisheit in der Natur ist also die Liebe zur Weisheit über der Natur. Nun bedeutet «Weisheit» im Griechischen «Sophia». Philosophen sind also Weisheits-Freunde. Newton hat recht, wenn er seine Physik als «Philosophie» bezeichnet, wie sie übrigens im Angelsächsischen heute noch so genannt wird. Der Sprachgebrauch sagt, was die moderne Philosophie verschweigt.

Die Weisheit im Universum wurde seit alters vom jüdischen und christlichen Denken als Zeugin für das Wirken Gottes verstanden. Die Ostkirche baute der Heiligen Weisheit die Kirche Hagia Sophia in Konstantinopel. In den Sprüchen Salomos heisst es: «Es ist Gottes Ehre, eine Sache zu verbergen, aber es ist der Könige Ehre, eine Sache zu ergründen».[36]

Damit werden die Physiker indirekt als Könige angesprochen, die das von Gott in die Dinge gelegte Geheimnis ergründen. Der Verfasser geht so weit, die Weisheit zu personifizieren und ihr eine unmittelbare Rolle bei der Erschaffung der Welt zuzuschreiben:

> «Der Herr hat mich gehabt im Anfang seiner Wege; ehe er etwas schuf, war ich da.
> Ich bin gesetzt von Ewigkeit, von Anfang, vor der Erde».

Ausdrücklich nennt der Verfasser dann die einzelnen Schöpfungsakte Gottes in der Natur, um zu schliessen:

> «Da er dem Meer das Ziel setzte und den Wassern, dass sie nicht überschreiten seinen Befehl, da er den Grund der Erde legte:
> da war ich der Werkmeister bei ihm . . .
> Wer mich findet, der findet das Leben . . .
> Alle, die mich hassen, lieben den Tod».[37]

Es ist schwer, eine eindrücklichere Deutung dieser sonst schwer verständlichen Vorstellung einer kosmischen Werkmeisterin im Auftrag Gottes zu finden, als in der Physik Newtons. In der Tat musste ihn die Entdekkung der Gravitation als der eigentlichen Architektin des Universums in einen mystischen Zustand der Vision göttlicher Weisheit versetzen.

Diese Weisheit entzieht sich nicht der Vernunft: Sie ist im Gegenteil höchst rationaler Natur. Es ist die Vernunft im Universum, die seit je das Erstaunen der mathematischen Physiker hervorrief, von Galilei bis Heisenberg. Hier haben wir es nicht mit einem Mythos zu tun, sondern mit einer in realen Gleichungen nachvollziehbaren Struktur des Universums.

Ich möchte daher diese Art Newtonscher Mystik als rationale Mystik bezeichnen. Sie zielt auf eine göttliche Vernunft, die sich durch menschliche Vernunft finden lässt. Den Weg dazu öffnet freilich die Liebe zur

Weisheit, denn ohne enorme Anstrengung führt der Weg nicht zum Ziel. Wohl in keine Wissenschaft wird bis heute so viel Mühe investiert, wie in die theoretische Physik. Sie enthält das Leistungsmaximum der modernen Menschheit, nachdem die übrigen Quellen menschlichen Schöpfertums weithin versiegten. Leistung bedeutet aber Liebe zum Tun. Zielt sie nun auf so abstrakte und zunächst unproduktive Gegenstände wie die Strukturen des Kosmos im Grössten oder Kleinsten, so überwiegt notwendig das geistige Element alle Egoismen. Wir haben es hier mit einer echten Liebe zu tun. Sie bekundet sich in genau jener Weise, wie in der Liebe zweier Menschen, nämlich als Verlassen des eigenen Ego und Hinübergehen in das Du. Liebe ist Verschmelzung zweier Egos zum Wir, also das Transzendieren, das Überschreiten des Ich zugunsten der Vereinigung, der Einswerdung mit dem Du.

Dieses Du des Physikers ist nun nicht die Natur als solche. Der Ausgang eines Experiments interessiert ihn nicht als Tatsache, sondern als Zeichen für die darin zum Ausdruck kommende Struktur eines Prinzips. Auch die Sterne und Galaxien sind nicht der eigentliche Gegenstand seiner Forschung, sondern die in ihnen manifest werdende Gesetzlichkeit und Ordnung der Welt.

Gesetze, Prinzipien und Ordnung sind ihrerseits Bekundungen einer noch abstrakteren Vernunft, die ich ‹Weisheit› nenne. Dahinter verbirgt sich als Endpunkt einer Kette von Abstraktionen eine letzte Instanz, die für die Weisheit im Kosmos verantwortlich ist.

Wenn wir also die Ich-Du-Beziehung des Physikers zu seinem Forschungsgegenstand zu Ende denken, so finden wir unvermeidbar diese Oberste Instanz, die seit je Gott genannt wird. Die Ich-Du-Beziehung wird in letzter Konsequenz eine Beziehung zu Gott. Dass dies den meisten heutigen Physikern verborgen, ja ungewollt ist, ändert nicht das Geringste an der logischen Schlusskette, die zu dieser Obersten Instanz führt. Der Physiker liebt und sucht diesseits seines Wollens den Unbekannten Gott in der Natur. So hatten auch die alten Athener zur Zeit des Apostels Paulus dem Unbekannten Gott einen Altar errichtet.[38] Die ganze Eruption der physikalischen Forschung seit Galilei ist ohne diese Liebe zum Unbekannten Gott nicht zu begreifen. Nicht die Herkunft dieses Elans ist also dessen Grund, sondern sein Ziel.

Die Physik ist eine aus der Zukunft zu begründende Leistung der Menschheit. Dies gilt nur vordergründig für ihre technischen Konsequenzen, denn diese bilden einen begrenzten Ausschnitt ihrer Gesamtleistung. Zahlreiche ihrer Entdeckungen, insbesondere auf dem Gebiet der Astronomie und Elementarteilchen-Physik, haben überhaupt keine technische Bedeutung. Dennoch werden in sie enorme geistige und finanzielle Mittel investiert. Warum?

Es gibt eine letzte Begründung: Die Spur Gottes in der Natur.

Der Mensch sucht in der Natur, was er selbst «seiner Natur nach» ist: Die Spuren des Geistes. Nun ist aber die Natur evident nicht vom Menschen erschaffen, was immer man über die «Welt als Vorstellung» sagen mag. Sicher, alle unsere Vorstellungen von der Natur sind das Erzeugnis des Zusammenwirkens der Sinnesorgane mit einer Kette von schöpferischen Akten des Menschen, angefangen von der Imagination bis zu den abstraktesten Gedanken. Aber nicht die Welt ist unser construct (Margenau), sondern unser Erleben und Ersinnen der Welt.

Dieses Erleben gründet aber in einem den Menschen transzendierenden Sein, das wir die Natur nennen. Der Mensch findet sie als das überwältigende Gegenüber seit Millionen von Jahren vor. Im Anfang beseelte er sie mit Geistern, später mit Prinzipien und heute mit mathematischen Gleichungen. Immer verlegt der Mensch etwas spezifisch Menschliches in sein natürliches Gegenüber, immer vermenschlicht er die Natur.

Diese Vermenschlichung ist im Grunde eine Vergeistigung: Nicht seinen Leib verlegt der Mensch in die Natur (diese erscheint ihm ja selbst zunächst als leibliches Sein), sondern das Unsichtbare in ihm. Vielleicht ist es im Letzten nicht so wichtig, ob dieses Unsichtbare als «Seele», «Idee» oder «Gleichung» bezeichnet wird. Ausschlaggebend ist der Akt der Verlegung des menschlich-Unsichtbaren in das naturhaft-Sichtbare.

Dieser Akt entspringt einem zweifachen Urvertrauen: Einmal in die Einheit von Mensch und Natur und zum zweiten in die Realität des Unsichtbaren.

Die philosophische und religiöse Tradition der Menschheit nennt es «Geist». Entscheidend ist nicht dessen Definition (die von Kontext zu Kontext variiert), sondern der gemeinsame Nenner aller Perspektiven, die im Namen «Geist» zentriert sind. Ich glaube, er lässt sich am besten mit dem Namen «das unsichtbare Schöpferische» bezeichnen.

Das Urvertrauen zielt also auf die Identität des menschlichen Geistes mit dem die Natur durchwaltenden Geist. Fraglos ist die Erzeugung einer Gleichung ein geistiger Akt; damit meinen wir zunächst, dass wir ihn gegen einen rein körperlichen Akt abgrenzen. Unser Vertrauen sagt nun: Die Gültigkeit der Gleichung für einen künftigen einschlägigen Versuch beruht auf der Tatsache, dass der Versuch, auch soweit er vom Menschen unabhängig ist, gleichfalls von der Gleichung gesteuert wird. Wir stellen etwa die Newtonsche Gravitationsgleichung auf und beobachten, dass auch das Verhalten eines Satelliten ihr gehorcht.

Verfolgen wir unser Urvertrauen weiter, so gelangen wir zum Glauben: Mensch und Natur sind von der gleichen geistigen Instanz bewirkt. Die Natur ist «Geist vom Geiste und Fleisch vom Fleisch» des Menschen. Indem der Mensch sie zu verstehen sucht, ist er auf der Suche nach dem gleichen Geist, der im Menschen die Gleichung erzeugt und in der Natur ihre Gültigkeit garantiert.

Aus diesem kosmosophischen Eros allein ist der geschichtliche Aufbruch der Physik seit der Renaissance zu verstehen. Er stellt eine Explosion des Geistes dar. Weder ihre Herkunft noch ihr Verlauf ist ohne die Realität des Geistes im Menschen zu begreifen. Physik ist eines der eindrucksvollsten Zeugnisse für die schöpferisch Aktivität des Geistes. Sie ist eine ständige Geburt aus dem Geist, durch den Geist und für den Geist.

Der kosmosophische Eros zielt also auf das, was über die sichtbare Wirklichkeit hinausreicht. Er ist wie ein Pfeil, abgeschossen in die Transzendenz. Geschichtlich erwies er sich als eine der folgenreichsten Leidenschaften, die je den Menschen bewegten. In seiner Wirkung am Ausgang des 20. Jahrhunderts wird er zur geschichtlichen Macht schlechthin.

Newton muss dies geahnt haben. Nicht umsonst schrieb er gegen Ende seines Lebens je eine Abhandlung über den Propheten Daniel und die Apokalypse. Ich sehe darin keine persönliche Verirrung, sondern das Ahnen jener Folgen, die sich aus der Perversion des kosmosophischen Eros ergeben. Kosmisch blieb er, aber statt der liebenden Gleichsetzung von menschlichem und kosmischem Geist wandelt er sich in das kalte Auge des Hasses, der den Geist nur benutzt, um Macht über den Geist zu erzielen.

Es ist an der Zeit, sich wieder auf die Ursprünge zu besinnen. Die Suche nach dem Geistigen in der Natur ist religiös verstanden die Suche nach Gott. Nicht Hass und Menschenverachtung, sondern allein Ehrfurcht vor dem Geistigen in der Natur und erst recht vor dem Geistigen im Menschen wird uns von der Zerstörung des Menschen und der Natur befreien.

Religion im ursprünglichen Sinne des Wortes «religio» bedeutet «Ehrfurcht». Sie bedeutet nicht die Ohnmacht des Sklaven, der sich nur der Gewalt ausliefert, sondern die Liebe des Freien zu einer unendlich überlegenen und dennoch ihm verwandten Macht. Wir finden dieses Gefühl in der Absicht von Newtons Zeitgenossen Leibniz, eine Gemeinschaft der Theophili, der Gottesfreunde, zu gründen. In Newtons eigenem Werk kommt jedoch die gleiche erschütterte Liebe zur Transzendenz zum Ausdruck, wie wir sie in Bachs Matthäuspassion, Händels Messias, im Schlusschor von Beethovens Neunter oder in den weltentrückten Symphonien Bruckners wiederfinden.

Die gleiche Haltung bekennt Dante am Schluss seiner Wanderung durch Hölle, Purgatorium und Paradies:

> «Die Liebe treibt die Sonne und die Sterne».

Der Mensch: Eine kleine Welt.

Demokrit

10. Kapitel
Der Einzelne und sein Recht

Das grösste Geheimnis des Menschen ist er selbst. Wir sagen: Ich bin, ich tue, ich denke, ich will. Aber wer ist das eigentlich: Ich?

Das Problem ist für uns alle von kardinaler Bedeutung. Unser gesamtes Leben ist auf diesen Mittelpunkt gerichtet. Alles Tun, alles Wollen und Fühlen, ja unser gesamtes Sein geht zunächst von unserem Ich aus, zielt auf seine Verwirklichung und hat ohne das Ich keinen Sinn. So ist das Ich der tragende Sinn unseres Lebens. Wir können ihn noch so sehr in ein Du verlegen: Immer ist es das Ich, das sich zum Du neigt, das sich selbst im Du entdeckt und erlöst, wenn es sagt: Ich liebe dich. Denn es ist und bleibt ewig das Ich, das so spricht.

Das Ich hängt eng mit dem Bewusstsein zusammen, muss sich aber nicht darauf beschränken. Wie könnten wir sonst sagen: Ich schlafe? Auch und gerade im Traum erwacht unser Ich zu einem eigenartigen Leben, sonst hätten wir ja daran keine Erinnerung. Der Traum ist eine Stufe unseres Bewusstseins eigener Art, die in besonders eindrücklichen Fällen unser Tag-Bewusstsein beinahe unendlich übersteigt. Die ganze Romantik bis Friedrich Nietzsches dithyrambischem «Nachtlied» weiss um dieses überhelle Nacht-Bewusstsein, diese alles erleuchtende Helle der Nacht:

> Nacht ist es: nun reden lauter alle springenden Brunnen.
> Und auch meine Seele ist ein springender Brunnen.
> Nacht ist es: nun erst erwachen alle Lieder der Liebenden.
> Und auch meine Seele ist das Lied eines Liebenden. Ein Ungestilltes, Unstillbares ist in mir; das will laut werden. Eine Begierde nach Liebe ist in mir, die redet selber die Sprache der Liebe.
> Licht bin ich: ach, dass ich Nacht wäre! Aber dies ist meine Einsamkeit, dass ich von Licht umgürtet bin . . .
> Aber ich lebe in meinem eigenen Lichte, ich trinke die Flammen in mich zurück, die aus mir brechen.[1]

Niemals wurde die ekstatische und zugleich niederschmetternde Allgegenwart des Ich menschlicher besungen. Alle Poesie der Welt ist ein Lied vom Ich. Der umnachtete Hölderlin klagt:

Weh mir, wo nehm ich, wenn
Es Winter ist, die Blumen, und wo
Den Sonnenschein
Und Schatten der Erde?
Die Mauern stehn
Sprachlos und kalt, im Winde
Klirren die Fahnen.

Immer verlassener wuchtet das Ich des Menschen aus der sterbenden Dämmerung Europas empor: Das Letzte, Wirklichste, sich Aufbäumende gegen den Untergang. Georg Trakl:

Menschheit vor Feuerschlünden aufgestellt,
Ein Trommelwirbel, dunkler Krieger Stirnen,
Schritte durch Blutnebel; schwarzes Eisen schellt,
Verzweiflung, Nacht in traurigen Gehirnen:
Hier Evas Schatten, Jagd und rotes Geld.
Gewölk, das Licht durchbricht, das Abendmahl.
Es wohnt in Brot und Wein ein sanftes Schweigen
Und jene sind versammelt, zwölf an Zahl.
Nachts schrein im Schlaf sie unter Ölbaumzweigen;
Sankt Thomas taucht die Hand ins Wundenmal.

Was der im Garnisonsspital zu Krakau einer Überdosis an Kokain Erlegene schaute, als er das Grauen der Ersten Apokalypse 1914 nicht mehr ertragen konnte, das hallt in Rilkes Neunter Elegie auf Schloss Muzot 1921 wieder:[2]

Einmal
jedes, nur einmal. Einmal und nichtmehr. Und wir auch
einmal. Nie wieder. Aber dieses
einmal gewesen zu sein, wenn auch nur einmal:
irdisch gewesen zu sein, scheint nicht widerrufbar.

Damals war noch nicht Stalingrad, noch nicht Auschwitz und Hiroshima, die beinahe letzten Schritte zum absoluten Nichts. Der Dichter Sprache zerbrach ob des Geschauten. Nur noch Sprach-Fetzen blieben zurück, leise klirrende Trümmer ausgelöschter Ich-Selbste unter dem stählernen Tritt endzeitlicher Ungeheuer ohne menschliches Antlitz:

O die Schornsteine
Auf den sinnreich erdachten Wohnungen des Todes,
Als Israels Leib zog aufgelöst in Rauch
Durch die Luft . . .

. . . .
Die gekrümmte Linie des Leidens
nachtastend die göttlich entzündete Geometrie
des Weltalls
immer auf der Leuchtspur zu dir . . .
. . . .
So einsam ist der Mensch
sucht gen Osten
wo die Melancholia im Dämmerungsgesicht erscheint . . .

Nelly Sachs (Nobelpreis 1966), Klage Israels, schaut aber schon den ewigen Hiob in der Glorie, wenn er spricht:

Und wenn diese meine Haut zerschlagen sein wird,
so werde ich ohne mein Fleisch Gott schauen.

Denn Hiob ist das zerfetzte Ich des Menschen, das der Auferstehung harrt:

Zu den Würmern und Fischen ist deine Stimme eingegangen
Hiob, du hast alle Nachtwachen durchweint
aber einmal wird das Sternbild deines Blutes
alle aufgehenden Sonnen erbleichen lassen.[3]

Was ist es, das da leidet und um dieses sein Leiden weiss, denn es ist sein Leiden und nicht das eines anderen? In der Leidens-Erfahrung weiss das Ich um sich selbst stärker als in allen anderen Erfahrungen. Wenn es das Messer spürt und den stählernen Blitz über seinem Haupt aufleuchten sieht, dann bäumt es sich auf gegen seinen Ur-Feind: den Tod. Denn so stark ist der Wille zu sich selbst, dass es lieber Gott leugnet als sich dem Nicht-Sein preisgibt, wie das Beispiel des Petrus im Vorhof des Hohenpriesters beweist.

Was also ist es?

Emil Du Bois-Reymond sagt 1872: Wir wissen es nicht, und wir werden es nicht wissen. Die philosophische Psychologie ist dennoch seit Jahrtausenden bemüht, das Rätsel zu begreifen. Aristoteles unterscheidet zwischen der allen Lebewesen eigenen vegetativen Seele (der anima animalis der Tiere sowie des tierischen Organismus des Menschen) und der allein dem Menschen eigenen Vernunft-Seele. Platon unterscheidet ähnlich zwischen Begierde, Mut, Wille und Verstand (Logistikon). Auch bei den Neuplatonikern und Gnostikern zur Zeit Christi wird zwischen dem sinnlichen Menschen des Fleisches, dem natürlichen Seelenmenschen (Psychikos) und dem begnadeten Geist-Menschen (Pneumatikos) unterschieden. So sagt der Apostel Paulus: «Denn ich weiss: Das Gesetz selbst ist geistlich. Doch ich bin nur ein Mensch von Fleisch und Blut, unter die Gewalt der

Sünde verkauft. Wozu ich es in meinem Handeln bringe, weiss ich selbst nicht. Denn was ich will, das tue ich nicht, und was ich hasse, das tue ich».[4]

Das Ich zeigt sich also in einem Konflikt zwischen sich selbst und jenen Instanzen seines inneren Umfelds, die nicht der Aussenwelt zugehören. Es gibt da eine Entzweiung des Ich, eine Art von Kernspaltung. Das Ich kann sozusagen auseinanderbrechen. Aber gerade darin kommt es zu sich selbst: Ähnlich wie es sich gegen den Tod aufbäumt, so auch gegen jene Kräfte aus dem eigenen Innern, die es als wahres Ich vernichten wollen, weil sie es in einen Zwiespalt mit sich selbst bringen.

Freud tituliert diesen Vorgang als Zwist des Ich mit dem aus der sozialen Umwelt aufgenötigten Über-Ich. Aber auch er weiss um das triebhafte «Es». Auch Platon kennt diesen doppelten Kampf: Hier ist das Über-Ich einem Herrscher vergleichbar, dessen Befehle das Ich ausführen soll, denn «mit dem Auge der Seele» weiss es um das Gute.

Platons Über-Ich ist also nicht von aussen durch soziale Autoritäten wie bei Freud dem Ich überlagert, sondern es ist ihm bereits als Ur-Wissen zu eigen. Es ist ein oberstes Liebenswertes (ein Proton Philon), von dem alle anderen Werte abhängen. Gleichzeitig wehrt aber das Ich die Revolte der Sklaven, nämlich der Triebhaftigkeit, ab.

Das Ich artikuliert sich also in einer doppelten Frontstellung gegen Es und Über-Ich. Es führt sozusagen einen permanenten Zweifrontenkrieg. Aber das ist nur der äussere Wirkbereich. Er gleicht der trägen Masse, die sich ja auch erst im Widerstreit gegen eine äussere Kraft kundtut.

Die gesamte Geschichte des Einzelnen und der Menschheit ist im Grunde nur die Manifestation der Wirkungen von Egos. Es gibt keine Masse im Sinne von José Ortega y Gassets «Der Aufstand der Massen»[5], wie sehr auch moderne Diktaturen und Konsumgesellschaften den Einzelnen vermassen. Niemals wird sich die fundamentale Ichheit des Menschen auslöschen lassen, wie sie einem jeden von uns in der Wahl des Schicksals und im Tod begegnet. Denn geboren werden, leben und sterben kann nur der Einzelne.

Gerade Ortega y Gasset schreibt dem Einzelnen die Fähigkeit zu, unter den Wahrheiten jene auszuwählen, die seinem Leben am besten dient. Ähnlich trifft ja unser Auge eine begrenzte Auswahl aus der weit grösseren Menge an Lichtfrequenzen. Ebenso bezeichnet jede Philosophie den individuellen Horizont ihres Schöpfers.

In der Tat ist die ganze Neuzeit eine immer stärkere Hinwendung zum Ich. Man könnte die Ich-heit des Menschen (die Philosophie spricht statt dessen vom Subjekt) als das Thema der Moderne bezeichnen. Sie kommt am radikalsten bei Denkern wie Stirner und Nietzsche zum Vorschein. Max Stirner, fussend auf Hegel und Feuerbach, bezeichnet in seinem 1845 erschienenen Buch «Der Einzige und sein Eigentum» das Ich als die einzige Realität schlechthin. Alle Werte sind nur auf das Ich bezogen und haben dem Ich zu dienen.

Diesem groben Ich-Denken überlagert ist die viel tiefere Philosophie

Nietzsches, gestorben im Schicksalsjahr der modernen Physik 1900, als Planck seine Quantenhypothese aufstellte. Im «Zarathustra» (1. Teil 1883) verherrlicht er den Übermenschen, ein Name, den der Erdgeist dem Faust zuerkennt. Es ist der Herrenmensch, der dem heraufdämmernden europäischen Nihilismus mit der Philosophie des Hammers entgegentreten soll. Nietzsches Ur-Feind war der in die ent-ichte Masse von Skalven und Sklavenhaltern zurücksinkende Mensch des 20. Jahrhunderts, dessen Ideologien und Tyranneien er prophetisch vorausschaute. Er glaubte, darin die Folgen des Christentums zu erkennen, nur in der neuen Gestalt des Sozialismus. Sklavenmoral, Pöbeltum und nihilistische Entwertung aller Werte, wie sie uns heute geläufig sind, sollten durch das Ideal des Aristokraten überwunden werden. «Werde, der du bist», wird im «Zarathustra» zum Schlachtruf der Befreiung des Ichs von der Knechtschaft der Masse, dem «öffentlich meinenden Scheinmenschen». Von hier wird die Selbstverwirklichung als Grundthema in die moderne Psychologie und Ethik eingehen.

Aber welch eine Groteske! Nietzsches Herrenmenschen, wie er sie in der Renaissance vorgeträumt sah, wurden die Tyrannen unseres Jahrhunderts, jene aus der Masse hervorgestiegenen Ungeheuer, in deren Mäulern Hekatomben hilfloser Generationen verbrannt werden. Was Nietzsche vermeiden wollte – den europäischen Nihilismus – wurde zum Götzen des ausgehenden Jahrhunderts in Ost und West. Er droht, seine Herrschaft über alle Kontinente auszubreiten.

Suchen wir nach den Ursachen, so finden wir sie in einer Philosophie, welche das Ich als Subjekt in den Mittelpunkt stellt. Ihre Wurzeln reichen bis zu den Sophisten des alten Griechentums zurück. Ihr berühmtester Vertreter, Protagoras aus Abdera (um 480–410 vor Christus), nennt den Menschen das «Mass aller Dinge». Dieser Satz sollte in der neuzeitlichen Philosophie des Empirismus seine Einengung und zugleich Bekräftigung finden: Es sind die Sinnesorgane des Menschen, durch die allein uns die Welt zugänglich ist. Da nun jeder Mensch ausschliesslich auf seine eigenen Sinnesorgane als letzte Instanz der Erkenntnis angewiesen ist (jede Kommunikation stützt sich auf ein Sich-Versetzen in die Wahrnehmungen anderer), so wird der Einzelne zum einzig realen Empfänger aller Signale aus der Wirklichkeit.

Die Philosophie der reinen Erfahrung, Empirismus und Sensualismus, wird damit zur eigentlichen Rechtfertigung einer Ich-orientierten Weltauffassung. Schon für den englischen religiösen Denker, Bischof George Berkeley (1684–1753) existiert keine von Wahrnehmung und Denken unabhängige Aussenwelt: Sein ist gleichbedeutend mit Wahrnehmung (esse est percipi). Ausser der Substanz des Ich gibt es überhaupt keine Realität. Dieses Ich ist für ihn freilich im Gegensatz zu den modernen Materialisten geistiger Art: Unsere Vorstellungen sind, soweit sie keine Träume und Phantasieprodukte darstellen, von Gott eingegeben. Berkeleys älterer Landsmann John Locke (1632–1704) leugnet dies: Für ihn ist nichts im

Verstand, was nicht zuvor in den Sinnen war – nihil est in intellectu, quod non prius fuerit in sensu.[6]

Von hier aus führt der Weg direkt zum heutigen Empirismus und Positivismus mit seiner Leugnung der Metaphysik. Es ist das wahrnehmende Ich, das zur letzten Instanz der Wahrheit wird, ja im Grunde zu ihrer einzigen. Nicht Gott erschafft in letzter Konsequenz die Wirklichkeit einschliesslich des Menschen, sondern jedes individuelle Ich wird zum Schöpfer seiner eigenen Welt.

Ihre wichtigste Stütze glaubt diese Richtung in Einsteins spezieller Relativitätstheorie zu finden. Mit deren Siegeszug wurde auch die dazugehörige Philosophie zur heute herrschenden Richtung der nahezu gesamten wissenschaftlich orientierten Welt.

Eine Ausnahme bildet scheinbar nur die kommunistische Gesellschaft, insofern Lenin sich als radikalen Kämpfer gegen den Positivismus und Subjektivismus verstand. Zu Recht, denn wenn die Wahrheit allein auf das Ich zu beziehen ist, dann entfallen alle Argumente der heutigen Ideologen mit dem Anspruch auf absolute Wahrheit.

Aber auch der Leninismus ist Materialismus. Auch er behauptet nachdrücklich, dass es keine andere Erkenntnis gibt als jene unserer Wahrnehmung, freilich plus der Dialektik Hegels und der Marxisten-Leninisten. Insofern enthält diese Lehre einen logischen Widerspruch, denn sie lehnt ausdrücklich metaphysische Wahrheiten ab.

Einstein selbst war in seiner Theorie nachhaltig vom Positivismus beeinflusst, vor allem durch David Hume und Ernst Mach. Wir haben also eine Art von rückkoppelnder Verstärkerwirkung: Indem der Positivismus logisch zur speziellen Relativitätstheorie führte, wurde er mit deren Erfolg psychologisch zur Philosophie der Naturwissenschaft schlechthin und mit deren Erfolg wiederum zur herrschenden Denkrichtung der Moderne.

Der eigentliche Vater des Positivismus ist jedoch Auguste Comte (1798–1857). Seine wichtigste These, die er in einem tragischen Leben entwickelte: Wir besitzen – mit Kant – nur eine relatives Wissen von den Erscheinungen der Dinge. Die Frage nach dem Wesen der Dinge ist sinnlos. Das Ziel der Wissenschaft ist das Wissen um die Gesetze der Erscheinungen, um neue Erscheinungen vorauszusagen: savoir pour prévoir. Damit wird nach Comte die höchste Erkenntnisstufe erreicht, die positive. Ihr geht als erste Stufe die theologische vorher, wo der Mensch die Natur als von unsichtbaren Wesen beherrscht denkt, die schliesslich zu einem einzigen Gottesbegriff verschmelzen. Darauf folgt die metaphysische Stufe, wo die Gottheiten zu Kräften, verborgenen Eigenschaften und Seelenwesen werden, wie dies etwa bei Aristoteles der Fall ist. Der Positivismus hingegen erkennt dies alles als Schein: Die Kraft wird zum Gesetz der Erscheinungen, die Ursache zur Bedingung und der freie Wille zur unabwendbaren Notwendigkeit.

Damit wird der entscheidende Schritt zum Menschen getan: Comte entwirft eine Wissenschaft von der Gesellschaft und wird zum eigentlichen

Begründer der Soziologie. Sie erforscht die Gesetze der menschlichen Geschichte, die jetzt analog zur Natur gedacht wird als nach strengen Gesetzen ablaufende Evolution. Ihr gegenüber tritt der Einzelne zurück: Es ist die Menschheit, welche Träger der Geschichte wird. Hingabe an die Menschheit ist für Comte die neue und höchste Stufe der Religion. Da allein die Wissenschaftler die eigentlich um das Gesetz der Geschichte Wissenden sind, gebührt ihnen nach Comte auch die höchste Autorität.

Man braucht nur der heutigen Gesellschaft in West und Ost ins Auge zu blicken, um zu erkennen, dass sie weithin nach den Vorstellungen Comtes gebaut ist. Der entscheidende Gedanke ist dabei der Fortschritt in Gestalt eines Aufstiegs vom mythischen Denken zum positiven, allein den Tatsachen zugewandten. Damit wird die exakte Wissenschaft, vorweg die Physik, zur eigentlichen Religion: Ihre Aufgabe ist es, die Menschheit von den Irrtümern der Metaphysik und Theologie zu erlösen und einer geordneten und befreiten Zukunft zuzuführen. Man wird diesen Glauben auf dem Bodensatz der Mehrheit aller zeitgenössischen Wissenschaftler, ja der Gebildeten überhaupt, finden.

Die von Comte ausgehende Schule des Neupositivismus konzentriert sich folgerichtig auf die Analyse der Physik und der mit ihr zusammenhängenden Erkenntnisproblematik. In ihr glaubt sie ihre sicherste Grundlage zu finden, um als eigentlicher Lehrer der Menschheit aufzutreten. Um es vorwegzunehmen: Dabei gelangt sie zu erstaunlichen Leistungen, welche die gesamte moderne Physik, ja das Denken schlechthin, entscheidend beeinflussten.

Grundthese ist: Alles Wissen beruht auf sinnlicher Erfahrung, also auf Wahrnehmungen. Was Wahrnehmung eigentlich sei, wird dabei im Grunde vorausgesetzt. In Wahrheit handelt es sich hier um einen extrem komplizierten neurophysiologischen und psychologischen Vorgang. Das entscheidende Problem ist dabei: Wieso nehmen wir nicht das von den Nervenenden zum Gehirn geleitete Mosaik isolierter Reize wahr, sondern die Dinge in ihrer Ganzheit? Weshalb nehmen wir überhaupt Dinge und nicht die Vorgänge in den Neuronen wahr?

Die heute weithin akzeptierte Gestaltpsychologie[7] wies nach, dass es keine atomaren Empfindungen gibt, aus denen die Dinge zusammengesetzt werden, sondern dass die von aussen kommenden Signale stets auf die gleichzeitigen bzw. unmittelbar vorhergehenden Ereignisse in den Wahrnehmungsorganen und den zentralen Sinnessphären abgestimmt sind: Die Vorstellung eines Gegenstands ist eben kein Mosaik sondern das Ganze! Die empiristische Schule, die auf dem grossen deutschen Physiker Hermann von Helmholtz (1821–1894) fusst, geht von der Grundthese aus, dass die Wahrnehmung ein in der Tat Wahr-Nehmen, nämlich ein aktiver Vorgang ist. Ich würde sagen: Nicht nur ein Wahr-Nehmen, sondern Wahr-Machen, also ein eigentliches Erzeugen des wahren Gegenstands. Einige Theoretiker sehen darin ein erwartendes Für-Wahr-Nehmen als Vorwegnehmen eines Tuns, das sich von dem im Wahrnehmungsakt erzeugten Bild der Welt leiten lässt, also ein Lernen am Erfolg. Wahrnehmung und menschliches Handeln hängen also eng zusammen. Ich würde sagen: Die Wahrnehmung ist die Voraussetzung und Dienerin des Tuns.

Setzt man diese noch längst nicht abgeschlossenen Theorien der Wahrnehmung einmal als gegeben voraus – was eigentlich willkürlich die Zukunft unserer Erkenntnis vorwegnimmt – so kann man mit den Empiristen sagen: Alle Erkenntnis beruht auf Wahrnehmung, wobei wir nur noch von Erfahrungen sprechen, die sich auf äussere Dinge beziehen. Natürlich wird jetzt der Begriff der Erfahrung wiederum willkürlich eingeengt, denn es gibt ja die ständige Erfahrung unseres Denkens, Wollens, Fühlens, und diese ist durch kein Sinnesorgan vermittelt. Ich möchte sie als innersinnliche Erfahrung bezeichnen. Daneben gibt es möglicherweise auch die erst im Aufbau befindliche aussersinnliche Erfahrung und ganz sicher die über-sinnliche Erfahrung der Mystiker.

Wir vollziehen jetzt zwei grundlegende Eingrenzungen: Wir sprechen von Erfahrung nur als einer durch die äusseren Sinnesorgane vermittelten Wahrnehmung, und wir setzen dabei voraus, dass wir überhaupt wissen, was denn Wahrnehmung eigentlich sei. Dann machen wir einen weiteren entscheidenden Schritt und sagen: Unter Erfahrung verstehen wir nur, was mit physikalischen Methoden im weitesten gemessen werden kann. So behauptet der Entdecker des Energiegesetzes, Robert Mayer (1814–1878): Aufgabe der Wissenschaft ist die Feststellung der konstanten Grössenbeziehung zwischen beobachteten Tatsachen. Demgemäss kann die Wissenschaft nicht erklären, sondern nur noch beschreiben. Nach Robert Kirchhoff (1824–1887)[8] ist die Mechanik dann jene Wissenschaft, welche die in der Natur ablaufenden Bewegungen vollständig und auf die einfachste Weise beschreibt.

Damit ist eine weitreichende Konsequenz verbunden: Wenn die Wissenschaft nämlich nur beschreiben und nicht mehr aus metaphysischen Gründen erklären soll, dann entfallen alle nicht auf strenger Erfahrung beruhenden Begriffe und Vorstellungen als unwissenschaftlich, ja als sinnlos.

Diesen Schritt vollzog der Physiker und Philosoph Ernst Mach (1838–1916): Er versucht, die Physik von allen metaphysischen Zutaten zu befreien: Denken wird hier zu einer auf Vorstellungsersparnis (Denkökonomie) gerichteten Zusammenfassung von Erfahrungen durch ein Gesetz. Dessen Zweck ist es, uns eine Unmenge von Einzelberechnungen für jeden Einzelfall zu ersparen. Demgemäss wird auch der metapyhsische Kraftbegriff Newtons jetzt zur mathematischen Funktion. Das Ding wird zum konstanten Empfindungskomplex und das Ich selbst zur Summe der körperlichen Empfindungen.[9]

Diese Denkschule findet ihren Höhepunkt dann im sogenannten Wiener Kreis von Moritz Schlick, Rudolf Carnap, Hans Reichenbach und Karl Popper. Sie umkleidete sich mit einem sektiererischen Glauben an die alleinseligmachende, das heisst allein der Wahrheit verpflichtete Rolle ihrer Lehre: Die Philosophie wird zur Analyse der naturwissenschaftlichen Sprache, und die Methode gründet sich weithin auf die Logik. Hier liegen denn auch ihre zeitlosen Leistungen, die letztlich in die moderne Kybernetik und Computertechnik und damit in die gesamte industrielle und militärische Revolution bis hinauf zur Weltraumfahrt führen.

Einzige Erkenntnisquelle ist für diese Schule die Empfindung, die ihrerseits nur materielle Einzelereignisse erfasst. Nun gibt es aber auch die Logik, die offenbar nicht auf solche Empfindungen zurückgeführt werden kann, denn sie beruht ja auf Regeln und Definitionen. Sie ist nach der Lehre der Neupositivisten zwar erfahrungsfrei nach willkürlichen Grundsätzen aufgebaut, sagt aber als solche gar nichts aus, sondern stellt nur eine Art Grammatik dar, um die Empfindungen leichter zu verarbeiten. Der Grund jeder Logik ist reine Setzung und hat nichts mit metaphysischen ewigen Wahrheiten zu tun.

Wissenschaftliche Sätze tragen nach dieser Lehre nur einen Sinn, wenn wir eine Methode angeben, um sie als wahr zu demonstrieren: Der Sinn eines Satzes ist die Methode seiner Verifikation, lautet eine der berühmtesten Formulierungen dieser Schule. Die einzig sinnvolle Sprache ist folgerichtig die Sprache der Physik, denn nur hier können wir versuchen, jedem Begriff und jeder Verknüpfung von Begriffen ein Messergebnis zuzuordnen. Wenn wir also etwa behaupten: Es gibt einen Weltäther, so hat es nur einen Sinn, vom Äther zu reden, wenn wir ein Experiment aufweisen können, das mit diesem Begriff eine ganz bestimmte Operation des Messens, etwa von Ätherwellen, verbindet.

Damit wird ein weiterer und entscheidender Schritt vollzogen: Nämlich zum Operationalismus des amerikanischen Physikers und Nobelpreisträgers Percy William Bridgman[10] (1882–1961). Ausgehend von Einstein müssen hier alle Begriffe durch physikalische Operationen definiert werden, um als sinnvoll zu gelten. Wenn wir also etwa dem Begriff des Weltäthers keinerlei Operation zuordnen können, so ist er sinnlos und hat in der Wissenschaft keinen Platz. Selbstverständlich gilt dies für alle Begriffe der Metaphysik und Theologie, sofern ihnen nach Bridgman keine Operationen zuzuordnen sind. Unter diesem Fallbeil wird also im Grunde die gesamte Geisteswissenschaft, ja der Geist selbst, enthauptet.

Diese Lehre befruchtete wiederum die Psychologie: Die Verhaltenspsychologie (Behaviorismus) konzentriert sich ausschliesslich auf das operationell erfassbare Verhalten des Objekts: Worte wie Bewusstsein, Empfindung, Wahrnehmung, Wille werden vom Begründer dieser Schule John B. Watson (1878–1950) verworfen, da er nicht wisse, was sie bedeuten. Auf innere Erfahrung und Selbstbeobachtung wird verzichtet. Die Psychologie soll nur von Verhaltensweisen eines Lebewesens handeln, die ein äusserer Beobachter feststellt.

Dabei knüpft der Behavorismus wiederum an die Physik an, aber nicht an die Relativitätstheorie, sondern die Mechanik: Im Nachvollzug von Descartes wird der tierische und menschliche Organismus als ein mechanischer Apparat verstanden, letztlich also als Maschine, wie es Lamettrie formulierte («L'homme machine»). Seelische und geistige Kräfte, Ideen und Erlebnisse werden hier in Reize und Reaktionen aufgelöst. Von hier gelangte Ivan P. Pavlov (1849–1936) wiederum zu seiner grundlegenden Erkenntnis des bedingten Reflexes, wonach zwischen bestimmten Reizen und dem dazugehörigen Reflex ein konstanter Zusammenhang herstellbar ist: Füttert man einen Hund regelmässig unter Klingelzeichen, so wird ihm das «Wasser im Maul zusammenlaufen» (also Speichel abgesondert), auch wenn nach einer bestimmten Zeit nur noch das Klingelzeichen ohne Fütterung erfolgt. Jedermann kann Ähnliches an sich selbst beobachten. Menschen, die einen Bombenangriff erlebt haben, werden noch nach Kriegsende von Schrecken befallen, wenn die Sirenen ertönen.

Bridgmans Lehre, und damit Einsteins Relativitätstheorie, beeinflusste wiederum die Kinderpsychologie des grossen Schweizer Psychologen Jean Piaget. Danach kann das Kind sein Wissen nur durch Operationen erwerben; es gewinnt seine Begriffe aus bestimmten Handlungen, die es selbst vornimmt. Das Tun ist die Basis der Erkenntnis. Jedes Elternpaar wird dies an seinem Kind beobachten können: Im Alter von etwa 1 Jahr und darüber greift es zunächst nach einem fremden Ding, wendet es um, sucht es zu schmecken, wirft es auf den Boden usw., um durch solche Operationen die Merkmale dieses Dings zu ergründen. In diesem Sinn nimmt das Baby bereits die Philosophie der Relativität vorweg!

Für Piaget hat aber die Operation eine zweite Funktion: Sie dient auch der Verständigung mit anderen, zunächst den Eltern. Denn das Erlebnis der Wahrnehmung anderer wäre uns ja für immer verschlossen, gäbe es nicht Operationen, mit deren Hilfe wir uns über unsere Erlebnisse verständigen. Nur so können wir den grundlegenden Schritt vom subjektiven Weltverständnis zu einem objektiven tun. Denn alle unsere Operationen, mit denen wir die Welt erfassen, sind ja zunächst *unsere* Operationen und daher unaufhebbar auf uns bezogen. Das Subjektive ist daher das eigentlich Absolute, weil Unaufhebbare und nicht mehr Transzendierbare. Das Objektive ist immer relativ, nämlich nur durch Verständigung zwischen verschiedenen Beobachtern herzustellen, aber eben dadurch auch mit der Wahl des Beobachters variierend.[11]

Demgemäss gelangt das Kind nach Piaget durch Verständigung über die Perspektive anderer zu einer Gleichberechtigung auch des anderen Standpunktes neben dem seinen. Das ist die Basis der Intelligenz. Vermittler sind aber wiederum Operationen und die dadurch erst möglichen allgemeinen Begriffe. Piaget unterscheidet demgemäss fünf Stufen der kindlichen Entwicklung: Von der Geburt bis zu 2 Jahren die sensomotorische Intelligenz (das Kind greift nach den Dingen), von 2–4 Jahren die symbolsprachlich vermittelnde Intelligenz, von 4–7 Jahren die präoperativ-anschauliche, von 7–12 Jahren die konkret-operative und nach 12 Jahren die formal-operative Intelligenz.

Somit spannt sich der Bogen von der relativistischen Physik bis zur

Entwicklung des Menschen: Die Physik wird zur eigentlich menschlichen Wissenschaft und der Mensch zum Vollzugsorgan der Physik.

Damit beginnt im Grunde die Relativitätstheorie. Mit ihr wird auch in der Physik jener Schritt zum Subjekt vollzogen, den die Philosophie seit Locke, Hume und Kant getan hat. Ein philosophisches Urteil über Einsteins Theorie enthält also zugleich Hinweise auf die Berechtigung eben dieser philosophischen Systeme. Sind sie durch die Physik bestätigt, so ist die klassische Metaphysik wohl auf lange Zeit entthront. Damit würde auch die religiöse Fragestellung für den wissenschaftlich orientierten Menschen bestenfalls zur Randerscheinung der Wirklichkeit, schlimmstenfalls jedoch ihres realen Sinnes entkleidet.

Die Frage ist also von hohem Ernst, und es lohnt sich, ihr nachzugehen. Unser ganzes philosophisches Weltbild steht letztlich auf dem Spiel.

Man sollte einsehen, dass es ohne Schöpfung keine Zeit geben kann.

Augustinus

11. Kapitel
Die Ich-Welt

Newton hinterliess uns eine wundervoll durchsichtige Physik, die zur Grundlage des modernen Denkens wurde. Aber haben seine Begriffe wie Kraft, Masse, Trägheit, vor allem jedoch absoluter Raum und absolute Zeit einen operationellen Sinn?

Hier gilt es, mit grosser Präzision vorzugehen. In der Tat ist die spezielle Relativitätstheorie (im folgenden als sRT bezeichnet) die erste eigentlich radikal präzise Theorie der modernen Wissenschaft.

Einstein beginnt mit einer Diskussion des Zeiterlebnisses. Ich versuche, es in einer neuen Weise zu fassen. Das erste Erlebnis des Neugeborenen ist der Schock über den Eintritt in eine völlig fremde Wirklichkeit. Neun Monate lag es geborgen im Mutterleib, wohl ein Selbst, aber eingeordnet in den Kreislauf der Mutter, keiner Bedrohung ausgesetzt, nicht abgesondert vom Du. Nun tritt es aus dem Innenraum der Mutter in den kalten Aussenraum der Welt, einer kosmischen Sonde vergleichbar, die den wärmedurchfluteten Raum des Sonnensystems verlässt. Grelles Licht blendet die Augen und die Kälte sticht in seine rosige Haut.

Das Erste, was dem Neugeborenen also entgegentritt, ist der von Licht erfüllte Raum. Aber noch zuvor, als es im Mutterleib lag, spürte es die Zeit im Pulsschlag des mütterlichen Blutstroms. Seine Herz-Uhr ging, und es bewegte sich. Jetzt tritt ihm die unbarmherzige Zeit entgegen, wenn es durch den Tunnel nach aussen gestossen wird, seinem eigenen, nun auf sich selbst geworfenen Sein entgegen. Von da an wird ihm die Zeit im Wechsel von Saugen und Schlaf zur beherrschenden Wirklichkeit.

So auch der Erwachsene: Selbst im Schlaf, wenn wir gänzlich dem Innenraum des Unbewussten, ähnlich dem Kind im Mutterleib, ausgeliefert sind, strömt ein ständiger Fluss von Gedanken, Bildern und Eindrükken durch unser Bewusstsein. Es ist die Zeit, die uns das Leben vergegenwärtigt.

Herzschläge und Atemrhythmus sind die untrüglichen Kennzeichen des Lebens, selbst wenn wir im Koma liegen sollten. Gedanken, Empfindungen, Wünsche: Das alles ist Zeit in einem fundamentalen Sinn. Zeit ist also zunächst erlebte Veränderung, schöpferischer Wandel. Für das archaische Denken Chinas ist daher der Wandel das Ur-Phänomen, aus dem sich alle anderen Phänomene ableiten lassen, niedergelegt im «I Ching», dem Buch der Wandlungen.

Unsere Ich-Welt ist also zuallererst Zeit. Aber bereits im mütterlichen Organismus ist sie schon eine Ahnung von Raum. Mit dem Austritt in den Raum anderer Wesen, als es der mütterliche Innenraum ist, wird er zum Aussenraum der erlebten Dinge. Dies ist zunächst der eigene Körper mit seinem Wechsel von Hunger, Stoffwechsel und Schlaf, dann auch bald der Nahrung spendende Leib der Mutter. Zugleich ist dieser Raum im Wachzustand von Licht erfüllt, einem völlig neuen Erlebnis gegenüber dem neunmonatigen Dunkel vor der Geburt. Ja, Geburt ist elementar ein Hinaustreten in das Licht: «Es werde Licht»! Dieser Befehl begleitet jede Menschwerdung.

So sind Zeit, Raum und Licht die ersten grossen Drei im Erleben des Neugeborenen. Diese Ur-Triade bildet unsere Welt. Sie ist zugleich eine unauflösbare Einheit: Der Strom unserer Gedanken trägt die Bilder des äusseren Raums; er wird durch das Licht weit inniger vermittelt als durch alle anderen Sinnes-Signale. Fundamental ist jedoch wieder die Zeit, denn sie begleitet uns sogar im Schlaf.

Diese Ich-Welt ist durchaus nur die unsrige. Das Neugeborene hat nicht die geringste Ahnung von der Ich-Welt seiner Eltern. Mit der Entwicklung lernt es deren eigene Ich-Welt indirekt kennen. Aber nicht einmal in der Erwachsenheit vermögen sich die Kinder in die Welt ihrer Eltern völlig hineinzufinden. Hinein-Denken vielleicht, Hinein-Fühlen nur schwer und Hinein-Erleben nie.

Geht es uns nicht so mit jedem anderen Du? Dies ist das unaufhebbare Gesetz der Perspektive. Alles, was wir durch unsere Sinnesorgane von der Welt erfahren, ist grundlegend auf uns zugeschnitten: Wir erleben den Raum an einem Punkt, der von keinem anderen Körper eingenommen werden kann. Ebenso ist unser Zeiterlebnis von keinem anderen Lebewesen nachzuvollziehen. Alle Lichtstrahlen, die bei unserem Auge eintreffen, erregen ganz allein unsere Netzhaut. Unsere erste Einsicht ist also:

> Die Ich-Welt ist ausschliesslich unsere Welt und durch keine andere Welt zu ersetzen. Sie ist unsere Eigen-Welt.

In diesem Sinn wollen wir alle von uns erlebten Kennzeichen unser selbst und der Welt als Eigen-Werte bezeichnen. So ist die von uns erlebte Zeit unsere Eigen-Zeit, der Raum unser Eigen-Raum und die Gewichte bzw. Trägheitswiderstände sind die Eigen-Massen, die Energien die Eigen-Energie.

Diese Eigen-Werte sind nicht nur ganz allein die unsrigen, sondern indem sie dies sind, stellen sie für uns auch die unabänderlichen, das heisst absoluten Werte dar. Für uns gibt es keine anderen Werte der Welt und unser selbst. Wir sind ganz und gar auf sie angewiesen, «geworfen», würde Heidegger sagen. Alle Eigenwerte anderer Egos haben für uns im Grunde keine Bedeutung. Wir sind physikalisch notwendig Ich-orientiert. Wir können dieses uns von der Natur ein für allemal gegebene Ich nicht ausser Kraft setzen. Es ist unser Ich und die von ihm erlebte Welt ist unsere Welt. Alle anderen Welten sind uns im letzten völlig gleichgültig. Daher nenne ich die Eigen-Welt auch unsere absolute Welt: Absolut im gleichen Sinn, wie auch unser Ich absolut ist; das will sagen: unaufhebbar.

Abstrakt formuliert: Eigen-Sein ist absolutes Sein. An dieser Grund-Gegebenheit des Seins hat sich alle Einsicht zu orientieren, von der Physik bis zu den Sozialwissenschaften. Der Mensch ist unaufhebbar als körperliches Wesen Mitte und alleiniger Bezugspunkt der Welt. Diese Welt ist seine Welt und sonst keine Welt. Diese Grundgegebenheit aufheben zu wollen, hiesse das Ich als Mitte seiner Welt aufzuheben und damit eine Welt zu zerstören.

Ich glaube, hier liegt der tiefste Grund für den wahrhaft ungeheuren elementaren Willen zur Freiheit: Es ist der Wille zum Eigen-Sein. Und dies bereits auf der Stufe der Physik: «Freiheit» heisst Bezugspunkt aller Erfahrung raumzeitlicher Welt zu sein.

Daher sind alle rein räumlichen und zeitlichen Beschränkungen dieser Ur-Freiheit nicht nur ein ethisches Verbrechen, sondern bereits ein physikalisches: Indem sie den Raum des Menschen gewaltsam einschränken und seine «Zeit stehlen», nehmen sie ihm auch das Licht seiner eigenen Welt.

Die Wissenschaft beginnt jedoch mit der Strukturierung der Ich-Welt. Die Eigenwelt-Erfahrung ist an sich wissenschaftlich nicht zu gebrauchen. Sie ist diffus, zumeist ungeordnet und nicht eigentlicher Gegenstand der Beobachtung. Zum Beobachter werden wir erst, wenn wir unseren eigenen Zeitmesser, nämlich das Herz, zum Abzählen der Zeitintervalle benutzen. Das setzt die Einziehung einer Struktur in die Zeit voraus: Die Worte «vorher», «gleichzeitig», «nachher» bedeuten, dass in den Zeitstrom eine Art von Schwellen eingesetzt werden. Aber auch diese sind gänzlich unsere Zeit-Strukturen, denn Herz, Rhythmus von Wachsein und Schlaf gehören allein uns. Erst wenn wir das Licht hinzunehmen, gelangen wir zu einer relativ objektiven Zeitmessung durch den Wandel von Tag und Nacht. Aber auch dieser ist keinesfalls eindeutig, wenn wir an die verschiedenen Gegenden der Erde denken oder uns gar in ein Raumschiff begeben. Erst wenn wir eine Uhr erfinden, die immer und überall gleich geht, können wir unsere erlebte Ich-Zeit mit der Uhr-Zeit vergleichen und darauf abstimmen. Dazu müssen wir jedoch in die Zeit eine Masseinheit einsetzen. Aber woher nehmen wir eine Uhr?

Diese triviale Frage wirft uns in die Untiefen der physikalischen Problematik. Eine Uhr ist ein Zeitmesser, der eine Fülle gewagter theoretischer Behauptungen voraussetzt. Sie soll genau sein, das will sagen: Die Intervalle sollen auf unbestimmte Zeit stets die gleichen bleiben. Woher aber nehmen wir ein Kriterium, dass sie gleich bleiben? Nur durch Vergleich mit anderen Uhren. Und diese? Das gibt eine unendliche Kette von Gleichheiten ohne Ende. Und was heisst überhaupt «gleich»? Eine Uhr soll zudem immer und überall die gleiche Zeit anzeigen. Also auch auf einer Raumsonde Millionen von Kilometern von der Erde entfernt? Also auch im Prinzip noch Millionen Jahre nach dem Start? Das setzt die völlige Homogenität des Weltalls voraus, eine der weitreichendsten Annahmen, die wir überhaupt machen können.

Es ist klar, dass weder Sonnen- oder Pendel- noch Quarzuhren diesen Anforderungen genügen. Glücklicherweise liefert uns die Physik natürliche Uhren in Gestalt der Atome. Dies sind im allgemeinen extrem konstante Mechanismen[1]. Sie besitzen im Normalzustand präzise Frequenzen des ausgestrahlten Lichts. Damit stellen sie die besten Präzisionsuhren der Welt dar. So «schwingt» das Element Caesium pro Sekunde genau 9 192 631 770 mal. Das schwingende Atom steuert als Pendel eine elektrische Uhr, auf die man sich 1967 als internationalen Zeitmesser einigte. Experimente mit dem Transport von Caesiumuhren über die Erde zeigten, dass durch die räumliche und zeitliche Verlegung praktisch keine Veränderungen in deren Ablauf nachzuweisen sind. Zwei Caesiumuhren würden theoretisch erst in 10 000 Jahren einen Gangunterschied von 1 Sekunde aufweisen.

Aber auch diese Uhr misst nur die Eigenzeit! Das heisst: Stellen wir sie uns als einen Organismus vor, der die Welt erlebt, so sind die Schwingungen der Caesiumatome allein die von ihnen selbst «erlebten» und keine anderen! Die Quantenmechanik spricht daher von Eigenschwingungen, wenn auch in einem rein mathematischen Sinn, den wir später kennenlernen werden. Wenn wir behaupten, dass alle Caesiumatome des Universums mit gleicher Frequenz schwingen, so ist dies eine der gewagtesten Hypothesen. Sie schliesst nämlich einen dreifachen Glauben ein:

1. Alle Caesium-Atome der Welt sind im ungestörten Zustand gleich. Sie bilden abstrakt nur ein einziges Caesium-Atom. Es gibt also nur eine einzige Eigenwelt aller Caesium-Atome (Homogenität der Elemente).
2. Der Transport einer Caesium-Uhr von einem Teil des Universums zum anderen hat keinen Einfluss auf den Gang der Uhr: Alle Punkte des Universums sind in bezug auf den Gang der Uhr gleich (Homogenität des Raums).
3. Die Zeit hat keinen Einfluss auf den Gang der Caesium-Uhr. Die Uhr geht bei Beginn des Universums vor vielleicht 20 Milliarden Jahren nicht anders als heute und nach weiteren 20 Milliarden Jahren (Homogenität der Zeit).

Es bedarf keiner Phantasie, um einzusehen, dass wir es hier mit den weitreichendsten Annahmen über die Natur des Universums zu tun haben. Wer behauptet, dass es eine präzise Zeitmessung gibt, der muss auch diese drei Glaubenssätze akzeptieren, anderenfalls bleibt er im Bereich vor-relativistischer Physik. Hier liegt also die Grenzscheide zwischen der naiven Eigenzeit (dem Tag- und Nacht-Erlebnis) und der physikalisch streng definierten Zeit.

Aber auch diese Zeit ist immer noch die Eigen-Zeit der jeweiligen Caesium-Uhren. Sie ist deren physikalische Ich-Zeit als die von ihnen selbst «erlebte» Zeit, registriert durch die graphische Aufzeichnung eines mit den Atomen synchron schwingenden Pendels.

Nun tun wir den entscheidenden Schritt vom Ich zum Es[2]. Wir transzendieren die Ich-Welt in ihr eigenes Umfeld. Dieser Schritt ist unerlässlich, wenn wir das unmittelbare Feld des Ich verlassen wollen. Aber auch dann stellt das mittelbare Umfeld der beobachteten Objekte immer noch das Eigen-Feld des Ich dar, denn wir erleben nur jene Signale, die bei uns eintreffen, und keine anderen.

Die Uhr ist nun für uns ein unaufhebbares Es. Es ist uns unmöglich, «hineinzuschauen», das heisst: Die Schwingungen der Elektronen zu sehen. Sie existieren nach unserer Intention, aber nicht nach unserer Wahrnehmung, nicht einmal nach unserer Imagination, denn sie sind keine anschaulichen Korpuskeln.

Aber selbst wenn wir sie sehen könnten, wäre uns ihr «Innenleben» völlig verschlossen. Haben sie ein Bewusstsein? Sind sie Seelen? Sind sie nur die Schaumkronen auf der ewigen Dünung des Vakuum-Felds (Blochincev, Ivanenko)? Wie erlebt das Elektron die Welt? Wir wissen es nicht.

Das einzige, was wir erleben, sind die Signale, die von den jeweiligen Zeigerstellungen der Normaluhr auf unserer Netzhaut auftreffen. Um das Es der Uhr zu erleben, brauchen wir also Signale.

Hier treffen wir auf einen neuen und unumstösslichen Grund-Tatbestand. Ohne Lichtsignale ist jede Uhr nutzlos, denn das Hören allein vermittelt keine Uhrzeit, es sei denn, dass wir jede Sekundenstellung mit einem speziellen Ton verbinden würden. Aber auch dann benötigen wir eben akustische Signale. Das Gleiche wäre bei einer abtastbaren Uhrzeit.

Wenn wir also sagen: «Jetzt haben wir 12 Uhr Null Sekunden», so meinen wir damit: Das von der Zeigerstellung «12 Uhr» durch einen Lichtstrahl an die Netzhaut vermittelte Signal trifft in der Zeit «jetzt» auf meiner Grosshirnrinde im Sehzentrum ein.

Nun benötigt das Signal von der Netzhaut bis zum Sehzentrum eine gewisse Zeit. Wir erleben also eine bereits zurückliegende Zeigerstellung. Klammern wir den Weg des Nervensignals aber aus, so bleibt doch die Zeit, die das Licht auf seinem Weg von der Uhr bis zum Auge zurücklegt. Sie mag uns unendlich klein erscheinen. Beobachten wir aber die Zeigerstellung auf einem kosmischen Raumschiff, das wie Pioneer 10 bei Verlassen des Sonnensystems 4,5 Milliarden km von der Erde entfernt ist, so brauchen die schnellsten Signale, die Radiosignale (das Gleiche wie Lichtsignale), über 4 Stunden dazu, die Erde zu erreichen. Wir wissen also über den «jetzigen» Gang der Weltraum-Uhr gar nichts und erleben immer nur eine vergangene Welt. Damit kommen wir zur zweiten Grund-Einsicht:

> Die vom Ich erlebte und räumlich entfernte Welt ist immer schon die vergangene Welt. Gegenwart ist identisch mit Gleichzeitigkeit gegenüber dem Ich. Die gegenwärtige Welt ist also nur die mit dem Ich räumlich identische Welt. Die räumlich entfernte Welt ist eine Vor-Ich-Welt.

Wir haben hier eine der grundlegendsten Erkenntnisse der modernen Physik. Sie beruht auf der glaubensmässigen Annahme:

> Es gibt keine schnelleren physischen Signale als das Licht. Es bildet die Grenzgeschwindigkeit der physischen Welt.

Als Glauben bezeichne ich diese Annahme, weil keine Beobachtung bisher eine höhere Signalgeschwindigkeit feststellte. Mit diesem Glauben steht und fällt jedoch die Relativitätstheorie. Gäbe es eine höhere Geschwindigkeit, ja sogar eine unendliche, so wären alle Schlüsse der Relativitätstheorie falsch – und damit die ganze moderne Physik.

Damit müssen wir die Ich-Welt aufteilen in eine Gleichzeitigkeits-Welt und eine Vergangenheits-Welt. Die einzig von uns unmittelbar erlebte Welt sind also die auf unseren Nervenenden eintreffenden Signale. Alles andere ist eine verwunderliche Konstruktion der Organe unserer Wahrnehmung! Die räumlich von uns entfernte Wirklichkeit ist also fundamental eine von uns konstruierte.

Nun ist aber für das Ich nur von Bedeutung, was über das Ich hinausreicht, nämlich die räumlich von seinem Organismus entfernte Welt. Also ist die einzig relevante Welt des Ich seine Konstruktion. Dies ist die unmittelbare Konsequenz der Glaubensannahme der endlichen Signalgeschwindigkeit. Sie zu bestreiten, hiesse die Physik aufzuheben.[3]

Die absolute Ich-Welt ist also nur das Ich mit seinen Wahrnehmungen. Indem das Ich aber biologisch (Gefahr, Nahrung, Orientierung) auf eine räumlich entfernte Welt angewiesen ist, transzendiert es sich selbst in das Es einer immer schon zum gegenwärtigen Ich vergangenen Fern-Welt.

Hier haben wir einen entscheidenden Schritt von Newton zur modernen Physik. Obwohl Newton Fernwirkungen gegenüber skeptisch war, so erklärt uns seine Theorie der Gravitation doch nicht, wieso die von der Sonne auf die Planeten wirkende Kraft über den riesigen leeren Raum hinweg wirken soll. Hier tat einen grossen Schritt die Elektrodynamik Michael Faradays und James Clerk Maxwells, indem alle elektromagnetischen Wirkungen durch ein Feld zwischen den geladenen Körpern vermittelt werden. Maxwell erkannte, dass das Licht eine elektromagnetische Schwingung bildet, die sich nicht unendlich schnell, sondern mit konstanter und endlicher Geschwindigkeit im Vakuum ausbreitet.

Damit vollzog sich der Schritt von der Fernwirkung zur Nahwirkung.

Der Raum erhält jetzt eine physikalische Bedeutung, indem er keine schnellere Wirkung als jene des Lichts zulässt. Hier werden bereits Raum und Zeit verschmolzen: Eine unendliche Fortpflanzungsgeschwindigkeit der Wirkung würde den Raum überspringen und damit auch die Zeit ausser Kraft setzen.

Gleichzeitig wird die Energie mit Raum und Zeit verschmolzen: Lichtsignale sind die Fortpflanzung von Energie in Raum und Zeit. Nach Einstein besteht ein Zusammenhang zwischen der Energie der Lichtsignale (Photonen) und ihrer Frequenz, vermittelt durch das Plancksche Wirkungsquantum.

Raum, Zeit und Energie bilden also eine fundamentale Einheit, die Grund-Triade der Physik. Wir sahen dies bereits bei der Ich-Welt: Die Wahrnehmungen erfolgen in der Zeit (ja, sie konstituieren erst Zeit), sie spannen den Raum der Erlebniswelt auf und vollziehen sich als Energietransport von den Nervenenden zur Grosshirnrinde. Dabei haben wir jetzt das für die optische Wahrnehmung nötige Licht durch den physikalischen Namen «Energie» ersetzt, im Wissen, dass Licht Energie ist. Der physiologischen Triade Raum-Zeit-Licht entspricht also genau eine physikalische.

Der nächste Schritt ist nun: Wie messen wir den Gang zweiter Uhren? Zeitvergleich setzt eine Definition der Gleichzeitigkeit voraus. Damit transzendieren wir die erlebte Welt des Ich in die gemessene. Sie enthält immer schon das Es des räumlich vom Ich entfernten Objekts. Unter dem Es der Physik verstehe ich jetzt die von den Wahrnehmungsorganen räumlich und zeitlich entfernten Objekte, sofern sie gemessen werden.

Ich werde nun zeigen, dass auch das Es Eigentum des Ich ist, d.h. ihm allein zu eigen ist.

Wir stellen uns zwei Weltraumsatelliten vor, die in gleichem Abstand geostationär über der Bodenstation stehen. Wie können wir feststellen, ob deren Uhren synchron gehen?

Dies ist ohne eine Theorie von Raum und Zeit und der Licht- bzw. Radiosignale unmöglich. Denken wir einmal kurz nach. Es gibt keine Überlichtsignale. Unser Auge «sieht» also die Uhren nicht direkt, sondern nur durch Radiosignale. Demnach benötigen wir eine Definition der gemessenen Gleichzeitigkeit. Sie ist selbstverständlich reines Menschenwerk, und zwar im Feld logischer Operationen.

Nun stellen wir einen philosophischen Grundsatz auf. Danach sollen alle Definitionen physikalischer Begriffe durch die Möglichkeit von Messoperationen vorgenommen werden. Wir versuchen folgende Definition:

> Die Uhren zweier Satelliten gehen gleich, wenn die von den Satelliten ausgesandten Signale gleiche Entfernungen zur Bodenstation zurücklegen und gleiche Uhrzeigerstellungen anzeigen.

Dies ist der Fall, wenn die Bodenstation (unser «Ich») genau in der Mitte unterhalb der Verbindungslinie der beiden Satelliten liegt, wie folgende Figur zeigt:

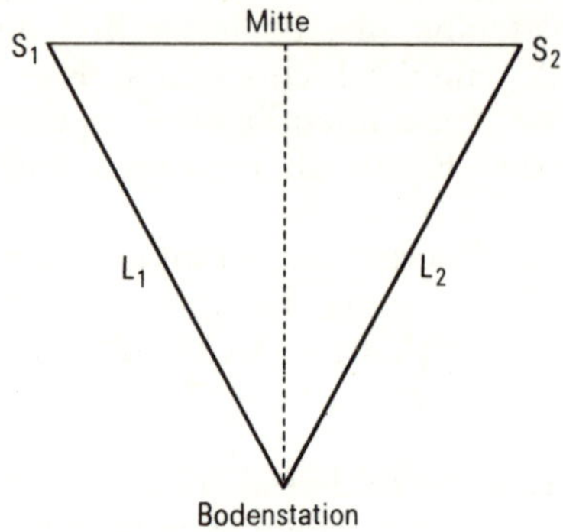

Es gibt also 2 Bedingungen für die Gleichzeitigkeit entfernter Ereignisse: Mitte und gleichzeitige Ankunft der Signale.

In diese Definition gehen folgende Glaubenssätze ein:

1. Definitionen haben unter gewissen Bedingungen einen physikalischen Sinn, indem sie zu widerspruchsfreien wahren Aussagen führen. Das bedeutet: Freie logische Setzungen des Menschen prägen der Natur ihren Stempel auf.
2. Der Sinn des Begriffs der Gleichzeitigkeit, bezogen auf räumlich entfernte Objekte, wird durch menschliche Operationen festgelegt. In unserem Fall sind dies Signale von den Satelliten zur Bodenstation; sie liefern ein TV-Bild der Uhren.
3. Die widerspruchsfreie und eindeutige Definition der Gleichzeitigkeit ist daran gebunden, dass die Signale sich mit gleicher, konstanter Geschwindigkeit unabhängig von der räumlichen Richtung ausbreiten. Dies setzt wiederum die Homogenität und Richtungsgleichheit (Isotropie) des Raums und die Homogenität der Zeit voraus.

Das Erstaunliche ist nun, dass wir diese Glaubenssätze, besonders jenen über Raum und Zeit, auch anderen physikalischen Beobachtungen zugrundelegen müssen. Es handelt sich also um apriorische Fundamentalaussagen über das Universum. Nur sie machen unsere Definition der Gleichzeitigkeit möglich. Würden nämlich die Signale zwischen Satelliten und Bodenstation zeit- und richtungsabhängig sein, so wäre eine widerspruchsfreie und eindeutige Definition der Gleichzeitigkeit nicht mehr möglich. Wir gewinnen den Glaubenssatz:

> Die Natur des Universums gestattet eindeutige und widerspruchsfreie Definitionen physikalischer Grundbegriffe.

Das ist alles andere als selbstverständlich. Um die Tragweite dieses Glaubens einzusehen, genügt es, ihn so zu formulieren:

Das Universum ist rational strukturiert.

Nun vollziehen wir einen entscheidenden Schritt. Wir fragen: Wie misst ein von uns verschiedener und zu uns bewegter Beobachter den gleichzeitigen Gang der Satelliten-Uhren?

Dies ist der Schritt vom Ich zum Du. Er ist die notwendige Voraussetzung der Physik, denn nur so können wir uns mit anderen über ein Messergebnis verständigen. Wir vollziehen also den Schritt vom Eigensein zur Kommunikation. Indem Wissenschaft prinzipiell auf Verständigung angewiesen ist, folgt sie einer Ich-Du-Beziehung. Welches ist ihr Gesicht? Dies ist das Problem der Relativität.

Nun möge über der Verbindungslinie der Satelliten S_1 und S_2 mit konstanter Geschwindigkeit ein extrem schneller Beobachtungssatellit B hinwegziehen, der zur Kontrolle der Zeigerstellungen der Uhren eingesetzt ist.

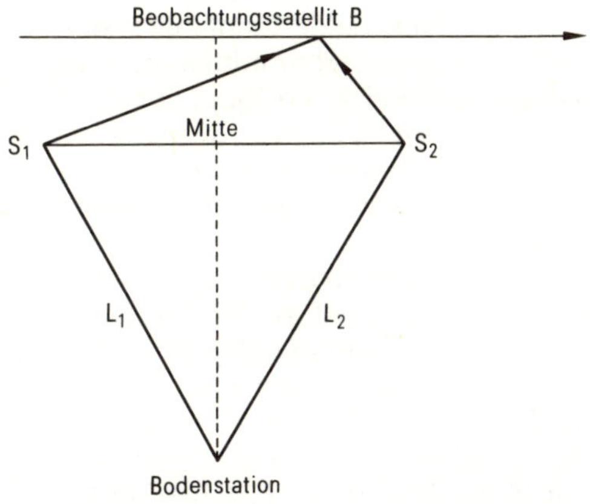

Während des Abgangs der Signale möge er sich genau über der Mitte zwischen S_1 und S_2 befinden. Da er sich jedoch nach rechts bewegt, wird das Signal von S_2 früher bei ihm eintreffen als von S_1. Beide Signale melden jedoch die Uhrzeit 12.00 h. Der Beobachtungssatellit wird also feststellen, dass die Uhr in S_2 gegenüber jener in S_1 vorgeht. Selbstverständlich gilt das Gleiche umgekehrt, wenn er sich nach links bewegt, dann registriert er, dass die Uhr in S_1 vorgeht. Bodenstation und kosmischer Beobachter kommen also zu verschiedenen Ergebnissen bezüglich der Gleichzeitigkeit der von S_1 und S_2 ausgehenden Signale.[4]

Man könnte einwenden: Dies ist nicht verwunderlich, eilt doch der Beobachtungssatellit B dem von S_2 kommenden Signal entgegen. B ist folglich gar nicht zu einer objektiven Aussage über die Gleichzeitigkeit berechtigt.

Dies würde nur gelten, wenn die Signale sich mit einer mechanischen

Geschwindigkeit, etwa als Teilchenstrahlen, von S_1 und S_2 ausbreiten würden. Dann könnte man die Geschwindigkeit von B gegenüber S_1 und S_2 nach der normalen Algebra mit jener der Signale addieren.*

Dies ist nicht möglich. Denn (1) ist die Lichtgeschwindigkeit nicht unendlich gross und (2) ist sie gegenüber allen Signalempfängern im Vakuum die gleiche. Aus Eigenschaft (1) folgt, dass B niemals die Signale von S_1 und S_2 erhalten kann, solange er sich über der Mitte zwischen beiden befindet, also von beiden räumlich entfernt ist. Auch das Sonnenlicht braucht ca. 8 Minuten, bis es bei uns auf der Erde eintrifft. B kann also unter keinen Umständen im Augenblick des Abgangs der Signale etwas davon durch direkte Beobachtung wissen.

Aus (2) folgt, dass die Geschwindigkeit von B zur Bodenstation bzw. zu den beiden Satelliten keinen Einfluss auf die Geschwindigkeit der bei B eintreffenden Lichtsignale besitzt, sie ist immer gleich c. B kann also aufgrund der Signalgeschwindigkeit gar nichts von seiner eigenen Bewegung wissen: Er ruht gewissermassen gegenüber dem Licht, genau wie dies die Bodenstation tut, denn beide empfangen das Licht mit der gleichen Geschwindigkeit c. Daraus folgt unmittelbar: B kann im Hinblick auf die Lichtgeschwindigkeit als gleichberechtigt mit der Bodenstation angesehen werden. Auch B ist ein «berechtigtes» Bezugssystem.

Anders ausgedrückt: B ist nur mechanisch gegenüber den Satelliten S_1, S_2 und der Bodenstation bewegt, gegenüber dem Licht aber nicht mechanisch, sondern auf eine spezielle Weise, die aus der Invarianz der Lichtgeschwindigkeit folgt. Der Satz «B ist bewegt» ist also relativ: Wir können mit dem gleichen Recht sagen: «B ruht». Da dies nach dem Galileischen Relativitätsprinzip für alle Naturgesetze gilt, solange B kräftefrei ist (siehe das ideal dahingleitende Schiff oder Flugzeug), so ist B in jeder Hinsicht ein mit allen kräftefreien Beobachtern gleichberechtigtes Bezugssystem.

Daraus folgt unmittelbar: Wenn die Signale von S_1 und S_2 zu verschiedenen Zeiten an B die Nachricht «12 Uhr» übermitteln, so ist diese Nachricht genau so objektiv wie die gleichzeitig auf der Bodenstation eintreffenden Nachrichten «12 Uhr». Kurz: Für die Bodenstation gehen die Uhren in S_1 und S_2 gleich, für B gehen sie nicht mehr gleich.

Beide Aussagen sind objektiv richtig, obwohl sie sich zu widersprechen scheinen. Sie tun dies nur scheinbar, denn ein logischer Widerspruch würde erst entstehen, wenn beide Aussagen in bezug auf das gleiche Bezugssystem wahr wären. Das sind sie natürlich nicht: Sie sind nur entweder für die Bodenstation oder (im Sinn der Ausschliessung) für B wahr. Die Relativität enthält also keinen logischen Widerspruch, die Natur ist widerspruchsfrei.

* Auch dies trifft nur für kleine Geschwindigkeiten zu. Bei Geschwindigkeiten, die mit jener des Lichts vergleichbar sind, gilt Einsteins Additionstheorem, wonach die Relativgeschwindigkeit zweier Teilchen nie grösser als c werden kann. Für stoffliche Teilchen bleibt sie stets kleiner als c.

Die ganze Paradoxie entsteht nur, indem wir B als gegenüber der Bodenstation bewegt, gegenüber dem Licht als «ruhend» (genauer: mit der Geschwindigkeit c bewegt) auffassen müssen. Das Wort «Bewegung» hat in bezug auf mechanische Ortsveränderungen einen anderen Sinn als in bezug auf die Lichtsignale. Das ist sozusagen die Semantik der Relativitätstheorie. Der Sinn der Worte Bewegung, Ruhe, Geschwindigkeit und damit auch von Ort, Zeit, Gleichzeitigkeit ändert sich, sobald wir zu Lichtgeschwindigkeiten übergehen.

Wir werden sehen, dass die gleiche Semantik nicht nur Raum und Zeit, sondern entscheidende Kennzeichen mechanischen und elektromagnetischen Verhaltens betrifft, ja die gesamte nachfolgende relativistische Physik. Wir stellen also fest:

> Sobald wir zu Lichtgeschwindigkeiten übergehen, müssen wir den Sinn der Worte neu formulieren.

Hier hebt die Natur unsere anschaulichen Vorstellungen und Begriffe auf. Damit beginnt im Grunde die moderne Physik.

Das entscheidende Jahr war 1887. Albert Michelson (Nobelpreis) und Edward Williams Morley zeigten nämlich anhand eines sinnreichen Experiments, dass die Lichtgeschwindigkeit von der Translationsgeschwindigkeit der Erde (vom Betrag ca. 30 km/sec) unabhängig ist. Alle späteren Versuche bestätigten dieses umstürzende Resultat.[5]

Um uns die ganze Tragweite des Michelson-Versuchs vorzustellen, genügt es, die Relativgeschwindigkeit eines sehr schnellen Elektrons gegenüber einem Lichtteilchen, dem Photon, zu berechnen. Das Elektron habe zum Labor eine Geschwindigkeit von nahe Lichtgeschwindigkeit, z.B. 200 000 km pro Sekunde. Fliegt es dem Photon entgegen, so müsste nach unserer gewohnten Vorstellung die Relativgeschwindigkeit sein:

$$v+c = 200\,000\,\text{km/sec} + 299\,792\,\text{km/sec} = 499\,792\,\text{km/sec}.$$

Falsch! Die Lichtgeschwindigkeit ist unabhängig von der Relativgeschwindigkeit des Elektrons; diese beträgt gegenüber dem Licht immer c = 299 792 km/sec. Es gilt also

$$v+c = c$$

Das gleiche gilt, wenn unser Elektron dem Photon davonfliegt, dann gilt

$$-v+c = c$$

Wir müssten also im Grunde in bezug auf das Licht unsere gewohnte Algebra ändern. Um das zu vermeiden, benutzt Einstein ein neues Additionstheorem der Geschwindigkeiten, in dem c als Höchstgeschwindigkeit auftritt. Hat also ein Teilchen im CERN/Genf gegenüber dem Beobachter eine Geschwindigkeit von 200 000 km/sec, und stösst es mit einem zweiten Teilchen von der gleichen Geschwindigkeit zusammen, so erfolgt der Stoss nicht mit 400 000 km/sec, sondern knapp unterhalb Lichtgeschwindigkeit.

Absurd? Ja, solange wir im Rahmen unserer traditionellen Vorstellungen bleiben. Aber vernünftig, sobald wir eine neue Struktur von Raum,

Zeit und Licht annehmen, wie sie aus dem Michelson-Versuch und dem Relativitätsprinzip Galileis folgt. Jetzt erst erkennen wir die Konsequenz dieses Prinzips.

Wir sehen sofort, dass unser anschauliches Weltbild zusammenbricht. Früher stellte man sich das Licht als Welle in einem hypothetischen Weltäther vor, der den leeren Weltraum ausfüllen sollte. Wäre dem so, dann müssten die Ätherwellen mit umso grösserer Geschwindigkeit auf einen Körper auftreffen, je schneller er zum Äther bewegt ist, genau wie dies mit Wasserwellen am Bug eines fahrenden Schiffs der Fall ist.

Der Michelson-Versuch zeigt aber, dass wir nicht nur das klassische Theorem der Addition von Geschwindigkeiten aufgeben müssen, sondern auch die Vorstellung eines Weltäthers. Lichtwellen bzw. Photonen (zwei komplementäre Seiten des Lichts) haben also kein Substrat!

Damit bricht die Metaphysik von Substanz und Akzidenz seit Aristoteles zusammen: Die Welle der Substanz «Äther» ist nach dieser Philosophie etwas Zufälliges, das sein Wesen nicht verändert. Eine Welle ohne substanziellen Träger zu denken, heisst unser anschauliches Weltbild preisgeben. Was soll eine Wasserwelle ohne Wasser und eine Luftwelle ohne Luft?

Gleichzeitig müssen wir den Newtonschen Begriff eines absoluten Raums aufgeben. Gäbe es ihn, so hätte das Licht ihm gegenüber eine ebenfalls absolute Geschwindigkeit, sozusagen gegenüber einem starren Gerüst aus Welt-Koordination. Allen zum Raum bewegten Körpern gegenüber hätte das Licht dann eine von der absoluten Geschwindigkeit abweichende relative Geschwindigkeit. Nachdem diese nicht nachgewiesen werden konnte, wird auch der Begriff des absoluten Raums sinnleer.

Wir sehen die Konsequenzen der Forderung, physikalische Begriffe operationell zu definieren: Da es bisher keinen Versuch gibt, der die Existenz eines absoluten Raums oder Weltäthers sowie eines substanziellen Trägers der Lichtwellen nachweisen würde, werden diese Begriffe sinnleer. Sie werden aus dem Wörterbuch der Physik gelöscht. Dies ist der Preis, den wir für die eindeutige Mitteilbarkeit von Messungen der Gleichzeitigkeit zahlen müssen. Vor dem Urteil der Physik hat die Metaphysik zunächst zu verstummen.

Jetzt aber geht die Türe auf: Unser Problem löst sich in geradezu genialer Weise, wie kein Mensch es hätte ersinnen können: Wenn nämlich die Geschwindigkeit des Beobachtungssatelliten keinen Einfluss auf die Signalgeschwindigkeit besitzt, dann gilt:

> In bezug auf das Licht sind alle geradlinig und gleichförmig zueinander bewegten Beobachter (Inertialsysteme) gleichberechtigt.

Dies ist die Erweiterung des Galileischen Relativitätsprinzips auf das Licht, allgemein auf alle mit Lichtgeschwindigkeit im Vakuum bewegten Signale. Die spezielle Folge: Auch der Beobachtersatellit ist physikalisch berechtigt, die Gleichzeitigkeit entfernter Uhren zu definieren. Er wird sagen: Wenn im Augenblick, wo ich in der Mitte zweier von mir entfernter

Uhren bin, je ein Signal mit der gleichen Zeigerstellung der beiden Uhren bei mir eintrifft, so gehen diese Uhren für mich gleichzeitig. Noch mehr: Ihre Gleichzeitigkeit ist in meiner Ich-Welt absolut.

Die philosophische Tragweite dieses Satzes wurde noch gar nicht erkannt. Sie ist das eigentliche Fazit der Relativität: «Relativität» bedeutet in letzter Konsequenz:

> Jedes Inertialsystem ist seine eigene Welt.

Dies ist der Sinn des rein physikalischen Satzes von der Gleichberechtigung aller Inertialsysteme in bezug auf Lichtausbreitung und Naturgesetze. Diese unsere Welt ist eine perspektivische Welt. Es gibt keine Möglichkeit, unserem Ich mit seiner ihm ausschliesslich zukommenden Welt-Perspektive zu entrinnen. Es gibt überhaupt kein physikalisches Ich, das imstande wäre, die «Welt an sich» zu erleben: Alle Ichs sind gleichberechtigt. Es existiert also keine physikalische Welt an sich, sondern immer nur jene, wie sie von einem Ich erlebt wird.

Nun gibt es im Grenzfall unendlich viele Inertialsysteme, die zueinander bewegt sind. Jedem Punkt des Universums und jedem Augenblick seit vielleicht 20 Milliarden Jahren können wir ein Inertialsystem mathematisch zuordnen. Daraus folgt:

> Es gibt ebensoviele Universa wie Inertialsysteme, also im Grenzfall unendlich viele.

Der Grund:

> «Universum» bedeutet immer «das von einem Ich erlebte Universum. Wirklichkeit ist identisch mit Erlebtwerden.»

Daraus folgt:

> Jedes Inertialsystem ist das Universum.

War dies vielleicht der psychologische Grund, weshalb Einsteins Theorie zunächst von der Öffentlichkeit weitgehend abgelehnt wurde? Wer ihre Effekte bejaht – und sie sind ebenso sicher wie der Tisch, an dem ich schreibe –, der muss auch ihre philosophischen Voraussetzungen akzeptieren. Diese unsere Welt ist genuin relativistisch.

Die physikalische Ableitung der Effekte hängt eng mit den philosophischen Konsequenzen zusammen, ja sie ist von diesen gar nicht zu trennen.

Wenn es nämlich nicht «die Welt an sich» gibt, dann auch nicht «die Gleichzeitigkeit» zweier räumlich entfernter Ereignisse «an sich». Das Wort «Gleichzeitigkeit» ist so lange sinnlos, als wir nicht das Bezugssystem (den Beobachter = das physikalische Ich) nennen, von dem aus sie gemessen wird. Kurz, «Gleichzeitigkeit» ist keine Eigenschaft von Ereignissen «an sich», sondern immer nur in Relation zu einem Beobachter (einem Ich). Sie ist eine zweistellige Relation und keine Eigenschaft.

«Gleichzeitigkeit» ist Inhalt einer Nachricht der Ereignisse, die mit

Hilfe von Signalen an ein Ich übermittelt wird. Sie bedarf stets der Signale. Dies ist die logische Folge der grundlegenden Tatsache, dass wir nicht als reine Geister die Welt erleben, sondern als physikalische Systeme; diese sind aber stets auf Signale angewiesen. Da es keine Überlicht-Signale gibt, erfahren wir nur die durch Signale mit höchstens Lichtgeschwindigkeit vermittelte Welt. Kurz: Die Relativität ist die direkte Konsequenz unserer Leiblichkeit. Selbstverständlich ist dies alles neu und in dieser Konsequenz von niemandem vor Einstein durchdacht worden. Wollten wir Kant paraphrasieren, so könnten wir sagen:

> In Raum und Zeit ausgebreitete Signale sind das physikalische Apriori des Erlebens der Welt. Folglich erleben wir nie und nimmer eine Welt an sich, sondern immer nur als perspektivisches Phänomen.

Nur ist unsere Konsequenz dieses Satzes eine andere als bei Kant: Es folgt daraus nicht, dass es eine Welt «an sich» gibt, die wir niemals erkennen, sondern im Gegenteil: Es gibt keine physikalische Welt «an sich». Was wir erkennen, ist immer die objektive, aber genuin relative Wirklichkeit.

Gibt es nun keine Gleichzeitigkeit an sich, so folgt daraus eine Kette physikalischer Effekte: Ist die Gleichzeitigkeit zweier Uhrzeigerstellungen relativ, so auch der Gang der Uhren. Beweis: Gleichzeitigkeit ist das Zeitintervall Null. Jedes andere Zeitintervall, z. B. eine Sekunde, ist also ebenfalls relativ. Die Intervalle und damit die Zeiteinheiten verändern sich durch die Relativbewegung des Beobachters zum beobachteten System. Dies trifft für alle periodischen Vorgänge zu, also auch z. B für unseren Puls. So geht der Puls eines Kosmonauten, von einem zu ihm sehr schnell bewegten Satelliten aus gemessen, langsamer als für die Bodenstation. Ebenso nimmt die Lebensdauer kosmischer Teilchen in der Erdatmosphäre allein durch ihre Geschwindigkeit zur Erde zu, wie sich an ihrer Wegstrecke bis zum Zerfall messen lässt.

Auch für die räumliche Ausdehnung brauchen wir Lichtsignale (oder Radarsignale). So wird die Entfernung Erde-Mond durch ein Radar-Echo gemessen, das von der Erde ausgehend am Mond gespiegelt wird und wieder zur Erde zurückkehrt. Aus der Laufzeit gewinnen wir die rein räumliche Distanz. Ein zur Erde sehr schnell bewegter Satellit wird diese Laufzeit aber anders erleben als der Erdbeobachter. Es lässt sich zeigen, dass die Laufzeit für ihn schrumpft. Für ihn fällt also die Entfernung Erde-Mond kleiner aus als für den Erdbeobachter. Genau dies folgt übrigens aus dem Michelson-Versuch. Räumliche Distanz und damit der Raum schlechthin werden relativ.

Eine rein logische Ableitung besagt: Wir definieren «Abstand zweier Ereignisse» operationell als «Weg zweier Signale, die gleichzeitig von den Ereignissen ausgehen und sich in ihrer Mitte treffen» (unsere Echolotung war nicht völlig korrekt, da sich der Mond ja während der Signalzeit zur

Erde bewegte). Die Voraussetzung für die Abstandmessung ist also die Gleichzeitigkeit. Wird diese relativ, so auch der Abstand.

Wir definieren in der klassischen Physik die träge Masse als Widerstand gegen eine angreifende Kraft. Nun bildet aber die Lichtgeschwindigkeit die absolute Obergrenze, die ein physikalisches Etwas durch seine Geschwindigkeit erreichen kann. Denken wir uns einen Weltraumsatelliten, der durch einen permanenten Antrieb auf immer höhere Geschwindigkeit gebracht wird. An sich würde er nach einer sehr langen Zeit die Geschwindigkeit unendlich erreichen. Das widerspricht dem Prinzip der Grenzgeschwindigkeit des Lichts. Der Widerspruch wird nur behoben, wenn wir annehmen, dass die träge Masse mit der Relativgeschwindigkeit des angetriebenen Körpers zunimmt. Die Konsequenz: Auch die träge Masse ist keine Eigenschaft, sondern eine Nachricht.

In der Tat beobachten wir in den Beschleunigungsmaschinen für Hochenergie[6], wo Teilchen auf extreme Geschwindigkeiten gebracht werden, dass

a) ihre Masse mit der Geschwindigkeit anwächst und daher
b) keine noch so hohe Energie einem Teilchen, das nicht selbst Licht ist, Lichtgeschwindigkeit verleihen kann.

Die Relativität der entsprechenden Nachrichten ist also eine objektive physikalische Tatsache und kein Produkt des menschlichen Denkens.

Um dies zu erkennen, bedurfte es einer schöpferischen Leistung Einsteins. In der Tat stellen alle unsere bisherigen Definitionen, Ableitungen, Gedankenexperimente und Uhren freie Erfindungen des Menschen dar. Sie sind nicht aus der Erfahrung abgeleitet, sondern Fragen an die Erfahrung. So konnte der entscheidende Michelson-Versuch nur aufgrund der Theorie des Lichtes und einer genialen Versuchsordnung durchgeführt werden. Seine Konsequenzen beruhen auf der Forderung nach operationeller Definition der physikalischen Begriffe. Anderenfalls hätte Einstein niemals den Versuch als Widerlegung der Hypothesen des absoluten Raums, der absoluten Zeit und des Weltäthers deuten können. Dies ist die eigentliche Tat Einsteins und nicht die zur sRT führende Mathematik, die vor Einstein zum Teil bereits vorlag.[7]

Bisher erreichten wir erst eine qualitative Analyse von Gleichzeitigkeit, Abstand und Masse. Die Physik beruht jedoch auf Zahlen.

Unser nächster Schritt ist die Konstruktion eines Apparats zur präzisen Orts- und Zeitmessung im jeweiligen Ich-System. Unsere bisherigen Radare, Funkfeuer und dergleichen eilen zwar durch Raum und Zeit, aber sie bilden noch kein festes Gerüst, in dem wir jedes beliebige Ereignis lokalisieren können. Ein solches Gerüst lässt sich nun für grosse Entfernungen allein in Gedanken konstruieren, es ist reine Imagination.

Wir denken uns ein rechtwinkliges Gerüst aus starren Stäben ähnlich einem Baugerüst aus Metall. Die Stäbe seien in gleichen Abständen miteinander verknüpft. An jeder Verknüpfungsstelle hängen wir eine Uhr auf, wobei alle Uhren gleich gehen sollen. Dann können wir in unserer Eigen-Welt jedes Ereignis durch vier Zahlen lokalisieren: Drei für die Nummern der beim Ereignis zusammentreffenden räumlichen Stäbe und eine durch die jeweilige Uhrzeit. Die Lokalisierung eines Ereignisses braucht also vier Zahlen. Dies ist eine Verknüpfung von Raum und Zeit. In der Tat können wir z.B. die Herkunft Einsteins nur durch Angabe seines (räumlichen) Geburtsorts und des Geburtstags angeben. Wir kommen zu einer grundlegenden Einsicht:

> Die Lokalisierung eines Ereignisses verlangt die Vereinigung von Raum und Zeit zu einer Zahlenquadrupel.

Dabei legen wir unausgesprochen der physikalischen Beobachtung nicht mehr Körper oder Teilchen, sondern Ereignisse zugrunde. Körper und Teilchen sind keine wohldefinierten Gegenstände. Wohl aber ist es das Ereignis. Wir definieren es als «vierdimensionaler Punkt im vorgestellten Raumzeit-Gerüst». Es wird auf Zahlen abgebildet durch die vier Koordinaten x, y, z, t. Gegenstand der sRT sind also Ereignisse in der vierdimensionalen Raumzeit.

Diese Tatsache führte einen der tiefsten Denker unseres Jahrhunderts, den Mitschöpfer der mathematischen Logik, Alfred North Whitehead (1861–1947), zu einer modernen Metaphysik, deren Hauptgegenstand das Ereignis («event») darstellt.

Wir erkennen, dass unsere Bezugsgerüste reine Idealgebilde sind. Zum einen lassen sie sich nicht über einen engen Bezirk hinaus herstellen, zum anderen müssen sie vollkommen starr sein, um eindeutige räumliche und zeitliche Angaben zu ermöglichen. Solche starren Gerüste gibt es nicht. Dennoch gehen wir bei Ableitung der sRT von solchen Gerüsten aus. Wir kommen zum Schluss:

> Jede eindeutige Messung enthält einen unaufhebbaren Anteil an Imagination.

Damit transzendieren wir bereits die operationelle Definierbarkeit einer physikalischen Grösse und stellen mit Einstein fest:

> Was eine beobachtbare Grösse ist, entscheidet die Theorie.[8]

Beweis: Unser Bezugsgerüst funktioniert nur, wenn wir zuvor die Uhren synchronisiert haben. Dazu brauchen wir aber eine Definition der Gleichzeitigkeit. Jede physikalische Messung hängt also letztlich am Begriff der Gleichzeitigkeit plus der freien Imagination eines Bezugsgerüsts.

Damit lernten wir bisher bereits drei Stufen der schöpferischen Operationen des Physikers kennen: Wahrnehmung, Messung und Imagination. Dabei setzt die jeweils niedrigere Stufe die anschliessend höhere als ihre Bedingung voraus: Die wissenschaftlich verstandene Wahrnehmung der Gleichzeitigkeit wird nur in der Messung realisiert. Diese aber setzt wiederum das imaginierte Bezugsgerüst mit einem System aus Signalen voraus. Insofern nun diese drei Stufen des Schöpfertums sich immer noch im Feld der Ich- oder Eigenwelt bewegen, fasse ich sie zur *Egosphäre* zusammen.

Dennoch konnten wir einen qualitativen Schritt zur Du-Welt vornehmen, indem wir feststellten: Für ein zum Ich sehr schnell bewegtes Du gehen die Uhren anders. Aber wie gehen sie?

Nichts von den Dingen wäre irgendwem klar, weder in ihrem Verhältnis zu sich noch zueinander, wenn die Zahl nicht wäre.

Philolaos aus Kroton (geb. ca. 440 vor Chr.)

12. Kapitel
Von der Ich-Welt zur Du-Welt

Um die vorige Frage zu beantworten, brauchen wir eine eigentliche Theorie. Diese soll uns das Gesetz für die Transformation der vom Ich wahrgenommenen Grössen liefern. Damit wird die sRT wesenhaft zu einer Theorie der Transformation.

Als ersten Schritt konstruieren wir eine Struktur, die nicht nur für das Ich, sondern für alle in gleicher Weise nachvollziehbar ist. Wir überschreiten also das Ich. Wir transzendieren es in Richtung auf ein kollektives Du. Gemeint sind alle überhaupt nur denkbaren Dus der Beobachter. Zwei Ziele werden dabei verfolgt: Verständigung und Gesetz. Die sRT wird damit wesentlich eine Theorie der wissenschaftlichen Kommunikation und universalen Naturgesetze. Sie ist nach der Newtonschen Mechanik die erste wirklich umfassende Physik, ja im Grunde *die* Physik schlechthin.

Die gesuchte Struktur ist die Geometrie. Wir bilden also jetzt die Stäbe und Uhren unseres Bezugsgerüsts auf Koordinaten ab, wie sie Descartes erstmalig einführte. Es ist jedoch nicht mehr die dreidimensionale Geometrie Euklids, sondern eine «Welt-Geometrie» des Mathematikers Hermann Minkowski.[1]

Ihren Namen hat sie vom Begriff «Welt» als der Menge aller physikalischen Ereignisse in Vergangenheit, Gegenwart und Zukunft. Hier tritt zu den drei räumlichen Koordinaten x,y,z die Zeit-Koordinate t hinzu. Dies ist notwendig, weil alle Ereignisse immer an einem bestimmten Ort *und* zu einer bestimmten Zeit stattfinden. In diesem Sinn ist die Minkowski-Welt eine protokollarische Niederschrift der Geschichte des Universums über alle Räume und Zeiten hinweg. Die Vierdimensionalität ist nichts anderes als ein Ausdruck der Geschichtlichkeit physikalischer Tatsachen.

Dabei geht die Anschaulichkeit der Geometrie verloren; denn eine solche 4-dimensionale «Welt» können wir nicht imaginieren, sondern nur theoretisch konstruieren. Wir gewinnen die überraschende Einsicht:

Es gibt keine adaequate Vorstellung der Wirklichkeit.

Durch die Welt-Geometrie betreten wir also ein neues Feld menschlicher Operationen. Die Vorstellung verlässt uns bzw. bleibt nur in Bruchstücken zurück. Zum Faden der Ariadne im Unbekannten wird jetzt die reine erfahrungsfreie Geometrie. Ich nenne diese Sphäre daher die *Noosphäre*, vom griechischen «Nous», der denkenden Seele bei Platon und Aristoteles.[2]

Tatsächlich ist die Welt-Geometrie zwar für die Theorie der physikalisch erfahrbaren Ereignisse notwendig, wir können sie aber nicht von dort entnehmen. Nur der dreidimensionale Raum und die Zeit separat sind Inhalte bzw. nach Kant Bedingungen unserer Erfahrung, niemals aber ein vierdimensionales Gebilde. Daher ist die Welt-Geometrie nicht vorstellbar, wie sehr wir auch zu Zeichnungen unsere Zuflucht nehmen.

Die Paradoxie lautet also: Um die Erfahrung zu verstehen, müssen wir eine von der Erfahrung freie Geometrie konstruieren. Diese Geometrie ist nun mehr als nur eine Erweiterung der euklidischen Geometrie. Dort lautet der wichtigste (von Pythagoras stammende) Lehrsatz: $x^2+y^2=s^2$, wie man aus folgender Zeichnung erkennt:

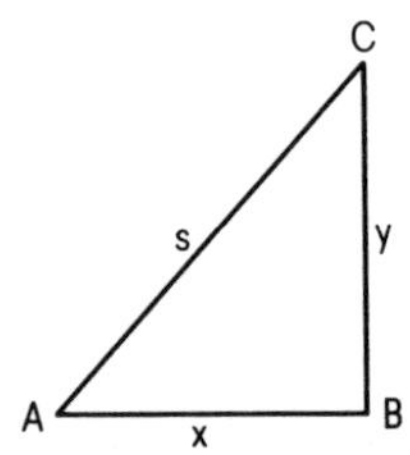

In der Minkowski-Welt setzen wir jetzt statt y die Zeitachse. Diese können wir durch einen einfachen Trick verräumlichen, indem wir die Lichtgeschwindigkeit c mit t multiplizieren. Da c die Dimension Raum durch Zeit (Kilometer durch Sekunden) enthält, bleibt nach Multiplikation mit der Zeit (Sekunden) nur noch der Raum übrig. Ihn können wir durch eine Koordinate symbolisieren. Wir erhalten als Symbol der Minkowski-Welt in nur 2 Dimensionen die gleiche Zeichnung, nur wird jetzt statt y das Zeichen ct geschrieben:

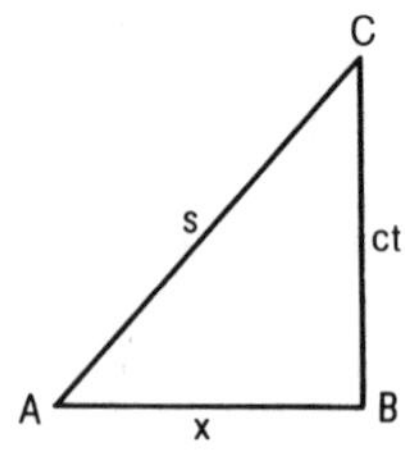

Raum und Zeit bilden also ein geometrisches Ganzes, genauer: ein chrono-geometrisches.

Die durch s symbolisierte Linie bedeutet nun eine sogenannte Weltlinie. Das ist jene «Strecke», die ein Massenpunkt vom Ereignis A zum Ereignis C zurücklegt. Er braucht dazu die Zeit t, während er die Entfernung AB = x durchläuft.

Beobachtungen zeigen nun, dass die Strecke AC nicht mehr wie in der euklidischen Geometrie durch die Summe der Kathetenquadrate, sondern durch deren Differenz bestimmt ist: $s^2 = x^2-(ct)^2$. Für das Licht wird diese Differenz gleich Null.[3]

Dies entspricht nicht einer willkürlichen Festsetzung, sondern ergibt sich zwangsläufig aus der mathematischen Darstellung der Relativität der Zeitmessung. Wir können nämlich die Relativbewegung zweier Beobachter durch eine Drehung der Koordinaten um den gemeinsamen Ursprung darstellen. Wenn wir noch in unser Koordinatensystem zwei Hyperbelpaare einsetzen, so ergeben die Schnittpunkte der Hyperbeläste mit den

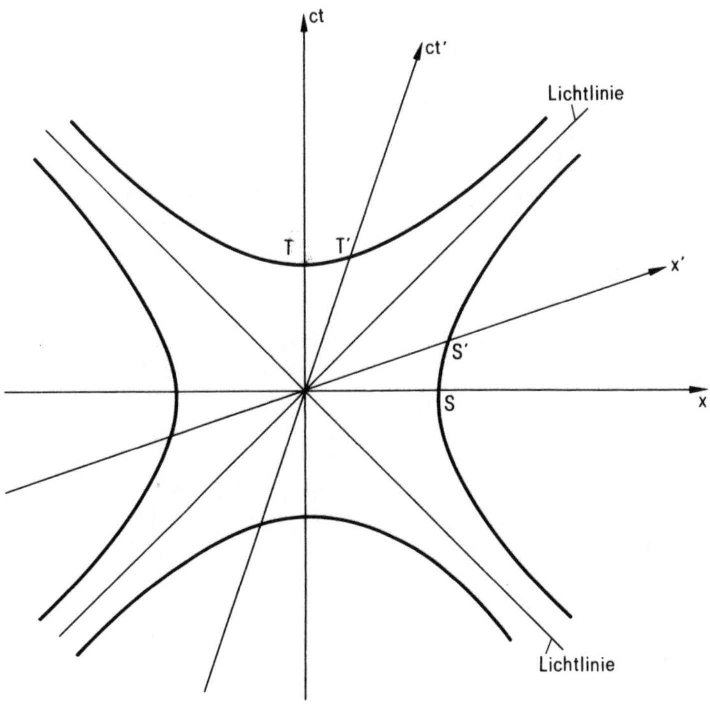

jeweiligen Koordinaten x, ct und x', ct' zweier Beobachter die entsprechenden Raum- und Zeiteinheiten.* Diese sind also von Beobachter zu Beobachter verschieden, sofern diese in einer mit dem Licht vergleichbaren Geschwindigkeit zueinander bewegt sind.

Dabei stellt sich heraus, dass das Quadrat des Elements der Weltlinie von der Koordinatendrehung, sprich der Relativbewegung, unabhängig ist. Es ist mathematisch eine Invariante.

Aus dieser Darstellung lassen sich nun leicht die Formeln für die Relativität von Raum und Zeit ableiten.[4] Sie heissen zu Ehren des damals führenden Theoretikers der Elektronentheorie Lorentz-Transformationen.

Dieses Bild enthält mehr als eine geometrische Darstellung der Relativität. Es demonstriert im Grunde eine ganze Philosophie: ct ist die im Ich-System beobachtete Eigenzeit (was ich an meiner Uhr ablese). x ist die von mir beobachtete räumliche Ausdehnung aller zu mir ruhenden Gegenstände. ct und x (die beiden anderen Dimensionen y und z müssen wir hinzudenken) sind «meine Welt». In dieser Welt sind die Asymptoten zu den Hyperbelästen die sogenannten Lichtlinien: Sie repräsentieren alle bei mir aus der Vergangenheit (der unteren Hälfte der Zeichnung) ankommenden und von mir (nach oben) ausgehenden Lichtsignale.

Diese Signale bilden in der vierdimensionalen Darstellung einen sogenannten Lichtkegel, wie man sofort sieht (genauer einen Doppelkegel nach dem Modell einer Sanduhr). Kein Signal kann schneller als mit Lichtgeschwindigkeit bei mir eintreffen und von mir ausgehen. Das bedeutet: Alle zu mir kommenden und von mir ausgehenden physikalischen Wirkungen liegen entweder innerhalb des Doppelkegels (wenn ihre Geschwindigkeit unterhalb jener des Lichtes liegt) oder auf dem Mantel (wenn sie Lichtgeschwindigkeit aufweisen). In den Zwischenbereichen rechts und links liegen keine physikalischen Wirkungen, die mich erreichen oder von mir ausgehen können.

Dies bringt eine Zweiteilung der Welt in mögliche und nicht mögliche Wirkungen, bezogen auf mich. Folglich ist den mich betreffenden Ursachen eine genaue Grenze auferlegt: Sie liegen samt und sonders innerhalb des Lichtkegels oder auf seinem Mantel. Damit wird erstmalig in der Physik eine exakte Eingrenzung der Kausalität gegeben.

Gleichzeitig bin ich eben dadurch gegenüber allen übrigen Ichs des Universums genau abgegrenzt: Ich bin der raumzeitlich einmalige Schnittpunkt aller bei mir eintreffenden (und mich damit kausal beeinflussenden) Wirkungen und der von mir ausgehenden Wirkungen. Ich bin ein bewirktes und zugleich wirkendes Ich, und dies unwiederholbar. Ich bin die in mir selbst ruhende gegenwärtige Spitze eines Lichtkegels. Nun bilden aber alle bei mir ankommenden und von mir ausgehenden Wirkungen (Si-

* Natürlich wurde für die Zeichnung eine sehr viel kleinere Zeiteinheit als 1 Sekunde gewählt, sonst würden ja einer Sekunde ca. 300000 km entsprechen. Wir operieren jetzt mit Nanosekunden.

gnale) meine Welt. Sie sind mein erweitertes Ich. Es erstreckt sich in die gesamte Vergangenheit und Zukunft.

Dies ergibt eine denkwürdige Neuformulierung des kartesischen Grundsatzes: «Ich denke, also bin ich». Die relativistische Fassung lautet jetzt:

> Ich bin ein doppelter Lichtkegel der Raumzeit.

Diese Formulierung ist gleichbedeutend mit einer zweiten:

> Meine physikalische Realität wird durch den Schnittpunkt von Wirkungen gemäss der Minkowski-Welt gesichert.

Dazu tritt die Problematik der Erkenntnis: Die Weltgeometrie ist nicht nur 4-dimensional unanschaulich, sondern auch nicht-euklidisch, genauer: pseudo-euklidisch. Mathematisch: Die Massbeziehungen räumlicher und zeitlicher Einheiten zur Messung des Abstands von Ereignissen sind anders als in der euklidischen Geometrie. Genau dies aber ist die mathematische Darstellung des Relativitätsprinzips. Die wirkliche Welt des Universums hält uns also zwei grundlegende Abweichungen vom naiven Vorstellungsvermögen, ja von der ganzen klassichen Physik entgegen. Der Schritt zum Du ist ein Schritt weit über das Ich hinaus.

Selbstverständlich bedurfte es dazu einer eminenten schöpferischen Leistung des Menschen Minkowski. Erst in seiner Geometrie werden die von Einstein unter grossen gedanklichen Schwierigkeiten gefundenen Gesetze der Relativität als logische Konsequenzen eben dieser Geometrie verstanden. M.a.W. Die Realität ist pseudoeuklidisch vierdimensional.

Die entscheidende Einsicht ist, dass zwei Bewegungen der Erkenntnis zusammentreffen müssen: Zum einen haben wir die Notwendigkeit einer nicht-euklidischen Geometrie dank der Relativität der Eigenzeiten der jeweiligen Beobachter. Diese ist uns von der Natur vorgeschrieben. Zum anderen aber haben wir in der Minkowski-Welt eine freie Setzung des menschlichen Geistes, denn die Relativität ist eine Folge dieser Geometrie und wird erst nachträglich an ihren Effekten beobachtet. Zudem finden wir in den Beobachtungen prinzipiell weder Geometrien noch Gleichungen, wenn sie uns auch gelegentlich dort nahegelegt werden. Das Verhältnis von Geometrie und Erfahrung ist also zirkulär.

Eine weitere philosophische Folge: Indem die Hyperbeln in einfacher Weise die Relativität der räumlichen und zeitlichen Masseinheit festlegen, ist die Geometrie für alle relativistischen Effekte verantwortlich. Diese sind zunächst: Im Du-System gehen, von mir aus betrachtet, die Uhren langsamer (die Zeiteinheit ist ja grösser als in meiner Ich-Welt) und alle Abstände nehmen in der Bewegungsrichtung ab (auch die räumliche Einheit nimmt ja zu). Zugleich nimmt im Du-System, wie sich leicht zeigen lässt, die Masse jedes Körpers zu: Auch Kraft und Impuls werden relativ. Schliesslich hat eine in meiner Ich-Welt ruhende elektrische Ladung nur ein elektrisches Feld, eine in der Du-Welt zu mir bewegte Ladung ausserdem noch ein magnetisches. Die Elektrodynamik wird also in geradezu genialer Weise auf die Geometrie zurückgeführt.[5]

Relativität und Elektrodynamik werden im Grunde erst durch die Hyperbeldarstellung in der Minkowski-Welt verstanden. Es handelt sich also nicht nur um einen Kunstgriff des Menschen, sondern der Natur: Die Wirklichkeit folgt einer pseudo-euklidischen Ordnung.

Damit erhebt sich sofort die Frage nach jenem «Mathematiker», der einerseits die Kausalität, andererseits die relativistischen Effekte in geradezu göttlicher Einfachheit und Klarheit denkt. Ich spreche absichtlich in der Gegenwartsform, denn die Minkowski-Welt gibt ja einen überzeitlichen Blick auf das physikalische Geschehen, indem sie die Zeit selbst als Koordinate enthält.

Hier liegt vermutlich der Grund für Einsteins Glauben an eine die Welt regierende göttliche Vernunft.

Eine der weitreichendsten Folgen der Relativität ist die Äquivalenz von Masse und Energie. Sie ergibt sich ebenfalls aus einer denkbar einfachen und genialen geometrischen Überlegung.[6]

Diese folgt unmittelbar aus der Minkowski-Welt, wenn die Koordinaten mit Hilfe einer mathematischen Manipulation entsprechend interpretiert werden. Einstein erhielt das gleiche Gesetz 1905 auf einem etwas anderen Weg, ohne dass damals schon die Minkowski-Geometrie vorgelegen hätte. Trotzdem können wir feststellen, dass die Äquivalenz von Masse und Energie eine Folge der Chrono-Geometrie ist. Einstein selbst zog eine weitreichende Folgerung:

> «Die träge Masse eines Körpers kann geradezu als Mass für seine Energie angesehen werden».[7]

Dieses für das Universum grundlegende Gesetz enthält bereits im Keim die Umwandlung von Masse in Energie im Innern der Sterne und damit auch die Voraussetzung für das Leben auf der Erde. Zugleich öffnet es im Guten das Tor zu einer unerschöpflichen Energiequelle der Menschheit und im Schlimmen zu ihrer Vernichtung. Damit beginnt im Grunde die geschichtliche Bifurkation der Physik.

Einfacher, majestätischer und zugleich schrecklicher konnte kein Geist die Zeugung der Atomenergie ersinnen, als wir sie in der Natur selbst vorfinden. Aber ihr Ursprung liegt in der neuen Geometrie. J. A. Wheeler nennt sie Lorentz-Geometrie zu Ehren der Lorentz-Transformationen für Raum und Zeit.

Dieses für die Theorie des Sonnenlichts und die Atomkraft fundamentale Gesetz ruht also auf einer Stufenfolge immer abstrakterer rein gedanklicher Schöpfungen. Für Max von Laue (Nobelpreis) beruht die gesamte Masse auf nichts anderem als einer besonderen Form der Energie. Wörtlich: «Diese Erkenntnis erscheint dem Verfasser als eins der erschütterndsten Ergebnisse der gesamten Naturwissenschaft».[8]

Ebenso erschütternd scheint mir jedoch die Tatsache, dass der menschliche Geist durch freie Setzungen von Symbolen und deren Verknüpfung dieses Gesetz zu finden vermochte. Und zwar 1905, also 33 Jahre vor der ersten Kernspaltung durch Otto Hahn und Fritz Strassmann!

Dabei müssen wir einen wichtigen Grundsatz nachtragen, der physikalisch von weitreichenden Folgen ist. Er besagt nicht weniger, als dass die Relativität die Konsequenz einer höher liegenden Absolutheit ist. Nur ist diese Absolutheit keine solche der Erlebniswelt, sondern unserer Gedankenwelt. Wenn wir nämlich die Grundgesetze der Physik unter Benutzung sogenannter Tensoren in der Raumzeit-Darstellung formulieren, so nehmen sie eine vom Übergang von der Ich- zur Du-Welt unabhängige Gestalt an: Sie sind, wie man sagt, kovariant. In ihnen treten Grössen auf, die gleichfalls gegenüber diesem Übergang unabhängig sind, sie heissen Invarianten.

So lassen sich die Erhaltungsgesetze für Energie und Impuls in kovarianter Form schreiben, sie gelten also auch in der Relativitätstheorie. Ja sie werden nach einem Satz von Emmy Noether erst durch diese im Grunde verstanden.[9]

Dann aber sind wir berechtigt, sowohl für das Ich-System des Elektrons als auch für das Du-System des Beobachters die Erhaltung von Energie und Impuls des Elektrons anzunehmen. Diese Annahme geht notwendig in die obige Beweisführung ein.

Die Äquivalenz von Masse und Energie ist in letzter Instanz die Konsequenz einer maximal allgemeinen Struktur der physikalischen Ereignisse, nämlich der Absolutheit (Kovarianz) der vierdimensionalen Formulierung der Naturgesetze.[10]

Wir fanden also einen neuen Begriff der Absolutheit, und zwar in exakter mathematisch-physikalischer Definition. Zugleich machen wir uns von der Beschränkung auf Ich- und Du-Welt frei. Wenn für beide die gleiche Gestalt der Naturgesetze gilt, dann ist es gleichgültig, ob wir den Ich- oder Du-Standpunkt einnehmen. Was sich ändert, ist nur die Perspektive, nicht aber das Gesetz. Wir fanden den Aufstieg zur Wir-Welt.

Perspektivität und Absolutheit der physikalischen Weltbetrachtung sind also zueinander mit einem Ausdruck Bohrs komplementär.

Dafür müssen wir jedoch einen zweifachen Preis bezahlen. Einmal verlieren wir die räumliche und zeitliche Anschauung. Was wir an den Meterstäben und Uhren ablesen, ist stets perspektivisch-relativ. Absolut ist nur das Gedankenprodukt des Geistes, nämlich die kovariante Formulierung der Naturgesetze. Mit anderen Worten: Die erlebte Welt ist stets relativ, absolut ist nur die gedachte Welt.

Dennoch ist die Absolutheit kein Menschenwerk. Wohl hat sie der Mensch historisch konstruiert, also erzeugt. Aber ausserhistorisch finden wir sie in der Natur als vorgegeben vor. Ohne sie gäbe es weder die relativistischen Effekte noch die Äquivalenz von Masse und Energie.

Dies führt uns zu einem Glaubenssatz von grosser Tragweite:

Das Verhalten der beobachtbaren Wirklichkeit ist eine Folge der unbeobachtbaren Wirklichkeit.

Nennen wir die erstere Physis, die zweite Geist, so können wir nicht umhin, in der Wirklichkeit der Elementarteilchen, Körper, Sterne und Galaxien das Wirken einer unbeobachtbaren, aber nichtsdestoweniger realen Macht anzunehmen. Indem der menschliche Geist die kovariante Formulierung der Naturgesetze entwirft, hindert uns nichts, dieser Macht gleichfalls den Namen «Geist» zuzuordnen.

Die eigentliche Achse dieser neuen Sicht ist die Geometrie. Wir gewinnen daraus zwei Erkenntnisse:

1. Die Natur folgt einer abstrakten Lorentz-Geometrie.
2. Die Gesetze und Folgen dieser Geometrie sind freie Schöpfungen des menschlichen Geistes.

Der apokalyptische Gang der Geschichte unseres Jahrhunderts folgt also zum einen der Lorentz-Geometrie des Universums und zum anderen der prognostischen Funktion einer auf diese Geometrie gegründeten Theorie.

Die Theorie verstanden haben wir jedoch erst, wenn wir die Begriffe der klassischen Physik korrigieren. Am Beginn der Theorie stand die Forderung nach operationeller Definition der Gleichzeitigkeit. Daraus ergab sich schliesslich ihre Relativität, genauer Relationalität. Daraus wieder folgte die Relationalität von Ausdehnung, Masse, Impuls, Energie, elektrischem und magnetischem Feld. Sie alle erscheinen jetzt als Nachrichten über mögliches Verhalten von Ereignissen.

Auch der Ausdruck «absolut» wird entsprechend korrigiert. Aus der metaphysischen Absolutheit wird die mathematische Invarianz. So sind Eigenzeit, Eigenmasse und Eigenenergie absolut. Ebenso ist es die kovariante Formulierung der Erhaltungssätze.

Die vierdimensionale Gestalt der Naturgesetze tritt an die Stelle des absoluten Raums und der absoluten Zeit Newtons. Diese erscheinen jetzt als relative Ausdehnung und Gleichzeitigkeit bzw. Dauer. Absolut hingegen ist die in Raum und Zeit wandernde Weltlinie. Das Ganze aus Raum und Zeit, Impuls und Energie, elektrischem und magnetischem Feld wird jetzt das Absolute.

Dieses Ganze wird aber nicht beobachtet oder gemessen, sondern ist grundsätzlich unanschauliches Produkt des menschlichen Geistes.

Wir können diese Einsicht noch abstrakter formulieren. Die Grundkategorien der Relativität sind Eigensein, Kommunikation und Transformation. Sie entsprechen den drei Ebenen der physikalischen Nachrichten, nämlich dem Ich, Du und Wir.

Wir können diese Ebenen auch als «Felder» bezeichnen oder als abstrakte «Räume». Diese Namen sind nur in Analogie zum physikalischen Feld und dem physikalischen bzw. geometrischen Raum gewählt.

Als Ich-Ich-Feld bezeichne ich die Mannigfaltigkeit aller Erlebnisse meiner selbst. Diese Erlebnisse sind meine Ruhmasse, Ruhenergie, Eigenzeit, Eigenlänge, kurz, alle Merkmale meiner selbst, die mir durch Eigenbeobachtung zukommen, unabhängig von der Beobachtung (dem Erleben) durch irgendein Du.

Wir postulieren nun den Glaubenssatz:

> Nicht nur dem menschlichen Beobachter und dem zu ihm ruhenden System von Ereignissen kommt ein Ich-Ich-Feld zu, sondern jedem realen Ereignissystem (Atom, Elementarteilchen, Körper). Jedes Inertialsystem ist in bezug auf die in ihm ablaufenden Ereignisse und deren Merkmale ein Ich-Ich-Feld.

Dieses Ich-Ich-Feld ist eine absolute Welt: Sie ist unabhängig von jeder Beziehung zu irgendeinem Du. Die in ihr erlebten Merkmale sind grössenmässig invariant. Ebenso absolut sind ihre mathematischen Verknüpfungen in sogenannten kovarianten Formulierungen der Naturgesetze.

Als Ich-Du-Feld bezeichne ich nun die Mannigfaltigkeit aller Erlebnisse der Merkmale eines Du durch ein Ich. Diese Erlebnisse spannen einen perspektivischen «Raum» auf. Sie wurzeln einerseits im Verhalten des Du, andererseits in den unerlässlichen Signalen vom Du zum Ich. Sie sind Nachrichten über das Du. Insofern die Natur der Signale unaufhebbar in sie eingeht, sind sie Signal-bedingt und daher relativ: Jedes andere Ich als das meinige erlebt jedes andere Du anders als ich.

Dennoch sind alle Ich-Felder, solange sie Inertialsysteme darstellen, physikalisch gleichberechtigt. Es gibt kein ausgezeichnetes Ich gegenüber der im Grenzfall unendlichen Mannigfaltigkeit anderer Ich-Felder. Jedes Ich nimmt die Gesamtheit der Nachrichten im wahren Sinne «wahr», nämlich gleichberechtigt und so, wie sie in bezug auf das betreffende Ich realiter sind. Jedes (inertiale) Ich ist also nicht nur «seine Welt», sondern die Welt schlechthin.

Dies ist die erste Transzendenz des Ich, sie durchbricht das Ich in Richtung auf das Du. Die erste Transzendenz ist eine relative, weil für jedes Ich andere.

Es gibt jedoch auch eine absolute Transzendenz. Es ist jene von der Ich-Du-Beziehung zum Wir. Während alle denkbaren Ich-Du-Beziehungen eine im Grenzfall unendliche Mannigfaltigkeit verschiedener Ich-Du-Felder aufbauen, stellt das Wir-Feld eine einzige und absolute Mannigfaltigkeit dar. Es ist das Feld aller vierdimensional formulierten Naturgesetze plus der invarianten Grössen. Die darin eingehenden Elemente sind für alle Ich-Felder und deren Du-Beziehungen identisch. Relativistische Physik ist also zugleich absolute Physik. Ihr Grundelement ist die Lichtgeschwindigkeit. Aus deren Absolutheit folgt alles übrige. Diese Absolutheit ist jedoch keine vom Beobachter angenommene oder von seinem Erleben abhängige, sondern liegt in der realen Natur des Universums selbst begründet. Die relativistische Physik trägt also einen Januskopf: In bezug auf die Ich-Welt und die Ich-Du-Beziehungen ist sie subjektivistisch, ja geradezu solipsistisch orientiert, in bezug auf die Wir-Welt objektivistisch und realistisch. Anderenfalls wäre sie nicht Physik, sondern reines Denken.

Damit löst sich die klassische Frage nach dem Verhältnis von Einem und Vielem, das den Kern der neuplatonischen Philosophie bildet. Diese Welt ist ihrer invarianten Gestalt nach nur eine und daher aus einer einzigen Hand hervorgegangen. Ihrer relativen Gestalt nach ist sie jedoch eine im Grenzfall unendlich viele. Hätte Gott nur eine Welt erschaffen, so gäbe es kein Erleben. Hätte er nur die Ich-Welten erschaffen, so gäbe es keine Harmonie. Individualität und Harmonie sind also fundamentale Kategorien der Relativitätstheorie.

Während die Individualität jedoch physikalisch erlebbar ist, ist es die als Kovarianz aufscheinende Harmonie nicht. Sie lässt sich nur in freien schöpferischen Akten des Geistes konstruieren. In letzter Abstraktheit formuliert: Das Ich und seine Ich-Du-Beziehung gehören dem Reich der Natur an, die Wir-Welt ist jedoch bereits Geist. Beide aber gehören zusammen. Sie bilden ihrerseits eine Einheit. Damit löst sich ein fast unlösbarer Konflikt der menschlichen Geschichte, jener zwischen Geist und Natur. Naturwissenschaft wird mit Walter Heitler Geisteswissenschaft und Geisteswissenschaft wird Naturwissenschaft.[11]

Ohne aus der Tür zu gehen,
Kennt man die Welt.
Ohne aus dem Fenster zu schauen,
Sieht man die Bahn des Himmels ...
Darum braucht der Berufene nicht zu gehen
Und weiss doch alles.
Er braucht nicht zu sehen
Und ist doch klar.
Er braucht nichts zu machen
Und vollendet doch.

Lao Tse.

13. Kapitel
Aufstieg zum Universum.

Von 1907–1916, als in Europa die Lichter ausgingen, schuf Einstein eines der grössten Gedankenwerke der Neuzeit, die allgemeine Relativitätstheorie (im folgenden aRT). Hier hatte er in der Physik keine Vorläufer, wie etwa in der sRT, sondern konnte mit Dante sagen:

«Noch keiner hat durchquert die Wasser,
In die ich stieg.»

Das Thema ist das gleiche wie in Newtons Gravitationstheorie: Die Kraft, die das Universum zusammenhält. Einsteins Theorie ist im Grunde, wie Vladimir Fock nachweist, keine Verallgemeinerung der Relativität, sondern eine Theorie der Gravitation. Dennoch wurde sie aus einer Art von Verallgemeinerung der sRT geboren. Dies ist ihre erste Paradoxie. Sie weist uns auf eine Grunderfahrung des menschlichen Geistes hin, dass nämlich aus nicht einwandfreien logischen Voraussetzungen richtige Einsichten folgen können, wenn auch nicht müssen. Die Wahrheit ruht sozusagen auf stärkeren Fundamenten als der Logik.

Die zweite Paradoxie ist nicht weniger folgenreich: In der sRT ging Einstein zunächst von einer positivistischen Forderung aus, nämlich nur durch Operationen definierbare Grundbegriffe zuzulassen. Dieses Verfahren hatte sich als so erfolgreich erwiesen, dass man meinen sollte, es wäre auch auf andere Theorien anzuwenden.

Wenn schon Newtons absoluter Raum vom Fallbeil des Operationalismus enthauptet wurde, weshalb nicht auch sein Begriff der Gravitation? Er hatte uns zwar das Gesetz der Massenanziehung hinterlassen, aber ohne es zu begründen. Zudem führte er eine Kraft (die Schwerkraft) ein, welche absurderweise den Zwischenraum zwischen den Himmelskörpern überspringen sollte. Dabei sollte diese Kraft mit dem Quadrat des Abstands abnehmen. Der Raum war also im ersten Fall sozusagen abgeschaltet, im zweiten Fall wurde er wieder eingeführt. Newton hatte diesen Mangel wohl erkannt, aber sich gehütet, eine Hypothese zu formulieren.[1]

Inzwischen war im 19. Jahrhundert durch die Elektrodynamik der Raum als Feld erkannt worden. Die sRT vereinigte weiter den rein formalen Raum mit der Zeit in der Welt-Geometrie. Sie «entphysikalisierte» also einerseits den Raum (und die Zeit), denn die rein geometrische Struktur der Minkowski-Welt war jetzt für die Effekte verantwortlich. Andererseits «physikalisierte» sie wieder den Raum, indem die Ausbreitung von Lichtwellen (seit Einsteins Photonentheorie 1905 auch als Teilchen verstehbar) für die Struktur von Raum und Zeit verantwortlich wird: Die invariante Lichtgeschwindigkeit regiert also die Raumzeit und diese wiederum das Verhalten physischer Wesenheiten wie Masse, Energie, Impuls, elektrisches und magnetisches Feld. Natürlich kann man diese Abhängigkeitsfolge auch umkehren und so Raumzeit, Lichtgeschwindigkeit und Effekte als eine in sich geschlossene Triade ansehen.

Dieser Zusammenhang von formaler Beschaffenheit der Raumzeit und dem Verhalten von physischen Wesenheiten wie der Masse musste sich also irgendwie auch in der Gravitation kundtun. Aber wie?

Damit entsteht eine dritte Paradoxie. In der sRT ist der Raum sozusagen ein physisches Nichts: Er wird zur reinen Geometrie. In einer Theorie der Gravitation muss er aber sozusagen wieder alles werden, denn nach den Gesetzen von Kepler und Newton soll er ja die Himmelskörper auf genau vorgeschriebenen Bahnen führen. Es lag also nahe, nach einem mathematischen Zusammenhang zwischen Raumzeit, Gravitation und schweren Massen zu suchen.

In der sRT war der Faden der Ariadne die Lichtgeschwindigkeit. In einer Theorie der Gravitation gab es jedoch zunächst keine Beobachtung wie den Michelson-Versuch. Mit geringen Abweichungen bestätigte die Astronomie die Gesetze von Kepler und Newton, ausgenommen eine winzige Abweichung beim sonnennächsten Planeten, dem Merkur, dessen Bahn sich rosettenartig im Lauf der Jahrhunderte dreht (Periheldrehung des Merkur). Diese Abweichung war aber so gering, dass es sich nicht lohnte, die tausendfach bewährte klassische Astronomie zu ändern.

Einstein musste also einen gänzlich neuen Weg gehen. Um es vorwegzunehmen: Dieser Weg ist weder physikalisch noch logisch sauber, sondern in manchen Stücken geradezu grotesk gewagt. Und doch sollte gerade er zur richtigen Theorie führen! Einstein selbst versucht, am Ende seines Wegs seinen Gedankengang nachzuzeichnen, ich fürchte, eher als nachträgliche Rechtfertigung denn als strenge Beweisführung. Der Faden der Ariadne führte ihn jetzt durch ein Labyrinth mit verschlungenen Gängen.[2]

Erster Schritt: Einstein will die Relativität der sRT verallgemeinern (daher «allgemeine Relativitätstheorie»). Wie Fock zeigt, gibt es jedoch keine allgemeinere Relativität als jene der sRT: Sie folgt aus der maximalen Homogenität des Raums und der Zeit. Sie äussert sich in der Lorentzgruppe mit insgesamt 10 Parametern, nämlich in der

a) Gleichberechtigung aller Raumpunkte und Zeitmomente; das ergibt 4 Parameter entsprechend der Verlegung des Anfangspunkts des räumlichen Koordinatensystems und der Zeit,
b) Gleichberechtigung aller Richtungen; das ergibt 3 Parameter, entsprechend einer Drehung der räumlichen Koordinaten
c) Gleichberechtigung aller Inertialsysteme, unabhängig von ihrer Relativgeschwindigkeit, das ergibt 3 Parameter, entsprechend den drei Komponenten v_x,v_y und v_z der Relativgeschwindigkeit.

Mathematischer Ausdruck dieser maximalen Homogenität ist die Feststellung, dass eine Transformation dieser 10 Parameter das raumzeitliche Intervall zweier Ereignisse nicht verändert, also invariant lässt.[3]

Nach Fock gilt diese maximale Homogenität nur in unendlich kleinen Bereichen einer nicht-euklidischen Raumzeit wie jener der aRT. Sie ist also der allgemeinste Fall von Relativität, der überhaupt erreicht werden kann. In gewissem Sinn bildet die aRT also keine Erweiterung der sRT, sondern deren Verengung, da sie die maximale Homogenität nur als Sonderfall zulässt.

Wir können hinzufügen: Es genügt festzustellen, dass uns in einem Karussell schwindelig wird, nicht aber in einem Eisenbahnzug. Mehr als die Unabhängigkeit aller physikalischen und physiologischen Vorgänge von der Bewegung des Zugs zu verlangen, solange er gleichförmig dahinfährt, ist nicht möglich: Die Unabhängigkeit hört auf, sobald auch die Gleichförmigkeit aufhört.

Trotzdem versuchte Einstein, die Relativität zu verallgemeinern. Ihn leitete dabei der Imperativ: Suche die maximale Generalisierung der Prinzipien!

Er gründet sich wieder auf den Glauben an die durchgängige Einheit des Universums.

Der Imperativ war richtig, der Weg jedoch zweifelhaft. Einstein nahm ihn nämlich über das Problem der Koordinaten. Nun haben Koordinaten zunächst einen rein willkürlichen Sinn: Ich kann auf einem Blatt Papier jede Art von regelmässigen Linien zeichnen und darauf Punkte abbilden. Koordinaten sind einfach Zahlen, im 3-dimensionalen Raum Tripel, in der Raumzeit Quadrupel. Davon ändert sich die Gestalt meines Papiers nicht.

Etwas ganz anderes ist es jedoch, wenn ich das Papier krümme. Dann kann ich in bestimmten Richtungen nur noch krumme Koordinaten zeichnen. So gibt es auf einem Globus überhaupt keine Geraden, hier sind alle Linien gekrümmt (von unendlich kleinen Bereichen abgesehen). Wir kommen zum vorläufigen Ergebnis: Nicht die Koordinaten ändern die physische Natur eines Gegenstandes, sondern diese legt den Koordinaten unter Umständen bestimmte Einschränkungen auf.

Dies muss Einstein wohl gefühlt haben, denn es ging ihm ja gar nicht darum, die kartesischen Koordinaten der Minkowski-Welt durch verallgemeinerte (etwa krumme) zu ersetzen. Das hätte natürlich zu keinem neuen Naturgesetz geführt. Intuitiv suchte er nach einem «Gegenstand», der seinerseits die Gestalt der Koordinaten vorschreibt.

Zweiter Schritt:[4] Wir legen auf eine Scheibe rechtwinklige Dreiecke aus Stäbchen. Für sie gilt der Lehrsatz des Pythagoras, und damit auch die euklidische Massbestimmung (wir benutzen sehr kleine Stäbchen):

$$ds^2=dx^2+dy^2 \tag{1}$$

Dies können wir auch so schreiben:

$$ds^2=g_{11}dx^2+g_{22}dy^2 \tag{2}$$

Die Koeffizienten g_{11} und g_{22} sind natürlich gleich 1. (Man stosse sich nicht an der gekünstelten Schreibweise). Nun lassen wir die Scheibe rasch rotieren. Nach der sRT ziehen sich von einem im Mittelpunkt ruhenden Beobachter aus alle Entfernungen auf der Peripherie zusammen, nicht aber längs der Radien. Das führt zu einer Verzerrung der Dreiecke. Der Kreisumfang ist jetzt im Verhältnis zum Durchmesser r nicht mehr π. Die Massbestimmung (2) gilt nicht mehr. Vielmehr heisst es jetzt komplizierter:

$$ds^2=g_{11}dx^2+g_{12}dxdy+g_{21}dydx+g_{22}dy^2 \tag{3}$$

Es ändert sich also die Geometrie der Scheibe. Einstein zeigt dies auch am Beispiel einer unregelmässig erhitzten Kochplatte, wo ebenfalls durch die unregelmässige Ausdehnung der Platte eine Verzerrung der Massverhältnisse eintritt.

Dritter Schritt: Die Gravitation liegt in den metrischen Koeffizienten g_{ik} des Raums.

Dies war Einsteins eigentliche Leistung. Nur der grosse Mathematiker Bernhard Riemann hatte als einziger etwas davon geahnt, als er am 10. 6. 1854 in seiner berühmten Habilitationsrede erklärte: «Es muss also entweder das dem Raume zu Grunde liegende Wirkliche eine diskrete Mannigfaltigkeit bilden, oder der Grund der Massverhältnisse ausserhalb, in darauf wirkenden bindenden Kräften gesucht werden. Die Entscheidung dieser Fragen kann nur gefunden werden, indem man von der bisherigen durch die Erfahrung bewährten Auffassung der Erscheinungen, wozu

Newton den Grund gelegt, ausgeht und diese, durch Tatsachen, die sich aus ihr nicht erklären lassen, getrieben, allmählich umarbeitet . . . Es führt dies hinüber in das Gebiet einer anderen Wissenschaft, in das Gebiet der Physik, welches wohl die Natur der heutigen Veranlassung nicht zu betreten erlaubt».[5]

Das Ergebnis: Die Gravitation ändert in der Umgebung schwerer Massen die Geometrie von Raum und Zeit und zwar so, dass sich dies in der Gestalt der metrischen Koeffizienten ausspricht.

In dieser angeblichen Beweiskette ist im Grunde alles problematisch:

1. Reale Gravitationsfelder gleichen nicht dem Modell einer rotierenden Scheibe.
2. Die sRT gilt nach Voraussetzung nur für kräftefreie (inertiale) Systeme. Für beschleunigte Systeme gibt es kein Relativitätsprinzip. Einsteins Versuch, auch auf beschleunigte Bezugssysteme den Begriff «Relativität» anzuwenden, steht im Widerspruch zu den Voraussetzungen der Relativität. Die rotierende Scheibe ist kein Inertialsystem, also fällt sie zunächst aus dem Rahmen der sRT. Gegenüber einer rotierenden Scheibe ist die Lichtgeschwindigkeit nämlich nicht mehr konstant.[6]
3. Nicht willkürliche Koordinaten bestimmen die Natur des Gegenstands Scheibe, sondern jene die metrischen Koeffizienten gekrümmter, sogenannter Gauss'scher Korrdinaten. Die Verallgemeinerung betrifft also nicht nur die Wahl der Koordinaten, sondern auch der Metrik. Diese wird aber nicht allein vom Beobachter, sondern auch von der Natur festgelegt.[7]

Wir müssen also nach einer anderen Begründung für die Hypothese vom Zusammenhang zwischen Metrik und Gravitation suchen. Einsteins Gedankenversuch bildet nur das heuristische Gerüst für die richtige Erkenntnis, das nach Abschluss der Theorie wieder beseitigt werden muss.

Der wahre Grund für die neue Erkenntnis liegt überhaupt nicht im Beobachter und seinen Koordinaten, sondern in der betragsmässigen Gleichheit von schwerer und träger Masse.[8] Letztlich geht diese Idee wohl auf Galileis angebliche Versuche vom Schiefen Turm von Pisa zurück. Dank ihrer lässt sich nämlich ein zweifacher Gedankenversuch anstellen. Wir stellen uns in einem frei fallenden Fahrstuhl vor. Damit folgen wir allein dem Schwerefeld der Erde. Zugleich ist dies ein ideales Inertialsystem: Lassen wir nämlich einen Gegenstand fallen, so verändert er seine Lage gegenüber dem fallenden Fahrstuhl nicht. Geben wir ihm einen Stoss, so bewegt er sich geradlinig gleichförmig. Dasselbe Experiment können wir (gefahrloser) in einem Raumschiff vornehmen: Auch hier haben wir ein ideales Inertialsystem. Anders formuliert: Ein nur der Gravitation frei folgendes System ist ein ideales Inertialsystem. Der Grund: Die betragsmässige Gleichheit von schwerer und träger Masse verbürgt, dass alle Körper unabhängig von ihrer Masse beim freien Fall in gleicher Weise beschleunigt werden, also gegenüber dem Kasten in Ruhe bleiben.

Wir können noch weiter gehen: Die frei fallenden Systeme sind die einzig intertialen. Es gibt nämlich in Strenge überhaupt keine kräftefreien Systeme im Universum als jene, die allein der Gravitation folgen. Alle anderen Systeme werden von Kräften beeinflusst. Auch das idealste Raumschiff wird ständig von kosmischen Strahlen und Teilchen bombardiert. Nur können wir deren Wirkung i.a. vernachlässigen.

Wir können also die Wirkung der Gravitation als Kraft ausschalten, indem wir ihr frei folgen. Dieses Paradoxon ist die Folge der betragsmässigen Gleichheit von schwerer und träger Masse. Es führt direkt zum zweiten Gedankenversuch. Wenn wir nämlich die Schwerkraft künstlich abschalten können, dann muss es auch eine Möglichkeit geben, sie künstlich einzuschalten. Wir ziehen einen Kasten beschleunigt durch den Weltraum (dies war Einsteins Beispiel)[9]. Oder wir beschleunigen unser Raumschiff durch Einschalten der Antriebsdüsen. Gemäss der Trägheit werden wir in die Gegenrichtung der Beschleunigung gepresst, genau wie beim anfahrenden Zug. Nach Einstein kann der Insasse nicht anhand der Effekte unterscheiden, ob plötzlich eine beschleunigende Kraft wirkt oder ein Schwerefeld eingeschaltet wurde.

Das alles hat mit Koordinaten zunächst nichts zu tun, wohl aber muss es sich irgendwie in der Natur der schweren bzw. trägen Massen des Universums zeigen. Kurz: Gravitation, schwere und träge Masse hängen zusammen.

Bringen wir nun beide Gedankenketten in Kontakt: Die Möglichkeit, ein Gravitationsfeld ein- oder abzuschalten, hängt mit den metrischen Koeffizienten gekrümmter Koordinaten zusammen und diese wieder mit der objektiven Metrik von Raum und Zeit. Dies führt direkt zur Hypothese vom Zusammenhang zwischen Raumzeit-Krümmung, Gravitation und Massen.

Von hier aus führt der Weg über die reine Mathematik, wie sie schon im Tensorkalkül und der nichteuklidischen Geometrie Riemanns mit von Ort zu Ort variabler Metrik vorlag. Aber noch einmal war eine ungewöhnliche Schwierigkeit zu überwinden, nämlich die genaue mathematische Gestalt dieses Zusammenhangs zu finden. Auch das leistete Einstein in seiner berühmten Gravitationsgleichung (siehe Seite 31).

Die philosophischen Folgen dieser Theorie sind ebenso überraschend wie die kosmologischen. Zunächst rückte Einstein vom Beobachtungspostulat der sRT ab und begab sich in die schwindelnden Höhen reiner Spekulation.[10] Nachtwandlerisch übersprang er logische Abgründe und zweifelhafte physikalische Argumente. Die aRT ist im Grunde reine Metaphysik. Dies wird sich in Einsteins Evolution seines Denkens niederschlagen. Die aRT wurde zur denkwürdigen Genesis einer über-physikalischen Theorie mit eminenter astronomisch-physikalischer Konsequenz. Sie ist das Paradebeispiel einer freien Setzung des schöpferischen Geistes im Menschen.

Zum anderen enthält sie eine neue Deutung der klassischen Grundbegriffe Kraft, Raum und Materie. Aus der Newtonschen Gravitations-

«Kraft» wird jetzt die Geometrie des Raums. Ein nur ihr folgender Körper bewegt sich kräftefrei, inertial. Ja er stellt das einzig reale Inertialsystem dar. Wir kommen zum paradoxen Schluss: Die Wirkungen der Schwerkraft werden aufgehoben, indem ein System ihr folgt. Dies ist bei einem Raumschiff der Fall.

Zum dritten wird aus dem formalen Raum (genauer: der Raumzeit) der sRT jetzt ein physikalisches Etwas, dessen Wirkungen die gravitierenden Massen auf verallgemeinerten «Geraden» der Riemann-Einsteinschen Geometrie führt. Das sind die kürzesten Linien zwischen zwei Punkten, die sogenannten Geodäten. Auf unserem Globus sind dies die Grosskreise.

Zum vierten besteht eine rein mathematische Äquivalenz zwischen Raumzeitkrümmung und dem Symbol für die Masse bzw. die Energie (dem sogenannten Massentensor). In diese Äquivalenz gehen die metrischen Koeffizienten mit ihren Ableitungen ein, der sogenannte Krümmungstensor. Es kommt also zu einer formalen Gleichheit von Raumzeitkrümmung und Masse bzw. Energie.

Das ergibt notwendig eine neue Deutung des philosophischen Materiebegriffs. Ohne auf dessen reich befrachtete Tradition und heutige Ideologie einzugehen, müssen wir festhalten: Insofern «Materie» begrifflich mit der Masse in Zusammenhang steht (etwa als Himmelskörper), wird ihr Verhalten durch die Geometrie des Raums bestimmt: Die Planeten folgen den geodätischen Linien des Umgebungsraums der Sonne. Das gleiche gilt für das Licht: Auch die Photonen werden in Sonnennähe von ihrer geraden Bahn abgelenkt. Gerade dieser von Einstein vorausgesagte Effekt sollte 1919 bei einer Sonnenfinsternis beobachtet werden und damit zur weltweiten Anerkennung von Einsteins Theorie führen.[11]

Einstein hatte eine Lichtablenkung am Sonnenrand von 1,74 Bogensekunden berechnet, das ist die Dicke eines Streichholzes in 1 km Entfernung. Die Beobachtung durch Sir Arthur Eddington, Sir Frank Dyson und C. R. Davidson ergab 1,9 bzw. 1,64 Bogensekunden. Auch die Periheldrehung des Merkur vermochte die aRT zu erklären.[12]

All dies gehört zum Unglaublichsten der Geschichte des menschlichen Geistes. Als man Einstein bezüglich der Merkur-Periheldrehung fragte, ob er seiner Sache sicher gewesen sei, erwiderte er: «Das *musste* ja stimmen! Es handelte sich nur darum, das Ergebnis sauber hinzustellen. Dass es sich mit den Beobachtungen decken würde, war mir auch nicht eine Sekunde zweifelhaft . . .»[13]

Nach dem Zeugnis eines Zeitgenossen «wertete er wissenschaftliche Theorien, indem er sich fragte, ob er, wenn er Gott wäre, das Universum auf diese Weise gemacht hätte».[14]

Als dritten Effekt sagte die aRT eine Rotverschiebung der Spektrallinien des Lichts voraus, das von einem sehr schweren Himmelskörper ausgesandt wird. Das Licht verliert durch die Überwindung der Gravitation an Energie, ähnlich wie ein nach oben geworfener Stein.[15]

Der Raum gewinnt also eine erstrangige Bedeutung für die Physik.

Newton sah in ihm ein Sinnesorgan Gottes. In der aRT wird er gleichfalls zu einer Art Organ, nämlich ausgestattet mit der Funktion, die kosmischen Massen im Universum zu ordnen. Zugleich gewinnt er eine unerlässlische Bedeutung für das Leben auf der Erde: Ohne Gravitation könnte kein Lebewesen existieren, ja es gäbe gar keine Erde. Sie verdankt ihre Existenz ebenso der Gravitation wie die Sonne und anderen Himmelskörper. Der Raum wird damit zum schöpferischen Organ des Universums.

Einsteins Geist blieb jedoch bei dieser Entdeckung nicht stehen. Er machte den letzten Schritt und stellte 1917 ein Weltmodell auf. Es war dies im Grunde das erste wissenschaftliche Weltmodell. Seltsamerweise fiel es in die gleiche Periode, in der auch die Atomphysik mehr und mehr exakte Züge annahm. Weltgeschichtlich vollzog Lenin im gleichen Jahr die Oktoberrevolution und der britische Aussenminister Arthur Balfour versprach den Juden eine Heimstätte in Palästina. Beide Ereignisse werden die Welt bis heute erschüttern.

Einsteins Weltmodell geht von der Raumzeitkrümmung aus. In der Umgebung der gravitierenden Massen haben wir je nach deren Betrag und Dichte eine entsprechende lokale Krümmung. Einsteins Welt weist jedoch auch eine globale Krümmung auf, derart, dass ein Lichtstrahl nach einer endlichen Zeit wieder zu seinem Ausgangspunkt zurückkehren würde, sofern er nicht durch äussere Einwirkungen abgelenkt oder absorbiert würde. Diese Welt ist also einerseits endlich (endlicher Weltradius), andererseits unbegrenzt, d.h. unbegrenzt oft durchlaufbar.

Willem de Sitter entwarf nun ein Weltmodell mit variablem Radius, jedoch frei von Massen. Der russische Mathematiker und Meteorologe Alexander Friedmann (1888–1925) stellte 1922 ein Weltmodell auf, dessen Radius eine Funktion der Zeit ist: Das All expandiert also. Je nach seiner mittleren Massendichte ist es räumlich offen oder geschlossen.[16] Man kann sich nur schwer eine weiterreichende mathematische Spekulation vorstellen: Mehr als das Weltall zu denken, ist dem Menschen nicht gegeben.

Friedman sollte den Triumph seiner Idee nicht mehr erleben. Er stürzte 1925 mit einem Wetterballon zu Tode. Mit seinem Namen ist jedoch die heutige Auffassung vom Weltall und seiner Geburt für immer verknüpft.

Dies hängt mit den Beobachtungen des amerikanischen Astronomen Edwin Hubble zusammen. Hubble entdeckte 1923 erstmals, dass ein sog. Nebel, entsprechend der Voraussage Kants,[17] tatsächlich aus einzelnen Sternen besteht, also eine Galaxis analog der unseren darstellt (es war der Andromedanebel). Nun hatte Slipher zwischen 1910 und 1920 für zahlreiche Nebel eine Verschiebung aller Spektrallinien gegenüber dem Spektrum der gleichen Elemente auf der Erde entdeckt, und zwar sowohl nach Blau wie nach Rot. Nach dem Dopplereffekt werden durch die Relativbewegung einer Strahlungsquelle zum Beobachter die Wellenlängen der Strahlung entweder zusammengequetscht oder auseinandergezogen, je nachdem, ob sich die Strahlungsquelle auf uns zu oder von uns fort bewegt. So bewegt sich der Andromedanebel mit ca. 300 km/sek auf uns zu, fernere Galaxienhaufen im Sternbild der Jungfrau jedoch von uns weg.

Hubble untersuchte nun 1929 die Entfernung von 18 Galaxien in deren Verhältnis zur Rotverschiebung. Das Ergebnis: Die Rotverschiebung nimmt proportional zur Entfernung zu. Die Proportion wird durch eine neue Naturkonstante festgelegt, die man zur Ehre Hubbles als Hubble-Konstante bezeichnet. Sie sollte für die Kosmologie die gleiche Bedeutung erlangen wie die Lichtgeschwindigkeit für die Relativitätstheorie und die Plancksche Konstante für die Atomphysik. Es scheint, dass unser Universum von Konstanten regiert wird.

Das Erstaunliche: Hubbles Entdeckung stand auf schwachen Füssen, denn seine Galaxien sind viel zu nahe, als dass ihre Rotverschiebung die Hypothese Hubbles rechtfertigen könnte. Steven Weinberg (Nobelpreis) nimmt an, dass Hubble das Gesetz kannte, ehe er es entdeckte. Wie immer, Friedmans Weltmodell eilte seiner Bestätigung um mindestens 7 Jahre voraus.

Hubble vertiefte seine Entdeckung durch die systematische Erforschung der Galaxien, die von M. Humason und A. R. Sandage weitergeführt wurde. Das Ergebnis liegt heute, über ein halbes Jahrhundert später, vor: Die Galaxien entfernen sich proportional zu ihrer paarweisen Entfernung voneinander, als würde das ganze Weltall aufgebläht. Nimmt man für die Hubble-Konstante den heutigen Wert von 15 km pro Sekunde pro 1 Million Lichtjahre Entfernung, so lässt sich die Zeit abschätzen, wo die Ausdehnungsbewegung des Weltalls einsetzte: Maximal 20 Milliarden Jahre zurück.

Das Weltall folgt also einem der einfachsten Gesetze. Ist H die Hubble-Konstante, V die Geschwindigkeit einer Galaxis gegenüber dem Beobachter und R ihr Abstand, so gilt

$$V = HR$$

Diese Gleichung ist ebenso einfach wie Newtons Gravitationsgesetz oder Einsteins Gesetz für die Äquivalenz von Masse und Energie. Wir werden sehen, dass auch in der Atomphysik ähnlich einfache Gesetze gelten. Einfachheit, Klarheit und Grösse zeichnen die Grundlagen des Universums aus. So ist das Alter der Welt nichts anderes als der Kehrwert von H:

$$\text{Weltalter} = 1/H.$$

In Wahrheit ist das Weltalter wohl etwas geringer, da die Galaxien unter dem Einfluss ihrer Anziehung langsamer wurden.

Von Kant zu Einstein und von diesem zu Friedman und Hubble: Wer führte den menschlichen Geist durch ein glückliches Zusammentreffen von metaphysischer Spekulation, mathematischem Genius und astronomischer Technologie bis zur Geburt des Universums?

Diese Führung offenbart sich an einer zusätzlichen Entdeckung, welche das Friedman-Hubble-Modell unerwartet bestätigt. Im Grunde handelt es sich um zwei Entdeckungen, eine theoretische und eine technische.[18]

Theoretisch hatte Max Planck 1900 sein berühmtes Gesetz der schwarzen Strahlung gefunden (siehe Kapitel 17). Es wurde zum Grundgesetz der Quantenmechanik. Danach lässt sich die Verteilung der Intensitäten des von einem schwarzen Körper abgestrahlten Lichts je nach seiner Frequenz und der Temperatur des Körpers als eine Kurve zeichnen. Mit zunehmender Frequenz erreicht sie ein Maximum, um dann steil abzufallen. Je höher die Temperatur, desto mehr verschiebt sich das Maximum zu den höheren Frequenzen. Anschaulich: Ein Ofen strahlt zuerst rot, dann orange und schliesslich blau; diese Farben entsprechen dem Maximum der abgestrahlten Intensität des Lichts. Plancks Gesetz erlaubt nun, unter bestimmten Annahmen die Entwicklung der Intensitätskurve der Ur-Strahlung bis heute zu berechnen.

Nun kann man ausrechnen, wie sich ein Universum verhält, das ursprünglich vorwiegend aus Licht bestand, mit geringen Beimengungen von stofflichen Teilchen. Entsprechend der angenommenen Temperatur nach Geburt des Universums hat Plancks Strahlungsformel ein bestimmtes Maximum der Intensität. Damals wurde die Bildung von Atomkernen durch die ungeheure Dichte und Temperatur verhindert; es gab nur Photonen (Lichtteilchen), sowie freie Kernteilchen (Nukleonen) und Elektronen. Die Streuung der Photonen an den Elektronen hielt ein thermisches Gleichgewicht zwischen Stoff und Licht aufrecht: Die Photonen gaben beim Stoss mit einem Teilchen etwas von ihrer Energie ab, bzw. wenn sie weniger energiereich waren als dieses, nahmen sie Energie auf.

Schliesslich kam es durch den Energieaustausch zu einem Gleichgewicht. Exakt: In 1 Sekunde verlassen ebensoviele Photonen und stoffliche Teilchen einen bestimmten Wert ihrer Merkmale wie Lage, Geschwindigkeit, Energie, als wieder in diesen Wert einströmen. Die statistische Verteilung bleibt konstant.

Unser heutiges Universum ist davon weit entfernt, wie man am Verlassen der Sonnenenergie von der Sonne ohne Rückkehr sofort sieht. Auch im Ur-Universum wurde dieses Gleichgewicht nur angenähert erreicht, da es ja unwiderruflich expandierte. Nur dominierte damals dank der immensen Dichte die Gesamtheit der Stossprozesse über die Expansion. Unser Modell benutzt also eine Idealisierung.

Nun dehnte sich das junge Weltall aus; bei ca. 3000 Grad absoluter Temperatur kam es sprunghaft zur Bildung von Atomen, indem die freien Elektronen zum grossen Teil von den sich bildenden Atomkernen eingefangen wurden. Dadurch wurde der Zusammenhang zwischen Photonen und Stoff unterbrochen: Die Photonen konnten sich fortan ungehindert ausbreiten.

In einem Bild: Planck benutzte zur Analyse der Intensitäten eine sog.

Hohlraumstrahlung, das ist eine Hohlkugel mit einem winzigen Loch. Wird die Kugel erhitzt, so tritt aus dem Loch Strahlung aus, deren Intensität je nach der Frequenz gemessen werden kann. Innerhalb der Hohlkugel herrscht ein Strahlungsgleichgewicht zwischen Stoff und Licht, derart, dass die Atome im Mittel ebensoviel Strahlung abgeben wie aufnehmen.

Bei Abkühlung auf ca. 3000 Grad riss sich sozusagen die ganze Hohlraumstrahlung durch das Loch los und geistert fortan im Weltall umher. Das «Loch» symbolisiert hier die Tatsache, dass dank abnehmender Dichte und Temperatur die Stösse der Photonen mit den Elektronen aufhörten, weil diese von den Atomkernen eingefangen wurden.

Damit wird die Expansion zur apriorischen Voraussetzung für die Entstehung von Atomen und deren Organisationen. Ohne Expansion keine Galaxien, Sterne und keine Erde, also auch keine Menschen. Die Expansion ist kein Luxus des Universums, sondern dessen Geburtsurkunde.

Indem die Photonen sich mit zunehmender Ausdehnung des Alls voneinander entfernten, trat für sie der gleiche Effekt wie für das Licht der heutigen Galaxien ein: Ihre Wellenlängen erfuhren eine Rotverschiebung. Da die Energie des Photons nach Einstein seiner Frequenz proportional ist, verloren sie zugleich an Energie: Die Urstrahlung wurde kälter.

Dennoch haben wir die echte Ur-Strahlung zu erwarten, denn das Weltall ist überwiegend leerer Raum, so dass sie sich fast völlig ungehindert ausbreiten konnte. Nur die Expansion wirkte auf sie ein.

Da vor der Trennung der Ur-Strahlung vom Stoff (also vor Abkühlung auf ca. 3000 Grad) ein thermisches Gleichgewicht bestand, folgt aus obiger Annahme, dass auch für die heutige Reliktstrahlung das Plancksche Gesetz der Hohlraumstrahlung anwendbar ist. Sie hat ihre Identität bis heute bewahrt. Es lässt sich nun errechnen, welche Temperatur das Ur-Licht heute besitzen muss. Man kommt auf etwa 3 Grad absoluter Temperatur, das sind ca. –270° Celsius.

Planck entdeckte also im Grunde nicht nur das Grundgesetz der Atome, sondern des Universums! Wie wir später sehen werden, leitete ihn dabei die Hoffnung, das Absolute zu finden. Gilt seine Strahlungsformel auch für das Ur-Universum und die heute noch vorhandene Ur-Strahlung, so vollbrachte er nichts Geringeres als einen Blick in die Architektur des Alls.

Diese Ur-Strahlung wurde 1964 gefunden! Dabei wirkten Zufall und System zusammen. Der Zufall: Arno Penzias und Robert Wilson untersuchten mit einer Radioantenne der Bell-Gesellschaft in New Jersey Radiosignale aus der Ebene der Milchstrasse. Dabei ergab sich ein Rauschen, das weder durch die Bewegung der Elektronen der Apparatur noch durch atmosphärische und sonstige Ursachen zu erklären war. Ausserdem war dieses Rauschen von der Richtung der Antenne unabhängig, also isotrop.

Das Rauschen hatte die Wellenlänge 7,35 cm; es war unabhängig von Tages- und Jahreszeit und der Richtung der Antenne. Es entsprach einer Temperatur von ca. –270 Grad.[19]

Durch einen zufälligen Anruf erfuhr Penzias von einer Idee des in Princeton tätigen Theoretikers Peebles, wonach es im Universum einen Hintergrund von Rauschen geben müsse, das aus der Frühzeit des Universums rührt. Der Grund: Ohne eine enorm heisse Strahlung nach Geburt des Weltalls wäre es schon damals zur Bildung von stabilen Atomkernen gekommen und der Wasserstoff wäre zu schweren Elementen aufgebaut worden. In Wahrheit besteht das Weltall noch heute zu drei Vierteln aus Wasserstoff.

Auch das Zahlenverhältnis der Photonen zu den Kernteilchen blieb seit der Trennung konstant, es beträgt zwischen 100 Millionen und 20 Milliarden Photonen pro Kernteilchen.

Schon George Gamov, Ralph Alpher und Robert Herman hatten in den 40iger Jahren eine Theorie des Urknalls aufgestellt. Die beiden ersten sagten 1948 eine Hintergrundstrahlung von etwa –268° voraus. Jakov B. Zel'dovič kam 1964 in der UdSSR zu ähnlichen Ergebnissen, ebenso Fred Hoyle in England.

All dies war zunächst den eigentlichen Entdeckern unbekannt. Der Zufall brachte sie mit den Gedanken von Peebles in Kontakt. Dieser freilich folgte einer Idee von Dicke in Princeton, der beinahe gleichzeitig die Suche nach der Hintergrundstrahlung begann. Spätere Beobachtungen, u. a. mit Hilfe eines Ballons, ergaben, dass Plancks Strahlungsgesetz auch im Bereich extrem kurzer Wellenlängen erfüllt wird.[20]

Diese Beobachtungen führen zu einem wahrlich erschütternden Ergebnis: Das Rauschen der Hintergrundstrahlung ist «bei weitem das älteste Signal, das Astronomen je empfangen haben, und lange vor dem Licht der fernsten Galaxien, die wir beobachten können, emittiert worden».[21]

Ich füge hinzu: Wir werden zu Zeugen einer Zeit unmittelbar nach der Geburt des Universums. Lässt sich eine grössere Begegnung von Experiment, Theorie und kosmischem Sachverhalt vorstellen? Es ist die Begegnung des Menschen mit der Geburt des Alls – das Unglaublichste, was die Phantasie je ersinnen konnte.

Damit enthält das Weltall eine Botschaft. Es erwies sich als fähig zum Dialog mit dem Menschen.

Da ist die überwältigende Nachricht von der *Einheit* des Universums. Plancks Strahlungsgesetz ebenso wie die Friedmansche Lösung der Einsteinschen Gravitationsgleichungen durchwirken das All bis zurück zu seiner Geburtsstunde vor vielleicht 20 Milliarden Jahren. Was der Mensch an irdischer Thermodynamik erlebt und theoretisch durchdenkt, gilt also auch für das Universum.

Entschlüsseln wir diese Nachricht, so heisst sie: Das All ging aus einer einzigen Hand hervor. Es hat einen einzigen Ursprung.

Diesen Ursprung vermögen wir heute zu erschliessen. Rotverschiebung und Hintergrundstrahlung sind die Chiffren, aus denen wir ein Modell des Weltbeginns aufstellen können. Das Weltall ist keineswegs stumm, es liefert uns selbst die Entschlüsselung seines Ursprungs.

Wenn unsere Annahme richtig ist, dass das All nach Gamows Theorie des Big Bang als enorm heisse Lichtregion gemeinsam mit Raum, Zeit und Energie geboren wurde und sich seither ausdehnt, dann ist die Frage nach dem Schöpfer nicht mehr auszuschliessen. Von einem Vorher wissen wir nichts. Die Theorie eines Harmonika-ähnlichen oszillierenden Alls ist bisher durch keine Beobachtung bestätigt. Denkökonomisch liegt es daher nahe, einen realen Ursprung anzunehmen, einen Ur-Sprung aus dem Nicht-Sein in das Sein der Welt.

Nach dem Kausalitätsprinzip ist dies aber unmöglich. Einzige Lösung: Die Entstehung der Welt ist eine radikale Zustandsänderung aus einem Noch-Nicht-Sein zum Sein. Der Welt müssen Gene vorhergegangen sein, die sie zur Geburt bringen und anschliessend steuern.

Diese Gene sind selbstverständlich nicht wieder Teil der Welt, sonst gäbe es keinen echten Ur-Sprung. Ich sage daher: Die Gene der Welt sind Gedanken. Aus Gedanken wird alles Grosse geboren, Gedanken steuern die Physiker bei der Suche nach dem Ursprung des Universums, Gedanken schaffen Instrumente, Theorien und lösen unerwartete Erkenntnisse aus. Aus Gedanken des Menschen entsteht seine Welt.

Aus den Gedanken Gottes entstand die Welt des Universums. Alles, was wir an ihr erkennen, sind Gedanken. Die Gleichungen Plancks, Einsteins, Friedmans stellen Gedanken dar.

Das ist wohl die entscheidende Botschaft der Wissenschaft an dieses Jahrhundert und alle folgenden Jahrhunderte. Grösseres vermag sie nicht zu leisten. Sie erreicht damit eine absolute Grenze. Sie wurde zur Grenzwissenschaft.

Ist aber die Welt ein Gedanke Gottes, so muss sie Gott widerspiegeln. Sie ist eine Chiffre für das Denken Gottes und gestattet damit eine unmittelbare Gotteserkenntnis. «Alles Vergängliche ist nur ein Gleichnis», – nämlich für das Denken Gottes.

Drei Spiegelungen erkennen wir auf den ersten Blick: Zum einen ist die Welt *schöpferisch*. Die Photonen des Ur-Lichts hatten hinreichend Energie, um stofflichen Teilchen zur Geburt zu verhelfen. Diese wiederum erzeugten Atomkerne, Atome und Galaxien. In den Galaxien werden Sterne geboren. Diese wiederum erzeugen durch Kernsynthese neues Licht. Der Kosmos ist göttliches Schöpfertum.

Nicht nur Galaxien und Sterne werden geboren, der Raum und die Zeit selbst expandieren. Unaufhörlich entsteht neuer Raum und neue Zeit. Der Kosmos ist ein Ereignis-Kosmos, ist schöpferische Schöpfung.

Darin also spiegelt er Gott, den Schöpfer allen Seins. Aber der Kosmos ist auch *Leben*. Weit entfernt, tote «Materie» zu sein, wie das 19. Jahrhundert wähnte, ist er ein lebendiger Organismus. Sein Leben ist Wachstum. Gibt es ein erhabeneres Bild für das Kennzeichen alles Lebendigen als die Expansion? Das All selbst wächst. Es bleibt nicht bei sich stehen. Es wird mehr, als es ist.

Darin ist es ein Ur-Bild, die Platonsche «Idee», des biologischen Lebens. Der in die Erde gesenkte Pflanzensame wächst, das befruchtete Ei im Mutterleib wächst, das Neugeborene beginnt sofort zu wachsen. Unaufhörlich wachsen neue Zellen im Organismus. «Ende des Wachstums» ist die Definition des Todes. Ganze Kulturen wachsen. Ideen expandieren, Staaten und Gruppen expandieren, die Menschenwelt als ganze expandierte von winzigen Regionen bis in die arktischen Bereiche. Die Menschheit wächst. Was aufhört zu wachsen, verfällt dem Niedergang und stirbt.

So auch das All: Sein Leben ist die rasanteste aller Expansionen, die noch so kühne Phantasie ersinnen kann. Sie erstreckt sich über Milliarden von Lichtjahren, Milliarden von Jahren, Milliarden von Galaxien. Das wachsende All ist die erste Idee des Lebens.

Es ist Schicksal im wahren Sinn. Sonnen werden geboren, leuchten, stürzen zusammen, explodieren, stürzen wieder zusammen und enden als Weisse Zwerge, Neutronensterne oder im Grab des Schwarzen Lochs. Auch die Sonnen müssen sterben, wenn ihr Leuchten erschöpft ist. Auch die Sonnen sind Schicksal, Geborenwerden, Sichtentfalten und Tod.

Diese Welt ist ein Drama. Sie trägt einen *Sinn* wie jedes Drama: Schicksal zu sein. Wir fragen nicht nach dem Sinn des «Hamlet» oder «Faust»: Wir erleben ihn. Das genügt. Der Sinn der Tragödie ist sie selbst.

Es muss also in Gott selbst etwas Schicksalhaftes, unfassbar Tragisches sein. Gott selbst leuchtet, leidet und stirbt. Das ist Gottes Mysterium, das Mysterium aller Mysterien. Es ist der Kern des Christentums. Die Evangelien beschreiben die Tragödie Gottes unter den Menschen. Die sterbenden Sonnen sind ein Zeichen des Gekreuzigten. Indem Gott selbst Welt wird, unterwirft er sich dem Schicksal bis zum Verzweiflungsruf am Ölberg: «Mein Gott, wenn es möglich ist, so lasse diesen Kelch an mir vorübergehen».

Teilhards Kosmischer Christus ist nicht der Punkt Omega der Schöpfung, auf den sie als Werdegang zustrebt. Er ist vielmehr die Lösung der Chiffre Geburt und Tod, vom Kindermord des Herodes bis zum Kreuz. Wer das Tragische ignoriert, kann kein Christ sein. Christliche Hoffnung ist immer ein Hoffen gegen alle Hoffnung.

Darin spiegelt also die Schöpfung die Zweite Person Gottes.

Aber seltsam: Bei Christi Geburt kamen drei Astronomen, um den neuen König anzubeten. Nach den Hirten, diesen frierenden Hütern der Tiere, waren es Sterndeuter, Könige unter den Weisen. Ein Stern leitete sie. Welche Historie auch immer diesem Bericht zugrundeliegt: Er ist von tiefer Symbolik. Königliche Denker, die das Weltall erforschen, kamen, um den Gott-Menschen in der Wiege anzubeten.

Ich sehe darin ein Geheimnis. Seine Lösung zeichnet sich heute ab, zweitausend Jahre nach den Heiligen Drei Königen. Dies ist keine fromme Erfindung, sondern Prophetie, die sich heute am Ende des Jahrtausends erfüllt – in mathematischen Gleichungen, physikalischen Prinzipien, astronomischer Technik und den kühnsten Gedanken, die je Wissenschaftler ersannen. Heute wird die Chiffre durchsichtig.

Das All ist eine Chiffre für den Geist und damit für die Dritte Person Gottes. Gleichungen, Prinzipien, Gedanken – das alles sind Zeichen schöpferischen Geistes.

Damit löst sich auch das noch grössere Geheimnis: Wie ist der Mensch, dieser winzigste aller Organismen des Kosmos, diese Nusschale auf dem Weltmeer des Schicksals, imstande, das Grösste unter allen Geschöpfen zu begreifen? Wie kann er, der doch kaum hundert Jahre lebt und dessen Geschlecht vielleicht nur zwei Millionen Jahre alt ist, die Geburt des Weltalls nachzeichnen?

Dies ist nur möglich, weil der Mensch Geist vom Geiste des Universums ist. Die überwältigende Tatsache, dass das All durch Gedanken begriffen werden kann, lässt darauf schliessen, dass es selbst das Werk von Gedanken ist.

Wie aber kommt es zur Kommunikation von Mensch und All? Woher das Gespräch? Ich wage die Behauptung: Jeder Mensch *ist* das Ganze, er *ist* das Universum. Jeder trägt das Universum in sich. Nur indem Einstein, Friedman und Planck nicht nach aussen, zum sichtbaren Universum, blickten, sondern nach innen, zum unsichtbaren Universum ihrer Gedanken, konnten sie das sichtbare Universum begreifen.

Dies legt den Schluss nahe: Das sichtbare Universum trägt ein unsichtbares in sich. Es ist dies das Universum der Gleichungen, Geometrien, Begriffe und Prinzipien, auf denen alles Sichtbare ruht. Von aussen gesehen, ist das sichtbare Universum das reale, das unsichtbare das gedachte. Aber für den inneren Blick ist es genau umgekehrt: Die Gleichungen sind das Reale, weil Bleibende, und die Gestirne das Gedachte, weil Vergehende. Ehe sie werden, sind sie gedacht, und wenn sie schon nicht mehr leuchten, bleiben sie als Gedanken bestehen.

Sichtbares und unsichtbares Universum tragen sich gegenseitig: Das unsichtbare bedarf des sichtbaren, um Schicksal zu werden, und das sichtbare des unsichtbaren, um das Schicksal zu überwinden.

So auch Universum und Mensch: Das sichtbare Universum trägt von Anbeginn bereits den Menschen als seinen Gedanken in sich. Ohne Expansion keine Atome und Gestirne, also auch keine Erde. Ohne das Leuchten der Sonne kein Leben, also auch keine Menschen. Wäre das Universum anders konstruiert, so könnte es niemals den Menschen geboren haben, ja es würde vielleicht selbst überhaupt nicht sein. In diesem Sinne ist der Mensch Geschöpf Gottes, gleich wie wir seine Evolution beurteilen. Er ist in die ersten Nanosekunden des Weltalls als dessen Ur-Gedanke eingegangen, genauer: eingegeben. Er gehört essentiell zum Programm der Welt.

Aber auch der Mensch trägt das Universum in sich. Nicht nur, weil er aus ihm hervorging, sondern weil er in es hineingeht. Der Physiker identifiziert sich mit den Gedanken des Alls, indem er die Apparaturen auf das Universum richtet und die Messergebnisse deutet.

Wir tun einen letzten Schritt: Nicht die vom All gedachten Gleichungen denkt der Mensch, sondern die vom Schöpfer des Alls diesem eingegebenen. Es herrscht also eine Beziehung zwischen Gott, Welt und Mensch in Gestalt eines Dreiecks, dessen Basis im Grunde fehlt:

An der Spitze erleuchtet Gott das All durch seine Gedanken, die das eigentliche Führungsfeld des Alls darstellen, seine «Geometrie»im weitesten Sinne.

Aber auch der Physiker erhält seine Gedanken im letzten aus göttlicher Gnade. Wir erkennen dies deutlich an der geradezu unglaublichen Geschichte der astronomischen und physikalischen Entdeckungen. Ohne ein göttliches Führungsfeld wäre es weder zur Symbiose von Hubble mit Friedman und de Sitter, noch zwischen der Bell-Gesellschaft und den Forschern in Princeton gekommen. Manchmal genügt ein Telefonanruf, manchmal die Notiz einer Zeitschrift, um den Blitz auszulösen, der die Wissenschaftsgeschichte erhellt. Alle Einsicht ist Ein-Sicht in das Denken Gottes. Sie kann dank dieser absoluten Asymmetrie von Gott und Mensch nur geschenkt, nie aber erzwungen werden. Physik ist keine Magie.

Nun bedarf aber der Physiker zum Verstehen der sichtbaren Welt immer der Ein-Sicht in deren Gedanken. Ein direktes Verstehen ist unmöglich, weil die sichtbare Wirklichkeit immer eine Chiffre darstellt. Rotverschiebung und Rauschen auf der 7,35 cm-Welle – das ist alles, was wir an Sichtbarem haben. Um daraus die Expansion des Weltalls und dessen Geburt abzuleiten, bedarf es einer unglaublichen gedanklichen Leistung.

Verstehen der sichtbaren Welt ist also an eine doppelte Beziehung zu Gott gebunden: Von der Welt zu Gott, indem sie von ihm ihre Gedanken erhält, und vom Menschen zum Gott, indem er durch ihn erleuchtet wird. Beide Bewegungen gehen von Gott zur Welt bzw. zum Menschen hinab, sind also asymmetrisch, einsinnig, unmanipulierbar.

Nur durch das Nach-Denken der Gedanken Gottes vermag der Mensch die Gedanken des Universums zu denken. Die Erleuchtung des Alls und die Erleuchtung des Menschen erlauben erst, zwischen Mensch und All die Beziehung des Verstehens herzustellen.

Wir können es auch so formulieren: Der Dialog zwischen Mensch und Natur ist an die Erleuchtung beider gebunden. Ohne Gott wären beide stumm und taub. Sie stünden sich auf immer unverstanden gegenüber, den beiden Königskindern im Märchen vergleichbar, die nicht zueinander kommen konnten.

Warum aber wählte Gott den Menschen, um die Gedanken des Alls zu ihrer Wahrheit zu bringen? Waren nahezu 20 Milliarden Jahre Weltall ohne Verstandenwerden nötig, um dieser winzigen paar Jahrzehnte willen, die am Ausgang des 20. Jahrhunderts die Grundtatsachen des Alls verstanden werden lassen? Eilte das All auf den Menschen zu? Wartete es 20 Milliarden Jahre auf den Physiker? Wartete Gott selbst auf den Physiker?

Der dogmatisch Gebundene wird diese Fragen ebenso als sinnleer abtun wie der Agnostiker. Ich stelle diese Fragen bewusst, als Zeichen meiner tiefsten Ehrfurcht vor dem Geheimnis, das Gottes Wille darstellt. Ohne Geheimnis keine Ehrfurcht und ohne Ehrfurcht kein Geheimnis. Beide sind Grund-Äusserungen der Religiosität. Dogmatiker und Agnostiker verkennen im Grunde das Geheimnis. Religion beginnt und endet mit dem Mysterium.

Genau dies ist aber auch die Haltung der Wissenschaft: Sie kommt aus dem Geheimnis und geht in das Geheimnis. In diesem Sinne ist Wissenschaft Religion, sofern sie sich selbst ernst nimmt.

Wir werden das Geheimnis von Gott, Welt und Mensch auf dieser Erde nicht lösen. Wir schauen nur in Spiegel, sagt Paulus. Wir sehen das Universum als Spiegel Gottes – dies ist das Äusserste, wozu der Mensch fähig ist. Aber wir hoffen, wenn der Spiegel zerbricht, die *Wahrheit* zu schauen.

Goethe sagt:

> Im Innern ist ein Universum auch.

Mir kommen Verse in den Sinn, deren Beginn von ihm stammt:

> Nichts ist innen, nichts ist aussen,
> Denn was drinnen, das ist draussen.
> Werde Welt, o Mensch, und lerne:
> In dir selbst sind Gott und Sterne.

Ein begrenztes Wissen führt uns von Gott hinweg, ein erhöhtes Mass wieder zu Gott zurück.

Albert Einstein.

14. Kapitel
Kosmische Religiosität

Als der Führer der zionistischen Weltbewegung, Weizmann, 1919 mit Einstein auf dem Schiff nach den USA fuhr, setzte ihm dieser Tag für Tag seine allgemeine Relativitätstheorie auseinander. Dazu Weizmann: «Bei meiner Ankunft war ich voll überzeugt, dass er sie verstanden hatte».[1]

Einstein verstand nicht nur die Grundlagen seiner eigenen Theorien, sondern auch wie kein anderer deren philosophische Folgen. Ich behaupte: Einstein trug mehr zur philosophischen Welterkenntnis bei als die meisten Philosophen des 20. Jahrhunderts. Er ging nämlich nicht von einem einzigen Gedanken aus, sondern passte sein Denken in differenzierter Weise dem vielschichtigen Gebäude seiner Physik an. Gerade das Undogmatische in seinem Weltverständnis macht ihn zum eigentlich modernen Philosophen.

Dabei unterlag er einer deutlichen Evolution vom Positivisten zum Spiritualisten. Er begann mit Mach und endete mit Leibniz und Spinoza. Diese Entwicklung ist kein Mangel an Konsequenz, sondern im Gegenteil die folgerichtige Anpassung der Philosophie an die Physik. Diese enthält offenbar mehr als nur eine Denkmöglichkeit: Sie ist gleich dem Universum der Sterne in sich ein Universum von Gedanken.

Einsteins Denken bewegt sich zwischen zwei Polen: Erfahrung und schöpferisches Tun, das von Erfahrung frei seine eigenen Grundsätze aufstellt. Dies ist in der Tat die Spannung zwischen einer Philosophie, die in der Natur das Erste sieht, und einer solchen, die dem Geist den Vorrang zuerkennt. Naturalismus oder Spiritualismus ist also die Alternative. Sie ist es für jeden denkenden Menschen. Daher trägt Einsteins Denken eine allgemeinmenschliche Bedeutung.

Ist die Natur also Materie oder vom Geist erschaffen? Und ist es mit der Natur auch ihr jüngster Sohn, der Mensch? Damit hängt die nicht minder bedeutsame Frage zusammen: Ruht Wissenschaft primär auf Erfahrung oder auf dem schöpferischen Geist? Natürlich hängen beide Fragen eng zusammen und lassen sich nur gemeinsam beantworten.

Zunächst bekennt sich Einstein zum empiristischen Beobachtungspostulat Machs. Begriffe haben nur dann einen Sinn, «sofern die Dinge aufgezeigt werden können, auf die sie sich beziehen». Die Wissenschaft ist «nichts anderes als Vergleichung und Ordnung der uns tatsächlich gegebenen Bewusstseinsinhalte nach gewissen, von uns allmählich ertasteten Gesichtspunkten und Methoden».[2] Ebenso wie Mach erklärt Einstein 1921: «Der Gegenstand aller Wissenschaft . . . ist es, unsere Erfahrungen aufeinander abzustimmen und sie in ein logisches System zu bringen . . . Die einzige Rechtfertigung für unsere Begriffe ist die, dass sie zur Darstellung unserer Erfahrungsgesamtheit dienen. Darüber hinaus haben sie keine Existenzberechtigung».[3]

Ausdrücklich verwirft Einstein Kants Apriorismus: Die Philosophen schadeten dem wissenschaftlichen Fortschritt, indem sie gewisse Fundamentalbegriffe «in die unzugänglichen Höhen des a priori verwiesen». Selbst wenn sich zeigen sollte, dass die Gesamtheit der Ideen nicht durch logische Mittel aus der Erfahrung ableitbar ist, sondern eine Schöpfung des menschlichen Geistes darstellt, «so ist doch jener universale Zusammenhang ebensowenig unabhängig von der Natur unserer Erfahrungen, wie Kleider von der Gestalt des menschlichen Körpers».[4]

Die Theorie schwingt sozusagen wie eine Achse mit den beiden Lagern in der Erfahrung. Einstein: «Durch blosses logisches Denken vermögen wir keinerlei Wissen über die Erfahrungswelt zu erlangen, alles Wissen über die Wirklichkeit geht von der Erfahrung aus und mündet in ihr. Rein logisch gewonnene Sätze sind mit Rücksicht auf das Reale völlig leer».[5] Durch diese Einsicht wurde Galilei nach Einstein zum Vater der modernen Naturwissenschaft.

Einstein ist sich aber wohlbewusst, dass der Begriff der Erfahrung höchst problematisch ist. Denken wir nur an die schöpferische Leistung des Gehirns beim Sehvorgang. Schon Platon nennt das Auge das sonnenähnlichste aller Sinnesorgane, und Goethe erklärt 1824 zu Eckermann: «Trügen wir kein Licht und keine Farben im eigenen Auge, so würden wir auch ausser uns dergleichen nicht wahrnehmen». Nach Plotin würde das Auge die Sonne nicht sehen, wäre es nicht selbst sonnenhaft und für Jakob Böhme ist das Auge ein Modell des ersten Spiegels, welches Gott selber ist; es ist «Gottes Wunderauge, da von Ewigkeit ist alles Wesen darinnen gesehen worden».[6]

Auch Einstein gibt zu, dass die Setzung der realen Aussenwelt ein schöpferischer Akt ist, denn der Begriff eines körperlichen Gegenstandes wird durch das Denken erzeugt, er ist «eine freie Schöpfung des menschlichen oder tierischen Geistes». Durch einen zweiten Akt ordnen wir diesem Begriff dann reale Existenz zu. Im Widerspruch zu Russell ist für Einstein das körperliche Objekt keine Anhäufung von Sinnesgegebenheiten.[7] Die Wahrnehmung enthält also nach Einstein sowohl einen objektiven als auch subjektiven Faktor, und genau dies ist die Voraussetzung der Physik. Er scheue sich also nicht, «der Erbsünde der Metaphysik» zu verfallen. «Das ‹Reale› in der Physik . . . ist als eine Art Programm aufzufassen . . .».[8]

Ist schon die Wahrnehmung ein schöpferischer Vorgang, so erst recht die Imagination. Einsteins starre Bezugsgerüste mit daran angebrachten Uhren in der sRT sind reine Imagination, die in der Natur gar nicht vorkommen können, denn dort gibt es keine ideal starren und beliebig ausgedehnten Gerüste. Die operationelle Definition der Gleichzeitigkeit, die diese an die Erfahrung anschliessen soll, ruht also selbst auf einer reinen Idealität!

Einstein muss diese Paradoxie gefühlt haben. Er spricht von einem kombinatorischen Spiel mit psychischen Komplexen, die den Gedanken als Elemente dienen, als Grundlage produktiven Denkens.[9] Eine solche rein gedankliche Kombinatorik mag auch seiner Imagination starrer Bezugsgerüste, des Eisenbahnzugs mit den Blitzen und der Entfernungsmessung mit Hilfe von Lichtsignalen, zugrundeliegen. Er bemerkt: «Das eigentlich Wertvolle ist im Grunde die Intuition»[10]. An anderer Stelle sagt er, der Zusammenhang zwischen den elementaren Begriffen des Alltagsdenkens und den Komplexen der Sinneserfahrung könne nur intuitiv erfasst werden und es gebe dafür kein logisches Schema.[11]

Ausdrücklich gibt Einstein zu, dass der Begriff des Messkörpers und der Messuhr in der Wirklichkeit «kein ihm exakt entsprechendes Objekt» findet.[12]

Das gilt in noch stärkerem Masse für die Geometrie. Einstein erkennt wohl die Begründung für Platons Ideenwelt, folgt aber dennoch nicht Platon, sondern erklärt nur: «Insofern sich die Sätze der Mathematik auf die Wirklichkeit beziehen, sind sie nicht sicher, und insofern sie sicher sind, beziehen sie sich nicht auf die Wirklichkeit»[13].

Physikalischen (praktischen) Sinn erhält die Geometrie also erst, wenn wir ihren «leeren Begriffsschemen erlebbare Gegenstände der Wirklichkeit» zuordnen. Erst dann wird sie zur Naturwissenschaft. Einstein gibt zu, dass es ihm ohne diese Auffassung «unmöglich gewesen wäre, die Relativitätstheorie aufzustellen».[14]

Einstein bewegt sich hier auf einem Balanceakt zwischen Platon und Kant: Einerseits kann letztlich die Sicherheit der Geometrie nicht aus der Erfahrung gewonnen werden, da dort keine starren Gerüste und ähnliche idealen Gegenstände vorkommen. Das ist durchaus platonisch gedacht. Andererseits muss sich die Erfahrung wieder an der Geometrie orientieren, wie die Effekte der sRT und aRT beweisen. Aber die Geometrie ist weder dem Menschen als «Erinnerung» im Sinne der Platonischen Ideen vorgegeben, noch als Kantsches Apriori. Vielmehr ist sie die freie Schöpfung des mathematischen Geistes, wie die Aufstellung der nichteuklidischen Geometrien und ihre nachträgliche Anwendung auf die Physik beweist.

Dies sollte zum Kern des Einsteinschen Denkens werden: Es ist im Grunde eine Philosophie des schöpferischen Geistes, obgleich diese Ausdrücke nur am Rande zu finden sind.[15]

Die frei gesetzte Geometrie und damit das ganze Gebäude der sRT und aRT werden für Einstein zum eigentlichen Wunder. Er nennt Euklids Werk ein «heiliges Geometriebüchlein». Für jenen, der es zum erstenmal erlebt, «ist es wunderbar genug, dass der Mensch überhaupt imstande ist, einen solchen Grad von Sicherheit und Reinheit im blossen Denken zu erlangen . . .»[16]

Die Begriffe und Grundgesetze der Geometrie bezeichnet Einstein ausdrücklich als «freie Erfindungen des menschlichen Geistes, die sich weder durch die Natur des menschlichen Geistes noch sonst in irgendeiner Weise a priori rechtfertigen lassen»[17].

Den Nachweis brachten eigentlich erst im 19. Jahrhundert Karl Friedrich Gauss, Johann Bólyai, Nikolai I. Lobatschewski und Bernhard Riemann, indem sie die Denkmöglichkeit voneinander abweichender Geometrien aufstellten, wobei deren Zusammenhang mit der Erfahrung zunächst gar nicht gefragt wurde. Alle diese Geometrien wurden teils um Jahrzehnte vorher aufgestellt, ehe sie sich nachträglich als Erklärungswerkzeug der Physik erwiesen. Schon historisch geht also das geometrische Denken der modernen Physik voran.

Nach Einstein beweist die Tatsache, dass zwei voneinander abweichende Geometrien die Erfahrung beschreiben können (nämlich die euklidische Geometrie die Mechanik Newtons und die Riemann-Einsteinsche Geometrie die Gravitation), «dass jeder Versuch einer logischen Ableitung der Grundbegriffe und Grundgesetze der Mechanik aus elementaren Erfahrungen zum Scheitern verurteilt ist».[18]

Für Einstein ist das «gesamte wissenschaftliche Denken geometrisch».[19].

Hier liegt der Grund für Einsteins «Bewunderung und Ehrfurcht für die rätselhafte Harmonie der Natur», die er ausdrücklich mit Kepler teilt.[20] Die Alten nahmen Kreise, Ellipse und Hyperbel als die den einfachsten Gesetzen folgenden Bahnen der Gestirne an, wie dies auch bei Kepler sichtbar wird. «Es scheint, dass die menschliche Vernunft die Formen erst selbständig konstruieren muss, ehe wir sie in den Dingen nachweisen können».[21]

Freilich ist die Freiheit des Theoretikers nach Einstein nicht jene des Romanschriftstellers. Die Natur gleicht nämlich eher einem Kreuzworträtsel. Daher kann der Mensch zwar beliebige Worte vorschlagen, aber nur eines trifft, das heisst, es ist richtig. Die von den Sinnen wahrgenommene Natur ist also «ein gut gestelltes Rätsel».[22]

Wir haben also ein zweifaches Wunder: Einmal ist der menschliche Geist imstande und genötigt, jenseits der Erfahrung frei ideale Strukturen zu ersinnen. Zum anderen erweisen sich unter Umständen gerade sie als geeignet, die Erfahrung zu beschreiben und sogar nachträglich zu begründen. Dies hatten weder Platon noch Kant so erkannt, wie es die moderne

Physik nahelegt. Platon forderte wohl ein Reich der Ideen, nach denen die Wirklichkeit gestaltet ist. Aber er wusste, soweit ich verstehe, noch nicht, dass diese Ideen vom Menschen erst erzeugt werden müssen. Das verstärkt natürlich noch das Geheimnis der Platonschen «Teilhabe» der Dinge an den Ideen. Kant seinerseits hatte den apriorischen Charakter von Geometrie und Arithmetik erkannt (wobei die letztere aus der Zeit folgt), aber nicht das noch stärkere Rätsel hervorgehoben, dass wir die Aprioris nicht nur selbst erzeugen müssen, sondern anhand der Erfahrungstatsachen unter Umständen auch auswechseln müssen.

In einem gewissen Sinn vereint daher Einstein beide. Ich möchte daher seine Art zu denken als adaptiven Apriorismus bezeichnen oder auch als kreativen Idealismus. Er hält die Waage zwischen Platon und Kant, wobei die tragende Mitte, von der das eigentliche Urteil ausgeht, nach Einstein jedoch immer die Erfahrung bleibt. Einsteins Denken ist daher ebenso Empirismus: Richterin über die empirische Gültigkeit einer frei ersonnenen Idee ist und bleibt die Erfahrung.

Idealismus, Apriorismus und Empirismus bilden also hier eine Triade. Das mag den Philosophen unzulässig oder sogar paradox erscheinen. Es beschreibt jedoch lediglich das Wunder, dass diese Welt durch frei gesetzte Theorien begreifbar ist. Einstein: «Das ewig Unbegreifliche an der Welt ist ihre Begreiflichkeit».[23]

Diese Freiheit des geistigen Schöpfertums betrifft nach Einstein nicht nur die Geometrie, sondern die gesamte Theorie, also auch die Begriffe und Prinzipien. In der Tat: Wo finden wir in der Beobachtung Tensoren, den Begriff der Invarianz oder die Symmetrieprinzipien? Wir können anhand der Physikgeschichte deren Genesis und Evolution verfolgen, sie entstehen also sozusagen vor unseren Augen, neuen Sternen gleich, die noch heute aus prästellaren Formationen geboren werden. Es gibt einen in ständiger Schöpfung befindlichen Kosmos der Gedanken ebenso wie der Galaxien.

Hier wendet sich Einstein bewusst gegen die Empiristen wie Bertrand Russell: «Die in unserem Denken ... auftretenden Begriffe sind alle – logisch betrachtet – freie Schöpfungen des Denkens und können nicht aus den Sinnes-Erlebnissen induktiv gewonnen werden ... So ist z.B. die Reihe der ganzen Zahlen offenbar eine Erfindung des Menschengeistes ... Es gibt keinen Weg, um diesen Begriff aus den Erlebnissen selbst gewissermassen herauswachsen zu lassen».[24]

Ausdrücklich lehnt dabei Einstein die «Angst vor der Metaphysik» als eine «Krankheit des gegenwärtigen empiristischen Philosophierens» ab.

Die Spannung zwischen Empirik und Schöpfertum des Geistes nimmt dabei im Laufe der Evolution der Physik immer mehr zu: «Dabei wird der gedankliche Weg von den Axiomen zu den Erlebnisinhalten bzw. zu den prüfbaren Konsequenzen ein immer längerer, subtilerer. Immer mehr ist der Theoretiker gezwungen, sich von rein mathematischen, formalen Gesichtspunkten beim Suchen der Theorien leiten zu lassen, weil die physikalische Erfahrung des Experimentators nicht zu den Gebieten der höchsten Abstraktion emporzuführen vermag».[25]

Daher tritt an die Stelle der Verallgemeinerung von Erfahrungstatsachen (Induktion) die «tastende Deduktion», d.h. die Ableitung aus allgemeinsten Prinzipien. Freilich bleibt die Erfahrung die «allmächtige Richterin». «Aber ihr Spruch kann erst auf Grund grosser und schwieriger Denkarbeit erfolgen, die erst den weiten Raum zwischen den Axiomen und den prüfbaren Folgerungen überbrückt hat. Diese Riesenarbeit muss der Theoretiker leisten in dem klaren Bewusstsein, dass dieselbe vielleicht nur das Todesurteil seiner Theorie vorzubereiten berufen ist».[26]

Hatte es zunächst den Anschein, als habe die sRT durch ihren neuen Raum- und Zeitbegriff Kant widerlegt, so gesteht der späte Einstein, dass er sich doch wieder Kant nahe fühlt: «Die hier vertretene Auffassung unterscheidet sich von der Kants nur dadurch, dass wir die ‹Kategorien› nicht als unabänderlich (durch die Natur des Verstandes bedingt), sondern als (im logischen Sinne) freie Setzungen auffassen. ‹A priori› erscheinen sie nur insofern, als Denken ohne die Setzung von Kategorien und überhaupt von Begriffen so unmöglich wäre wie Atmen in einem Vakuum».[27]

Einstein gibt zu, dass er erst spät das Wertvolle begriffen habe, was neben offenkundigen Irrtümern in Kants Lehre steckt. «Es steckt in dem Satze: ‹Das Wirkliche ist uns nicht gegeben, sondern aufgegeben (nach Art eines Rätsels)› . . . Es gibt eine begriffliche Konstruktion zur Erfassung des Inter-Persönlichen, dessen Autorität sich einzig auf Bewährung gründet».[28]

Fassen wir zusammen: Messungen, Gedankenversuche, Geometrie, Arithmetik, Begriffe und Prinzipien sind das Werk des frei schaffenden Theoretikers. An dieser Tatsache kann keine Philosophie mehr vorbeigehen. Sie bildet das Fundament der gesamten Physik. Das aber verlangt die Anerkennung einer Instanz im Menschen, die dazu fähig ist. Ich sehe keinen anderen Namen, der dafür geeignet ist, als «Geist». Geistiges Schöpfertum erfüllt jene Kriterien, die Einstein durchaus unsystematisch an die Tätigkeit des Physikers richtet: Freiheit der Wahl, (relative) Unabhängigkeit von der Erfahrung, Kreativität. Diese Freiheit war es wohl, die Einstein auch in seinem ethischen und politischen Denken in den Vordergrund rückte, wenn er sich gegen jede Art geistiger Tyrannei wandte.

Der Mensch ist also, vom Phänomen der Physik her beurteilt, sowohl ein geistiges als auch ein freies Wesen. Dies sind grundlegende Einsichten, an der keine Anthropologie mehr vorbeigehen kann.

Hinzu tritt ein weiteres. Inhalt der freien Setzungen sind Gedanken im Sinne des mathematischen Logikers Gottlob Frege (1848–1925).[29] Er nennt Gegenstände, die entweder wahr oder falsch sind, Gedanken. Nach Heinrich Scholz sind sie etwas «dezidiert Unsinnliches».[30] Laut Frege ist der Gedanke der Sinn eines sprachlichen Gebildes. Er bildet das logische Gegenstück zur Zahl. Gegenstand der Logik sind also nach Frege Gedanken.

Insofern eine physikalische Theorie Sätze enthält, die entweder (von bestimmten Kriterien aus beurteilt) wahr oder falsch sind, kann man diese Theorie als Gedanken bezeichnen. Der Physiker ist also im anthropologischen Verständnis Einsteins ein Gedanken erzeugendes Wesen. Man erkennt die Kluft zur Definition des Menschen im dialektischen Materialismus, wonach der Mensch «ein Werkzeuge produzierendes Tier» ist. Die ganze Geschichte der Physik und Mathematik widerlegt diese Behauptung.

Der Mensch ist ein Geistwesen. Aber ist es auch die Natur? Hier gabeln sich die Denkmöglichkeiten. Verlegen wir den Akzent auf das denkende Subjekt, so stellt sich die Natur als Erzeugnis des menschlichen Geistes dar. Um dieser Absurdität zu entgehen, kann man abgemildert sagen: Alles, was Theorie vermag, ist bestenfalls eine logisch widerspruchsfreie Beschreibung experimenteller Tatsachen. Was sich dahinter verbirgt, bleibt ein ewiges Ignoramus ignorabimus (wir wissen es nicht und werden es nicht wissen).

Diese Hypothese vermag aber nicht zu erklären, wieso eine Theorie wie jene der Relativität neue Effekte voraussagt. Die Lichtablenkung an der Sonne und die Äquivalenz von Masse und Energie sind mehr als Beschreibung: Sie sind Inhalte einer wissenschaftlichen Prophetie.

Wir sind also genötigt, einen anderen Weg zu gehen. Einstein erkannte sehr wohl die Schärfe der Fragestellung:

Er selbst formuliert das Problem: «Wie ist es möglich, dass die Mathematik, die doch ein von aller Erfahrung unabhängiges Produkt des menschlichen Denkens ist, auf die Gegenstände der Wirklichkeit so vortrefflich passt?»[31]

Und an anderer Stelle:

> «Wenn es nun wahr ist, dass die axiomatische Grundlage der theoretischen Physik nicht aus der Erfahrung erschlossen, sondern frei erfunden werden muss, dürfen wir dann überhaupt hoffen, den richtigen Weg zu finden? Noch mehr: Existiert dieser Weg nicht nur in unserer Illusion? Dürfen wir überhaupt hoffen, von der Erfahrung sicher geleitet zu werden, wenn es Theorien gibt, wie die klassische Mechanik, die der Erfahrung weitgehend gerecht werden, ohne die Sache in der Tiefe zu erfassen? Hierauf antworte ich mit aller Zuversicht, dass es den richtigen Weg nach meiner Meinung gibt und dass wir ihn auch zu finden vermögen».[32]

Einstein gibt klar zu erkennen, dass dazu ein *Glaube* nötig ist:

> «Nach unserer bisherigen Erfahrung sind wir nämlich zum Vertrauen berechtigt, dass die Natur die Realisierung des mathematisch denkbar Einfachsten ist. Durch rein mathematische Konstruktion vermögen wir nach meiner Überzeugung diejenigen Begriffe und diejenige gesetzliche Verknüpfung zwischen ihnen

zu finden, die den Schlüssel für das Verstehen der Naturerscheinungen liefern. Die brauchbaren mathematischen Begriffe können durch die Erfahrung wohl nahegelegt, aber keinesfalls aus ihr abgeleitet werden. Erfahrung bleibt natürlich das einzige Kriterium der Brauchbarkeit einer mathematischen Konstruktion für die Physik. Das eigentlich schöpferische Prinzip liegt aber in der Mathematik. In einem gewissen Sinn halte ich es also für wahr, dass dem reinen Denken das Erfassen des Wirklichen möglich sei, wie es die Alten geträumt haben».[33]

Einstein geht in einem Gespräch mit Tagore so weit, seinen Glauben an die Existenz der Wahrheit unabhängig vom Menschen als «meine Religion» zu bezeichnen.[34]

Einstein lässt also die Begründung für sein philosophisches Credo offen. Er gibt damit zu erkennen, dass es sich um einen echten Glauben handelt, der durch keine weiteren Argumente zu rechtfertigen ist. Es sei denn, man erkennt seine Berechtigung in einer tausendfachen Bewährung. Aber dies teilt Einsteins Glaube mit dem unbewussten Glauben jedes Physikers.

Gerade dieser Glaube ist der Inhalt von Einsteins kosmischer Religiosität. Er glaubt nicht an einen persönlichen Gott, wohl aber an eine göttliche Vernunft in der Welt.

Hier entsteht eine neue Paradoxie. Geometrie ist für Einstein deutlichstes Kennzeichen der Weltvernunft. Indem nun die Gesetze der Geometrie (die Lorentz-Geometrie und die Riemann-Einsteinsche Geometrie machen keine Ausnahme) Gültigkeit im Reich der Gedanken beanspruchen, sieht Einstein auch im Reich der Natur eine unbedingte Gesetzlichkeit walten. Daher bleibt für die Willensfreiheit kein Platz. Die Folge: Einstein kann sich einen strafenden Gott nicht vorstellen. Gott, sofern er existiert, hat keinen Willen, er greift nicht in das Natur- und Menschengeschehen ein.

Dieser Schluss führte Einstein direkt zur Leugnung der objektiven Wahrscheinlichkeit in der Quantenmechanik, wie sein historischer Streit mit Bohr zeigt.

Die Paradoxie ist nun, dass Einstein auf der Seite der Theorienbildung nachdrücklich die Freiheit des menschlichen Geistes hervorhebt. Ohne sie würde Einsteins ganzes Gedankengebäude zusammenstürzen. Die gleiche Erkenntnis, welche ihn also zur freien schöpferischen Erzeugung der Geometrie führte, lässt ihn die Freiheit in der eben durch diese Geometrie regierten Welt leugnen.

Ich glaube, dass Einsteins Überzeugung von einer durchgehenden geometrischen «Weltregierung» letzten Endes in einer Wahlverwandtschaft mit dem Alten Testament wurzelt. Der gleiche Einstein, der die Existenz eines mit Willen begabten Schöpfers leugnet, erkennt ihn implizit als Urheber einer durchgehenden vernünftigen Gesetzlichkeit der Welt an.

Hier steht also das Gesetz im Mittelpunkt, genau wie im Alten Testament, ja im gesamten Denken des Auserwählten Volkes.

Aber hier rühren wir an ein Grundgeheimnis nicht nur Einsteins, sondern der Menschheit. Wie lassen sich Naturgesetz und Willensfreiheit vereinen? Wie ethische Verantwortung und Determinismus? Und die Frage aller Fragen: Wie kann Gott das Gegengöttliche in der Welt zulassen? Es ist dies die Frage der Theodizee, ja des religiösen Glaubens überhaupt.

Einstein umkreist diese Problematik immer wieder von neuem, ohne uns eine letzte Antwort zu hinterlassen. Dies ist vielleicht gut so, denn es zeigt uns, bis wohin der menschliche Gedanke aus eigener Unvollkommenheit zu dringen vermag. Gerade die Grenzen in Einsteins Antworten, ihr Vorläufiges und Hintergründiges verrät den Grad seiner Aufrichtigkeit und Grösse.

Im Gegensatz zu manchen heutigen Physikern, die von der Erlernbarkeit der physikalisch-mathematischen Technik trunken sind, ist Einstein vom Geheimnis bewegt:

> «Das Schönste, was wir erleben können, ist das Geheimnisvolle. Es ist das Grundgefühl, das an der Wiege von wahrer Kunst und Wissenschaft steht. Wer es nicht kennt und sich nicht mehr wundern, nicht mehr staunen kann, der ist sozusagen tot und sein Auge erloschen. Das Erlebnis des Geheimnisvollen – wenn auch mit Furcht gemischt – hat die Religion gezeugt. Das Wissen um die Existenz des für uns Undurchdringlichen, der Manifestationen tiefster Vernunft und leuchtendster Schönheit, die unserer Vernunft nur in ihren primitivsten Formen zugänglich sind, dies Wissen und Fühlen macht wahre Religiosität aus; in diesem Sinn und nur in diesem gehöre ich zu den tief religiösen Menschen».[35]

Zu den Geheimnissen der Natur gehört für Einstein vor allem ihre Einfachheit: «Vornehmstes Ziel aller Theorie ist es, jene irreduziblen Grundelemente so einfach und so wenig zahlreich als möglich zu machen . . .».[36]

Als beständiges Ziel, das er immer vor Augen hatte, gibt er die Bildung einer logischen Einheit im Bereich der Physik an.[37] Selbstverständlich ist diese Einfachheit nicht mit Simplizität zu verwechseln, sondern wird nur aufgrund einer gedanklichen Anstrengung erreicht, indem die Theorie immer abstrakter wird. Sie ist das Ziel, nicht der Beginn des Forschens. Romano Guardini sagte einmal in einer Dante-Vorlesung: «Meine Herren, wenn Sie glauben, dass dies einfach ist, was ich hier sage, können Sie sicher sein, es nicht verstanden zu haben».[38]

Die Einfachheit der Natur ist niemals eine triviale, sondern von supremer Vernunft geprägt. Sie enthüllt sich daher nur den hohen Geistern unter den Physikern. Sie ist rational, aber von äusserster Abstraktheit.

Kurz: Die Einfachheit der Natur wird erst auf den obersten Sprossen des Denkens sichtbar.

Auch die Einfachheit ist daher ein Programm und kein Besitz. Ihre Rationalität ist für Einstein ein Zeugnis höchster Vernunft. So schreibt er, man müsse letztlich alle konstanten Grössen der Natur wie Elektronenmasse, Lichtgeschwindigkeit und andere aus der Physik entfernen: «Derartige willkürliche Konstanten gibt es nicht; das heisst, die Natur ist so beschaffen, dass man für sie logisch derart stark determinierte Gesetze aufstellen kann, dass in diesen Gesetzen nur rational völlig bestimmte Konstanten auftreten . . .»[39]

Von hier aus neigt Einstein zu einer vollkommenen logischen Transparenz der Natur. Sie führt ihn auch zum Glauben an einen durchgehenden Determinismus, der mit der objektiven Wahrscheinlichkeit in der Quantenmechanik unvereinbar ist: «Es scheint hart, dem Herrgott in seine Karten zu gucken. Aber dass er würfelt und sich ‹telepathischer› Mittel bedient (wie ihm von der gegenwärtigen Quantentheorie zugemutet wird), kann ich keinen Augenblick glauben».[40]

Einsteins Religiosität wurzelt also nicht im Freiheitsbegriff, bezogen auf die Natur des Menschen, sondern lediglich bezogen auf das Schöpferische im Menschen. Dieses aber vermag die Prinzipien der Natur nachzuvollziehen. Das ist für Einstein der eigentliche Beweis einer «überlegenen Vernunft» auch in der Natur.

Hier knüpft er bewusst an Leibniz an. Dessen Begriff der «prästabilierten Harmonie» erscheint ihm als Brücke, um das Rätsel der Begreifbarkeit der Welt zu lösen. Er spricht von der «Bewunderung und Ehrfurcht» für die rätselhafte Harmonie der Natur.[41] Die Tatsache, dass die Welt der Wahrnehmungen praktisch das theoretische System eindeutig bestimmt, obwohl kein logischer Weg von ihr dahin führt, «ist es, was Leibniz so glücklich als ‹prästabilierte Harmonie› bezeichnete . . . Die Sehnsucht nach dem Schauen jener prästabilierten Harmonie ist die Quelle der unerschöpflichen Ausdauer und Geduld . . . (bei Max Planck; Anm. des Verf.) Der Gefühlszustand, der zu solchen Leistungen befähigt, ist dem des Religiösen oder Verliebten ähnlich . . .»[42]

Und an anderer Stelle: «Ohne den Glauben an die innere Harmonie unserer Welt könnte es keine Naturwissenschaft geben. Dieser Glaube ist und bleibt das Grundmotiv jedes schöpferischen Gedankens in der Naturwissenschaft».[43]

Gemeint ist dabei laut Einsteins zahlreichen Äusserungen eine doppelte Harmonie, nämlich zwischen Denken und Welt einerseits und innerhalb der Welt andererseits. Dies ist genau die von Leibniz gemeinte zwischen Körper und Seele einerseits und den an sich «fensterlosen» Monaden andererseits, die ohne die prästabilierte Harmonie nicht in Wechselwirkung treten könnten.

Leibniz sieht die Welt in seiner «Monadologie» als eine Mannigfaltigkeit von Individuen (Monaden), von denen jedes «ein fortwährender lebendiger Spiegel der Welt ist».[44] Dadurch wird zugleich mit der grösstmöglichen Mannigfaltigkeit die grösstmögliche Ordnung erreicht und die eigentliche Grösse Gottes herausgestellt. Die Kommunikation der Körper erstreckt sich auf jede beliebige Entfernung, so dass jeder Körper alles, was in der Welt geschieht, verspürt und jemand, der alles sieht, in einem einzelnen alles lesen könnte.[45] Im kleinsten Teil der Materie gibt es also «eine Welt von Geschöpfen».[46]

Der Zusammenhang zwischen Monade und Universum sowie zwischen den einzelnen Monaden wird nun durch die «prästabilierte Harmonie» hergestellt. In seinem «Neuen System der Natur» 1695 spricht er von einer Harmonie zweier so verschiedener Substanzen wie Leib und Seele. Sie lässt sich ebenso erklären wie der synchrone Gang zweier Uhren, die sich weder gegenseitig beeinflussen noch durch einen «ständigen Beistand» Gottes beeinflusst werden. Vielmehr: «Gott hat jede der beiden Substanzen von Anfang an so geschaffen, dass sie nur ihren eigenen Gesetzen folgt, die sie mit ihrem Sein empfangen hat, aber dennoch mit der anderen übereinstimmt, ganz als bestünde ein wechselseitiger Einfluss, oder als legte Gott ständig, über seine allgemeine Mitwirkung hinaus, Hand an».[47]

Dieses Prinzip bezieht sich nun auch auf die Erkenntnis des Universums, ja Gottes selbst: «Die Seele folgt ihren eigenen Gesetzen und ebenso der Leib den seinigen; sie treffen zusammen kraft der Harmonie, welche unter allen Substanzen prästabiliert ist, da sie sämtlich Vorstellungen einer und derselben Welt sind».[48]

Demgemäss sind die Seelen «im allgemeinen lebende Spiegel oder Abbilder der Kreaturen-Welt». Die Geister (gemeint ist das Geistige im Menschen) aber sind ausserdem «Abbilder der Gottheit selbst oder des Urhebers der Natur». «Sie sind fähig, das System des Weltgebäudes zu erkennen und etwas davon in architektonischen Probestücken nachzuahmen, da jeder Geist in seinem Bezirk gleichsam eine kleine Gottheit ist».[49]

Daraus ergibt sich für Leibniz ein völlig neues Verhältnis der Geister zu Gott: Sie können nämlich «in eine gewisse Gemeinschaft zu Gott treten». Gott ist für sie nicht nur wie für die übrigen Geschöpfe der Erfinder einer Maschine, sondern steht «im Verhältnis eines Fürsten zu seinen Untertanen und sogar eines Vaters zu seinen Kindern». Gott ist der Monarch eines göttlichen Geister-Staates, dieser «wahrhaften Universal-Monarchie», die «eine moralische Welt in der natürlichen Welt» darstellt und «das erhabenste und himmlischste unter den Werken Gottes» bildet. Demgemäss gibt es nach Leibniz neben der natürlichen Harmonie zwischen Ursachen und Zwecken eine zweite Harmonie zwischen dem Reich der Natur und dem Reich der Gnade, «das heisst zwischen Gott, dem Baumeister der Weltmaschine, und Gott, dem Monarchen des göttlichen Geister-Staates.[50]

Diese rationale Religiosität bei Leibniz ist im Grunde auch jene Einsteins. Er ist der letzte grosse Rationalist des Abendlandes, den grossen

Denkern des 17. Jahrhunderts eher verwandt als ihren Epigonen des 20. Gänzlich fern ist ihm jede Art Irrationalität, daher auch seine instinktive Ablehnung moderner Ideologien.

Zugleich verbindet er damit jedoch ein tiefes Verständnis für die Mystik. Nur ist dies keine irrationale, sondern die logische Konsequenz seines Glaubens an die Rationalität der Welt. Darin gleicht er wieder Kants rationaler Religiosität. Wahrscheinlich bildet dies alles nicht nur die persönliche Haltung Einsteins, sondern jene Einheit, die das kommende Zeitalter der Menschheit kennzeichnen wird. «Meine Religiosität besteht in einer demütigen Bewunderung des unendlich überlegenen Geistes, der sich in dem Wenigen offenbart, was wir mit unserer schwachen und hinfälligen Vernunft von der Wirklichkeit zu erkennen vermögen».[51]

Er spricht von einem durch das Erlebnis der logischen Erfassbarkeit tiefliegender Zusammenhänge ausgelösten Gefühl[52], von einer grenzenlosen Bewunderung für die Struktur der Welt[53], von seiner intellektuellen Ohnmacht gegenüber dem Seienden[54].

Ausdrücklich bezeichnet er diese Einstellung als kosmische Religiosität. Sie bilde die höchste Stufe der Religion nach den beiden ersten Stufen der Furcht- und Moral-Religion. Als Zeugen nennt er einzelne Psalmen, einige Propheten, Buddha, Demokrit, Franz von Assisi, Spinoza und Schopenhauer. Er bezeichnet sie als die stärkste Triebfeder der Wissenschaft. Ich zitiere jenes wunderbare Selbstzeugnis:

> «Nur wer die ungeheuren Anstrengungen und vor allem die Hingabe ermessen kann, ohne welche bahnbrechende wissenschaftliche Gedankenschöpfungen nicht zustande kommen können, vermag die Stärke des Gefühls zu ermessen, aus dem allein solche dem unmittelbar praktischen Leben abgewandte Arbeit erwachsen kann. Welch ein tiefer Glaube an die Vernunft des Weltenbaues und welche Sehnsucht nach dem Begreifen, wenn auch nur eines geringen Abglanzes der in dieser Welt geoffenbarten Vernunft musste in Kepler und Newton lebendig sein, dass sie den Mechanismus der Himmelsmechanik in der einsamen Arbeit vieler Jahre entwirren konnten! Wer die wissenschaftliche Forschung in der Hauptsache nur aus ihren praktischen Auswirkungen kennt, kommt leicht zu einer ganz unzutreffenden Auffassung vom Geisteszustand der Männer, welche – umgeben von skeptischen Zeitgenossen – Gleichgesinnten die Wege gewiesen haben, die über die Länder der Erde und über die Jahrhunderte verstreut waren. Nur wer sein Leben ähnlichen Zielen hingegeben hat, besitzt eine lebendige Vorstellung davon, was diese Menschen beseelt und ihnen die Kraft gegeben hat, trotz unzähliger Misserfolge dem Ziel treu zu bleiben. Es ist die kosmische Religiosität, die solche Kräfte spendet. Ein Zeitgenosse hat nicht mit Unrecht gesagt, dass die ernsthaften Forscher in unserer im

allgemeinen materialistischen Zeit die einzigen tief religiösen Menschen seien».[55]

An anderer Stelle spricht Einstein vom verzückten Staunen über die Harmonie der Naturgesetzlichkeit, in der sich eine so überlegene Vernunft offenbart, dass alles Sinnvolle menschlichen Denkens und Anordnens dagegen ein gänzlich nichtiger Abglanz ist. «Unzweifelhaft ist dieses Gefühl nahe verwandt demjenigen, das die religiös schöpferischen Naturen aller Zeiten erfüllt hat».[56]

Er geht noch weiter: Für ihn ist die wissenschaftliche Forschung heute die einzig schöpferische religiöse Aktivität.[57] Er bekennt ausdrücklich seine Nähe zum jüdischen Glauben: In den Psalmen offenbare sich «eine Art trunkener Freude und Verwunderung über die Schönheit und Erhabenheit dieser Welt, von welcher der Mensch eben noch eine schwache Ahnung erlangen kann. Es ist das Gefühl, aus welchem auch die wahre Forschung ihre geistige Kraft schöpft».[58]

1940 erklärt Einstein, er könne sich keinen echten Wissenschaftler ohne den Glauben an die rationale Erfassbarkeit der Welt vorstellen: «Wissenschaft ohne Religion ist lahm, Religion ohne Wissenschaft ist blind».

Und er bekennt: «In diesem Sinne, und nur in diesem Sinne, gehöre ich zur Gemeinschaft frommer, religiöser Menschen».[59]

Auf Reichenbachs Frage, wie er seine Relativitätstheorie gefunden habe, erwidert er: Weil ich so stark von der Harmonie des Universums überzeugt war.[60] Gegenüber Alexander Moszkowski äussert er: Ein begrenztes Mass des Wissens führt uns von Gott hinweg; ein erhöhtes Mass führt uns wieder zu Gott zurück.[61]

Am nächsten stand ihm in religiöser Hinsicht Spinoza: «Jene mit tiefem Gefühl verbundene Überzeugung von einer überlegenen Vernunft, die sich in der erfahrbaren Welt offenbart, bildet meinen Gottesbegriff; man kann ihn also in der üblichen Ausdrucksweise als ‹pantheistisch› (Spinoza) bezeichnen».[62]

Mit Spinoza verbindet ihn auch eingestandenermassen das «innere Wahrheitsstreben», das von Spinoza amor intellectualis dei genannt wurde.[63]

Hier aber kehrt Einstein um. Die Schwelle zum Glauben seiner Urväter aus dem Alten Testament kann und will er nicht überschreiten. Das Paradoxe ist dabei, dass gerade dort Einsteins geistige Heimat ist. Er ist der Visionär unter den Physikern, ähnlich Newton, der gleichfalls im letzten Grund immer vor dem Brennenden Dornbusch stand. «Mir genügt das Mysterium der Ewigkeit des Lebens und das Bewusstsein und die Ahnung von dem wunderbaren Bau des Seienden, sowie das ergebene Streben nach dem Begreifen eines noch so winzigen Teiles der in der Natur sich manifestierenden Vernunft».

Einstein lässt keinen Zweifel: Den Glauben an einen persönlichen Gott weist er zurück, ja er tut dies sogar mit Leidenschaft: «Ich kann mir keinen persönlichen Gott denken, der die Handlungen der einzelnen Geschöpfe direkt beeinflusste oder über seine Kreaturen direkt zu Gericht sässe. Ich kann es nicht, trotzdem die mechanische Kausalität von der modernen Wissenschaft bis zu einem gewissen Grade in Zweifel gestellt wird».[64]

In Gott gebe es daher weder einen Willen noch ein Ziel noch ein Sollen, sondern nur ein Sein.[65] In der Natur finde sich nur eine grossartige Struktur, aber nichts Anthropomorphes, keine Absichten und Zwecke.[66]

Noch ein Jahr vor seinem Tode schreibt er, man verbreite systematisch Lügen über seine religiöse Einstellung. «Ich glaube nicht an einen persönlichen Gott, und ich habe es nie geleugnet . . .»[67]

Für Einstein ist der jüdische Gott nur eine Verneinung des Aberglaubens und ein bedauernswerter Versuch, die Moral auf Furcht zu gründen. Andererseits heisse dort «Gott dienen, dem Lebendigen dienen». Daher sei das Judentum keine transzendente Religion und habe ausschliesslich mit dem greifbaren Leben zu tun.[68]

Es gibt aber auch eine Stelle, wo er von der Unerreichbarkeit Gottes spricht: Ich blicke auf ein Bild, aber meine Phantasie kann das Äussere seines Schöpfers sich nicht vorstellen; ebenso bei einer Uhr; die menschliche Vernunft kann die vier Dimensionen nicht wahrnehmen. Wie vermag sie Gott zu erreichen, für den tausend Jahre und tausend Dimensionen nur eins sind?

Das alles bedeutet für Einstein nicht einen ethischen Skeptizismus oder gar Nihilismus. Er folgt im Gegenteil darin der jüdischen Tradition, der das Gesetz den Ausdruck der Einheit mit Gott bedeutet. Einstein war ethischer Idealist: «Meine Ideale, die mir voranleuchten und mich mit frohem Lebensmut immer wieder erfüllten, waren Güte, Schönheit und Wahrheit».[69]

Allerdings betrachtet er die Ethik als «einen ausschliesslich menschlichen Belang, der keine übermenschliche Autorität hinter sich hat».[70]

Dennoch ist die ethische Grundhaltung bei Einstein in einem besonders hohen Mass entwickelt, wie seine politischen Äusserungen beweisen.[71] Sie bezieht sich keineswegs nur auf die Verteidigung der menschlichen Würde, sondern ganz allgemein auf das ethische Ideal als solches. So kommt es, dass er ausgerechnet bei dem genuin christlichen modernen Propheten Dostojewskij die höchste ethische Genugtuung findet. «Es ist der ethische Eindruck, die ethische Erhebung, deren ich in unvergleichlichem Masse inne werde, wenn mich das Kunstwerk anstrahlt.»[72]

Dank dieser «ethischen Genugtuung» gebe ihm Dostojewskij sogar mehr als irgendein Wissenschaftler, sogar mehr als Gauss.

Um Einstein zu verstehen, muss man Baruch Spinoza (1632–1677) verstehen. Das ist nicht das Problem Einsteins, sondern der modernen Physik, ja der Wissenschaft schlechthin. Spinoza bildet einen der tiefsten Aspekte möglicher Gotteserkenntnis, wenn auch nicht den einzig möglichen.

Drei Grundthemen Spinozas schaffen die Brücke zu Einstein:

1. Alles ist eins, also auch Gott und Natur.
2. Gottes Attribute sind der unendliche Raum (die Ausdehnung) und das unendliche Denken.
3. Die geometrische Methode ist die Grundlage der Gotteserkenntnis.

Alle drei Thesen bilden zusammen eine Art geometrischer Theologie oder, wenn man will, rationaler Mystik. Das grosse Problem aller Gotteserkenntnis ist: Wie kann Gott der Allmächtige eine Welt zulassen, die evident seinem Willen widerstrebt? Es ist das Problem der alttestamentarischen Gotteserfahrung von Noah über Abraham bis zu Moses, den Propheten und Hiob. Es ist auch das Grundproblem von Golgotha.

In der Moderne wird die gleiche Frage abgewandelt in: Wie kann es eine Naturgesetzlichkeit und zugleich den Willen Gottes geben? Sie mündet direkt in den Atheismus.

Spinozas Anliegen ist ein zutiefst religiöses. Seine erklärte Liebe zu Gott (er spricht von amor dei) liess ihn das Problem radikal lösen. Sein Grund-Axiom: Es gibt nur eine einzige Substanz, die durch sich und in sich ist und zu ihrer Bestimmung keiner anderen Substanz bedarf. Sie ist Ursache ihrer selbst (causa sui) und von nichts abhängig, also metaphysisch absolut. Diese einzige Substanz ist Gott.

Das bedeutet jedoch nicht die Aufhebung der Natur als Schein wie im Buddhismus, sondern ihre Gleichsetzung mit Gott. Denn Gott besitzt zwei Wesensmerkmale (Attribute): Die unendliche Ausdehnung, also den unendlichen Raum, und das unendliche Denken, also die unendliche Vernunft. «Das Denken ist ein Attribut Gottes, oder Gott ist ein denkendes Ding . . . Die Ausdehnung ist ein Attribut Gottes, oder Gott ist ein ausgedehntes Ding».[73]

Entschlüsseln wir diese zunächst befremdliche These, so ergibt sich ein denkwürdiger Bezug zur Physik Newtons und Einsteins. Für den ersteren ist der Raum eine Art Zwischenstück zwischen Gott und Universum (darin dem Demiurgen des Neuplatonismus in gewissem Grade verwandt). Bei Spinoza wird er selbst zum Attribut Gottes. Das ergibt eine ungeheuere Vereinfachung des Weltbildes. Wenn nun in Gott Raum und Denken vereint sind, so liegt es nahe, in der Geometrie den Schlüssel zum Weltverständnis der Physik zu sehen. Genau dies tut Einstein: Für ihn ist unausgesprochen das eigentlich Seiende (die «Substanz» im Sinne Spinozas) vernünftiger Raum. Dies ist für ihn das Göttliche in der Welt, sein heuristisches Führungsfeld und der Inhalt seines philosophischen Credos.

Spinoza erniedrigt aber nicht Gott in die sichtbare oder denkbare Natur, sondern er erhöht im Gegenteil die Natur zu Gott, da ohne Gott weder die Natur existieren noch verstanden werden kann. Als einen der schönsten Sätze der Mystik bekennt Spinoza: «Alles, was ist, ist in Gott, und nichts kann ohne Gott sein noch begriffen werden».[74]

Im Gegensatz zu den christlichen Mystikern und auch zur Grundhaltung der Propheten des Alten Testaments (man denke nur an den Bericht über Jonas, wonach Gott das Strafgericht über Ninive abwandte) ist jedoch Spinoza eben wegen seines Gottesglaubens reiner Determinist: «Alles, was geschieht, geschieht einzig und allein durch die Gesetze der unendlichen Natur Gottes und folgt aus der Notwendigkeit seines Wesens».[75] Daher gibt es für Spinoza in der Natur keinen Zufall: «In der Natur gibt es nichts Zufälliges, sondern alles ist vermöge der Notwendigkeit der göttlichen Natur bestimmt, auf gewisse Weise zu existieren und zu wirken».[76]

Ja, nicht einmal in Gott selbst gibt es eine Freiheit seines Willens, sondern nur die absolute Naturnotwendigkeit. Spinoza versucht also sein religiöses Credo mit dem Determinismus der Newtonschen Mechanik zu vereinen. Einstein wird ihm darin bedingungslos folgen.

Dennoch ist Gott für Spinoza nicht einfach der Uhrmacher der Welt, der letztlich seine eigene Freiheit an die Weltmaschine opfert, um das Sein der Welt zu ermöglichen. Vielmehr vereint Spinoza mit dem durchgehend transparenten Rationalismus eine genuin jüdische Mystik, die ihm nicht erlaubt, Gottes All-Wirklichkeit zu leugnen. Alle Dinge sind nämlich nur modi Gottes und haben an sich keine Existenz. Deshalb geht die Gotteserkenntnis auch jeder anderen Erkenntnis voran und es gilt im Grunde das alttestamentarische Gebot: Liebe Gott! Spinoza: Es ist unmöglich, wenn wir unseren Verstand recht gebrauchen, es zu unterlassen, Gott zu lieben.[77] Und an anderer Stelle: «Die wahre Liebe entspringt immer aus der Erkenntnis davon, dass ihr Gegenstand herrlich und gut ist. Wie kann also anders daraus folgen, als dass sie gegen niemand gewaltiger entbrennen kann als gegen den Herrn, unseren Gott? Denn Er allein ist herrlich und das vollkommene Gut».[78]

Es ist schwer, Spinozas Gotteserkenntnis nachzuvollziehen. An der Oberfläche ist sie naturalistisch, rationalistisch und deterministisch. In der Tiefe schlummert jedoch jener amor dei, der auch Newton letztlich zu seiner Gravitationstheorie leitete und in der prästabilierten Harmonie des Leibniz aufscheint. Spinoza als Vorläufer des Materialismus zu bezeichnen, wie dies in der Sowjetphilosophie geschieht, ist eine Umkehrung seiner Prioritäten.[79]

Dennoch ist nicht zu verkennen, dass die geistige Entwicklung des Abendlandes im Grunde mit Spinoza Abschied nimmt von einer theozentrischen Weltauffassung. Sie wird immer mehr zur rein naturalistischen, bis Gott endlich ganz verdrängt wird.

Mit Einstein beginnt jedoch ein neues Denken. Es schliesst an die grossen Philosophen des 17. Jahrhunderts an, vor allem Spinoza. So betrachtet, steht Einstein wie Moses nach der langen Wanderung der westlichen Wissenschaft durch die Wüste des Materialismus auf dem Grenzberg zum Gelobten Land. Er betritt es noch nicht, aber sein Blick reicht bis weit in den Horizont einer neuen Epoche.

An dieser Stelle verbietet mir der Respekt vor dem Lehrer des Jahrhunderts, das Gespräch auf irdischer Ebene fortzuführen. Es sei mir daher gestattet, zu Dante im Paradies meine Zuflucht zu nehmen.

Dantes fingierte Anrede an Einstein könnte etwa so lauten: «Du warst wie die meisten von uns auf Erden inkonsequent. Offenbar ist dies ein Merkmal der Menschlichkeit. Auf der einen Seite enthielt Dein wissenschaftliches Credo den Satz, dass von der Erfahrung kein logischer Weg zur Theorie führt. Der Physiker muss vielmehr seine Gedanken in freiem Schöpfertum selbst erzeugen. Schliesslich war Deine allgemeine Relativitätstheorie dafür das schönste Zeugnis. Du bist mir darin gefolgt; auch du ‹durchquertest Wasser, in die noch niemand stieg›. Dein Werk bezeugt also die Freiheit des menschlichen Geistes. Ausserdem verteidigtest du sie eindringlich in deinen ethischen und politischen Zeugnissen».

«Weshalb», so würde Dante wohl fortfahren, «bestrittest Du aber diese Freiheit für die Natur? Und weit mehr noch: Sogar für Gott? Wenn schon der menschliche Geist die Freiheit für sich in Anspruch nimmt, dann konntest Du die Freiheit für die Natur nur leugnen, wenn Du eine radikale Trennung von Natur und Mensch vollzogst. Aber das, so glaube ich, tatest Du nie. Im Gegenteil, Dein Glaube an eine kosmische Vernunft hätte es Dir untersagt.»

«Damit», so Dante zu Einstein, «kommen wir zum entscheidenden Widerspruch Deines Denkens. Du bekanntest eindrücklich Deinen Glauben an eine kosmische Vernunft. Du sprachst sogar von kosmischer Religiosität. Nun ist aber jede Bezeugung von Vernunft im menschlichen Bereich an die menschliche Person gebunden. Es gibt keine kollektive Vernunft, eher noch auf Erden zuweilen eine kollektive Unvernunft. Aber nur der Mensch als Person, zum Beispiel Du als Albert Einstein, bekundet Vernunft. Überlassen wir es den irdischen Philosophen, zu definieren, was sie darunter verstehen, sie werden sich dort nie verständigen. Aber wir beide wissen es, und Du hast es sogar schon auf Erden deutlich gespürt. Schliesslich war es Deine Vernunft, die Dich leitete, Deine Theorien zu entwickeln. Sie erwies sich als schöpferisch und personal zugleich.»

«Nun wäre es doch konsequent gewesen, auch jener Vernunft, welche die Welt regiert, Personalität zuzuschreiben.»

«Du hast diesen Schritt beinahe vollzogen», würde Dante fortfahren. «Als Du von der prästabilierten Harmonie zwischen Theorie und Erfahrung sprachst, hast Du unbewusst angenommen, dass es einen ‹Prästabilisator› gibt, der die Harmonie zwischen den frei gesetzten Gebilden der Theorie und der Beobachtung ermöglicht. Wie anders könnte man sonst die Begreifbarkeit der Welt begreifen, die doch für Dich, Einstein, das Geheimnis aller Geheimnisse war?»

An dieser Stelle würde Dante einhalten und Einstein voll ins Antlitz blicken: «Wenn es schon im Menschen eine freie schöpferische Vernunft gibt, die ihm die Wahl zwischen verschiedenen Deutungen der Wirklichkeit lässt, so muss Gott eine unendlich höhere schöpferische Freiheit zukommen. Schliesslich ist die Existenz des Physikers doch kein Zufall, sondern nur aus dem Willen Gottes erklärbar. Freiheit und Wille in Gott zu leugnen, heisst also, ihm geringere Fähigkeiten zuschreiben, als sie schon einem so winzigen Wesen aus Staub wie dem Physiker zukommen. Hier liegt Deine grösste Inkonsequenz, erleuchteter Einstein.»

Dante schweigt und Einstein wendet ihm seine unergründlich lächelnden Augen zu.

Des Himmels Tao erschauen,
Des Himmels Wandel ergreifen
Ist das Höchste . . .
Leuchtend klar steht es da,
Das Höchste: Die Idee.

Yin Fu Ching

15. Kapitel
Einstein und das Tao

Es gibt ausser Leibniz und Spinoza eine dritte Wurzel in Einsteins Denken, ja in jenem der ganzen modernen Physik: Die Philosophie des Tao. Seltsamerweise findet sich dazu keine bewusste Andeutung bei Einstein, möglicherweise habe ich sie übersehen. Dennoch glaube ich, dass Einsteins kosmische Religiosität, von der er selber spricht, nirgends so zuhause ist wie im alten China.

Chinas Denken ist kosmisch. Es gleicht darin einem Baum, der in die archaischen Ursprünge der Menschheit zurückreicht, dessen Spitze aber bereits ein neues Zeitalter ankündigt. Es wird angesichts der modernen Kosmologie einerseits und der apokalyptischen Folgen der Physik andererseits das Siegel des Kosmischen tragen.

Darin ist China als vielleicht einzige Kultur dem jüdischen Volk verwandt. Wie jenes bewahrt es seine Identität über die Jahrtausende hinweg dank seiner einmaligen Geistigkeit.

Während der Westen jedoch die Gedanken des Kosmos erforscht, vermählt sich das alte China mit seiner Seele. Dies sind verschiedene Wege zum gleichen Ziel.[1]

Fernöstliche Mystik und physikalisches Denken scheinen unvereinbare Gegensätze. Europa ging den Weg der Visionen des sichtbaren Universums, China des unsichtbaren. Vielleicht ist dies der tiefste Grund, weshalb das China der Ming-Zeit nicht zum Entdecker der Physik wurde.

Und doch gibt es eine im Unendlichen liegende Konvergenz. Der Weg des Westens scheint zunächst hell, weil im Rationalen verlaufend. Der Weg des Ostens scheint dunkel, weil der Mystik verpflichtet.

Aber dieses Verhältnis lässt sich umkehren. Dann wurzelt die ratio des

Westens in einer unergründlichen Proto-ratio. Dies ist eine unterhalb des mathematisch-logischen Denkens liegende Schicht, die im Westen lange Zeit verdrängt wurde und erst jetzt dank Freud und Jung ans Licht gebracht wird. Analog wurzelt auch das mystische Denken des klassischen China in einer erdhaften Konkretheit, die sich erst beim Vergleich mit den Grundlagen der modernen Physik offenbart.

Da ist zunächst die eindrückliche Tatsache, dass sowohl chinesisches als auch physikalisch-westliches Denken mit Zeichen operiert. In der Physik sind dies die Zeichen für Zahlen und ihre Zusammenhänge. Deutlichster Ausdruck ist die Gleichung. Sie bildet das eigentliche Ziel des theoretischen Physikers. In der Formel ist alles zusammengefasst, was er über die Wirklichkeit zu wissen glaubt. Sie wird ihm zum Symbol für sein Wissen. Indem er glaubt, dass dieses Wissen den Strukturen der Wirklichkeit entspricht (wenn auch in Grenzen), ist die Formel ein symbolisches Zeichen für die Welt. Höchstes Ziel des Theoretikers ist dabei nach Einstein, jene Formel zu finden, aus der sich alle physikalischen Gesetze ableiten lassen. Die Suche nach dieser Welt-Formel ist aber Mystik vom reinsten Quell, denn sie beruht auf nichts anderem als dem visionären Glauben an den einheitlichen Ursprung des Universums.

Chinas grösste Kulturleistung ist seine Schrift. Hier entstand in Jahrtausenden schöpferischer Imagination eine Symbolisierung der Welt in anschaulichen Zeichen. Unsere europäische Schrift ist ein künstliches Hilfsmittel, um Laute für das Ohr zu symbolisieren. Die Schrift Chinas ist eine Folge tiefsinniger Bilder für das Auge. Daher können sich Chinesen getrennter Regionen, die verschiedene Sprachen sprechen, mit Hilfe der Schrift verständigen.

Die Grundannahme chinesischen Denkens ist also: Die Wirklichkeit lässt sich in Zeichen darstellen. Diese Annahme beruht auf einer magischen Vorstufe der Kultur. Danach ist die sichtbare Wirklichkeit ihrerseits ein Zeichen für die unsichtbare. Wir haben also einen Kreis: Die Dinge bezeichnen unsichtbare Zusammenhänge (Seelen, Geister, Zukunftserwartungen) und diese wiederum lassen sich in sichtbaren Kunst-Zeichen symbolisieren, die ihrerseits abstrakte Zusammenhänge darstellen.

Klassisches Beispiel ist das Wahrsage-Buch I Ching (Yi Ting)*. Dieses in das 12. vorchristliche Jahrhundert reichende Buch beruht auf der uralten Kunst des Wahr-Sagens mit Hilfe von Schafgarbenstengeln. Je 6 ungebrochene und 6 gebrochene Stengel werden hier durch ungebrochene und gebrochene Linien symbolisiert. Ihre Kombination verrät dem Fragenden nicht nur seine Zukunft, sondern auch sein eigenstes unsichtbares Wesen, aus dem sich sein Schicksal ableitet. So bedeuten etwa 6 übereinander liegende ungebrochene Linien das Schöpferische, K'un, die lichte, starke, aktive Urkraft. Zugleich bedeuten sie den Himmel, das starke schöpfe-

* Die heutige offizielle Transskription wird bei der ersten Nennung in Klammern gesetzt.

rische Wirken der Gottheit, bezogen auf den Menschen das Wirken des Weisen und Heiligen, des Herrschers und Führers der Menschen.[2]

Die Linien sind also Zeichen für sichtbare Dinge und deren Kombinationen wiederum Zeichen für unsichtbare magische Zusammenhänge. Diese wiederum konkretisieren sich im sichtbarem Schicksal des Menschen. Grundvoraussetzung dieser zyklischen Entsprechungen ist die universale Korrespondenz von Mensch und Kosmos. Chinesisches Denken ist universalistisch.

Hier zeigt sich sofort die Bifurkation von Ost und West. Seit Pythagoras wird die Zahl zum Symbol der Welt. In China wird es das Zeichen, zunächst als Bild, dann als reines Schriftzeichen.

Die Zahl repräsentiert eine messbare Struktur der Welt, das Bild-Zeichen eine nur innerlich schaubare Wesenheit. Struktur und Wesen sind also die gegensätzlichen Grundelemente physikalischen und chinesischen Denkens.

Und doch gibt es einen Konvergenzpunkt. Auch Einsteins Gravitationsgleichung ist ja nur ein Gleichnis für die rätselhafte Entsprechung von schweren Massen und Raumzeit-Metrik. Für den Nicht-Physiker ist sie genauso geheimnisvoll wie Chinesisch für den Nicht-Sinologen. Sie ist ein Zeichen für das Geheimnis Welt. Einstein selbst hat sie so verstanden. Ebenso ist das I Ching mit seinen rätselhaften Kombinationen von je 6 Strichen ein Zeichen für das Geheimnis Mensch. Einstein zentriert sein Denken in der menschlichen Realität des Kosmos, das I Ching in der kosmischen Realität des Menschen.

Wir könnten das mathematische Denken des Westens auch als mathesisches Denken bezeichnen und das bildhafte Denken Chinas als eikonisches (vom griechischen eikón = Bild; daher die Ikone). Beide Denkweisen sind abstrakt und von hoher Begrifflichkeit. Nur hat das mathesische Denken seinen Mittelpunkt in der Struktur eines Gegenstandsfelds, das eikonische in seiner Idee. Es steht daher Platons Ideen-Kosmos näher, als es dies die moderne Physik zunächst zu tun scheint. Denn auch Platons Ideen sind ja eidoi = Bilder, freilich die Ur-Bilder der Dinge und damit abstrakt gesprochen ihre Wesenheiten. Ebenso ist das eikonische Denken auf die Essenz der Dinge gerichtet, auf das, was die Dinge «eigentlich» sind, jenseits ihrer äusseren, sichtbaren Erscheinungsform.

Aber auch das mathesische Denken richtet sich auf die unsichtbare Gestalt eines Gegenstandsfeldes. Einsteins Gravitationsgleichung ist nur als Druckerschwärze sichtbar zu machen. Nie und nimmer beobachten wir im Kosmos Tensoren und ihre Zusammenhänge. Insofern ist auch die Physik eine auf das Wesen gerichtete Denkweise; nur erkennt sie dieses Wesen in der mathematischen Struktur und nicht in der Platonschen Idee oder einem Schriftzeichen.

Dennoch haben beide Wege das gleiche Ziel. Wenn Einstein die Welt im Grunde zu einer Existenzform der Geometrie macht, so ist das ebenso eikonisch gedacht wie das als Schriftzeichen formulierte Universum Chinas. Man blicke nur auf das Bild der Minkowski-Welt: Die realen Ereignisse und ihre Verknüpfung werden hier ganz und gar als Bild repräsentiert. Dabei ist dieses Bild in keiner Weise der optischen Erlebniswelt zu entnehmen, denn es ist vierdimensional und pseudoeuklidisch, mit einer hyperbolischen Struktur der Transformation von Raum und Zeit. Die anschauliche Welt ist aber 3-dimensional. Die Minkowski-Welt ist reines Kunst-Zeichen für eine Wirklichkeit, deren Wesenhaftes zum Ausdruck gebracht wird, weil es in der Erlebniswelt verborgen ist. In diesem Sinn ist auch die Minkowski-Welt eikonisch und wesensbezogen.

Das Ur-Zeichen chinesischer Philosophie ist jedoch das Tao (Dao). Das Schriftzeichen setzt sich zusammen aus den Symbolen für Kopf und Weg. Weder chinesische noch westliche Fachleute konnten sich bis heute über die eigentliche Bedeutung dieses Grundbegriffs einigen. Das ist gut so, denn er lässt sich nur in seinen zahlreichen Aspekten umschreiben, aber nie genau definieren. Schon im Anfang des Tao Te King (Dao De Ting) heisst es: «Der Name, den man nennen kann, ist nicht der ewige Name».

Die Ursprünge des Tao liegen im Magischen. Nach Ernst Schwarz bedeutete es in alten Zeiten das Opfer für den Gott der Wege, zugleich aber auch für die Ahnen. Es geht also auf eine Verschmelzung von Feldzauber und Totenkult zurück.[3] Von hier aus erhielt das Zeichen die Bedeutung von «Weg».

Im Chinesischen können Substantiva auch eine Tätigkeit bedeuten, daher ist «Tao» auch «leiten», «regieren». Heute bedeutet es «sprechen», «nennen». Als Abstraktum ist es wiederum «Prinzip», «Methode», «Fähigkeit». Magisches wird also zu Rationalem und konkret-Archaisches zu abstrakt-Modernem.

Nach Richard Wilhelm bedeutet Tao auch «Vernunft» und «Wahrheit». Christliche Bibelübersetzer schreiben als Anfang des Johannes-Evangeliums «Im Anfang war das Tao».[4] R. Wilhelm übersetzt es mit «Sinn» gemäss der Stelle im «Faust», wo Faust das Wort «Logos» zum Beginn des Johannes-Evangeliums mit «Sinn» übersetzt.

Nach dem Philosophen Pai-sha Tzu (Bai Sha Zi, richtiger Name Ch'en Hsien-Chang 1428–1500) ist das Tao das Ewige, Allgegenwärtige, Allmächtige und der Schöpfer von Himmel und Erde. An sich ist es unerkennbar. Zunächst bedeutet es die Natur und ihre Gesetze. Dann wird das Tao zum Zyklus von Leben und Tod, Aufstieg und Niedergang. Als Weg des Himmels, T'ien Tao, wird es zum Höchsten Wesen und Gesetz des Kosmos. Wohnt das Tao im Menschen, so wird es zum Te. Dann steht der Mensch mit dem Universum und seinesgleichen in Einklang.[5]

Pai-sha Tzu definiert das Tao durch eine Reihe von Negationen:

> Es ist ohne Innen und Aussen, nicht zusammengesetzt,
> weder Stoff noch Form und nicht im Raume wohnend,
> es ist ohne Anfang und Ende und ohne Zeit,
> es ist weder handelnd noch ruhend und unwandelbar,

es ist ohne Form.

Positiv definiert ist es

> allgegenwärtig und allmächtig, der Schöpfer und Oberste Herrscher und mit dem Einen Ursprung identisch, es vereint und durchdringt die Dinge.

Nach Pai-sha Tzu ist das Tao «die Ursache und das Prinzip von Himmel und Erde . . . Kein Raum ist (von ihm) unbesetzt und es gibt keine Zeit, in der das Gesetz (des Tao) nicht wirken würde».[6]

Das Tao verleiht nach Pai-sha Tzu die Gabe der Vision des Universums: Er berichtet, dass er nach Jahren der Meditiation «seinen eigenen Geist wie einen konkreten Gegenstand sehen konnte. Er vermochte die Prinzipien hinter den Myriaden von Dingen zu erkennen und die Schriften der Weisen in einem so erleuchteten Zustand zu lesen, dass ihre Bedeutungen vollkommen und von selbst klar wurden». Er nahm an der Erschaffung von Himmel und Erde teil und war bei der Geburt und Verwandlung der Myriaden von Dingen, ja bei der Lenkung des Universums zugegen. Sein Geist durchdrang die Geheimnisse von Vergangenheit und Zukunft, das Mysterium von Leben-Spenden und Leben-Wandeln, denn «dies alles sind Kräfte des Tao und des Menschen im Tao».[7]

Der eigentliche Denker des Tao aber ist Lao Tse, mit richtigem Namen vermutlich Lao Tan oder Li Erh. Die Legende versetzt ihn in das 6. Jahrhundert vor Christus. Er wäre dann Zeitgenosse des Pythagoras und Buddha gewesen. Er soll als Reichsarchivar die Unheilbarkeit seiner Zeit eingesehen und China für immer in Richtung Westen verlassen haben.

Sein aus 81 Sprüchen bestehendes Buch «Tao Te King» ist für mich das Tiefste, was der menschliche Geist aus eigener Kraft auszusprechen vermag. Hier ist das Tao (zunächst als Weg oder Bahn verstanden) das Unsagbare schlechthin und doch das Allumgreifende. So heisst es zu Beginn:

> Die Bahn (Tao), die man gehen kann, ist nicht die ewige Bahn.
> Der Name, den man nennen kann, ist nicht der ewige Name.[8]

Lao Tse spricht vom Tao daher auch als vom Nicht-Sein, Wu. So heisst es (in der Übersetzung von R. Wilhelm) weiter:

> Nichtsein nenne ich den Anfang von Himmel und Erde.
> Sein nenne ich die Mutter der Einzelwesen.
> Darum führt die Richtung auf das Nichtsein
> Zum Schauen des wunderbaren Wesens,
> Die Richtung auf das Sein
> Zum Schauen der räumlichen Begrenztheiten.[9]

Dieses Wu Chi (Wu Ji) ist jedoch kein eigentliches Nicht-Sein, sondern die Quelle allen Seins. Es ist darin mit dem T'ai Chi (Tai Ji), dem «Letzten», dem Grossen Grenzenlosen und Quell alles Seienden nahezu identisch. Dieses T'ai Chi ist der Beginn, der selbst ohne Beginn ist. Es enthält das Gegensatzpaar von Yin und Yang, das Weibliche und Männliche, in sich, das für alle Schöpfungsvorgänge verantwortlich ist.

Ein Grundprinzip Lao Tses ist daher das Nicht-Tun, das die Dinge Gewähren-lassen. Damit wird jener zum grössten Herrscher, der am wenigsten regiert:

> Herrscht ein ganz Grosser,
> So weiss das Volk kaum, dass er da ist.[10]

Daher sind alle Namen für das Tao nur Zeichen des Unaussprechlichen, Dunklen, des absolut Transzendenten und damit eigentlich Nicht-Seienden, das zugleich alles ist.

> Es gibt ein Ding, das ist unterschiedslos vollendet.
> Bevor der Himmel und die Erde waren, ist es schon da,
> So still, so einsam.
> Allein steht es und ändert sich nicht.
> Im Kreise läuft es und gefährdet sich nicht.
> Man nennt es die Mutter der Welt.
> Ich weiss nicht seinen Namen.
> Ich bezeichne es als Tao.
> Mühsam einen Namen ihm gebend,
> Nenne ich es: Gross ...[11]

Dieses Grosse wirkt dunkel, spontan, aus sich selbst:

> Das Tao bewirkt die Dinge,
> So chaotisch, so dunkel.
> Chaotisch, dunkel
> Sind in ihm Bilder.
> Dunkel, chaotisch
> Sind in ihm Dinge.
> Unergründlich finster
> Ist in ihm Same.
> Dieser Same ist ganz wahr ...[12]

Analog der Einen Substanz bei Spinoza wirkt das Tao aus eigenem Vermögen als Ursache seiner selbst:

> Der Mensch richtet sich nach der Erde.
> Die Erde richtet sich nach dem Himmel.
> Der Himmel richtet sich nach dem Tao.
> Das Tao richtet sich nach sich selbst.[13]

Denn das Tao «ist immer strömend und läuft in seinem Wirken doch nie über. Es ist ein Abgrund wie der Ahn aller Dinge», heisst es in Spruch 4. Diese Spontaneität kommt bei Lao Tse daher auch im immer wiederkehrenden Zeichen des Wassers für das Tao zum Ausdruck. Die klassische

Malerei Chinas verwendet das Wasser daher als Symbol für die Transzendenz, die zugleich innerweltliche Immanenz ist. Ohne diesen taoistischen Hintergrund ist sie nicht zu verstehen. Sie ist weithin nur ihrerseits ein Symbol für die Philosophie des Tao: Der Mensch als Einsamer eingebettet in die allumfassende Natur, die ihrerseits ein Zeichen für das Unsagbare ist.

Das Tao wirkt nun im Menschen, dort heisst es Te (De). Es ist das, «was die Wesen erhalten, um zu entstehen», kurz, das Wirken des Tao in den konkreten Wesen, also das Tao selbst (daher auch der Name des Buches «Tao Te King»).

Durch das Te wird der Mensch befähigt, alle Dinge zu erkennen, denn im Grund ist er alle Dinge. Die Unterscheidung von Subjekt und Objekt wird damit relativiert, ja aufgehoben. Dies scheint mir das erkenntnismässige Grundanliegen des philosophischen Taoismus.

Dschuang Tse (Dschuang Dschou, Zhuang Zhou), der wohl tiefste Deuter des Tao (4. Jahrhundert vor Christus), formuliert das Problem: «Des Himmels Kreislauf, der Erde Beharren, die Weise, wie Sonne und Mond einander in ihren Bahnen folgen: Wer ist's, der sie beherrscht? Wer ist's, der sie zusammenbindet? Wer ist's, der weilt ohne Mühe und alles in Gang hält?»[14]

Die Antwort: Das Unsagbare lässt sich nicht zahlenmässig erschöpfen, denn es ist ohne Form.[15] Dennoch gestattet das Tao die Erkenntnis der Welt: «Wer das Tao erkennt, versteht die Naturgesetze. Wer die Naturgesetze versteht, der schaut das Gleichmass der Kräfte».[16]

Das ist aber für Dschuang Tse nicht das Ziel einer Wissenschaft wie im Westen, sondern einer Lebenshaltung. Er fährt daher fort: «Wer das Gleichmass der Kräfte schaut, dem können die Aussendinge nichts anhaben. Wer höchstes Te besitzt, den vermag das Feuer nicht zu brennen, das Wasser vermag ihn nicht zu ertränken.[17]

Und doch enthält diese Einstellung auch die Wissenschaft; denn das Tao und seine Wirkweise in den Dingen ist ihre Innenseite; diese zu erkennen, ist Wissen: «Das Himmlische muss im Innern sein, das Menschliche im Äussern. Das Te beruht auf dem Himmlischen. Die Erkenntnis, wie Himmlisches und Menschliches zusammenwirken muss, wurzelt im Himmlischen und ist begründet im Te».[18]

Damit kommen wir zum dritten Grundbegriff des alten Chinas, dem «Himmel» (T'ien). Man spricht vom T'ien Tao, dem Tao oder dem Weg des Himmels, ohne dass zwischen beiden genau unterschieden wird. Im China des 2. vorchristlichen Jahrtausends, so im Buch der Oden, Shi Ching (Shi Ting), und im Buch der Geschichte Shu Ching (Shu Ting) ist T'ien der Oberste Herrscher des Universums. Er wird zuweilen mit dem im Zenit thronenden Höchsten Kaiser, dem Shang Ti (Shang Di), gleichgesetzt.[19]

Dies ist eine kosmische Weltregierung, die zugleich in enger Korrespondenz zur Menschenwelt steht. Nach A. Forke[20] «hört und sieht der

Himmel, und zwar geht sein Sehen und Hören vom Volke aus. Der Himmel verleiht Glanz und verbreitet Schrecken, und zwar geht dieser Glanz und Schrecken vom Volke aus». Dieses wohl eindrucksvollste Zitat für die kosmische Einheit von Himmel und Menschenwelt stammt aus dem Shu Ching (Shu Ting), dem vielleicht ältesten klassischen Buch Chinas.

Nach A. Forke ist T'ien ein pantheistisches Gebilde; er erschafft nicht die Welt, sondern ist sie. Dennoch regiert er sie und stellt ihre sittliche Ordnung dar.[21]

Fung Yu-Lan unterscheidet 5 Bedeutungen von T'ien:

1. Zunächst als physikalischer Himmel, der mit der Erde zusammen den Kosmos bildet
2. als Natur
3. als anthropomorpher Herrscher
4. als Schicksal
5. höchstes Prinzip des Universums mit ethischer Verpflichtung für den Menschen, ihm zu folgen.[22]

Staat und Familie Chinas haben daher die Funktion, in Übereinstimmung mit dem Himmel zu handeln. Tun sie dies nicht, so werden sie bestraft: Familien sterben aus und Dynastien gehen unter.

Mo Tse (4. Jahrhundert vor Christus), leitet daraus die allgemeine Menschenliebe ab, denn der Himmel selbst «liebt die Menschen». Nach dem grossen Schüler des Konfuzius, Meng Tse (Mencius, 372–289 vor Christus) erhält der Kaiser sein Reich vom Himmel und muss daher, ehe er Kaiser wird, ein Sheng sein, ein Weiser, Heiliger und Erwählter. Der Himmel verpflichtet aber jeden Menschen, menschlich zu sein, denn von Natur aus ist der Mensch gut und sein menschliches Herz, sein Anstand und seine Weisheit sind ihm vom Himmel in die Wiege gelegt.

Die Vision des kosmischen Einen inspiriert also trotz aller sonstigen Verschiedenheiten sowohl die Taoisten als auch die Konfuzianer. Beide sind im wahren Sinn Kosmiker. Nur ist dieses Kosmische nicht das sichtbare Universum, das wir messen können, sondern das Unsichtbare, ja Unsagbare.

Ich behaupte nun: Diese archaische Schau der Welt enthält fast genau Einsteins kosmische Religiosität, ja vielleicht sogar das unbewusste Weltbewusstsein der modernen Physik.

Da ist zunächst die grundsätzliche Unbestimmtheit in den Deutungen von Tao, Te und T'ien. Sie alle hängen irgendwie mit dem Grossen Anfang, dem T'ai Chi, zusammen. Gerade diese Unbestimmtheit verleiht dieser Weltsicht Tiefe. Keiner dieser Begriffe lässt sich auf westliche Grundbegriffe wie den «Nous» der Vorsokratiker, die «Idee» Platons, die «Zahl» des Pythagoras oder den «Logos» der Neuplatoniker abbilden. Daher scheitern auch alle westlichen Versuche, das Tao in Begriffe zu fassen. Diese Unbestimmtheit scheint zunächst dem klaren und distinkten kartesischen Denken der Physik zu widersprechen. Und doch ist gerade der Rationalist Einstein vom Geheimnis der Welt bewegt. Das Geheimnis ist aber in sich immer unbestimmt, nicht begrifflich zu umgrenzen. Wie sollte man auch das Grenzenlose umgrenzen, in Zäune aus Logik und Anschauung fassen?

Ich sehe hier eine erste Parallele zwischen West und Fernost. Am ehesten finden wir sie im Begriff des Apeiron, des Unbestimmten und Nicht-zu-Umgrenzenden bei Anaximander (610–546 vor Christus) in Milet. Auch Heisenberg sieht darin eine Denkmöglichkeit zur Benennung des Einen in der Physik. Aber die philosophische Tradition des Abendlandes wird nicht diesem Ansatz folgen, sondern jenem des Nous und des Atomismus.

Die zweite Parallele findet sich in Einsteins Glauben an die Einheit der Welt. Sein oberstes Ziel war stets, alle physikalischen Theorien letztlich zu einer einzigen Theorie zusammenzufassen. Dieser Imperativ leitete ihn bei der Verallgemeinerung der sRT zur aRT. Später wollte er (vergebens) auch die Elektrodynamik mit der Raumtheorie zusammenfassen. Auch Heisenberg sucht nach der Weltformel, und die modernen Vereinheitlichungen der Grundkräfte streben das gleiche Ziel an. Dieses Eine ist aber niemals physischer, sondern meta-physischer Natur. Es lässt sich nicht beobachten, sondern nur mit dem geistigen Auge erschauen.

Diese Einsicht ist die Geburtsstunde des chinesischen Denkens. Es wird völlig vom Imperativ des Einen beherrscht. Ob wir es als T'ai Chi, Wu Chi, T'ien, Tao oder Te bezeichnen: Immer haben wir Aspekte der Einheit alles Seienden vor uns. Am ehesten finden wir dieses Suchen nach dem Grossen Einen bei dem Neuplatoniker Plotin, wo das Eine mit dem Göttlichen identifiziert und als höchstes Ziel des Menschen bezeichnet wird.

Wenn wir den Weg der Physik von Kopernikus bis Einstein verfolgen, so finden wir immer wieder den Ansatz zur einheitlichen Theorie. Das heliozentrische Weltbild brachte eine enorme Vereinfachung. Galileis mathematische Methode, kombiniert mit der Beobachtung, sollte unsere Erkenntnis von allem begrifflichen Ballast der aristotelischen Tradition befreien und auf eine einheitliche Grundlage stellen. Newtons Mechanik brachte erstmalig eine Gesamtschau irdischer und kosmischer Vorgänge aus einigen wenigen Grundprinzipien. Die Elektrodynamik wird durch den Feldbegriff eine völlig neue Einheitsmöglichkeit aufstellen. Die Thermodynamik liess sich durch den Atomismus und die Grundbegriffe von Energie, Entropie und Wahrscheinlichkeit als eine weitere Gesamtschau physikalischer Vorgänge konzipieren. Einstein vereinte in der Photonentheorie Atomismus und Elektrodynamik, eine Entwicklung, die sich in der von Dirac begründeten Quantenelektrodynamik bis heute fortsetzt. Überhaupt wird der Feldbegriff mehr und mehr zum tragenden Unterbau eines vereinheitlichten Weltbilds.

Ich möchte diese Art zu denken als integrales Denken bezeichnen. Es bildet die Basis des chinesischen Universalismus. Zunächst scheint es im Gegensatz zum westlichen Denken zu stehen, das wesentlich analytisch ist und sich daher auf das Einzelne konzentriert. Daher auch der Primat der Beobachtung, die immer ein Akt des Einzelnen ist. Seinen mathematischen Ausdruck findet dieser Ansatz im Differential. Daher nenne ich westliches Denken differenzierend, chinesisches integrierend.

Aber vergessen wir nicht, dass mit dem Differential zugleich das Integral gefunden wurde. Beide hängen aufs engste zusammen. Ebenso besteht neben dem analytischen Imperativ des Westens auch der integrierende. Ja moderne Physik ist wesentlich integral. Ich sehe daher die Zukunft des Denkens in Ost und West in einer Vereinigung von differentiellem und integralem Denken, mit einem deutlichen Primat des integralen.

Eine weitere Parallele besteht in der maximalen Abstraktheit der chinesischen Kosmogonie. Hier fehlen mythologische Bilder, wie sie zweifellos auch im archaischen China vorhanden waren, fast völlig. Zurück blieb ein Destillat aus dermassen abstrakten Begriffen, dass wir sie heute nicht mehr eindeutig zu fassen vermögen. Dschuang Tse: «Im Uranfang war das Nicht-Sein des Nicht-Seins, war das Unnennbare. Daraus erhob sich das Eine. Dieses Eine – in seinem Dasein, aber noch ohne Form, das die Dinge bekommen müssen, um erzeugt werden zu können – heisst Te . . . Körperliche Form, die Geistiges schützend umfasst, so dass beides eine besondere Wirkungsweise zeigt, heisst Natur».[23]

Angesichts der modernen Kosmogonien und der Einsteinschen Gravitationsgleichung scheint uns dies so abstrakt, dass wir ihm keinen Sinn beimessen können. Ludwig Wittgenstein würde die Stäze als Paradigma der Sinnlosigkeit bezeichnen. Und doch lebt das China der fünf Jahrtausende aus eben dieser Geisteshaltung. Sie muss also von eminenter Vitalität sein. Das Sinnlose kann nicht Grund des geschichtlichen Sinns sein.

Ich sehe daher in der Kosmogonie Dschuang Tses den mühsamen Versuch, das schlechthin Unsagbare zu sagen. An diesem Widerspruch müsste eigentlich jede Philosophie scheitern. Wir haben auch keine dichterische Umschreibung vor uns. Das Nicht-Sein des Nicht-Seins ist keine Metapher.

Gehen wir der Expansionstheorie auf den Grund, so haben wir eine analoge Schwierigkeit. Wir sagen «Weltbeginn», «Singularität», «Expansion». Das sind aber nur Umschreibungen des schlechthin Unsagbaren. Beginn woraus? Die Kausalität scheitert, denn mit dem Wort «Beginn» ist notwendig ein vorhergehendes Nicht-Sein der Welt verbunden, also auch ein Nicht-Sein irgendwelcher Ursachen im physikalischen Sinn der zeitlichen Vorgängigkeit. Jede Theorie, die einen Weltbeginn annimmt, scheitert an der Unsagbarkeit dessen, was sie aussagen will. Das menschliche Sagen selbst beginnt erst mit dem Weltbeginn.

Der Ausdruck «Nicht-Sein des Nicht-Seins» hat also sehr wohl einen Sinn, wenn auch nur zur Eingrenzung der Sagbarkeit. Das Nicht-Sein des Kosmos ist die notwendige Voraussetzung seines Beginns. Dieses Nicht-Sein ist seinerseits aber so abstrakt und total, dass es nicht einmal das

Nicht-Sein des Kosmos darstellt, sondern sogar dieses verneint. Ich sehe nicht, wie man anders vom Weltbeginn reden kann als mit den Worten Dschuang Tses.

Aus dem Nicht-Sein der Welt erhob sich die Welt. Dschuang Tse verschweigt uns, wie dies geschieht. Wie soll man auch über das Unsagbare sprechen? Er benutzt nicht das Wort «Schöpfung», sondern spricht nur vom Einen, das noch keine Form hatte, um die Erzeugung der Dinge zu ermöglichen. Heutige Hypothesen vom Lichtkosmos kommen dieser Idee durchaus nahe, wenn man Steven Weinbergs Theorie akzeptiert.

Wir brauchen aber nicht bis zum Weltbeginn zurückzugehen. Es genügt, auf die Abstraktheit moderner Gleichungen der Physik hinzuweisen. Jeder Versuch, das Gemeinte in allgemeinsprachliche Worte zu fassen, müsste scheitern. Hier ist das schlicht Unsagbare ausgesprochen, und zwar in Symbolen, die ihrerseits auf reine Gedanken ohne Anschaulichkeit hinweisen. Das Unanschauliche wurde zum Paradigma der heutigen Physik.

Was heisst etwa «Raumzeitkrümmung»? Alle Versuche, dies anhand eines Globus nachzuweisen, scheitern an der Vierdimensionalität. Denn ein Globus ist ein 2-dimensionales Gebilde, ausserdem stellen wir uns immer dazu als 3. Dimension das Innere des Globus vor. Der Name «Krümmung» ist gleichfalls nur ein Wort für einen Tensor, der aus den metrischen Koeffizienten aufgebaut ist.

Natürlich findet sich der Mathematiker in seiner eigenen Sprache zurecht. Aber diese Sprache musste er erst entwickeln. Wollen wir bestreiten, dass für die alten Philosophen Chinas deren Sprache weniger verständlich war und weniger inhaltsreich als der Tensorkalkül für den Relativitätstheoretiker?

Chinas Metaphysik und ein Teil seiner Religion beruhen auf der Korrespondenz von Kosmos und Mensch. Daher ist seine Ethik eine kosmische. Die gleiche Ordnung, die den Kosmos als ein harmonisches Ganzes bei allem Wandel zusammenhält, gilt auch für Staat und Familie. Ob es sich dabei um den sichtbaren Kosmos oder dessen Abstraktion handelt, ob um T'ien als personalen Weltenherrscher oder um ein Prinzip – dies lässt sich wohl nie definitiv ausdeuten. Hier sind die Übergänge fliessend und eben dadurch wirklichkeitsnah. Vielleicht überdauerte dieses Denken gerade deshalb die Jahrtausende und erwies sich als eminent realistisch.

Kosmische Religiosität ist also der Kern ur-chinesischen Denkens. Der Taoismus als Religion (nicht zu verwechseln mit dem philosophischen Taoismus) und die konfuzianische Ethik wurzeln gleichermassen in ihr.

Ich glaube, auch Einsteins Religiosität und Ethik gründen sich in einer ähnlichen Haltung. Nur war für ihn die Vernunft der Welt, geoffenbart als Geometrie, Anlass seiner Ehrfurcht vor dem Geheimnis der Welt. Gehen wir aber seinem Glauben an die Welt-Vernunft auf den Grund, so erkennen wir archaische Wurzeln, die in die Urgründe der Menschheitserfahrung zurückreichen. Es sind möglicherweise dieselben, die auch zur Geburt von Sternreligionen, dem Nous des Anaxagoras und dem Begriff des T'ien in China führten. Noch Kant spricht vom «gestirnten Himmel über mir und dem moralischen Gesetz in mir», eine genaue Abbildung der chinesischen Korrespondenz von «Bahn des Himmels» (T'ien Tao) und Ethik.

Einstein versuchte immer, das Ganze des Universums zu ergreifen, vom Kosmos angefangen bis zum Photon. Dieses Ganze enthält aber auch den denkenden Menschen, der mehr ist als nur Physiker. Daher auch Einsteins ethische Dimension, die bei ihm besonders stark ausgeprägt war. Diesen kosmisch-ethischen Universalismus teilt er mit dem alten China.

Bleibt noch eine letzte Parallele. Sie betrifft eine wesentliche Wirkung des Tao, nämlich als Führung. Das Tao ist die Führerin des Alls. Es ist aller Dinge Heimat, sagt Lao Tse (Spruch 62). In der Deutung von Pai-sha Tzu ist T'ien Tao das Naturgesetz. Als Te wirkt das Tao im Menschen.[24] Es ist also zugleich für die Entstehung der Welt und deren Ordnung sowie für deren richtige Erkenntnis verantwortlich.

Von hier aus gibt es eine Ähnlichkeit zur Funktion der Geometrie in der Physik. Auch diese ist allgegenwärtig und doch unsichtbar, wirkend und doch nicht erlebbar, die Massen auf ihren Bahnen steuernd und doch ohne Gewicht. Sie steuert auch den Aufbau der sRT und aRT. Die Geometrie ist also jenes Führungsfeld, das mit unaufdringlicher Macht die kosmischen Massen ordnet und die theoretische Aktivität des Physikers lenkt. Sie ist das eigentlich Schöpferische in Kosmos und Mensch, wenn wir nur die Welt unter dem Gesichtswinkel der Relativität betrachten.

Dies verleiht der Geometrie eine seltsame kosmogonische Bedeutung. Schliesslich ist die Expansion der Welt aus der Friedmanschen Lösung der Einsteinschen Gravitationsgleichung zu begründen.

Andererseits mussten die entsprechenden Geometrien, die zur sRT und aRT passen, erst frei konstruiert werden. Aber dies geschah nicht von ohngefähr, sondern unter dem Andrang von Imperativen, die Gauss, Lobatschewski, Bólyai und Riemann auf einem vorgezeichneten Weg leiteten. Man könnte von einem «Weg» im metaphysischen Sinn sprechen, so wie im Taoismus vom «Weg des Himmels» (T'ien Tao) gesprochen wird.

Vollziehen wir den letzten Schritt, so liegt eine Denkmöglichkeit in China bereit, die ein unsichtbares kosmisches Führungsfeld mit der Führung des Theoretikers gleichsetzt. Dann wäre die im Weltraum herrschende Geometrie bzw. die zu jeder physikalischen Theorie passende Geometrie in letzter Instanz die gleiche, die auch den Theoretiker leitet, gerade jene Geometrie auch selbst zu konstruieren. Dies wäre eine Erklärung für die Begreifbarkeit der Welt, deren Geheimnis Einstein sonst durch die prästabilierte Harmonie zu lösen versucht.

Im Grunde sind beide Erklärungsmöglichkeiten identisch. Für Leibniz ist es Gott, der die Monaden mit der Möglichkeit der Verständigung ausstattet, obgleich «sie keine Fenster haben». In der Tat blicken wir in die Geometrie der Welt nicht durch Fernrohre, sondern durch den Blick nach innen. Für die Philosophie des Tao ist die letzte Instanz für die Harmonie von Mensch und Kosmos nicht zu nennen. Aber auch für das Gesetz des Moses ist Gott der schlechthin Unaussprechliche, dessen Name «nicht missbraucht» werden darf.

Gehen wir dem Vertrauen des Physikers in die Tragfähigkeit der Geometrie auf den Grund, so heisst dies nichts anderes, als sich von einem unsichtbaren Führungsfeld leiten zu lassen, das auch den Kosmos steuert. Es ist das Urvertrauen in die mystische Einheit von Mensch und Kosmos.

Es gibt ein unvergleichliches Zeugnis für diese Einheit von Mensch und Universum im berühmten Schmetterlingstraum von Dschuang Tse:

> «Einst träumte Dschuang Dschou, dass er ein Schmetterling sei, ein flatternder Schmetterling, der sich wohl und glücklich fühlte und nichts wusste von Dschuang Dschou.
> Plötzlich wachte er auf: da war er wieder wirklich und wahrhaftig Dschuang Dschou.
> Nun weiss ich nicht, ob Dschuang Dschou geträumt hat, ein Schmetterling zu sein, oder ob der Schmetterling träumte, Dschuang Dschou zu sein, obgleich doch zwischen Dschuang Dschou und dem Schmetterling sicher ein Unterschied ist. So ist es mit der Wandlung der Dinge».[25]

Demgemäss fordert Dschuang Tse: Höre nicht mit den Ohren, sondern mit dem Herzen; höre nicht mit dem Herzen, sondern mit dem Geist. Denn: «Die Funktion des Ohrs endet mit dem Hören, jene des Herzens mit Symbolen oder Ideen. Aber der Geist ist eine Leere, bereit, alle Dinge zu empfangen ... Die Leere ist das Fasten des Herzens».[26]

In der Aufhebung von Ich und Nicht-Ich liegt nach Dschuang Tse der Angelpunkt des Tao.[27] Es gibt daher «keinen besseren Weg als die Erleuchtung. Fern vom Leib und frei von Wissen bin ich eins geworden mit dem, das alles durchdringt».[28]

Demzufolge trägt der Mensch das All in sich und ist daher unangreifbar: «Der höchste Mensch ist Geist. Ginge das Grosse Meer im Feuer auf, vermöchte es ihm nicht heiss zu machen; gefrören alle Ströme, vermöchte ihm das nicht kalt zu machen ... Einer, der also ist, der fährt auf Luft und Wolken; er reitet auf Sonne und Mond und wandelt jenseits der Welt. Leben und Tod können sein Selbst nicht verändern.»[29]

Dschuang Tse schildert diesen Zustand der Ekstase: «Nachdem er die Vision des Einen besass, war er imstande, die Unterscheidung von Vergangenem und Künftigem zu überschreiten. Nachdem er die Unterscheidung von Vergangenem und Künftigem überschritten hatte, war er fähig, in das Reich einzugehen, wo Tod und Leben nicht mehr sind ... Für ihn war alles in Zerstörung und alles im Aufbau. Dies nennt man Ruhe im Untergang. Ruhe im Untergang heisst Vollkommenheit».[30]

Wir sind hier beim Innersten des taoistischen Denkens angelangt. Jedes Wort lässt sich auf Einsteins Selbstverständnis anwenden. Wie vermochte er die Strukturen des Kosmos zu erraten, ohne sie je zu sehen? Woher seine Selbstsicherheit, dass der von ihm vorausgesagte Effekt der Lichtablenkung in Sonnennähe auch beobachtet würde? Was gibt dieser nachtwandlerischen Gewissheit Realität? Denn ebenso wie für Dschuang Tse das Dasein ein Traum ist, in dem alle Unterschiede aufgehoben werden und alles in alles fliesst, so sind im Innern des schöpferischen Physikers die Unterschiede von Vergangenheit und Zukunft, Ich und Nicht-Ich, Erfahrung und Mystik aufgehoben.

In der Tat: Die vierdimensionale Raumzeit hebt den Unterschied von Vergangenheit und Zukunft in einem abstrakten Sinn auf, da hier die Zeit selbst durch eine starre Koordinate dargestellt ist. Wir überblicken also im Grenzfall den gesamten Ablauf des Universums mit einem Blick. Dies ist eine Betrachtung «unter dem Aspekt der Ewigkeit», wie es die mittelalterlichen Mystiker mit dem Ausdruck «sub specie aeternitatis» aussprachen. Was Dschuang Tse in Metaphern beschreibt, das beschreibt die Minkowski-Welt geometrisch. In beiden wirkt der von Aristoteles als «Nous Poetikos» bezeichnete schöpferische Geist des Alls.

Der Unterschied von Ich und Nicht-Ich wird durch das «Erraten» der Grundgleichungen des Universums aufgehoben. Denn die Basis für die Umwandlung von Masse in Energie im Sonneninnern wurde von Einstein anhand einer spekulativen Überlegung abgeleitet, die nichts mit der Sonnen- oder Atomenergie zu tun hat. Dasselbe gilt für die Gravitationsgleichung, die letztlich aus einer logisch bedenklichen Verallgemeinerung der sRT «erraten» wurde.

Dieses Rätsel ist nur zu lösen, wenn wir mit den Taoisten die Einheit von Universum und Mensch annehmen. Sie ist nicht logisch zu fassen, sondern nur dichterisch-mystisch. Wir können sie umschreiben mit «Der Mensch trägt das All in sich» oder «Die Seele des Menschen ist ein unergründliches Meer, das alle sichtbaren und unsichtbaren Dinge vereint und als seine Inseln trägt». Das sind Vergleiche; sie wirken auf uns wie eine Art Musik, aber wir können sie nicht erfassen.

Und doch sagen gerade solche Vergleiche mehr als alle Gleichungen der theoretischen Physik. Sie sind deren Voraussetzung. Ohne die Einheit von Mensch und Weltall hätte es keinen Sinn, in den Gleichungen die Strukturen der Wirklichkeit zu suchen. Alle theoretische Physik wäre sinnlos.

Die grosse Weisheit des Tao macht die Begreifbarkeit der Welt begreiflich. Ihr Kern ist: *Der Mensch trägt das Universum in sich.*

Das ist die genaue Umkehrung des Materialismus. Er lehrt: Das Universum trägt den Menschen in sich als eine Manifestation der Materie. Damit aber wird das Begreifen der Welt zum unlösbaren Rätsel. Mit Einstein beginnt also nicht nur die moderne Physik, sondern die Umkehr vom Materialismus. Es ist eine Rückkehr im Sinne des Tao: Einstein beginnt als Positivist mit der logischen Analyse von Begriffen und endet als mystischer Rationalist oder rationaler Mystiker.

Hier geht die Erkenntnislehre des Taoismus noch weiter als jene von Leibniz. Die Monaden spiegeln das Universum, jede ist eine kleine Welt für sich. Der Taoismus spaltet die Welt nicht in Atome, sondern hebt alle Unterschiede im Grossen Einen auf. Der Mensch ist bereits das Universum, dank seines Te. Daher soll sein Verhalten auch jenem des Tao gleichen: Durch Nicht-Tun zu wirken, im Lassen zu handeln, ja sich bis zum Nicht-Sein zu entäussern. Nur dadurch kann die zerrüttete Welt des Unheils wieder heil werden. Ich glaube, auch Einstein war im Tiefsten von der mystischen Einheit Mensch-Universum überzeugt. Nur wurde sie ihm nicht als Tao und Te bewusst, sondern gemäss Spinoza im unendlichen Denken des Universums durch den Mathematiker einerseits und in der grenzenlosen Ausdehnung der Raumzeit und ihrer metrischen Struktur andererseits. Hier wird die Mystik durch die ratio ergänzt. Beide bilden die komplementären Hälften einer Kugel: Des Universums Mensch.

Die Mystik des Taoismus überragt an Abstraktheit analoge Versuche im Westen, das Eine der Welt zu ergreifen. Sie schreibt dem Universum weder eine Seele im Sinne der Stoa zu, noch sieht sie es in der Einheit als Idee wie bei Platon. Selbst Spinoza wirkt ihr gegenüber noch zu konkret.

Daher findet auch der Gottesbegriff der grossen monotheistischen Religionen hier kein Gegenstück. Der Taoist betet weder den Obersten Herrscher Shang Ti noch den Himmel (T'ien) als Person an, sondern sieht im Tao und seinen Ausformungen ein Prinzip.

Genau dies gilt für Einstein. Er glaubt nicht an einen persönlichen Gott und ist doch von tiefer Ehrfurcht gegegenüber der Weisheit im Universum erfüllt. Es geht dabei nicht um die konkreten Prinzipien der Physik wie das Relativitätsprinzip. Sie bilden die geistigen Instrumente des Physikers, aus denen er seine Theorie ableitet. Die Prinzipien der Welt stehen der Mathematik und Logik noch zu nahe. Folgen wir dem Tao, so geht es vielmehr um das Prinzip der Prinzipien schlechthin, um ihren letzten Grund. Weshalb überhaupt die Prinzipien der Physik? Oder anders formuliert: Weshalb lässt sich die Wirklichkeit denken?

Die Antwort des Tao: Weil ich bereits die Welt bin, deshalb trage ich die Macht (Te) in mir, auf Sonne und Mond zu schreiten und alle Grenzen zu überragen. Weil der Mensch namens Einstein das Universum in einem absoluten Sinn *ist*, deshalb konnte er die Mathematik der Gravitation entwickeln. Nicht er dachte das Universum, sondern das Universum denkt ihn. Im Tao sind sogar diese Unterschiede aufgehoben.

Ebenso wie alle Deutungen des Tao nur dessen mögliche Perspektiven darstellen, so ist auch die Verwandtschaft Einsteins mit dem Taoismus nur eine denkbare Perspektive der modernen Physik. Sie umkreist das Unsagbare, ohne an einem Punkt stehen zu bleiben. Sie ist ständiges Fort-Schreiten. Darin sind alle Perspektiven relativ, auch die soeben aufgezeigte.

Dennoch sind die Effekte der Perspektive in der sRT gerade das Reale, nämlich Beobachtbare. Ähnlich dürfen wir vielleicht sagen: Die taoistische Perspektive von Einsteins Denken ist eine relative, aber realistische.

Deshalb dürfen wir dabei auch nicht stehen bleiben. Wir werden daher nach weiteren Perspektiven suchen, in der Hoffnung, schliesslich jene Invariante zu finden, die alle perspektivischen Blicke auf das Ganze der Welt unter einem einzigen Gesetz vereint.

Das erfuhr ich unter den Menschen als der Wunder grösstes:
Dass Erde nicht war noch der Himmel darüber,
Noch Baum noch Berg war, noch irgend etwas,
Noch die Sonne schien,
Noch der Mond leuchtete, noch die herrliche See.
Als da nichts war der Enden und Wenden,
War dennoch da der Allmächtige Gott.

Aus dem Wessobrunner Gebet

16. Kapitel
Der 8-fache Weg

Ich glaube nicht, dass die Philosophie des Tao das letzte Wort zur Relativitätstheorie ist. Es muss noch eine andere Perspektive geben, die dem westlichen Denken zugeneigt ist. Dieses ist wesenhaft – jedenfalls seit Descartes – auf den Menschen bezogen. Sein «cogito ergu sum» verlegt den Akzent vom Kosmos auf das Ich, während Kopernikus dazu antiparallel ihn vom Menschen auf den Kosmos verlegte.

Ich wage daher die Antithese zum Tao, nämlich eine personalistische Deutung der Relativität. Gemeinsam ist beiden Perspektiven jedoch die Kategorie des Absoluten. Wir sahen, dass auf der Stufe des reinen Erlebens ein Ich nur die ihm allein zugewiesene Perspektive der Welt erlebt. Jedes physische Du wendet ihm nur seine relative Seite zu. Dies gilt bereits für das Elementarteilchen: Stossen zwei Teilchen zusammen, so erleben beide eine grössere Masse des je anderen als die Ruhmasse. Sie würde sogar im Grenzfall der Lichtgeschwindigkeit unendlich gross; dieser wird jedoch eben deshalb für stoffliche Teilchen niemals erreicht. Dennoch gibt es auch hier ein Absolutum: Es ist dies die dem Teilchen im Ruhzustand zukommende Ruhmasse. Ihr entspricht eine Ruhenergie gemäss dem Gesetz $E = mc^2$.

Die dem Ich in seiner Eigen-Welt zukommenden Merkmale sind in diesem Sinne absolut. Sie lassen sich durch keine Relation zu einem Du transformieren. Dabei nehmen wir an, dass nur solche Relationen gemeint sind, die sich ausschliesslich auf Raum und Zeit beziehen, kurz: Die relative Geschwindigkeit Ich-Du und die Signalgeschwindigkeit.

Diese Erkenntnis öffnet eine metaphysische Tiefe. Das Ich der Elementarteilchen und ihrer stabilen Kombinationen (Atomkern, Atom, Molekül, Festkörper) ist nicht Schein, sondern Wirklichkeit. Ruhmasse, Ruhenergie und andere dem Eigensystem zukommende Merkmale sind seine eigenen, daher der Name «Eigenmasse», «Eigenenergie» usw. Es sind dies «Eigen-schaften» im wahren Sinne des Wortes. Diese Welt ist also eine atomare, will sagen: aus physikalischen Eigensystemen aufgebaute. Wir können sie auch als Individuen bezeichnen. Ihnen kommt Absolutheit im Sinne der Relativitätstheorie zu: Sie sind durch keine raumzeitliche Manipulation aufzuheben.

Die Kategorie der Person findet also bereits auf der Stufe der physikalischen Existenz eine Art Praeformation. Wir wissen nichts vom Innenleben der Teilchen, aber nach aussen stellen sie sich als die ihre Eigenwelt absolut erlebenden Individuen dar. Wir können sogar einen Schritt weiter gehen und sagen: Das Universum ist personal strukturiert.

Es besteht also eine kategoriale Evolution vom Elementarteilchen bis hinauf zum Menschen. Seine Personalität findet sich bereits auf der untersten Stufe des Universums angelegt. Ich bezeichne die Elementarteilchen und ihre organisierten Kombinationen als Proto-Personen. Leibniz spricht von Monaden.

Es ist eine wunderbare Tatsache, dass das Universum nicht ein roher Klumpen «Materie» ist, kein «Fluid», «Äther» oder was auch immer mit dem Archetypus des Stofflichen zusammenhängt. Es ist vielmehr eine Gesamtheit aus absoluten Individuen, die miteinander in einer raumzeitlich strukturierten organischen Kommunikation stehen.

Die Raumzeit selbst erweist sich als Kommunikator von Individuen. Dabei sehen wir in der Signalgeschwindigkeit des Lichts jetzt eine unaufhebbare Eigenschaft der Raumzeit: Es ist die durch Signale vermittelte Raumzeit.

Das alles hat der menschliche Beobachter also bereits mit den Elementarteilchen gemein. Und zwar nicht nur, weil er selbst aus solchen besteht, sondern weil er als Person die bisher höchste Sprosse der kategorialen Evolution der Personalität einnimmt. Als physikalisches Ich ist der Mensch ein Absolutum.

Dies eröffnet eine neue Sicht auf die Anthropologie. Zum einen ist jeder einzelne Mensch dank seiner raumzeitlichen Einzigkeit und der ihm zukommenden physikalischen Eigenwerte ein absolut einmaliges Individuum. Er trägt damit einen Wert, der sich bereits auf der untersten Stufe des Universums manifestiert. Nur deshalb kann er zu Recht von sich sagen: Ich bin. Der Satz des Descartes wird also jetzt umgeschrieben:

> «Ich bin ein physikalisches Absolutum, also bin ich.»

Ich sehe hier einen der schönsten Ausblicke auf die Existenz Gottes. Wenn es eine kategoriale Evolution von der Proto-Person der Elementarteilchen bis hinauf zur entfalteten Person des Menschen gibt, dann ist es naheliegend anzunehmen, dass die Idee der Personalität dem Universum zugrundeliegt. Das Universum selbst «kam ja nur in einem einzigen Exemplar auf die Welt». Es ist selbst eine Proto-Person, insofern ihm eine Weltzeit, Welt-Masse, Welt-Energie und andere Eigenmerkmale zukommen.*

Der seinsmässige «Ort» dieser Idee kann nicht das Universum selbst sein, denn es vermag nur zu erleben, nicht aber zu denken. Ideen haben ihren Sitz nur in denkenden Personen. Das Elektron denkt nicht, jedenfalls nicht im Sinne der pyhsikalischen Theorienbildung oder Philosophie.

Die Idee der Personalität kann also nur von einem über dem Universum stehenden personalen Wesen stammen. Indem auch der Mensch nicht dem Universum diese Idee eingab, steht diese überweltliche Instanz auch über dem Menschen. Nichts hindert uns, sie Gott zu nennen.

Dazu kommt ein zweites. Wenn es eine kategoriale Evolution gibt, dann gibt es keinen vernünftigen Grund anzunehmen, dass sie mit dem Menschen abbricht. Im Gegenteil: Die Beobachtung zeigt, dass der Mensch sich sowohl ontogenetisch als auch phylogenetisch zu immer reiferer Personalität entwickelt. Dabei spielt die Sprache eine grundlegende Rolle, aber auch die Entfaltung seiner ästhetischen und ethischen Erkenntnis. Die kategoriale Evolution der Personalität bricht also sicher nicht mit dem jetzigen Stand der Menschheit ab.

Wenn es aber überhaupt eine Zukunft für die Entfaltung der Persönlichkeit gibt, dann muss dieses Ziel als Idee bereits vorhanden sein. Wer hat es dem Menschen eingegeben? Welche Instanz drängt ihn zur Vollkommenheit? Dies kann offenbar selbst nur eine vollkommene Person sein.

Damit wird Gott sowohl als Ursprung wie auch als Ziel der Personalität des Universums erkannt.

Die Erkenntnis Gottes öffnet sich nun ihrerseits immer tiefer auf den höheren Stufen der Absolutheit.

Nur der Mensch vermag zu messen. Das Teilchen erlebt, aber der Physiker misst. Alle Messung lässt sich letzten Endes auf die Beobachtung von Raum und Zeit zurückführen. Wir sahen, dass die Gleichzeitigkeit und damit auch die Ausdehnung nur mit Hilfe von Signalen, Uhren und Bezugsgerüsten zu messen ist. Das alles sind aber Artefakte des Menschen. Sie bedürfen einer geistigen Leistung. Man blicke nur auf die Maschinen der Hochenergiephysik, die in sich bereits ein geistiges Wunder darstellen.

Damit erst kommt Präzision in die Welt der menschlichen Erfahrung. Nur die gemessene Ruhmasse ist die genaue Ruhmasse. Sie beträgt z.B. für das Elektron, in elektromagnetischer Energie gemessen, 0,510976

* Auf die begriffliche Problematik dieser Namen wollen wir hier nicht eingehen. Welchen operationellen Sinn sie tragen, ist heute noch nicht völlig klar.

±0,000007 Millionen Elektronenvolt.* Hier erfolgt also ein grundlegender Bruch zwischen Natur und menschlichem Geist. Der Physiker transzendiert die Natur seines Leibes durch das Denken. Aus der erlebten Ruhmasse eines Teilchens wird jetzt die gemessene.

Dies ist die erste kategoriale Transzendenz der Absolutheit. Denn der Mensch erfindet und konstruiert Apparate, um Tatsachen zu protokollieren. Noch mehr: Er entdeckt, dass allen Teilchen der gleichen Sorte die gleiche Ruhmasse zukommt. Oder umgekehrt: Er definiert eine Teilchensorte durch eben diese Ruhmasse (plus der übrigen Eigen-Merkmale).

Damit wird in das All eine Struktur eingezogen: Der Mensch definiert durch die gemessenen Ruhwerte bestimmte Klassen von Elementarteilchen. Der Mensch organisiert also seine Erlebnisse mit dem Du des Alls. Kurz, er erschafft das All in diesem Sinne noch einmal.

Dies ist ein genuin schöpferischer Vorgang. Jede Messung ist eine Nach-Schöpfung des Universums. Das genau ist ihre Intention: Sie hätte ohne diese überhaupt keinen Sinn. Messen heisst das All noch einmal, und zwar auf geistige Weise erschaffen wollen. Schon das reine Erleben der Eigenwerte und Du-Werte war ein schöpferischer Vorgang, wird doch dadurch erst die Eigen-Welt aufgebaut.

Dieses Schöpfertum ist indes elementar, noch nicht durchdacht. Auf der Stufe der Relativitätstheorie wird die Messung jedoch analysiert. Nur dadurch kamen wir überhaupt zur Relativität. Auf der Stufe der Quantenmechanik wird der Messprozess sogar zu einem der schwierigsten Probleme der Physik. Es geht da keineswegs um die Präzision, sondern um die Frage, was wir eigentlich messen und inwieweit der Beobachter unaufhebbar in den Messprozess eingeht.

Das Absolute ist auf der Stufe der Messung also die schöpferische Leistung des menschlichen Geistes. Hier tritt bereits der Geist als unaufhebbarer Mit-Schöpfer der Eigenwelt des Menschen auf die Bühne. Von jetzt an wird er immer mehr zum eigentlichen Hauptakteur der Physik.

Es gibt also eine Instanz, die wir in den Elementarteilchen nicht direkt beobachten. Dort finden wir nur Ruhmasse und andere Verhaltensmerkmale, nicht aber die Messung als solche. Subjekt der Messung ist also der menschliche Geist, ihr Objekt die Natur. Geist und Natur beginnen auseinanderzuklaffen.

Und doch bilden beide schon auf dieser Stufe eine Einheit. Das Objekt der Messung ist Natur und nicht der Geist als solcher. Er wird erst zum Objekt in dem, was wir hier lesen.

Aber auch das menschliche Subjekt hat sich nicht völlig von der Natur gelöst. (Ich spreche nicht von seinen Sinnesorganen, die Natur sind). Es

* 1 Elektronenvolt ist die Energie, die eine Elementarladung (= die Ladung eines Elektrons) beim Durchlaufen eines Spannungsunterschieds zweier Potentiale von 1 Volt erhält.

will ja die Merkmale der Natur erkennen. Intentional ist es also auf die Natur gerichtet: Es ist ein Pfeil, abgeschossen von der Sehne des Geistes auf die Natur.

Das Du des menschlichen Geistes ist nicht selbst reiner Geist, sondern Natur. Der Geist sucht die Welt, dies ist der Sinn vom Ziel der Erkenntnis in der Physik. Der kategorische Imperativ des Physikers ist seinem Ursprung und seinen Mitteln nach Geist, seinem Ziel nach Natur.

Diese «asymmetrische Symmetrie» ist nur scheinbar ein Paradox. Es löst sich auf, sobald wir sie als Analogon zu einer übermenschlichen Instanz verstehen, die sie aufgelöst hat, längst ehe sie dem Menschen bewusst wurde. In Gott finden wir in der Tat die gleiche asymmetrische Symmetrie: Indem Gott die Welt erschafft, ruft er ein Universum ins Leben, das nicht Gott ist. Zugleich ist das Ziel dieses Schöpfertums ein Du, mit dem Gott durch den Imperativ der schöpferischen Liebe verbunden ist.

Dies ist die wohl grundlegendste Asymmetrie, die überhaupt vorstellbar ist.

Daraus resultieren alle Asymmetrien des Seins bis hin zum Konflikt des Menschen mit Gott. In ihr wurzeln alle Konflikte.

Schon die Messung ist letztlich ein Konflikt, nämlich zwischen dem Ziel und dem Möglichen. Wir messen immer unvollkommen, innerhalb unvermeidbarer Toleranzen. Die Messung ist der permanente Konflikt zwischen Wollen und Können, Vollkommenheit und Realität.

Um die Messung jedoch zu konstruieren, bedarf es der Imagination. Keine eindeutige Raum- und Zeitmessung ohne Bezugsgerüste, Koordinaten, Uhren und Signalwirkungen. Hier löst sich der Mensch bereits weitgehend von der Erlebniswelt und betritt das Reich der vorgestellten Ereignisse. Die Welt wird zur Vorstellung. Schon Galileis Gedankenexperimente spielen herein, erst recht Einsteins Ableitung der aRT mit Hilfe rotierender Scheiben, Kästen im Weltraum und des freien Falls. Der Schlüssel zur Messung liegt also in der Phantasie.

Verstehen könen wir die Messung jedoch erst durch die Geometrie. Allein durch Eintragung der Ergebnisse in ein Koordinatensystem aus drei räumlichen und einer zeitlichen Koordinate gewinnen wir den Überblick, um sofort nach der Hyperbelgleichung die relativistischen Effekte für Länge und Dauer zu berechnen. Koordinaten, Raumzeit-Geometrie und Hyperbelgleichungen sind eine völlig neue Stufe menschlicher Operationen gegenüber der Messung. Hier sind alle Elemente reines Gedankenwerk.

Zwei an Wunder grenzende Tatsachen verlangen eine Erklärung: Zum einen ist der menschliche Geist imstande, eine Geometrie zu entwerfen, die in der Erfahrung gar nicht vorkommt. Unsere Erfahrungsgeometrie folgt dem Lehrsatz des Pythagoras, die Lorentz-Geometrie jedoch nicht. Der Mensch ist also Schöpfer anderer Welten als jener seiner Erfahrung.

Zum anderen folgt die Relativität gerade dieser Lorentz-Geometrie.

Die Effekte der Theorie sind also die Konsequenz einer Geometrie, die in der Erfahrung mit diesen Effekten nicht vorkommt, ja ihr widerspricht. Das erfahrene Dreieck genügt immer dem Lehrsatz des Pythagoras, die Relativität der Gleichzeitigkeit und die Äquivalenz von Masse und Energie folgen aber diesem Lehrsatz nicht.

Der Widerspruch löst sich nur, wenn wir folgenden Glaubenssatz annehmen:

> Es gibt eine Stufenfolge möglicher Geometrien, denen jeweils verschiedene Ebenen der physikalischen Wirklichkeit entsprechen.

Dieser Satz setzt den anderen Glaubenssatz voraus:

> Die physikalische Wirklichkeit ist ein Komplex aus verschiedenen Ebenen, die jedoch ein zusammenhängendes Ganzes bilden.

Die Tiefe dieser Sätze lässt sich am besten durch Analogie zum Menschen ergründen. Auch der Mensch ist ein Ganzes mit verschiedenen Ebenen, die jeweils verschiedenen Strukturen gehorchen. Als Ganzes aus Elementarteilchen folgt er der Physik, als Ganzes aus organischen Molekülen der organischen Chemie, als Ganzes aus Organen der Physiologie und Neurologie, als Ganzes aus seelischen Faktoren der Psychologie und als Teil eines sozialen Ganzen der Gesamtheit aller Humanwissenschaften.

Der Mensch ist also in Stockwerken aufgebaut, von denen jedem eine besondere Struktur zukommt, die sich in anderen Stockwerken nicht oder nicht in der gleichen Gestalt wiederfindet.

Analog folgt ein und dasselbe Teilchen der Relativitätstheorie, der Quantenmechanik, Wärmelehre und Theorie der Elektrizität, je nach seinen Merkmalen und der Situation. Diese Theorien gehen von verschiedenen Axiomensystemen aus, die nicht unbedingt harmonieren müssen. So nimmt die Relativitätstheorie ein Raumzeit-Kontinuum an, die Quantenmechanik geht von Quantensprüngen aus. Dennoch fällt das Teilchen kategorial nicht auseinander, es wird nicht zwischen den einzelnen Strukturen zerrissen.

Schon das Teilchen bildet also ein Gebäude aus abstrakten Stockwerken. Dies gilt bereits für die Stufe der Geometrie: Verschiedene Geometrien legen verschiedene Ebenen des Teilchen-Verhaltens fest. Dennoch bleibt das Teilchen ein Ganzes, und zwar nicht nur als Ereigniskomplex in Raum und Zeit, sondern als identischer Gegenstand verschiedener Theorien. Vielheit und Einheit widersprechen sich also auf der Stufe der Geometrien nicht. Diese Geometrien sind verschiedene Bühnen des gleichen Stücks.

Und nur weil dies so ist, vermag der menschliche Geist die verschiedenen Geometrien zu entwerfen und dadurch die Verhaltensweisen des Teilchens zu erklären.

Wieviele Ebenen der Geometrien dabei in Zukunft bereitstehen, wissen wir nicht. Wir sehen nur, dass sie um so komplizierter werden, je tiefer wir in die Geheimnisse der Teilchen eindringen.

Kann man dieses doppelte Wunder anders erklären als durch einen Geist von göttlicher Grösse? Gott allein vermag die Widersprüchlichkeit von geometrischer Idealität mit ihren vielfältigen Ebenen und physikalischer Realität mit ihrer unteilbaren Ganzheit aufzulösen, indem er dem Teilchen eine «Unendlichkeit in die Tiefe» (Hegel) verleiht.

An dieser Unendlichkeit partizipiert der Mensch durch seine geometrischen Weltentwürfe. Dies ist das zweite Wunder, dem ersten an Grösse noch überlegen.

Dazu ein drittes Wunder. Auf den Stufen Erleben und Messung sind wir unauflöslich unserer eigenen Ich-Welt bzw. unserer Ich-Du-Welt ausgesetzt. Wir haben keine Möglichkeit, zur Wir-Welt der allgemein verpflichtenden Invarianten vorzustossen. Wir messen und erleben immer nur die relativen Aspekte physikalischen Verhaltens, ausgenommen die Lichtgeschwindigkeit. Erst durch die Welt-Geometrie gewinnen wir den Gesamt-Blick für jene Strukturen und Werte, die allen Perspektiven zukommen. Es sind dies die Zusammenfassung von Raum und Zeit durch die Weltlinie, die kovariante Formulierung der Naturgesetze in Tensorform und die Gesamtheit aus elektrischem und magnetischem Feld. Erlebt und gemessen werden nur die relativen Komponenten (die Projektionen) der Tensoren in einem frei wählbaren Bezugssystem (Koordinatensystem). Erst durch die Geometrie durchbrechen wir diese Schranke und stossen in den Bereich der absoluten Werte und Formulierungen der Naturgesetze vor.

Die Raumzeit-Geometrie öffnet also zugleich das Tor vom Relativen zum Absoluten.

Dieses Absolute ist nun zunächst reines Gedankenwerk wie die Geometrie selbst. Nie und nimmer beobachten wir die Raumzeit oder die Formulierung eines Naturgesetzes. Auch die Ruhmassen und anderen Eigen-Merkmale können wir nur an unserem eigenen Ich-System beobachten, nicht aber an irgendeinem anderen. Jetzt aber gewinnen wir eine Überschau, die alle Ereigniskonfigurationen erfasst.

Der Schritt zu höherer Abstraktion ist also zugleich ein Schritt zum Absoluten. Es ist das gedanklich Absolute, dem das erlebnishaft Relative gehorcht.

Wir erkennen das noch deutlicher an der nächsthöheren Stufe, der Algebra. Naturgesetze werden in algebraischen Symbolen formuliert. Tensoren, Vektoren, Skalare und die Symbole für die Operationen an ihnen transzendieren auch die Geometrie. Sie büssen den letzten Rest von Anschaulichkeit ein, die sogar einer nichteuklidischen Geometrie noch anhaftet.

Dennoch sind es gerade diese abstrakten Gebilde, denen die realen Teilchen gehorchen. Die Äquivalenz von Masse und Energie beweist dies unmittelbar. Die physikalische Realität folgt der mathematischen Idealität.

Dies wäre trivial, würde es nicht den Glaubenssatz voraussetzen:

> Der Mensch erschafft das All durch reines Denken noch einmal, nämlich als verstandenes All.

Die Teilchen verstehen sich selber nicht, noch weniger das Universum. Es bedarf des Menschen, um sie durch reines Nachdenken zu verstehen. Ihre Wahrheit liegt im Menschen.

Diese ungeheure Hybris verschwindet jedoch sofort, wenn wir den zweiten Glaubenssatz annehmen:

> Indem der Mensch am mathematischen Denken Gottes teilhat, vermag er die in der Natur wirkenden Gedanken Gottes zu denken, und nur indem er dies tut, vermag er die Natur zu verstehen.

Ohne Gott versteht der Mensch also nicht einmal sich selbst, geschweige denn die Natur. «Verstehen» heisst im Reich der Physik nämlich «das mathematische Gesetz der Wirklichkeit konstruieren».

Dieses Gesetz symbolisiert aber genau jenes Absolute, das die Relativität steuert. So folgen nach dem Theorem von E. Noether etwa die Erhaltungssätze der Homogenität von Raum und Zeit. Die Lorentz-Transformationen sind eine Folge der Invarianz der Lichtgeschwindigkeit. Die Existenz eines magnetischen Feldes und damit der gesamten Elektrodynamik folgt direkt aus der Tensorgleichung für das elektromagnetische Feld (d.h. den in Tensorform geschriebenen Grundgleichungen Maxwells). Die relativen Komponenten des Tensors variieren je nach dem Bewegungszustand von Ladung und Beobachter: Ein mit dem Elektron mitbewegter Beobachter erlebt kein magnetisches Feld, ein dazu ruhender nimmt ein solches wahr. Darauf beruht das Prinzip des Elektromotors.

Die invarianten Symbole für das Absolute repräsentieren aber genauso reale Sachverhalte wie etwa die Gleichung für Masse und Energie. Ja, deren Äquivalenz ist ohne das Absolute von Raumzeit und deren Geometrie gar nicht zu denken.

Wir gelangen also zu einer noch tieferen Paradoxie: Die «eigentliche» Realität sind die Absoluta, obgleich diese in der beobachteten Realität gar nicht vorkommen können, denn sie sind reine Gedanken.

Ist also die Welt Gedanke? Und alle erfahrene Wirklichkeit nur Schein?

Damit würde die Physik als Erfahrungswissenschaft unmöglich. Ihr einziger Gegenstand ist die erlebbare Welt, nicht die denkbare. Die Mathematik ist ihr Werkzeug, nicht ihr Objekt.

Ebenso absurd ist die Lösung, nur das menschliche Denken konstituiere Realität. Dieser anthropozentrische Idealismus wird am schlagendsten durch die Atombombe widerlegt: Nicht das Denken als solches tötet, sondern die Waffe. Das Denken geht ihr voraus und setzt sie ein, aber es ist sie nicht.

Wir müssen also einen dritten Weg suchen, um der Paradoxie zu entgehen. Wieder löst sich das Geheimnis, wenn wir die Wirklichkeit als solche in Stockwerken annehmen: Dann bildet die beobachtbare, messbare Welt nur eines der Stockwerke der Wirklichkeit. Darunter liegt als Basis die nur mathematisch konstruierbare Welt der Invarianten, welche die sichtbaren Verhaltensweisen tragen. Wir stellen den Glaubenssatz auf:

Das Unsichtbare trägt das Sichtbare.

Wir erkennen sofort die religiöse Tragweite: Gott schuf die sichtbare Welt mit unsichtbaren mathematischen Gedanken als tragende Basis. Wir können sie als «tiefere Wirklichkeit» bezeichnen.

Auch hier wieder das Analogon zum Menschen: Auch menschliches Verhalten, soweit es sichtbar ist, wird von einem unsichtbaren Untergrund an Unbewusstem getragen. Es ist sein tragender Grund im doppelten Sinn: Als Basis des Sichtbaren und als dessen Ursache. Das Unbewusste ist die Ur-Sache des Menschen.

Damit gewinnen wir einen neuen Begriff der Ursache. Als Ursache der sichtbaren Wirklichkeit bezeichne ich jetzt jene invarianten mathematischen Strukturen, die das Verhalten sichtbarer Wesen begründen. Sie stellen Imperative dar, von denen Befehle kommen. Dies also ist die Bedeutung des Wortes «Gesetz»: Das in Tensorform formulierte Gesetz der Physik ist der kategorische Imperativ der Wirklichkeit.

Lässt sich dieser Imperativ anders erklären als durch einen göttlichen Gesetzgeber?

Dennoch haben wir die Wirklichkeit immer noch nicht in abschliessender Weise verstanden. Woher wissen wir, dass unsere Theorie wahr ist? Bisher operieren wir im Feld der reinen Symbole der Mathematik. Was aber bedeuten sie?

Stillschweigend ordneten wir ihnen physikalische Begriffe zu. Es waren dies etwa «Gleichzeitigkeit», «Länge», «Masse» oder «Energie». Wir gaben also unseren mathematischen Zeichen Namen. Wie Adam im Paradies erkannten wir die Dinge, indem wir sie mit unseren eigenen Symbolen bezeichneten. «Masse» symbolisiert den Widerstand eines Körpers gegen eine angreifende Kraft bzw. das Gewicht eines Körpers. Die Verkoppelung unserer Welt-Geometrie und der daraus abgeleiteten Gleichungen mit der Erlebniswelt ist zunächst nur durch Namengebung möglich. Dies aber ist ein schöpferischer Akt, ich bezeichne ihn als «adamitische Kreativität».

Nun entstand die Relativitätstheorie zunächst aus logischen Operationen. Wir forderten nämlich, dass jedem Begriff eine physikalische Operation zuzuordnen ist. «Gleichzeitigkeit» sei nur dann sinnvoll definiert, wenn wir das Verfahren zu ihrer Messung angeben. Daraus folgt dann sofort ihre Relativität. An der Wiege der Relativität steht also eine logische Operation, nämlich die Definition des Begriffs «gleichzeitig».

Das soll nun nach einem philosophischen Imperativ für alle Begriffe gelten, die auf Raum und Zeit aufgebaut sind. Raum und Zeit wurden ja als relativ erkannt. Damit ruht die gesamte Relativität auf der Logik.

Sofort entsteht eine neue Paradoxie. Die Definition ist reines Menschenwerk und zwar aus der Willkür geboren. Der Realität zugewandt ist darin lediglich die Absolutheit der Lichtgeschwindigkeit. Das ist jedoch allein die *Möglichkeit*, der Definition eine reale Messung zuzuordnen. Generationen von Physikern vor Einstein definierten die Gleichzeitigkeit jedoch ohne Rückgriff auf das Licht. Beugt sich die Natur also willkürlichen Definitionen? Sind die Sonnenenergie und die Atombombe eine Folge der operationellen Definition von Masse und Energie?

Wir können dieser Paradoxie nur entgehen, wenn wir den folgenden Glaubenssatz der operationellen Definition voranstellen:

> Eine *operationelle* Definition ist nur deshalb physikalisch sinnvoll, weil nicht der Mensch, sondern Gott das Universum so einrichtet, dass die auf Raum und Zeit gegründeten Merkmale die Folge *physikalischer* Operationen darstellen.

Ist dies wahr, dann ist die Definition von «gleichzeitig» nur scheinbare Willkür. In Wahrheit korrespondiert sie einer Welt, in der allein durch Signale die Beziehung der Gleichzeitigkeit zwischen zwei Ereignissen realiter erzeugt wird. Und genau das meinen die Physiker, wenn sie ihrer Definition einen «Sinn» beilegen. Dieses Wort bedeutet dann «realitätsbezogen und widerspruchsfrei».

Das letztere bedarf einer Erläuterung. Die Aussagen der Theorie und ihre Verknüpfung mit der Beobachtung dürfen nicht zu inneren Widersprüchen führen. Dies legt den Definitionen Einschränkungen auf. Die Namengebung ist also nicht reine Willkür.

Besteht nun eine Korrespondenz zwischen einer Theorie, die operationelle Definitionen benutzt, und der Beobachtung, so nennen wir die Theorie mit einem Wort aus der Logik «wahre Theorie». So ist die Kombination von Zeichen «$E = mc^2$» erst ein physikalisch wahrer Satz (was immer dies bedeuten mag), wenn wir das Zeichen «E» als «Energie», das Zeichen «m» als «Masse» und das Zeichen «c» als «Lichtgeschwindigkeit» deuten und anschliessend die behauptete Äquivalenz (durch das Gleichheitszeichen symbolisiert) mit der Beobachtung vergleichen.

Die Sonnenenergie folgt also nicht nur der Mathematik, sie folgt auch einem logischen Imperativ. Anders formuliert: Die Sonnenenergie ist die Konsequenz eines physikalisch wahren Gesetzes. Dies ist der Sonderfall eines noch tiefer liegenden Glaubens:

> Das Universum wird durch die Wahrheit regiert.

Oder in anderer Form:

> Das Universum ist logisch widerspruchsfrei entworfen.

Dies ist der physikalische Sinn von Hegels «Alles Wirkliche ist vernünftig und alles Vernünftige ist wirklich».

Damit wird die physikalische Wirklichkeit an die logische Kategorie der Wahrheit angeschlossen. Das Universum ist ein rationales Gebilde, kein a-rationales oder irrationales. Menschlicher Ausdruck dieses Satzes: Erste Anforderung an eine physikalische Theorie ist ihre logische Widerspruchsfreiheit:

Die Wirklichkeit ist widerspruchsfrei wahr.

Hier geht es um mehr als um logische Wahrheit. A = A ist sicher ein wahrer Satz. Aber er ist inhaltlich völlig leer. Die Wahrheit der Welt ist aber mehr. Sie bedeutet nicht weniger, als dass sie einem göttlichen Gesetz unterliegt, das ihr genau umrissene Regeln vorschreibt. Diese Welt ist kein Chaos, sondern ein organisches Ganzes. Es ist die Organizität des Universums, die uns als überwältigende Tatsache entgegentritt. Dieses Weltall ist in einem göttlich zu nennenden Mass vernünftig.

Es ist die Vernunft des Schöpfers selbst, die sich in ihr manifestiert. Die Wahrheit der Welt ist die Folge der Wahrhaftigkeit ihres Schöpfers. Unser Universum enthält keinerlei Täuschung.

Dies ist der einzige Grund, weshalb wir überhaupt wahre Theorien im Sinne der Physik aufstellen. Die Wahrheit unserer Theorien wird durch die apriorische Wahrheit der Welt ermöglicht.

Dies geschieht durch Prinzipien. Einsteins Theorie besass von Anfang an einen hohen Wahrscheinlichkeitsgrad, weil sie das bis dahin verzweigte Gebäude der Physik auf eine einheitliche Grundlage stellte. Dies ist das durch die Lichtgeschwindigkeit erweiterte Relativitätsprinzip Galileis. Wir können es auch als Lichtprinzip bezeichnen. Ein anderer Name ist Invarianzprinzip, insofern es die absolute (kovariante) Formulierung der Naturgesetze verlangt und ihnen damit eine Einschränkung auferlegt. Von nun an müssen neue Theorien relativistisch invariant sein (die klassische Quantenmechanik war davon zunächst ausgenommen, bis Dirac sie zur Quantenelektrodynamik erweiterte).

Ähnliche Prinzipien sind die Erhaltungssätze oder der Entropiesatz. Indem aus der Homogenität von Raum und Zeit die Erhaltungssätze folgen (Noether), wird die Symmetrie zum beherrschenden Prinzip der Physik. Die Theorie der Elementarteilchen ist auf abstrakten Symmetrien aufgebaut; ihnen entsprechen bestimmte mathematische Gruppen. Die Gesetze der Relativität entsprechen der Lorentz-Gruppe.

Solche Prinzipien zeichnen sich durch folgende Merkmale aus:

- Sie sind viel weniger zahlreich als die einzelnen Naturgesetze
- die letzteren folgen aus ihnen
- sie liefern deshalb den Schlüssel zu einem umfassenden Erfahrungskreis.

Prinzipien sind die eigentlichen Regenten der Welt: Sie regieren ganze Reiche des Universums, nicht nur «lokale» Regionen. Sie sind die eigentlichen «Anfänge» (principia) der Natur: Mit ihnen beginnen die grossen Theorien der Physik. Jede ruht auf den logischen Anfängen, den Axiomen. Aus ihnen folgt alles übrige. So lässt sich aus dem Relativitätsprinzip die gesamte relativistische Physik plus der Elektrodynamik ableiten. Es kommt ihnen also die Funktion der tragenden Ideen des Weltalls zu.

Nun sind diese Prinzipien nie und nimmer an der Beobachtung ablesbar. Ihre Erkenntnis ist vielmehr das Werk ingeniöser geistiger Leistung. Sie sind die oberste Sprosse der theoretischen Stufenleiter und zugleich die Basis der Theorie. Mit ihnen endet zeitlich die Suche nach der Lösung eines Problems und beginnt logisch die Aufstellung einer umfassenden Theorie. Sie sind also Anfang und Ende zugleich. Sie schliessen den Kreis der theoretischen Suche. Prinzipien tragen eine göttliche Mission.

Die Physiker sind überzeugt, dass die Prinzipien wahr sind. Sie glauben also an die Wahrheit axiomatischer Sätze, die sich nicht aus der Erfahrung ableiten lassen und dennoch diese regieren. Das ist nur durch Annahme des folgenden Glaubenssatzes möglich:

> Die vom Menschen gefundenen Prinzipien der Natur sind einerseits reines Gedankenwerk, andererseits jedoch mit der herrschenden Ordnung des Universums identisch.

Wenn dem aber so ist, dann muss es einen obersten Gesetzgeber geben, der die Welt nach Prinzipien ordnet. Sie sind gewissermassen Gottes Stellvertreter im Universum. An ihnen lassen sich unmittelbar die Gedanken des Schöpfers ablesen. Es sind die Gedanken Gottes, welche die Welt regieren.

Wir müssen noch eine achte Stufe der physikalischen Erkenntnis erklimmen. Eine Theorie wird erst dann angenommen, wenn sie den drei Werten Gut, Wahr und Schön entspricht. Eine Theorie ist gut, wenn sie brauchbar ist, das heisst wenn sie einen grossen Erfahrungskreis widerspruchsfrei beschreibt und neue Erfahrungen voraussagt. Logische Widerspruchsfreiheit, Übereinstimmung mit der Erfahrung und prognostischer Charakter machen die Güte einer Theorie aus.

Ist dieser Wert erreicht, so sagt man, die Theorie sei wahr. «Wahrheit» bedeutet ein komplexes Gebilde aus Kriterien logischer, psychologischer und ästhetischer Natur. Dabei spielt auch die Zeit eine Rolle, indem eine Theorie von der Zeit bestätigt sein soll. Welche Kriterien auch immer an eine Theorie angelegt werden: Ohne den Glauben an ihre Realitätsbezogenheit wäre Physik nicht möglich. Die gesamte Technik beruht darauf.

Zu den Wahrheitskriterien zählt auch die Schönheit einer Theorie. Dieser Wert ist noch diffuser zu definieren, da psychologische Faktoren hereinspielen. Die Physiker benutzen dieses Wort als Zeichen ihres Vertrauens. So ist eine Theorie wie jene Einsteins, die auf Raumzeit-Symmetrien beruht und logische Transparenz besitzt (siehe operationelle Definitionen!), eine physikalisch schöne Theorie.

Die Physik operiert also mit Werten. Diese begleiten alle ihre Operationen, vom Experiment bis zur Theorienbildung. Die Physik als ganze trägt jedoch einen Wert in sich: Sie erweitert unsere Kenntnis des Universums. Sie folgt damit einem eminent metaphysischen Imperativ, den wir als kosmosophisch bezeichneten. Die Physik ruht im Mutterleib der Werte und ist unaufhebbar mit ihnen verbunden. Sie hätte ohne Werte kein Leben. Was wertlos wird, stirbt.

Von hier aus öffnet sich die Sicht auf die Metaphysik der Werte. Wahr, gut und schön sind die klassischen Werte der Philosophie Platons. Sie beinhalten nicht nur Zielvorstellungen des Menschen, sondern des Seins schlechthin. Im Horizont der heutigen Physik erhalten sie eine spezifische Relevanz: Sie werden zu den Soll-Werten einer neuen Theorie.

Niemand wird die Gültigkeit solcher Zielvorstellungen leugnen. Das Problem ist nur, woher sie kommen und weshalb gerade sie zu den tragenden Fundamenten der Theorienbildung wurden. Zweifellos stellen sie Inhalte eines allgemeinen Glaubens des Physikers dar: Er glaubt, dass eine Theorie wahr sein muss, soll sie einen Sinn tragen. Er glaubt, dass sie schön sein muss, soll sie Anspruch auf Wahrheit erheben. Und er glaubt, dass nur wenn die beiden ersten Voraussetzungen erfüllt sind, eine Theorie auch brauchbar, das heisst in einem allgemeinsten Sinn gut ist, nämlich gut für den Physiker.

Das Universum erkennen heisst in letzter Konsequenz, seine tragenden Gedanken erkennen. Dazu zählen auch die Werte: Das Universum selbst ist gut, wahr und schön. Es ist gut, weil es uns Leben und Erkenntnis ermöglicht. Es ist wahr, weil es sich widerspruchsfrei durch die Wissenschaft erkennen lässt. Es ist schön, weil nichts so sehr unsere Sehnsucht nach Harmonie beglückt als der «gestirnte Himmel über uns» und das mathematische Gesetz in uns.

Alle Glaubenssätze des Physikers werden letztlich aus seinem Glauben an die obersten Werte gerechtfertigt. Es ist hier nicht nach dem bewussten Glauben des Physikers zu fragen. Dieser wandelt sich während seines Lebens und ist zudem von Mensch zu Mensch verschieden. Gerade darin erweist sich dieser als unaufhebbar einmalige Person. Die Ich-Haftigkeit des je personalen Glaubens ist der deutlichste Beweis für die Freiheit des Menschen. Zugleich ist der individuelle Glaube eine Perspektive der Welt und des eigenen Ich: Er ist absolut in Hinsicht auf die Einmaligkeit des Ich und relativ in Hinsicht auf die Vielfalt der Möglichkeiten, sich selbst und die Welt zu sehen.

Aber nicht dies steht hier in Frage. Vielmehr fragen wir jetzt nach den Möglichkeitsbedingungen für den Stufenbau der Erkenntnis. Weshalb enthält diese nicht nur eine zeitliche Evolution als Geschichte der Physik, sondern auch eine überzeitliche als Hierarchie von Erkenntnisbedingungen?

Blicken wir noch einmal zurück. Das Erste ist die Begegnung von Mensch und Natur als reines Erleben. Dieses ist noch unverstanden, weil unreflektiert. Es ist der reine Kontakt des Organismus mit den von aussen kommenden Signalen. Natürlich enthält er in sich eine höchst differenzierte Vielfalt von Stufen der Bewusstmachung, aber dies ist nicht das Problem der Physik, sondern der Neurologie und Psychologie.

Ein erstes Verstehen durch den Physiker ist die Messung. Auch sie ist in sich ein ganzer Organismus verschiedener Akte und Probleme, eine Art von Reich verschiedener Gesetze und Verhaltensweisen. Als ganzes bildet sie jedoch die unerlässliche Vorbedingung, dass wir die Erlebniswelt verstehen.

Dieses Verstehen setzt sich in die Imagination fort, die ihrerseits ein noch umfassenderes Reich von Akten darstellt, in sich von hoher Komplexitität und weithin unverstanden. Als ganzes bildet sie jedoch das Apriori für die verstandene Messung, ja für die Messung als solche. Ohne Bezugsgerüste keine Raum- und Zeitmessung und, sofern diese wiederum das Apriori jeder Art Messung von Merkmalen bildet, keine Messung als solche.

Dabei nimmt auf jeder Stufe die bewusste schöpferische Aktivität des Menschen zu. Auf der Stufe Erleben war sie noch weithin unbewusst, auf der Stufe der Messung das Ergebnis einer immer raffinierteren Messtechnik und auf der Stufe der Imagination bereits das ganze Feld der menschlichen Phantasie, dessen Wurzeln bis in kosmische Tiefen hinabreichen.

Noch bewusster und kreativer wird die Aktivität des Physikers auf der Stufe der Geometrie. Sie erst erlaubt, die Messergebnisse mit Hilfe von Imaginationen (z.B. Koordinaten) zu ordnen. Zugleich entfaltet sie sich zu einem unabsehbaren Reich schöpferischer Konstruktionen, von der einfachen Geometrie Euklids bis zum Tensorkalkül der aRT und den noch abstrakteren Räumen der heutigen Physik der Atome und Elementarteilchen. Insofern bildet die Geometrie die notwendige Möglichkeitsbedingung für das theoretische Verstehen der Messdaten und Gedankenversuche wie jener, die zur Aufstellung der aRT führten.

Aber keine Geometrie ohne Zahlen. Erst die Anbringung von Zahlen an ein Bezugsgerüst mit Uhren führt am Ende einer Gedankenkette zu den Lorentz-Transformationen. Erst die Einsteinsche Gravitationsgleichung enthält die ganze Wahrheit über die Geometrie der Gravitation.

Unser Begreifen verlangt jedoch nach Begriffen. Alle mathematischen Zeichen bleiben dunkel, solange wir ihnen keine Begriffe zuordnen, die wiederum operationell, wenn auch auf Umwegen, mit den Messdaten korrespondieren. Ferner bilden logische Operationen das Apriori aller bisherigen Stufen, eingeschlossen die Wahrnehmung. Am Beispiel der operationellen Definitionen in der sRT wird dies besonders deutlich.

Nun sind die Prinzipien sicher das Ziel aller bisherigen Stufen. Insofern sie jedoch die axiomatische Basis der fertigen Theorie darstellen (man denke an die Homogenität von Raum und Zeit, die Invarianz und Endlichkeit der Lichtgeschwindigkeit sowie an die Äquivalenz von träger und schwerer Masse), sind sie deren apriorische Voraussetzung. Ohne sie wäre relativistische Physik nicht möglich.

Vorläufig letztes Apriori ist die 8. Stufe, die Werte. Stünden sie nicht an der Wiege der Physik, hätte es diese niemals gegeben.

Es zeigt sich also ein Vierfaches:

1. Die physikalische Erkenntnis bildet einen Stufenbau.
2. Die jeweils höhere Stufe ist das Apriori der vorhergehenden.
3. Auf jeder Stufe nimmt die schöpferische Bewusstheit des Physikers zu.
4. Der Stufenbau wird mit den Werten vorläufig abgeschlossen.

Diese Stufen gleichen konzentrischen Sphären oder Räumen von immer grösserem Umfang. Im Zentrum kreist die Erfahrung wie eine dampfende Erde, chaotisch dunkel und doch schon von den Strahlen des Bewusstseins erhellt. Um sie dreht sich die Sphäre der Messoperationen, von hellerem Bewusstsein erleuchtet. Noch weiter liegt die Sphäre der Imagination, die Geburtsstätte der kosmischen Ereignisse der Wissenschaft, wie eine Ur-Atmosphäre hin und wieder von Gedankenblitzen durchzuckt. Noch weiter draussen erhebt sich der unendliche Raum der Geometrien in kristallener Klarheit, von der kosmischen Sonne des Geistes angestrahlt. Darüber wohnen die abstrakten Räume der Zahlen und ihrer Operationen, immer näher der Ur-Sonne des Geistes. Immer dünner wird die Luft, denn nun steigen wir in die formalen Räume der Logik und ihrer Operationen auf. Dort ist das Reich der reinen Formen, das auch die Zahlen und Geometrien umgreift. Ein universales Reich bilden schliesslich die Prinzipien, einsam thronend jenseits aller Geschehnisse und doch diese durchwaltend, die Regenten der menschlichen Erkenntnis. Und noch eine letzte Stufe höher, fast nicht mehr mit dem blossen Auge der Theorie erkennbar, die Werte, die sogar die Prinzipien beherrschen.

Das alles ist das Universum des Menschen. Er ist nicht nur als solcher in sich geschichtet aus den Reichen der Physik, Chemie, Biologie, Physiologie, Psychologie und Anthropologie. Zu dieser Dimension des Menschseins an sich tritt eine zweite, die theoretische. Auch als Theoretiker ist der Mensch ein Universum. So gesehen bildet der Mensch in sich eine Mehrheit von Welten, jede für sich mit einer hierarchischen Stufenfolge, deren einzelne Komponenten möglicherweise wieder in eine komplexe Folge von Sub-Komponenten zerfallen. Vielleicht setzt sich diese Differenzierung nach innen fort zu einer Grenze, die wir niemals erreichen.

Der Mensch ist das Wunder aller Wunder. Jetzt erst beginnen wir die Tiefe von Einsteins Gedanken zu ahnen: Das Unbegreifliche ist, dass die Welt begreifbar ist.

Und doch sind wir nicht am Ende. Dieses Universum der Erkenntnis bedarf eines tragenden Grundes, eines schöpferischen Akts. Weshalb gerade 8 Stufen? Weshalb die immer weiter umgreifende Apriorität und schöpferische Bewusstheit? Weshalb überhaupt die Möglichkeit von Erkenntnis? Dieses ihr Universum verdankt seine Existenz und komplizierte Ordnung keinem Zufall. Es ist als ganzes wieder die unerlässliche Bedingung der Physik und diese wiederum ist die Bedingung für die ungeahnte Expansion des Menschen in das Reich der Kultur und Technik. Das Universum Erkenntnis muss also von einem ausserhalb seiner liegenden Zielwert geschaffen und gesteuert werden.

Es gibt eine über der letzten Sphäre, den Werten, liegende aussermenschliche und ausserkosmische Sphäre, die sowohl für den Menschen als Physiker, als auch für die Welt als erkennbare Realität verantwortlich zeichnet.

Ich sehe keinen anderen Weg, als sie Gott zu nennen. Sein Reich ist die Theosphäre, jenes Reich, aus dem alle Möglichkeitsbedingungen des Universums der Erkenntnis stammen.

Damit vollziehen wir den Schritt von der Platon-Leibniz'schen Gotteserkenntnis als dem metaphysischen Raum der Ideen zu Gott als dem Raum aller Möglichkeitsbedingungen der Erkenntnis. Gott wird hier als Voraussetzung der Wissenschaft verstanden.

Dies ist kein deus ex machina, kein Notbehelf, der ein eigentliches Verstehen der Möglichkeit von Physik ersetzt. Es ist vielmehr die natürliche Fortsetzung der Stufenfolge des Universums der Erkenntnis. Nur in Gott wird Erkenntnis erkennbar. Das wussten alle Grossen von Platon über Augustinus, Bonaventura bis zu Leibniz. Im Grunde ist dies auch der Inhalt von Einsteins kosmischer Religiosität. Es führt kein logischer Weg an Gott vorbei.

Ich glaube daher an die Wiedergeburt der Religion aus dem Geiste der Physik. Eine aus ihrem letzten Grund verstandene Physik nenne ich Theophysik. Sie ist die natürliche Fortsetzung der Protophysik, welche die Glaubenssätze des Theoretikers erforscht. Diese Glaubenssätze sind einerseits das Apriori der Theorienbildung. Andererseits bedürfen sie selbst eines Aprioris, aus dem heraus sie erst verstanden werden können. Die Psychologie der Archetypen genügt dazu nicht, auch nicht die Geschichte der philosophisch-religiösen Ideen. Denn diese selbst sind allein aus der biologischen Evolution des Menschen nicht begreifbar. Das Unsichtbare, Numenose, findet der Mensch nicht in der Realität vor, er muss es entweder ersinnen oder erträumen. Wie immer, es kommt von innen zu ihm, aus einer Welt, die nicht mit jener der Sinneserfahrung identisch ist. Aber wie immer auch wir die Entstehung der Mythen und Menschheitsgedanken erklären wollen, die Tatsache ist, dass beim heutigen Stand der physikalischen Erkenntnis die Glaubenssätze zu einer unbegreiflich tragfähigen Theorienbildung führen. Die abstrakteste ratio bedient sich der schöpferischen Intuition, ohne die sie verloren wäre im Dunkel künftiger Erkenntnisse. Der Mutterleib der Wissenschaft ist dunkel, und die schöpferischen Akte der Wahrheit werden von kosmischen Erschütterungen gezeugt.

Die Gottesidee ist daher kein Fremdling im Reich der Physik, sondern ihre eigentliche Heimat. Zu Gott zurückkehren, heisst in einem profunden Sinn nach Hause kommen.

Nehmen wir aber einmal diese Idee an, so wird die ganze Physik mit einemmal erleuchtet. Die Nachtseite der Geburt ihrer Theorien wird hell.

Aber auch das Umgekehrte findet statt. Das Licht, welches die Physik erleuchtet, strahlt von dort wieder zu seinem Ursprung zurück. Wir beginnen Gott völlig neu zu verstehen. Der Gott der Physiker ist sicher mit dem Gott des religiösen Glaubens identisch, wenn wir dies im umfassendsten Sinn verstehen, ohne uns in Definitionen zu verirren. Gott ist unumgreifbar, weil das letzte Apriori allen Begreifens.

Dennoch öffnet die Sicht auf den Erkenntnisvorgang eine neue Schau Gottes. Dazu bedarf es eines Grundvertrauens in die Tragfähigkeit der Physik. Wenn Gott die Möglichkeitsbedingung für die Physik als Theorie ist, und andererseits diese Theorie die Realität zu verstehen erlaubt, dann nur, weil Gott auch die Möglichkeitsbedingung für Dasein und Sosein der Welt ist. Mit anderen Worten: Wir können die Welt nur mit Hilfe des Universums der Theorie verstehen, weil ihm ein Universum von hierarchischen Strukturen der Welt entspricht.

Diese Strukturen nun wurden seit je von Platon bis Leibniz als Gedanken Gottes verstanden. Die Wirklichkeit ist nicht verdoppelt in Natur und Geist, sondern der Geist Gottes denkt sie ständig.

Auf der heutigen Erkenntnisstufe ist dieses Denken jedoch ein höchst komplexes. Seit Platon und Leibniz gibt es heute die theoretische Physik mit ihrem Universum an Erkenntnissen. Wir müssen daher die schöpferische Aktivität Gottes neu zu begreifen suchen.

Das Problem ist ein genuin physikalisches. Weshalb führen logische Operationen wie die Definition der Gleichzeitigkeit, die evident auf einen Willensakt Einsteins zurückgeht, oder die zweifelhafte Ableitung der Gravitationstheorie Einsteins zu richtigen Voraussagen? Hängen die Effekte der sRT und aRT an Definitionen oder Gedankenexperimenten? Das Problem wird sich noch stärker in der Quantenmechanik stellen. Es durchzieht die ganze Physik.

Die Gültigkeit der Voraussagen der Physik fordert daher die Realität Gottes. Laplace hatte unrecht, wenn er meinte, die Astronomie bedürfe dieser Hypothese nicht. Wir kamen heute zwei Jahrhunderte über die Aufklärung hinaus.

Gottes Realität erweist sich in Korrespondenz zum Universum der Erkenntnis. Auf der ersten Stufe offenbart er sich als das absolute Ich-Selbst: Ich bin, der Ich bin (2. Mose 3,14). Gott ist damit die Möglichkeitsbedingung jeden personalen Seins, beginnend mit dem proto-personalen Sein der physikalischen Monaden und endend mit dem Menschen.

Auf der zweiten Stufe bekundet sich Gott als die Voraussetzung jeder Art Messung. Das Mittelalter stellte Gott als den die Welt mit Zirkel und Masstab Messenden dar.

Auf der dritten Stufe ist Gott der unendliche Vorrat schöpferischer Ideen, welche die Wissenschaft befruchten. Auf der vierten Stufe ist er der Welt-Geometer, der die geometrische Verfassung der Welt ermöglicht. «Gott treibt überall Geometrie», könnte auch das Bekenntnis aller geometrisierenden Physik sein. Auf der fünften Stufe ist Gott der Welt-Mathematiker, der die Tragfähigkeit physikalischer Gleichungen verbürgt. Auf der sechsten Stufe bekundet er sich als Welt-Logiker, der überhaupt erst den Erfolg logischer Operationen in der Physik möglich macht. Wir erkannten dies als ein Geheimnis eigener Art.

Auf der siebten Stufe offenbart sich Gott besonders deutlich. Prinzipien sind eine Art Regenten, von Gott eingesetzt, um die Welt zu regieren. Sie machen Gottes Gedanken durchsichtig und erhaben. Sie sind es, die Einstein von einer kosmischen Vernunft sprechen lassen. Niemand kann sich ihrer Grösse entziehen.

Schliesslich sind alle Werte und Zielvorstellungen des Physikers sinnlos, wenn er nicht an einen Höchsten Sinngeber appelliert. Warum sollte eine Theorie gut sein, wenn es keinen letzten Richter über Gut und Nicht-Gut gibt? Weshalb wahr, wenn uns die Erfahrung und die Theorie täuschen? Weshalb schön, wenn alles in Hässlichkeit ertrinkt?

Das Leben der Wissenschaft selbst verlangt nach einer obersten sinngebenden Instanz. Denn der Sinn der Wissenschaft ist nicht Untergang sondern Aufbau. Nicht Zerstörung des Menschen und der Natur bilden die Imperative der Entdecker, sondern Erweiterung unserer Erkenntnis und damit unseres biologischen und geistigen Lebens.

Auf dieser Stufe offenbart sich Gott als der Schöpfer und die Bedingung der Wissenschaft. Wenn wir das Wort von der kosmischen Religiosität entschlüsseln wollen, so bedeutet es dies: Gott ist die Wahrheit und das Leben jeder Erkenntnis.

Dies alles beweist, dass Gott keineswegs der Unerkennbare, unendlich Ferne ist, den menschliches Denken nie zu erreichen vermag. Wir müssen nur lernen, unser eigenes Denken zu verstehen.

Für die Religion steht Gott am Anfang der Erkenntnis, für die Naturwissenschaft am Ende.

Max Planck

17. Kapitel
Planck und das Wunder der Entdeckung

Fünf Jahre vor Entdeckung der Relativitätstheorie begann bereits ein neues physikalisches Zeitalter, das Einsteins Weltbild scheinbar aus den Angeln hob. Mit der Aufstellung der Quantentheorie durch Max Planck im Dezember 1900 ging die Durchsichtigkeit der Welt für immer verloren. An ihre Stelle traten scheinbar irrationale Paradoxien. Der glasklare Bau von Einsteins Logik erhielt einen Sprung.

In der Tat ist es der Gedanke des Sprungs, der seit Planck für immer in die Physik einzog. Aristoteles und seine Anhänger im Mittelalter hatten jede Möglichkeit sprunghafter Veränderung verworfen: natura non facit saltus, die Natur macht keine Sprünge. Die Differential- und Integralrechnung, dieses Fundament der Newtonschen Mechanik, schien diesen Gedanken zu bestätigen. Er feierte seinen eigentlichen Triumph in der Minkowski-Welt: Dort wird die Geschichte jedes Teilchens als kontinuierliche Weltlinie dargestellt. Daher spricht man schlechthin vom «Kontinuum». In der allgemeinen Relativitätstheorie wird das Verhältnis von Massen und Raumzeit-Metrik wesentlich in differentieller Form dargestellt.

Einsteins Glaube an die überlegene Vernunft in der Welt gründete sich essentiell auf die logische und mathematische Durchsichtigkeit seiner Theorie. Und doch sollte gerade er gemeinsam mit Planck (der als einer der ersten die Relativitätstheorie anerkannte) die Durchsichtigkeit zerstören.

Es kam zu einem bitteren Streit Einsteins mit der Kopenhagener Denkschule unter Bohr und Heisenberg. Letztlich wurden die Fundamente des traditionellen Philosophierens in Frage gestellt. Der Sprung traf nicht nur die Kontinuität von Naturabläufen (also das Weltbild der Aristoteliker und der klassischen Mechanik), sondern die Gültigkeit der Kausalität, ja mehr noch: Den Begriff der Wirklichkeit selbst.

Ist es ein Zufall, dass das neue Zeitalter gerade mit Plancks Entdeckung im Dezember der Jahrhundertwende 1900 begann? Eine alte Zeit ging zu

Ende. In China wurde der Boxeraufstand niedergeworfen, der das Vorspiel zur revolutionären Erhebung unter Sun Yat-sen 1911 werden sollte. Es war das Todesjahr Nietzsches und des grossen russischen Religionsphilosophen Wladimir Solowjow. Nietzsche war mit seinem letzten Werk, dem «Antichrist», aus dem 19. Jahrhundert geschieden und sein Gegenspieler Solowjow hatte sich mit der Prophetie der Apokalypse verabschiedet. Der 72-jährige Tolstoj schrieb seine Dramen «Der lebende Leichnam» und «Das Licht leuchtet in der Finsternis» – ein letztes Aufbäumen des christlichen Gedankens gegen die hereinbrechende Finsternis in Russland. Denn schon war zwei Jahre zuvor in Minsk der illegale erste Parteitag der Sozialdemokratischen Arbeiterpartei All-Russlands abgehalten worden, jener Partei, aus der dann die von Lenin geleiteten Bolschewiki entstehen sollten. Lenin selbst kehrte zu Beginn des Jahres 1900 aus der sibirischen Verbannung zurück und ging in die Emigration, aus der er erst 1917 heimkehren sollte, um jene Revolution durchzuführen, die «die Welt erschütterte».

Das Jahrhundert der Weltkriege, Weltrevolutionen und der neuen Caesaren wurde mit einer scheinbar lautlosen Entdeckung eingeleitet. «Es sind die stillsten Stunden, die den Sturm bringen, Gedanken, die auf Taubenfüssen kommen» (Nietzsche). Und doch sollte gerade diese Entdeckung eine der folgenreichsten Revolutionen nicht nur der Wissenschaft sondern der ganzen Geschichte auslösen.

Dabei ging es wie so oft um ein scheinbar harmloses Randproblem.[1] Die Physiker hatten die Verteilung der Intensität der Strahlung eines sogenannten Schwarzen Körpers je nach der Temperatur auf die Frequenzen untersucht. Man erhitzt eine Hohlkugel, bohrt ein winziges Loch hinein und untersucht die austretende Strahlung. Dabei wird angenommen, dass innerhalb der Kugel sich nach einiger Zeit ein Gleichgewicht zwischen absorbierter und emittierter Strahlung einstellt, was die mathematische Behandlung des Problems erleichtert. Ausserdem nahm man an, dass die Strahlung von schwingenden Partikeln, sogenannten Oszillatoren, abgegeben und aufgenommen wird. Von den Atomen wusste man damals noch wenig, Sir Ernest Rutherford stellte erst 1911 sein Atommodell auf.

Ähnlich wie an der Wiege der sRT steht am Beginn der Quantenphysik also das Licht. Nur ging es diesmal nicht um seine Geschwindigkeit, also die Struktur von Raum und Zeit, sondern um seine eigentliche Natur, nämlich Entstehung und Absorbierung.

Newton hatte das Licht als einen Schwarm von Teilchen aufgefasst. Diese Erklärung scheiterte, als man im 19. Jahrhundert das Licht mit elektromagnetischen Schwingungen in Zusammenhang brachte. In der Tat: Es gibt Erscheinungen, die eindeutig auf die Wellennatur des Lichts hinweisen. Die sogenannte Interferenz ist ein Effekt, wo sich Lichtstrahlen wechselseitig verstärken oder auslöschen. Dies kann aber nur bei Wellen der Fall sein; hier verstärken sich die jeweils zusammentreffenden Wellenberge, während sich Wellenberg und Wellental gegenseitig aufheben.

James Clerc Maxwell (1831–1879) hatte das Licht als einen raschen Wechsel von elektrischem und magnetischem Feld dargestellt, der sich im Vakuum mit der Lichtgeschwindigkeit c ausbreitet. Seine berühmten Feldgleichungen gaben ja den Anlass für Einsteins sRT. Heinrich Hertz zeigte nun 1888, dass solche Schwingungen durch eine rasch oszillierende elektrische Ladung erzeugt werden. Schwingt etwa ein Elektron längs eines Stabs hin und her, so sendet es elektromagnetische Wellen aus (Dipolschwingung). Hertz erzeugte damit erstmalig künstlich die sogenannten Hertz-Wellen, deren Frequenz noch heute nach ihm benannt wird.

Dabei hängt es von der Frequenz bzw. der dazu reziproken Wellenlänge ab, ob wir diese Wellen als langwellige Radiowellen oder kurzwellige Lichtwellen bezeichnen. Unser Auge nimmt dabei nur einen sehr kleinen Wellenbereich wahr; an dessen rotem Ende gehen die Wellen in Infrarotstrahlung über (Wärmestrahlung), an seinem blauen Ende in Ultraviolett und von dort weiter in den Bereich der kurzwelligen Röntgenstrahlen.

Dieses anschauliche Modell der Lichtentstehung und die elegante mathematische Form, die Maxwell der Lichtausbreitung gab, machen das Licht zu einem wunderbar durchsichtigen Vorgang. Neu waren freilich die Begriffe von «Feld», «elektrischem Dipol» und dem «Atom» der Elektrizität, dem «Elektron». Sie ordnen sich jedoch mühelos in die klassische Vorstellungswelt ein. Auch die sRT fügte dem keine neuen Begriffe hinzu. Nur werden hier die Lichtwellen im Vakuum nicht, wie man zeitweilig annahm, als Schwingungen eines Weltäthers aufgefasst, sondern als etwas Eigenständiges.

Diese einprägsame Vorstellung vom Licht geriet nun durch die Hohlraumstrahlung in eine Krise. Zunächst dient die erhitzte Hohlkugel dazu, um die Strahlung eines Schwarzen Körpers zu untersuchen. Wir wissen alle, dass die Farbe Schwarz nichts anderes bedeutet, als dass der betreffende Körper das Licht aller Frequenzen absorbiert, während ein weisser Körper alle Frequenzen wieder zurückwirft. Ein Körper, der alle Frequenzen absorbiert, emittiert sie aber wieder, wenn man ihn hinreichend erhitzt. Ein Beispiel ist die Kohle, die bei grosser Erhitzung weiss glüht.

Nun enthält die Untersuchung der Hohlraumstrahlung drei Grundannahmen, die keineswegs harmlos sind. Zum ersten soll das von Robert Kirchhoff 1859 entdeckte Gesetz gelten, wonach für alle Stoffe das Verhältnis von emittierter und absorbierter Strahlung das gleiche ist. Dies ist ein ähnlich universales Naturgesetz wie das Relativitätsprinzip, es ist sozusagen invariant gegenüber der Wahl des Materials.

Zum zweiten nehmen wir ein Strahlungsgleichgewicht an. Darin ist die Annahme enthalten, dass wir nicht in die Hohlkugel hineinzusehen brauchen, um das Verhalten der einzelnen Oszillatoren zu beobachten. Ohne diese Annahme, die im Grund rein spekulativ ist, können wir keine Gleichung für die gesuchte Intensitätsverteilung aufstellen. Sie bildet also das methodische Apriori der Theorie.

Zum dritten nehmen wir an, dass das kleine Loch in der Kugel, das wir für die Untersuchung der austretenden Strahlung benötigen, den Zustand der Strahlung innerhalb der Kugel so gering verändert, dass wir die Änderung vernachlässigen können. Wir erkennen hier ein Problem, das uns in der Quantenmechanik immer wieder begegnet: Um ein Phänomen zu beobachten, müssen wir es stören. Nur werden wir im vorliegenden Fall diese Störung ignorieren.

Wir haben also drei Aprioris der gesuchten Theorie: Den Glauben an die universale Gültigkeit des Gesetzes von Kirchhoff, den Glauben an die Gleichgewichtsstrahlung einer Gesamtheit von grundsätzlich unbeobachtbaren Oszillatoren und den Glauben an die Möglichkeit, die Störung eben dieser Strahlung zu vernachlässigen.

Hier musste jedoch ein vierter Glaubenssatz im Spiele sein. Es erwies sich nämlich als nicht möglich, trotz angenähert richtiger Formeln von Josef Stefan, Willi Wien und Rayleigh-Jeans ein exaktes Gesetz für die Verteilung der Intensitäten zu finden.

Der vierte Glaube musste irgendwie mit der Wahrscheinlichkeit zusammenhängen. Wien (Nobelpreis 1911) erinnerte sich an eine Idee Michelsons 1887, wonach unregelmässig schwingende Atome eine kontinuierlich über die Frequenzen verteilte Strahlung erzeugen. Nach einem weiteren «glücklichen Gedanken» (Wien) untersuchte er die statistische Verteilung eines Gases über die Geschwindigkeiten seiner Moleküle. Er setzte also imaginativ die Strahlungsquellen, die damals reine Hypothese waren, mit den Gasmolekülen gleich und stellte sich auch die Strahlung als eine Art von Gas vor. Dabei entdeckte Einstein erst 1905 die Photonen!

Damit wird das Problem an die Wahrscheinlichkeit angeschlossen, wie sie in der statistischen Wärmetheorie so erfolgreich war. Zugleich trat die freie Imagination auf die Bühne. Mathematische und imaginative Kreativität werden mobilisiert.

In der Tat leistet das schöpferische Denken den Einstieg in eine Welt, die uns erst durch Elektronenlinsen zugänglich wird: Die Atome und Moleküle.

Heute scheint uns die Vorstellung chaotisch bewegter Moleküle eines Gases als Ursache der sogenannten «Wärme» so selbstverständlich, dass wir uns die Leistung des Denkens gar nicht mehr bewusst machen. Niemand hatte im 19. Jahrhundert Moleküle je gesehen. Und doch vermochten die Schöpfer der Thermodynamik und kinetischen Gastheorie, allen voran Rudolf Clausius (1822–1888), Josiah Willard Gibbs, Maxwell, Walter Nernst und Ludwig Boltzmann, durch die Imagination des nie Gesehenen plus der reinen Mathematik eine konsistente Theorie der Wärme aufzustellen, die mit der Erfahrung in Einklang stand. Es war dies eine der grössten Leistungen des menschlichen Geistes.

Diese Vorstellung hatte sich bis Ende des 19. Jahrhunderts so gefestigt, dass Wien sie auch für ein Gebiet zu Hilfe rief, das zunächst auf ganz anderen Voraussetzungen beruhte, nämlich das Licht. Was sollte ein

Chaos aus Molekülen im erhitzten Hohlraum mit den Frequenzen und Intensitäten der Strahlung zu tun haben?

Hier zeigt sich ein Gesetz der Theorienbildung, das ich als Mobilisierung des theoretischen Gedächtnisses, kurz, als Memophase bezeichne: Wir holen aus der Erinnerung Gedanken, die aus einem ganz anderen Erfahrungsbereich als dem zunächst untersuchten stammen.

Wien mobilisierte das Maxwellsche Gesetz für die Verteilung der Geschwindigkeiten der Gasmoleküle in einem abgeschlossenen Gefäss. Ebenso könnten wir z.B. untersuchen, wieviel Prozent aller Autos in der Schweiz zu einem bestimmten Zeitpunkt die Geschwindigkeit 20 km, 30 km usw. pro Stunde besitzen. Dabei ergibt sich naturgemäss eine Kurve mit einem Maximum, z.B. könnten 70% aller Autos die Geschwindigkeit 50 km/h aufweisen.

Angesichts der willkürlichen Umstellung unserer Vorstellung von schwingenden Oszillatoren und Lichtwellen auf Gasmoleküle war es geradezu ein Wunder, dass Wiens Formel mit der Beobachtung relativ gut übereinstimmte. Mobilisierung plus Transformation der Imaginationen waren also die schwankenden Sprossen auf der luftigen Leiter der Phantasie.

Das Wiensche Gesetz lieferte eine gute Theorie für niedrige Temperaturen und hohe Frequenzen. Es versagte indes bei hohen Temperaturen und niedrigen Frequenzen. Diese Lücke versuchte nun Lord John William Rayleigh 1900 auszufüllen. Es gelang ihm gemeinsam mit Sir James Jeans, ein Gesetz für die hohen Temperaturen und niedrigen Frequenzen aufzustellen. Das Gesetz stand jedoch in krassem Widerspruch zur Erfahrung: Es liess die Intensität mit der Frequenz ins Unendliche ansteigen, so dass im Widerspruch zur Beobachtung die kürzesten Lichtwellen (die höchste Frequenz) die grösste Intensität haben sollten. In diesem Fall wären die härtesten Strahlen der Sonne (also weit über Ultraviolett hinaus) die energiereichsten, was jedes Leben unmöglich machen würde. Schliesslich sollten nach den Annahmen von Rayleigh und Jeans alle nur möglichen Frequenzen vorkommen, was eine unendliche Anzahl schwingender Individuen (Oszillatoren) voraussetzt. Sollten diese alle an der Energieverteilung mitwirken, so würde die Gesamtenergie der Hohlraumstrahlung unendlich gross, ebenfalls in krassem Widerspruch zur Erfahrung.

Damit verdichtete sich die Vermutung, dass die Voraussetzungen der Theorie abgeändert werden müssten. Und zwar nicht völlig, denn beide Theorien standen jede für sich mit der Beobachtung teilweise im Einklang. Die Wahrheit musste also in der Mitte liegen. Welcher «Einzelteil» der Voraussetzungen war zu korrigieren?

Hier galt nun Heisenbergs spätere Regel, wonach eine Revolution in der Physik durch die Auswechslung eines Minimums an Voraussetzungen durchgeführt wird.

Es war Planck, der diese Revolution vollzog, die vielleicht folgenschwerste seit ihrem Entstehen. Sie sollte direkt zur Atomphysik führen.

Planck untersuchte noch einmal den bisherigen Gedankengang. Dabei stiess er vor allem auf die Begriffe Wärmegleichgewicht und Entropie. Letztere besagt, dass niemals Wärme von einem kälteren Körper zum wärmeren fliesst, sondern die Wahrscheinlichkeit stets für einen Ausgleich der Temperaturen wirkt, also ihre Nivellierung. Deshalb wird auch die von den Sternen ausgesandte Strahlung nicht zu ihnen zurückkehren, um sie erneut aufzuheizen (Entropietod). Anschaulich: Beschliessen zwei Ameisenvölker, sich zu einem einzigen Haufen zu vermischen, so würden sie sich nach einigen Generationen nicht mehr entmischen können.

Wo aber lag der Fehler?

Der Kern von Plancks Gedankengang war die Auswechslung eines unserer bisherigen Glaubenssätze. In das Modell schwingender Moleküle (die sich ja ständig stossen), gehen zwei unausgesprochene Annahmen ein:

1. Bei den Stössen verteilt sich die Energie im Gleichgewicht gleichmässig auf alle Freiheitsgrade (Äquipartitionstheorem). Haben wir z.B. in der Hohlraumstrahlung ein Atom, das nur in 1 Richtung schwingt (linearer Oszillator), so erhält sowohl die Schwingungsamplitude als auch die potentielle Energie des Oszillators einen Energiezuwachs.
2. Die Energie macht dabei keine Sprünge, sie bildet in sich ein Kontinuum.

Es war Plancks genialer Gedanke, dass die Schwierigkeiten der Formeln von Rayleigh-Jeans und Wien gerade hier liegen mussten. Die Vorstellung des Gleichgewichts (jetzt nicht als solches der Wärme, sondern der Strahlung) und damit der Entropie konnte bleiben, denn beide Formeln waren ja nicht gänzlich falsch. Aber Äquipartitionstheorem und Energie-Kontinuum waren offenbar nicht mehr gültig. Das heisst: Für die Durchrechnung der Entropie musste man von grundsätzlich neuen Annahmen ausgehen.

Dabei erkannte Planck irgendwie, dass nicht mehr die Energie als solche, sondern das Produkt aus Energie mal Zeit, die Wirkung, in die neue Rechnung eingehen musste.

Ist das aber der Fall, dann wird sofort ein weiteres Prinzip aus der theoretischen Physik mobilisiert: Das Extremalprinzip. Es besagt in der Fassung von Pierre Louis Moreau de Maupertuis (1698–1759), dass die Variation der Wirkung eines Systems über einen Weg von A nach B ein Minimum sein muss. Anschaulich: Ein Photon bewegt sich im Vakuum stets auf der kürzesten Verbindung zwischen zwei Punkten. Im schwerefreien Raum ist dies eine Gerade. Im von Gravitation erfüllten Raum ist es deren Verallgemeinerung, die Geodäte.

Dieses sogenannte Minimalprinzip bedeutete für Maupertuis und andere Zeitgenossen die Einwirkung Gottes auf die Natur: Weshalb sollte sie stets den kürzesten Weg einschlagen, um zum Ziel zu gelangen? Wenn auch spätere Analysen diese theologische Deutung relativierten, so ist doch ein zweifaches bemerkenswert: Planck suchte stets nach den letzten metaphysischen Prinzipien der Natur. Daher auch sein Interesse am Gesetz von Kirchhoff, das sich im Schwarzen Körper bzw. der Hohlraumstrahlung verwirklicht, sowie an der Entropie und dem Minimalprinzip.

Zum zweiten leitete Maupertuis sein Prinzip für das Licht ab, das er gemäss der Korpuskulartheorie von Newton als Teilchenstrom verstand. Von Plancks Entdeckung führte aber ein gerader Weg zur modernen Korpuskulartheorie des Lichts! Theologische Mystik und Physik stehen also beide an der Wiege der Quantenmechanik.

Rayleighs Formel hatte nun offenbar vor allem deshalb für hohe Frequenzen versagt, weil sie von der Möglichkeit unendlich vieler erlaubter Oszillatoren und ihrer Frequenzen ausging.

Planck sah mit dem inneren Auge des Geistes im Dunkel ein neues Prinzip aufleuchten, das zuvor in dieser Gestalt von niemand gedacht worden war. Die «Wirkung» eines schwingenden Oszillators sollte jetzt nicht nur einem mathematischen Minimum folgen, sondern *in sich* minimal sein, das heisst nicht mehr unterschritten werden können. Die Idee des Minimums nimmt also jetzt eine völlig neue Form an: Sie wird zu einer direkten physikalischen Grösse. Planck nannte sie «h» und gab ihr den winzigen Wert von ca. 6 erg, geteilt durch eine Eins mit 27 Nullen.[2]

Ich behaupte nicht, dass Plancks Gedankengang genau so ablief. Aber es könnte im Unbewussten so gewesen sein. Jedenfalls enthielt das Ergebnis zwei folgenschwere Annahmen:

I. Die Wirkung kann niemals kleiner als eine neue Naturkonstante h werden

II. Sie kann stets nur ganzzahlige Vielfache von h annehmen.

Damit enthält die Hohlraumstrahlung im Gegensatz zur Annahme von Rayleigh jetzt eine endliche Anzahl von Oszillatoren mit einer diskreten Anzahl ihrer möglichen Energiezustände.

Die Folge: Wir müssen im Entropieproblem die Statistik neu festsetzen. Das Gleichgewicht kann nicht mehr auf klassische Weise erreicht werden, sondern nur noch in nicht mehr unterschreitbaren Sprüngen.

Planck benutzte dabei völlig willkürlich (Jammer[3]) zwei mathematische Taktiken: Er definierte die Entropie als Funktion der Strahlungsenergie und Frequenz der Oszillatoren und differenzierte sie zweimal nach der Energie. Das Ergebnis war das Gesetz von Wien. Um aber auch das Gesetz von Rayleigh zu begründen, machte sich Planck einer zweiten Willkür schuldig: Er setzte in seiner 2. Ableitung der Entropie nach der Energie die letztere einfach ins Quadrat. Dann interpolierte er zwischen beiden Formeln, denn die Wahrheit musste irgendwo in der Mitte liegen.

Dazu Jammer: «Diese Interpolation, obgleich mathematisch ein reiner Trick, war einer der bedeutungsvollsten und gewichtigsten Beiträge, die je in der Geschichte der Physik gemacht wurden».[4] Damit gelangte Planck sofort zur richtigen Strahlungsformel.[5] Es war dies im Weihnachtsmonat der Wende des Jahrhunderts. Durch solche Gedankensprünge von der Physik zur Metaphysik und von dort wieder zu mathematischen Erleuchtungen wurde also das Atomzeitalter geboren!

An der Wiege der Atomphysik steht eine Reihe philosophischer, ja metaphysischer Entscheidungen. Das gleiche gilt schon für die Relativitätstheorie. Dort fand Einstein aber schon die Maxwellschen Gleichungen der Elektrodynamik und den Michelson-Versuch vor. Beide plus der Philosophie von Hume und Mach führten irgendwie zur operationellen Definition der Gleichzeitigkeit. Erst in der allgemeinen Relativitätstheorie musste er völliges Neuland betreten.

Planck hingegen hantelte sich mühsam von Prinzip zu Prinzip weiter, um endlich einen Ausweg aus dem Tunnel zu finden. Das Licht kam aber auch dann nicht. Vielmehr galt es, die Voraussetzungen des Entropiebegriffs ohne jede Zuhilfenahme einer Philosophie oder gedanklichen Tendenz neu zu formulieren. Der Gedanke des Sprungs lag nicht in der Luft, wie etwa die Relativität der Gleichzeitigkeit dank der Lorentz-Transformation. Im Gegenteil: Galten doch Raum und Zeit selbst als Kontinua. Als selbstverständlich wurde nach Einführung des Energiebegriffs im 19. Jahrhundert angenommen, dass auch die Energie ein Kontinuum darstellt.

Das alles sollte mit einem Schlag korrigiert werden. Welche gedanklichen Schwierigkeiten damit verbunden waren, geht aus Plancks späteren Selbstzeugnissen hervor. Er spricht von einem «Zwang, die glücklich erratene Interpolationsformel in einen Satz von realer physikalischer Bedeutung umzuwandeln».[6]

Gehen wir diesem Zwang auf den Grund, so muss er mit einem abstrakten Zwang des Universums zusammenhängen. In der Tat: Prinzipien sind die Grenzwächter des Kosmos. Sie wirken als universale Verbote. Das Relativitätsprinzip verbietet Überlichtgeschwindigkeiten. Es legt damit allen Naturgesetzen einen Zwang auf, der sich in der vierdimensional formulierten Kovarianz der Grundgleichungen bekundet. Ähnlich verbietet der Entropiesatz die Umkehrung von spontanen Wärmeprozessen und damit ein perpetuum mobile zweiter Art. Solche Prinzipien konstituieren also die Verfassung des Weltalls. Ohne sie wäre das Weltall nicht, was es ist. Ja möglicherweise wäre es überhaupt nicht.

Analog verbietet nun das Plancksche Quantenprinzip eine unendliche Unterteilung der Energie bei Strahlungsvorgängen. Es hebt also die Gültigkeit der Gleichung von Rayleigh-Jeans für hohe Frequenzen und Temperaturen auf, da hier die Intensität ins Unendliche anwachsen würde. Dies würde die Natur zerstören.

Wir werden sehen, dass dieses Verbot ins Positive gewendet werden kann wie alle prinzipiellen Verbote der Natur: Die Existenz eines Wirkungsquantums ermöglicht nämlich allein die Existenz stabiler Atome und des von ihnen abgestrahlten Lichts. Das ganze stoffliche Weltall und die Existenz des Lichts beruhen also auf dem Quantenprinzip.

Würde andererseits h einen viel grösseren Wert annehmen als real, so würde die Welt nur noch nach Quantengesetzen ablaufen. Es gäbe nicht mehr den Schein kontinuierlicher Energieübertragung. Unsere Sinnesorgane würden von einem Hagel von Riesenquanten bombardiert und damit sofort zerstört. Die Kleinheit von h ist also die Voraussetzung für die Möglichkeit von Leben.[7]

Planck war sich der Folgen seiner Hypothese wohlbewusst. Sie drohte, die gesamte klassische Physik umzustürzen. Was sollte mit den elektromagnetischen Wellen geschehen, wenn sie durch Strahlungs-Elemente ausgelöst und wieder absorbiert werden? Wie soll man Sprünge in die mechanischen Bewegungen einführen? Muss man nicht mathematisch von den bewährten Differentialgleichungen zu Differenzgleichungen übergehen?

All das schwebte Planck wohl irgendwie vor; er spricht noch 31 Jahre später von einem «Akt der Verzweiflung, denn die theoretische Erklärung *musste* unter allen Umständen geliefert werden, um jeden Preis».[8]

Planck schreckte daher vor seiner eigenen Grosstat zurück. Er war sich nicht sicher, ob er nur eine mathematische Prozedur in Händen hielt oder in Wirklichkeit die Gesamtenergie aus einer ganzen Zahl von Elementen besteht; nirgends spricht er davon in seiner Arbeit. Die Quantenhypothese machte diesen tief konservativen Denker unglücklich, er wollte sie sogar wieder rückgängig machen. Gleichzeitig bekannte er gegenüber seinem Sohn, er habe eine Entdeckung von der Bedeutung Newtons gemacht.[9]

Sein Instinkt trog nicht. Es war Einstein, der 1905 die Konsequenz aus Plancks Entdeckung zog: Nicht nur wird die Strahlung in Quanten aufgenommen und abgestrahlt, sie bleibt dies auch während ihres ganzen Wegs. Im Gegensatz zur Wellentheorie des Lichts besteht nach Einstein das Licht aus Teilchen, sog. Photonen, die nicht mehr unterteilt werden können. Dabei beträgt ihre Energie den Wert Frequenz mal h.[10]Und es war Einstein, der Planck davon abhielt, seine eigene Kühnheit wieder preiszugeben, indem die h-Hypothese in die klassische Physik eingebaut werden sollte. Der wahre Revolutionär war also Einstein und nicht Planck, dieser «Umstürzler wider Willen».[11] Diese Situation zeigt die ganze Paradoxie der Schicksale der Physiker jener Zeit. Die h-Hypothese führte nämlich in letzer Konsequenz zu einer Deutung der Atomphänomene im Geiste der unaufhebbaren Wahrscheinlichkeit. Schon Planck war von wahrscheinlichkeitstheoretischen Gedanken ausgegangen. Damit wird der ganze Determinismus des klassischen Weltbildes in Frage gestellt. Dies betrifft naturgemäss auch das Weltbild der Relativitätstheorie, in dem ja keinerlei Sprünge und irrationalen Elemente auftreten.

Die Paradoxie verschärft sich, wenn wir bedenken, dass Einstein 1916 selbst seine Photonen-Hypothese mit einer fundamentalen Wahrscheinlichkeit in Zusammenhang bringt: Der Zeitpunkt der Emission von Photonen soll nämlich nicht durch eine aufweisbare Ursache erklärbar sein, sondern einer unaufhebbaren Wahrscheinlichkeit unterliegen, also spontan erfolgen.[12] Einstein selbst zerstörte also die Basis seiner eigenen deterministischen Weltanschauung («Gott würfelt nicht»).

Umgekehrt verhalf gerade Planck dem jungen Einstein zu seiner akademischen Laufbahn, indem er als einer der ersten die Tragweite der sRT erkannte und Einstein nach Berlin holte. Es war Niels Bohr, der angesichts der späteren Quantenmechanik auf die grundlegende Tatsache von Paradoxien in der Natur hinwies. Aber die wahre Paradoxie bildet bereits das Wechsel-Verhältnis Einstein-Planck: Jeder von beiden zerstörte im Grunde die Basis der Entdeckungen des anderen und jeder verhalf dem anderen noch dazu. Hier treffen wir also auf eine Ur-Zweiheit in der Geschichte der Physik, wie sie von Bohr so treffend mit dem Wort «Komplementarität» gekennzeichnet wurde.

Bohr zog 1913 die zweite Konsequenz aus Plancks Entdeckung (die dritte sollte Heisenberg ziehen). Rutherford hatte um 1911 ein erstes Atommodell aufgestellt, das unserem Sonnensystem ähnelt: Um einen schweren positiv geladenen Kern kreisen negativ geladene leichte Elektronen auf geschlossenen Kurven. Der Archetypus des Sonnensystems stand an der Wiege des Atoms, wobei statt der Gravitation jetzt die elektromagnetische Anziehung wirkt.

Aber konnten diese Bilder Gültigkeit beanspruchen? Dank der Anziehungskraft des positiven Kerns (im einfachsten Fall eines Protons im Wasserstoffatom) musste das Elektron spiralförmig in den Kern stürzen. Es konnte demnach keine stabilen Atome geben – in krassem Gegensatz zur Erfahrung. Ausserdem hätte das Elektron nach den Gesetzen der Elektrodynamik ständig Strahlungsenergie verlieren müssen – auch dies im Widerspruch zur Existenz nicht-leuchtender Atome. Schliesslich hätte die Strahlung des Atoms durch das immer schneller rotierende Elektron verschmiert sein müssen.

In Wahrheit beobachten wir in der Spektralanalyse für jedes Element nur ganz bestimmte mehr oder weniger scharfe Linien.

Bohr durchhieb diesen gordischen Knoten mit einem Schlag durch eine neue Vision des Atoms 1913, ein Jahr vor Kriegsausbruch.

Es ist bemerkenswert, dass auch er ebenso wie Planck dabei auf das Prinzip der kleinsten Wirkung von Maupertuis zurückgriff:

1. Das Elektron kann sich nur auf besonderen Bahnen bewegen. Dabei muss das Wirkungsintegral über einen Umlauf ein ganzzahliges Vielfaches von h sein.
2. Solange das Elektron auf einer dieser erlaubten Bahnen rotiert, findet keine Strahlung statt. In diesem Fall wird keine Energie abgegeben. Diese Bahnen heissen daher stationär: Das Atom befindet sich im stationären Zustand.
3. Ein Elektron kann spontan und momentan von einer höheren Bahn zu einer der niedrigeren Bahnen stürzen. Die dabei freiwerdende Energie wird als Strahlung abgegeben. Umgekehrt kann das Atom durch Strahlungsaufnahme oder Stösse Energie aufnehmen; dabei springt das Elektron auf eine entsprechend höhere Bahn.
4. Stürzt das Elektron von der Bahn mit der Energie E_1 auf die Bahn mit der Energie E_2, so wird Licht emittiert, dessen Energie der Differenz der Energien $E_1 - E_2$ entspricht.

Diese Annahmen tragen drei Merkmale:

I. Sie enthalten einen radikalen Bruch mit der klassischen Physik.

II. Bohr entnahm sie nicht der Beobachtung, sondern seinem eigenen Innern: Sie sind logisch betrachtet freie Setzungen des menschlichen Geistes, mystisch gesprochen: Ein-Blicke in die niemals beobachtbare innere Welt des Atoms, in seine mathematische Struktur.

III. Diese Struktur ist gegeben durch ein Verbot: Das Elektron «darf» keine anderen Bahnen als die «erlaubten» einnehmen. Wir haben hier die gleiche Struktur wie beim Relativitätsprinzip: Kein Naturgesetz «darf» es verletzen; keine Wirkung «darf» sich schneller als mit Lichtgeschwindigkeit ausbreiten. Die Möglichkeiten der atomaren Wirklichkeit werden also enorm eingegrenzt. Sofort müssen wir fragen: Wer setzt diese Grenzen?

Zu diesem logisch durchsichtigen Verbot kommt jedoch ein irrationales Element: Das Elektron springt spontan und unter Überbrückung von Raum und Zeit von einer Bahn auf die andere. Es gibt also keine aufweisbare Ursache, weshalb es (1) dies gerade jetzt und zu keiner anderen Zeit tut und (2) einen Sprung über Raum und Zeit hinweg macht. Denkt man Bohrs Annahme zu Ende, so enthält sie nicht weniger als eine Zerstörung der Kausalität und des raumzeitlichen Charakters der Atomstrahlung. Kausalität und Raumzeit, diese Säulen des klassischen Weltbilds, werden durchlöchert.

Man muss diese Konsequenzen in aller Schärfe formulieren, um das Ungeheure bewusst zu machen, was mit Plancks Quantenhypothese in die Welt tritt. Jetzt erst zeigt sich ihre ganze Tragweite: Sie legt die Existenz und Struktur der Atome fest, und damit die Existenz und Struktur des Universums in seiner heutigen Gestalt.

In der Tat lassen sich aus Bohrs Annahmen sofort die Energiewerte berechnen, die zu den erlaubten Bahnen des Elektrons gehören. Damit aber werden auch die Energien der abgestrahlten Spektrallinien und deren Frequenzen berechenbar. Kurz, wir erhalten ein mathematisches Modell der Spektrallinien. Erstmalig wird das Licht zu einer erklärbaren und berechenbaren Grösse: Wir beginnen, das Licht zu verstehen. Es ist, als wäre ein Vorhang weggezogen, der uns bislang den Blick auf ein unbekanntes Schauspiel des Universums verhüllte.

Gleichzeitig verstehen wir die Bedeutung von h: Indem die Bahnen des Elektrons durch die Bedingung festgelegt sind: Wirkungsintegral gleich h mal eine ganze Zahl, gewinnt h im tiefsten Zustand des Elektrons (das heisst seiner untersten Bahn) einfach die Bedeutung des Grundzustands. Alle höheren Zustände (Bahnen) werden durch ganzzahlige Vielfache von h festgelegt. Die Bahnen sind «gequantelt».

Das eigentlich Umstürzende in Bohrs Annahmen war jedoch: Durch die Quantelung der Bahnen, mit einem bestimmten Grundzustand, der nicht mehr unterschritten werden kann, ist der Vergleich mit einem Planetensystem hinfällig. Die Anziehungskraft des Kerns kann das Elektron nie und nimmer zum Kern stürzen lassen. Wir müssen also den Begriff der Kraft korrigieren. Das anschauliche Weltbild der Mechanik geht verloren.

Nach der klassischen Auffassung ist die Frequenz einer Schwingung durch die Frequenz des schwingenden Oszillators festgelegt; die Umlauffrequenz des Elektrons würde also die Lichtfrequenz der von ihm ausgesandten Strahlung bestimmen. Dieses anschauliche Modell bricht zusammen. Die Frequenz des Lichts hat mit der Umlauffrequenz des Elektrons keinen direkten Zusammenhang, sondern nur mit der Differenz der zu den jeweiligen Bahnen gehörigen Energien, zwischen denen das Elektron bei der Lichtemission springt. Das anschauliche Weltbild der Elektrodynamik geht verloren.

Dies also war der Preis, den der Mensch bezahlen musste, als er den Vorhang zur Welt der Atome öffnete.

Der Mensch erkennt seinen Geist als Geist,
Aber er erkennt nicht, wodurch sein Geist Geist ist.

Yin Fu Ching

18. Kapitel
Die Struktur der Genialität

Plancks Entdeckung verleiht uns Einblicke in die Struktur der menschlichen Kreativität. Auch diese können wir als eine Art Strahlung bezeichnen, bringt man doch das Wort «Entdeckung» mit dem Wort «Erleuchtung» in Zusammenhang. Die Ur-Metapher für das Genie ist das Licht.

Zunächst finden wir folgende Schritte:

a) Eintritt einer Krise

Die Gesetze von Wien und Rayleigh-Jeans führten zu einer Krise der Physik. Es gab keinen logischen Weg, um von der klassischen Thermodynamik und Elektrizitätslehre aus die Strahlung eines Schwarzen Körpers zu verstehen. Man sprach geradezu von einer Ultraviolett-Katastrophe. Die Physik trat an einen logischen Abgrund. Er war durch ein Signal gekennzeichnet: Verfolge den Weg der Kontinuität nicht weiter! Es ist kein Zufall, dass dieser Abgrund mit einer Krise der europäischen Zivilisation zusammenfiel. Das Fin du siècle hatte sich durch eine allgemeine Dekadenz der Kunst und Philosophie angekündigt. In der Politik braute sich das System der europäischen Bündnisse zusammen, das folgerichtig zum Ersten Weltkrieg führen sollte, in dem die Lichter Europas für lange Zeit ausgelöscht wurden.

b) Kosmosophischer Imperativ

Die Krise löste eine intensive Suche der führenden Physiker nach der Lösung des Problems aus. Während sich die meisten jedoch mit Messungen bzw. der logischen Weiterführung der klassischen Vorstellungen begnügten, war es allein Max Planck, der den Gedanken hatte, diese Grundlage zu verlassen. Wir wissen, dass dies für ihn ausserordentlich schmerzlich war. Getragen wurde er vom Glauben an das Absolute, das er in Kirchhoffs Gesetz von der Gleichheit aller Stoffe bezüglich der Relation von aufgenommener und abgegebener Strahlung einer bestimmten Frequenz zu erkennen glaubte.

c) Korrekturphase

Zwischen dem Gesetz von Kirchhoff und der gemessenen Intensität der Hohlraumstrahlung musste es also eine logische Brücke geben. Es war Planck, der den Abgrund an der richtigen Stelle erkannte. Die Formeln von Wien und Rayleigh-Jeans standen mit den Messwerten annähernd in Übereinstimmung. Sie konnten also nicht gänzlich falsch sein. Folglich war jenes Stück zu ändern, das beiden gemeinsam war: Die Kontinuität der Energieverteilung.

Dabei wurde Planck klar, dass der Energiebegriff selbst in die Krise hineingezogen würde. Bei der Hohlraumstrahlung haben wir es mit Frequenzen, also der Schwingungszahl zu tun. Dies ist eine reine Bewegungsgrösse, die angibt, wieviele Schwingungen in einer Zeiteinheit vorkommen. Die Energie hingegen ist eine dynamische Grösse, die angibt, welche Arbeit geleistet wird. Die Energie einer Pendeluhr ist von der Zahl ihrer Pendelschwingungen zu unterscheiden. Ausserdem ist die Schwingungszahl eine lokale Grösse: Man braucht nur hinreichend lange auf die Pendelschläge zu schauen, um die Frequenz festzustellen. Die Energie hingegen ist eine sogenannte additive Grösse: Sie «fliesst» von einem Ort zum anderen, etwa beim Stromverbrauch. Planck: Von der Energie an einem bestimmten Ort zu reden, hat nach der klassischen Theorie gar keinen Sinn; «man erkennt die Kluft, die sich zwischen diesen beiden Begriffen auftut».[1]

Tatsächlich lief Plancks Weg nicht über die Energie, sondern über die aus den Begriffen Energie und Zeit bzw. Impuls und Raum aufgebaute *Wirkung*. Aber am Ende stand doch wieder die Energie.

Hier liegt eine Analogie zur sRT vor: Auch dort wird der Energiebegriff durch die Äquivalenz von Masse und Energie einer Korrektur unterzogen. Ausserdem wird die Erhaltung der Energie aus der Homogenität von Raum und Zeit abgeleitet und die Energie auf die Zeitachse projiziert. All dies enthält eine grundlegende Erweiterung des klassischen Energiebegriffs.

Dabei ist merkwürdig, dass gerade Plancks neuer Energiebegriff zusammen mit Einsteins Gesetz von der Äquivalenz von Masse und Energie zur Atomphysik führen sollte, obgleich beide Wege zunächst in keinem Zusammenhang stehen. Ferner führt von Plancks Entdeckung wiederum ein gerader Weg zu den Heisenbergschen Unschärferelationen für Zeit und Energie sowie für Ort und Impuls. Energie, Zeit, Masse und Schwingung hängen also in einer denkwürdigen Weise zusammen.

d) Mystische Phase

Indem Planck nun die Energie irgendwie mit der Schwingungszahl in Zusammenhang brachte, konnte er den logischen Abgrund annähernd eingrenzen. Vor seinem geistigen Auge erschien die wundervoll einfache Formel von Maupertuis.

Leonhard Euler (1707–1783) sah darin einen direkten Beweis für die Idee von Leibniz, wonach Gott die bestmögliche aller Welten erschuf.[2]

Auch Planck deutet 1937 an, dass dieses Gesetz einen Hinweis auf Gott enthält: «Was wir aber als das allergrösste Wunder ansehen müssen, ist die Tatsache, dass die sachgemässeste Formulierung dieses Gesetzes bei jedem Unbefangenen den Eindruck erweckt, als ob die Natur von einem vernünftigen, zweckbewussten Willen regiert würde».[3]

Dies gilt nach Planck nicht nur für stoffliche Teilchen, sondern auch für Photonen, die von allen denkbaren Wegen im Vakuum den kürzesten Weg einschlagen. Sie «verhalten sich also wie vernünftige Wesen». Hier wird nach Planck der Wirkursache eine Zweckursache hinzugefügt, «welche umgekehrt die Zukunft, nämlich ein bestimmt angestrebtes Ziel, zur Voraussetzung macht und daraus den Verlauf der Vorgänge ableitet, welche zu diesem Ziele hinführen». Das Gesetz von Maupertuis enthält also «eine vernünftige Weltordnung», der Natur und Mensch gleichermassen unterworfen sind: «Es ist gewiss nicht verwunderlich, dass die Entdeckung dieses Gesetzes . . ., nach welchem später auch das elementare Wirkungsquantum seinen Namen bekommen hat, seinen Urheber Leibniz, ebenso wie bald darauf dessen Nachfolger Maupertuis, in helle Begeisterung versetzt hat, da diese Forscher darin das greifbare Zeichen für das Walten einer höheren, die Natur allmächtig beherrschenden Vernunft gefunden zu haben glaubten».[4]

Hier deckt sich Plancks kosmosophischer Glaube nahezu nahtlos mit Einsteins kosmischer Religiosität.

Wie stark Planck von der Idee einer göttlichen Weltordnung gelenkt wurde, zeigt sein Vortrag 1937, wo er von der «Hoffnung auf eine stetig fortschreitende Vertiefung unserer Einblicke in das Walten der über die Natur regierenden allmächtigen Vernunft» spricht. Religion und Naturwissenschaft begegnen sich in der Frage nach dieser die Welt regierenden Macht. Beide nehmen dabei an, dass sie existiert, aber für den Menschen unerkennbar ist. Die Naturwissenschaft benutzt dabei die Messung, die Religion die Sprache der Symbole. «Nichts hindert uns also, und unser nach einer einheitlichen Weltanschauung verlangender Erkenntnistrieb fordert es, die beiden überall wirksamen und doch geheimnisvollen Mächte, die Weltordnung der Naturwissenschaft und den Gott der Religion, miteinander zu identifizieren . . . Wenn also beide, Religion und Naturwissenschaft, zu ihrer Betätigung des Glaubens an Gott bedürfen, so steht Gott für die eine am Anfang, für die andere am Ende des Denkens».[5]

e) Erinnerungsphase

Plancks mystische Vision leitete ihn über den Glauben an das Walten einer Weltvernunft zur Erinnerung an das Prinzip der kleinsten Wirkung. Hier aber begann eine zweite Erinnerung, die gerade das Gegenteil der Mystik enthielt, nämlich den Archetypus der Atomistik. Dabei ging es nicht um die strahlenden Oszillatoren. Planck hatte keine anschaulich konkreten Atome im Auge, sondern völlig unanschauliche mathematische «Atome» der Wirkung. Dies ist seine eigentliche Entdeckung: Das rein mathematische Wirkungsintegral über einen geschlossenen Weg des schwingenden Oszillators wird jetzt zum «Atom».

Der Atombegriff lag seit über zwei Jahrtausenden bereit. Aber noch niemals war er in der Physik anders als konkret gefasst worden. Freilich entstand er nicht aus der Anschauung, sondern einem rein gedanklichen Prinzip, nämlich dem Leeren. Nach Demokrit (ca. 460–370 v. Chr.) ist die Auflösung fester Gegenstände nur durch die Annahme des Leeren zwischen den Teilen möglich. Könnte man sie unendlich fortsetzen, so bliebe nur noch die Leere und es gäbe keine Gegenstände, die den Raum erfüllen. Also muss es unteilbare Dinge geben, die Atome.[6] Aus ihnen ist alles zusammengesetzt, auch unsere Seele.

Die modernen Materialisten berufen sich auf Demokrit, da nach ihm das Geschehen streng determiniert ist und die Götter zu ethischen Prinzipien herabsinken. Vergessen wir aber nicht, dass die Atome des Demokrit selbst im letzten auf Gedanken zurückgehen. Denn nach Demokrit gibt die auf der Einwirkung von Atomen beruhende Wahrnehmung nur die sekundären Eigenschaften der Dinge wieder. Die wahren Eigenschaften werden alle durch das Denken erfasst. So «ist der Mensch eine kleine Welt» für sich und «in Wirklichkeit wissen wir nichts, denn die Wahrheit liegt in der Tiefe».

Daher spaltete sich der Archetypus des Atoms im Lauf der Geschichte denn auch in einen rein metaphysischen und einen physikalischen Strom. Metaphysisch trat er in der Monadenlehre von Leibniz wieder ans Tageslicht. Hier sind die Monaden «die eigentlichen Atome der Natur». Sie sind unvergänglich, ja nicht einmal durch äussere Einwirkungen veränderbar («die Monaden haben keine Fenster»); vielmehr gehen alle Veränderungen auf eine innere «Selbstgenügsamheit» (Autonomie) zurück, «die sie zu Quellen ihrer inneren Tätigkeiten und sozusagen zu unkörperlichen Automaten macht». Im Grunde sind also die Monaden für Leibniz Seelen; Leibniz will diesen Namen jedoch nur für solche Monaden vorbehalten, die eine «deutliche Wahrnehmung» mit einem Gedächtnis besitzen.

Physikalisch konnten John Dalton und Amadeo Avogadro 1808 bzw. 1811 die beiden Grundgesetze der Chemie durch den Atomismus erklären: Die Elemente verbinden sich nur in ganzen Vielfachen ihres Gewichts zu Molekülen (Gesetz der multiplen Proportionen); bei gleichem Druck und gleicher Temperatur bestehen gleiche Gasvolumina aus der gleichen Anzahl von Atomen bzw. Molekülen. A. K. Krönig und Rudolf Clausius konnten 1856/57 die Wärmelehre auf die Annahme bewegter Atome bzw. Moleküle gründen (kinetische Gastheorie). Gerade hier wurde das Äquipartitionstheorem aufgestellt, wonach sich die Wärmeenergie gleichmässig über alle Freiheitsgrade der Moleküle verteilt.

Ebenso fruchtbar erwies sich der Atomismus für die Elektrizität: Hier konnten Elementarladungen (die Elektronen) aufgewiesen werden, aus denen sich mühelos die Effekte der Elektrizität und des Magnetismus erklären liessen; den Abschluss bildete die Elektronentheorie von Lorentz. Indem gerade Lorentz die Aufstellung der sRT wesentlich befruchtete, geht der Atomismus auch in die sRT ein, obgleich sie ihrem Weltbild nach eine Kontinuumtheorie ist. Dieser Dualismus von Kontinuum (Feld) und Atomismus zieht sich schon durch die ganze Elektrodynamik, sollen doch hier Elementarladungen das kontinuierliche elektrische und magnetische Feld erzeugen und von diesem beeinflusst werden.

Soweit bekannt, hatte aber niemand daran gedacht, die Energie bzw. die Wirkung zu atomisieren. Indem Planck nun für den Fall der Hohlraumstrahlung auch die Wirkung bzw. die Energie quantisierte, erinnerte er sich an das so ungemein fruchtbare Prinzip des Atomismus. Dieser Archetypus lag bereit. Aber ihn von der physikalischen Ebene auf die rein mathematische Ebene des Prinzips der kleinsten Wirkung zu transponieren, das war der entscheidende Schritt.

f) Charismatische Phase

Planck setzte die richtige Idee an der richtigen Stelle ein. Was aber heisst: «Es kam ihm die Idee?»

Dieses Kommen ist ein unerklärbarer Vorgang. Wäre er prinzipiell erklärbar, so müsste es zwingende Gründe (logische «Ursachen») für eben dieses Ereignis im Dezember 1900 geben. Diese gibt es nicht, denn anderenfalls hätten auch Wien und Rayleigh, die Plancks Entdeckung ja auslösten, den gleichen Gedanken haben müssen. Von materiellen Ursachen zu reden, ist absurd. Es gab keinen Zwang. Im Gegenteil, Planck widerstrebte seiner eigenen Entdeckung. Es muss also einen anderen Zwang geben, der jenseits des Sichtbaren, Physikalischen, ja sogar psychisch Notwendigen liegt.

Planck spricht von einer inneren Überwindung. Er gibt zu, dass ihn dabei «ein neuer geheimnisvoller Bote aus der realen Welt» besuchte[7]. Was heisst das?

Die grossen Denker aller Zeiten versuchten, dieses Geheimnis zu erklären. Anaxagoras (5. Jahrhundert v. Chr.) nahm einen allwissenden Geist (den Nous) an, der das Universum als einen von einem Punkt anhebenden Umlauf in Bewegung setzte. Dieser wiederum begann mit einem Zustand perfekter Vermischung und steigerte sich ständig. Nach ihm kreisen auch die Gestirne. Er bewirkt die Scheidung der Stoffe, deren Geschwindigkeit wiederum mit keinem unter den Menschen vorhandenen Ding vergleichbar ist.[8]

Hier tritt also die Vision eines von Umläufen und unvorstellbaren Geschwindigkeiten beherrschten Universums auf, wie sie letztlich zur Entdeckung der Gravitation und des Bohrschen Atommodells führte.

Dieser Nous kennt die gesamte Vergangenheit, Gegenwart und Zukunft des Umlaufs des Universums. Er ist allwissend und allmächtig. Er ist durch keine Grenze bestimmt, selbstherrlich und mit keinem Ding vermischt.

Platon entwickelt diesen Gedanken weiter, indem er dem Nous sogenannte Ein-Sicht zuschreibt, das heisst die Schau der Ideen. Die Wissenschaften bedienen sich nur der Vernunft, aber noch nicht der Einsicht. Diese jedoch bedient sich keiner Wahrnehmung, sondern schreitet direkt von Idee zu Idee, bis sie die höchste aller Ideen erreicht und wieder die Pyramide herabsteigt: Die Seele dringt von Stufe zu Stufe bis zum Anfang des Alls, dem Voraussetzungslosen, vor, berührt es und steigt dann wieder bis zum Ende herab. «Dabei nimmt sie überhaupt nichts Wahrnehmbares zu Hilfe, sondern nur die Ideen selbst, sie schreitet so von Idee zu Idee und endet auch bei den Ideen».[9]

Diese Einsicht in das Reich der Ideen besitzt die Seele dank einer besonderen Erinnerung an den Zustand vor der Geburt. So können wir zwei Gegenstände nur deshalb als gleich beurteilen, weil die Idee der Gleichheit vor aller Wahrnehmung bereits in uns existiert. Das gilt nach Platon für alle Ideen, und zwar sowohl für «die Fragen, die wir stellen, als auch für die Antworten, die wir geben». «So hatten also unsere Seelen schon früher ein Dasein, bevor sie in menschlicher Gestalt waren, und zwar ohne Körper, und besassen Einsicht».[10]

Wir müssen Platons Begriff der Idee als eines Urbilds der Dinge modernisieren, um den Schlüssel für Plancks Idee des Wirkungsquantums zu finden. Historisch lag die Idee spätestens seit Demokrit bereit. Planck erinnerte sich an sie. Die Frage ist nur, woher sie Demokrit nahm. Es hilft nicht, nach noch früheren Autoren zu suchen, etwa bei den Indern. An irgendeinem Punkt bricht die Genealogie ab, und wir müssen den Bereich der menschlichen Geschichte verlassen.

Der Erfahrung konnte weder Demokrits Atom noch Plancks Wirkungsquantum entnommen sein, denn Atome sieht man erst heute[11] und das Wirkungsquantum bildete eine radikal neue Hypothese, um einen Erfahrungskreis zu erklären.

Es ist unbestreitbar: Planck fand diese Hypothese nirgends als in sich selbst.

Dies hatte bereits Augustinus erkannt: «Suche nicht draussen! Kehre in dich selbst zurück! Im Innern des Menschen wohnt die Wahrheit.»[12]

In Weiterverfolgung von Anaxagoras und Platon bildet für Augustinus der Geist Gottes die Welt der Ideen (mundus intelligibilis); diese wiederum bewegen den menschlichen Geist durch unmittelbare Erleuchtung (illuminatio). Jede Wahrheit ist der Vernunftseele des Menschen (anima rationalis) durch natürliche Erleuchtung eingestrahlt. Unser Geist verdankt also seine Erkenntnisse nicht sich selbst, sondern «dem Lichte der Wahrheit», von dem her sie je nach ihren Fähigkeiten erleuchtet wird.[13]

Dieser Gedanke wird von Bonaventura (1221–1274) noch erweitert: Ideen sind aktive, schöpferische Gedanken im Geiste Gottes, und zwar zusammengefasst im Logos, dem Sohn Gottes. Das Sein lässt sich grundsätzlich nur unter der Voraussetzung denken, dass Gott existiert. Der Gottesbegriff ist der Seele eingeprägt (inserta). Gott selbst ist das Erst-Erkannte (primum cognitum); es gibt ausser Gott überhaupt keine Erkenntnis. Die Dinge besitzen nämlich nach Bonaventura ein dreifaches Sein: in ihrer eigenen Realität, im erkennenden Geist des Menschen und im «ewigen Geist» Gottes. Daher begnügt sich unsere Seele nicht mit den beiden ersten Seinswesen, sondern sucht so lange, bis sie an das Wissen Gottes «irgendwie heranreicht».[14]

Leibniz übernimmt diese Lösung in seine Monadenlehre. Man wird dem Mitschöpfer der Differential- und Integralrechnung neben Newton und einem der Urheber der mathematischen Logik, dem letzten Universalgelehrten Europas, nicht vorwerfen dürfen, er habe seine Philosophie neben seinen wissenschaftlichen Leistungen verfasst: Im Gegenteil, ohne diese Philosophie ist seine mathematisch-physikalische Weltsicht nicht zu verstehen.

Gerade als Schöpfer neuer Theorien war er sich klar, dass dafür die Erfahrung nicht ausreicht. Vielmehr musste er in sich selbst suchen. So übernimmt er zwar den Grundsatz von Locke: Nichts ist im Verstand, was nicht zuvor in der Sinneserfahrung war. Aber er fügt hinzu: Ausser dem Verstand selbst.[15] Der Intellekt bringt nämlich nach Leibniz eingeborene Ideen mit, welche durch die Erfahrung erst geweckt werden und die Übereinstimmung von Denken und Wirklichkeit ermöglichen.

Nach Leibniz gibt es in der Seele jederzeit Nachwirkungen von allem, was dem Betreffenden je begegnete, und Vorzeichen für alles, was ihm begegnen wird, ja «sogar Spuren von allem, was im All geschieht, wenn es auch allein Gott zukommt, dies alles zu erkennen».[16]

Diese Art von unbewusster Allwissenheit beruht nach Leibniz darauf, dass «jede Substanz wie eine ganze Welt und wie ein Spiegel Gottes oder des ganzen Alls ist», so dass das All so oft vervielfältigt wird, als es Substanzen gibt. «Man kann sogar sagen, dass jede Substanz in gewisser Weise das Wesen der unendlichen Weisheit und der Allmacht Gottes in sich trägt».[17]

Es kann uns also nach Leibniz nichts gelehrt werden, «wovon wir nicht im Geiste schon die Idee haben». Diese ist wie der Stoff, aus dem der Gedanke sich formt.[18]

Dies alles ist natürlich von Platon und Augustinus übernommen. Aber Leibniz fügt den Atomismus der Monaden hinzu, die für ihn im Grunde Seelen darstellen. Diese Seelen reflektieren die Gedanken Gottes, und nur, indem sie dies tun, stehen sie untereinander in Kommunikation und spiegeln zugleich das ganze Universum. Wir haben also eine Art von Dreiecks-Spiegelung: Die Monaden spiegeln die Gedanken Gottes und indem Gott das All ausdrücklich zu diesem Zweck erschuf, spiegeln sie auch das All.

Die Monade (Leibniz spricht auch von Substanz) «drückt, wenn auch in verworrener Weise, alles aus, was im All geschieht, das Vergangene, das Gegenwärtige und die Zukunft, und dies hat eine gewisse Ähnlichkeit mit einer unendlichen Wahrnehmung oder mit einem unendlichen Wissen».[19]

Da nun nach Leibniz die Monade «keine Fenster hat», d.h. von nichts Äusserem beeinflusst wird, sondern nur von ihrem Innern, so ist Gott letzten Endes die einzige Quelle aller unserer Vorstellungen. «Wir besitzen alle Formen in unserem Geist und dies sogar zu jeder Zeit».[20]

Diese Philosophie verleiht also dem Menschen und der Welt eine höchste Würde. Zugleich werden beide in Gott zentriert. Leibniz will daher 1678 sogar eine eigene Gesellschaft der Theophili, der Gottesfreunde, gründen.[21]

Damit ergibt sich bei Leibniz zwanglos eine Erklärung für die Übereinstimmung erfahrungsfrei gewonnener Ideen mit der Wirklichkeit. Die Beschaffenheiten (affectiones) oder Bestimmtheiten (modificationes) unseres Geistes «entsprechen dem, was wir in Gott wahrnehmen». In Gott sind alle Ideen aktuell präsent, in unserem Geist jedoch, sofern sie nicht aktualisiert sind, nur «wie die Gestalt des Herkules im rohen Marmorblock».[22] Unsere Vorstellungen sind daher ebenso wahrhaftig wie der Blick Gottes, der «alle Seiten der Welt auf jegliche Art betrachtet . . . Nur unsere Urteile stammen von uns selbst und täuschen uns»[23]. Die Grundbegriffe wie «Substanz», «Identität» und andere «stammen nicht aus den Sinnen, sondern aus der inneren Erfahrung»:

> «Nun gibt es im strengen Sinne der metaphysischen Wahrheit keine äussere Ursache, die auf uns wirkt, einzig Gott ausgenommen; er allein teilt sich uns unmittelbar mit kraft unserer ständigen Abhängigkeit von ihm . . . Auch haben wir die Ideen aller Dinge nur kraft der dauernden Wirkung Gottes auf uns in unserer Seele, das heisst, weil jede Wirkung ihre Ursache ausdrückt und weil so die Wesenheit (essence) unserer Seele ein gewisser Ausdruck, eine Nachahmung oder ein Bild der göttlichen Wesenheit, der göttlichen Gedanken und des göttlichen Willens ist und aller darin beschlossenen Ideen. Man kann also sagen, dass Gott der einzige unmittelbare Gegenstand ausser uns ist, und dass wir alle Dinge durch Ihn sehen; wenn wir z.B. die Sonne und die Sterne sehen, so ist es Gott, der uns ihre Ideen verliehen hat und sie in uns bewahrt . . . Gott ist die Sonne und das Licht der Seelen, ‹das Licht, das jeden Menschen erleuchtet, der in diese Welt kommt›».[24]

g) Isomorphie von Denken und Gedachtem

Diese allgemeine Theorie der Wahrheit lässt sich nun in einer überraschenden Weise konkretisieren. Es stellt sich nämlich heraus, dass der Weg (das «Tao»), den Planck nahm, fast die gleiche Struktur aufweist wie das Ergebnis. Solche Strukturgleichheiten bezeichnen wir als Isomorphien. Für eine derartige Strukturgleichheit lässt sich weder aus der Natur des Denkens noch der Wirkungsquanten die geringste Begründung finden: Das eine ist Subjekt der Kreativität, die anderen sind deren Objekt.

Da ist zunächst das *Hohlraummodell*. Auch das denkende Ich des Physikers bildet eine Art Hohlraum. Es «kapselt sich» von der Umwelt ab und entwickelt in Gestalt des Problembewusstseins einen Innenraum, in dem sich das theoretische Geschehen abspielt. Es wendet sich völlig nach innen. Das zunächst als etwas Äusseres herangetragene Problem wird in seinem Inneren verarbeitet. Das Ich umgibt es wie der Mutterleib den Embryo, der nun – genährt von den geistigen Säften der Mutter – sein Eigenleben beginnt. So heisst es im Deutschen: Ich trage mich mit dem Gedanken.

Nach dem *Strahlungsmodell* kommt es zu einer Art von innerer «Erhitzung» des Innenraums, wobei die inneren Abläufe des Organismus buchstäblich aktiviert werden. «Es wird einem heiss». Das Problem beginnt in einem gewissen Sinn zu strahlen: Ideen werden geboren, kreuzen sich mit anderen Ideen, Erinnerungen, Hypothesen. Der Hohlraum weitet sich zum Hohlraum der physikalischen Mitwelt, indem es zu einem umfassenden Ideenaustausch aller beteiligten Physiker kommt. Dabei lassen sich die Ideen als Strahlung bestimmter Frequenzen (Färbung) und Intensität auffassen, einige leuchten stärker, andere schwächer, einige auf der Skala möglicher Lösungen an dieser, andere an jener Stelle. Aber alle versuchen, «Licht ins Dunkel zu bringen».

Die strahlenden *Oszillatoren* bilden ein Modell für die Quellen der einzelnen Ideen. Im Innenraum Plancks waren dies seine Erinnerungen an Maupertuis, an die Entropie und deren Definition durch die Wahrscheinlichkeit. Diese Erinnerungen wurden durch innere Energien in Schwingung versetzt, mobilisiert. Zugleich traten äussere Quellen wie die Ergebnisse der Intensitätsmessungen und die Formeln von Rayleigh-Jeans und Wien an ihn heran und mit seinen inneren Quellen in Wechselwirkung.

Nun kam es zum eigentlichen *«Sprung»*: Alle Erinnerungen und von aussen kommenden Informationen reichten nicht aus, um die Lösung zu entdecken. Hier gab es keinen stetigen Übergang. Vielmehr musste der logische und begriffliche Abgrund im wahrsten Sinne des Wortes «übersprungen» werden. Indem Planck nicht mehr von der Energie, sondern der Wirkung ausging und diese zugleich quantelte, wurde der Abgrund zwischen Problem und klassischer Physik ein für allemal übersprungen. Von einer eigentlichen Überbrückung kann dabei keine Rede sein, denn noch heute ist die Plancksche Konstante «ein geheimnisvoller Bote» aus einer anderen Welt. Wir verstehen ihn ebensowenig wie die Endlichkeit der Lichtgeschwindigkeit: Hier treffen wir auf gedanklich irreduzible Ur-Strukturen des Universums.

Wir finden ähnliche Sprünge in der Genetik. Auch hier bilden die Mutationen, die für die Evolution verantwortlich sind, letztlich irreduzible Grund-Fakten. Analog spielt sich auch die Evolution der Physik durch Mutationen ab. Sie begründen neue «Arten» von Theorien, die fortan ihr Eigenleben führen. Zugleich kommt es zu einer Aufwärtsbewegung der Wissenschaft, zum Fort-Schritt. Die Evolution der Physik ist eine Abfolge geistiger Mutationen. Diese sind ihrer Struktur nach «Atome der Wirkung». Kurz, das Ur-Erlebnis der atomistischen Natur der Strahlung ist in sich atomarer Natur. Planck hatte nicht nur eine Grund-Struktur des Universums entdeckt, sondern des menschlichen Denkens. Der Gedanke – wie jener des Wirkungsquantums – ist in sich etwas Bestimmtes und Abgeschlossenes, nicht nur eine «Schwingung» des Geistes, die wieder verebbt. Er wirkt weiter, geht in die Welt hinaus und regt dort unzählige andere «Atome» (Physiker) zu Resonanzschwingungen an. Kurz, der Gedanke ist eine Art von Photon.

Besonders frappant ist die Strukturgleichheit von Erkenntnis und Atommodell. Plancks Entdeckung war ein «Quantensprung» im Reich der Physik, «angeregt» durch das Problembewusstsein und die Erinnerungsphase. Sein psychologischer Erregungszustand stieg auf ein höheres «Energieniveau», bis durch einen spontanen Akt über Raum und Zeit hinweg die «Lichtemission» in Gestalt der neuen Hypothese erfolgte. Damit trat wieder ein innerer Gleichgewichtszustand ein, die Gedanken kreisten wieder auf «stationären Bahnen», bis sie durch ein neues Problem «angeregt» wurden.

Diesem individuellen Sprung entspricht nun ein kollektiver. Betrachten wir den Wissensstand der damaligen Physiker als eine Art Atom, so vollzog sich durch das Problem der Hohlraumstrahlung eine «Anregung», der mit Plancks Hypothese die «Emission» einer neuen Einsicht folgte. Fortan wird die gesamte Physik in irreversibler Weise mit der Existenz des neuen «Photons», eben der Quantenhypothese, leben.

Diese Isomorphie ist das beinahe noch grössere Wunder als die Entdeckung selbst. Sie verweist auf eine grundsätzliche Einheit von Denken und Natur. Die Monade Mensch spiegelt das Universum nicht nur inhaltlich, sondern auch methodisch. Dies ergibt eine doppelt prästabilierte Harmonie.

Wir finden also im Sinne von Leibniz eine dreifache Einheit: Von gedanklichem Innenraum Gottes und Gottes realem Aussenraum (dem Universum), von Universum und gedanklichem Innenraum des Menschen und von diesem wiederum mit dem gedanklichen Innenraum Gottes.

Bleibt noch das Rätsel der Erwähltheit Plancks. Weshalb gerade er? Es gibt dafür keine psychologische oder gar soziologische Erklärung. Die Tatsache des gedanklichen Sprungs widerstrebt aller ursächlichen Begründung. Wir müssen also die Ursache entweder überhaupt leugnen und kommen damit zum irrationalen Begriff des Zufalls (der nichts erklärt), oder wir müssen den Grund jenseits aller natürlichen Ursachen suchen. In diesem Fall bleibt nur die göttliche «Einstrahlung» Bonaventuras. «Viele sind berufen, aber wenige sind auserwählt».

Dies ist im Grunde auch die unbewusste Erklärung, die wir für alle grossen Leistungen der Kultur bereithalten. Es ist dies aber ein ewiges «Wir wissen es nicht und werden es niemals wissen».

Versuchen wir dennoch, diesem Geheimnis näherzukommen. Es ist nicht weniger als das Geheimnis des menschlichen Schöpfertums. Zwei Erfahrungen mögen uns führen. Da ist einmal die überwältigende Tatsache, dass es diese Kreativität gibt. Sie erstaunt uns zunächst in ihren einmaligen geschichtlichen Leistungen. Diese möchte ich als Megakreativität bezeichnen. Es gibt aber auch die Makro- und Mikrokreativität in jeder wissenschaftlichen und technischen Leistung.

In einem gewissen Sinn besteht unser gesamtes Denken aus schöpferischen Schritten von der Art der Lichtemission in Quantensprüngen. Jeder Gedanke ist in sich ein solcher «Lichtblitz». Das Problem betrifft also nicht nur die Genialität, sondern das menschliche Denken schlechthin.

Zum anderen finden wir in der Geschichte die gleichfalls überwältigende Tatsache, dass bestimmte Persönlichkeiten unbestreitbar eine «andere» Wirklichkeit erlebten. Auch hier fallen uns wieder die Beispiele der Mega-Erleuchtung auf: Propheten, Mystiker wie der Heilige Franziskus, oder medizinisch nicht erklärte Heilungen, sogenannte Wunder. Alles, was die Religion über Gott weiss, ist zunächst die Erfahrung von sogenannten Begnadeten.

Es war daher einer der verhängnisvollsten Irrtümer der Theologie, von Gott nicht als Quell der Erfahrung zu reden, sondern als Gegenstand logischen Denkens. Sie wurde so aus einer geschichtlichen Erinnerung zu einer rational sich gebenden Theorie. Das wäre an sich nicht ausweglos, wenn man an die Beispiele theoretischer Wissenschaften wie der reinen Mathematik und Logik denkt. Aber deren Gegenstand sind reine Gedanken des Menschen. Sie werden erst zu Gedanken «über die Wirklichkeit» dank der Erfahrung. Plancks Gedanke des Wirkungsquantums hätte ohne die Messung der Hohlraumstrahlung ebensowenig Wahrheitsgehalt beanspruchen können, wie Bohrs Atommodell ohne die Messung der Spektrallinien. Ebenso ist alle theoretische Theologie ohne die Zeugnisse jener, die Gott erlebten, reiner Schall.

Ich behaupte also: Theologie ist Erinnerung an glaubwürdige Zeugnisse der Gotteserfahrung oder sie ist nichts. Denn im Gegensatz zur reinen Mathematik und Logik hat sie es nicht mit menschlichen Gedanken zu tun (die zuweilen nachträglich zur Erklärung der Erfahrung herangezogen werden), sondern sie ist eine eminent erfahrungsbezogene Wissenschaft. Sie hat es mit geschichtlichen Zeugnissen und ihrer kritischen Verarbeitung zu tun.

Natürlich finden wir die Idee Gottes in den Gläubigen aller Zeiten als eine Tatsache. Nur können wir daraus erst dann auf die Existenz Gottes als absoluten Herrn und Schöpfers der Welt schliessen, wenn wir annehmen, dass dieser Idee eine persönliche Erfahrung zugrundeliegt. Nur der erfahrene Gott ist der wirkliche Gott. Will man aber diese Erfahrung als Täuschung nachweisen, so bedarf es dazu eines wissenschaftlichen Beweises, der im Falle der Propheten und Mystiker kaum eindeutig zu erbringen ist.

Nun bildet aber die Entdeckung des Wirkungsquantums keine direkte Gottes-Erfahrung wie etwa die Christus-Vision des Heiligen Franziskus. Dennoch geht aus der Selbstdarstellung Plancks hervor, dass er sich in einen absoluten Ausnahmezustand versetzt fühlte. Er musste irgendwie das «Wehen des göttlichen Mantels» gefühlt haben.

Ich möchte daher ein mittelbares Gottes-Erlebnis in dieser Entdeckung nicht völlig ausschliessen. Planck war ja auch sein ganzes Leben lang davon beherrscht.* Wenn dem aber so ist, dann liegt es nahe, eine *Vermittlung* zwischen der göttlichen Gnade und der Entdeckung anzunehmen. Diese Vermittlung sehe ich in der geistigen Einheit des Kosmos mit dem Menschen.

Das Wirkungsquantum bildet die Grundtatsache des Universums. Die gesamte Physik der Elementarteilchen ist ohne das Wirkungsquantum nicht zu denken. Damit werden Chemie und Biologie grundlegend an die Existenz des Wirkungsquantums gebunden: Es bildet den letzten Grundbaustein des Alls.

Dem Wirkungsquantum kommen aber gerade jene Eigenschaften zu, die auch das Leben ausmachen: Spontaneität, Kommunikation und Transformation. Die letztere äussert sich bei den Lebewesen als Stoffwechsel, Wachstum, Generation und Evolution.

Die Spontaneität der Lichtentstehung drückt sich durch den mathematisch und logisch nicht nachvollziehbaren Sprung eines Elektrons im angeregten Zustand zu einem tiefer liegenden Energieniveau aus. Es gibt keine anschauliche Darstellung, weshalb das Elektron innerhalb einer mittleren Zeitspanne von etwa einer hundertmillionstel Sekunde gerade zu diesem Zeitpunkt springt. Es ist ferner sinnlos zu fragen, was es während des Sprungs «macht»: Hier haben Raum, Zeit und Kausalität keine anschauliche Bedeutung mehr. Diese Spontaneität zeigt sich noch eindrucksvoller beim radioaktiven Zerfall.

Die Spontaneität, die sonst nur dem Leben und dem menschlichen Geist eignet, findet sich also in einer ursprünglichen Form bereits in der Welt der Atome und der Lichtteilchen.

Ein weiteres Merkmal des Lebens ist die Kommunikation. Jedes Lebewesen existiert nur dank eines ständigen Austauschs von Stoffen und Infor-

* Ob er an einen persönlichen Gott glaubte, ist dann nicht mehr relevant.

mationen mit seiner Umwelt. Auch die Atome befinden sich in einem solchen Austausch: Indem sie Strahlung abgeben und aufnehmen, bilden sie die Komponenten eines Strahlungsfelds. Dabei wird das Feld selbst in der Quantenfeldtheorie (der heutigen Theorie der Elementarteilchen) quantisiert. Auch hier spielt also das Wikrungsquantum eine fundamentale Rolle. Indem nun das Feld die Kommunikation (Wechselwirkung, Informationsaustausch) zwischen den Teilchen repräsentiert, können wir die Atome und Elementarteilchen als die Ur-Formen des Lebens bezeichnen.

Schliesslich bilden die Atome und Teilchen ständige Transformationsvorgänge. Sie nehmen nicht an ihnen teil: Sie *sind* sie. Das zeigt sich schon daran, dass selbst stabile Atome und Teilchen der Zeit unterliegen: Unaufhörlich und unvermeidbar verschiebt sich der dreidimensionale Raum von seinem jetzigen Momentzustand zu dem nachfolgenden.

Darüber hinaus unterliegen alle Atome und Teilchen einer permanenten Wechselwirkung mit dem Feld: Ein strahlendes Atom ist ein anderes als zuvor: Es hat ein Lichtquant geboren. Ein absorbiertes Lichtquant geht im Atom unter und verleiht diesem einen neuen, «angeregten» Zustand. Wir finden die Welt in einem permanenten Zustand von Geburt, Tod und neuer Geburt, kurz, in einem Zustand schöpferischer Wiedergeburt.

Ich möchte diesen Transformationsvorgang mit Leibniz als *Transkreation* bezeichnen. In der Tat haben wir es mit mehr als einer Umformung, einer «Trans-Formation», zu tun. Vielmehr wird ständig neues Licht, neuer Zustand der Teilchen und Atome, mit einem Wort: neues Leben geschaffen. Schon der Ausdruck «Lebensdauer» für die Elementarteilchen bzw. die radioaktiven Elemente weist auf die unbewusste Kennzeichnung als Lebewesen hin.

Natürlich haben wir es auf dieser Stufe nicht mit dem «eigentlichen» Leben zu tun, sondern mit einer Vorstufe. Ich möchte daher die Atome, Photonen und Elementarteilchen als uneigentliche Lebewesen bezeichnen. Sie bilden Zeichen für die eigentlichen Lebewesen.

Das Weltall ist kein totes, lebloses Gebilde, sondern ein Organismus. Wir erkennen dies unmittelbar an seiner wundervollen Gliederung von den galaktischen Haufen bis hinunter zu den Atomen. Das All ist durch und durch «organisiert»: Es hat Organe, die ihm als einem Ganzen Leben verleihen. In der Tat wurde auch das All vor 15–20 Milliarden Jahren geboren.

Schon in der Relativitätstheorie war die eigentliche «Substanz» der Welt das Ereignis. Jeder Raumzeit-Punkt repräsentiert in der Minkowski-Welt ein Ereignis. Die Weltlinie ist eine Kette von Ereignissen. In der Tat sprechen wir von geschichtlichen oder persönlichen Ereignissen als Grundtatsachen schicksalhafter Bedeutung. Sie tragen demzufolge einen Wert. Er besitzt je nach den Folgen für die menschliche Person, die davon beeinflusst wird, ein positives oder negatives Vorzeichen.

Ereignisse und Werte hängen also eng zusammen. Insofern ist bereits die Relativitätstheorie eine elementare Wissenschaft der Bewertung von

Ereignissen: Je nach dem Standort des bewertenden Beobachters erhalten Ereignisse und ihre Zusammenhänge verschiedene Werte der Grössen Ort, Zeit, Masse, Energie, elektrisches und magnetisches Feld. Dabei hat freilich der Name «Wert» keinen existenziellen, sondern nur einen mathematischen Sinn.

Dennoch ist bereits die Relativitätstheorie auf einer elementaren Stufe des Kosmos eine Theorie lebendiger Ereignisse. Nur in bezug auf das Leben trägt das Ereignis einen Sinn. Die Relativitätstheorie ist daher eine Art von Proto-Theorie des Lebens: Noch gänzlich eingehüllt in die Symbolik von Gleichungen, ist sie dennoch bereits auf der Stufe der Physik eine lebendige Beziehung von Ereignis und Beobachter. Ohne diese hätten die Lorentz-Transformationen keinen «Sinn».

All dies ist das untrügliche Kennzeichen der Seele. Auch mit diesem Begriff sind wesenhaft Spontaneität, Kommunikation und Transkreation verbunden. Ihre Spontaneität spricht sich durch jene Suche nach der Lösung eines Problems aus, wie sie für den grossen Physiker besonders kennzeichnend ist. Was anders zwang Planck, sich nicht mit den Formeln von Rayleigh und Wien zu begnügen, sondern einem inneren Imperativ zu gehorchen?

Den begrifflichen «Wert» dieses Imperativs möchte ich in einem engeren Sinn als die «Seele» Plancks bezeichnen. Es war seine Seele, die das Wirkungsquantum als geheimnisvollen Boten aus der Wirklichkeit «sah», wo seine Zeitgenossen nur Dunkel erblickten.

Die Seele versteht aber nur die Seele. Sprechen zwei Menschen miteinander, so tun sie dies als Seelen, nicht als Leib. Alles Sprechen ist wesenhaft Sprechen von Seelen, ja «Sprechen» und «Seele» werden nahezu synonym.

Haben die Atome also eine Sprache? Ich antworte mit Gewissheit: Ja! Ihre Sprache ist die Mathematik der Quantenmechanik. Wie könnten wir sonst die Sprache des Planckschen Wirkungsquantums auf die Atome anwenden? Galileis Gedanke, die Natur sei in den Lettern der Mathematik geschrieben, erfährt hier seine Erfüllung.

Dies ist zugleich die Inverse von Goethes

> Wär' nicht das Auge sonnenhaft,
> Wie könnten wir das Licht erblicken?

Ich kehre dieses Verhältnis um und sage:

> Wär' nicht die Sonne augenhaft,
> Wie könnte sie das Aug' entzücken?

Freilich, die Sonne spricht zum äusseren Auge nur durch Lichtquanten. Aber diese vermitteln eine Botschaft, und zwar genau jene, die Planck durch seine Vision der Strahlung als Summe von Energiequanten hörte. Dies war freilich kein äusseres Hören oder Schauen, sondern ein *inneres.*

Atome und Licht sprechen zu uns einerseits in einer äusseren Sprache: Dies ist die Wahrnehmung, über die schon die Pflanzen und Tiere verfügen. Sie sprechen zum Physiker jedoch in einer zweiten Sprache, jener der Mathematik. Diese ist nicht weniger wirklich als die äussere Sprache, ja wir können sagen: Sie bildet die unerlässliche Bedingung und Voraussetzung, dass die äussere Sprache überhaupt möglich ist. Das *verstandene* Universum spricht zum inneren Ohr des Menschen. Und dies ist sogar seine eigentliche und wahre Sprache. Sie ist von universalem Inhalt, ewiger Schönheit und unauslotbarer Tiefe. Eines ihrer Leitmotive ist Plancks Strahlungsformel. Wie könnte man sagen, das Universum sei stumm?

Wir finden sogar eine dritte Sprache des Universums: Es ist die Sprache des inneren Erlebens. Die Sprache der Wahrnehmung lässt unseren Organismus sachgerecht auf die Umwelt reagieren, es ist die für das Überleben nötige Sprache der Welt. Die Sprache der geistigen Ordnung wendet sich an den Wissenschaftler und Techniker: Sie ist die Sprache als Voraussetzung des spezifisch menschlichen Überlebens in einer rationalisierten Umwelt. Die Sprache des Menschen schlechthin jenseits seines biologischen und technischen Überlebens ist aber jene, in der die Natur seit je zum Menschen spricht: Die Sprache der Dichter, Seher und Propheten. Sie ist letzten Endes jedem Kinde verständlich, ja sie ist eigentlich die Sprache des Kindes. Dem Kinde sind alle Gegenstände belebt, ja beseelt. Es wendet sich ihnen in grenzenlosem Vertrauen zu, dass sie im Grunde nicht anders seien als es selbst.

Es muss also etwas im Menschen sein, das auf diese dritte Sprache des Universums hört. Dies ist seine *Seele* im eigentlichen Sinn. Analog zum Gleichgewicht der Hohlraumstrahlung empfängt sie ständig aus der Aussenwelt Signale, die sie in einen Anregungszustand versetzen. Sie selbst reagiert darauf spontan durch «Emission» von inneren Worten, wie sie der Komponist, Dichter oder Maler findet, um seinen Zustand auszusprechen. In der Tat ist unsere Seele in permanentem schöpferischem Zustand. Sogar im Traum erzeugt sie Schein-Erlebnisse, die sie wiederum in neue «Schwingungen» versetzen.

Es ist eine beobachtete Tatsache: Je isolierter der Mensch von der wahrgenommenen Umwelt ist, desto intensiver wird seine seelische Schöpfertätigkeit. Bei total Isolierten kann sie sich zur Halluzination steigern. Das beweist, dass unsere Seele ein aktives Etwas darstellt, das keineswegs auf die äussere Wahrnehmung angewiesen ist.

Die Wandlungen unserer seelischen Zustände vollziehen sich ähnlich sprunghaft wie die Lichtaufnahme- und Abgabe im Atom. Jede neue Erfahrung bedeutet einen Sprung, der sich in unsere Erinnerung fortsetzt und dort ein neues Element erzeugt. Sie regt uns eventuell zu einer Reaktion an, die etwas Neues im Ablauf unserer Existenz bedeutet. Alle aus der Umwelt kommenden, verstandenen Nachrichten sind eine Art von Quantensprüngen. Nur bilden die meisten einen dichten Hintergrund, dessen einzelne «Frequenzen» nicht mehr unterschieden werden können. Allein die ganz starken, uns innerlich bewegenden Frequenzen werden uns als gesonderte «Spektrallinien» bewusst.

Ich verstehe also unter «Seele» das Selbst einer spontanen Aktivität, die durch die dritte Sprache des Universums in Anregungszustände versetzt wird und darauf mit eigenen «Worten» anspricht. Es sind dies weder die Wahrnehmungsinhalte als solche wie etwa die Farben Blau oder Grün oder die gehörten Töne, noch sind es die Gleichungen und geometrischen Graphiken, deren sich der Wissenschaftler bedient, um die Wahrnehmungen zu verstehen. Dies alles ist bereits die übersetzte Wirklichkeit, ist mittelbar. Hier aber haben wir eine direkte Sprache vor uns, die keines Wörterbuchs bedarf. Wir treten durch die inneren Erlebnisse von Schönheit, Schrecken, Tiefe, Freude oder Trauer unmittelbar mit der Natur in Kontakt. Ja, was wir als «Natur» bezeichnen, ist nichts anderes als der Counterpart unserer inneren Sprache.

Zu den grundlegenden Unterschieden der inneren Sprache gegenüber der äusseren Wahrnehmung und der Kunstsprache der Mathematik gehört das unmittelbare Verstehen dessen, was uns das Universum «sagt».

Das Wahrnehmen bedarf der Umwandlung der von aussen kommenden Energieportionen in einen Anregungszustand der Neuronen und der Verarbeitung dieser Zustände in bewusst gemachte Inhalte. Das Berechnen bedarf der Übersetzung einer Gleichung in die Prognose eines Messergebnisses. In beiden Fällen finden wir eine sofortige und ganzheitliche Bewusstwerdung eines Naturereignisses, und zwar als eines für uns bedeutsamen. Wahrnehmungen und Messungen können uns unter Umständen gleichgültig lassen, das Ereignis nie. Ja, als «Ereignis» bezeichnen wir nur ein Etwas, das zu uns in einen existenziellen Kontakt tritt. Dieser Kontakt wird uns als eine Botschaft bewusst. Ihre Träger sind im allgemeinen äussere Wahrnehmungen und/oder auf Zahlen abgebildete Messergebnisse. Aber zur eigentlichen Botschaft werden beide erst, wenn sie uns etwas bedeuten, will sagen: für uns einen Wert darstellen. Sie tun dies, indem sie mit unserem inneren Zustand korrespondieren, kurz: indem sie eine Art von Quantensprung in unserer Seele auslösen.

Die dritte und direkte Kommunikation zwischen Mensch und Natur vollzieht sich also nach dem Bilde der Hohlraumstrahlung, solange wir uns im Gleichgewicht mit der Umwelt befinden. Eine Störung dieses Gleichgewichts bezeichnen wir demgemäss als Krankheit. Wer wie viele der Heutigen nicht mehr auf die Natur «hört» und mit eigenem Erleben «antwortet», ist tot. Er hat seine Seele verloren – nach dem magischen Verständnis der Afrikaner ein tödlicher Verlust.

Wenn dem aber so ist, dann können wir nicht umhin, auch die Natur als Seelen zu bezeichnen. Die überwältigende Tatsache, dass eine seelische Wesenheit in uns auf die Ereignisse der Natur anspricht, nötigt uns dazu, auch die «Sender» der Natur als seelische Wesenheiten zu verstehen. Nicht nur die menschlichen Empfänger sind Seelen, es sind dies auch die natürlichen Sender. Die Energiequanten der Hohlraumstrahlung versinnbildlichen dann die Botschaften, die zwischen Mensch und Natur ausgetauscht werden. Der Hohlraum selbst ist dann Sinnbild eines seelischen «Innenraums», der gleicherweise die Seelen der Menschen als auch die seelischen Wesenheiten der Natur umgreift. Es ist dies der Sprachraum des Ganzen aus Mensch und Natur, das eigentliche «All» der Seelen.

Es gibt aber noch eine vierte Sprache des Universums, die Symbole. Hier versteht der Mensch die Daten der Wahrnehmung, deren Übersetzung in die Sprache der Mathematik und die direkte Verständigung mit der Natur durch die Seele als Zeichen für Wesenheiten, die sich nicht unmittelbar in der Natur aussprechen. Erst jetzt wird die Natur zur eigentlichen Botschaft.

Seit je hatten die Zeichen der Natur für den Menschen eine existenzielle Bedeutung, die weit über das unmittelbare Erleben hinausgreift. Man denke nur an die «Zeichen des Himmels», wie etwa das Nordlicht 1938, das in fast ganz Europa zu sehen war und von vielen als Vorbote des Zweiten Weltkriegs aufgefasst wurde.

Dies sind nun freilich Zeichen besonderer Art, die nicht zwingend eine Botschaft enthalten. Sie sind meist vieldeutig und verkünden keine Botschaft an alle. Hingegen ist allein die Tatsache der mathematischen Sprache des Universums in sich bereits die unabwendbare Botschaft einer überlegenen Vernunft in der Welt (Einstein). Diese Vernunft spricht sich zwar in der Welt aus, aber sie steht zugleich über der Welt. Man kann sich nur schwer vorstellen, dass die Atome zur Aufstellung von Plancks Strahlungsformel fähig sind. Und doch folgen sie ihr. Die mathematischen Strukturen der Atome stellen also eine Art von Führungsfeld dar, dessen Existenz jedoch mit einem gedanklichen, nicht-physikalischen Raum verknüpft werden muss. Ich nenne die vierte Sprache der Natur daher die Transzendenz- oder Symbol-Sprache.

Fragen wir uns nun, in welcher Weise die vier Sprachen einen Austausch von Botschaften zwischen Welt und Mensch darstellen. Sicher ist, dass die Wahrnehmung den Austausch von Energie voraussetzt. In diesem Sinn haben wir es mit einem echten Dialog zu tun, wenn auch auf der tiefsten Stufe. Auch die Atome «nehmen uns wahr», indem sie mit unserem Organismus in eine Wechselwirkung treten. Die «Worte» sind dann die Lichtquanten, die bei uns ankommen und – wenn sie nicht absorbiert werden – wieder zur Aussenwelt zurückgestrahlt werden. Das ganze Universum ist von solchen Lichtquanten durchsetzt. Insofern sie die Wechselwirkung zwischen den Atomen des Weltalls vermitteln, können wir sagen: Schon die Atome sprechen miteinander durch das Licht.

Hingegen wissen wir absolut nichts über ein wahrnehmendes Bewusstsein der Atome. Die Moleküle unseres Gehirns mögen zwar Träger des menschlichen Bewusstseins sein, ob sie aber als solche Bewusstsein haben, wird uns wohl für immer verborgen bleiben. Um dies festzustellen, müssten wir sie in einer Weise stören, die sie zugleich zerstört. Nichts hindert uns jedoch, schon den Atomen eine Art von Vor- oder Proto-Bewusstsein zuzuschreiben, das es ihnen erlaubt, die in den ankommenden Photonen enthaltene Nachricht zu erleben. Schliesslich ist die Anregung zu einem energiereicheren Schwingungszustand der Oszillatoren ja auch eine Art von Wahrnehmung, wie sie unser menschliches Bewusstsein in einen höheren «Schwingungs- oder Anregungszustand» versetzt.

Anders jedoch die Sprache der Mathematik. Es ist nahezu ausgeschlossen, dass die Atome unsere Gleichungen verstehen. Hier liegt eine grundlegende Asymmetrie vor: Der Mensch entschlüsselt die in der Wahrnehmung liegende Nachricht durch die Mathematik, aber er kann die entschlüsselte Nachricht nicht unmittelbar an die Atome zurückgeben.

Andererseits gehorchen die Atome der Mathematik in einer eindrücklichen Weise. Sie brauchen sie nicht einmal zu lernen wie der Mensch: Sie beherrschen immer schon das ganze Pensum der allerschwierigsten Gleichungen, wie sie nicht einmal dem besten Mathematiker oder Computer zugänglich sind.* Das lässt sich nur durch die Hypothese erklären, dass die Atome ein inneres Sensorium, eine Art Empfänger für die Mathematik besitzen, die sie steuert. Dieses Sensorium hat nichts mit Energie, Raum und Zeit zu tun: Es wirkt immer absolut sicher und bedarf keines Lernprozesses. Es überspringt den Raum des ganzen Universums, da alle Atome den gleichen Gesetzen gehorchen.

Wir müssen also annehmen, dass das mathematische Sensorium der Atome eine Analogie zum menschlichen «Organ» aufweist, das es dem Menschen gestattet, die mathematische Botschaft der Atome «wahrzunehmen», will sagen: ihre mathematische Wahrheit zu verstehen.

Die mittelalterliche Philosophie spricht in diesem Zusammenhang von Geist- oder Vernunft-Seele. Diese wird nun freilich allein dem Menschen zugeschrieben. Damals wusste man jedoch noch wenig von den eminent mathematischen Strukturen des Universums; man bezog sich vornehmlich auf die platonisch-aristotelischen «Formen» oder «Ideen». Heute ist das anders. Die Atome werden von unfassbar schwierigen mathematischen Gleichungen gesteuert, wobei die Plancksche Strahlungsformel nur einen sehr einfachen Fall darstellt. Die Heisenberg-Matrizen oder gar die Symmetrien der Elementarteilchenphysik zeigen die schwindelnde Höhe der Abstraktion, zu der die mathematische Darstellung emporsteigt.

Wir können also nicht umhin, über den Atomen ein Reich abstrakter Gleichungen anzunehmen, eine Art Verfassung, die das Verhalten der Atome steuert. Das Bindeglied zwischen diesem die Atome transzendierenden Reich und den Atomen bildet dann deren Sensorium, das sie befähigt, die Strukturen «wahrzunehmen». Es muss also von analoger Natur sein wie das Sensorium des Mathematikers. Er entnimmt die Mathematik ja auch nicht direkt aus der Wahrnehmung, sondern aus einem rein geistig-seelischen Bereich, seinem eigenen Innern. Hier und nirgends

* Die Eigenwertgleichungen der komplizierten Atome können wir derzeit nur näherungsweise lösen.

sonst entdeckt er die Mathematik der Atome, wie Planck eindrücklich demonstrierte.

Wir müssen also auch den Atomen eine Art von «Innen» zuschreiben, das sie befähigt, aus sich selbst die jeweils passenden mathematischen Strukturen abzurufen, welche der vorliegenden Situation entsprechen. Dieses «Abrufen» muss in einer gewissen Analogie zum Abrufen der Mathematik durch den Menschen stehen, also ein spezifisch *innerer* Vorgang sein. Genau diesen bezeichnen wir als Aktivität der Seele.

Auch die Atome, so können wir schliessen, verfügen über eine seelisch-geistige Innenwelt, die ihnen den Anschluss an die reine Mathematik ermöglicht. Ja, sie verstehen die Sprache der Mathematik in einer dem Menschen unendlich überlegenen Weise. Sicher, sie sind selbst keine Mathematiker, insofern sie die Mathematik nicht wie der Mensch erschaffen. Aber sie wissen ihre Botschaft in einer Vollkommenheit zu begreifen, die alles menschliche Begreifen übersteigt.

In welcher Weise gibt es nun auf der mathematischen Ebene wenigstens eine mittelbare Verständigung zwischen Mensch und Atom? Die Antwort lautet einfach: Durch die Technik steht der Mensch in einem Verhältnis des Sprechenden zur verstehenden Natur. Wäre nämlich die Natur taub, so könnte sie nie und nimmer dem Wort des Menschen gehorchen. Dieses Wort geschieht durch die Konstruktion des Technikers. Darin eingeschlossen sind auch die Versuchsanordnungen des Experimentators. Beide zeichnen der Natur einen Weg vor, den sie an sich nicht gehen würde. Alle Artefakte des Menschen sind die Antwort der Natur auf das Wort des Menschen. Insoweit trägt die Technik eine eminent dialogische Bedeutung: Sie ist das Bindeglied zwischen Mensch und Natur, wo beide Partner zum Sprechen und Antworten geführt werden.

Aber gibt es auch für Sprache drei und vier ein ähnliches Sprechen der Natur wie für die beiden vorgängigen Sprachen? Darüber wissen wir nichts. Ob die Atome untereinander in eine direkte Kommunikation treten, die sie Emotionen wie Schönheit, Schrecken oder Erschütterung empfinden lässt, wird uns wohl für immer verschlossen bleiben. Dennoch gibt es keinen zwingenden Grund, es zu leugnen. Insbesondere können wir a priori nicht bestreiten, dass auch den Atomen eine Art von Intuition zukommt, die es ihnen gestattet, über Raum und Zeit hinweg, jenseits der energetischen «Wahrnehmung» wesentliche Strukturen der Wirklichkeit zu erfassen. Dies ist ja eines der deutlichsten Kennzeichen der Seele. Ein derart intuitives Erfassen würde sich z. B. in der Fähigkeit der Atome kundtun, künftige Ereignisse wahrzunehmen, zu denen nach den Gesetzen der sRT unter keinen Umständen ein Signalweg herzustellen ist. Würden sich die Atome auf die Zukunft «einstellen», wie dies etwa Tiere oder Pflanzen tun, so hätten wir einen Hinweis auf die prognostische Potenz der Natur. Auszuschliessen ist es nicht. Dazu müsste lediglich das Verbot von Überlichtgeschwindigkeit sowie die raumzeitliche Struktur der physikalischen Ereignisse für einen bestimmten Verhaltensbereich der Atome durchbrochen werden. Weshalb soll den Atomen a priori unmöglich sein, was sogar der Amöbe möglich ist? Und weshalb soll diese so grundsätzlich von den sie bildenden Atomen verschieden sein, dass sie Fähigkeiten entwickelt, die ihrem physikalisch-chemischen Organismus für immer verschlossen sind?

Noch dunkler ist das Geheimnis der vierten Sprache für die Atome. Können sie sich selbst transzendieren? Können sie also den Sinn einer Botschaft, etwa eines Photons, verstehen, der über den Sender hinausgreift und diesen als Symbol eines rein geistigen Seins verstehen lässt? Die christliche Mystik bejaht diese Frage, wenn sie glaubt, dass auch die «unbelebte» Natur Gott preist oder, wie Paulus sagt, nach Erlösung schmachtet. Dies ist nur konsequent, ist doch hier das Universum ein Geschöpf Gottes. Es kann also nicht absolut von seinem Schöpfer getrennt sein. Auch für den Taoismus gibt es eine durchgängige Einheit des Seins, so dass eine absolute Wesenheit wie das Tao in irgendeiner Weise von den einzelnen Dingen «verstanden» werden muss. So fragt Dschuang Tse im «Schmetterlingstraum», ob nun er, Dschuang Tse, träumte, ein Schmetterling zu sein, oder umgekehrt der Schmetterling träumte, Dschuang Tse zu sein.

Träumen also die Atome? «Sehen» sie über die sichtbare Wirklichkeit hinaus in eine unsichtbare, deren Zeichen nur die sichtbare ist? Wir wissen es nicht und werden es in diesem Leben wohl niemals wissen.

Begnügen wir uns jedoch zunächst mit den ersten beiden Sprachen: Wahrnehmung und Mathematik. Wenn es eine Art von Innen der Atome gibt, das diese Sprachen versteht, so lüftet sich das Geheimnis, wieso die menschliche Seele fähig ist, diese Sprachen der Atome gleichfalls zu verstehen. Denkwürdiges Beispiel ist der Demokritsche Archetypus des Atoms. Demokrit konnte ihn unmöglich aus der Erfahrung gewonnen haben, denn in der Erfahrung kommen Atome gar nicht vor. Ebenso konnte Planck einen Atomismus der Strahlung nicht aus den Versuchen mit der Hohlraumstrahlung ableiten, denn diese Versuche enthalten ihn nicht. Was wir an ihnen ablesen, ist nur die Kurve der Intensitätsverteilung über die Temperatur und Frequenzen. In dieser Kurve ist mit keinem Hinweis von einem Strahlungsatomismus die Rede. Dieser geht vielmehr erst in ein theoretisches *Modell* der Strahlung ein, und zwar über extrem abstrakte Gedankengänge, die sich im freien «Raum» der Hypothesenbildung bewegen.

Wenn also der Demokritische Archetypus des Atoms eine physikalische Struktur trifft, dann heisst dies nicht weniger, als dass zwischen der Imagination der menschlichen Seele und den Atomen eine Kommunikation besteht. Demokrit und Planck schufen den Atomismus nicht ex nihilo, aus dem Nichts, sondern aus einer *Entsprechung* zwischen Seele und Atom. Demokrit ahnte aus der Tiefe seiner Intuition einen Natursachverhalt, der zweieinhalb Jahrtausende vor Planck rational nicht zu begründen war.

Den Sitz einer solchen Entsprechung zwischen den rationalen Imaginationen der menschlichen Seele und den realen Strukturen des Universums nenne ich *Vor- oder Proto-Vernunft.* Sie ist die eigentliche Quelle der wissenschaftlichen Vernunft. Ihr Feld ist die Seele.

Vor allem empirischen Wissen gibt es also ein Proto-Wissen. Es manifestiert sich geschichtlich in den Archetypen des menschlichen Denkens und den Symbolen. Ich bezeichne sie als *Proto-Wahrheiten.* Sie sind nicht die exakte Wahrheit, sondern nur deren Orientierung. Von der Orientierung zur eigentlich wissenschaftlichen Wahrheit beträgt der Weg oft Jahrtausende. Er kostet den Forscher eine nahezu übermenschliche Anstrengung, wie gerade Plancks Entdeckung beweist.

Die Orientierung enthält jedoch bereits den Keim der Entdeckung. Ich bezeichne ihn als das *Gen* der wissenschaftlichen Evolution. Diese Gene verdanken ihren Ursprung einem ebenso grossen Geheimnis wie die Gene der Lebewesen. Es sind die eigentlichen Quellen und Stuerungsorgane des Lebens der Erkenntnis.

Wollen wir ihr Geheimnis entschlüsseln, so können wir nicht umhin, auch in den Atomen ähnliche Gene anzunehmen. Es müssen die gleichen abstrakten Steuerungsmechanismen sein, die sowohl das menschliche Denken als auch das Verhalten der Atome bestimmen. Mit dem Unterschied jedoch, dass die Atome nicht frei sind, ihnen zu gehorchen, wohl aber der Mensch. Nur der Mensch kann sich irren, die Atome nie.

In einer gewissen Weise liegt die Grösse des Menschen in seiner Fähigkeit, sich zu irren.

Solche Proto-Wahrheiten kommen nie und nimmer aus der Aussenwelt. Dort finden wir zunächst keine Atome, sondern nur Wahrnehmungskomplexe als ganze. Erst das spekulative Denken löst diese in die Vorstellung von Atomen auf.

Der Atomismus stammt vielmehr aus einem menschlichen Innen, das mit einem aussermenschlichen Innen identisch ist. Dies kann nur das Innen der Atome selbst sein. Es enthält die gleiche Wahrheit, wie sie auch die Atome steuert. Den abstrakten «Ort» dieser Wahrheiten bezeichne ich als *Wahrheitsraum.* Er bildet das Reservoir aller nur denkbaren Wahrheiten, welche das Universum steuern. Zum Universum gewandt ist er deren Führungsfeld, zum Menschen gewandt das Reservoir der wissenschaftlichen Archetypen und fruchtbaren Hypothesen. Kommen diese im Lauf der wissenschaftlichen Evolution zum Erfolg, so können wir sagen: Die Proto-Wahrheit wird zur Wahrheit oder «sie kommt zu ihrer eigenen Wahrheit» (Hegel).

Der Atomismus als Proto-Wahrheit wäre niemals zu seiner Wahrheit gelangt, wäre er nicht in den Atomen selbst vor Anbeginn der Welt als deren Gesetz verankert. Er konnte nur deshalb in der Quanten-Hypothese Wirklichkeit werden, weil er Raum, Zeit und Kausalität transzendierend die Wahrheit der raumzeitlichen und kausal verbundenen Ereignisse bildet. Die Atome und ihre Strahlung gehorchen nicht nur dieser Wahrheit, sie sind sie.

Wir haben also im Grunde drei Universa: Jenes der Atome als solcher, jenes der menschlichen Personen (auch einer Art von «Atomen») und jenes der beide steuernden Wahrheiten. Alle drei stehen in einer abstrakten Wechselwirkung. Diese wird durch das Sensorium der Atome einerseits und die Seele des Menschen andererseits vermittelt. Nennen wir das Sensorium der Atome gleichfalls «Seele», so bildet die Seele die Klammer dieser drei Universa. Ja, durch die Seele verschmelzen sie im Grunde zu einem einzigen Ganzen. Innen und Aussen von Mensch und Atom gehen ineinander über. Das Feld der Seele umgreift beide. Die Schranke zwischen dem bewussten Ich des Menschen und dem vor-bewussten Atom, das ihm als Gegen-Stand gegenübersteht, wird niedergerissen. Genauer: Unterhalb des menschlichen Bewusstseins existiert sie nicht.

Das Ich des Menschen schwimmt wie eine Insel auf dem grenzenlosen Ozean der Seelen. In ihm sind alle Wahrheiten nur eine Wahrheit, alle Atome nur ein Atom, alle Menschen nur ein Mensch und alle Seelen nur eine Seele.

«Tat tvam asi – das bist du», ist eine der tiefsten Wahrheiten Indiens. Sie geht in die Lehre des Tao ebenso ein, wie in die Theorie der Erkenntnis als Erinnerung bei Platon und die Psychologie des Unbewussten bei C. G. Jung. Jede Wahrheit erhält ihre Möglichkeit aus der All-Einheit der Seelen. Dies ist das Geheimnis der Genialität. Sie ist grundsätzlich das Niederreissen der Schranken zwischen dem bewussten und daher beschränkten Ich und dem Universum. Dies geschieht durch das innere Schauen und Vernehmen der unsichtbaren, weil seelischen Strukturen der sichtbaren Dinge. Alle Zahl ist unsichtbar, ebenso aller Begriff und alles Gesetz. Es ist das Unsichtbare, welches das Sichtbare steuert. Das Genie hört das Rauschen des unsichtbaren Ozeans der Seele in der Muschel der Mathematik. Dies ist, was Platons «Erinnerung» meint.

Diese Einsicht hat Folgen. Für den grossen russischen Mathematiker Kolmogorov ist jedes Kind in einem möglichen Sinn ein mathematisches Genie. Er sammelte daher bereits in der Oberschule begabte Schüler, die er in eigenen Kursen zu Mathematikern erzog.

Wir können noch weiter gehen. Ich behaupte: Jeder Mensch ist seiner Möglichkeit nach ein Genie. Man muss nur die Schranken zwischen seinem biologisch-psychologischen Organismus und dem Universum aller Wahrheiten niederreissen, um diese Möglichkeit freizulegen. Wie dies geschieht, entzieht sich freilich unserer Manipulation. Erziehung vermag hier vieles. Wäre nicht meine Hypothese unbewusst allgemein angenommen, so hätte Erziehung überhaupt keinen Sinn. Sie will ja im Grunde jeden bilden. Das setzt aber die Bildungsfähigkeit jedes Kindes voraus. Wo sie nicht vorhanden zu sein scheint, sprechen wir von Krankheit, und wir haben recht. Seine eigenen Möglichkeiten zu verfehlen, ist Krankheit.

Was das Genie vom «Normalen» unterscheidet, ist nicht die Abweichung von der Norm, sondern deren Verwirklichung. Der «Normale» ist in dieser Sicht der Abnorme, denn er verfehlt sich selbst.

Wir müssen die Sicht auf den Menschen grundlegend umkehren. Dann wird jeder seiner Möglichkeit nach ein Beethoven oder Shakespeare. Was diese von den übrigen unterscheidet, ist nicht der schöpferische Vorrat an Kunstwerken in der eigenen Seele, sondern die Membran, die das Bewusstsein von diesem Vorrat trennt. Nun ist dieser Vorrat nicht das Eigentum des Einzelnen, sondern des Universums. Beweis: Wir könnten die Musik Beethovens oder ein Stück Shakespeares nie und nimmer erleben und verstehen, würden wir nicht in einem geheimnisvollen Sinn an diesem Vorrat teilnehmen. Durch das Erleben des Kunstwerks demonstrieren wir die Einheit des Universums der Seele.

Ich vollziehe den letzten Schritt: Auch die Monade Atom lebt im Universum der Seele. Sie weiss in einem abstrakten Sinn die gesamte Wahrheit des Universums. Sie ist also, begrenzt auf die Welt der Atome und deren Gesetze, all-wissend. Ja, sie kennt die gesamte Vergangenheit, Gegenwart und Zukunft des atomaren Universums, denn sie ist dieses Universum. Sie ist das Ganze. Freilich, sie weiss dies nicht, da sie über kein Bewusstsein verfügt, das dieses ihr Wissen aktualisieren könnte. Ebenso weiss der Mensch nicht die Gesetze des Universums als begrenztes und sterbliches Bewusstsein, das an den lebendigen Organismus gebunden ist, obwohl er unbewusst das Universum «durchschaut». Anderenfalls wäre es ihm unmöglich, neue Wahrheiten zu erkennen. Erkennen ist nur Aktualisieren ungewusster Wahrheiten.

Die Voraussetzung des wissenschaftlichen Erkennens ist also die Annahme eines Universums von Wahrheiten, welche einerseits die Atome und andererseits den Wissenschaftler leiten. Dieses unsichtbare Universum bildet die Einheit der Welt in sich und die Einheit von Welt und Mensch.

Damit kommen wir zur letzten und schwierigsten Frage: Wie verhält sich die Einheit von Mensch und Welt zur Tatsache ihrer Geschiedenheit? Ist diese nur Schein? Gibt es in Wahrheit, wie die indische und taoistische Philosophie annehmen, nur ein einziges und einheitliches Sein? Noch weiter: Ist die Personalität des Menschen Schein? Sind es die individuellen Atome? Sind alle Menschen in Wahrheit nur *ein* Mensch und alle Atome nur *ein* Atom?

Wäre dies so, dann würde sich das Geheimnis der Erkenntnis leicht lösen. Sie wäre nichts als der Übergang vom Schein zum Sein.

Aber die Personalität des Menschen ist eine ungeheure Tatsache. Ja, wir können sie *die* Tatsache des Menschen schlechthin nennen. Analog ist die atomare Natur des Universums eine der Grundtatsachen der Physik.

Wir haben also beides: Universalität und Atomismus. Es ist das uralte Problem der neuplatonischen Philosophie: Wie lässt sich das Eine aus dem Vielen erklären und das Viele aus dem Einen? Wir müssen aus der Erfahrung heraus beide Komponenten dieser Dichotomie als wirklich begreifen. Sie bilden eine Art von Komplementarität, wo keine der beiden Seiten ohne die andere auskommt und doch die jeweils andere widerlegt.

Hier stossen wir auf eine Schranke, welche die bewusste Vernunft nicht durchbrechen kann. Wir wissen intuitiv, dass beide Seiten der Dichotomie existieren, aber wir können sie bewusst nicht zu einem Ganzen vereinen.

Ich finde keine andere Lösung als jene der christlichen Philosophie. Für den Cusanus ist Gott das Zusammenfallen der Gegensätze, die coincidentia oppositorum. Nur Gott ist die reale Einheit aller atomaren Realitäten in Natur und Menschenwelt. Nur in Gott finden sie mit Augustinus «ihre Ruhe», will sagen: wird ihre Vereinzelung aufgehoben.

Gott selbst ist also der Gründer des seelischen Innenraums der Menschen und Atome, durch den sie untereinander in Kontakt treten.

Gott wird damit zur Bedingung der Möglichkeit von Erkenntnis. Er ist die einzige und absolute Quelle aller Wahrheit. Dies ist, was Leibniz unter der Herrschaft Gottes über die Welt versteht: Die Monaden, unter denen Leibniz ausdrücklich Seelen begreift, verdanken ihre Kommunikation einer von Gott prästabilierten Harmonie.

Damit löst sich auch das Rätsel der Platonschen «Erinnerung» und der Augustinischen «Einstrahlung». Gleichzeitig finden wir die Lösung für das Geheimnis, wie denn die begrenzten Atome und der begrenzte Mensch über den grenzenlosen Vorrat an Wahrheiten verfügen kann. Mensch und Atome sind alles andere als all-wissend, und dennoch verhalten sich beide in einem gewissen Sinn, als wären sie es: Die Atome beherrschen das gesamte Feld aller einschlägigen Gleichungen, und der Mensch nähert sich in der Evolution der Physik immer mehr diesem Felde an.

Wir müssen hier zwischen vorbewusster Möglichkeit und bewusster Wirklichkeit unterscheiden. Ihrer Möglichkeit nach partizipieren Mensch und Atome an der All-Wissenheit Gottes, ihrer Wirklichkeit nach sind sie unendlich von Gott geschieden.

Daher ist alles Manipulieren der Genialität sinnlos. Genialität ist die Durchbrechung der Schranke zwischen bewusster Vereinzelung und vorbewusster Universalität. Alles, was der Mensch dazu tun kann, ist Warten und der inneren Stimme folgen. Das Genie ist nicht «machbar» – dies zu versuchen, zählt zu den verhängnisvollsten Irrtümern unserer Epoche. Gerade das Beispiel Plancks zeigt, dass Genialität Gnade und Erleuchtung darstellt. Das grosse Wissen ist immer geschenkt, nicht erworben.

Christus spricht von den Menschen als Söhnen Gottes. Auf das Problem der Genialität bezogen heisst dies: Seiner ursprünglichen Natur nach nimmt der Mensch an der Allwissenheit Gottes in einem abstrakten Sinn teil, der alles menschliche Begreifen übersteigt. Aber dank der absoluten Asymmetrie zwischen Schöpfer und Geschöpf wird ihm diese Allwissenheit nur bruchstückweise und zwar in jenem Masse zuteil, als Gott ihm die Gnade verleiht, sich mit ihm zu vereinen.

In jedem Menschen ist ein Funke Gottes.

Dostojewskij

19. Kapitel
Heisenberg und die Matrizen: Die Welt ist ein Gedanke Gottes

Bis 1925 war die Quantenmechanik ein Durcheinander von Hypothesen mit raffinierter Technik der Kalkulation von Energieniveaus und Spektrallinien. Es fehlte ihr jede Durchsichtigkeit und logische Geschlossenheit. Der Hauptgrund war, dass nach der Vorstellung der klassischen Elektrodynamik von Hertz ein schwingendes Elektron, als Dipol gedacht, genau jene Lichtfrequenz aussendet, mit der es selber schwingt.

Nach dem Modell von Bohr ist dies nicht der Fall. Vielmehr soll hier die Umlauffrequenz des Elektrons im Atom keine direkte Beziehung zur Lichtfrequenz besitzen. Es sind die Unterschiede der Energieniveaus, welche die Lichtfrequenz festlegen, wenn das Elektron vom Niveau n auf das Niveau m «springt». Im stationären Zustand des Elektrons, wenn es ohne Änderung seines Energieniveaus schwingt, strahlt es überhaupt nicht – in krassem Widerspruch zur klassischen Vorstellung, wie sie ja durch die Versuche von Hertz mit einem schwingenden Dipol bewiesen worden war.

Bohrs Atommodell hatte in dreifacher Hinsicht versagt:

1. Es konnte nicht erklären, weshalb nur bestimmte Sprünge zwischen den Energieniveaus erlaubt sind, weshalb es also sog. verbotene Spektrallinien gibt.
2. Es konnte die Intensität der Spektrallinie nicht erklären, die als Häufigkeit der dazugehörigen Quantensprünge, d.h. als Wahrscheinlichkeit für diese Übergänge verstanden wird.
3. Es sagte nichts über die Richtung des emittierten Photons, also über die Polarisierung des Lichts.

Noch tiefer lag jedoch die Frage, wieso denn überhaupt klassische Mechanik, wenn die neue Mechanik, die Quantenmechanik, so radikal von ihr unterschieden ist? Wie ist ein Übergang von der Atomphysik zur millionenfach bewährten klassischen Physik möglich? Schliesslich bestehen die Körper ja aus Atomen. Folgt das Ganze aus einer riesigen Zahl von Atomen anderen Gesetzen als seine Teile? Was also war in der Atomphysik das eigentlich Neue?

Es war Heisenberg, der 1925 aufgrund der Philosophie Einsteins den radikalen Schnitt zwischen klassischer und neuer Physik vollzog. Dieser Schnitt war sowohl philosophisch als auch mathematisch äusserst schmerzlich: Philosophisch, weil der letzte Rest einer anschaulichen Wirklichkeit verlorenging. Mathematisch, weil Heisenberg zunächst neuartige Gebilde erfinden musste, die sich erst nachträglich und zwar durch einen Zufall als bereits bekannte mathematische Strukturen herausstellten.

Heisenbergs Faden der Ariadne war aus drei Imperativen geknüpft:
1. Schliesse dich so eng als möglich an die klassische Physik an!
2. Benutze nur operationell definierbare Begriffe!
3. Folge der Philosophie Platons!

Imperativ (1) ging auf Bohr zurück. Nach dessen Korrespondenzprinzip sollte nämlich die Atomphysik bei verschwindendem h in die klassische Physik übergehen. Dies galt insbesondere für die hohen Energieniveaus, wo h gegenüber den grossen Energien nicht mehr ins Gewicht fällt. Hier sollte also der Begriff eines schwingenden Elektrons als Quelle der Strahlung einen Sinn haben.

Heisenberg präzisierte diese Idee, indem er annahm, dass die Grundgleichungen der klassischen Mechanik auch für die Atomphysik gelten, nur müssen sie neu interpretiert werden. Aber wie?

Imperativ (2) lieferte zunächst den Einstieg. Schwingende Elektronen im Atom beobachten wir nicht. Es hat also keinen Sinn, von ihrer Bahn, Frequenz oder ihrem Ort zu reden. Diese Begriffe dürfen in der neuen Theorie nicht vorkommen, ähnlich wie Einstein auch den Begriff des Weltäthers oder absoluten Raums ignorierte. Das einzige, was wir am Atom beobachten, sind seine Spektrallinien, also deren Frequenz und Intensität. Diese gilt es, in die Theorie als Basis-Eigenschaften einzuführen.

Kurz, es ging um die Kritik des Eigenschaftsbegriffs. Hier wurde Heisenberg von Kant und Mach inspiriert. Freilich bedeutete ihm Einstein, erst eine Theorie könne entscheiden, was überhaupt eine beobachtbare Grösse ist und was nicht.[1]

Imperativ (3) ging auf Heisenbergs Lektüre von Platons «Timaios» zurück. Dort hatte Platon die Atome als geometrische Wesenheiten beschrieben, kurz: Das Universum auf Dreiecke und deren Kombinationen zurückgeführt. Das bedeutete eine Geometrisierung der sichtbaren Welt, letztlich ihre Vergeistigung, wenn man die Geometrie als Erzeugnis des Geistes ansieht. So gesehen musste also auch das Atom durch ein abstraktes mathematisches Gebilde dargestellt werden können. Dieses gab es aber in Heisenbergs Gedankenwelt noch gar nicht. Im Gegensatz zu Einstein, der wenigstens die Lorentz-Transformationen bzw. den Riemannschen

Raum schon vorfand, musste der junge Heisenberg nicht nur seine Theorie, sondern auch die zugehörige Mathematik erst schaffen.

Es war dies einer der unglaublichsten und wohl auch dramatischsten Findungen der Physik. Sie sollte die gesamte Atomphysik bis heute befruchten.

Heisenberg entschloss sich, eine Mathematik zu entwickeln, in der nur jene Eigenschaften des Atoms symbolisiert werden, die wir direkt beobachten. Dies sind die Lichtfrequenzen (die Spektrallinien) und deren Intensität. Die Lösung musste also irgendwie mit einer mathematischen Darstellung der Frequenzen und ihrer Intensitäten zusammenhängen.

Heisenberg begnügte sich aber nicht damit, die beobachtbaren Frequenzen eines strahlenden Atoms hinzuschreiben. Dies hätte ihn nicht weitergeführt. Er griff vielmehr auf ein mathematisches Modell zurück, das Jean Baptiste Joseph Fourier (1768–1830) entwickelt hatte. Es beruhte auf der Erfahrung mit einer Violinsaite: Hier schwingt ja die Saite nicht nur mit ihrem Grundton, sondern auch mit den Obertönen, das sind Vielfache der Grundfrequenz. Der Gesamtton stellt dann eine Überlagerung der einzelnen Frequenzen dar.

Analog kann man nach Fourier eine Schwingungsfunktion in eine Summe unendlich vieler Einzelfunktionen entwickeln.

Zunächst schrieb Heisenberg einfach ein Schema aus unendlich vielen Zeilen und Spalten hin. Es sollte eine Gesamtheit der möglichen (nicht realen!) Schwingungszustände des Atoms symbolisieren. Genauer: Alle im Bohrmodell erlaubten Energieniveaus und Frequenzen. Letztere entsprechen aber i.a. nicht wie in der Fourierzerlegung ganzen Vielfachen einer Grundfrequenz, z.B. der zum 3. Energieniveau gehörigen 10. Oberschwingung. Was war falsch?

Antwort: Das Modell eines anschaulichen Oszillators. Heisenberg wollte sich überhaupt von der Vorstellung eines schwingenden Dipols (dem Umlaufelektron) lösen und nur auf die Frequenzen des Lichts konzentrieren. Er änderte daher die von Fourier benutzte Schreibweise derart ab, dass die «Obertöne», statt wie bei Fourier durch jeweils einen Index, jetzt durch zwei Indices gekennzeichnet werden. Diese symbolisieren den Sprung von einem Niveau zum anderen, z.B. von Niveau 13 zu Niveau 12 durch die Zahlen 13 und 12.

Dieser scheinbar so simple Schritt war die eigentliche Revolution. Sie enthielt nicht weniger als den Bruch mit der klassischen Physik. Nicht nur das Denkmodell des schwingenden elektrischen Dipols (des Umlaufelektrons) wurde verlassen, sondern auch der Obertöne einer Saite und ihrer mathematischen Symbolisierung. Von ganzen Vielfachen einer Grundfrequenz ist jetzt nicht mehr die Rede, sondern nur von den jeweils zwei Energieniveaus, denen die Frequenz eines absorbierten oder emittierten Lichtquants entspricht. Dieser einfache Schritt von jeweils einem Index zu jeweils zwei Indices enthielt den ganzen Bruch mit der klassischen Physik.

Heisenberg selbst schreibt: «In der Wissenschaft kann eine gute und fruchtbare Revolution nur dann durchgeführt werden, wenn man sich bemüht, sowenig wie möglich zu ändern, wenn man sich zunächst auf die Lösung eines engen, fest umrissenen Problems beschränkt».[2]

Zunächst war offen, welchen physikalischen Sinn diese neuen Schemata tragen. Sogar ihr mathematischer Sinn war Heisenberg noch nicht klar.

In Wahrheit hatte Heisenberg noch einmal die Matrizen entdeckt. Er bekennt, dass er damals nicht einmal wusste, was eine Matrix ist.[3] Das Standardwerk über Matrizen war bereits 1907 erschienen, also 18 Jahre zuvor[4]. Aber noch seltsamer: An der gleichen Universität Göttingen, wo Heisenberg als Schüler von Max Born arbeitete, hatten die Mathematiker David Hilbert und Richard Courant eingehend Matrizen untersucht. Courants Werk über Matrizen erschien 1924, worin genau jene Mathematik entwickelt wurde, die später die Quantentheoretiker benutzten.

Matrizen sind Verallgemeinerungen realer Zahlen, ebenso wie vieldimensionale Vektoren und sog. Quaternionen, die 1844 von William Rowan Hamilton (1805–1865) entdeckt worden waren. Im Gegensatz zu den Zahlen lassen sie sich aber nicht wie diese multiplizieren, sondern entsprechen neuartigen Regeln. Sie sind eine Erweiterung unserer mathematischen Gegenstände.

Diese Erweiterung war aber an ein philosphisches Opfer geknüpft, wie Heisenberg 1933 hervorhob. Danach führt beinahe jede neue geistige Leistung zu einem Verzicht auf frühere Haltungen; der Gewinn an Erkenntnis und Einsicht vermindert stets den Anspruch des Wissenschaftlers, die Natur zu verstehen.[5]

Wir haben hier eine der «Synchronizitäten» im Sinne der Tiefenpsychologie von C.G. Jung: Buchstäblich synchron operierten zwei Schulen an der gleichen Universität mit den gleichen Matrizen, wobei die Mathematiker nicht ahnten, dass sie den Schlüssel für die Atomphysik in der Hand hielten, und die Physiker nicht, dass sie die längst bekannten Matrizen noch einmal entdeckten.

Liegt es nicht nahe, hier das sichtbare Walten einer übermenschlichen Vernunft anzunehmen, welche die Physiker und die Mathematiker «führte, wohin sie nicht wollten»? Denn die Schule Hilberts trieb die Mathematik als reine Gedanken-Wissenschaft, und die Schule von Heisenbergs Lehrer Born die Physik allein im Hinblick auf die Natur, wenn auch mit mathematischen Methoden. Zwei Schulen gingen hier eine Vermählung ein, deren Kind die heutige Atomphysik wurde. Ohne diese im Grunde unglaubliche Vermählung wäre sie fraglos nicht in praktisch wenigen Monaten geboren worden.

So hörte Pascual Jordan, der sich als Assistent von Courant auf Matrizen spezialisiert hatte, ohne etwas von Heisenbergs Arbeit zu ahnen, «zufällig» im Zug ein Gespräch Borns mit einem Kollegen über die Schwierigkeiten der Schemata Heisenbergs. Das Ergebnis war eine enge Zusammenarbeit Jordans mit Born, die genau 60 Tage nach Heisenbergs

Arbeit 1925 die erste exakte Formulierung der Quantenmechanik brachte und Jordan selbst zu einem der bedeutendsten Physiker werden liess.

Dabei stellte sich heraus, dass die Heisenberg-Schemata genau jenen Rechenregeln genügen, die seit Jahrzehnten für Matrizen bekannt waren. Es ist leicht einzusehen, dass das Produkt zweier Matrizen nicht mehr der uns allen bekannten Algebra folgt, wonach ab=ba ist. Für Matrizen gilt das nicht. Born und Jordan konnten nun zeigen, dass die Heisenberg-Matrizen bei der Vertauschung der Reihenfolge ihrer Multiplizierung (also statt AB jetzt BA) auf die Plancksche Konstante h führen. Es war dies etwas völlig Unerwartetes. Born gestand, dass ihn bei der Entdeckung dieser «geheimnisvollen Gleichung» ein unvergessliches Erschaudern erfüllte.

Heisenberg selbst war sich damals der Tragweite dieser Gleichung noch gar nicht bewusst. Er ahnte nicht, dass ihre Sinnerfüllung ihm den Nobelpreis bringen sollte. Im Gegenteil: Er empfand sie als das einzig Unangenehme seiner Theorie. Er bekennt, die Regel zunächst einfach hingeschrieben zu haben, ohne zu wissen, dass er damit den Schlüssel für die Vertauschung der Impuls- und Ortsmatrizen gefunden hatte.[6]

Heisenbergs Matrizen führen nämlich direkt zu den berühmten Unschärferelationen. Er sollte sie freilich erst anhand von Gedankenexperimenten entdecken. Sie sind aber bereits in den Matrizen enthalten. Die real zu erwartenden Werte einer quantenmechanischen Grösse ergeben sich nämlich, wenn man die entsprechende Matrix (also z. B. für die Energie) mit Hilfe einer sog. unitären Transformation, wie man sagt, auf Hauptachsen bringt. Dann bleiben nur die in der Diagonalen stehenden Grössen zurück: Die Matrix wird diagonalisiert. Die realen Werte sind dann die Lösungen sogenannter Eigenwertgleichungen.*

Nun stellt sich heraus, dass es nicht möglich ist, gleichzeitig für ein und dieselbe Messoperation die Matrizen für den Impuls und den Ort auf Hauptachsen zu bringen. Tut man dies für die Impuls-Matrix, so wird der Ort unscharf, und umgekehrt. Eine analoge Unschärferelation gilt für Energie und Zeit: Je genauer die Energiemessung, desto unschärfer die mit dem betreffenden Vorgang verbundene Zeit, und umgekehrt.

Das Unglaubliche ist, dass wir aus einer rein mathematischen Spekulation eine so weitreichende Aussage über das physische Verhalten ableiten können. Heisenbergs Gedankenversuche, mit Hilfe derer er seine Unschärferelationen begründet[7], haben nämlich zu seinen Matrizen zunächst keine Beziehung, sondern lassen sich unabhängig aufstellen und interpretieren.

Wir haben es also hier mit zwei verschiedenen Stufen unserer Sprache zu tun: Der Stufe der Mathematik und der Stufe der möglichen Beobachtung.

Die Folgen reichen jedoch weit über das Sprachproblem hinaus. Sie betreffen unseren Eigenschaftsbegriff. Ebenso wie wir in der sRT nicht von

* Der Sinn dieser Ausdrücke sei hier nicht näher ausgeführt.

einem «Ort an sich» und «Impuls an sich» eines Vorgangs ausserhalb der Angabe des Beobachterstandpunkts reden dürfen, so auch nicht in der Quantenmechanik (im folgenden QM) ausserhalb der Messapparatur. Der Beobachter und sein Gerät gehen unaufhebbar in das Verhalten des beobachteten Objekts ein. Ein Gerät, das im gleichen Messakt am gleichen Ereignis einen völlig exakten Impuls und einen völlig exakten Ort zu messen erlauben würde, ist nicht konstruierbar.

Das ergibt eine eigenartige Harmonie der verschiedenen Stufen unserer Naturerkenntnis: Auf der Stufe des Erlebens werden wir niemals das gleiche Ereignis mit genauem Ort und genauem Impuls (bzw. genauer Zeit und genauer Energie) antreffen. Auf der Stufe der Geräte werden wir kein Gerät konstruieren können, das die Unschärferelationen verletzt. Auf der Stufe der Matrizen bestehen die Vertauschungsrelationen. Dies ist eine sehr seltsame und eindrückliche Korrespondenz, die nicht a priori zu erwarten war. Sie weist auf eine tiefe Entsprechung von Mensch als Geistwesen und als Naturwesen hin und darüber hinaus von Mensch und Natur.

Wir haben es also mit einem Prinzip zu tun, das die gesamte Welt der Atome und Elementarteilchen beherrscht. Dieses Prinzip trägt einen grundsätzlichen Wert: Einerseits schränkt es unsere Erkenntnis ein, ist also ein durch die Natur vorgegebenes Korrektiv unserer Hybris. Andererseits erweitert es unsere Erkenntnis. Wir können nämlich ein Verhalten atomarer Wesenheiten erklären und voraussagen, das in der über-atomaren Welt nicht vorkommt.

Klassisch ist es grundsätzlich unmöglich, dass ein Körper gleichzeitig an mehreren Orten weilt oder seine Energie gleichzeitig mehrere Werte annimmt. Hier ist alles determiniert. In der Welt der Atome ist das prinzipiell anders. Hier kann z.B. ein Alphateilchen, das an sich energetisch im Atom gebunden ist, sich durch die Potentialbarriere «hindurchsaugen» und plötzlich ausserhalb des Kerns erscheinen (Tunneleffekt). Dieser radioaktive Zerfall ist zeitlich für das einzelne Atom nicht festzulegen, er ist völlig unbestimmt und nur für eine grosse Zahl von Atomen als Halbzerfallszeit voraussagbar.

Oder ein Teilchen besitzt auch beim absoluten Nullpunkt der Temperatur, wo nach klassischer Vorstellung jede Bewegung aufhört, eine sog. Nullpunktsenergie. Sie führt zur Supraflüssigkeit von Helium II. Es gibt also im Universum auch bei absoluter Kälte keine Ruhe.

Diese Effekte widerlegen die Hypothese, als handle es sich bei den Unbestimmtheitsrelationen lediglich um menschliche Kategorien. Nicht die Messung durch den Menschen ist dafür verantwortlich, sondern die Matrizen. Dies ist keine Frage unseres Wissens oder Könnens, sondern des universalen Seins. Die Welt der Atome ist abstrakt gesprochen eine Matrix.

Die wenigen Monate, in denen die QM geboren wurde, stellen eine regelrechte Explosion immer neuer Gedanken dar. Sie lassen sich nur mit den periodischen Ausbrüchen eines kosmischen Gebildes von der Art einer Supernova vergleichen. So erschien nur zwei Monate nach der Arbeit von Born und Jordan die berühmte «Drei-Männer-Arbeit» von Born, Heisenberg und Jordan, in der erstmals die gesamte bisherige Theorie des Atoms als logisch geschlossene Matrizen-Mechanik dargelegt wird. Gleichzeitig wurde eine Methode zur Lösung der quantenmechanischen Probleme gefunden.[8] Damit war das neue Gebäude in vier Monaten durch eine geschichtlich einmalige Leistung dreier Denker errichtet. Den Nachfolgenden blieb nur, die obersten Stockwerke hinzuzufügen.

Die Geburt der Quantenmechanik gibt eine Reihe von Problemen auf. Das erste betrifft ihre geschichtliche Bedeutung. Im Grunde beginnt, was man gemeinhin als Atomzeitalter bezeichnet, mit dem denkwürdigen Jahr 1925. Keiner seiner Schöpfer dachte daran, jemals aus der Quantenmechanik eine apokalyptische Bedrohung des Lebens werden zu lassen. Sie fühlten sich dem Leben der Wissenschaft verpflichtet und nicht dem Tod. Wie soll man diese ungeheure Paradoxie begreifen, die am ausgehenden Jahrhundert unser gesamtes Dasein überschattet?

Die welthistorische Entscheidung, die mit der Geburt der Atomphysik fiel, lässt sich mit keiner einzigen Entdeckung der Menschheitsgeschichte vergleichen. Alle politischen, militärischen und philosophischen Folgen stammen aus dieser wahrhaft kosmischen Eruption von Ideen.

Sie fällt denkwürdigerweise in die Zwischenzeit zwischen den beiden Weltkriegen, wo die erste Eruption des menschlichen Todestriebs gerade sieben Jahre zurücklag und die folgende, noch katastrophalere, sich bereits ankündigte. Hitler kehrte aus der Festungshaft zurück, wo er sein Programm «Mein Kampf» entwarf, und Stalin übernahm das Erbe Lenins. Gewiss, im Nichtangriffsvertrag von Locarno 1925 schien der Lebenstrieb Europas sich noch einmal zu regenieren. Aber in Hitlers und Stalins Aufstieg, und nicht in Locarno, liegen denn auch die Wurzeln für das Verhängnis, das aus den grössten geistigen Schöpfungen des 20. Jahrhunderts die Atombombe werden liess. Was Politiker wie Gustav Stresemann und Aristide Briand ins Leben riefen und Denker wie Heisenberg, Born und Jordan ans Licht zogen, das wurde durch dunkle Mächte wie Hitler und Stalin schliesslich in sein Gegenteil verkehrt. Physik und Politik des gleichen Jahres 1925 wurden nur wenige Jahrzehnte danach in diabolischer Weise pervertiert.

Nur 20 Jahre später lösten die Erkenntnisse Heisenbergs und seiner Zeitgenossen den Prolog zum ersten Akt der atomaren Apokalypse aus.

Dies musste nicht so kommen. 1925 stand die Menschheit an einem Wendepunkt. Europa konnte langwährenden Frieden erhalten und die Welt eine Energiequelle, die ihr das biologische Überleben auf Jahrtausende sichert. Aus dem Frieden wurde der Zweite Weltkrieg und aus der Atomphysik der Aufmarsch zum Dritten.

Wer über diese Paradoxien nachsinnt, kann nicht umhin, das Wesen der geschichtlichen Perversion zu entdecken. Sie enthält die Umkehr der natürlichen Ereignisfolge in die Widernatur. Das Natürliche – das ist das

Leben. Die Widernatur – das sind alle Triebhandlungen, die zum Tode führen. Wohl selten wurden diese antagonistischen Haltungen des Menschen so manifest wie im Jahr 1925. Otto Hahn, der als Erster mit Fritz Strassmann 1938 die Uranspaltung durchführte, soll gesagt haben, als man ihn auf die militärischen Möglichkeiten hinwies: «Das kann doch Gott nicht wollen».[9]

Es besteht also eine ethische Relevanz der Atomphysik, die dank der Überzeugung Hahns, Heisenbergs und Carl Friedrich von Weizsäckers die deutschen Atomphysiker hinderte, die Bombe zu bauen.

Diese Relevanz ruht aber auf einer noch tieferen metaphysischen.

Nicht nur Heisenbergs Matrizen, auch seine Philosophie stiess auf Befremden, so etwa bei Enrico Fermi, einem aufgehenden Stern am Himmel der Atomphysik. Nur Bohr erkannte sofort den eigentlichen Wert. Er sprach von einer neuen Ära der wechselseitigen Befruchtung von Physik und Mathematik. In Heisenbergs Matrizen erkannte er die präzise Formulierung seines eigenen Korrespondenzprinzips.[10]

Wieviel dem traditionellen Denken zugemutet wurde, zeigt die Reaktion des von Einstein als Meister verehrten Hendrik Lorentz auf dem Solvay-Kongress 1927 in Brüssel: «Ich war erstaunt zu sehen, dass die Matrizen die Bewegungsgleichungen befriedigen. Theoretisch ist das ja sehr schön, aber für meinen Teil ist es ein tiefes Geheimnis, das hoffentlich geklärt werden wird . . . Die Tatsache, dass die Koordinaten, die potentielle Energie und so weiter jetzt durch Matrizen dargestellt werden, zeigt, dass diese Grössen ihre ursprüngliche Bedeutung verloren und dass ein furchtbarer (tremendous) Schritt zur wachsenden Abstraktion vollzogen wurde».[11]

Heisenbergs Matrizen hängen auf eine tiefe Weise mit seinem Denken zusammen. Seine Wurzeln liegen bei Platon. Aber der Baum, der seither die Erkenntnis der Physik verkörpert, reicht weit darüber hinaus.

Platon sah den Weg der Erkenntnis in einer immer höheren Stufenleiter der Schau von Ideen. Auch die Matrizen sind wohl dem Glauben entsprungen, dass wir das Atom nicht als anschauliches Modell denken können, sondern nur als unanschauliche abstrakte Wesenheit.

Der Unterschied zu Platon ist indes sofort sichtbar: Platons Ideen liegen im Schoss der Gottheit bereit. Die Seele «erinnert sich» an sie, denn sie selbst stammt aus dem Reich göttlicher Ideen. Jedes Erkennen ist also Erinnern an den Zustand vor der Erniedrigung der Seele durch Hinabstieg zum Körper in der Geburt. Theorie im Sinne Platons ist also «Gottes-Schau», ist Schau der Ideen im Denken der Gottheit.

So weit mag Heisenberg seinem Lehrer Platon gefolgt sein. Aber Matrizen sind nicht durch Wesenerkenntnis schaubar, sondern nur durch freie schöpferische Leistung *konstruierbar.* Sie sind «constructs» im Sinne Margenaus.[12] Heisenberg musste sie erst schaffen, um das «Wesen» des Atoms zu erkennen. Sie sind das freie schöpferische Erzeugnis des Geistes.

Wohl kaum eine physikalische Theorie bewahrheitet darin so sehr

Einsteins Grundeinsicht, dass kein logischer Weg von der Beobachtung zur Theorie führt. Heisenberg hatte nichts als die Frequenzen des Atoms. Alles andere war freie Konstruktion, von der Fourier-Zerlegung angefangen bis zur Realisierung des Bohrschen Korrespondenzprinzips in der Matrixform der Grundgleichungen der Mechanik.

Es ist die überwältigende Tatsache der *Freiheit*, die in den Matrizen aufscheint. Der Weg der Erkenntnis ist nicht determiniert. Er ist eine Stufenfolge von Entscheidungen. Diese ihrerseits erfolgen spontan. Die Freiheit des Geistes ist das Signum des Schöpferischen. Wo die Freiheit beschnitten wird, vermag der Geist des Menschen nicht zu leben. Die drei Kategorien Freiheit, Schöpfertum und Geist bilden eine triadische Einheit.

Dies ist die erste Lehre der Matrizen. Die zweite ist nicht minder bedeutsam. Die Relativitätstheorie war noch ganz der klassischen Physik verbunden. Sie erhob den Raum zur Grundstruktur des Universums. Wie sehr auch die Hinzufügung der Zeit und die Abweichung von der euklidischen Geometrie der Anschaulichkeit Grenzen auferlegen: Immer bleibt dem Denken ein Rest von Anschauung. Das hängt mit der Geometrisierung der Physik zusammen.

Zugleich bringt diese Geometrisierung in Gestalt der kontinuierlichen Weltlinien eine Determinierung des Weltbilds. Das Teilchen macht keine Sprünge in der Raumzeit: Seine Weltlinie setzt sich ununterbrochen in die Zeit fort. Beide Voraussetzungen gehen in der Matrizenmechanik verloren. Wohl kann man sie im sogenannten Hilbert-Raum darstellen. Aber dieser besitzt unendlich viele Dimensionen und ist völlig abstrakt. Er ist überhaupt kein Bild des physikalischen Raums. Er ist reines «construct», nämlich das Werk des Mathematikers Hilbert. Einsteins Weltmodell enthielt eine reale Raumkrümmung, Hilberts «Raum» hat zum Raum des Universums keine Beziehung. Er ist ein gedankliches Schema zur Darstellung der Zustände des Atoms.

Heisenbergs Matrizen tragen nicht einmal mehr den Namen «Raum». Sie sind reine Schemata. Der Bruch mit der anschaulichen klassischen Physik wird vollkommen. Im Grunde beginnt damit die eigentlich moderne Physik. Bohr-Modell, Wellendarstellung des Elektrons – das alles war noch zu anschaulich, um dem Atom begrifflich adäquat zu sein. Daher musste man ja auch den Sinn von «Welle» in der Quantenmechanik uminterpretieren als Symbol für die Wahrscheinlichkeit, das Teilchen im Raum anzutreffen.

Heisenberg löst sich auch von diesem letzten Refugium der Anschaulichkeit. Der Sinn von «Anschauung» selbst wird neugefasst: Es ist keine Schau mit den Augen des Leibes, sondern des Geistes. Nur der Geist des Mathematikers vermag in den Matrizen physikalische Wesenheiten zu entdecken. Der Nicht-Mathematiker ist dafür blind.

Die Matrizendarstellung des Atoms ist in diesem Sinne reine Wesens-Schau. Darin führt der Weg Heisenbergs also wieder zu Platon zurück. Aber das «Wesen» ist nicht mehr das Seiende an sich, etwa «der Mensch schlechthin», ist nicht mehr Sokrates als Idee, sondern ist die Transformation des «Atoms an sich» in die Ebene der Zahlen und ihrer Symbole. Damit bedeuten die Matrizen eine Rückkehr über Platon hinaus zu Pythagoras. Pythagoräisches Denken ist die Wurzel der Matrizen.

Die Bedeutung von «Matrix» ist eigentlich «Mutter». Darin liegt ein archetypischer Sinn. Die Matrizen sind physikalisch betrachtet die «Mütter» der Zustände des Atoms: Durch die Diagonalisierung bringen sie gewissermassen die realen Eigenschaften des Atoms erst zur Welt. Die Lösung der Eigenwertgleichungen ist ein Geburtsvorgang: Was im Schoss der Mütter verborgen lag, das wird durch die Eigenwerte (die Diagonalwerte) Wirklichkeit.

Historisch betrachtet sind die Matrizen in einem doppelten Sinn die Mütter der Atomphysik. Einmal lagen sie seit über 1/2 Jahrhundert im Schosse der Mathematik bereit, ehe sie von Heisenberg neu entdeckt wurden. Es war dies die eigentliche Geburt der Quantenmechanik. Aber «gezeugt» waren die Matrizen längst zuvor. Es brauchte fast 1 Jahrhundert, bis sie reiften. So lange währt also die «Schwangerschaft» der Physik.

Im letzten dauerte sie aber zweieinhalb Jahrtausende. Die Zahlen-Mystik des Pythagoras ist die eigentliche Mutter der Quantenmechanik. Alles auf Zahlen abzubilden und in den Zahlen den Schlüssel für die Erfahrung zu suchen – das ist jener archetypische Imperativ, der letztlich zu den Matrizen leitete.

Daran knüpft sich eine weitere Einsicht. Wohl war Heisenberg frei in seiner Entscheidung, die Frequenzen als Matrix hinzuschreiben, indem er im Gegensatz zu Fourier den Frequenzen jetzt zwei Indices gab. Niemand vor ihm hatte dies getan. Aber auch hier wurde er von einem Archetypus geleitet. Der pythagoräisch-platonische Archetypus enthält die Forderung nach Symmetrie. Schönheit und Symmetrie waren Grund-Imperative griechischen Denkens. Die Fourier-Zerlegung ist weniger symmetrisch als die Matrix-Form. Erst durch die doppelte Indizierung kommt Schönheit in die mathematische Gestalt der neuen Quantenmechanik. Die unsichtbare Hand solcher Archetypen mag Heisenberg in jener geschichtlichen Sternstunde des Geistes geleitet haben.

Tiefer graben können wir derzeit wohl nicht, um der schöpferischen Freiheit den Weg vorzuzeigen. Aber schon jetzt wird deutlich: Es gibt ein archetypisches Führungsfeld, das den Theoretiker leitet. Es tut dies durch unbewusste Imperative. Sie schränken den Weg zur Lösung in einer Weise ein, dass das Ziel auch erreichbar wird. Ähnlich erklärte Einstein die Aufstellung seiner Gravitationsgleichung, indem ihr bestimmte Beschränkungen auferlegt werden, die aus der klassischen Physik stammen.

Dennoch bleibt wohl für immer ein unauflösbarer Rest, der nicht durch das archetypische Führungsfeld geklärt werden kann. Ich sehe darin das eigentliche Geheimnis des Theoretikers. Dieser Rest ist es nun, den im Grunde nur der persönliche Glaube an die eigene Sendung zu erklären vermag. Das aber heisst nichts anderes als an die Vorsehung zu glauben.

Sternstunde ist Gnade. Diese aber ist menschlich nicht mehr zu begründen.

Heisenberg selbst schreibt in der Erinnerung an die Geburt seiner Entdeckung, als es fast drei Uhr nachts war:

> «Im ersten Augenblick war ich zutiefst erschrocken. Ich hatte das Gefühl, durch die Oberfläche der atomaren Erscheinungen hindurch auf einen tief darunter liegenden Grund von merkwürdiger innerer Schönheit zu schauen, und es wurde mir fast schwindlig bei dem Gedanken, dass ich dieser Fülle von mathematischen Strukturen nachgehen sollte, die die Natur dort unten vor mir ausgebreitet hatte.»[13]

Die Matrizen lagen also bereits als mögliche Verfassung der Welt bereit, ohne dass ihre mathematischen Schöpfer dies ahnten. Ebensowenig ahnte Heisenberg von deren längst zurückliegender Leistung. Sein Lehrer Max Born erinnerte sich erst nach acht Tagen angestrengten Nachdenkens, dass er durch seinen Lehrer Rosanes in Breslau auf der Universität davon gehört hatte.[14]

Daran knüpft sich sofort eine weitere Erkenntnis. Das Führungsfeld des Theoretikers bildet gewissermassen die nicht-diagonalisierte Matrix. Es enthält die Theorie als reine Möglichkeit. Der Akt schöpferischer Konstruktion ist deren Diagonalisierung. Die Aufstellung der Matrizen war der Übergang vom Feld der reinen Möglichkeit in das Feld der «beobachtbaren Wirklichkeit», nämlich als neue physikalische Theorie. War sie einmal geboren, so konnte sie jeder betasten und bestaunen.

Es gibt also die Mannigfaltigkeit ungeborener Theorien. Sofern einige von ihnen eine richtige Erklärung der Beobachtung liefern, können wir sie auch als Wahrheiten bezeichnen. Wir müssen also ein Feld ungeborener physikalischer Wahrheiten annehmen. Der schöpferische Akt überführt sie in das Feld existierender Theorien.

Damit besteht ein Übergang von der schöpferischen Möglichkeit zur erschaffenen Wirklichkeit. Kurz: Theorienbildung ist der modale Schritt vom Möglichen zum Wirklichen. Das ist die rein formale Kennzeichnung des Schöpferischen in der Physik. Alle drei sind rein geistiger Natur. Die ungeborenen Wahrheiten sind ein Werk des Geistes an sich, die Geburt ist ein Werk des menschlichen Geistes und ebenso ist es die fertige Theorie.

Dies zu leugnen, wäre absurd. Ich sagte bewusst für die ungeborenen Gedanken «Geist an sich». Denn die noch nicht vom Menschen gedachten Einsichten sind doch «irgendwie vorhanden». Sie haben eine Existenz sui generis. Heisenberg erzeugte die Matrizen ebensowenig wie seine mathematischen Vorgänger aus dem Nichts. Es war keine Schöpfung ex nihilo. Sie lagen vielmehr als abstrakter Vorrat bereit. Heisenberg brauchte sie nur abzurufen. Dieses Abrufen war kein reales, sondern ideales: *Für* Heisenberg gab es die Matrizen noch nicht, «an sich» aber ja.

Die schöpferische Leistung bestand also darin, eine «an sich» existierende Wahrheit in eine «für den Menschen» existierende zu verwandeln. Es war Hegel, der diese Verwandlung des «An sich» in ein «Für uns» zu erklären suchte.

Dieses An sich ist nun reine Möglichkeit. Aber eben als solche ist sie mehr als ein reines Nicht-Sein. Sie enthält ein «Noch-nicht-Sein für uns», aber dennoch eine Tendenz, zu einem Sein für uns zu werden. Kurz: Sie ist noch nicht geboren, aber bereits gezeugt.

Ich nenne den Vorrat möglicher physikalischer Wahrheiten daher die Matrix der Physik oder den Vorrat an möglichen Einsichten. Diese Matrix ist das eigentliche Feld der *Protophysik*. Sie ist also etwas Lebendiges, aber noch Ungeborenes. Ihre Kinder reifen im Schoss der Wissenschaftsgeschichte, bis sie durch den schöpferischen Akt des Theoretikers zur Welt kommen. Wer ist ihr Erzeuger? Diese Frage ist unabweisbar.

Sie wird noch dringlicher, wenn wir folgendes bedenken: Matrizen sind kein Spielzeug. Durch die Atomphysik wurde daraus tödlicher Ernst. Ihren Wirklichkeitsbezug zu leugnen, ist daher unmöglich. Sie enthalten vielmehr einen Vorrat schöpferischer Operationen in Gestalt möglicher Messungen. Durch die Messung wird daraus jener Eigenwert abgerufen, der überhaupt in einer bestimmten Situation möglich ist. In diesem Sinn wird er erzeugt. Die Messung stanzt aus der ungeborenen Möglichkeit die sichtbare Wirklichkeit. Wer aber erzeugt sie, wenn kein Physiker misst? Wer transformiert dann eine Matrix auf Hauptachsen?

Die Atome bedürfen nicht eines Lernprozesses, um die unitäre Transformation und daraus die Eigenwerte zu finden. Sie können es immer schon. Sie sind darin dem Physiker um ein Unendliches überlegen. Das aber zu behaupten, heisst eigentlich die Atome zu Göttern zu erheben.

Wenn wir diese Konsequenz vermeiden wollen (die in Wahrheit Spinozas «deus sive natura» entspricht), dann bleibt nur die Alternative, entweder den Physiker zum unvollkommenen Schöpfer der Atome zu machen oder die Atome zum Schöpfer des Menschen. Das eine hiesse nach George Berkeleys «Sein ist Wahrgenommenwerden («esse est percipi») den Atomen keine andere Existenz zuzuschreiben als jene, im Bewusstsein des Menschen zu existieren. Als Modell tun sie dies, als Realität nicht. Die Realität der Bombe widerlegt diesen Solipsismus.

Sind also die Atome die Schöpfer des Menschen? Der Materialismus behauptet es. Dann aber muss man ihnen göttliche Schöpferkraft zuschreiben, die als Führungsfeld dem Physiker jene Gedanken eingibt, welche die mathematische Struktur der Atome abbildet.

Das Problem ist in Wahrheit viel komplexer. Die Matrizen enthalten zunächst folgenden Informationsvorrat für den Menschen:

1. Nicht-diagonale Matrizen informieren über die möglichen Eigenschaften eines Atoms, ohne dass sie auch wirklich beobachtet werden. Sie sind der «Proto-Zustand» des Atoms.
2. Die Messung bringt den Übergang von der Möglichkeit zur Wirklich-

keit. Mathematisch überführt sie eine Matrix für die gemessene Grösse in Diagonalform: Dies sind die Eigenwerte.

3. Messung ist Wechselwirkung, also Störung. Mathematisch bedeutet dies: Die Vertauschungsrelationen informieren, ob wir im gleichen Messprozess noch andere Grössen (Eigenschaften) beliebig exakt messen können oder nicht. Sind sie zur gemessenen Grösse komplementär, so wird die Matrix einer komplementären Grösse nicht-diagonal und enthält also unscharfe Glieder.

In diesem Sinn können wir die Matrizen auch als Informationsvorrat des Universums ansehen. Sie stellen die Speicher möglicher Prozesse dar, die je nach Art der Beobachtung abgerufen werden. Wir können sie als Gedächtnis der Welt bezeichnen. Diese Speicher sind jedoch nicht starr, sondern höchst dynamischer Natur: Jeder äussere Eingriff in ein Atom führt zu einer Diagonalisierung der Matrix auf eine bestimmte Grösse und damit zur Unschärfe der komplementären Werte.

Sollen die Matrizen aber eine Wahrheit über die Atome enthalten, dann liefern sie die gleichen Informationen auch an die Atome: Die Energieniveaus und die erlaubten Spektrallinien sind Lösungen von Eigenwertgleichungen. Kurz, sie sind reine Operationen des Geistes.

Die Wahrheit der Matrizen ruht also auf der Wahrheit in den Atomen. Das allein verleiht ihnen Wert und Sinn. Umgekehrt ruhen die Atome ganz und gar auf der Wahrheit nicht von Menschengeist geschaffener Matrizen. Nur diese schreiben den Atomen die erlaubten, das heisst alleinmöglichen Werte vor.

Es ist also der Geist, der Spektrallinien erzeugt, noch ehe sie durch die Energie erzeugt werden. Das erste Erzeugen ist ein abstraktes und operiert im Feld der reinen Möglichkeit. Das zweite Erzeugen ist ein konkretes und operiert im Feld der Wirklichkeit. Das erste Feld ist Geist, das zweite Energie. Das erste ist Proto-Wirklichkeit, das zweite Wirklichkeit. Oder noch einfacher: das erste ist Mathematik, das zweite Physik.

Was der Physiker an der Wirklichkeit erkennt, ist das Geistige an ihr, will sagen: Das Mathematische. Was er erlebt, ist das Energetische an ihr, will sagen: das eigentlich Physische.

Nun bilden aber beide eine Einheit. Das Atom ist immer schon Gedanke des Geistes, nur überzeitlicher und überräumlicher Art. Es lag im Schoss der rein geistigen Matrizen immer schon bereit, ehe die Welt erschaffen wurde. In diesem Sinn sprechen Platon und die Neuplatoniker zu Recht von den ewigen Ideen im Schosse der Gottheit.

Die Einheit von Atom und Geist besteht offenbar analog zur Einheit von Kunstwerk und Gedanke oder von Gebäude und Grundriss. Daher wurde Gott von den Mystikern immer wieder mit einem Baumeister und Künstler verglichen. Die Welt wird aus Gedanken geboren: Das ist die grosse Weisheit aller Mystiker von Lao Tse bis Pythagoras und Platon. Es ist auch das Bekenntnis Heisenbergs. Er erklärt im Anschluss an Platons Höhlengleichnis:

«Der wirkliche Philosoph ist der Gefangene, der aus der Höhle in das Licht der Wahrheit entflohen ist, und er besitzt wirkliches Wissen. Diese unmittelbare Verbindung mit der Wahrheit oder, wie man im christlichen Sinne sagen kann, mit Gott ist die neue Wirklichkeit, die nun anfängt stärker zu werden als die Wirklichkeit der Welt, die wir mit unseren Sinnen wahrnehmen. Die unmittelbare Verbindung mit Gott vollzieht sich in der menschlichen Seele, nicht in der Welt, und dieses Problem hat das menschliche Denken mehr als irgendein anderes in den zweitausend Jahren nach Platon beschäftigt».[15]

Ich glaube, diese Art rationaler Mystik bildet den Hintergrund von Heisenbergs unablässigem Beharren auf der Zweiteilung der atomaren Welt in Wirklichkeit und Möglichkeit. Auch ein so rationaler Denker wie der grosse russische Theoretiker der allgemeinen Relativität und Quantentheorie, V.A. Fock, schliesst sich dieser Überzeugung an.[16]

Nur müssen wir es deutlich aussprechen: Das Mögliche in der Quantenmechanik ist reiner Gedanke. Erst durch die Messung und die dazu parallele Diagonalisierung der Matrix wird er zur Wirklichkeit.

Dies ist auch der letzte Grund für die unaufhebbare Wahrscheinlichkeit in der Atomphysik. Das Wahrscheinliche ist immer das Mögliche; tritt das Wirkliche ein, dann reduziert sich das Spektrum des Möglichen momentan auf nur einen einzigen Wert innerhalb dieses Spektrums. Sind die Würfel gefallen, dann ist am Ergebnis nicht mehr zu zweifeln.

Aber auch die Überführung des Möglichen in das Wirkliche vollzieht sich durch einen Gedanken. Sicher, die Messung ist ein energetischer Vorgang, der in das Objekt eingreift. Aber das Ergebnis entspricht immer einer mathematischen Operation, der Diagonalisierung und Eigenwertgleichung. Ohne diese Operation wäre die Messung ihrerseits gar nicht möglich: Sie hätte keinen angebbaren Sinn.

Dies zeigt sich besonders dramatisch bei den Vertauschungsrelationen. Ohne sie könnte man Ort und Impuls eines Teilchens beliebig genau messen. Die Vertauschungsrelationen schliessen diese Möglichkeit aus.

Nun ist das ganze Universum aus Atomen gebaut. Die Quantenmechanik ist also einer der tiefen Gründe für das So-Sein der Welt. Vielleicht ist sie nicht der letzte, wie die heutige Physik der Elementarteilchen nahelegt. Aber auch diese kann an der Quantenmechanik nicht vorbeigehen, sondern muss ihr Gesetz erfüllen.

Die Atome müssen also die Geschöpfe eines ganz grossen mathematischen Denkers von göttlicher Macht und Weisheit sein. Jeder Quantensprung eines Atoms ist die Überführung des Felds der rein gedachten Möglichkeit in das Feld der energetischen Wirklichkeit. Jedes Photon wird damit zum Zeugen der geistigen Natur des Universums. In jedem Photon lebt eine Funke Gottes, könnte man unter Abwandlung von Dostojewskijs Wort aus dem «Totenhaus» sagen. Die Welt der Atome ist ein Zeuge der allgegenwärtigen Schöpferkraft eines denkenden Geistes.

Der liebe Gott würfelt nicht.

Albert Einstein

Es kann doch nicht unsere Aufgabe sein, Gott vorzuschreiben, wie er die Welt regieren soll.

Niels Bohr

20. Kapitel
Bohr und die Paradoxien der Quantenmechanik

Mit Heisenbergs Matrizen und Unschärfenrelationen kam ein scheinbar unverständliches Element in die Physik. Aber schon das Wirkungsquantum blieb im Grunde ein «geheimnisvoller Bote aus einer anderen Welt». Dazu traten noch andere Paradoxien wie der Dualismus von Welle und Teilchen. Wie paradox gewisse Phänomene waren, mögen drei Beispiele zeigen.

Wir lassen hintereinander durch einen Schirm mit 2 Löchern immer 1 Elektron fliegen. Hinter dem Schirm sei eine Photoplatte. Nach einiger Zeit erkennen wir auf der Photoplatte typische Interferenzstreifen, als hätten wir es mit interferierenden Wellen zu tun. Die Elektronen stehen aber evident untereinander in keiner Wechselwirkung. Was zwingt sie, sich wie interferierende Wellen zu verhalten?

Beispiel zwei: In einem Kasten befinde sich eine Trennwand mit einem kleinen Loch. Im Kasten sei ein Atom. Nach der klassischen Vorstellung kann es entweder nur links oder rechts von der Trennwand sein. Nach der Quantenmechanik gibt es jedoch noch andere Möglichkeiten, «die in einer merkwürdigen Weise Mischungen aus den beiden früheren Möglichkeiten darstellen» (Heisenberg).[1]

Beispiel drei: Wir bringen in den Kasten je 1 Elektron links und rechts von der Trennwand. Nach einiger Zeit können wir nicht mehr unterscheiden, ob Teilchen 1 mit Teilchen 2 den Platz vertauscht hat oder nicht: Die Teilchen verlieren einen Teil ihrer Identität. Dies führt direkt zum Pauli-Prinzip, wonach innerhalb eines Atoms ein bestimmter Quantenzustand jeweils nur durch 1 Elektron besetzt werden kann. Dies wiederum führt zum Aufbau der Elemente. Die Chemie ruht also auf dem Pauli-Prinzip und dieses wiederum auf der Nichtunterscheidbarkeit gleichartiger Teilchen in unserem Kasten.

Hier erkennen wir besonders deutlich, wie die Rationalität der Welt auf der scheinbaren Irrationalität gründet: Für die klassische Auffassung ist die Nichtunterscheidbarkeit gleichartiger Teilchen eine unüberwindbare Paradoxie, die unsere anschauliche Raumvorstellung verletzt. Unsere Ontologie bricht in einem vorläufigen Sinne zusammen. Aber gerade darauf ruht das wundervoll durchsichtige Gebäude des Periodischen Systems der Elemente.

Solche Änderungen der Denkstrukturen stellten die Physiker jener Zeit vor grosse Schwierigkeiten. Heisenberg gesteht, man konnte das Gefühl haben, «es solle einem der Boden unter den Füssen weggezogen werden».[2] Sein Freund Wolfgang Pauli, einer der grössten physikalischen Denker des Jahrhunderts, zerbrach im Grunde an diesen Paradoxien.

Tsung Dao Lee und Chen Ning Yang* hatten 1956 gefunden, daß das beim Beta-Zerfall eines radioaktiven Elements emittierte Neutrino (dessen Existenz Pauli vorausgesagt hatte) die Rechts-Links-Symmetrie verletzt:

Die Neutrinos kommen nur in der Linksform vor, die Antineutrinos nur in der Rechtsform.

Dem naiven Menschenverstand scheint es als selbstverständlich, dass die Natur gegenüber links und rechts symmetrisch ist. Weshalb sollte sie eine von beiden Bewegungen bevorzugen? In Gesprächen zwischen Heisenberg und Pauli kam der Gedanke auf, «dass die Welt im ganzen, also der Kosmos, nicht symmetrisch zu sein braucht gegenüber den Operationen, unter denen die Naturgesetze invariant bleiben; dass also die Symmetrieminderung möglicherweise auf die Unsymmetrie des Kosmos zurückgeführt werden könne».[3]

Wie stark der Glaube an die Symmetrie des Kosmos unter den Physikern wirkt, erkennt man u.a. an ihrem Vertrauen zur Relativitätstheorie und Kosmologie. In der ersteren beruhen ja alle Effekte auf der Homogenität von Raum und Zeit, also einer Symmetriegruppe (der Lorentz-Gruppe). In der letzteren verlangt das kosmologische Weltpostulat, dass die Expansion von allen Standpunkten im Weltall in gleicher Weise beobachtet wird.

Diese Symmetrien sollten nun für den Betazerfall verletzt werden. Heisenberg und Pauli gingen von der Möglichkeit aus, dass «in den fundamentalen Naturgesetzen die Rechts-Links-Symmetrie zunächst fehlte und dass sie erst sekundär ... in die Naturgesetze hereinkommt. Sie wäre dann die Folge einer nachträglichen Verdoppelung, die mathematisch zum Beispiel dadurch entstehen könnte, dass eine Gleichung zwei gleichberechtigte Lösungen besitzt».

Pauli war von der Idee begeistert. Heisenberg, der ihn seit der Studen-

* Beide sind in China geboren. Sie erhielten für ihre Entdeckung 1957 den Nobelpreis.

tenzeit in Göttingen kannte, hatte ihn noch nie so erlebt. Vor dem Weihnachtsfest 1957 erhielt er einen Brief Paulis, worin dieser von der Zweiteilung als einem «sehr alten Attribut des Teufels» sprach. «Die beiden göttlichen Herren – Christus und der Teufel – sollen nur merken, dass sie inzwischen viel symmetrischer geworden sind.» Kurz danach teilte er Heisenberg, mit dem gemeinsam er die Idee verfolgt hatte, in brüsker Weise mit, er werde sich zurückziehen. Im Juli zeigte er sich ihm gegenüber bei einem Treffen fast feindlich. Er hatte sich völlig verändert. Bald danach gab er zu erkennen, dass seine Kräfte nicht mehr ausreichen. Ende 1958 starb er überraschend an einer Operation.

Die entscheidende Paradoxie der Quantenmechanik tauchte jedoch schon mit Heisenbergs Matrizen auf. Wie ist es möglich, dass wir klassische Physik betreiben können, nachdem die Atome, aus denen ja die klassischen Gegenstände bestehen, einer nicht-klassischen Matrizenmechanik folgen?

Natürlich kann man sich zunächst damit behelfen, dass das Wirkungsquantum bei hohen Energieniveaus bzw. in einer sehr grossen Zahl von Atomen praktisch keine Rolle mehr spielt. Für die klassische Physik brauchen wir es ja nicht. Die Lage ist analog zur Lichtgeschwindigkeit: Auch dort treten die relativistischen Effekte erst auf, wenn die Geschwindigkeit eines Objekts mit jener des Lichts vergleichbar wird. Bildet c die obere Grenze der Ausbreitungsgeschwindigkeit von Wirkungen, so h die untere Grenze ihrer Entstehung. Die klassische Physik befindet sich im Mittelfeld zwischen diesen beiden Grenzen. Die Konstanten h und c sind gewissermassen die Grenzbedingungen der Physik.

Nun stellte sich jedoch heraus, dass die Grundgleichungen der klassischen Mechanik (die kanonischen Gleichungen) auch in Matrixform geschrieben werden können, obwohl hier h nicht mehr vernachlässigt werden kann, denn h geht ja in die Vertauschung von Matrizen ein. Gelten also die klassischen Gesetze, obgleich deren Basis nicht mehr gilt? Hier taucht offenbar ein logischer Widerspruch auf, denn klassisch ist $AB=BA$, matrizenmechanisch aber $AB \neq BA$. Freilich sind im ersten Fall A und B klassische Grössen, im zweiten Fall Matrizen. Aber in beiden Fällen repräsentieren sie klassische Eigenschaften, z. B. Koordinate und Impuls.

Wie können wir überhaupt auch in der Atomphysik von Koordinate und Impuls sprechen, nachdem die sie repräsentierenden Grössen in der klassischen Physik vertauschbar sind, in der Quantenmechanik jedoch nicht?

Daran knüpft sich eine Reihe weiterer Paradoxien:

1. Wieso können wir von der Wirklichkeit als einer vom Menschen unabhängigen Existenz sprechen, nachdem deren Verhaltensmerkmale Welle oder Teilchen, Impuls oder Ort, Energie oder Zeit vom menschlichen Beobachter abhängen?
2. Wie können die Phänomene der Makrowelt determiniert sein, nachdem die atomaren Elemente eben dieser Welt nicht determiniert sind?

3. Hat das Universum logische «Löcher», ist seine atomare Basis irrational?

   Wir können diese Frage aller Fragen noch einmal steigern:

4. Wieso kann die Quantenmechanik als eine dem wissenschaftlichen Fortschritt dienende Erkenntnis zur atomaren Bedrohung der Menschheit und eben dadurch zur Vernichtung der menschlichen Erkenntnis führen? Ruht alle Vernunft der Welt auf Un-Vernunft?

Wir sehen sofort, dass die Erkenntnisfrage der Quantenmechanik in die letzten Tiefen menschlicher Existenz führt. Es war Heisenbergs Lehrmeister Bohr, der dies am deutlichsten durchschaute. Bohr wurde zum Existenzphilosophen der Atomphysik. Wie kein anderer verband er sie mit dem Menschen. Demgemäss hütete er sich, die Paradoxien logisch zu erklären. Es gehört zum Wesen des Geheimnisses, dass es logisch nicht auflösbar ist. Es auflösen zu wollen, hiesse es zum Schein erklären. Es existiert einfach. Bohrs Verstehen ist ein Umkreisen des Geheimnisses. Daher ist seine Wortwahl verschwommen und diffus. Darin liegt aber seine «Weisheit». Das Ur-Erlebnis tiefer Wahrheiten lässt sich nie in logische Definitionen oder Begründungen zwängen. Können wir genau in Worte fassen, was wir beim Erlebnis eines grossen Kunstwerks empfinden?

Sein Wahlspruch lautete mit Schillers «Spruch des Konfuzius»:

> Nur die Fülle führt zur Klarheit
> Und im Abgrund wohnt die Wahrheit.[4]

Diese letztlich nicht in Worte zu fassende Unbestimmtheit entspricht der Heisenbergschen Unschärfe: Auch dort gibt es zwei einander ausschliessende Kennzeichnungen. Analog schliessen sich existentielle Tiefe und logische Begründung in der philosophischen Ausdeutung der Quantenmechanik wechselseitig aus. Alle Versuche, diesen logischen Sprung zu überbrücken, werden dieser fundamentalen Unbestimmtheit der Natur nicht gerecht.

Bohr schlägt eine Reihe von Lösungen vor. Sie gleichen jedoch eher Glaubenssätzen als logisch begründbaren Postulaten. Zunächst behauptet er: Es besteht eine *Korrespondenz* zwischen klassischer und Quantenmechanik. Ihr zufolge müssen die Grundgleichungen der letzteren die Gestalt der ersteren haben. Eingeschlossen ist die Forderung, dass auch in den begrifflichen Apparat der Quantenmechanik klassische Begriffe wie «Ort» (Koordinate), «Impuls», Energie», «Zeit» und andere eingehen. Beweis: Wir können über Atomphänomene nur in jener Sprache reden, die wir anhand der klassischen Phänomene entwickelten. Eine andere Sprache steht uns nicht zur Verfügung, da wir selbst keine atomaren Subjekte sind. Kurz: Das Korrespondenzprinzip lässt sich letztlich nur aus der Vermenschlichung der Atomphysik begründen.

Gehen wir diesem Postulat jedoch auf den Grund, so heisst dies nichts anderes als den Glaubenssatz:

> Der Mensch ist imstande, rein mathematisch Strukturen in den Atomen zu finden, deren begriffliche Elemente sich grundsätzlich von denen der menschlichen Erfahrung unterscheiden. Dennoch ist er berechtigt, ihnen die gleichen Namen und Grundgleichungen zuzuordnen wie in der klassischen Erfahrung.

Oder anders formuliert:

> Der Mensch vermag mathematisch seine Erfahrung zu transzendieren und zugleich begrifflich in diesen grundsätzlich nicht direkt erfahrbaren Bereich zu übertragen.

Mathematisch haben wir also einen Schnitt zwischen klassischer und Quantenmechanik, begrifflich und hinsichtlich der Form der Grundgleichungen aber eine Brücke.

Dem Korrespondenzprinzip liegt ein doppelter Glaube zugrunde: einmal an die visionäre Kraft der mathematischen Vernunft und zum zweiten an die durchgehende Einheit der Natur. Beides lässt sich aber nur aus einer kosmosophischen Hoffnung auf die nahezu unbegrenzte Erkenntnisfähigkeit des menschlichen Geistes rechtfertigen.

Das Korrespondenzprinzip wird also von einem kosmosophischen Glauben ebenso wie von einer kosmosophischen Hoffnung getragen. Beide enthalten in letzter Instanz die Einheit von Mensch und Natur, wie sie etwa im chinesischen Universalismus zum Ausdruck kommt. Prüfen wir sie aber auf ihre letzte Begründung, so müssen wir eine überwältigende Güte annehmen, die dem Menschen erlaubt, in einen Bereich vorzudringen, der nachweislich seine begrifflichen und erlebnishaften Fähigkeiten überschreitet.

Bohrs zweites Prinzip ist der *Mensch als Mitspieler der Natur*. Nicht nur dass er seinen eigenen Erlebnisbereich transzendiert, er spielt auch am Drama der Atome mit. Dieses Postulat hängt eng mit dem Schnitt zwischen klassischer und Quantenmechanik zusammen, es ist sozusagen seine logische Fortsetzung. Wollen wir nämlich ein atomares Objekt beobachten, so müssen wir es unvermeidlich stören. Dies geht schon aus dem grössenmässigen Missverhältnis zwischen dem Menschen und einem Teilchen hervor. Jedes Beobachten heisst hier Eingreifen. Es ist, als müssten wir zur Radarortung eines Satelliten diesen mit Raketen statt mit Radarstrahlen beschiessen.

Unser Organismus vermag nur Vorgänge wahrzunehmen, die seinem Auflösungsvermögen angepasst sind. Das gleiche gilt für unsere Geräte, sollen sie der menschlichen Wahrnehmung dienen. Die Beobachtung ist hier an eine Wechselwirkung zwischen dem Gerät und dem Quantenobjekt gebunden. «Wechselwirkung» ist aber immer ein Austausch von Energie und Impuls, verändert also den Zustand des Objekts.

Nun können wir aber die Wechselwirkung als solche nicht beobachten. Was wir sehen, ist z.B. nur die Tröpfchenspur eines Teilchens in der

Nebelkammer, diese ist aber schon das Ergebnis eines Stosses des Teilchens mit einem Wasserdampfmolekül, das seinerseits andere Moleküle ionisiert und so lawinenartig zur Bildung eines Tröpfchens Anlass gibt. Die Wechselwirkung ist in diesem Sinn unkontrollierbar. Oder im Beispiel von Heisenbergs Gedankenversuch zur Beobachtung der Position eines Elektrons: Um es zu beobachten, müssen wir einen Lichtstrahl hinreichend hoher Energie (kurzer Wellenlänge) benutzen; dadurch wird aber das Elektron unvermeidlich in einer von uns unkontrollierbaren Weise in seinem Bewegungszustand verändert.

Durch diese Wechselwirkung tritt ein Element der Unbestimmtheit in die Atomwelt. Sie ist zunächst dank der Unschärferelationen eine Folge der Messung, die uns immer nur eine der beiden «Hälften» genau zu beobachten gestattet, welche in den Begriff der physikalischen «Wirkung» eingehen. Entscheidend ist dabei die Rolle des Wirkungsquantums, da es im allgemeinen eine sprunghafte Veränderung des Zustands des Objekts während der Wechselwirkung bedingt. Dies wird z. B. an der Lichtabsorption durch das Atom deutlich. Zugleich taucht h wieder in den Unschärferelationen als jene Grenze der beliebig exakten Messung von Ort und Impuls auf, die nicht unterschritten werden kann.

Dies führt zu einer neuen Paradoxie: Würden unsere Geräte der Quantenmechanik unterliegen, (also h berücksichtigen), so gäbe es überhaupt keine Messung von Raum und Zeit. Sie müssen daher fest im Boden verankert sein, anderenfalls werden sie durch den Rückstoss bei der Wechselwirkung instabil, taugen also nicht mehr zur eindeutigen Zeit- und Positionsmessung. Wären sie selbst Quantensprüngen unterworfen, so wäre jede Raum- und Zeitmessung unmöglich. Sie müssen also, wie Einstein für die Ableitung der Relativität hervorhebt, starr sein.

Nun bestehen aber die Geräte aus Atomen, die evident nicht starr sind. Andererseits sind diese Atome im allgemeinen stabil, was wieder durch die klassische Physik nicht erklärt werden kann (die Stabilität ist eine Folge der Atomniveaus und diese sind wieder eine Folge der Quantenmechanik).

Wir kommen also zum paradoxen Schluss: Die Geräte sind nur deshalb starr, weil sie aus Atomen bestehen, deren «Starrheit» nicht klassisch erklärt werden kann. Anderenfalls würden die Atome die Geräte in Brei verwandeln. Bohr: «Die klassischen Theorien erlauben uns nicht einmal, die Existenz von festen Körpern zu erklären, auf der letzten Endes alle Messungen beruhen, die die Einordnung der Phänomene in Raum und Zeit bezwecken.»[5]

Wollten wir etwa das Elektronenmikroskop zum Gegenstand der Quantenmechanik machen, um seine Wechselwirkung mit dem Teilchen zu beobachten, so hätten wir nur ein Durcheinander von Schwingungen vor uns und würden nichts mehr messen können. In ihrer Eigenschaft als Beobachtungsmittel dürfen diese also nicht Gegenstand der Quantenmechanik sein: Wir *brauchen* die nichtquantenmechanischen Geräte, um

Quantenmechanik zu treiben. Der Preis: Die Wechselwirkung von Gerät und Objekt entzieht sich unserer Kontrolle.[6]

1938 geht Bohr noch einen Schritt weiter: Wir können überhaupt nicht mehr scharf zwischen Beobachter und Objekt unterscheiden: «Der entscheidende Punkt ist hier die Erkenntnis, dass jeder Versuch, mit den Methoden und Begriffen der klassischen Physik die ‹Individualität› von Atomprozessen, die das Wirkungsquantum bedingt, zu analysieren, an der Unmöglichkeit einer scharfen Unterscheidung zwischen dem unbeeinflussten Verhalten atomarer Objekte und ihrer Wechselwirkung mit den zu einer solchen Analyse unentbehrlichen Messgeräten scheitern wird.»[7]

Wir können also nach Bohr die in der klassischen Physik selbstverständliche Trennung von Subjekt und Objekt in der Quantenmechanik nicht mehr durchführen. Ausdrücklich greift hier Bohr auf die grossen Lehrmeister des Ostens zurück: «Man muss also auf jene erkenntnistheoretischen Probleme zurückgreifen, denen grosse Denker wie Buddha und Lao Tse gegenüberstanden, als sie sich bemühten, einen Ausdruck für die Harmonie in dem grossen Drama des Daseins zu finden, in dem wir zugleich Schauspieler und Zuschauer sind».[8]

Nach Bohr ist die Situation analog zur Relativität: Auch dort können wir nicht von den Eigenschaften eines Systems «an sich», losgelöst vom Beobachter sprechen. Ebenso gibt es kein Verhalten atomarer Objekte «an sich», das heisst losgelöst von der Wechselwirkung mit dem Gerät. Diese Wechselwirkung geht unvermeidlich in die Phänomene ein.[9]

Die Konsequenz: Wir beobachten in der Atomphysik stets nur das gestörte Objekt. Im Grunde haben wir hier eine Tautologie. Wenn «Beobachtung» mit «Störung» identisch ist, so beobachten wir eben nur das «beobachtete» Objekt. Dieser Tatbestand wird uns in der Makrophysik nur dank der grössenmässigen Vereinbarkeit von Gerät bzw. Sinnesorgan und Gegenstand nicht bewusst.

Damit geht aber der klassische Objektbegriff verloren. Heisenberg, der Bohrs Gedanken wohl am konsequentesten weiterführte, sagt: Die in der Quantentheorie formulierten Naturgesetze handeln nicht mehr von den Elementarteilchen an sich, sondern von *unserer Kenntnis* der Teilchen: «Die Frage, ob diese Teilchen ‹an sich› in Raum und Zeit existieren, kann in dieser Form also nicht mehr gestellt werden, da wir stets nur über die Vorgänge sprechen können, die sich abspielen, wenn durch die Wechselwirkung des Elementarteilchens mit irgendwelchen anderen physikalischen Systemen, z.B. den Messapparaten, das Verhalten des Teilchens erschlossen werden soll.»[10]

Insofern der Mensch aber nur mit Hilfe von Apparaten mit den atomaren Phänomenen sprechen kann, hat es keinen Sinn, von der Natur «an sich» zu reden. Heisenberg: «Die Naturwissenschaft setzt den Menschen immer schon voraus, und wir müssen uns, wie es Bohr ausgedrückt hat, dessen bewusst werden, dass wir nicht nur Zuschauer, sondern stets auch Mitspielende im Schauspiel des Lebens sind.»[11]

Heisenberg formuliert diesen Gedanken Bohrs noch schärfer: Wir stossen immer wieder auf die von Menschen hervorgerufenen Strukturen, begegnen gewissermassen immer nur uns selbst. Wir stehen nicht mehr der Natur als solcher, sondern der durch unsere eigene Fragestellung ausgesetzten Natur gegenüber. Dies bedeutet, «dass zum erstenmal im Laufe der Geschichte der Mensch auf dieser Erde nur noch sich selbst gegenüber steht, dass er keine anderen Partner oder Gegner mehr findet.»[12]

Dies ist also die anthropologische Konsequenz aus Bohrs Prinzip des Mitspielers im Drama der Natur. Es handelt sich nicht nur um eine Revision unserer Erkenntnis-Philosophie, sondern unseres Menschenbildes. Anders formuliert: Wollen wir die Natur zum Sprechen bringen, müssen wir sie erst das Sprechen lehren. Dies ist aber immer schon ein menschliches Sprechen. Die Natur wird also in einer unvorhersehbaren Weise vermenschlicht.

Das Paradoxe ist nur, dass parallel zu diesem Vorgang eine emotionale Verarmung des menschlichen Dialogs mit der Natur eintrat: Die in den Beschleunigungsmaschinen auftretenden «Objekte» erscheinen uns nur noch als Symbole mathematischer Strukturen, nicht mehr als lebendige Wesenheiten «aus Fleisch und Blut». Ähnlich wie die moderne Malerei nur noch abstrakte Symbole von Gegenständen übriglässt, so auch die moderne Physik nur noch Matrizen, Gleichungen, Symmetrien und Gruppen.

Mit dem Verlust des klassischen Objektbegriffs geht aber der Verlust der klassischen Kausalität notwendig einher.[13] Soll nämlich

- die Wechselwirkung nicht kontrollierbar und
- die Trennung von Beobachter und Objekt nicht absolut sein,

so können wir auch nicht mehr von einer absoluten Determiniertheit des atomaren Geschehens sprechen, sofern wir es beobachten.

In der klassischen Mechanik ist die Bahn eines Massenpunkts (oder eines Planeten) abgesehen von den Kräften durch seinen Ort und seine Bewegungsgrösse (Masse mal Geschwindigkeitsvektor) festgelegt. Daraus lassen sich die Planetenbahnen rückwirkend und für die Zukunft berechnen. Gerade dies führte zur Herrschaft des Determinismus, wonach, wie Laplace annahm, ein kosmischer Weltgeist aus der Kenntnis aller Positionen und Bewegungszustände kosmischer Objekte die gesamte Vergangenheit und Zukunft ablesen könnte.

Ihren klassischen Ausdruck findet die Kausalität in der speziellen Relativitätstheorie. Die Weltlinie symbolisiert eine Ereigniskette, in der ohne Unterbrechung ein Ereignis aus dem vorangehenden folgt und zugleich dem nachfolgenden vorhergeht. Dabei ist jedes Ereignis prinzipiell durch einen Raumzeit-Punkt darstellbar, also ausdehnungslos lokalisierbar. Ferner können nur solche Ereignisse ursächlich miteinander verknüpft werden, die durch Wirkungen von höchstens Lichtgeschwindigkeit miteinander kommunizieren. Sie liegen also entweder innerhalb des Lichtkegels oder auf dessen Mantel, niemals aber im Zwischenbereich (Siehe Zeichnung Seite 199). Die Lichtgeschwindigkeit legt den Schnitt zwischen kausal verknüpfbaren und kausal nicht verknüpfbaren Ereignissen fest. Die Kausalität wird damit auf die Struktur der Raumzeit zurückgeführt.

Einen speziellen Ausdruck findet die klassische Kausalität in der Darstellung von Energie und Impuls in der Minkowski-Welt: Bei der Ableitung der Äquivalenz von Masse und Energie kann man auf die Geometrie zurückgreifen, indem die Energie auf die Zeitachse und der Impuls auf die Raumachse abgetragen wird. Das heisst: Energie und Zeit einerseits, Impuls und Koordinate andererseits haben gleichzeitig beliebig genaue Werte. Daraus ergibt sich wieder anschaulich, dass einem Massenpunkt sowohl eine exakt definierte Bahn im Raum als auch zu jedem Zeitpunkt eine exakt definierte Energie zukommt.

Diese Annahmen werden in der Quantenmechanik verletzt. Dank der Unschärferelationen ist die genaue Angabe von Koordinate und Impuls einerseits und von Zeit und Energie andererseits für das gleiche Ereignis nicht möglich. Es hat also keinen Sinn, von einem Massenpunkt mit bestimmter Bahn zu reden. Dann aber wird die ganze Minkowski-Welt «unscharf». Sie verliert ihre wunderbare Durchsichtigkeit und Rationalität. Das gleiche gilt für den durch sie dargestellten Kausalnexus.

Andererseits behalten die Erhaltungssätze für Energie und Impuls auch in der Quantenmechanik ihre Gültigkeit. So weist die Tatsache scharfer Spektrallinien auf eine genaue Energiebilanz beim Sprung des Elektrons von einer Bahn zur anderen hin: Das abgestrahlte Photon entspricht der Differenz der zugehörigen Energien.

Der Sprung selbst aber vollzieht sich nicht mehr als Weltlinie in Raum und Zeit. Das Elektron überspringt buchstäblich Raum und Zeit, während es sich von einem Niveau zum anderen begibt; danach zu fragen, was es in der «Zwischenzeit tut», ist sinnleer. Kausalität, hier im engeren Sinn als Ausdruck der Energieerhaltung verstanden, gibt es auch in der Quantenmechanik, nicht aber für das gleiche Ereignis eine genaue Darstellung in Raum und Zeit. Wollten wir nämlich fragen, welchen Weg das springende Elektron nimmt, so müssten wir (wenigstens gedanklich) während des Sprungs eine Messung vornehmen (was wir evident nicht können). Dann aber würde durch die unkontrollierbare Wechselwirkung des Geräts mit dem Elektron die Energiebilanz in einer undurchschaubaren Weise gestört.

Dies hat nach Wolfgang Finkelnburg «nicht das geringste mit irgendwelcher durch die Unvollkommenheit unserer Messinstrumente gegebenen Ungenauigkeit der Messergebnisse zu tun.» Es ist vielmehr eine Folge des Welle-Teilchen-Dualismus.[14]

Wir haben also unabhängig von der Diskussion des Messprozesses eine objektive Unbestimmtheit im atomaren Verhalten. Sie manifestiert sich im Quantensprung und radioaktiven Zerfall als Spontaneität. Ihr mathematischer Ausdruck ist die Wahrscheinlichkeit.

Es war ausgerechnet Einstein, der 1916 durch seine Theorie der Strahlung die objektive Wahrscheinlichkeit in die Atomphysik einführte. Unter ausdrücklicher Bezugnahme auf die Analogie zum radioaktiven Zerfall hebt er hervor, dass Zeit und Richtung der vom Atom emittierten Strahlung unbestimmt seien. Er bekennt, darüber nicht glücklich zu sein: «Diese ... Eigenschaften der Elementarprozesse lassen die Aufstellung einer eigentlich quantenhaften Theorie der Strahlung fast unvermeidlich erscheinen. Die Schwäche der Theorie liegt einerseits darin, dass sie uns dem Anschluss an die Ondulationstheorie [des Lichts – der Verf.] nicht näher bringt, andererseits darin, dass sie Zeit und Richtung der Elementarprozesse dem ‹Zufall› überlässt; trotzdem hege ich das volle Vertrauen in die Zuverlässigkeit des eingeschlagenen Weges.»[15]

Einstein spricht gegenüber Bohr 1920 sogar von «Gespensterfeldern, welche die Photonen leiten».[16]

Der tiefere Grund für die Unvereinbarkeit von raumzeitlicher und kausaler Beschreibung in der Quantenmechanik liegt in der Spontaneität. Während der mittleren Lebensdauer von 10^{-8} Sekunden eines angeregten Atoms «weiss» sozusagen das Elektron noch nicht, zu welch absolut genauem Zeitpunkt es «springen wird». Wir haben ja nur eine mittlere Lebensdauer vor uns. Der Sprung erfolgt also spontan.

Diese Spontaneität wird noch deutlicher beim radioaktiven Zerfall. Nur die Halbwertzeit (die Zeit, in der die Hälfte gleichartiger Atome zerfällt) ist eine genaue Grösse. Wann jedoch das einzelne Atom zerfällt, ist völlig unbestimmt.

Es gibt aber auch eine Unbestimmtheit der Energie. Nach klassischer Auffassung würde ein schwingendes Teilchen beim absoluten Nullpunkt der Temperatur zu schwingen aufhören und an seinem Ruhepunkt verharren. Es hätte also zugleich einen absolut lokalisierbaren Ort und die Bewegungsenergie Null. Nun ist die letztere dem Quadrat des Impulses proportional; also hätte das Teilchen den Impuls Null. Nach der Unschärferelation für Ort und Impuls ist das nicht möglich.

Das Teilchen muss also sowohl eine nicht genaue Lokalisierung als auch eine nicht genaue Nullpunktsenergie aufweisen: Kurz, es wird nach wie vor auch im tiefstmöglichen Energiezustand schwingen.

Die Einführung der objektiven Wahrscheinlichkeit in die Quantenmechanik löste eine intensive Diskussion aus, ob die Quantenmechanik als vollständige, das heisst als endgültige Theorie anzusehen sei. Andere, wie David Bohm, suchten nach verborgenen Parametern, um doch wieder ein deterministisches Verhalten der Teilchen nachzuweisen.[17] Alle diese Versuche scheiterten.

Das Problem ist hier nicht eine genaue Definition der Kausalität oder des Determinismus. Vielmehr geht es um die Gegensätzlichkeit der Glaubenshaltungen Bohrs und Einsteins. Keiner von beiden gab genaue Definitionen dessen, was sie unter «Kausalität» verstehen. Beide rangen aber um etwas unendlich Tieferes. «Gott würfelt nicht», war der Glaube Einsteins, der nicht an einen persönlichen Gott glaubte. Worauf Bohr erwiderte: «Aber es kann doch nicht unsere Aufgabe sein, Gott vorzuschreiben, wie Er die Welt regieren soll.» Das Paradoxe: Auch Bohr glaubte nicht an einen persönlichen Gott.[18]

Die historische Diskussion fand 1927 auf dem Solvay-Kongress in Brüssel statt.[19] Es war dies vielleicht die entscheidende Auseinandersetzung in der modernen Physik. Äusserlich ging es nur um die Deutung von Gedankenexperimenten. Einstein ersann mehrere Tage hindurch immer ein neues Experiment, um die Gültigkeit der Heisenberg-Unschärfe zu widerlegen. Nach einigem Nachdenken gelang es jedesmal Bohr, gerade anhand der Einsteinschen Gedankenversuche die Heisenberg-Relationen zu beweisen.

Besonders frappant war dabei ein Versuch, um mit Hilfe einer an einer Feder aufgehängten «Uhr» zu zeigen, dass Energie und Zeit gleichzeitig exakt gemessen werden können. Bohr bewies jedoch aufgrund von Einsteins eigener allgemeiner Relativitätstheorie das Gegenteil. Indem nämlich die «Uhr» durch Energieaufnahme aus ihrer normalen Lage gebracht wird, verändert sich ihr Abstand zur Erde und damit auch das Gravitationspotential. Es tritt eine Rotverschiebung der «Frequenz» der Uhr ein, und zwar gerade von der Art, dass die Zeitmessung unscharf wird.

Es muss also bei den Heisenberg-Unschärfen eine Art von «Konstruktionsfehler» der Versuchsanordnungen für atomare Phänomene vorliegen, der sich nicht beheben lässt. Gerade die Gigantomachie zwischen Bohr und Einstein bewies, dass die Unschärfen nicht nur eine Folge des mathematischen Apparats sind. Vielmehr spiegelt dieser eine grundlegende Eigenart der Versuchsanordnungen wider.

Nun könnte man einwenden, es handle sich doch nur um Gedankenexperimente. Insofern jedoch allen menschlichen Apparaten Gedanken zugrundeliegen und sich diese in kein Schema mit gleichzeitiger Messung von Zeit und Energie fügen, ist die Herstellung anderer Apparaturen ausgeschlossen.

Ist es also der Mensch, welcher der Natur die Unschärfen auferlegt? Wie lassen sich dann Effekte wie die Nullpunktsenergie rechtfertigen, die evident nicht vom Menschen abhängen?

Das Unglaubliche an der Diskussion Bohr/Einstein ist, dass reines Denken des Menschen (*Gedanken*-Versuche!) das Verhalten der Natur festlegt. Bohr ebenso wie Einstein hätten sich ohne diesen Glauben überhaupt nicht in eine Diskussion von Gedankenversuchen eingelassen. Sie waren überzeugt, eben dadurch die Wahrheit über ein entscheidendes Prinzip der Natur zu erkennen.

Obwohl Einstein jedesmal widerlegt wurde (sein Freund Paul Ehrenfest sagte zu ihm: «Ich schäme mich für dich, Einstein»[20]), so gab er sich nicht geschlagen. Sein letztes Argument war stets: «Der Liebe Gott würfelt nicht».

Einstein glaubte, die Wahrscheinlichkeit sei lediglich die Folge der Statistik, also letztlich unserer Unkenntnis des Verhaltens der einzelnen

Teilchen wie in der Thermodynamik. Er hoffte daher, die Quantenmechanik sei nicht das letzte Wort. Eine noch tiefere Theorie werde wieder zur klassischen Kausalität zurückkehren, wenn es gelinge, auch das Einzelverhalten erschöpfend wiederzugeben. Bohrs Glauben an den Verlust der Kausalität erkannte er zwar als logische Möglichkeit an, bekämpfte ihn jedoch bis an sein Lebensende. Er selbst bekannte: «Ein solcher Glaube ist ohne Widerspruch logisch möglich; er ist aber meinem wissenschaftlichen Instinkt so zuwider, dass ich die Suche nach einem vollständigeren Begriffssystem nicht aufgeben kann.»[21]

Heisenberg beschreibt Einsteins Haltung: «Einstein hatte seine Lebensarbeit daran gesetzt, jene objektive Welt der physikalischen Vorgänge zu erforschen, die dort draussen in Raum und Zeit, unabhängig von uns, nach festen Gesetzen abläuft ... Nun wurde behauptet, dass es, wenn man bis zu den Atomen hinabsteigt, eine solche objektive Welt in Raum und Zeit gar nicht gibt und dass die mathematischen Symbole der theoretischen Physik nur das Mögliche, nicht das Faktische abbilden. Einstein war nicht bereit, sich – wie er es empfand – den Boden unter den Füssen wegziehen zu lassen.»[22]

Hier ergibt sich eine noch tiefere Paradoxie. Sie liegt nicht nur im Glauben Einsteins an die Realität, sondern in der Übernahme von Spinozas Philosophie. Bei Spinoza ist Gott, die absolute Substanz, zugleich Ursache seiner selbst (causa sui). Indem Spinoza Gott mit Natur gleichsetzt (deus sive natura), gilt dies auch für die Natur.

Ursache seiner selbst zu sein, ist aber nur eine Definition der Spontaneität und damit der Freiheit. Reagiere ich spontan auf ein Ereignis, so lasse ich keine aufweisbaren Gründe spielen, sondern handle aus mir selbst, dank meines Seins. Ich selbst in meiner existenziellen Ganzheit bin die Ursache meines Tuns.

Dies ist die Grundlage des Freiheitsbewusstseins. Es lässt sich nicht kausal begründen, ohne in einen Widerspruch zu verfallen. Freiheit und Kausalität sind Gegensätze.

Nun leugnet Spinoza aber im Grunde die Freiheit. Gott hat für ihn keinen freien Willen. Alles ist determiniert. Folgerichtig bestreitet auch Einstein einen Willen Gottes. Hier scheint mir der eigentliche Widerspruch zwischen Einstein und Bohr zu liegen, obgleich beide nicht an einen persönlichen Gott glaubten. Dieser Widerspruch findet sich aber bereits im System Spinozas und damit im Denken Einsteins selbst.

Die Freiheit ist das Unergründliche Gründliche, ähnlich dem Tao. Sie ist das schlechthin Gegebene, das Grund-Faktum des Menschen. Gerade die Diskussion Einstein/Bohr ist ein lebendiger Beweis: Beide verfügten über die gleichen Grundlagen der Quantenphysik, und doch kamen beide zu entgegengesetzten Schlüssen. Freiheit ist also das Ausschöpfen einer Alternative, ist die Vergabelung des Wegs. Dass wir *wählen* können, dass wir es *können*: Das ist die überwältigende Einsicht, ohne die es ein Freiheitsbewusstsein nicht gäbe. Wir wissen wohl, dass wir frei sind, aber wir können es nicht beweisen. Die Freiheit entzieht sich jedem logischen Beweis. Wir können die Freiheit nicht einmal ausserhalb unseres Bewusstseins beobachten: Die Freiheit ist keine Observable der Erkenntnis. Daher scheitert jeder Versuch einer radikal kausalen Begründung menschlicher Entscheidungen: Die Geschichte und das Schicksal des Einzelnen kausal begründen zu wollen, heisst beide zu töten.

Wir können nur feststellen: Es gibt prinzipielle Vergabelungen im Schicksal des Einzelnen wie der Allgemeinheit, ein Entweder-Oder im Sinne Kierkegaards (siehe unten). Dass diese Vergabelungen sich bereits auf der Stufe der Atome und Elementarteilchen zeigen, ist das eigentlich Unglaubliche.

«Gespensterfelder» ist ein passender Ausdruck für die Spontaneität der Lichtemission. Das Atom kann gewissermassen für eine sehr kleine Zeitspanne von 10^{-8} Sekunden wählen, ob es strahlt oder nicht. Wie kurz auch der Zustand der Vergabelung währt, es gibt sie.

Wenn Gott nach Einstein «nicht würfelt», dann bedeutet dies im Grunde eine Einschränkung von Gottes Freiheit, denn wer sollte es Ihm untersagen? Der Antipode der Freiheit ist nicht der Zufall, sondern die Abhängigkeit. Spontaneität und Absolutheit hängen also zusammen wie auf der anderen Seite Kausalität und Abhängigkeit. «Würfeln» heisst in diesem Kontext nicht einen von Gott unabhängigen Zufall einzuführen, sondern den Atomen Anteil an der Freiheit Gottes zu geben.

So weit würde Bohr niemals gehen. Gegenüber Heisenberg lehnte er es sogar ab, aus dem Indeterminismus der Quantenmechanik Schlüsse auf die Willensfreiheit des Menschen und das Eingreifen Gottes zu ziehen. Für ihn handelte es sich hier um ein Missverständnis. Er erklärt: «Wenn wir vom freien Willen reden, so sprechen wir von der Situation, in der wir Entscheidungen zu treffen haben. Diese Situation steht in einem ausschliessenden Verhältnis zu der anderen, in der wir die Motive für unser Handeln analysieren . . . Hier handelt es sich also um typisch komplementäre Situationen . . . Wenn schliesslich vom Eingreifen Gottes die Rede ist, so wird offenbar nicht von der naturwissenschaftlichen Bedingtheit des Ereignisses gesprochen, sondern von dem Sinnzusammenhang, der das Ereignis mit anderen oder mit dem Denken des Menschen verbindet. Auch dieser Sinnzusammenhang gehört zur Wirklichkeit, ebenso wie die naturwissenschaftliche Bedingtheit.»[23]

Ausdrücklich gibt Bohr dabei zu, dass «die beiden Beschreibungsweisen einander ausschliessen, aber nicht notwendig in Widerspruch stehen».

Damit führt Bohr den grundlegenden Begriff der *Komplementarität* ein. Der Sinn dieses Wortes wurde von ihm nie eindeutig definiert.[24]

Man findet in ihm eher einen Impressionisten, der einen diffusen Eindruck durch Lichtflecke wiedergibt. Will man die Lichtflecke in genaue Konturen auflösen, so bleibt nur ein Gewirr. Dies lässt die Vermutung zu, dass die Paradoxien der Quantenmechanik höchstenfalls eine Art impressionistischer Schau zulassen, die auf gewisse begriffliche Schranken trifft.

Das heisst nicht Absage an die Vernunft der Welt, wohl aber bringt es eine neue Sicht der Dinge, von der die klassische Physik noch nichts wusste.

Bohrs eigene Darstellungen der Komplementarität sind denn auch im Grunde nur Schauungen unauflöslicher Tatbestände, keine logischen Begründungen.

Es ging zunächst um das Geheimnis, wieso die von Planck und Einstein aufgewiesene korpuskulare Emission der Photonen mit dem experimentell bestätigten kontinuierlichen Strahlungsfeld vereinbar ist. Das letztere hatte sich ja in der Theorie von Maxwell und Hertz glänzend bewährt. Wie kann man mit Einstein überhaupt einem Teilchen wie dem Photon eine Frequenz zuschreiben, nachdem dieser Begriff anschaulich nur der Welle zuzuteilen ist? Wie können Quantensprünge, die nicht in Raum und Zeit ablaufen, zu Phänomenen wie der Lichtausbreitung in Raum und Zeit führen?

Hier spricht nun Bohr von einer «durchgreifenden Revolution der Begriffe»[25]. Es geht um «die logische Beziehung zwischen zwei Beschreibungen oder Sätzen von Begriffen, die sich zwar wechselseitig ausschliessen und dennoch beide für eine erschöpfende Beschreibung der Situation unentbehrlich sind»[26]. Der logische Widerspruch wird durch die Heisenberg-Unschärfe vermieden, denn diese gibt die Grenze für die exakte Anwendbarkeit beider Beschreibungen bzw. Begriffssysteme an: Wir können nicht gleichzeitig das Photon als Welle und Teilchen beschreiben, denn je nach der Wahl der Versuchsanordnung müssen wir uns zwischen der einen oder anderen Beschreibung entscheiden. Dasselbe gilt auch für die komplementären Grössen Impuls oder Ort bzw. Energie oder Zeit. Die Komplementarität enthält also, so dürfen wir folgern, eine Alternative.

Diese Komplementarität besteht nun nach Bohr auch zwischen raumzeitlicher und kausaler Beschreibung. Er verwirft also die (klassische) Kausalität nicht als solche, sondern relativiert sie als Teilaspekt einer ganzheitlichen Betrachtung: Jede Beobachtung erfolgt notwendig in Raum und Zeit. Ebenso notwendig enthält sie jedoch eine Störung; wir können also den kausalen Ablauf nicht mehr nachvollziehen. In diesem Sinne schliessen sich also Raumzeit-Beschreibung und Kausalität aus.

Bohr erklärte 1927 in Como auf dem Volta-Kongress: «Die Natur der Quantentheorie selbst zwingt uns also, die raumzeitliche Koordination und das Postulat der Kausalität, deren Einheit die klassischen Theorien kennzeichnet, als komplementäre und einander ausschliessende Züge der Beschreibung anzusehen, die die Idealisierung der Beobachtung bzw. Definition symbolisieren.»[27]

In diesem Zusammenhang wirft Heisenberg gegenüber Bohr das Problem der Sprache auf. Wenn die Elektronen im Grunde keine Dinge im Sinn der klassischen Physik sind, dann versagt auch die anschauliche Beschreibung des Atoms. Wir haben eigentlich keine Sprache, mit der wir über dessen Struktur reden können. Heisenberg zu Bohr: «Werden wir dann die Atome jemals verstehen?» Darauf Bohr: «Doch. Aber wir werden

dabei gleichzeitig erst lernen, was das Wort ‹verstehen› bedeutet.»[28]
Es liegt für mich ein tiefer Sinn darin, wenn Bohr immer wieder die physikalische Komplementarität mit dem Leben in Zusammenhang bringt. Wollen wir z. B. einen Organismus bis auf seine Atome zergliedern, so müssen wir ihn töten. Es ist uns grundsätzlich nicht möglich, das Leben bis in seine letzten Vorgänge zu beobachten. Es bleibt also nach Bohr stets eine gewisse Unsicherheit in bezug auf die physikalischen Bedingungen des Organismus bestehen. Die geringste Freiheit, die wir in dieser Hinsicht den Organismen zugestehen müssen, ist gerade gross genug, «um ihnen zu ermöglichen, ihre letzten Geheimnisse gewissermassen vor uns zu verbergen. Von diesem Gesichtspunkt aus muss die Existenz des Lebens als eine Elementartatsache aufgefasst werden, für die keine nähere Begründung gegeben werden kann ..., in ähnlicher Weise, wie das Wirkungsquantum, das vom Standpunkt der klassischen mechanischen Physik aus als ein irrationales Element erscheint, zusammen mit der Existenz der Elementarpartikel die Grundlage der Atomphysik ausmacht.»[29]

Bohr geht aber noch einen Schritt weiter: Wir finden die gleiche Komplementarität auch in der Psychologie.[30] Instinkt und Verstand, Gedanke und Gefühl sind einander komplementär zugeordnet. Wir finden hier keine «fest verbundene Kausalkette», sondern vielmehr sich gegenseitig ausschliessende Erlebnisse. Ebenso schliessen sich das Erlebnis des Willens und der bewussten Überlegung gegenseitig aus. Das gleiche gilt für die im Gedächtnis festgehaltenen Erfahrungen und den Versuch, dem Unterbewusstsein einen anschaulichen Inhalt zu geben. Analog zum grundsätzlichen Verzicht auf die anschauliche Deutung des Formalismus der Quantenmechanik hinterlässt jedes bewusste Erlebnis im Organismus eine Spur als irreversible Registrierung im Nervensystem; diese können wir durch Innenschau (Introspektion) nicht bewusst machen.

Daher lässt sich nach Bohr auch das Problem der Willensfreiheit im Grunde allein komplementär lösen: Wir können von ihr nur in einer Weise sprechen, «die angemessenen Spielraum für den Gebrauch von Wörtern wie Verantwortung und Hoffnung lässt, wobei jedes für sich so wenig definierbar ist wie andere im menschlichen Verkehr unentbehrlichen Worte».[31]

Schliesslich erhebt sich die Komplementarität nach Bohr bis in die Bereiche des Geistigen: Dichterische, geistige und kulturelle Wahrheiten sind komplementärer Natur zu wissenschaftlichen und doch sind beide wahr. Das Wort «Wahrheit» ist also mehrdeutig.

Gibt es dann überhaupt eine Wahrheit? Ist die Komplementarität nur eine Umschreibung des Verlusts an Vernunft in der Welt?

Des Himmels Sinn (Tao) erschauen,
Des Himmels Wandel ergreifen
Ist das Höchste.
Der Himmel hat fünf Gewalttäter;
Wer sie erblickt, wird blühen.
Die fünf Gewalttäter sind im Ich;
Wer sie wirken lässt im Himmel,
Bekommt das Weltall in die Hand,
Und die Natur wird aus dem Ich geboren.
Des Himmels innerstes Wesen ist der Mensch;
Des Menschen Herz ist das Triebwerk.
Des Himmels Sinn (Tao) wird festgestellt
Durch die Bestimmung des Menschen . . .
Bringt der Mensch das Triebwerk des Tötens in Gang,
Wird Himmel und Erde verkehrt und umgestürzt . . .
Das Wehe, in Gang gebracht, wird sicher überwältigen . . .
Die Zeit, in Aufruhr gekommen, wird sicher zerstören.
Wer das erkennt, wer das in Ordnung bringt,
Der heisst: Der Berufene.

Anfang des Yin Fu Ching.

21. Kapitel
Die Erweiterung der Vernunft

Bohrs geistige Väter sind ebenso komplementär wie die raumzeitliche und kausale Beschreibungsweise der Physik. Es sind dies die Yin-Yang-Philosophie in China und die Philosophie der christlichen Existenz bei Sören Kierkegaard. Beide versuchen, die grundlegenden Paradoxien des Seins zu umschreiben, die Yin-Yang-Philosophie für das Universum, Kierkegaard für den Menschen. Während Yin und Yang jedoch Polaritäten innerhalb des Grossen Einen darstellen, zielt Kierkegaard auf die Zerrissenheit des Menschen, die in dieser Welt nicht in Harmonie auflösbar ist. Wie stark Bohr von Yin und Yang inspiriert war, zeigt sein von ihm selbst entworfenes Wappen. Es enthält das Symbol von Yin und Yang mit der Überschrift «Contraria sunt complementa» (die Gegensätzlichkeiten sind komplementär).[1]

Die Yin-Yang-Philosophie entstand in der letzten Periode der Streitenden Reiche als Zeitgenosse des Aristoteles. Sie geht aber auf uralte Archetypen zurück, die ihren Niederschlag im I Ching, dem Buch der Wandlungen, fanden und bis in die jüngste Zeit des chinesischen Geistesleben weiterwirken.

Nach Richard Wilhelm[2] bedeutet «Yang» zunächst «in der Sonne wehende Banner», also das Helle. «Yin» bedeutet ursprünglich das Wolkige und Trübe. Später bezeichneten diese Worte die helle und dunkle Seite eines Berges oder Flusses.[3] Beide bilden eine durch den Kreis als Symbol für das Grosse Eine dargestellte Einheit. Diese Einheit ist jedoch eine sich gegenseitig komplementär durchdringende Zweiheit: Das Yin ist die geschweifte dunkle Hälfte des Kreises, das Yang die helle. In der dunklen Hälfte gibt es einen kleinen hellen Kreis und in der hellen einen ebensolchen dunklen, wie folgende Figur zeigt:

Das Dunkle enthält also in sich auch das Helle und das Helle das Dunkle. Die Spaltung des Einen wird wieder aufgehoben durch die wechselseitige Durchdringung der Gegensätze.

Später sah man im Yang das männliche Prinzip, im Yin das weibliche. Nach R. Wilhelm bedeutet der Kreis an sich gesehen das Symbol für den Uranfang (Wu Chi), der in Licht und Dunkel geteilte Kreis das T'ai Chi, das Zeichen für den Grossen Beginn alles Seienden (siehe Seite 247).

Dieser Archetypus ist für Wilhelm Ausdruck des Schöpferischen. Es wird im I Ching dargestellt durch sechs übereinanderstehende gerade Striche. Es wird unpersönlich gedacht und macht sich nur durch seine übermächtige Aktivität bemerkbar[4].

Sechs übereinander stehende gebrochene Striche hingegen bedeuten das Empfangende, Weibliche, die Erde. «Es ist das vollkommene Gegenstück zu dem Schöpferischen, das Gegenstück, nicht der Gegensatz; eine Ergänzung, keine Bekämpfung.»[5] Es bedeutet die Natur gegenüber dem Geist, das Räumliche gegenüber dem Zeitlichen, das Mütterliche gegenüber dem Vaterhaften. Nach Wilhelm ist das Empfangende ebenso wichtig wie das Schöpferische, wenn es ihm auch rangmässig nachgeordnet ist. Zugleich gibt es dem Geistigen das Merkmal des Möglichen (Heisenberg!), das durch das Empfangende verräumlicht wird. «Während das Schöpferische die Dinge erzeugt, werden sie vom Empfangenden geboren.»[6]

Nach Fung Yu-lan[7] bedeutet das Yang zugleich den Himmel, das Yin die Erde. Aus der Vereinigung beider entsteht sowohl das Universum als auch die menschliche Familie. Dabei bedeutet der älteste Sohn z.B. wieder den Donner, die älteste Tochter den Wind. Demzufolge müssen Mensch und Universum in Einklang stehen.

Yin und Yang gingen ihrerseits aus dem Grossen Einen hervor, dem T'ai Chi. In einem Anhang zum I Ching bilden Yin und Yang wieder das Tao als ihre Einheit.

Im Grunde stellt die Yin-Yang-Spekulation also den Versuch einer Welt-Werdung aus dem Archetypus der menschlichen Zeugung dar, wobei über Mann und Frau hinaus ein Grosses Eines (T'ai Chi) angenommen wird, das beide Prinzipien in sich enthält (Symbol des Kreises).

Es scheint mir, dass Bohrs eigentliches Anliegen die Einheit der in den Paradoxien auftretenden Gegensätze ist. Teilchen- und Wellenvorstellung sind sozusagen nur die Hälften der Wahrheit. Das Denken kann die ganze Wahrheit der Atome nicht erfassen, wohl aber in Teilen, die einander zu widersprechen scheinen. Durch die Komplementarität werden beide zusammengefügt. Sie widersprechen einander einerseits, andererseits ergänzen sie sich wieder, brauchen sich also wechselseitig.

Bohrs Komplementarität gründet sich demnach nicht auf einen logischen Widerspruch der komplementären Gestalten, sondern auf ihre Ent-Zweiung aus der einen Wahrheit, die das Ganze beider konträrer Gestalten bildet. Das ist durchaus im Sinne von Lao Tse und des I Ching. Beide Teilgestalten sind gewissermassen im Idealen (dem Wu Chi, dem Nicht-Sein) vereint, im Real-Physikalischen indes nur komplementär zu beobachten und zu verstehen. Dieses Ideale ist für Heisenberg zweifellos die Mathematik der Quantenmechanik, denn hier tauchen keinerlei Paradoxien und Widersprüche auf. Wir können mit Heisenberg auch sagen: Im Möglichen die Einheit, im Wirklichen die Zweiheit. Insofern besteht ein denkwürdiger Gegensatz zu Einstein. Für ihn steht das Ganze immer schon am Anfang der Erkenntnis, nicht wie bei der Komplementarität erst am Ende. Einsteins Vision des Ganzen ist im Grunde verräumlichte Weltvernunft.

Die zweigeteilte schöpferische Vernunft musste Einstein ein Frevel sein. Mit der Teilung kommen Widerspruch und Anti-Vernunft in die Welt und als deren Sohn der Zufall. Hier ist wohl der wesentliche Grund für Einsteins Ablehnung der Wahrscheinlichkeit zu suchen. Er war im Grunde immer dem Grossen Einen verhaftet, das er in Spinozas «deus sive natura» am deutlichsten ausgesprochen fand. Instinktiv wies er deshalb dessen Entzweiung zurück.

Anders Bohr. Er verstand, dass das Eine nicht «bei sich selbst bleiben kann» (Hegel), will es das Universum hervorbringen. Es bedarf der Spaltung. Sie besteht schon zwischen deterministisch-anschaulicher Makrophysik und indeterministisch-unanschaulicher Mikrophysik.

Aber auch Bohr sucht die Einheit. Zum einen findet er sie für Makro- und Mikrophysik durch das Korrespondenzprinzip. Eine weitere Aufhebung der Zweiheit bringt die Komplementarität. Beide Prinzipien sind also auch für Bohr das Grosse Eine, in dem die Gegensätze wieder aufgehoben werden.

Die Spaltung muss jedoch sein, wenn anders Quantenmechanik überhaupt ins Dasein treten soll. Das Universum der Atome verdankt seine Existenz sozusagen einer abstrakten Kosmogonie.

Freilich ist das Reale immer der Zweiheit ausgeliefert. Die Auflösung der Gegensätze als begriffliche Einheit ist nur im Reich des Idealen zu verwirklichen.

Einsteins Einheit war gewissermassen schon Realität, nämlich der von Vernunft durchwaltete Raum. Daher ist sein Denken geometrisch und rationalistisch. Bohrs Einheit ist nur ein Programm. Seine Maxime ist: Mit den Widersprüchen leben, aber auf ihre Überwindung hoffen.

Bohrs komplementäre Perspektiven sind zunächst ebenso wie jene der Relativität wertfrei. Sie haben keinen Bezug zu Ethik, Ästhetik oder physikalischer Brauchbarkeit: Sie sind beide «wahr».

Aber schon die Yin-Yang-Philosophie enthält den Keim zu einer ethischen Wertung. Aus dem Yang wird das Symbol für die Oberwelt, aus dem Yin für die Unterwelt des Gespenstischen, ja Dämonischen. Bei C. G. Jung finden wir die «Tag- und Nachtseite des Menschen». Mit dem Dunkel wurde stets das Böse gleichgesetzt.

Von hier aus ist die Frage berechtigt, ob Bohrs Komplementarität nicht doch mehr als nur ein rein begriffliches Antlitz trägt.

Die Polarität war zweifellos der ihn leitende Archetypus. Seinen direkten Niederschlag fand er im Wellen-Teilchen-Dualismus. Aber die Polarität ist schon im Yin-Yang-Denken mehr als eine kosmogonische.

Von hier aus lässt sich nämlich eine Brücke schlagen zur altiranischen Dualität des Guten und Bösen Prinzips. Zarathustra (möglicherweise im 6. Jahrhundert v. Ch.) lehrt den Kampf zwischen Ahura Mazda, dem guten Schöpfer und Weltenrichter, und dem bösen Geist Ahriman. Beide beherrschen je ein Reich personifizierter Mächte. Der Mensch ist aufgerufen, in diesem Kampf für Ahura Mazda Partei zu ergreifen, will er dem Weltgericht entgehen. Höchste Pflicht ist die Wahrheit. Die Welt ist ein Drama, dessen letzter Akt das furchtbare Anschwellen des Bösen ist, dem das Gericht als Endkampf zwischen Gut und Böse mit der völligen Vernichtung des Bösen folgt. Es kommt zur universalen Erneuerung und Wiederherstellung der Dinge. Dabei wird sogar das Land der Hölle der Glückseligkeit zurückgegeben (Apokastasis).

Diese Religion wirkt auch heute als Parsismus unter den Parsen in Vorderindien nach. Ein Seitenzweig war der von Mani im 3. nachchristlichen Jahrhundert gestiftete Manichäismus, ein Hauptstück der Gnosis.

Auch hier kommt es am Ende nach dem ewigen Kampf zwischen Licht und Finsternis zu einem reinigenden Weltbrand. Diese Lehre verbreitete sich bis nach Spanien und China und wirkt heute noch in Ideologien wie dem Marxismus-Leninismus mit seiner Lehre vom Klassenkampf und der Weltrevolution nach.

Manichäisches Denken gehört in der Tat zu den Archetypen der Menschheit, lange vor Zarathustra und Mani. Hier gewinnt also die Dualität eine apokalyptische Bedeutung. In China fehlt diese, soweit ich sehe. Trotz der Abwertung des Yin gegenüber dem Yang sind beide als kosmische Prinzipien doch wieder gleichrangig, da sie ja beide für das schöpferische Geschehen im Kosmos und Menschenreich nötig sind. Zudem werden sie im Tao bzw. dem Grossen Einen wieder aufgehoben. Während altiranisches Denken also dualistisch-dramatisch ist, scheint mir das altchinesische eher univeralistisch-harmonisch. Das eine orientiert sich an der Spaltung derWelt, das andere an ihrer Einheit.

In diesem Sinne neigt Bohrs Komplementarität sicher eher zum alten China. Welle und Teilchen, Raumzeit und Kausalität sind gleichwertige Beschreibungen der Ereignisse, wohl Polaritäten, aber doch die Hälften der einen ungeteilten Wahrheit. Sie haben eher mit der menschlichen Sprache und der Erkenntnis als mit einem seinsmässigen Auseinanderklaffen der Welt zu tun.

Es gibt aber in Bohrs Denken auch eine zweite Komponente, die nicht der Harmonie in der Zweiheit zuzuordnen ist. Es ist dies sein Beharren auf der Paradoxie. Korrespondenz und Komplementarität sollen ja im Grunde die in der Quantenmechanik auftretenden Paradoxien überbrükken. Damit werden sie jedoch nur vordergründig, im Feld der menschlichen Erkenntnis, aus der Welt geschafft.

Es treten nämlich Paradoxien auf, die nicht die Quantenmechanik als solche, sondern das atomare Universum betreffen. Da ist zunächst die unverständliche Tatsache des Wirkungsquantums. Aus ihr folgt die kausalistisch nicht verstehbare Spontaneität der Quantensprünge und Radioaktivität. Im Grunde ist die ganze Wahrscheinlichkeit in der atomaren Welt ein Paradoxon, das unser logisches Weltverständnis durchlöchert. Unsere traditionelle Vernunft selbst ist herausgefordert. Bohr hat dies wohl verstanden; seine ganze «Weisheit» kreist unablässig um diesen Kern der atomaren Wirklichkeit. Auch Heisenbergs Dualität von Möglichkeit und Wirklichkeit ist nur ein Versuch, diesen Kern möglichst einzugrenzen.

Im letzten finden wir eine Paradoxie, die sich so formulieren lässt: Insoweit die Elementarteilchen Wirklichkeit sind, sind sie nicht vernünftig, und insofern sie vernünftig sind, sind sie nicht wirklich. Dies ist natürlich überspitzt formuliert, denn der mathematische Apparat der Quantenmechanik ist durchaus auch im traditionellen Sinn «vernünftig», ebenso ist es ihre Ausdeutung im Sinne von Bohr und Heisenberg. Aber dieser Apparat selbst enthält unaufhebbare Wahrscheinlichkeiten, die durch den Eingriff des Menschen in das atomare Geschehen auftreten. Nicht nur dies: Auch unabhängig vom Menschen finden wir etwa im Quantensprung oder radioaktiven Zerfall eine Spontaneität, die mit unserem klassischen Kausalitätsbegriff nicht zu vereinen ist.

Begriffe der klassischen Ontologie wie «Kausalität», «Eigenschaft», «Subjekt und Objekt» verlieren ihren traditionellen Sinn und sind möglicherweise überhaupt nicht mehr anwendbar. Erreicht also unsere Vernunft nur ihre eigenen Erzeugnisse, nicht aber die Wirklichkeit?

Hegels Grundbehauptung verliert ihre Gültigkeit: «Alles Vernünftige ist wirklich und alles Wirkliche ist vernünftig.» Diese Identität muss, wenn sie gerechtfertigt ist, erst an der heutigen Physik überprüft werden. Sie steht aber im Hintergrund des gesamten philosophischen Denkens seit Parmenides. Dies alles ist keine akademische Frage. Die Diskussion zwischen Bohr und Einstein betraf im Grunde das Problem der Vernünftigkeit der Welt. Eine Welt, in der «Gott würfelt», erschien Einstein als undenkbar, weil sie die Vernunft ausser Kraft setzt. Dieser letzte der grossen Rationalisten, Enkel von Descartes, Leibniz und Spinoza, kämpfte im Namen der Vernunft in der Welt. Dies war sein Glaube und er bekannte ihn bis zu seinem Tode.

Bohrs Glaube war komplizierter. Auch er glaubte an die Möglichkeit der Erkenntnis, aber um den Preis grundsätzlicher Einschränkungen. So gesehen war er eher ein Enkel von Kant als von Descartes. Heisenberg wiederum verlegte die Problematik in das Reich der Platonischen Idealwelt. Keiner von ihnen flüchtete sich jedoch in Skepsis oder Verzweiflung. Sie alle drei glaubten in einem tiefen Sinn an die Erkennbarkeit der Welt, zu der sie, jeder für seinen Teil, so Entscheidendes beitrugen.

Gibt es nun zwischen diesen Auffassungen ihrerseits eine Komplementarität? Sind Paradoxie und Vernunft versöhnbar? Diese Frage stellen, heisst alle bisher genannten philosophischen Entwürfe transzendieren. Der Rationalismus verneint die Frage, die Yin-Yang-Philosophie kennt statt der Paradoxie nur die Dualität in der Einheit, das parsische Denken kennt nur den Kampf zwischen Licht und Dunkel und Platon spricht zwar vom dialektischen Aufstieg zu den Ideen, aber nicht von Löchern in der Vernunft. Selbst Hegel, der den Widerspruch zum Prinzip logischer Schöpfung erhebt, sieht gerade im Widerspruch zwischen Sein und Nichtsein die Provokation zur Synthese im Werden. Die Synthese hebt also den Widerspruch auf. Das Fortschreiten der logischen Begriffe, der Natur und menschlichen Kultur ist für ihn das Ergebnis der ständigen Spaltung des Seienden in sein Gegenteil und der Zurücknahme dieser Spaltung in der höher stehenden Synthese. Der Widerspruch als Motor des Seins – das heisst ihn zum Werkzeug des Fort-Schreitens zu erheben.

Aber die Paradoxien der Atomphysik sind grundlegend anderer Natur. Zwischen Bohr und Einstein kam es *nicht* zur Synthese: Bohrs Auffassung siegte (von wenigen Aussenseitern abgesehen).

Nicht nur die Wurzeln der Atomphysik reichen hinab in die Gespaltenheit des Seins. Auch ihre Folgen fordern die Vernunft heraus.

Wie konnte Einstein, dieser Sendbote des Friedens und der Vernunft, jenen schrecklichen Brief an Roosevelt schreiben?[8] Wie konnte aus den mystischen Visionen eines Planck, Bohr, Heisenberg, Jordan, Born, de Broglie, Dirac und Schrödinger das Unsagbare von Hiroshima und Nagasaki werden? Das Feuer der Sonne wurde auf die Erde geschleudert und der Rauch der Verbrannten stieg bis zum Himmel.

Mit der Spaltung des Atoms durch Hahn und Strassmann 1938 spaltete sich im Grunde die Welt. Diese Dichotomie überragt alles, was menschliches Denken vermag. Nur das Nein zum Leben, zur Vernunft, zum Sinn der menschlichen Existenz vermag aus schöpferischer Wissenschaft die satanische Zerstörung hervorzubringen.

Im Grunde versagt die Sprache, um diese Perversion der Physik zu beschreiben. Sie wurde zum Schicksal des ausgehenden Jahrtausends. Wir müssen diese apokalyptischen Paradoxien im Auge halten, wenn wir Bohrs geistige Wurzeln bis in ihre letzten Gründe blosslegen wollen.

Nicht die Dualität von Yin und Yang, sondern der klaffende Widerspruch im Verhältnis von Gott und Mensch steht an der Wiege von Bohrs Beharren auf dem Kausalitätsverlust und der Gegensätzlichkeit innerhalb der Komplementarität. Es ist die Zerrissenheit des Seins schlechthin, die hier aufscheint. Und schliesslich ist es die Stellung des Menschen in einer für ihn geschaffenen Welt, die meines Erachtens Bohr dazu führte, den Menschen als Mitspieler am Drama der Natur anzunehmen.

Es lässt sich nachweisen, dass Bohrs geistiger Vater genau jener religiöse Denker war, der diese Widersprüchigkeit ein für allemal verdeutlichte: Sören Kierkegaard (1813–1855). Ist es nebenbei ein Zufall, dass Shakespeare den existenziellen Helden par exellence, Hamlet, gleichfalls nach Dänemark versetzt?

Bohr wurde durch den dänischen Philosophen Harald Høffding (1841–1931) mit Kierkegaard bekannt.[9] Er hatte bei ihm Philosophie studiert und las seine Bücher. Høffding übte selbst Einfluss auf Bohrs Denken aus. Die Grundthesen: Das Leben ist eine Folge von Entscheidungen. Unser Wissen ist stets nur ein Teil des Seins. Eine strenge Unterscheidung zwischen Subjekt und Gegenstand ist stets Willkür. Die Wahrheit bildet ein Erzeugnis des Menschen, denn Wissenschaft bedeutet menschliche Aktivität. Alles Wissen ist von symbolischer Natur; was wir erkennen, bildet nur einen Teil des Ganzen. Leben und Wirklichkeit bestehen aus Sprüngen; etwas Entscheidendes tritt immer durch einen Ruck ein, durch eine jähe Schwankung, die sich aus dem, was ihr vorangeht, weder vorhersehen noch festlegen lässt. Der Sprung selbst entzieht sich der Beobachtung.

Bohr bekennt 1928, er sei durch Høffding in seiner Deutung der Quantenmechanik beeinflusst worden.[10] Hinter Høffding steht jedoch die grosse Gestalt Kierkegaards.

Bohrs Ausgangsposition vom Menschen als Mitspieler der Natur findet ihren Ursprung vermutlich in Kierkegaards Kategorie des Einzelnen. Für

Kierkegaard ist das menschliche Individuum etwas unaufhebbar Einmaliges. Nimmt man Bohrs These vom Mitspieler der Natur ernst, so ist dies immer der jeweilige Physiker mit seiner Fragestellung an die Natur. Hier ist nicht vom «Physiker schlechthin» die Rede, sondern vom konkreten, also einmaligen.

Die Einmaligkeit des Menschen ist eine typisch christlich-existenzialistische These. Kierkegaard bekennt, er wolle auf seinem Grabstein nichts als die Inschrift «jener Einzelne» stehen haben. Mit dieser Kategorie sei eine geschichtliche Bedeutung verknüpft. Mit ihr stehe oder falle aber auch das Christentum. Nur sie verhindere «die phanteistische Verwirrung». Indem er den Pantheismus als optische Täuschung bezeichnet, verbaut er zugleich Spinoza und mit ihm Einstein den Weg. Als der Einzelne ist der Christ nach Kierkegaard «allein, allein in der ganzen Welt, allein vor Gott». Er nennt die Individualität die einzige Qualität.

Kierkegaard versteht die Einzelheit des Christen jedoch nicht in einem biologischen oder auch nur psychologischen Sinn, sondern sub specie aeternitatis, unter dem Aspekt der Ewigkeit. Während man nämlich auf der Erde mit kleinen Schiffen kleine Entfernungen zurücklege und mit grossen Schiffen grosse, so sei es für die Ewigkeit genau umgekehrt: «Zur Fahrt nach der Ewigkeit hingegen benützt man nur einige ganz kleine Boote, für eine Person, Nusschalen. Doch ... ehe die Ewigkeit entdeckt und in Besitz genommen wird, ist es eine ungeheuere Entfernung, und es ist ein furchtbares Segeln allein auf einem Meer, das grösser ist als das Weltmeer, da es ... zwei Welten scheidet ...»[11]

Diese Einzelheit nun ist für Kierkegaard nicht begrifflich zu fassen, denn das Einmalige entzieht sich der Vereinigung: «Jedes individuelle Leben ist inkommensurabel für den Begriff.»[12]

Das Merkmal des Einzelnen ist daher im Handeln zu suchen, und dieses wiederum ist spezifisch religiöses Handeln: «Worin geht diese Inkommensurabilität auf? – im Handeln. Das, worin alle Menschen eines sind, ist Leidenschaft. Deshalb ist alles Religiöse Leidenschaft, Glaube, Hoffnung und Liebe ...»[13]

Hier liegen also die Wurzeln für Bohrs Theorie, dass das Subjekt unvermeidbar zugleich Zuschauer und Mitspieler der atomaren Natur ist. Auch Heisenberg wird nicht müde, auf diese Durchbrechung der klassischen Barriere zwischen Subjekt und Objekt hinzuweisen. Die quantenmechanische Wahrscheinlichkeit enthält nämlich sowohl eine objektive Unbestimmtheit als auch einen subjektiven Grad von Nicht-Wissen.[14]

Im Handeln des Einzelnen bekundet sich aber seine Spontaneität und damit seine Freiheit. Bohrs Atommodell ist die verkörperte Demonstration dieser Spontaneität. Die Wurzel findet sich in Kierkegaards Begründung der Freiheit: «Das Höchste, was man überhaupt für ein Wesen tun kann, höher als alles, w o z u man es machen kann, ist, es frei zu machen. Eben dazu gehört Allmacht ... Nur die Allmacht kann sich selbst zurücknehmen, während sie hingibt.»[15]

Daher kann kein Mensch einem anderen ganze Freiheit verleihen, «weil der, welcher die Macht hat, selber darin gefangen ist, dass er sie hat».

Damit ist Gottes Verhältnis zur Schöpfung festgelegt: Nur die Allmacht konnte sie aus Nichts hervorbringen, und zwar durch Güte. Freiheit, Allmacht, unendliche Liebe und Weltschöpfung stehen also in einem grundlegenden Zusammenhang: «Gottes Allmacht ist deshalb seine Güte. Denn Güte heisst ja, alles hingeben, aber dergestalt, dass man durch allmächtiges Sichzurücknehmen den Empfangenden unabhängig macht. Alle endliche Macht macht abhängig . . . Dies ist das Unbegreifliche, dass die Allmacht nicht nur das am meisten Überwältigende hervorbringen kann: die ganze sichtbare Welt, sondern dass sie auch das Allerzerbrechlichste hervorzubringen vermag: ein gegenüber der Allmacht unabhängiges Wesen. Dass also die Allmacht, deren gewaltige Hand die Welt so hart anfassen kann, doch zugleich so leicht machen kann, dass das Erschaffene Unabhängigkeit bekommt . . . Die Schöpfung aus dem Nichts ist wiederum der Ausdruck der Allmacht dafür, dass sie unabhängig machen kann.»[16]

Hier hat man also die religions-metaphysische Wurzel für den Zentralbegriff in Bohrs Atomphysik zu suchen, nämlich die Spontaneität. Sie bildet neben der Störung den Grund für den mathematischen Begriff der Wahrscheinlichkeit. Der von Bohr geforderte Sprung des Elektrons im Atom über Raum und Zeit hinweg führt zum Verlust der klassischen Kausalität und zum Auftreten von objektiven Wahrscheinlichkeiten, die nicht auf die Unkenntnis des Beobachters zurückgehen.

Damit wird das Auftreten von h letztlich durch die Allmacht Gottes begründbar. Dies ist ideengeschichtlich schon deshalb so, weil ja Planck das Wirkungsquantum über das Prinzip der Kleinsten Wirkung von Maupertuis entdeckte und dieses für ihn ebenso wie für Maupertuis ein Hinweis auf die Allmacht Gottes war. Hier taucht also die moderne Physik in die Ur-Gründe der christlichen Weltsicht hinab.

Die Kategorie der Freiheit führt zur noch tieferen Kategorie des Widerspruchs, der Paradoxie, ja des Absurden. Schon Kierkegaards Begründung der Freiheit enthält diese Paradoxie: Wie kann Gottes Allmacht die Macht des freien Menschen begründen? Wird damit nicht Gott gerade dank Seiner All-Macht zur Ohn-Macht erklärt?

Denn man bedenke die Konsequenzen der menschlichen Freiheit, dieses Ur-Geschenks Gottes an den Menschen: Er kann sie nutzen, um Gottes Gesetz zu brechen und damit die Allmacht Gottes ad absurdum zu führen. Ja, er vermag sogar bewusst die Existenz Gottes zu leugnen und sich selbst zum alleinigen Gesetzgeber der Menschenwelt zu erheben, wie dies das signum des heutigen Zeitalters ist.

Hebt sich also Gott durch die Freiheit des Menschen selbst auf? Diese furchtbare Frage stellen, heisst dem Menschen von heute seinen Spiegel vorhalten.

Im Grunde geht es um den Abgrund zwischen dem kategorischen Imperativ des Christen und seiner fast naturnotwendigen Verfehlung eben dieses Imperativs. Für Kierkegaard ist der Christ nämlich «ein Kriegsschiff, das erst auf hoher See seine Weisung bekommt.»[17] Er bekennt von sich selbst, dass ihm durch eine fürchterliche Schwermut geholfen wurde, einen Pfahl im Fleisch. «In der Schwermut hält die Lenkung mich.»[18] Der Mensch ist nämlich für Kierkegaard ein «Doppelwesen», ein das ganze Leben währender Kampf zwischen dem natürlichen und dem neuen Menschen. Dies rührt daher, weil zwischen dem Menschen und Gott ein unendlicher Unterschied klafft: Je mehr man über den Menschen nachdenkt, desto mehr versteht man ihn. Je mehr man hingegen über Gott nachdenkt, desto weniger versteht man Gott, desto deutlicher wird Gottes Erhabenheit.[19]

Diese Paradoxie von göttlicher Allmacht und göttlicher Ohnmacht gegenüber seinem eigenen Geschöpf erfährt ihre unüberbietbare Steigerung im Gottesmord am Kreuz. Damit wird die Paradoxie zur spezifisch christlichen Kategorie.

Eine Vorahnung enthält der Bericht von der Opferung Isaacs durch seinen Vater Abraham, die im letzten Augenblick durch das Eingreifen Gottes verhindert wird, nachdem sie durch Gott selbst befohlen war. Dazu bekennt Kierkegaard 1843 in «Furcht und Zittern»: « . . . was für ein ungeheuerliches Paradox der Glaube ist, ein Paradox, welches einen Mord zu einer heiligen, Gott wohlgefälligen Handlung zu machen vermag, ein Paradox, das Isaak Abraham wiedergibt, – etwas, dessen sich kein Denken bemächtigen kann, weil der Glaube eben da beginnt, wo das Denken aufhört.»[20]

Diese Paradoxie steigert sich noch einmal auf Golgotha. Hier wird nicht nur ein wirkliches Opfer vollbracht, sondern Gott selbst opfert sich. Und gerade darin bezeugt er seine Macht! Denn genau dieser unfassbare Widerspruch ist der Glaube des Christen, wenn er überhaupt einen hat. Kierkegaard: «Religiös ist die grösste Ohnmacht die grösste Macht.»[21]

Deshalb trägt der Gottessohn vor dem irdischen Richter, Pilatus, zum Hohn kein Szepter, sondern nur ein Rohr, nämlich als Zeichen der Ohnmacht! «Das ist in Hinsicht auf Macht wie ein Nichts dagegen, ihr zu gebieten mit einem Rohr, das heisst durch die Ohnmacht, das heisst göttlich.»

Kierkegaard sieht die Absurdität dieses Anspruchs wie kaum ein anderer: «Nachdem man gegeisselt worden ist und verspottet, während die Richter in Purpur gekleidet sind und ausdrücken, dass sie die Herrscher sind – dann auszudrücken: Ich bin dennoch ein König . . . So etwas ist unerträglich . . . Alle Begriffe sind im tiefsten Grunde gesprengt, alles, alles verloren, falls es durchgeht, dass dies nicht Gotteslästerung ist . . .»[22]

Die äusserst erreichbare Paradoxie ist also: Nicht weil Christus fälschlicherweise für schuldig befunden wird, lässt ihn Pilatus kreuzigen, sondern weil er ihn für unschuldig befindet: «Das Urteil lautet: ich finde keine Schuld an diesem Menschen – und darauf wurde er – nach Gesetz und Recht – gekreuzigt!»[23]

Nichts scheint unangemessener für eine Diskussion der Physik, als diese Zitate aus Kierkegaard. Aber vergessen wir nicht die historische Tiefe Bohrs: Seine «Weisheit» wurzelt in Abgründen, die nicht begrifflich zu fassen sind. Und das zweite: Die Paradoxien der Quantenmechanik münden, gerade weil sie technisch überwunden wurden und zu den grossartigsten Leistungen führten, letzten Endes in die zukunftsgeschichtliche Dimension der Physik. Sie kreist also nach ihren Ursprüngen ebenso wie nach ihrer Zukunft um die letzten Herausforderungen, die überhaupt an die Vernunft gestellt werden können.

Damit wird die Physik selbst herausgefordert: Bringt sie dem Menschen Heil oder Unheil, ist sie biophil oder nekrophil? Wenn sie letzten Endes dem Tode dient, dann werden alle abstrakten Diskussionen um Determinismus oder Indeterminismus zu einer tödlichen Ouvertüre für das absolute Ende.

Wir dürfen daher sehr wohl mit Kierkegaard die Frage nach dem quo vadis der Physik und der Physiker stellen. Dieser Frage kann man nicht mehr ausweichen. Wenn die Physik die Mittel gegen das Leben bereitstellt, dann ist dies Empörung wider das Gebot «Du sollst nicht töten».

Kierkegaard beschuldigt die Naturwissenschaft der Empörung wider Gott. Er hätte auch sagen können: Wider den Menschen. Kierkegaard: «Das Christentum lehrt, dass Streit ist zwischen Gott und dem Menschen. Und die Naturwissenschaft ist die eingebildetste von allen, und wohlgemerkt gerade eingebildet in Richtung auf Empörung gegen Gott.»

Sie ersetzt Gott durch das Naturgesetz. Und in prophetischer Vorwegnahme der apokalyptischen Folgen der Atomphysik:

> «...so dass sie wohl entweder Gott völlig überflüssig machen und an seine Stelle die Naturgesetze setzen will, ... welche dem Menschen alleruntertänigst gehorchen müssen, so dass der Mensch eigentlich Gott wird, oder sie zwingen Gott so peinlich beengt in seine eigenen Gesetze hinein, dass, wenn ich so sagen darf, der Teufel Gott sein mag. Der Streit zwischen Gott und ‹dem Menschen› wird deshalb wohl darin gipfeln, dass ‹der Mensch› sich hinter die Naturwissenschaft zurückzieht. Und es ist vielleicht auch der Gang der Zukunft, dass das Christentum nun die Sinnestäuschungen abschütteln wird, und dann werden ganze Scharen von Menschen erscheinen, deren Religion die Naturwissenschaft sein wird.»[24]

Prophetischer konnte niemand vor eineinhalb Jahrhunderten die «Agonie des Christentums» (Miguel de Unamuno, 1864–1936) voraussagen. Damit wird aber die Spaltung zwischen Glaube und Wissenschaft angesprochen. Sie gründet in einer geschichtlichen Entzweiung des menschlichen Geistes im Herzen Europas vor 500 Jahren. Der Prozess Galilei bildet nur den Seismographen dieses Bebens, dessen Wellen in der

Oktoberrevolution einen halben Erdteil erfassten und von Russland aus heute alle Kontinente erschüttern.

Es geht hier nicht um die Ursache, sondern um das Phänomen: Die Vernunft des Menschen spaltete sich. Diese Spaltung ergriff die Institutionen Kirche und Staat und zerreisst heute die ganze Erde. Lässt man ihr freien Lauf, so droht sie im atomaren Blitz die Menschheit zu erschlagen. Ihr Name ist «Empörung» der Wissenschaft gegen ihren eigenen Ursprung. Das ist die Wahrheit des ausgehenden Jahrhunderts. Sie widerspricht aller Vernunft, denn sie droht die Mörder ebenso zu verbrennen wie die Ermordeten.

Die Paradoxien der Atomphysik sind also die Ur-Bilder, sozusagen die Platonischen «Ideen» ihrer eigenen Folgen. Damit schliesst sich der Kreis. Was mit Newton als Lobpreis Gottes begann, droht mit dem Untergang der Menschenwelt zu enden.

Der Streit zwischen Bohr und Einstein trägt also eine weltgeschichtliche Dimension. Beide berufen sich auf einen Gott, an den sie – wenigstens bewusst – nicht glauben. Dies ist mehr als eine Metapher für ihre philosophischen Glaubenshaltungen. Es ist tiefenpsychologisch zu verstehen als Angelpunkt eines Weltverständnisses, das sich im letzten auf religiöse Archetypen beruft. Gerade die Hartnäckigkeit, mit der Einstein den Determinismus unter Berufung auf Gott verteidigt, bezeugt ein psychologisches Apriori, dessen Wurzeln nur in seinem Glauben zu suchen sind. Es ist Einsteins Glaube an die «Vernunft» Gottes. Aus ihr folgt die «Vernünftigkeit» der Welt.

Diese lässt sich aber nur als Glaube bekennen. Es gibt dagegen eindrückliche Einwände: Einsteins eigenes Verhalten gegenüber der von ihm mitendeckten quantenmechanischen Wahrscheinlichkeit, seine Briefe an Roosevelt, die seinem Pazifismus Hohn sprechen, sein Sich-Klammern an einen Vernunftbegriff, der nur durch göttliche Setzung letztlich begründbar ist, und zugleich seine Leugnung dieser Setzung. Hier liegt Einsteins tiefster innerer Widerspruch. Aber gerade das macht ihn menschlich.

Einstein verteidigt im Grunde eine nicht-menschliche Vernunft, die frei von Widersprüchen und Rätseln ist. Daher kreist sein Denken um Spinozas Versuch, sogar das Geheimnis aller Geheimnisse: Gott, more geometrico, auf geometrische Weise, zu enträtseln.

Diese geometrische Vernunft geriet nun durch die Quantenmechanik (QM) scheinbar in eine Krise, da hier unaufhebbare Wahrscheinlichkeiten auftreten. In Wahrheit gibt es Analogien zwischen QM und sRT, die Einstein hätten aufhorchen lassen müssen. In der sRT ist es nur unter Aufweis des Bezugssystems (Koordinatensystems) sinnvoll, von einer Grösse zu sprechen. Daher sind die Komponenten eines Tensors wie des Energie-Impulstensors, nämlich Energie und Impuls, von Koordinatensystem zu Koordinatensystem verschieden, sofern beide Systeme zueinander bewegt sind.

In der QM lassen sich nun die Matrizen gleichfalls als Tensoren darstellen, nur fordert dies entsprechend der unendlichen Zahl der Matrixelemente einen Raum mit unendlich vielen Dimensionen. Den genauen Wert einer Grösse anzugeben, verlangt nun gleichfalls ein «Koordinatensystem», nämlich ein solches, in dem der betreffende Tensor auf Hauptachsen gebracht ist (die Matrix also nur Diagonalwerte aufweist). Analog wie es in der sRT ohne Umrechnung zunächst keine Kenntnis der Grössen im System eines anderen Beobachters gibt, so gibt es auch in der QM keine genaue Kenntnis von Grössen, deren Tensor keine Hauptachsen besitzt, die in die Richtung der Hauptachsen des ersten Tensors fallen. Kennen wir z.B. die Energieniveaus eines Atoms im stationären Zustand, so ist der Energie-Tensor auf Hauptachsen. Der Ortstensor ist es aber nicht, da wir zur Ortsmessung das Atom in unkontrollierbarer Weise stören müssen. Das Elektron, dessen Ort bestimmt werden soll, wird durch das Photon einem Rückstoss unterworfen. Wir erhalten daher nur ein «Spektrum» wahrscheinlicher Ortswerte, symbolisiert durch die Richtungen der Hauptachsen des Ortstensors. Die Störung ist jedoch wenigstens qualitativ bestimmt, wenn man weiss, dass nachträglich ein genauer Ortswert bekannt sein soll. Die Wahrscheinlichkeit, einen bestimmten Ortswert zu finden, nachdem man die Energie gemessen hat, wird durch das Quadrat des Kosinus zwischen der ursprünglichen Richtung «Energie» und der neuen Richtung «Ort» gegeben. Heisenberg: «Diese Annahme bildet eines der fundamentalen Postulate der Quantentheorie und kann nicht näher begründet werden.»[25]

Wir haben also eine Erweiterung des «Raums» beim Übergang von der sRT zur QM. Beide «Räume» sind vernünftig und durchsichtig. Gott baut also die Unbestimmtheit direkt in das Weltgeschehen ein, ohne dass dadurch die Vernunft der Welt aufgehoben wird. Einsteins theozentrisches Weltbild setzt dem Denken Gottes eine Schranke, indem es keinen Freiheitsspielraum zulässt. Der Determinismus ist keine Voraussetzung der Vernunft, sondern ihr Sonderfall. Dass auch die QM geometrisierbar ist, demonstriert die Möglichkeit einer nicht-deterministischen Vernunft und damit eines erweiterten Gottesbegriffs.

Es ist jedoch kennzeichnend, dass sowohl Einstein als auch Bohr letzten Endes an Gott appellieren. Wenn Bohr einwendet, man dürfe Gott nicht vorschreiben, wie er die Welt regieren soll, so ist dies wiederum im Grunde tief religiös gedacht, und zwar im Sinne des Christentums. Es tut nichts zur Sache, ob Bohr an einen persönlichen Gott glaubte. Entscheidend ist das logische Apriori seines Glaubens an die Komplementarität. Es gründet sich auf eine objektive Unbestimmtheit der Welt, will sagen, auf Alternativen. Man kann sich als Beobachter für eine bestimmte Klasse von Versuchsanordnungen entscheiden und muss dann auf eine genaue Messung der jeweils komplementären Grösse verzichten, weil die Versuchsanordnung dies ausschliesst. Es gibt also die Wahlfreiheit des Beobachters.

Darüber hinaus besteht eine objektive Unbestimmtheit im Quantensprung. Sie hat mit dem Beobachter nichts zu tun und verweist daher auf eine objektive Lücke im raumzeitlich determinierten Ablauf der Natur. Schon die Idee des Sprungs muss jedem aristotelisch denkenden Rationalisten irrational erscheinen. Solche Durchbrechungen unserer auf Anschauung gegründeten Logik des Entweder-Oder im Sinne der Ausschliessung werden besonders in den Unschärferelationen und in der Begründung des Pauliprinzips (Kasten-Experiment!) deutlich.

Was Einstein nicht verstehen konnte, war aber folgendes: Die Paradoxien treten nur auf, wenn wir uns an die klassischen Grundsätze der Vernunft klammern. Sobald wir aber diese Grundsätze erweitern – etwa im Sinne der Komplementarität oder des Heisenbergschen Begriffs der Potentialität –, weichen sie zurück und es gelangen wundervoll durchsichtige mathematische Prinzipien zum Vorschein. Der Apparat der QM ist ebenso widerspruchsfrei wie jener der sRT und aRT, er ist nur *anders.* Auch in ihm waltet eine Vernunft, nur eine andere, ja sogar umfassendere und damit überlegene. Das bedeutet keine Aufhebung der Einsteinschen Vernunft, sondern ihre Erweiterung. Dies ist kein Akt der Willkür, sondern der Natur.

Auch Bohr konnte sich auf seinen apriorischen Glauben an ein göttliches Walten stützen, ja er musste dies sogar, auch wenn er darüber vielleicht scherzte. Es wäre nämlich ganz und gar unmöglich, durch die «Vernunft» der Quantenmechanik Atomphysik zu treiben (und zwar mit Erfolg!), würde die objektive Unbestimmtheit in der Natur nicht durch eine eminent vernünftige Mathematik, eben der Matrizen und des Hilbert-Raums, unter ein Prinzip gebracht und verstanden. Die QM ist kein Chaos, in dem die einzelnen Vorgänge und Merkmale logisch anuseinanderfallen, sondern ein höchst rationales Gebilde voller Harmonie und Ordnung.

Dies ist eigentlich ein grosses Wunder. Wie kann in die Unbestimmtheit der Welt Bestimmtheit kommen? Wie kann trotz des Sprungs die grosse Kontinuität des Weltgeschehens gewahrt werden?

Die Antwort ist der Mensch selbst in einem dreifachen Sinn: Erstens als Organismus, der aus Atomen besteht, zweitens als Physiker, der Atome beobachten kann, und drittens als Glied eines Universums, das von unübertreffbarer Gesetzlichkeit ist. Wie immer man dieses dreifache Wunder begründen mag (und es gibt scharfsinnige Begründungen): Es regt nicht weniger zum Staunen an als die Durchsichtigkeit der Einstein-Minkowskischen Weltgeometrie.

Die grosse Lehre der Quantenmechanik ist also: Wir müssen unsere Vernunft korrigieren, wir müssen sie erweitern. Dies ist im Grunde der ganze Entwicklungsweg der Physik. Er besteht in einer unaufhörlichen Erweiterung der theoretischen und experimentellen Grundlagen.

Bohrs Instinkt sagte ihm, dass eine solche Erweiterung der Vernunft einen metaphysischen Grund haben muss. Mittelbar griff er auf die Yin-Yang-Philosophie zurück. Aber das konnte nicht genügen. Mit Polarität allein war die Harmonie nicht wiederherzustellen. Dazu ging der Riss zwischen klassischer und Quantenmechanik zu tief. Die radikalste Lösung fand er – wohl unbewusst – bei Kierkegaard. Fassen wir dessen Gottesverständnis zusammen, so heisst es nicht weniger, als dass wir die Unbestimmtheit im Weltgeschehen und die darauf gegründeten Alternativen anerkennen müssen. Darüber hilft keine Täuschung hinweg. Es *gibt* das Böse, es gibt das Unheil, es gibt den Tod und den Irrtum. Ja, es gibt sogar die Möglichkeit des globalen Menschenmords durch eben jene Vernunft, die uns seit Kopernikus bis zur Atomphysik leitete. All diese Sprünge im Weltgebäude sind Realität. Den grössten Riss bildete Golgotha, wie Kierkegaard in spezifisch christlicher Schau darlegt.

Aber das heisst nicht an Gott verzweifeln. Es heisst nach Kierkegaard – und ich halte dies für eminent christlich gedacht – einen Gott *über* dem Konflikt von Tod und Leben anerkennen, der in einer für uns unvorstellbaren Weise diesen Konflikt zugunsten des Lebens entscheidet. Dies ist eine Vernunft gegen alle Unvernunft, eine höhere und unendlich erweiterte Vernunft. Man kann sie mit Bohr durch die Komplementarität zu verstehen suchen oder mit Heisenberg durch den Begriff des Möglichen – immer ist es ein Zusammenfallen der Gegensätze in einer Obersten Instanz.

Das bedeutet nun nicht, dass Gott in sich auch das Böse enthält, dass er also die menschenmörderischen Folgen der Atomphysik bereits den Physikern der 20er Jahre in die Wiege legte. Das Geheimnis und die übermenschliche Schwierigkeit besteht ja darin, diese Konsequenz zu vermeiden. Sie wäre zu sehr «klassisch» gedacht. Vielmehr müssen wir hier das Geheimnis ähnlich stehen lassen, wie bei den axiomatischen Grundlagen der Quantenmechanik, die auch nicht weiter begründet werden können.

Kierkegaard gibt uns die Lösung: Als Leidender Gottesknecht im Vollzug der Weissagung des Deuterojesaja gibt sich Gott selbst an das Unheil hin, um es stellvertretend für die leidende Menschheit zu überwinden.

Es gibt also in dieser Sicht in Gott selbst eine Freiheit der Alternative. Von dort strahlt die Freiheit der Entscheidung hinein in die menschliche Geschichte. Hier herrschen objektive Unbestimmtheiten, die durch keine Gesetze im Sinne Spenglers oder gar des Marxismus beseitigt werden können. Diese Unbestimmtheiten setzen sich in das Schicksal des Einzelnen fort, dessen Verlauf einerseits determiniert, andererseits frei gewählt ist. Wir brauchen nur nach rückwärts zu blicken, um jene Weichenstellungen zu erkennen, wo wir selbst eingegriffen haben.

Unter diesem Aspekt gibt es auch eine echte Entscheidung der Physiker. Sie standen vor der Bifurkation des 18. Jahrhunderts, als sie sich weitgehend für eine Ablösung ihrer Wissenschaft von der Metaphysik und Theologie entschieden – im Gegensatz zum 17. Jahrhundert. Innerhalb dieser globalen Entscheidung ragen aber einzelne Physiker heraus, die sich anders entschieden. Der Zwang war also nicht allgemein.

Eine von uns selbst erlebte Bifurkation vollzog sich in den 30iger und

40er Jahren, als die Physik vor der Wahl stand, die Entdeckung von Hahn und Strassmann für das Leben oder den Tod zu nutzen. Der Kreis um Heisenberg und von Weizsäcker ging den Weg des Lebens, ein anderer den des Todes. Hahn selbst hatte das Leben gewählt. Wie selten zeigen sich hier die Alternativen, die auf dem Hintergrund objektiver Unbestimmtheiten überhaupt erst möglich werden.

Natürlich setzt sich die ethische Entscheidung nicht in die Atome fort. Aber die Unbestimmtheit gilt auch – wenngleich minimalisiert – für sie, anderenfalls ist die Quantenmechanik falsch. Was Bohr nun als Lösung anbot, ist eine Weltregierung durch einen Gott, der diese Unbestimmtheiten zulässt und bewusst in sein Weltgebäude einbaut. Der gleiche Gott erzeugt aber zugleich die Möglichkeiten, sie zu verstehen und durch eine erweiterte Vernunft zu beherrschen. Was Bohr im Grunde leistete, besser gesagt, wodurch er geführt wurde, war ein erweitertes Gottesverständnis gegenüber jenem des klassischen Rationalismus.

An dieser Stelle bleibt mir nur, vor dem Geheimnis in Ehrfurcht zu verharren. Jeder weitere Schritt würde zu viel und damit zu wenig sagen. Es sei mir gestattet, mit einem Bericht aus dem Buch des Propheten Jona zu enden, der wie kaum ein anderer das Bohrsche Gottesverständnis untermauert:[26]

> Danach ging das Wort des Herrn zum zweitenmal an Jona:
>
> Auf, gehe nach Ninive, der grossen Stadt, und predige ihr, was ich dir sagen werde.
>
> Und Jona machte sich auf und ging nach Ninive ...
>
> Dann predigte er: Noch vierzig Tage, und Ninive ist zerstört!
>
> Und die Leute von Ninive glaubten Gott und riefen ein Fasten aus, und gross und klein legte Trauer an.
>
> Und die Kunde drang bis vor den König von Ninive.
>
> Da stand er auf von seinem Throne, tat seinen Mantel von sich, bedeckte sich mit dem Trauergewand und setzte sich in die Asche.
>
> Dann liess er ausrufen und verkünden in Ninive:
>
> Auf Befehl des Königs und seiner Grossen: Menschen und Vieh, Rinder und Schafe, sollen nichts geniessen ...
>
> Sie sollen mit Macht zu Gott rufen und sollen sich ein jeder bekehren von seinem bösen Wandel und von dem Frevel, der an seinen Händen ist.
>
> Wer weiss, vielleicht gereut es Gott doch noch, und er lässt ab von seinem grimmigen Zorn, dass wir nicht untergehen.
>
> Als nun Gott sah, dass sie sich von ihrem bösen Wandel bekehrten, liess er sich das Unheil gereuen, das er ihnen angedroht hatte, und er tat es nicht.

Der erste Trunk aus dem Becher der Naturwissenschaft macht atheistisch, aber auf dem Grunde des Bechers wartet Gott.

Heisenberg

22. Kapitel
Im Antlitz der Apokalypse

Wir stehen auf einem vorläufigen Gipfel und blicken zurück. Die Physik als eine der grossen Schöpfungen der Menschheit ist ohne Glauben nicht zu denken. Dieser Glaube äussert sich je nach der persönlichen Einstellung der Entdecker verschieden. Bei Kopernikus ist es der platonische Glaube an die Vollkommenheit der Kreisbewegung, bei Galilei der platonisch-pythagoräische Glaube an die Macht der Mathematik, bei Kepler der Menschheits-Glaube an die Harmonie. In Newton wird der Raum zum Sinnes- und Schöpfungsorgan Gottes und die Physik selbst zum Zeugnis der Liebe zum Schöpfer.

In Einstein vereinen sich diese Ströme. Die gesamte bisherige Physik, Mechanik, Elektrodynamik und Astronomie eingeschlossen, erfahren in der Relativitätstheorie ihre Synthese, ja ihre eigentliche Begründung. Von Kopernikus übernimmt Einstein den Glauben an die Vollkommenheit, ausgesprochen in der Einheit des physikalischen Weltbilds. Galilei vermacht ihm den Glauben an die schöpferische Kraft des Denkens. Kepler inspiriert ihn durch seinen Glauben an die kristallene Schönheit des Universums, ausgesprochen in der Geometrie. Newton hinterlässt ihm den grossen Gedanken, dass alles im Grunde nur Raum ist.

Dies alles führt Einstein zum Glauben an eine universale Welt-Vernunft. Man findet diesen Gedanken in der gesamten Geschichte des Denkens, vom alten Hellas bis China. Was Einstein indes hinzufügt, ist die Einsicht, dass wir die Theorien selbst erschaffen müssen. Physik wird im Grunde nicht gefunden, sondern konstruiert. Es führt kein logischer Weg von der Erfahrung zur Theorie. Der Mensch muss seine Wahrheiten selbst erzeugen, erst dann kann er sie zur Erklärung der Beobachtungen einsetzen. Dies verleiht ihm eine nahezu göttliche Grösse. Und doch war Einstein demütig genug, um zu erkennen, dass alle Suche nach der Wahrheit vom Scheitern bedroht ist. Der Mensch ist kein Gott, sondern günstigstenfalls ein vom geistigen Führungsfeld des Universums Geführter. Darin ist Einstein dem Denken Lao Tses verwandt.

Aber die Physik ist mit Einstein nicht zu Ende. Ein neues Dreigestirn beginnt zu leuchten: Planck, Bohr und Heisenberg. In Planck wird der uralte Menschheitsglaube an das Mysterium manifest. Das Wirkungsquantum ist ein geheimnisvoller Bote aus der Wirklichkeit, man möchte sagen: Aus einer tieferen Wirklichkeit, als sie der Mensch bislang erfuhr. Demut vor dem Geheimnis wird Plancks religiöses Bekenntnis – gleich, ob er an einen persönlichen Schöpfer glaubt oder nicht. Das Geheimnis steigert sich in Bohrs Komplementarität, die nichts anderes ausspricht, als dass der menschlichen Vernunft eine Grenze gesetzt ist, die sich in der Natur selbst offenbart. Dennoch bringt dies keine Aufhebung der Vernunft, sondern ihre Erweiterung. Anderenfalls wäre Atomphyik nicht möglich. Bohrs Glaube ist die erweiterte, die ergänzte Vernunft. In Heisenberg schliesslich, seinem grössten Nachfolger, schliesst sich wieder der Kreis, der mit Kopernikus, Galilei und Kepler begann: Die schöpferische Macht der Mathematik, ausgesprochen als Theorie der Matrizen, leitet ihn zum Glauben an einen personalen Gott, dem sowohl die Natur als auch der Mensch ihre Teilhabe an dieser Macht verdanken. Es ist der zu Augustinus und Bonaventura verchristlichte Platon, der im Grunde Heisenbergs Bekenntnis darstellt.

Das alles vorausgesetzt, bleibt dennoch die Frage: Gibt es Gott?

Die Physik kann darauf nicht antworten. Ihr Gegenstand ist das sichtbare Universum und dessen unsichtbare Struktur. In beiden kommt der Name «Gott» nicht vor.

Anders die Physik-Geschichte. Sie beweist, dass religiöse Archetypen in die Voraussetzungen der Physik und Astronomie eingehen. Die Nachfolgenden befreien sich von diesem Gerüst, aber sie benutzen auch weiterhin jene Bausteine, die ohne dieses Gerüst nicht erzeugt worden wären. Man kann die Fundamente vergessen, wenn man im obersten Stockwerk wohnt. Ähnlich steht es mit den psychologischen Grundlagen der einzelnen Physiker. Sie ruhen in der einen oder anderen Weise auf Glaubenssätzen, die jenen der Religion zum mindesten verwandt sind, in einigen Fällen sogar mit ihnen identisch sind. Das Problem ist nur, weshalb die verschiedenen Physiker bei aller Homogenität ihrer Voraussetzungen zu so verschiedenen Folgerungen über die Gottesfrage gelangen. Einstein bekannte deutlich, an keinen persönlichen Gott zu glauben. Ebenso deutlich bekannte sich Heisenberg zum Glauben der Religion. Bohr, dessen Ursprünge auf einen so eminent christlichen Denker wie Kierkegaard zurückgehen, zog daraus nicht die Konsequenz, sondern blieb, wenn ich ihn recht verstehe, noch vor der letzten Entscheidung über die religiöse Frage stehen.

Dies ist nicht verwunderlich. Es gehört zur Natur des Menschen, frei zu sein, aus identischen Prämissen verschiedene Schlüsse zu ziehen, sofern es sich um die letzten Fragen handelt. Schon die Physik selbst lässt philosophisch verschiedene Interpretationen zu, wie der historische Streit zwischen Bohr und Einstein beweist. Erst recht gibt es im Bereich der Religion keine zwingenden logischen Gründe für Entscheidungen. Der Grund liegt in der menschlichen Freiheit. Das Geschenk der Freiheit ist ein zweischneidiges Schwert: Auf der einen Seite durchschlägt es den Kerker der Notwendigkeit. Auf der anderen Seite zerschneidet es aber auch die Wurzeln, aus denen der Mensch emporstieg.

Wo also gibt es eine Sicherheit im Wirbel der heutigen Relativismen? Darauf antworte ich zunächst: In der Geschichte der Physik als solcher. Es sind dies nicht nur ihre Wurzeln, sondern auch ihre Folgen. Wir alle wissen es heute: Erstmalig kann der Mensch durch den Missbrauch des Atoms sich selbst zerstören. Was zwei Jahrtausende lang nur religiöser Mythos schien, die Apokalypse, wird heute die Realität schlechthin. Sie überformt die gesamte Politik im Ost-West-Konflikt, durchwirkt alle Parteien und beginnt allmählich zum beherrschenden Thema der ganzen Menschheit zu werden. Seit der Wende vom ersten zum zweiten Jahrtausend waren die Völker noch nie so von Angst gequält, wie heute an der Wende zum dritten Jahrtausend. Kein Wunder: Zweimal erlebte die Welt einen regionalen Untergang. 1914–1918 gingen die Lichter in Europa aus, die bis heute nicht mehr in altem Glanz erstehen sollten, und 1945 verbrannten die Urheber des Holocaust im eigenen Feuer.

Damit stellt sich die Gottesfrage nicht mehr theoretisch, sondern in einem nie gekannten Ausmass praktisch. Niemand kann mehr an ihr vorübergehen, ohne am Sinn des menschlichen Lebens zu verzweifeln, vor allem aber am Sinn der Wissenschaft. Denn die Physik schuf hier ein Problem, das sie nicht aus eigener Kraft zu lösen vermag. Dies war den Schöpfern der Atombombe wohlbewusst. Oppenheimer spricht von der Sünde, also einem spezifisch religiösen Begriff:«In einem gewissen elementaren Sinn, den keine Vulgarität, kein Witz und keine Übertreibung aus dem Weg räumen kann, haben die Physiker die Sünde kennengelernt, und das ist ein Wissen, für das sie keine Verwendung haben.»[1]

Einer der Zeugen des ersten Atomversuchs, General Farrell, spricht das Entsetzen aus, das er im Angesicht der Vorwegnahme des Jüngsten Gerichts verspürte: «Das ganze Land war erhellt von einem versengenden Licht, dessen Stärke viele Male grösser war als das der Mittagssonne ... Dreissig Sekunden später kam zuerst die Explosion, der Luftdruck prallte hart gegen die Leute und Dinge, und dann folgte fast unmittelbar ein lautes, anhaltendes schauerliches Donnern, wie eine Warnung vor dem Jüngsten Tag, das uns spüren liess, dass wir winzige Wesen in blasphemischer Weise wagten, an die Kräfte zu rühren, die bis dahin dem Allmächtigen vorbehalten waren.»[2]

Sünde und Jüngstes Gericht – das sind keine philosophischen Kategorien mehr. Hier geht es an die Wurzeln der menschlichen Existenz. Man kann ob des langen Friedens seit Hiroshima diese Wurzeln noch einmal verdrängen wollen, abschneiden lassen sie sich nie mehr. Der Mensch ass vom Baum der Erkenntnis des Guten und Bösen, um selbst zu sein wie Gott. Damit betraten wir eine neue Szene der Geschichte, die durch das Vokabular der Aufklärung nicht mehr beschrieben werden kann. Wir brauchen neue Worte, um das Unsausspréchliche zu begreifen.

Es geht um drei Fragenbereiche: Um die Erlösung, um Gut und Böse und um den Sinn der Geschichte. Dass wir Erlösung brauchen vom drohenden Unheil, ist allen deutlich. Nur die Rezepte sind verschieden. Tatsache ist jedoch: Kein Rezept vermochte die Bedrohung zu lindern oder gar aufzuheben. Einzig wirksames Heilmittel war bisher die Androhung mit der gesicherten gegenseitigen Vernichtung. Ebenso könnte man einen Selbstmörder von seiner Tat abhalten, indem man ihm die Wahl lässt zwischen Gift und Pistole. Das Gleichgewicht des Schreckens ist die einzige Garantie des Überlebens: Eine Waage, die beim geringsten Ungleichgewicht die Katastrophe auslösen kann.

Die einfache Tatsache, dass es im rein menschlichen Bereich überhaupt kein Entweichen vor der Bedrohung gibt, zwingt uns also, nach einer Lösung jenseits des Menschen zu suchen. Die alten Kategorien von Gut und Böse werden plötzlich in blendendes Licht getaucht. Wie immer man diese Werte relativiert: Vor dem gemeinsamen Untergang der Menschenwelt kann ihr absoluter Sinn nicht mehr geleugnet werden. Dem absoluten Ende entspricht eine absolute Ursache: Das absolute Böse. Es ist der Mord an meinem Bruder Abel.

Dem physischen Sündenfall geht der metaphysische voraus. «Ihr werdet sein wie Gott», lautet die ewige Versuchung. Erich Fromm verdeutlichte dies im Rückgriff auf das Alte Testament.[3] Die Physiker wurden zu Göttern, nachdem sie das Werkzeug des absoluten Mords erfanden. Wie es Tu Fu im 8. Jahrhundert sagte, als er Chinas Stöhnen unter dem Krieg beklagte:

> Der Dichter senkt beschämt die Stirn.
> Ruhmloser sinkt er in die Gruft
> Als der, der tausend Menschen tötet.

Diese Perversion wird nur auf dem Hintergrund einer aufgeklärten Wissenschaft möglich, die sich von ihren Ursprüngen löste und zum Götzen der heutigen Menschheit wurde. Die Ursünde lautet: Das göttliche Feuer des Geistes, das allein alle Entdeckungen entzündet, wurde missbraucht, um das Ende aller Entdeckungen möglich zu machen. Der Mensch vertrieb sich selbst aus dem Paradies. Nur im Lichte religiöser Kategorien wird dieser Widerspruch aller Widersprüche verstehbar.

Damit erhebt sich die Frage nach dem Sinn der Geschichte. «Das kann Gott nicht zulassen», sagte Hahn in bezug auf die militärische Nutzung seiner Entdeckung. Und Einstein erwidert, wenn auch in anderem Zusammenhang: «Gott würfelt nicht».

Zwischen diesen beiden Positionen pendelt die mögliche Antwort. Wenn Gott keinen Zufall in der Geschichte zulässt, dann ist die Entdekkung der Atombombe Notwendigkeit und mit ihr das mögliche Ende der Menschheit. Angesichts dieses Determinismus ist jede Hoffnung absurd. Es bleibt nur, sich wie der sterbende Caesar in die Toga zu verbergen, um den Todesstoss abzuwarten. Stoische Gelassenheit – wer aber vermöchte angesichts des Furchtbaren schon schweigend dem Ende entgegenzugehen?

Hahns Position wurde durch die Geschichte widerlegt. Gott liess es zu. Hiroshima und Nagasaki sind gewesen. Und sie werden, sollte es zum Schlimmsten kommen, zu einem einzigen «Geoshima», dem Untergang der Erde.

Beide Positionen scheinen also die Existenz eines allmächtigen Schöpfers menschlichen Lebens zu widerlegen. Kann Gott als der Inbegriff des absoluten Guten existieren, wenn es das absolute Böse gibt? Das ist die Frage, die heute angesichts der Folgen der Physik gestellt werden muss. Die Frage der Theodizee von Leibniz wird in ungeahnter Weise überhöht.

Der Zufall, dieser deus ex machina des Materialismus, scheidet aus. Es sei denn, wir schreiben die gesamte Evolution der Physik von Archimedes bis Heisenberg dem Zufall zu. Dann sind alle Erleuchtungen Zufall, aber auch der ständig aufsteigende Weg und schliesslich der Gipfel mit dem Blick in den brodelnden Abgrund. Nur wenn man dem menschlichen Streben nach Sinngebung seiner selbst äussersten Zwang antut, kann man hier den Zufall verantwortlich machen.

Wer aber nach dem Sinn sucht, der fragt auch nach dem Gesetz, warum dies alles so kam, so kommen musste. Warum die Entdeckung der Atomphysik gerade am Vorabend des Ersten Weltkriegs? Weshalb die Quantenmechanik gerade in der Zwischenzeit bis zum nächsten Weltkrieg? Warum endlich die Entdeckung der Atombombe gerade zum Ausgang des Zweiten Weltkriegs und als Feuerzeichen des von nun an einsetzenden Ost-West-Konflikts? Dies dem Zufall zu überlassen, heisst ihn selbst zum Gott zu erheben.

Es muss ein Sinn sein in dieser Synchronizität. Denn die militärische Nutzung der Atomphysik setzte doch erst ein, als die Grundlagen längst gelegt waren, ohne dass deren Schöpfer die Bombe wollten, ja zum grossen Teil nicht einmal ahnten. Einsteins Gesetz von der Äquivalenz von Masse und Energie, Bohrs Atommodell und Heisenbergs Matrizen haben mit den Folgen zunächst nichts zu tun.

Es muss also ein Gesetz der Geschichte geben, das die Ereignisse steuert, auch wenn ihr Zusammenhang vorläufig ebenso dunkel ist wie ihre Folgen. Die Geschichte gleicht einem Webstuhl, dessen Fäden sich erst zu einem Ganzen zusammenfügen, wenn der Teppich vollendet ist. Bis dahin arbeiten unzählige Faktoren daran, die zum Teil nichts voneinander wissen, ja miteinander im Streit liegen. Dennoch: Vom Ende her betrachtet wird ihr Werk sinnerfüllt.

Das Ende steuert also die Geschichte. Es bedient sich der Anfänge ebenso wie der einzelnen Phasen. Dieses Gesetz steht noch über jenem von Spengler, wonach die Geschichte der einzelnen Kulturkreise zyklisch verläuft und nach Weise der Biologie mit dem Erwachen der Kulturseele beginnt und mit ihrem Sterben endet. So gesehen stünde der westlichen Welt parallel zum Tod ihrer schöpferischen Fähigkeiten zugleich der biologische Tod durch den atomaren Selbstmord bevor.

Wer sich damit jedoch nicht zufrieden gibt, wird nach einem höheren Gesetz suchen, das dem Menschen wieder Freiheit der Entscheidung zuschreibt. Gesetz und Freiheit widersprechen sich nur scheinbar, wie die Quantenmechanik zeigt. Die Unbestimmtheit des elementaren Verhaltens ist möglicherweise der erste noch embryonale Ansatz der Freiheit, die sich erst im Bereich des Geistes voll entfaltet. Aber eben diese Unbestimmtheit folgt einem Gesetz, nämlich jenem Heisenbergs. Es ist also nicht auszuschliessen, dass auch die Geschichte ein Gesetz der Freiheit kennt. Nur wird es hier nicht physikalischer, auch nicht biologischer oder sozialer Natur sein, sondern religiöser. Es ist das Gesetz von Schuld und Sühne, das Oppenheimers These vom Sündenfall logisch zugrundeliegt.

Betrachten wir einmal die Physik-Geschichte und ihre Folgen unter diesem Aspekt, dann öffnen sich neue Perspektiven. Die erste Sünde beging die Kirche. Die Verurteilung Galileis war kein Zufall, sondern die gesetzmässige Folge einer falschen Grundeinstellung zu Gott, zum Menschen und zur Natur. Die Kirche irrte sich nicht nur in bezug auf das Kopernikanische Weltsystem (dieser Irrtum lag ausserhalb ihrer Kompetenz), sie irrte sich über Gott. Das war ihre Grundsünde. Sie setzte sich an die Stelle Gottes und dekretierte, was wahr ist. Gott ist aber nicht Gegenstand einer Theorie, sondern letzter Grund einer Erfahrung. Soll das Wort «Offenbarung» einen Sinn haben, dann nur als erlebte Selbstbezeugung Gottes an den geschichtlichen Menschen, und zwar nicht unmittelbar an die Menschheit, sondern an den je personalen Einzelnen. Von Gott zu reden ist nur möglich im Feld der persönlichen Erfahrung. Gott ist damit der Einzige, der sich jeder Theorie entzieht.

Indem die Kirche Gott zum Gegenstand der Theologie statt der Erfahrung erhob (genauer: erniedrigte), schuf sie die Voraussetzung, auch den Menschen zum Gegenstand zu erniedrigen, nämlich zum Objekt der Herrschaft. Nur so ist die Tatsache eines Prozesses Galilei überhaupt denkbar.

Schliesslich verfehlte die Kirche auch den Gegenstand des Prozesses selbst: Die Natur. Hätte sie mit Galilei dem Menschen die Teilhabe an den von Gott gesetzten Wahrheiten der Mathematik zugestanden, so wäre sie niemals dem Irrtum verfallen, eine bestimmte Erkenntnis als Unwahrheit zu verurteilen. Denn der Umfang der göttlichen Wahrheiten (ihre Extensität) ist nach Galilei unendlich. Er lässt sich nicht in den Rahmen einer bestimmten Lehre über die Natur und den Menschen pressen. Ihrer Intensität nach aber sind die vom Menschen als wahr erkannten Sätze wie jene der Mathematik nicht von menschlicher, sondern von göttlicher Natur. Damit war der Prozess Galilei im Grunde ein Prozess um das Wesen der

Autorität der Vernunft. Ja noch mehr: Indem Vernunft dem Gehorsam von Menschen unterworfen werden sollte, wurde es der Glaube selbst, denn zwischen beiden darf es im Selbstverständnis Galileis (und erst recht seines Meisters Platon) keinen Widerspruch geben.

Der Sünde der Kirche folgte jene der Philosophie auf dem Fuss. In Gestalt der Aufklärung des 18. Jahrhunderts trat die Vernunft an die Stelle Gottes. Man vergass, dass der Glaube an die Macht der Vernunft religiöser Herkunft ist. Galilei, Kepler und Newton glaubten an die Wahrheit der Einsichten, die durch mathematisches Denken und richtig interpretierte Beobachtung geleistet werden. Dieses Vertrauen gewannen sie aber allein aus ihrem Glauben an die von Gott gestiftete Gesetzlichkeit der Welt einerseits und an die Fähigkeit des Menschen, Gottes Gedanken zu denken, andererseits. Die Macht ihrer Vernunft war also eine delegierte, keine dem Menschen an sich zu eigene. Sie war in letzter Instanz Gnade.

Die Erfolge der dadurch erzielten Einsichten in die Naturgesetze verführten jedoch die Aufklärer dazu, die Voraussetzungen zu vergessen. Es war dies kein wertneutrales Versäumnis, sondern die Folge einer psychologischen Entscheidung, wie sie in der Antwort von Laplace an Napoleon zum Ausdruck kommt: «Majestät,ich bedarf dieser Hypothese [nämlich von Gott] nicht».

Die Physik hörte auf, sich der Hypothese Gott zu bedienen. Sie bediente sich nur noch deren Folge, nämlich des Glaubens an die unendliche Macht der menschlichen Vernunft.

Ich nenne dies eine Sünde, denn sie verletzt drei Gesetze: Das Gesetz der Geschichte, das uns verbietet, unsere eigene Herkunft zu verleugnen, das Gesetz der menschlichen Natur, das uns verbietet, unsere Grenzen zu ignorieren, und das Gesetz der Religion, das uns verbietet, «sein zu wollen wie Gott».

Aus dieser dreifachen Sünde wuchsen die drei unheilvollen Konsequenzen, die uns heute bedrohen: Die Verleugnung der Geschichte führte zum Verlust unserer individuellen und generellen Identität; die Verleugnung der menschlichen Natur führte zur Verachtung des Menschen durch moderne Ideologien und die Leugnung Gottes zu einem Zustand, in dem «alles erlaubt ist», also auch der Holocaust und die Auslösung einer atomaren Selbstvernichtung.

Damit ist die vierte Sünde schon vorprogrammiert. Aus der zynischen Verachtung des Gesetzes der Geschichte und des Menschen erhob sich der Missbrauch kosmischer Kräfte zur Herrschaft über den Menschen. Trunken vom Erfolg seiner Vernunft, begann der Mensch diese Vernunft selbst über Bord zu werfen und sich der sinnlosesten aller «Unvernünfte» zu verschreiben, dem kollektiven Selbstmord. Hiroshima und Nagasaki waren nicht nur Mord am Menschen, sondern an der Vernunft. Das Leben selbst gebietet uns, das Leben zu hüten. Wer Leben zerstört, zerstört sich selbst. Im letzten ist jeder Menschen-Mord Selbst-Mord. Denn alle Menschen sind nur *ein* Mensch.

Nichts bezeugt diese letzte Sünde so eindrücklich wie das allgemeine Gefühl der absoluten Sinnlosigkeit der Selbstvernichtung. Und dennoch sieht niemand einen überzeugenden Ausweg. Sinnlosigkeit und Schicksalhaftigkeit, Absurdität und Verhängnis sind die beiden Krankheiten des ausgehenden Jahrhunderts.

Ich habe versucht, einen Weg zurück zu zeigen. Die Sinnlosigkeit löst sich, sobald wir nach einem Gesetz der Geschichte suchen. Dieses Gesetz sagt uns: Die Sühne ist die Tochter der Schuld. Weit davon entfernt, durch diese Einsicht in Verzweiflung zu fallen, bietet sie uns Zuversicht. Wenn es nämlich ein Gesetz der Geschichte gibt, dann auch einen Gesetzgeber, der über dem Gesetz steht und damit über dem Verhängnis. Wer das Gesetz setzt, der kann es auch aufheben.

Ist der atomare Holocaust naturnotwendig, dann gibt es kein Entrinnen. Ist er Zufall, dann kann ihn auch der Zufall auslösen und alles menschliche Planen widerlegen. Ist er aber die Androhung von Sühne, dann kann er auch durch unsere eigene Entscheidung aufgehoben werden. Denn die Notwendigkeit ist nur die eine Seite des Gesetzes von Schuld und Sühne, seine andere, ebenso wesenhafte, ist die Freiheit. Keine Sühne ohne Verschulden und kein Verschulden ohne Entscheidung.

Wollen wir also dem Verhängnis entgegentreten, so bedarf es einer neuen Entscheidung, welche die alte, verhängniserzeugende aufhebt. «Umkehr» im religiösen Sinne des Wortes ist also die Lösung. Umkehr ist schwer, aber der Holocaust ist noch schwerer, weil endgültig. Ein Mann wie Sacharov begann den Weg zurück.

Aber noch stehen wir vor der Frage: Gibt es Gott? Denn nur wenn Gott ist, hat Umkehr einen Sinn. Ich bekenne, dass dafür drei überwältigende Zeugnisse aus dem Bereich der Physik vorliegen. Das erste lautet: Gott ist der Herr der Geschichte der Physik. Sie präsentiert sich uns als zielstrebige Evolution der Erkenntnis. Wir finden keine plumpe Anhäufung von Wissen, sondern ein fortlaufendes Gebirge immer höherer Theorien. Es gibt keinen Grund, hier eine Grenze zu setzen. Das Feld möglicher Erkenntnisse ist grenzenlos. Diese Grenzenlosigkeit weist auf einen unendlichen Vorrat an Wahrheiten über die Natur hin. Es sind Gedanken, die der Physiker denkt, wenn er «Naturgesetz» sagt. Denken die Atome sich selbst? Erzeugt sie der Mensch, indem er sie denkt? Beides ist ohne Zuhilfenahme weithergeholter Hypothesen nicht anzunehmen. Physik folgt immer der einfachsten aller Strukturen, wie kompliziert sie auch im einzelnen scheinen mag. So betrachtet ist Gottes Denken der unendliche Vorrat an Strukturen des Kosmos. Gott denkt die Natur und nur weil dies so ist, vermag der Mensch sie auch nach-zudenken. Gott ist also die Voraussetzung der Wissenschaft. Dies ist die grosse Einsicht von Leibniz.

Gott ist aber auch der Weg der Wissenschaft. Es führt keine logisch zwingende Brücke von der Beobachtung zur Theorie. Der Physiker muss vielmehr selbst die abstrakten Strukturen der Natur konstruieren, um mit ihrer Hilfe die Beobachtung zu erklären und neue Beobachtungen vorauszusagen. Das gilt nicht nur für die mathematischen Gleichungen und die Geometrien, sondern schon für die Technik der Messgeräte (man denke nur an die Beschleuniger). Erst recht gilt es für Begriffe und Prinzipien. All das setzt eine schöpferische Instanz im Menschen voraus. Die anthropologische Folgerung aus der physikalischen Theorienbildung ist also die Realität eines Schöpferischen im Menschen.

Nun spricht schon das Mittelalter vom spiritus creator, dem Schöpfer-Geist. Im Kontext der theoretischen Physik ist der Geist jene Instanz im Menschen, die zur Theorienbildung fähig ist. Oder anders formuliert: Es ist der Mensch als Theoretiker.

Diese Instanz ist ihrerseits nicht physikalisch oder überhaupt naturwissenschaftlich beobachtbar. Ebensowenig sind es die von ihr geschaffenen theoretischen Gebilde. Der Theoretiker bedient sich des Unsichtbaren, um das Sichtbare in der Natur zu verstehen. Ja, «Verstehen» im Kontext der Physik ist nichts anderes, als vom Unsichtbaren im Menschen eine Brücke zum Unsichtbaren in der Natur zu errichten. Dies ist die grosse Einsicht von Einstein. Damit bedeutet «Verstehen» eine Korrespondenz zwischen dem Geistigen im Menschen und dem Geistigen der Natur.

Wie immer wir auch «Gott» umschreiben wollen, im Kontext der monotheistischen Hochreligionen ist Gott Geist. Daher verbietet die jüdische Religion emphatisch, sich von Gott Bilder zu machen. Bild ist Götzendienst. Und im Evangelium heisst es: «Gott ist Geist, und die Ihn anbeten, müssen Ihn in Geist und Wahrheit anbeten» (Johannes, 4,24).

Ich glaube, dass der Theoretiker sich selbst zunächst als Geist-Wesen erlebt. Dies ist seine erste Realität. Seine zweite ist jedoch das Geistige in der Natur. Es ist gleich, welchen Namen er ihm gibt: Sein ganzes Tun bezeugt diesen Glauben. Sir James Jeans spricht von einem Gedanken-Weltall, dessen Schöpfung ein Denkakt war: «Das Weltall sieht allmählich mehr wie ein grosser Gedanke als wie eine grosse Maschine aus. Der Geist erscheint im Reich der Materie nicht mehr als ein zufälliger Eindringling; wir beginnen zu ahnen, dass wir ihn eher als den Schöpfer und Beherrscher des Reiches der Materie begrüssen sollten – natürlich nicht unseren individuellen Geist, sondern den Geist, in dem die Atome, aus denen unser individueller Geist entstanden ist, als Gedanken existieren.»[4]

Gott ist schliesslich das Ziel der Wissenschaft. Dies war der grosse Glaube Newtons. Der Theoretiker hat keine andere Absicht, als die Prinzipien der Natur zu formulieren, als zu verstehen. Jedes Lehrbuch der theoretischen Physik ist eine Niederschrift der durch Prinzipien verstandenen Wirklichkeit. In diesem Sinn heisst theoretische Physik: Die geistige Verfassung der Natur zu ergründen. Gleichungen, Begriffe, Prinzipien – das alles sind menschliche Gedanken. Sie entspringen der Hoffnung auf das Lesen der Gedanken in der Wirklichkeit.

Platon, Augustinus, Bonaventura und Leibniz verlegen den metaphysischen Ort dieser Gedanken in Gott. Im Kontext dieser Weltsicht heisst Theorienbildung, die Gedanken Gottes zu lesen. Theorie ist Schau Gottes.

Wir stehen hier an einem Scheideweg. Die Physik-Geschichte scheint auf der einen Seite in die Apokalypse zu münden. Auf der anderen Seite führt sie nahezu denknotwendig in eine Auferstehung des Geistes nach einer langen Nacht. Der Mensch hält beides in der Hand: Die Nachtseite der Physik und ihre Tagseite. Beide sind Realität. Auf der Nachtseite stehen die rächenden Engel aufgerichtet als Megatonnen-Raketen. Aber noch warten sie auf den Befehl. Denn auf der Tagseite harrt schon die Erlösung.

Die zweite Realität wird sich als stärker erweisen, denn sie folgt der Logik der Wissenschaft. Die erste ist ihre Absurdität. Die ganze Physik-Geschichte demonstriert, dass nicht Tod sondern Leben ihr in die Wiege gelegt ist. Es war nicht ihre Bestimmung, sie zum Werkzeug des Tötens zu pervertieren.

Daher fährt sie auch heute noch fort, immer neue Erkenntnisse zu erzeugen. Damit öffnet sie immer neue Grenzen für die Erweiterung des biologischen und geistigen Lebens der Menschheit. So gesehen ist sie deren Zukunft. Wir können wählen.

Epilog
Woran ich glaube

Das Zeitalter des Materialismus in Ost und West geht zu Ende. Der Materialismus des Ostens will Natur und Mensch ihre Gesetze vorschreiben. Er begeht damit genau jene Sünde der klassischen Metaphysik, vor der Kant gewarnt hatte. Als ihr letzter grosser Repräsentant, Hegel, gefragt wurde, weshalb sein System nicht mit der Natur übereinstimme, erwiderte er: «Desto schlimmer für die Natur». Er hätte hinzufügen können: «Und für den Menschen.»

So lehrt der dialektische Materialismus: Die Materie soll sein ewig, unerschaffen, selbstbewegt, innerlich dialektisch widersprüchlich, determiniert und sich unausweichlich vom Einfachsten bis zum Höchsten, der denkenden Materie Mensch, nach oben entwickelnd.

Keiner dieser Sätze ist wahr. Schon das Wort «Materie» trägt heute einen anderen Sinn als bei den Klassikern des Marxismus. Ihre Nachfolger standen dem Bruch zwischen dem Weltbild des 19. Jahrhunderts und der modernen Physik verständnislos gegenüber. Mit dem gleichen Absolutheitsanspruch wie die Inquisitoren Galileis wollten sie nicht ihre Dogmen sondern die Gesetze der Natur korrigieren. In einer Serie von Prozessen von 1949 bis 1955 wurden die entscheidenden Erkenntnisse von Relativitätstheorie, Quantenmechanik und Kosmologie als Häresie verurteilt, bis die Physiker in der eigenen Partei aufstanden und eine Korrektur der Parteilinie erzwangen.

Es war schlimmer als der Prozess Galilei. Die Kirche konnte sich, wenn auch erst nach Jahrhunderten, wieder auf die Transzendenz zurückziehen. Der dialektische Materialismus vermag dies nicht, denn er leugnet sie. Wenn er in dieser Welt versagt, dann bleibt ihm kein Refugium.

Ich erkenne daher im Anteil der Naturwissenschaftler unter jenen, die heute in der Sowjetunion eine geistige Umkehr vollziehen, ein geschichtliches Zeichen von hohem Rang. Gerade die Opfer, mit denen diese Umkehr verbunden ist, bezeugen die Tiefe der Erneuerung. Der Name Sacharov steht nur für viele. Hier geht es nicht um einen politischen Aufstand, sondern um eine Bewegung im Innersten des Menschen, die Führung des

Staates nicht ausgeschlossen. Es sind die stillsten Stunden, die den Sturm bringen, Gedanken, die auf Taubenfüssen kommen, sagt Nietzsche.

Ich habe versucht, aufzuzeigen, warum diese Bewegung gerade heute die Physiker und gerade im Osten erfasst. Ich glaube an ein geschichtliches Gesetz, das alle von Menschenwillkür gesetzten Vorschriften durchbricht. Die Anzeichen für eine neue Epoche sind nirgends so deutlich wie im Osten, wo die Menschen, allen voran die Wissenschaftler, nach einer tieferen Welterklärung hungern, als sie die eindimensionale Verkürzung der Weltsicht bietet. Dort wird die Auferstehung des Geistes beginnen.

Aber auch für den Materialismus im Westen läuten die Totenglocken. Sein Hauptsatz lautet: Nur das Messbare ist Wirklichkeit; die Wissenschaft vermag die Messergebnisse bestenfalls in ein logisch widerspruchsfreies System zu bringen. Überspitzt: Der Sinn eines Satzes liegt in der Methode seiner Verifikation.

Unter diesem Fallbeil werden die geschichtlichen Ereignisse des Geistes enthauptet, allen voran die Methode der theoretischen Physik selbst. Denn Physik ist wesenhaft freie Schöpfung neuer Begriffe und Theorien. Zu ihnen führt, wie Einstein nicht müde wird festzustellen, von der Messung aus kein logischer Weg. Sicher, der Physiker steht mit beiden Füssen auf seiner Heimat Erde, nämlich der Beobachtung. Aber verstehen kann er sie allein mit dem Blick zu den Leuchtfeuern seines Denkens.

Die überwältigende Botschaft der Physik lautet: Diese sichtbare Wirklichkeit ist ihrer Struktur nach schöpferischer Gedanke. Sie wird vom schöpferischen Denken des Physikers erkannt und von einem denkenden Schöpfer regiert.

Dies zu bezeugen, schrieb ich dieses Buch. An dieser Stelle schulde ich der Mitwelt ein Bekenntnis. Als ich nach Jahren vergeblichen Suchens endlich ein russisches Lehrbuch über Molekularphysik in der Hand hielt, schwammen auf den vergilbten, zerlesenen Seiten die Zeichen vor meinen Augen. Ich verstand nichts. Ich verstand alles: In diesen Zeichen ist GOTT. Mit der Zeit tauchte der Sinn der Gleichungen (die zu verstehen ich Mühe hatte) aus der Tiefe auf wie die Sterne beim Anbruch der Nacht. Mir war, als könnte ich ihn sehen und seine Botschaft hören. Noch heute ist für mich jede Gleichung eine Spur des Lebendigen GOTTES. Sie ist ein Gleichnis des Unendlichen. Ich glaube, dass Physik im innersten Grund nur als Wissenschaft von GOTT verstanden werden kann.

Ich glaube, dass dies die Physik der Zukunft ist, denn sie war es immer schon seit den Tagen des Kopernikus. Es gibt einen Weg zurück, der zugleich der einzige Weg in die Zukunft ist. Auch im alten China lehrten Lao Tse und Konfuzius keine neue Philosophie, sondern den Weg zu den Quellen. Dieser Weg wird uns auf einer hohen Stufe der Wendeltreppe des Geistes zu einer Relativierung des Unterschieds zwischen Materie und Geist führen, wie es die Grossen unter den heutigen Physikern ahnen.

Ich glaube an den *Geist* als das Herz der Natur und an die Natur als den Leib des Geistes. Beide bilden einen einzigen universalen Organismus.

Damit schliesst sich der jahrhundertealte Abgrund zwischen Glaube und Wissenschaft. Ihm haben wir die Zerklüftung heutigen Denkens zu verdanken. In letzter Konsequenz ist er für die Heraufkunft des militanten Atheismus verantwortlich. Der Ost-West-Konflikt geht mitten durch die Seele des modernen Menschen, der zwischen Hoffnung und Verzweiflung schwankend an den ewigen Fortschritt glaubt und von apokalyptischen Schrecken gepeinigt wird.

Die Physik von heute kehrt zu ihren Ursprüngen unter Newton zurück, nur um 3 Jahrhunderte älter und höher. Seine Mechanik bildet sowohl in der Gravitationstheorie Einsteins als auch in der Quantenmechanik Bohrs und Heisenbergs das unaufhebbare Modell einer Physik, die über diese Mechanik hinausreicht. Ist es nicht an der Zeit, auch zu Newtons Glaube an die Regierung des Universums durch GOTT zurückzukehren, nur auf einer höheren Ebene der Einsicht?

Wir nähern uns heute einem Verstehen der vier Grundkräfte der Welt: Gravitation, Nuklearkraft, elektromagnetischer Kraft und schwacher Kraft. Sie waren bei der Geburt des Universums noch eine einzige Ur-Kraft. Unglaublich abstrakte Symmetrien regieren sie. Die Verleihung des Nobelpreises 1984 bestätigte den Ernst dieser wohl heiligsten Vision der Physik. Heilig nenne ich sie bewusst: Mehr als die Gedanken des Schöpfers der Welt nachzuvollziehen vermag keine Wissenschaft.

Wir gelangten also an eine zweifache Grenze: Im theoretischen Bereich stossen wir bis zu den Anfängen des Weltalls vor und dringen in die Tiefe der Elementarteilchen mit immer stärkeren Beschleunigungsmaschinen und immer umfassenderen Theorien ein. Hier scheint der Menschengeist an den Mantel der Gottheit zu rühren.

Auf der anderen Seite öffnet die gleiche Wissenschaft den Abgrund, vor dem wir alle stehen. Schon diese Bifurkation der Möglichkeiten von Leben und Mord muss uns zu denken geben. Die theoretische Perspektive verpflichtet uns zu einem neuen Denken, die praktische zu einer neuen Ethik.

Ich glaube daher, dass über alle Barrieren hinweg ein Konsens der Wissenschaftler gefunden wird, der die Verpflichtung gegenüber dem Leben zum obersten Grundsatz erhebt. Es wird aber eines Tages auch einen Konsens zu einer neuen Haltung gegenüber den tragenden Säulen der Religion geben: Ehrfurcht vor dem Geheimnis des geistigen Schöpfertums und Respekt vor dem Unsichtbaren im Menschen und in der Natur.

Deshalb glaube ich nicht an den Untergang. Sicher, das Gesetz der Geschichte lässt beide Möglichkeiten zu. Aber der Weg der inneren Logik der Wissenschaft wird sich als stärker erweisen als der Weg in den Abgrund. Das ist keine billige Hoffnung, sondern die Überzeugung von der Überlegenheit des Geistes über die sichtbare Macht. Sie bildet den Kern des Christentums.

Die Kräfte des Geistes wirken freilich in der Tiefe. Sie bekunden sich wohl in gelegentlichen Beben, die bis nach oben dringen. Im allgemeinen ist ihre Bewegung jedoch unsagbar langsam, nach Jahrtausenden zu bemessen. Es ist nur die Zeit, die keine Ewigkeit unter sich hat. Die Ewigkeit hat immer Zeit.

Ich glaube, dass die Gedanken der neuen Physik nicht nur wie jetzt das Antlitz der Erde verändern, sondern eines Tages auch das Denken der Menschheit.

Unter dem Aspekt der Ewigkeit musste dies alles so kommen: Der Ost-West-Konflikt, der Zerfall der Strukturen im Westen, die Angst vor dem Untergang und der Tanz auf dem Vulkan. Was der Mensch seit Jahrhunderten säte, das erntet er heute. Aber mit dem Unkraut reift auch das Brot des neuen Geistes. Ich sehe es schon hoch im Halm, reif für die Schnitter.

Vor einem Jahrhundert setzte die Erneuerung mit dem scheinbar so harmlosen Michelson-Versuch ein. Um die Jahrhundertwende kam Plancks geheimnisvoller Bote aus der Wirklichkeit. Kurz darauf legte Einstein den Grund zu einer Umwälzung des gesamten wissenschaftlichen Denkens. Ein Jahr vor dem ersten Weltkrieg stellte Bohr sein Atommodell auf, das zur Wiege der tiefgreifendsten geschichtlichen Wende des Jahrhunderts werden sollte. Sie brachte auf der einen Seite die atomare Bedrohung, auf der anderen, unsichtbaren aber das Ende des Materialismus in der Physik. Was sich seither anbahnt, ist ein Denken, für das die Physiker und Philosophen noch kein Wort fanden. Denker wie Walter Heitler oder Heisenberg sahen darin eine Wiedergeburt des Geistes, und sie haben recht.

Ist es nicht eine zugleich niederschmetternde und befreiende Paradoxie, dass der menschenverachtende Materialismus in Ost und West sich genau jener Atomphysik bedient, die ihn widerlegt? Ich glaube an eine historische Gerechtigkeit, die tiefer geht als alle Vergeltung. GOTTES Mühlen mahlen nicht nur die Titanen zu Staub, sondern auch ihre Babylonischen Türme der Sprachverwirrung.

Ich glaube an eine neue Epoche, deren Grösse alles übertrifft, was menschliche Utopie je ersann. Unser bisheriger Weg hat sich selbst überlebt. Die Bewegungen der Physik weisen schon in die neue Richtung: Das Unsichtbare im Sichtbaren für wirklich zu nehmen, dem Leben zu dienen und den Blick von der Erde mit all ihren Nebeln zu den Sternen zu richten.

Ich glaube, dass nur die Bergpredigt den Weg zur Umkehr vom atomaren Abgrund erkennen lässt. Kein anderer wurde bisher entdeckt und kein anderer wird die Erlösung bringen.

Ich glaube an die Überbrückung des jahrhundertealten Streits zwischen Religion und Wissenschaft, denn beide haben das gleiche Ziel: GOTT zu erkennen im Wirken des Universums und in der Hoffnung des Menschen auf Glück.

Ich glaube an die Heilung des Konflikts in der Brust des modernen Menschen, der von widerstreitenden Ideologien zerrissen ist oder auch von seiner eigenen Skepsis. Der Weg der Wissenschaft bringt Gewissheit, und das ist es, wonach wir Heutigen uns sehnen. Es ist nicht die Gewissheit des Zwangs, sondern der Vernunft. Nur dürfen wir sie nicht vordergründig als Wissenschaftsgläubigkeit fassen. Es ist nicht die Wissenschaft, die Glaube verdient, sondern der Glaube, der die Wissenschaft als solche erst ermöglicht.

Ich glaube daher an eine Physik, die sich ihrer eigenen glaubensmässigen Voraussetzungen bewusst wird. Sie wird nicht anders handeln als die jetzige, denn ihre Methoden sind ihr von der Natur nahegelegt. Aber sie wird anders denken und aus diesem Denken noch ungeahntere Erkenntnisse gewinnen als alles, was sie bisher leistete. Eine Physik, die mit Leibniz die Gedanken im Universum als Gedanken GOTTES begreift, nenne ich «Theophysik». Sie erweitert die klassische Metaphysik ebenso, wie die moderne Physik jene des Archimedes erweiterte. Es wird jene Physik sein, welche dem Schritt zum 21. Jahrhundert über alle bisherigen Grenzen der Erkenntnis hinweg adäquat ist.

Ich glaube an die Würde der Wissenschaft und der Wissenschaftler, weil ich von ihrem göttlichen Auftrag überzeugt bin, dem Glück des Menschen zu dienen und darin GOTT zu lieben. Religiöse Schwärmerei? Dann war auch die Physik Newtons, Einsteins und Heisenbergs das Erzeugnis der Schwärmerei. Aber aus eben dieser Physik leben wir.

Das Heute ist dunkel, das Morgen vielleicht Gericht, aber das Übermorgen bringt die Erlösung.

Anmerkungen

Prolog

[1] Siehe Jungk, Robert: Heller als tausend Sonnen. Das Schicksal der Atomforscher. Hamburg 1964, S. 183–187. Die Zitate aus der Bhagavad-gîtâ finden sich im Original in etwas anderer Fassung. Siehe ferner Goodchild, Peter: J. Robert Oppenheimer. Basel 1982.

1. Kapitel
Die Geburt der Physik

[1] Fung Yu-lan: A History of Chinese Philosophy. Princeton University Press 1952, vol. II, pp. 598–603.
[2] Einstein, Albert, Infeld, Leopold: Die Evolution der Physik. Von Newton bis zur Quantentheorie. Hamburg 1956.
[3] Jammer, Max: The Conceptual Development of Quantum Mechanics. New York 1966.

2. Kapitel
Im Anfang war die Harmonie

[1] Heisenberg, Werner: Der Teil und das Ganze. Gespräche im Umkreis der Atomphysik. München 1969, S. 315.
[2] a.a.O, S. 315 f.
[3] Siehe dazu Heisenberg, Werner: Physik und Philosophie. Frankfurt/M., Berlin, Wien 1981, S. 72–79.
[4] a.a.O, S. 79.
[5] Eliot, Alexander: Mythen der Welt. Zürich 1978, S. 62.

3. Kapitel
Kopernikus: Die Archetypen der Physik

[1] Nach Dijksterhuis, E. J.: Die Mechanisierung des Weltbilds. Berlin, Göttingen, Heidelberg 1956, S. 325 f.
[2] Hornung, Erik: Zur Sonne werden. Ägyptische Jenseitshoffnung im Tal der Könige. Neue Zürcher Zeitung 23./24. 10. 1982.
[3] Ebenda
[4] Ebenda
[5] Ebenda. Siehe auch Hornung, Erik: Tal der Könige. Die Ruhestätte der Pharaonen. Zürich 1982.
[6] Eliot A.: a.a.O., S. 93.
[7] a.a.O., S. 95.
[8] Dijksterhuis, E. J., a.a.O., S. 321.
[9] Siehe Jakobi, Jolande: Die Psychologie von C. G. Jung. Olten 1971.

4. Kapitel
Kepler: Auf der Suche nach dem verlorenen Paradies

[1] Diksterhuis, E. J. a.a.O, S. 340/341.
[2] Kepler, Johannes: Gesammelte Werke, herausg. von Caspar, Max, München 1937, Band 3: Astronomia Nova, S. 178, siehe auch Band 1, S. 403–407 (Nachbericht des Herausgebers).
[3] Da diese Flächen aus dem wandernden Radius Sonne-Ellipse und deren gekrümmter Bahnkurve gebildet werden, konnte man sie ohne die Infinitesimalrechnung damals nicht exakt berechnen; dennoch gelangte Kepler zu einem richtigen Gesetz!
[4] Diksterhuis: a.a.O, S. 358.
[5] Kepler, Johannes: Gesammelte Werke, a.a.O, Band 1: Mysterium Cosmographicum. De Stella Nova, S. 70.
[6] Ebenda, S. 416.
[7] Siehe Gliozzi, Mario: Storia della Fisica. Storia delle Scienze, vol. II, Torino 1965, Kap. 3.6.
[8] Kepler, Johannes: Mysterium Cosmographicum, a.a.O, S. 9.
[9] Kepler, Johannes: Gesammelte Werke Band 13: Briefe 1590–1599, München 1945, S. 35.

5. Kapitel
Galilei: Glaube um zu wissen!

[1] Es ist fraglich, ob Galilei das Trägheitsgesetz in seiner vollen Bedeutung erkannte. Im Grunde geht es ihm um den Nachweis der Erdbewegung. In seinem «Dialog über die beiden hauptsächlichsten Weltsysteme» schreibt er 1632, auf einer horizontalen Ebene bleibt eine Kugel in Ruhe, solange sie nicht gestossen wird. Beim Stoss rollt sie ins Unendliche, wenn «keine zufälligen äusserlichen Hindernisse» auf sie einwirken. Auch ein Schiff ist bei Meeresstille «bestrebt, nach Entfernung aller zufälligen und äusserlichen Hindernisse, sich mit der ihm einmal mitgeteilten Anfangsgeschwindigkeit fortzubewegen».
Galileo Galilei: Dialog über die beiden

hauptsächlichsten Weltsysteme, das Ptolemäische und das Kopernikanische. Stuttgart 1982. Dort findet sich auch das Beispiel mit dem fahrenden Schiff als Gedankenmodell der Relativität der Inertialsysteme, ebenda S. 197. Galilei befasst sich auch ausführlich mit dem Nachweis, dass ein von der Spitze des Schiffsmastes fallender Stein immer auf der gleichen Stelle des Decks aufschlägt, gleich ob das Schiff ruht oder bewegt ist, a.a.O, S. 151, 155. Auch hier ging es Galilei um den Nachweis der Erdbewegung, nicht um das Relativitätsprinzip. Dennoch stehen seine Gedanken an der Wiege der späteren Theorie Einsteins. Auch die Gleichheit von schwerer und träger Masse findet sich in dem Gedanken angekündigt, dass zwei verschieden schwere Kugeln gleiche Fallstrecken in gleichen Zeiten durchlaufen. Ebenda S. 237. Galileis These von der Endlichkeit der Lichtgeschwindigkeit findet sich u.a. in den «Discorsi» 1638, siehe Galileo Galilei: Dialogues Concerning Two New Sciences. New York 1954, S. 42.

2 Le Opere di Galileo Galilei. Edizione Nazionale, vol. I–XX. Firenze 1890–1909. Vol. VI, S. 232. Die Stelle steht im «Saggiatore».

3 Dialog über die beiden hauptsächlichsten Weltsysteme, a.a.O, S. 108.

4 Siehe Schmutzer, E. und Schütz, W.: Galileo Galilei. 4. Aufl. Leipzig 1981. Erst 1835 wurde der «Dialogo» vom Index gestrichen. Das Urteil gegen Galilei wurde bisher noch nicht rechtskräftig aufgehoben. Johannes Paul VI. erklärte 1983, die Kirche habe sich in Galileis Verurteilung geirrt. 1984 schrieb der Osservatore Romano, die Anklage wegen Häresie 1633 «scheint unbegründet zu sein». Im Sommer 1984 veröffentlichte der Vatikan Geheimdokumente des Prozesses, um der Klärung eines Falls zu helfen, «der die Geschichte der Kirche unserer Zeit aufs ernstete beunruhigte». Bei der Verschleppung der Archive durch Napoleon 1810 nach Paris gingen offenbar Dokumente des Prozesses verloren. International Herald Tribune 5. 7. 1984. Siehe auch Fölsing, Albrecht: Galileo Galilei. Prozess ohne Ende. Eine Biographie. München 1983.

5 Siehe Müller-Markus, Siegfried: Protophysik. Entwurf einer Philosophie des Schöpferischen. 1. Teil: Spezielle Relativitätstheorie. Den Haag 1970.

6 Siehe dazu Laue, Max von: Die Relativitätstheorie. 1. Bd.: Die spezielle Relativitätstheorie. Braunschweig, 6. Aufl. 1955, S. 3.

7 Margenau, Henry: The Nature of Physical Reality. New York 1950. Ders.: Open Vistas. Philosophical Perspectives of Modern Science. New Haven and London, 2nd ed. 1964.

8 Siehe etwa die klassischen Untersuchungen von Jammer, Max über die Begriffe der Masse, des Raums, der Kraft und die Begriffe der Quantenmechanik. Max Jammer: Der Begriff der Masse in der Physik. Darmstadt 1965. Ders.: Das Problem des Raumes. Die Entwicklung der Raumtheorien, ebenda 1960. Ders.: The Concepts of Force, A Study in the Foundations of Dynamics. Harvard University Press 1957. Ders.: The Conceptual Development of Quantum Mechanics. New York 1966.

9 Zur Vereinheitlichung der Grundkräfte siehe Verleihung des Nobelpreises 1984 an Carlo Rubbia und Simon Van der Meer. Siehe auch «Teilchen, Felder und Symmetrien», Spektrum der Wissenschaft, Heidelberg 1984.

6. Kapitel
Die Wurzeln des physikalischen Glaubens

1 Fromm, Erich: Anatomie der menschlichen Destruktivität. Stuttgart 1974.

2 Matthäus 23,27.

3 Es geht dabei um die Grundkonstanten der Natur. Siehe Eddington, Sir Arthur: Philosophie der Naturwissenschaft. Bern (o.J. Original: The Philosophy of Physical Science. Cambridge 1939).

4 Toynbee, Arnold: Menschheit und Mutter Erde. Die Geschichte der grossen Zivilisationen. Düsseldorf 1979.

5 Rybnikov, K. A.: Istorija matematiki (Geschichte der Mathematik), Moskau 1960, S. 23, 79, 84, 91. Für die Verwandtschaft zwischen den Pythagoräern und der chinesischen Zahlenmystik siehe Fung Yu-lan, a.a.O, vol. II, pp. 93–96.

6 Heisenberg soll dies bei seiner Abschiedsvorlesung in Göttingen so gesagt haben. Für den genauen Wortlaut verbürge ich mich nicht.

7 2. Mose 3,2–6.

8 Ebenda 13–15.

9 Johannes 20,24–29.

10 Lukas 4,18–19, nach Jesaia 61,1–2.

7. Kapitel
Newton und die Gebote des Physikers

1 Sir Isaac Newton's Mathematische Principien der Naturlehre. Herausgegeben von J. Ph. Wolfers. Berlin 1872. Nach der 2. Ausgabe der Philosophiae Naturalis Principia Mathematica von Cotes 1713, S. 4.

2 Ebenda

[3] Ebenda
[4] Ebenda
[5] Don Bane, Charles Redmond, NASA and Jet Propulsion Laboratory Pasadena in «La Vanguardia» 12. 6. 1983.
[6] Newton, a.a.O, S. 380 f.
[7] Die dialektischen Materialisten, vor allem Engels und Lenin, bestreiten, dass ihre Philosophie durch die Einwände gegen den mechanischen Materialismus getroffen wird. Indem sie jedoch die Realität eines freien Geistes leugnen, werden sie durch die Voraussetzungen von Newtons Mechanik widerlegt.
[8] Aus der umfassenden Literatur zu diesem Problem siehe vor allem das klassische Werk von Bunge, Mario: Causality. The Place of the Causal Principle in Modern Science. Harvard University Press 1959.
[9] Mach, Ernst: Erkenntnis und Irrtum. Skizzen zur Psychologie der Forschung. Leipzig 1905, S. 174. Mach spricht vom Ökonomisieren der Gedanken als einem biologischen Bedürfnis.
[10] 1. Mose 4,1.
[11] Neue Zürcher Zeitung 8. 6. 1983.

8. Kapitel
Die metaphysischen Grundlagen der Mechanik

[1] Siehe insbesondere die Arbeiten von Jammer, Max, a.a.O.
[2] Spinoza, Baruch: Ethik I, 3.
[3] Lenin, V. I.: Materialismus und Empiriokritizismus. Kritische Bemerkungen über eine reaktionäre Philosophie. Berlin 1947 (Original: Materializm i empiriokriticizm. Sočinenija tom XIV, Moskau 1947.
[4] Enciklopedičeskij slovar'. Band 2., Moskau 1964, S. 437.
[5] Newton, a.a.O, S. 21.
[6] Zur Kritik des Newtonschen Massenbegriffs siehe Mach, Ernst: Die Mechanik in ihrer Entwicklung. 1. Aufl. Leipzig 1883. Für Mach hat der Begriff der Materiemenge überhaupt keinen Sinn.
[7] Newton, a.a.O, S. 23.
[8] Jammer, Max: Der Begriff der Masse, a.a.O.
[9] Newton a.a.O, S. 23.
[10] Zitiert nach Jammer, Max, a.a.O, S. 57 f.
[11] Newton a.a.O, S. 22.
[12] a.a.O, S. 25.
[13] Siehe Jammer, Max: The Concept of Force, a.a.O, S. 18 f.
[14] a.a.O, S. 20.
[15] a.a.O, S. 21.
[16] Diels, Hermann: Die Fragmente der Vorsokratiker. Nach der von Kranz, Walther herausgegebenen 8. Aufl. Hamburg 1957, S. 88.
[17] Jammer, Max: The Concept of Force, a.a.O, S. 48.
[18] Newton, a.a.O, S. 21.
[19] Kepler spricht von affectio. Siehe Kepler, Johannes: Gesammelte Werke, a.a.O, Band 3, a.a.O, S. 25.
[20] Vis Solis immateriata. Ebenda S. 349.
[21] Siehe Cohen I. Bernhard: Newtons Gravitationsgesetz. Aus Formeln wird eine Idee. Spektrum der Wissenschaft 1981/5, S. 101–111.
[22] Auch die Bindungskräfte (sog. Farbkräfte) der Quarks, der Bausteine der Hadronen wie Proton und Neutron, sind nach einem Vorschlag von Wilson 1974 in Raumgitter eingesperrt, so dass die Quarks grundsätzlich nicht beobachtet werden können. Rebbi, Claudio: Die Gitter-Eichtheorie: Warum Quarks eingesperrt sind. Spektrum der Wissenschaft 1983/4, S. 88–101.
[23] Newton, a.a.O,S. 511.
[24] Ebenda S. 512.

9. Kapitel
Amor dei

[1] Im sog. Faradaykäfig aus Eisengeflecht ist keine von aussen kommende elektrische Ladung anzutreffen, weshalb ein metallisches Auto gegen Blitzschlag relativ sicher ist.
[2] Newton, a.a.O,S. 25.
[3] Ebenda S. 29.
[4] Mach nimmt an, dass der Eimerversuch nur in einem mit Massen erfüllten Kosmos gelingt, nicht aber in einem leeren Raum, so dass die Gesamtheit der Massen des Kosmos für die Trägheitskräfte verantwortlich ist.
[5] Newton, a.a.O, S. 31.
[6] Jammer, Max: Das Problem des Raumes, a.a.O, S. 27–54.
[7] Philosophisches Wörterbuch, begründet von Schmidt, H., 19. Aufl., ed. Schischkoff, Georgi. Stuttgart 1974, unter «Kabbala».
[8] Johannes 8,12.
[9] Platon: Der Staat, X, 616.
[10] Das arme Leben und bittere Leiden unseres Herrn Jesu Christi und seiner heiligsten Mutter Maria nebst den Geheimnissen des Alten Bundes nach den Gesichten der gottseligen Anna Katharina Emmerich. Aus den Tagebüchern des Clemens Brentano herausgegeben von Schmöger, P. C. E. Regensburg, New York und Cincinnati 1881, S. 2.
[11] Jammer, Max, a.a.O, S. 49.
[12] Im Brief an Bentley vom 10. 12. 1692. Nach Jammer, Max, a.a.O, S. 120.
[13] Newton, a.a.O, S. 511.
[14] Newton Isaac: Opticks, 4. ed. London 1730. Neudruck: New York 1952, S. 370.

[15] Ebenda S. 369.
[16] Sir Isaac Newton's Mathematische Principien, a.a.O, S. 508.
[17] Ebenda
[18] Newton: Opticks, a.a.O, S. 403.
[19] Alexander, Samuel: Space, Time, Deity. 1920.
[20] Sir Isaac Newton's Mathematische Principien, a.a.O, S. 508.
[21] Ebenda
[22] Ebenda
[23] Ebenda
[24] Ebenda
[25] Ebenda S. 509ff.
[26] Ebenda S. 510, Anmerkung. Ebenso Newton: Opticks, a.a.O, S. 403.
[27] Sir Isaac Newton's Mathematische Principien, S. 510.
[28] Ebenda
[29] Kant, Immanuel: Kritik der reinen Vernunft. Hamburg 1956. S. 66ff.
[30] Ebenda
[31] a.a.O, S. 71.
[32] Ebenda
[33] a.a.O, S. 73.
[34] Kant spricht von «Gemeinschaft» und setzt in Klammern: «Wechselwirkung zwischen dem Handelnden und Leidenden». a.a.O, S. 118.
[35] Lukas 17,21.
[36] Sprüche 25,2.
[37] Sprüche, aus Kap. 8 in der Übersetzung Luthers.
[38] Apostelgeschichte 17,23.

10. Kapitel
Der Einzelne und sein Recht

[1] Indem Nietzsche seine Lehre mit dem Namen des Zarathustra verknüpft, demonstriert er die geschichtlich bedeutsame Tatsache, dass die Wende von der Metaphysik zur Moderne nicht nur den Positivismus, sondern auch die Wiedergeburt des Mythos ermöglicht. Auch Nietzsches Wiederbelebung des Gedankens der ewigen Wiederkunft (das Zentralthema des «Zarathustra») zeigt, dass die Verneinung der Religion geradewegs in den Mythos münden kann.
[2] Auch Beethoven und Bruckner schufen je eine Neunte. Ist die Neun als Zahl hinter der heiligen Acht der Pythagoräer etwa das Symbol der Transzendenz?
[3] Nelly Sachs zählt zu den grossen weiblichen Hiobsfiguren unseres Jahrhunderts wie Edith Stein und Achmatova. Die eine wurde unter Hitler leiblich verbrannt, die andere unter Stalin geistig.
[4] Paulus an die Römer, geschrieben 56 oder 57 nach Christus, Kap. 7, 14–15, sowie besonders Vers 19: «Das Gute, was ich will, das tue ich nicht, und das Böse, was ich nicht will, das tue ich».
[5] Ortega y Gasset, José (1883–1955): La rebelion de las masas, 1929. Französische Ausgabe: La révolte des masses. Paris 1937.
[6] Leibniz wendet dagegen ein: Ausgenommen den Verstand selbst. Damit wird der gesamte nachfolgende materialistische Empirismus aus den Angeln gehoben.
[7] Eine Übersicht findet sich im Fischer-Lexikon der Psychologie von Hofstätter, Peter. Frankfurt/M. 1957, S. 142–152, siehe auch S. 322–325.
[8] Von ihm stammt das für die Entstehung von Plancks Quantenhypothese grundlegende Gesetz, wonach ein Atom nur diejenigen Frequenzen emittiert, die es auch absorbiert.
[9] Der frühe Einstein stand weitgehend unter dem Einfluss Machs, der jedoch die Relativitätstheorie nicht anerkannte.
[10] Siehe Bridgman, P. W.: The Logic of Modern Physics. New York 1960 (1. Aufl. 1927).
[11] Diese Einsicht stammt von Hermann Weyl in seinem grundlegenden Werk «Philosophie der Mathematik und Naturwissenschaft». Handbuch der Philosophie 1926. 3. erw. Aufl. München 1966. Ähnlich auch Fock, V. A.: Protiv nevežestvennoj kritiki sovremennych fizičeskich teorii» («Gegen die ignorantenhafte Kritik an modernen physikalischen Theorien»). Voprosy filosofii, Moskau 1953/1.

11. Kapitel
Die Ich-Welt

[1] Der Ausdruck «Mechanismus» darf aber nicht im Sinn einer Maschine oder überhaupt der Newtonschen Mechanik verstanden werden, sondern nur quantenmechanisch.
[2] Dies hat nichts mit der Theorie Freuds zu tun, wo das Es die triebhaften Ansprüche an das Ich bedeutet und dessen tiefste Schicht darstellt. Vielmehr ist das Objekt der Physik im Gegensatz zum Subjekt (dem Ich) gemeint.
[3] Versuche zur Feststellung der endlichen Lichtgeschwindigkeit unternahm bereits Galilei. Die ersten exakten Messungen stammen von Armand Fizeau 1849 und Léon Foucault 1854. Am sichersten scheint heute der Wert von 299 792(±3) km/sek.
[4] Dies ist ein reines Gedankenexperiment, denn es dürfte schwer sein, die Voraussetzung unserer Überlegung zu prüfen, wonach beim Abgang der Signale der Beobachtungssatellit genau über der Mitte zwischen S_1 und S_2 ist. Einstein benutzt ein anderes Gedankenexperiment, das gleichfalls zu Bedenken Anlass

gibt. Danach sollen zwei Blitze am Anfang und Ende eines sehr schnellen Zuges einschlagen. Der zu dieser Zeit neben der Mitte des Zugs stehende Streckenwärter nimmt die Einschläge gleichzeitig wahr, während der in der Mitte im Zug stehende Schaffner die Signale nicht gleichzeitig empfängt. Einstein Albert: Über die spezielle und allgemeine Relativitätstheorie (Gemeinverständlich). 17. erweiterte Aufl. Braunschweig 1956, S. 15/16.

5 Dies bestätigen Beobachtungen im Kernforschungszentrum CERN. Haben z.B. π^0-Mesonen eine Geschwindigkeit von nahezu c, so müsste gegenüber dem Labor das von ihnen ausgesandte Licht nach klassischer Vorstellung nahezu doppelte Lichtgeschwindigkeit haben. In Wahrheit wurde nur nahezu c beobachtet, und dies mit einer Genauigkeit von $\Delta c/c \approx 10^{-4}$. (T. Alväger, F. Farley, J. Kjellmann, I. Wallin, Phys. Lett. 12,260 (1964). Weiterhin konnte neuerdings aus Präzisionsmessungen an Röntgenpulsaren, die einem Doppelsternsystem angehören, gefolgert werden, dass sich höchstens ein Bruchteil von nicht mehr als 1 Milliardstel der Sterngeschwindigkeit zur Geschwindigkeit des ausgesandten Röntgenlichts addiert (K. Brecher, Phys. Rev. Lett. 39. 1051 (1977).

6 Dazu sind Milliarden von Elektronenvolt nötig. So arbeitet das Tevatron im Fermi-Laboratorium bei Chicago (in Betrieb seit 1983) laut Programm mit einer Billion Elektronenvolt und soll Protonen auf 299 329 km/sek bringen. Time, 18. 7. 1983.

7 Durch Woldemar Voigt, Henri Poncaré und Hendrik A. Lorentz. Siehe das grundlegende Buch über die Relativitätstheorie von Laue, Max von: Die Relativitätstheorie, 1. Bd., Die spezielle Relativitätstheorie 6. Aufl. Braunschweig 1955.

8 Einstein 1925 zu Heisenberg: «Erst die Theorie entscheidet darüber, was man beobachten kann». Heisenberg, Werner: Der Teil und das Ganze. Gespräche im Umkreis der Atomphysik. München 1969, S. 103.

12. Kapitel
Von der Ich-Welt zur Du-Welt

1 Minkowski, Hermann: Raum und Zeit. Phys. Zeitschrift 10,104 (1909).

2 Die reichhaltige Nous-Philosohie der Griechen sei hier ausgeklammert, um den Begriff so eindeutig als möglich zu fassen.

3 Im Gegensatz zur euklidischen Geometrie kann diese Differenz negativ, null oder positiv werden, je nachdem, ob zwei Ereignisse durch Wirkungen mit Unterlichtgeschwindigkeit verknüpfbar sind ($c^2t^2>x^2$), durch Wirkungen mit Lichtgeschwindigkeit ($c^2t^2=x^2$) oder überhaupt durch keine physikalischen Wirkungen verknüpft werden können ($c^2t^2<x^2$). Die Hinzufügung der Zeitachse bringt also naturnotwendig eine Änderung der Geometrie.

4 Ist v die Relativgeschwindigkeit, so gelten die Lorentz-Transformationen:

$$x = \frac{x' + \frac{v}{c}ct'}{\sqrt{1-\frac{v^2}{c^2}}} \quad \text{und ct} \quad \frac{ct' + \frac{v}{c}x'}{\sqrt{1-\frac{v^2}{c^2}}}$$

5 Für alle mathematischen Feinheiten siehe Laue, Max von, a.a.O, S. 45 ff.

6 Siehe Taylor, E. F. und Wheeler, J. A.: Spacetime Physics. San Francisco und London 1963, S. 111–125.

7 Einstein, Albert, a.a.O, S. 29.

8 Laue, Max von, a.a.O, S. 29.

9 Vereinfacht gesprochen: Ändern sich durch die Transformation einer Variablen nicht die Eigenschaften eines Systems, so entspricht dem ein bestimmtes Erhaltungsgesetz. Ist etwa die Wirkung gegenüber der Transformation der Zeit invariant, so folgt daraus die Erhaltung der Energie. Diese Invarianz ist eine direkte Folge der Homogenität der Zeit. Aus der Homogenität des Raums folgt die Erhaltung des Impulses. Homogenität und Isotropie bilden die Basis der speziellen Relativitätstheorie; damit hängen Relativität und Erhaltungssätze aufs engste zusammen. Noether fand das Gesetz im Rahmen der Göttinger Schule der Mathematiker David Hilbert und Felix Klein, die Mitte der 20iger Jahre auch für die Quantenmechanik grundlegende Bedeutung erlangte. Siehe Kapitel 19.

10 Die kovariante Schreibweise der Zusammenfassung von Energie- und Impulserhaltung ist von maximaler Schönheit. Ist T der Welttensor, dessen Komponenten u.a. auch Impuls und Energie enthalten, so gilt bei Fehlen äusserer Einwirkungen

$$\Delta i \upsilon T = 0$$

Siehe Laue, Max von, a.a.O, S. 147.

11 Siehe Heitler, Walter: Naturwissenschaft ist Geisteswissenschaft. Zürich 1972.

13. Kapitel
Aufstieg zum Universum

1 In einem Brief an Bentley erklärt Newton es als absurd, dass die Schwerkraft «durch den leeren Raum, ohne Vermittlung von etwas» wirken könne. Laue, Max von, a.a.O, Bd. 2: Die allgemeine Relativitätstheorie. S. 11.

[2] Einstein selbst beschreibt seinen Weg mehrfach, zuletzt in «Autobiographisches» in «Albert Einstein als Philosoph und Naturforscher», herausg. von Paul Arthur Schilpp. Stuttgart 1955, im folgenden zitiert als «Schilpp».

[3] Fock, Vladimir: Theorie von Raum, Zeit und Gravitation. Berlin 1960 (Original: Teorija prostranstva, vremeni i tjagotenija, 2. Aufl. Moskau 1961). Derselbe: Grundprinzipien der Einsteinschen Gravitationstheorie. Einstein-Symposium 2.–5. 11. 1965 in Berlin. Berlin 1966. Siehe auch Müller-Markus, Siegfried: Einstein und die Sowjetphilosophie, 2. Bd. Die allgemeine Relativitätstheorie. Dordrecht 1966, S. 57–82.

[4] Einstein, Albert. Grundzüge der Relativitätstheorie, 1.Aufl. Braunschweig 1956, S. 39.

[5] Riemannn, Bernhard. Über die Hypothesen, welche der Geometrie zu Grunde liegen, Habilitationsvorlesung in Göttingen 10. 6. 1854, in «Bernhard Riemann's Gesammelte Mathematische Werke und Wissenschaftlicher Nachlass», herausgegeben von Weber, Heinrich, 2. Auflage, Nachdruck. New York 1953, pp. 272–286.

[6] Damit bewies Michelson 1925 auf optischem Weg durch Interferenz die Erddrehung mithilfe eines Rieseninterferometers. Das erdfeste Bezugssystem ist also überhaupt kein berechtigtes System im Sinne des Relativitätsprinzips; damit sollten eigentlich auf der Erde die Gesetze der sRT nicht gelten! Siehe Laue, Max von, a.a.O, Band 1, S. 17–18. Daher auch der Einfluß der Erdrotation auf die Lichtgeschwindigkeit im Michelson-Versuch 2. Art. Die Rotation wirkt hier wie ein künstliches Schwerefeld. Hingegen macht sich nach dem Michelson-Versuch 1. Art die Translationsbewegung der Erde um die Sonne mit ca. 30 km/sec nicht auf die Lichtgeschwindigkeit bemerkbar, weil die Erde sozusagen ein im Schwerefeld der Sonne frei fallendes System ist und daher ein nahezu ideales Inertialsystem darstellt.

[7] Dies ist Focks Grundthese, siehe Fock, V. A., a.a.O.

[8] Die bereits von Eötvös 1889 gemessene Äquivalenz schwerer und träger Masse wurde durch neuere Versuche bis auf einen Faktor von einem Tausendmilliardstel nachgewiesen. Damit steht und fällt die aRT. Siehe Braginsky, V. B., Panov, V. I.: Verification of equivalency of inertial and gravitational mass. Zurnal eksperimental'-noj i teoreticeskoj fiziki 1971, Band 61, S. 875. Das ist gegenüber Eötvös eine Verfeinerung um 3 Zehnerpotenzen.

[9] Einstein benutzt als Gedankenexperiment einen im Weltraum nach oben gezogenen Kasten. Heute ist er durch eine Rakete mit einsetzendem Antrieb realisierbar. Siehe Einstein, Albert: Über die spezielle und allgemeine Relativitätstheorie, a.a.O, S. 40–43.

[10] Bridgman weist darauf hin, daß Einstein sich in der aRT von seiner Haltung in der sRT löste. Bridgman, P. W.: Einsteins Theorie vom methodologischen Gesichtspunkt. In Schilpp, S. 225–242.

[11] Voraussetzung der geodätischen Weltlinie des Lichts ist die Konstanz der Lichtgeschwindigkeit. Bei veränderlicher Lichtgeschwindigkeit folgt das Licht im Raum keiner Geodäten. Siehe Laue, M. v., Relativitätstheorie, Bd. 2, S. 114. Der von Einstein vorausgesagte Effekt enthält sowohl die Abweichung vom euklidischen Raum in Sonnennähe als auch die dort herrschende Veränderlichkeit der Lichtgeschwindigkeit, beides ergibt jeweils die Hälfte der Lichtablenkung. Einstein sagte sie erstmals 1907 voraus! Inzwischen wurde auch die Ablenkung von Radarstrahlen am Sonnenrand beobachtet, siehe Shapiro, I. I. Fourth test of general relativity, Phys. Rev. Lett. 13,789 (1964), sowie derselbe mit Ash, M. E., Ingalls, R. P., Smith, W. B., Campbell, D. B., Dyce, R. B., Jurgens, R. F., Pettengill, G. H.: Fourth test of general relativity: New Radar result, Phys. Rev. Lett. 26,1132 (1971). Auch neueste Beobachtungen der Lichtablenkung am Sonnenrand bestätigten Einsteins Voraussage, siehe u.a. Muhleman, D. O., Ekers, R. D., Fomalont, E. B.: Radiointerferometric test of the general relativistic light bending near the Sun. Phys. Rev. Lett. 24, 1377 (1970).

[12] Auch für den Kleinplaneten Ikarus konnte eine Periheldrehung beobachtet werden. Siehe Shapiro, I. I., Smith, W. B., Ash, M. E., Herrick, S.: General relativity and the orbit of Ikarus. Astr. J. 76, 588 (1971). Siehe auch Weinberg, Steven. Gravitation and Cosmology. New York 1972, p. 198.

[13] Moszkowski, Alexander: Einstein. Einblicke in seine Gedankenwelt. Berlin 1922, S. 18.

[14] Einstein, Albert. Briefe aus dem Nachlass herausgegeben von Dukas, Helen und Hoffmann, Banesh. Zürich 1981, S. 64 (im folgenden als «Einstein: Briefe» zitiert).

[15] Die Gravitationsrotverschiebung wurde bereits 1925 von Adams, W. S. gefunden. Proc. Nat. Acad. Sc. 11,382 (1925). Sie wurde auch durch neuere Beobachtungen bestätigt, siehe u.a. Greenstein, J. H., Oke, J. B., Shipman, H. L.: Effective temperature, radius and gravitational redshift of Sirius 3. Ap. J. 169,563 (1971). Mithilfe der Kernstrahlung konnte die Rotverschiebung auch für das Gravitations-

feld der Erde nachgewiesen werden (Pound, R. V., Rebka, G. A.: Gravitational redshift in nuclear resonance. Phys. Rev. Lett. 3,439 (1959), sowie dieselben in Phys. Rev. Lett. 4,337 (1969). Für neueste Bewertungen der aRT siehe «Einstein-Centenarium. Ansprachen und Vorträge auf den Festveranstaltungen des Einstein-Komitees der DDR bei der Akademie der Wissenschaften der DDR vom 28. 2. bis 2. 3. 1979 in Berlin». Berlin 1979.

16 Friedman, A. Zeitschrift für Physik 10,377 (1922).

17 Kant, Immanuel: Allgemeine Naturgeschichte und Theorie des Himmels. Werke in 12 Bänden. Herausg. von Wilhelm Weischedel. Bd. 1. Zürich 1977, S. 327–328. Kant entwarf auch die nach ihm und Laplace genannte Hypothese über die Entstehung des Sonnensystems.

18 Wir folgen im weiteren Weinberg, Steven: Die ersten drei Minuten. 3. Aufl. München 1982, S. 40ff.

19 Genauer: Einer Äquivalent-Temperatur von 3,5 K. Darunter versteht man die Temperatur der Wände eines Behälters, innerhalb dessen ein Radiorauschen die beobachtete Intensität haben würde. Das Rauschen ist eine Folge der Wärmebewegung der Elektronen des Behälters, also seiner Temperatur.

20 Für die Geschichte der Entdeckung siehe Weinberg, Steven, a.a.O.

21 Ebenda, S. 81.

14. Kapitel
Kosmische Religiosität

1 Einstein: Briefe, S. 59.

2 In Einsteins Nachruf auf Mach 1916. Physik. Zeitschr. 17,7, 101–104 (1916). Siehe analoge Äußerungen auch in Schilpp, S. 250/251 und 499/500 sowie Einstein, Albert: Physik und Realität. Journ. Franklin Inst. 221, 313–347 (1936), abgedruckt in Einstein, Albert: Aus meinen späten Jahren. Frankfurt 1984, S. 63–106, hier besonders S. 66–67. Im weiteren wird aus dem letztgenannten Buch zitiert.

3 Schilpp, S. 183.

4 Ebenda

5 Einstein, Albert: Mein Weltbild. Frankfurt/M. 1955, S. 145 (im folgenden als «Weltbild» zitiert).

6 Siehe Bösch-Billing, Hildegard: Wär' nicht das Auge sonnenhaft. Gedanken über das Auge. Neue Zürcher Zeitung 4. 9. 1982, sowie dieselbe: Wie die Netzhaut funktioniert. Ebenda 3. 11. 1982.

7 Siehe Einsteins Diskussion mit Russell in «The Philosophy of Bertrand Russell». Ed. by Dr. Paul Arthur Schilpp. Vol. I. New York, Evanston and London 3. Ed. 1963, S. 277–291.

8 Schilpp, S. 499.

9 In einem Brief an Hadamard zu dessen Frage nach der Psychologie der Erfindungen in der Mathematik. Hadamard, Jacques: The Psychology of Invention in the Mathematical Field. New York 1954, S. 142/143.

10 Moszkowski, A., a.a.O, S. 101.

11 Einstein, A.: Physik und Realität, a.a.O, S. 66.

12 Weltbild, S. 156.

13 Ebenda, S. 152.

14 Ebenda, S. 155.

15 In klassischer Weise fasst Einstein seine Gedanken zusammen in «Physik und Realität». Siehe auch Schilpp, S. 502–504 sowie S. 246/247, 254/255, Weltbild, S. 156/157, 182/183; Einstein, Albert und Infeld, Leopold: Die Evolution der Physik. Von Newton bis zur Quantentheorie. Hamburg 1956.

16 Schilpp, S. 3/4.

17 Weltbild, S. 146.

18 Ebenda, S. 148.

19 Einstein, Albert: Physics, Philosophy and Scientific Progress. Journal of the International College of Surgeons 1950, XIV, S. 755–758. Zitiert nach «Al'bert Ejnštejn. Sobranie naučnych trudov, Band IV. Moskau 1967, S. 320/321».

20 Weltbild, S. 191.

21 Ebenda

22 Physik und Realität, a.a.O, S. 69.

23 Ebenda, S. 65.

24 «The Philosophy of Bertrand Russell», a.a.O, S. 286.

25 Weltbild, S. 182.

26 a.a.O, S. 183.

27 Schilpp, S. 500. Siehe auch «Weltbild», S. 44/45, 139, 147 sowie Al'bert Ejnštejn, S. 104, 122.

28 Schilpp, S. 505, siehe auch S. 9/10.

29 Frege, Gottlieb, Der Gedanke. Eine logische Untersuchung. In «Beiträge zur Philosophie des Idealismus» I, 2 (1918), S. 58–77.

30 Scholz, Heinrich, Mathesis Universalis, Abhandlungen zur Philosophie als strenger Wissenschaft, Basel und Stuttgart 1961, S. 168.

31 Weltbild, S. 152.

32 Ebenda, S. 148, ähnlich: Schilpp, S. 494–500, Weltbild, 150/151.

33 Weltbild, S. 148/149.

34 Al'bert Ejnštejn, a.a.O, S. 133 .

35 Weltbild, S. 10.

36 Ebenda, S. 146.

37 Schilpp, S. 281. Ebenso Weltbild, S. 46, 150, 215–216 und Al'bert Ejnštejn, S. 171, 230.

38 Persönliche Erinnerung des Verfassers.

39 Schilpp, S. 23.
40 Briefe, S. 65.
41 Weltbild, S. 191.
42 Ebenda, S. 139/140.
43 Einstein, Albert und Infeld, Leopold: Die Evolution der Physik. a.a.O, S. 195.
44 Leibniz, Gottfried Wilhelm: Monadologie, 2. Aufl. Stuttgart 1954, S. 25.
45 Ebenda, S. 27.
46 Ebenda, S. 29.
47 Leibniz, Gottfried Wilhelm: Die Hauptwerke. Zusammengefasst und übertragen von Krüger, Gerhard. Stuttgart 1958, S. 105. Siehe auch S. 213, wo der Begriff der prästabilierten Harmonie ausdrücklich erscheint.
48 Monadologie, S. 32.
49 Ebenda, S. 33.
50 Ebenda, S. 33/34.
51 Einstein: Briefe, S. 63.
52 Ebenda, S. 66.
53 Ebenda, S. 43.
54 Ebenda, S. 47.
55 Weltbild, S. 20.
56 Weltbild, S. 21.
57 Al'bert Ejnštejn, S. 164.
58 Weltbild, S. 114.
59 Schilpp, S. 186.
60 Ebenda, S. 191.
61 Moszkowski, S. 58.
62 Weltbild, S. 215.
63 Der Ausdruck bedeutet «geistige Liebe zu Gott». Al'bert Ejnštejn, S. 166. In der russischen Ausgabe fehlt dieser Ausdruck.
64 Briefe, S. 63.
65 Ebenda, S. 66.
66 Ebenda, S. 39.
67 Ebenda; Weltbild, S. 19; Al'bert Ejnštejn, S. 126–128.
68 Weltbild, S. 114.
69 Weltbild, S. 8.
70 Briefe, S. 39, 66.
71 Weltbild, S. 57–97.
72 Moszkowski, S. 187.
73 Spinoza, Baruch, die Ethik, übersetzt von Stern, J. Leipzig 1887, S. 80.
74 Ebenda, S. 37.
75 Ebenda, S. 43.
76 Ebenda, S. 56.
77 Von Gott, dem Menschen und dessen Glückseligkeit. In «Benedictus Spinoza. Das Endliche und das Unendliche», Wiesbaden 1947, S. 51.
78 Ebenda, S. 52.
79 Dies ist die offizielle Lehre. Siehe Enciklopediceskij slovar' (Enzyklopädisches Wörterbuch). Moskau 1964, Band 2, S. 437.

15. Kapitel
Einstein und das Tao

1 Zu den fernöstlichen Wurzeln der modernen Physik siehe Capra, Fritjof: Der kosmische Reigen. Physik und östliche Mystik – ein zeitgemässes Weltbild. Bern, München, Wien 1977.
2 I Ging. Das Buch der Wandlungen. Aus dem Chinesischen übertragen und erläutert von Wilhelm Richard. Düsseldorf, Köln 1972. S. 25–30.
3 Schwarz, Ernst: Laudse, Daudedsching. München 1980, S. 9–10. Siehe auch Fung Yu-lan, a.a.O, Bd. 1, S. 384.
4 Laotse. Tao te king. Das Buch des Alten vom Sinn und Leben. Aus dem Chinesischen übertragen und erläutert von Richard Wilhelm. Düsseldorf-Köln 1972.
5 Siehe:
Yen, Maria: Tao in the Philosophy of Pai-Sha Tzu (1428–1500) in Oriens Extremus, Jahrgang 24, Hamburg, Dez. 1977, Heft 1/2, S. 87–103 (1).
Yen, Maria: The Philosophy of Education of Pai-Sha Tzu (1428–1500), Hamburg 1975, unveröffentlichte Dissertation (2).
6 a.a.O,(1), S. 98–99.
7 a.a.O,(1), S. 96.
8 Dies ist die wörtliche Übersetzung. Siehe «Lao Tsu. Tao Te Ching. A New Translation by Feng, Gia-Fu and English, Jane». New York 1972.
9 Lao Tse, Tao te king, Spruch 1. In der Übersetzung von Wilhelm, die auch im weiteren benutzt wird.
10 a.a.O, Spruch 17.
11 a.a.O, Spruch 25. Wilhelm übersetzt überall «Tao» mit «Sinn». Ich setze stets «Tao».
12 a.a.O, Spruch 21. Siehe auch Spruch 34.
13 a.a.O, Spruch 25.
14 Dschuang Dsï. Das wahre Buch vom südlichen Blütenland. Aus dem Chinesischen übertragen und erläutert von Wilhelm Richard. Jena 1912, S. 105.
15 a.a.O, S. 126.
16 a.a.O, S. 129.
17 Ebenda. Ich übersetze das Wort Te nicht. Wilhelm übersetzt es mit «Leben». Te ist nach chinesischem Selbstverständnis das Tao im Menschen und den Dingen, also nur ein Aspekt des Tao.
18 Ebenda
19 Fung Yu-lan, a.a.O, vol. 1, S. 31.
20 Forke, Alfred: Geschichte der alten chinesischen Philosophie, Hamburg 1927, S. 19.
21 Forke, A., a.a.O, S. 34.
22 Fung Yu-lan, a.a.O, vol. 1, S. 31.
23 Dschuang Dsï, a.a.O, S. 88. Wie sehr die

Deutungen der Grundbegriffe hier auseinandergehen, zeigt die Übersetzung von Bodde aus dem entsprechenden Zitat bei Fung Yulan (a.a.O, S. 244: «Im Grossen Anfang (T'ai Chi) war Nichtsein. Es hatte weder Sein noch Name und war jenes, aus dem das Eine entstand. Als das Eine wurde, gab es das Eine, aber noch keine Gestalt. Als die Dinge erhielten, was sie zum Dasein brachte, wurde dies ihre Macht (Te) genannt ... Diese physikalische Form (der Dinge), die den geistigen Teil umschliesst ... war, was man seine Natur (Hsing) nannte». Siehe auch a.a.O, S. 246–249.

24 Yen, Maria (1), a.a.O, S. 88.
25 Dschuang Dsï, a.a.O, S. 21.
26 a.a.O, S. 29.
27 a.a.O, S. 14.
28 Ebenda, S. 55.
29 a.a.O, S. 19.
30 Fung Yu-lan, a.a.O, p. 239. Ich setzte dort statt «Zerstörung» bewusst «Untergang» in Anlehnung an Spenglers «Der Untergang des Abendlands».

17. Kapitel
Planck und das Wunder der Entdeckung

1 Für eine historische Darstellung siehe Jammer, Max, The Conceptual Development of Quantum Mechanics. 1966. S. 1–46. Eine gute Übersicht bietet auch d'Abro, A.; The Rise of the New Physics, vol. 2, 2. Aufl., New York 1951, pp. 447–471.

2 Nach heutigen Messungen ist $h \cong \frac{6{,}61}{10^{27}}$ erg. sek. Ein erg ist die in cgs gemessene Energieeinheit, das heißt die Arbeit, die eine Kraft von 1 Din über einen Weg von 1 cm leistet.

3 Jammer, a.a.O, S. 15.
4 a.a.O, S. 18.
5 Sie lautet:

$$i_\nu = \frac{h\nu^3}{c^2} \cdot \frac{1}{e^{\frac{h}{kT}} - 1}$$

6 Jammer, a.a.O, S. 19.
7 Siehe d'Abro, a.a.O, S. 460, Anmerkung.
8 M. Jammer, a.a.O. S. 22.
9 Ebenda S. 23.
10 $\varepsilon = h\nu$. Für diese Entdeckung, die im gleichen Jahr wie die Aufstellung der sRT erfolgte, erhielt Einstein den Nobel-Preis.
11 Siehe d'Abro, a.a.O, S. 463.
12 Auch die Richtung dieser «Nadelstrahlung» ist nicht voraussagbar.

18. Kapitel
Sie Struktur der Genialität

1 Planck, Max: Das Weltbild der neuen Physik, Vortrag 1929, 14. Aufl. Leipzig 1958, S. 21–22.
2 Euler gab dem Gesetz von Maupertuis erst die korrekte Form. Sie wurde von Hamilton (1805–1865) neu gefasst.
3 Planck, Max: Religion und Naturwissenschaft, Vortrag 1937. Leipzig 1958, S. 22.
4 Ebenda, S. 24.
5 Ebenda, S. 26.
6 Vom griechischen Wort für «unteilbar». Siehe Diels, Hermann: Die Fragmente der Vorsokratiker. Hamburg 1957, S. 95–96.
7 Planck, M.: Das Weltbild der neuen Physik, S. 19.
8 Diels, H.: a.a.O, S. 87.
9 Platon: Der Staat, 511 b–e.
10 Platon: Phaidon 76e–77b. Siehe auch Theaitetos, 191c–196d, Menon 80d–86b, Phaidon 100c ff.
11 Die Atomhypothese war dank der positivistischen Grundströmung damals keineswegs allgemein angenommen, da ihr kein direktes Beobachtungsergebnis entsprach. Erst heute können wir Atome «sehen». Die Physik schreitet hier vom Unsichtbaren zum Sichtbaren vor.
12 Augustinus, Aurelius: Die wahre Religion. Übertragen von Perl, Carl Johann. Paderborn 1957, S. 63/64. Siehe auch Derselbe: Bekenntnisse. Zürich 3. Aufl. 1982, S. 258–261, 267, 269, 274/275.
13 Ebenda. Man warf daher Augustinus vor, er habe die Seelenwanderung angenommen, was er jedoch ausdrücklich bestreitet.
14 Bovantura: De scientia Christi. In «Doctoris Seraphici S. Bonventurae opera omnia Ad Claras Aquas (Quaracchi)», vol. V, 1891, S. 22–27, hier insbesondere S. 23 quaestio IV, conclusio. Bonaventura bezieht sich hier ausdrücklich auf Augustins «De Trinitate», Kap. 15,21.
15 Locke: Nihil est in intellectu, quod non fuerit in senso. Dazu Leibniz: Nisi intellectus ipse.
16 Leibniz, Gottfried Wilhelm: Schöpferische Vernunft. Schriften aus den Jahren 1668–1686 zusammengestellt, übersetzt und erläutert von Wolf von Engelhardt. Marburg 1951, S. 349.
17 Ebenda, S. 350.
18 Ebenda, S. 378.
19 Ebenda, S. 350.
20 Ebenda, S. 378.
21 Ebenda, S. 96 ff.
22 Ebenda, S. 337.

[23] Ebenda, S. 358.
[24] Ebenda, S. 380f.

19. Kapitel
Heisenberg und die Matrizen: Die Welt ist ein Gedanke Gottes

[1] Heisenberg, Werner: Der Teil und das Ganze, a.a.O, S. 92. Für das Nachfolgende siehe Jammer, Max: The Conceptual Development of Quantum Mechanics, a.a.O, S. 196–236, sowie D'Abro, A.: The Rise of the New Physics. Vol. 2. New York 1951, S. 782–892.
[2] Heisenberg, Werner: Der Teil und das Ganze, a.a.O, S. 204.
[3] Jammer, a.a.O, S. 207, Anm. 37.
[4] Bôcher, Maxime (1867–1918): Introduction to Higher Algebra 1907; deutsche Übersetzung 1910. Der eigentliche Entdecker der Matrizen ist wohl der englische Mathematiker Arthur Caylay (1821–1895). Es ist physikgeschichtlich sicher kein Zufall, dass Caylay zugleich der Entdecker der Invarianten ist.
[5] Heisenberg, Werner: Zur Geschichte der physikalischen Naturerklärung. Sächsische Berichte 85, 29–40 (1933), zitiert bei Jammer, a.a.O, S. 206.
[6] Jammer, a.a.O, S. 211, Anm. 45.
[7] Siehe Heisenberg, Werner: Physikalische Prinzipien der Quantentheorie, 1. Aufl. 1930. Neuauflage Mannheim 1961.
[8] Born, M., Heisenberg, W., Jordan, P.: Zur Quantenmechanik II. Zeitschrift für Physik 35, 557–661 (1926), eingegangen 16. 11. 1925.
[9] Jungk, Robert: Heller als tausend Sonnen. 1983, S. 73. Als Hahn 1945 im britischen Lager von Hiroshima vernahm, fürchtete man, er werde sich das Leben nehmen. Er gestand damals, schon an Selbstmord gedacht zu haben, als ihm die militärischen Möglichkeiten der Uranspaltung bewusst wurden. Ebenda, S. 204.
[10] Jammer, a.a.O, S. 208/209.
[11] D'Abro, A, a.a.O, S. 851.
[12] Margenau, Henry: Open Vistas. Philosophical Perspectives of Modern Science. New Haven 2. Aufl. 1964, S. 5ff., sowie derselbe: The Nature of Physical Reality. A Philosophy of Modern Physics. New York 1950, S. 54–99.
[13] Heisenberg: Der Teil und das Ganze, S. 89.
[14] Jammer, a.a.O, S. 204, Anm. 37.
[15] Heisenberg, Werner: Physik und Philosophie, Frankfurt 1981, S. 57.
[16] Siehe Fock, V. A.: Ob interpretacii kvantovoj mechaniki. In «Filosofskie problemy sovremennogo estestvoznanja», Moskau 1959, S. 212–236. Hier findet sich auch das Argument, dass bei abnehmender Intensität des Elektronenstrahls im 2-Löcherversuch die Interferenz nicht verändert wird, dass sich also die Potentialität bereits auf das Einzelteilchen bezieht, nicht erst auf die Gesamtheit im Sinne Blochincevs. Siehe Kapitel 20.

20. Kapitel
Bohr und die Paradoxien der Quantenmechanik

[1] Heisenberg, Werner: Schritte über Grenzen. Gesammelte Reden und Aufsätze. München 1971, S. 177.
[2] Ebenda, S. 284.
[3] Heisenberg: Der Teil und das Ganze, S. 312ff.
[4] a.a.O, S. 317.
[5] Bohr, Niels: Atomphysik und menschliche Erkenntnis. Braunschweig 1958, S. 6 (im folgenden als «Atomphysik» zitiert).
[6] a.a.O, S. 7. Bohrs Begriff der unkontrollierten Wechselwirkung wurde von seinem bedeutendsten russischen Schüler, Vladimir A. Fock angegriffen, der in den 20iger Jahren bei Bohr gearbeitet hatte. Fock übernimmt jedoch die übrigen Thesen der Kopenhagener Schule, insbesondere den Begriff der Potentialität Heisenbergs. Siehe Müller-Markus, Siegfried: Niels Bohr in the Darkness and Light of Soviet Philosophy. Inquiry 1966, vol. 9, S. 73–93. Sowie Bohr, Niels: Causality and Complemantarity. Von Fock ins Russische übersetzt in Uspechi fizičeskich nauk 67,1, 37–42 (1959), sowie Fock, V. A, ebenda 56,4, 599–603 (1958). Siehe auch Kapitel 19, Anm. 16.
[7] Atomphysik, S. 18.
[8] Ebenda, S. 19f. Siehe auch S. 25, 39, 46, 47, 52.
[9] Ebenda, S. 90.
[10] Heisenberg: Schritte über Grenzen, S. 115.
[11] Ebenda
[12] Ebenda, S. 120/121.
[13] Für eine Diskussion der Kausalität siehe Bunge, Mario, a.a.O.
[14] Finkelnburg, Wolfgang: Einführung in die Atomphysik, 4. Aufl. Berlin, Göttingen, Heidelberg 1956, S. 177.
[15] Physikalische Zeitschrift 1917, Band 18, S. 121. Siehe auch Atomphysik, S. 36.
[16] Atomphysik, S. 36.
[17] Bohm, David: Causality and Chance in Modern Physics (mit einem Vorwort von Louis De Broglie). London, 2. Aufl. 1958. Sowie derselbe: Quantum Theory, 8. Aufl., Englewood Cliffs, N. J./USA 1960, S. 622/623.
[18] Heisenberg, W.: Der Teil und das Ganze.

a.a.O, S. 115. Siehe auch Bohr, Niels, a.a.O, S. 47.

19 Siehe Bohr, Niels: Diskussion mit Einstein über erkenntnistheoretische Probleme in der Atomphysik. In «Albert Einstein als Philosoph und Naturforscher», a.a.O, S. 115–150, sowie S. 493–511. Siehe auch Atomphysik, S. 32–67.

20 Heisenberg, W.: Der Teil und das Ganze, a.a.O, S. 115.

21 Die Stelle wurde von Bohr offenbar aus dem englischen Text von Einsteins Aufsatz in «Physik und Realität», Journal of Franklin Institute 221,349 (1936) übernommen und von Bohrs Zitat wieder ins Deutsche übersetzt. In Wahrheit lautet sie gemäss Einstein, Albert: Aus meinen späten Jahren, a.a.O, S. 100: «Dies zu glauben, ist zwar logisch widerspruchsfrei möglich, widerstrebt aber meinem wissenschaftlichen Instinkt so lebhaft, daß ich es nicht unterlassen kann, nach einer vollständigeren Auffassungsweise zu suchen». Das Zitat findet sich in Bohr: Atomphysik, S. 62.

22 Heisenberg: Der Teil und das Ganze, S. 115.

23 Ebenda, S. 128.

24 Für die Evolution von Bohrs Gedanken der Komplementarität siehe Weizsäcker, Carl Friedrich von: Die Einheit der Natur. München 1971, sowie Jammer, Max: The Conceptual Development of Quantum Mechanics, S. 345–361.

25 Jammer, a.a.O, S. 346.

26 Ebenda, S. 348.

27 Ebenda, S. 351. Siehe auch Heisenberg: Die physikalischen Prinzipien der Quantentheorie, S. 48.

28 Heisenberg: Der Teil und das Ganze, S. 64.

29 Atomphysik, S. 10. Es ist bemerkenswert, dass Bohrs Vater Professor für Physiologie in Kopenhagen war. Er selbst weist ausdrücklich darauf hin, a.a.O, S. 97.

30 a.a.O, S. 11/12.

31 a.a.O, S. 80.

21. Kapitel
Die Erweiterung der Vernunft

1 Bohr war 1937 in China und von der altchinesischen Philosophie tief beeindruckt. Es ist symbolisch, daß er bewusst daran anknüpfte, um die Tiefe der modernen Physik auszuloten, während sein grosser Gegenspieler Einstein sich dem europäischen Rationalismus verbunden fühlte, aber unbewusst gleichfalls dem alten China verpflichtet ist. Nur ist es bei ihm das Grosse Eine, bei Bohr dessen innere Spannung und Polarität. Siehe Capra, Fritjøf: Der kosmische Reigen, Bern 1977.

2 I Ging, a.a.O, S. 15/16.

3 Das Zeichen für Yang enthält die Sonne, jenes für Yin den Mond. Weitere Bedeutungen von «Yang» sind: Sonne, Oberwelt (im Gegensatz zur Unterwelt), Leben, Süden, warm, offen, aussen, links. «Yin» bedeutet noch: Mond, Unterwelt, Tod, Norden, kalt, innen, unten, geheim. In Zusammensetzung mit anderen Zeichen erhält «Yin» noch Bedeutungen wie: Schatten, dunkle Wolken, Vergeltung, Strafe im Jenseits, Totengeist, Jenseits, Richter der Unterwelt, Meuchelmörder, heimtückisch, Sucht, aber auch die positiven Bedeutungen von geheimen Verdiensten und verborgener Tugend. Rüdenberg, Werner: Chinesisch-deutsches Wörterbuch, 3. Aufl., Hamburg 1963.

4 I Ging, a.a.O.

5 Ebenda

6 Ebenda

7 Fung Yu-lan, a.a.O, vol. I., S. 159ff., sowie S. 382ff.

8 In Wahrheit schrieb Einstein 3 Briefe an Roosevelt. Noch im März 1945 verfasste er an ihn ein Memorandum mit dem Vorschlag, die Bombe nicht auf Japan abzuwerfen, sondern eine «überwältigende Überlegenheit» gegenüber den Russen aufzubauen. Einsteins Biograph Clark spricht von einer «einzigartigen Dramatik». Clark, Ronald W.: Albert Einstein. Leben und Werk. 5. Aufl. München 1983, S. 396ff. (Original: Einstein. The Life and Times. 1973. Ohne Angabe des Verlags).

9 Høffding, Harald: Sören Kierkegaard als Philosoph. Stuttgart 1896. Siehe auch Jammer, a.a.O, S. 173–176.

10 Jammer, a.a.O, S. 349. Bohr wurde auch durch James beeinflusst, nach dem die Übergänge eines Gedankenstroms niemals introspektiv beobachtet werden können. Mit James' «The Principles of Psychology» 1890 wurde Bohr gleichfalls durch Høffding bekannt.

11 Kierkegaard, Sören: Die Tagebücher. Düsseldorf 1980, S. 222.

12 Ebenda, S. 226.

13 Ebenda

14 Heisenberg: Physik und Philosophie, a.a.O, S. 29.

15 Kierkegaard, a.a.O, S. 341.

16 Ebenda, S. 341/342.

17 Ebenda, S. 227.

18 Ebenda, S. 223.

19 Ebenda, S. 163/164.

20 Kierkegaard, Sören: Furcht und Zittern. In «Werksausgabe 1. Düsseldorf, Köln 1971», S. 66.

21 Derselbe: Die Tagebücher, S. 300.

22 Ebenda, S. 303.

[23] Ebenda, S. 301.
[24] Ebenda, S. 268.
[25] Heisenberg: Physikalische Prinzipien der Quantentheorie, S. 43. Der Anschaulichkeit halber wurden die mathematischen Feinheiten weggelassen. Dem Quadrat des Kosinus entspricht im unitären Raum die Matrixgleichung $|S(E,q)|^2$. Die an Einfachheit und Präzision unübertreffbare Darlegung der «Vernunft» der QM findet sich in Heisenbergs zitiertem Werk, a.a.O, S. 42–49. Der mathematische Apparat der QM lässt eine andere Deutung als die wahrscheinlichkeitsartige nicht zu oder die QM ist falsch.
[26] Jona 3. Mit Auslassungen

22. Kapitel
Im Antlitz der Apokalypse

[1] Goodchild, Peter: J. Robert Oppenheimer, a.a.O, S. 181.
[2] Jungk, Robert: Heller als tausend Sonnen, a.a.O, S. 186/187. In der russischen Ausgabe heisst es statt des Worts «dem Allmächtigen» «. . . die bisher unberührt waren». Jung, R.: Jarče tysiači solnc. Moskau 1961, S. 173.
[3] Fromm, Erich: Ihr werdet sein wie Gott. Hamburg 1980.
[4] Jeans, James: Der Weltenraum und seine Sterne. München 1955, S. 145. Von ihm stammt auch das berühmte Wort: «The Great Architect of the Universe now begins to appear as a pure mathematician» (Jeans, Sir James: The Mysterious Universe. Cambridge 1932, S. 122). Das ist natürlich der Glaube Galileis und Platons, aber auch von Leibniz.

Bibliographie

Albert Einstein als Philosoph und Naturforscher. Herausgegeben von Schilpp, Paul Arthur. Kohlhammer, Stuttgart 1955. Eine Auswahl unter dem gleichen Titel erschien bei Vieweg, Wiesbaden 1983.

Al'bert Einštejn: Sobranie naučnych trudov (Albert Einstein: Sammlung wissenschaftlicher Werke). 4 Bände. Nauka, Moskau 1965–1967.

Alexander, Samuel: Space, Time, Deity. With a new foreword by Dorothy Emmet (Gifford Lectures 1916–1918), 2 Bände, Dover, New York 1966.

Augustinus, Aurelius: Bekenntnisse. Artemis, Zürich, 3. Aufl. 1982.

Augustinus, Aurelius: Die wahre Religion. Übertragen von Perl, Carl Johann. Schöningh, Paderborn 1957.

Barnett, Lincoln: Einstein und das Universum. Mit einem Vorwort von Albert Einstein. Fischer, Frankfurt. 6. Aufl. 1957.

Bernhard Riemann's Gesammelte Mathematische Werke und Wissenschaftlicher Nachlass. Herausgegeben von Weber, Heinrich. Nachdruck Dover, New York, 2. Auflage 1953.

Bhagavad Gita. Das Lied der Gottheit. Reclam, Stuttgart 1955.

Blochinzew, D. I.: Grundlagen der Quantenmechanik. Deutsch, Frankfurt, 7. Aufl. 1977.

Bohm, David: Causality and Chance in Modern Physics. Mit einem Vorwort von Louis de Broglie. Routledge & Kegan, London, 2. Aufl. 1958.

Bohr, Niels: Atomphysik und menschliche Erkenntnis. Vieweg, Braunschweig 1958.

Bonaventura. Doctoris Seraphici S. Bonventurae opera omnia. Ad Claras Aquas (Quaracchi). Band V, 1891.

Bridgman, P. W.: The Logic of Modern Science. McMillan, New York 1960.

Bridgman, P. W.: The Nature of Physical Theory. Dover, New York (o. J.).

Bruns, Margarete; Spreither, Franz: Durchbruch zur größeren Wirklichkeit. Konstanz 1980.

Bunge, Mario: Causality. The Place of the Causal Principle in Modern Science. Harvard University Press, Cambridge/Mass. 1959.

Capra, Fritjof: Der kosmische Reigen. Physik und östliche Mystik – ein zeitgemässes Weltbild. Scherz, Bern 1977. Eine neue Ausgabe erschien unter dem Titel: Das Tao der Physik. Die Konvergenz von westlicher Wissenschaft und östlicher Weisheit. Scherz (O. W. Barth), Bern 1984.

Chinesische Malerei. Text von Cahill, James. Edition d'Art, Genf, 1. Aufl. 1960.

Clark, Ronald W.: Albert Einstein. Leben und Werk. Heyne, München, 5. Aufl. 1983

Cohen, I. Bernhard: Newtons Gravitationsgesetz. Aus Formeln wird eine Idee. Spektrum der Wissenschaft 1981, 5, S. 101–111.

D'Abro, A.: The Rise of the New Physics. Its mathematical and physical theories. 2 Bände. Dover, New York 1951.

Diels, Hermann: Die Fragmente der Vorsokratiker. Herausgegeben von Kranz, Walther. Rowohlt, Hamburg 1957.

Diels, Hermann: Die Fragmente der Vorsokratiker. Griechisch und Deutsch. Herausgegeben von Kranz, Walther. 3 Bände. Weidmann, Zürich. 1. Band, 17. Aufl. 1974, 2. Band, 16. Aufl. 1972, 3. Band, 15. Aufl. 1975.

Dijksterhuis, E. J.: Die Mechanisierung des Weltbilds. Springer, Berlin, Göttingen, Heidelberg, 1956. Neudruck, Springer 1983.

Dirac, P. A. M.: The Principles of Quantum Mechanics. Clarendon Press, Oxford, 4. Aufl. 1958.

Dschuang Dsï: Das wahre Buch vom südlichen Blütenland. Aus dem Chinesischen übertragen und erläutert von Wilhelm, Richard. Diederichs, Düsseldorf, Köln 1982.

Eberhard, Wolfram: Geschichte Chinas. Von den Anfängen bis zur Gegenwart. Kröner, Stuttgart, 3. Aufl. 1980.

Eddington, Sir Arthur: Das Weltbild der Physik. Ein Versuch seiner philosophischen Deutung. Vieweg, Braunschweig 1930.

Eddington, Sir Arthur: Philosophie der Naturwissenschaft. Francke, Bern (o. J.).

Einstein, Albert: Über die spezielle und allgemeine Relativitätstheorie (Gemeinverständlich). Nachdruck der 21. Auflage 1969, Vieweg, Wiesbaden 1984.

Einstein, Albert: Grundzüge der Relativitätstheorie. Nachdruck der 5. Auflage 1969, Vieweg, Wiesbaden 1984.

Einstein, Albert: Mein Weltbild. Büchergilde Gutenberg, Frankfurt 1955, sowie Ullstein, Darmstadt, Berlin (o. J.).

Einstein, Albert: Briefe. Aus dem Nachlass herausgegeben von Dukas, Helen und Hoffmann, Banesh. Diogenes, Zürich 1981.
Einstein, Albert: Aus meinen späten Jahren. Reden, Aufsätze, Briefe. Ullstein, Darmstadt, Berlin 1984.
Einstein, Albert und Infeld, Leopold: Die Evolution der Physik. Von Newton bis zur Quantentheorie. Rowohlt, Hamburg 1956. Neuausgabe Zsolnay, Hamburg 1978.
Eliot, Alexander: Mythen der Welt. Zürich 1978.

Feng, Gia-Fu and English, Jane: Lao Tsu. Tao Te Ching. Wintage Books. Random House, New York 1972.
Finkelnburg, Wolfgang: Einführung in die Atomphysik. 11./12. völlig neubearbeitete und ergänzte Auflage, Springer, Berlin, Göttingen, Heidelberg, New York 1976.
Fock (Fok), V. A.: Teorija prostranstva, vremeni i tjagotenija (Theorie von Raum, Zeit und Gravitation), 2. Auflage, Moskau 1961. Deutsche Übersetzung der 1. Auflage als «Theorie von Raum, Zeit und Gravitation», Akademieverlag Berlin 1960.
Fölsing, Albrecht: Galileo Galilei. Prozess ohne Ende. Eine Biographie. Piper, München 1983.
Forke, Alfred: Geschichte der alten chinesischen Philosophy. De Gruyter, Berlin, 2. Auflage 1964.
Fromm, Erich: Anatomie der menschlichen Destruktivität. Deutsche Verlagsanstalt, Stuttgart 1974.
Fromm, Erich: Ihr werdet sein wie Gott. Eine radikale Interpretation des Alten Testaments und seiner Tradition. Deutsche Verlagsanstalt, Stuttgart 1982.
Fung Yu-lan: A History of Chinese Philosophy. 2 Bände. Princeton University Press 1952.

Galilei, Galileo: Le Opere di Galilei Galileo. Edizione Nazionale. Herausgegeben von Favaro, Antonio. Firenze 1890–1909. Erweiterter Nachdruck, Firenze 1966.
Galilei, Galileo: Discorsi e Dimostrazioni Matematiche, intorno à due nuoue scienze Attenenti alla Mecanica & i Movimenti Locali. Leiden 1638. Englische Übersetzung als «Dialogues Concerning Two New Sciences. Translated by Crew, Henry & Salvio, Alfonso de, with an introduction by Favaro, Antonio». Dover, New York 1954. Deutsche Übersetzung als «Unterredungen und mathematische Demonstrationen über zwei neue Wissenszweige, die Mechanik und die Fallgesetze betreffend. Herausgegeben von Oettingen, Arthur von». Wissenschaftliche Buchgesellschaft, Darmstadt 1973.
Galilei, Galileo: Dialog über die beiden hauptsächlichsten Weltsysteme, das Ptolemäische und das Kopernikanische. Übersetzt von Strauss, Emil. Mit einem Beitrag von Einstein, Albert und einem Vorwort von Drake, Stillmann. Herausgegeben von Sexl, Roman und Meyen, Karl von. Teubner, Stuttgart 1982.
Glasenapp, Helmuth von: Die fünf Weltreligionen. Diederichs, Düsseldorf, Köln 1982.
Goodchild, Peter: J. Robert Oppenheimer. Eine Bildbiographie. Birkhäuser, Basel 1982.

Hadamard, Jacques: The Psychology of Invention in the Mathematical Field. Dover, New York 1954.
Heisenberg, Werner: Die physikalischen Prinzipien der Quantentheorie. Hirzel, Stuttgart 1958. Physik und Philosophie. Hirzel, Stuttgart, 4. Aufl. 1984. Der Teil und das Ganze. Gespräche im Umkreis der Atomphysik. Piper, München, 5. Auflage 1981. Schritte über Grenzen. Gesammelte Reden und Aufsätze. Piper, München 1984.
Heitler, Walter: Der Weg der Naturwissenschaft von Gott zu Gott. Vortrag 1972. Separatum aus Engadiner Kollegium. Editio Academica, Zürich.
Heitler, Walter: Die Verantwortung des Naturwissenschaftlers gegenüber dem Leben und dem Mitmenschen. Vortrag 1971 in Interlaken. Separatum aus «Die menschlichen Beziehungen in der Schule.» Sauerländer, Aarau 1972.
Heitler, Walter: Gottesbeweise? Und weitere Vorträge. Klett und Balmer, Zug 1977.
Heitler, Walter: Die Natur und das Göttliche. Klett und Balmer, Zug, 4. Auflage 1977.
Heitler, Walter: Naturwissenschaft ist Geisteswissenschaft. Die Waage, Zürich 1972.
Heitler, Walter: Schöpfung als Gottesbeweis. Die Öffnung der Naturwissenschaft zum Göttlichen. Arche, Zürich 1979.
Heitler, Walter: The Quantum Theory of Radiation. Clarendon Press, Oxford, 3. Auflage 1954.
Høffding, Harald: Sören Kierkegaard als Philosoph. Fromann, Stuttgart 1896.

Jacobi, Jolande: Die Psychologie von C. G. Jung. Eine Einführung in das Gesamtwerk mit einem Geleitwort von C. G. Jung. Walter, Olten, 8. Auflage 1978.
Jammer, Max: Concepts of Force. A Study in the Foundation of Dynamics. Harvard University Press 1957.
Jammer, Max: Das Problem des Raumes. Die

Entwicklung der Raumtheorien. Wissenschaftliche Buchgesellschaft, Darmstadt, 2. erweiterte Auflage 1980.

Jammer, Max: Der Begriff der Masse in der Physik. Wissenschaftliche Buchgesellschaft, Darmstadt, 3. Auflage 1981.

Jammer, Max: The Conceptual Development of Quantum Mechanics. McGraw-Hill, New York 1966.

Jeans, James: Der Weltenraum und seine Sterne. List, München 1955.

Johannes Kepler in seinen Briefen. Herausgegeben von Caspar, Max und Dyck, Walther von. 2 Bände. Oldenbourg, Berlin, München 1930.

Jung, Carl Gustav: Mensch und Seele. Aus dem Gesamtwerk 1905–1961 ausgewählt und herausgegeben von Jacobi, Jolande. Walter, Olten 1971.

Jungk, Robert: Heller als tausend Sonnen. Das Schicksal der Atomforscher. Rowohlt, Hamburg 1983.

I Ging. Das Buch der Wandlungen. Aus dem Chinesischen übertragen und erläutert von Wilhelm, Richard. Diederichs, Düsseldorf, Köln 1972.

Kant, Immanuel: Kritik der reinen Vernunft. Nach der 1. und 2. Originalausgabe (durchgesehener Nachdruck und 2. durchgesehene Auflage von 1930), Meiner, Hamburg 1976.

Kant, Immanuel: Werke in 12 Bänden. Werkausgabe. Herausgegeben von Weischedel, Wilhelm, Suhrkamp, Frankfurt, Neuauflage 1984.

Kepler, Johannes: Gesammelte Werke. Begründet von Caspar, Max und Dyck, Walther von. 19 Bände. Beck, München 1937–1983.

Kierkegaard, Sören: Die Tagebücher. Eine Auswahl. Herausgegeben und übersetzt von Gerdes, Hayo. Diederichs, Düsseldorf, Köln 1980.

Kierkegaard, Sören: Werkausgabe. 2 Bände. Übersetzt und herausgegeben von Gerdes, Hayo. Diederichs, Düsseldorf, Köln 1971.

Laotse: Tao Te king. Das Buch vom Weltgesetz und seinem Wirken. Übersetzung von Jerven, Walter. Scherz, Bern, München, Wien. 5. Aufl. 1981.

Laotse: Tao te King. Das Buch des Alten vom Sinn und Leben. Aus dem Chinesischen übertragen und erläutert von Wilhelm, Richard. Diederichs, Düsseldorf, Köln 1984.

Laudse (Lao-tse): Daudedsching (Tao-te-king). Aus dem Chinesischen übersetzt sowie mit einer Einführung von Schwarz, Ernst. Deutscher Taschenbuch Verlag, München 1980.

Laue, Max von: Die Relativitätstheorie. 1. Band: Die spezielle Relativitätstheorie. Vieweg, Braunschweig, 6. Auflage 1955.

Laue, Max von: Die Relativitätstheorie. 2. Band: Die allgemeine Relativitätstheorie. Vieweg Wiesbaden, 5. Auflage 1965.

Leibniz, Gottfried Wilhelm: Hauptschriften zur Grundlegung der Philosophie. 2 Bände. Herausgegeben von Cassirer, Ernst. Meiner, Hamburg, 3. ergänzte Auflage 1966.

Leibniz, Gottfried Wilhelm: Monadologie. Reclam, Stuttgart, 2. Auflage 1954.

Leibniz, Gottfried Wilhelm: Schöpferische Vernunft. Schriften aus den Jahren 1668–1686. Zusammengestellt, übersetzt und erläutert von Engelhardt, Wolf von. Simons, Marburg 1951.

Lejbnic, Gotfrid Vil'gel'm (Leibniz, Gottfried Wilhelm): Sočinenija (Werke) in 4 Bänden. Akademija nauk SSSR. Izdatel'stvo «Mysl'». Moskau 1982 folgende.

Liä Dsï: Das wahre Buch vom quellenden Urgrund. Die Lehren der Philosophen Liä Yü Kou und Yang Dschu. Aus dem Chinesischen übertragen und erläutert von Wilhelm, Richard. Diederichs, Düsseldorf, Köln, 2. Auflage 1981.

Lindsay, Robert Bruce, Margenau, Henry: Foundations of Physics. Dover, New York 1957.

Loehr, Max: The Great Painters of China. Phaidon Press, Oxford 1980.

Mach, Ernst: Erkenntnis und Irrtum. Skizzen zur Psychologie der Forschung. Johann Ambrosius Barth, Leipzig 1905. Nachdruck der 5. Auflage 1926, Wissenschaftliche Buchgesellschaft, Darmstadt 1980.

Mach, Ernst: Die Mechanik. Nachdruck der 9. Auflage 1933. Wissenschaftliche Buchgesellschaft, Darmstadt 1982.

Margenau, Henry: Ethics and Science. D. Van Nostrand, Princeton 1964.

Margenau, Henry: Open Vistas. Philosophical Perspectives of Modern Science. Yale University Press, New Haven, 2. Auflage 1964.

Margenau, Henry: The Nature of Physical Reality. A Philosophy of modern Physics. McGraw-Hill, New York 1950.

Moszkowski, Alexander: Einstein. Einblicke in seine Gedankenwelt. Entwickelt aus den Gesprächen mit Einstein. Fontane, Berlin 1922.

Müller-Markus, Siegfried: Einstein und die Sowjetphilosophie. Krisis einer Lehre. Reidel, Dordrecht, 1. Band 1960, 2. Band 1966.

Müller-Markus, Siegfried: Protophysik. Entwurf einer Philosophie des Schöpferischen. 1. Teil: Die spezielle Relativitätstheorie. Martinus Nijhoff, Den Haag 1971.

Müller-Markus, Siegfried: Science and Faith. In

«Integrative Principles of Modern Thought». Herausgegeben von Margenau, Henry. Gordon & Breach, New York 1972.

Müller-Markus, Siegfried: Der Aufstand des Denkens. Sowjetunion zwischen Ideologie und Wirklichkeit. Econ, Düsseldorf 1967.

Müller-Markus, Siegfried: Wo die Welt nochmal beginnt. Moderne Physik und die Möglichkeit des Glaubens. Walter, Olten 1970.

Müller-Markus, Siegfried: Gott kehrt wieder. Christiana, Stein am Rhein 1972.

Newton, Sir Isaac: Opticks or a Treatise of the Reflections, Refractions, Inflections and Colours of Light. Based on the 4.th edition, London 1730. Dover, New York 1979.

Niels Bohr and the Development of Physics. Herausgegeben von Pauli, Wolfgang und Weisskopf, Victor. Pergamon Press, London 1955.

Ortega y Gasset, José: La rebelion de las masas. 1929. Französische Ausgabe: La révolte des masses. Stock, Paris 1937.

Planck, Max: Das Kausalprinzip in der Physik. Johann Ambrosius Barth, Leipzig, 8. Auflage 1958.

Planck, Max: Das Weltbild der neuen Physik. Johann Ambrosius Barth, Leipzig, 14. Auflage 1958.

Planck, Max: Determinismus oder Indeterminismus? Johann Ambrosius Barth, Leipzig, 6. Auflage 1958.

Planck, Max: Die Physik im Kampf um die Weltanschauung. Johann Ambrosius Barth, Leipzig, 9. Auflage 1958.

Planck, Max: Religion und Naturwissenschaft. Johann Ambrosius Barth, Leipzig, 14. Auflage 1958.

Planck, Max: Scheinprobleme der Wissenschaft. Johann Ambrosius Barth, Leipzig, 5. Auflage 1958.

Planck, Max: Sinn und Grenzen der exakten Wissenschaften. Johann Ambrosius Barth, Leipzig, 6. Auflage 1958.

Planck, Max: Vom Wesen der Willensfreiheit. Johann Ambrosius Barth, Leipzig, 9. Auflage 1958.

Platon: Sämtliche Werke. 6 Bände. Herausgegeben von Grassi, Ernesto unter Mitarbeit von Einsiedel, Wolfgang von, übersetzt von Schleiermacher, Friedrich. Rowohlt, Hamburg, 1957–1959.

Reichenbach, Hans: The Philosophy of Space and Time. Dover, New York 1958.

Reichenbach, Hans: Philosophische Grundlagen der Quantenmechanik. Birkhäuser, Basel 1949.

Rybnikov, K. A.: Istorija matematiki (Geschichte der Mathematik). Moskau 1960.

Sachs, Nelly: Fahrt ins Staublose. Die Gedichte der Nelly Sachs. Suhrkamp, Frankfurt 1961.

Schmutzer, Ernst, Schütz, Wilhelm: Galileo Galilei. Teubner, Leipzig, 4. Auflage 1981.

Sir Isaac Newton's Mathematische Prinzipien der Naturlehre. Nach der 2. Ausgabe der Philosophiae Naturalis Principia Mathematica von Cotes 1713 herausgegeben von Wolfers. J. Ph. Oppenheim, Berlin 1872. Neudruck Wissenschaftliche Buchgesellschaft, Darmstadt 1963.

Spinoza, Baruch: Die Ethik. Übersetzt von Stern, J., Reclam, Leipzig 1887.

Spinoza, Baruch: Von Gott, dem Menschen und dessen Glückseligkeit. In Benedictus Spinoza: Das Endliche und das Unendliche. Metopen, Wiesbaden 1947.

Taylor, Edwin F., Wheeler, John Archibald: Spacetime Physics. Freeman, San Francisco and London 1963.

The Philosophy of Bertrand Russell. Herausgegeben von Schilpp. Paul Arthur. Harper and Row, New York, Evanston and London, 1. Band, 3. Auflage 1963.

Toynbee, Arnold: Menschheit und Mutter Erde. Die Geschichte der grossen Zivilisationen. Claasen Düsseldorf 1973, Neuauflage Ullstein, Darmstadt 1982.

Weinberg, Steven: Die ersten drei Minuten. Der Ursprung des Universums. Piper, München, 5. Auflage 1983.

Weizsäcker, Carl Friedrich von: Zum Weltbild der Physik. Hirzel, Stuttgart, 12. Auflage 1976.

Weizsäcker, Carl Friedrich von: Atomenergie und Atomzeitalter, Fischer, Frankfurt 1957.

Weizsäcker, Carl Friedrich von: Die Einheit der Natur. Deutscher Taschenbuch Verlag, München 1982.

Weizsäcker, Carl Friedrich von und Juilfs, J.: Physik der Gegenwart, Athenäum, Bonn 1952.

Wetter, Gustav: Der dialektische Materialismus. Seine Geschichte und sein System in der Sowjetunion. Herder, Freiburg. 5. Auflage 1961.

Weyl, Hermann: Philosophie der Mathematik und Naturwissenschaft. Oldenbourg, München, 5. Auflage 1982.

Wheeler, John Archibald: Einsteins Vision. Wie steht es heute mit Einsteins Vision, alles als Geometrie aufzufassen? Springer, Berlin, Heidelberg, New York 1968.
Whitehead, Alfred North: Concept of Nature. Cambridge University Press. 5. Auflage 1964.
Whitehead, Alfred North: An Inquiry concerning the Principles of Natural Knowledge. Cambridge University Press. 3. Auflage 1955.
Whitehead, Alfred North: Wissenschaft und moderne Welt, Suhrkamp, Frankfurt 1984.

Yen, Maria: Tao in the Philosophy of Pai-sha Tzu (1428–1500). Oriens Extremus, Hamburg, Jahrgang 24, Heft 1/2, Dezember 1977.
Yen, Maria: The Philosophy of Education of Pai-sha Tzu (1428–1500). Dissertation, Hamburg 1975.

Register